普通高等教育农业部“十三五”规划教材

高等农林教育“十三五”规划教材

植物生理学

第3版

王云生　蔡永萍　主编

中国农业大学出版社

·北京·

内容简介

植物生理学是研究植物生命活动规律的科学。为了适应学科的快速发展，在10多所高校植物生理学一线教师的共同努力下，对《植物生理学》第2版教材进行了全面修订。

本版修订教材在保持原教材体系的基础上，结合学科的新进展，增加和修改了植物节水灌溉技术、磷酸盐的同化、植物工厂、LED光源在植物生长中的应用、植物的次生代谢、生长素信号转导、GA信号转导的去阻遏模型、细胞分裂素信号转导途径、光敏色素的作用方式、光敏色素调节基因表达、成花诱导分子基础等内容。全书共9章，内容包括植物水分生理、矿质营养、光合作用和光合产物运输、呼吸作用、细胞信号转导与生长物质、生长生理、生殖生理、成熟和衰老生理、逆境生理。

本书可作为高等农林院校生物专业和植物生产类各专业的植物生理学教材，也可作为高等师范院校、综合性大学的教学参考资料并可供相关领域的科技工作者参考。

图书在版编目(CIP)数据

植物生理学／王云生，蔡永萍主编. —3版. — 北京：中国农业大学出版社，2018.12(2020.12重印)

ISBN 978-7-5655-2160-7

Ⅰ.①植… Ⅱ.①王…②蔡… Ⅲ.①植物生理学－高等学校－教材 Ⅳ.①Q945

中国版本图书馆CIP数据核字(2018)第284230号

书　　名　植物生理学　第3版

作　　者　王云生　蔡永萍　主编

策划编辑　张秀环　　**责任编辑**　韩元凤

封面设计　郑　川

出版发行　中国农业大学出版社

社　　址　北京市海淀区圆明园西路2号　　**邮政编码**　100193

电　　话　发行部 010-62818525，8625　　读者服务部 010-62732336

编辑部 010-62732617，2618　　出　版　部 010-62733440

网　　址　http://www.caupress.cn　　**E-mail** cbsszs@cau.edu.cn

经　　销　新华书店

印　　刷　涿州市星河印刷有限公司

版　　次　2018年12月第3版　2020年12月第2次印刷

规　　格　787×1 092　16开本　25.5印张　635千字

定　　价　66.00元

全国高等农林院校生物科学类专业“十二五”规划系列教材
编审指导委员会

（按姓氏拼音首字母排序）

第3版编委会

主　　编　王云生（安徽农业大学）

蔡永萍（安徽农业大学）

副 主 编　刘爱荣（安徽科技学院）

钱玉梅（宿州学院）

高俊山（安徽农业大学）

编写人员　（按编写章次先后排序）

蔡永萍（安徽农业大学）
王云生（安徽农业大学）
单长卷（河南科技学院）
高丽萍（安徽农业大学）
张玉琼（安徽农业大学）
宗　梅（安庆师范大学）
钱玉梅（宿州学院）
武健东（安徽农业大学）
黄守程（安徽科技学院）
张晓平（安徽师范大学）
谢永丽（青海大学）
高俊山（安徽农业大学）
蔡　健（阜阳师范大学）
史刚荣（淮北师范大学）
彭元成（安徽农业大学）
刘亚军（安徽农业大学）
刘爱荣（安徽科技学院）
李　玲（合肥师范学院）
李培金（安徽农业大学）
王征宏（河南科技大学）
司伟娜（安徽农业大学）

第2版编委会

主　　编　蔡永萍（安徽农业大学）

副 主 编　高丽萍（安徽农业大学）
柏新富（鲁东大学）
刘爱荣（安徽科技学院）

编写人员　（按编写章次先后排序）
柏新富（鲁东大学）
蔡永萍（安徽农业大学）
高丽萍（安徽农业大学）
单长卷（河南科技学院）
钱玉梅（宿州学院）
肖家欣（安徽师范大学）
王荣富（安徽农业大学）
蔡　健（阜阳师范大学）
梁喜龙（黑龙江八一农垦大学）
张玉琼（安徽农业大学）
刘爱荣（安徽科技学院）
王云生（安徽农业大学）
高俊山（安徽农业大学）
李　玲（合肥师范学院）
姜　丹（黑龙江八一农垦大学）
尹艺玲（皖西学院）
王征宏（河南科技大学）
张云华（安徽农业大学）
刘亚军（安徽农业大学）

第1版编委会

编写人员（按编写章次先后排序）

柏新富（鲁东大学）
蔡永萍（安徽农业大学）
高丽萍（安徽农业大学）
单长卷（河南科技学院）
钱玉梅（宿州学院）
肖家欣（安徽师范大学）
王荣富（安徽农业大学）
蔡　健（阜阳师范大学）
梁喜龙（黑龙江八一农垦大学）
张玉琼（安徽农业大学）
刘爱荣（安徽科技学院）
王云生（安徽农业大学）
高俊山（安徽农业大学）
李　玲（合肥师范学院）
姜　丹（黑龙江八一农垦大学）
尹艺玲（皖西学院）
王征宏（河南科技大学）
张云华（安徽农业大学）
刘亚军（安徽农业大学）

第3版前言

本教材的第1版完稿于2007年末，2013年鉴于教材中尚有不妥和错误之处，根据读者和专家同行提出的意见和建议进行了修订即第2版，至今已5年有余。近年来，随着分子生物学快速发展和相关研究手段日新月异，植物生理学相关新理论和新发现不断涌现。为了适应学科的快速发展，教材内容有必要与时俱进，不断充实和完善。为此，在农业部"十三五"规划教材的支持下，本教材得以全面修订再版。本次修订得到了10多所高校植物生理学一线教师的支持，他们共同完成了本版教材的编写和修订工作。

本次具体修订内容有：增加和修改了植物节水灌溉技术、磷酸盐的同化、植物工厂、LED光源在植物生长中的应用、植物的次生代谢、生长素信号转导途径、GA信号转导的去阻遏模型、细胞分裂素信号转导途径、光敏色素的作用方式、光敏色素调节基因表达、成花诱导分子基础等内容。根据教学内容的连贯性，本修订教材将原第2版第6章植物的生长生理和第7章植物的光控发育合并。本次修订增补和更换了部分图表，一些新知识用楷体字排版，以方便学生自学。

本教材共分9章，每章编写和修订由两位以上的编委完成。参与编写和修订的编委按章节顺序如下：绪论，蔡永萍、王云生；第1章，单长卷、高丽萍、张玉琼；第2章，宗梅、钱玉梅、武健东；第3章，黄守程、王云生、张晓平、谢永丽、高俊山；第4章，蔡健、钱玉梅、史刚荣、高丽萍；第5章，彭元成、刘亚军；第6章，刘爱荣、李玲、高俊山；第7章，李培金、武健东；第8章，张玉琼、刘亚军；第9章，王征宏、刘亚军；中英文索引和参考文献，司伟娜、武健东。初稿完成后，每章由2位编委互审，最后由高丽萍、张玉琼、高俊山、刘亚军、武健东、司伟娜校阅，蔡永萍、王云生统稿、定稿。本教材中引用了国内外许多相关论文和教材的资料和图表，在此表示感谢。本教材再版得到安徽农业大学教务处、教材中心和中国农业大学出版社的大力支持和帮助，在此表示衷心感谢。

本教材在修订再版过程中，编委根据多年教学一线经验及教材第2版使用过程中存在的一些不足和错误，力图不断提高编写质量，但由于编者水平有限，书中定有不妥和谬误之处，敬请读者批评指正。

王云生　蔡永萍

2018年10月于安徽农业大学

第2版前言

植物生理学是高等农林院校生物专业和植物生产类各专业的一门重要专业基础课。近年来，随着分子生物学、生物信息学、基因组学、蛋白组学及环境生态学等学科研究的迅速发展，新知识、新理论不断涌现；如何在一部植物生理学教材中体现植物生理学的完整体系和主要内容，使学生能掌握植物生理学的知识体系、基本概念和原理，并加以应用，举一反三；同时又让学生了解植物生理学的新知识点、新理论和新成果，是每一位教材编写者必须认真思考的问题。

鉴于本教材第1版使用过程中，读者提出了许多好的意见和建议，同时在使用过程中也发现了书中尚有不妥和差错之处需要更正，为此，在中国农业大学出版社"全国高等农林院校生物科学类专业'十二五'规划系列教材"的支持下，本教材得以全面修订再版，本次修订得到10多所学校植物生理学教学一线教师的支持，共同完成了本版的全面编写修订工作。本教材是10多所学校教师多年教学经验的总结和辛勤劳动的集体成果，继承和发扬了多本国内外传统教材的基本内容和特色。又根据学科的发展，增加了新概念、新技术和新理论成果，期望本次修订，能为提高植物生理学本科教学水平发挥应有的作用，以适应学分制改革和本科生人才培养的需要。

本次具体修订内容有：增加和修改了植物提水作用、水通道蛋白的分类和水分跨膜运输、植物缺素症的防治方法、合理施肥原则、无土栽培技术及应用、植物细胞信号转导、植物激素的信号转导途径、植物光控发育、光周期和春化作用的分子机理、成花诱导和开花分子生物学、种子发育的基因表达、植物抗逆性的获得和信号转导、大气CO_2浓度的增高对植物的影响等内容。增补和更换了部分图表，部分基础知识和新研究内容用楷体字排版，以方便学生自学。

本教材共分10章，每章编写和修改由两位以上编委完成。参与编写和修改的编委按章节顺序如下：绪论，柏新富、蔡永萍；第1章，高丽萍、单长卷；第2章，高丽萍、钱玉梅；第3章，肖家欣、王荣富；第4章，蔡健、蔡永萍；第5章，梁喜龙、张玉琼；第6章，刘爱荣、张玉琼、王云生；第7章，高俊山 、李玲、王荣富；第8章，蔡永萍、姜丹；第9章，王云生、尹艺玲；第10章，王征宏、张云华；中英文索引和参考文献，刘亚军。初稿完成后，每章由2～3位编委互审，最后由高俊山、王云生、钱玉梅、刘亚军、武健东校阅，蔡永萍统稿、定稿。本教材中引用了国内外许多有关论文和教材的资料和图表，在此表示感谢。本教材再版得到安徽农业大学教务处、教材中心和中国农业大学出版社的大力支持和帮助，在此一并表示感谢。

本教材在修订再版过程中，编委们根据多年教学一线经验及本教材第1版使用过程中存在的一些不足，精益求精，力图不断提高编写质量，但由于编者水平有限，书中定有不妥和谬误之处，敬请读者批评指正。

蔡永萍

2013年9月于安徽农业大学

第1版前言

植物生理学是高等农林院校生物专业和植物生产类各专业的一门重要专业基础课。近年来，随着分子生物学、生物信息学、基因组学、蛋白组学及环境生态学等研究的迅速发展，植物生理学教学内容往往跟不上学科发展的要求，教材需要不断充实、修改和更新。因此，植物生理学教材建设备受国内外同行的重视，国内外新版植物生理学教材多、更新快，共同特点是不断将学科的新发展、新成果引入植物生理学教材。

然而，随着学科的发展，新知识、新理论不断涌现，植物生理学教学内容庞大。另一方面，随着我校本科生教学学分制改革的深入，课程标准化、小型化的完善，教学时数有限，如何在有限的学时内，将植物生理学的完整体系和主要内容教授给学生，使学生能掌握植物生理学的知识体系、基本概念和原理，并加以应用，举一反三。“授之以渔，而不是授之以鱼”是我们每一个植物生理学教学工作者面临的现实和必须认真思考的问题。

为此，在校教务处和中国农业大学出版社的大力支持下，《植物生理学》被列入我校学分制课程系列教材出版计划，植物生理教研室老师结合我校植物生理学教学特点和实际，编写了这本教材。该教材是本教研室老师多年教学经验的总结和辛勤劳动的集体成果，继承发扬了多本国内外传统教材的基本内容和特色。又根据学科的发展，编进了新概念、新技术和新理论成果，期望能为提高我校的植物生理学教学水平发挥应有的作用，以适应学分制改革和本科生人才培养的需要。

本教材共分10章，绪论、第4、8章由蔡永萍编写，第1、2章由高丽萍编写，第3、7章由王荣富编写，第5、6章由张玉琼编写，第6、9章由王云生编写，第10章由张云华编写。最后由蔡永萍统稿、定稿。

本教材中引用了国内外许多有关论文和教材的资料和图表，在此表示感谢。在教材出版过程中得到校教务处、教材中心和中国农业大学出版社的大力支持和帮助，在此一并表示感谢。

本书的编者们精益求精，力图使本教材成为一本具有特色的植物生理学教材，但由于编者水平有限，时间仓促，书中定有不妥和谬误之处，敬请批评指正。

蔡永萍

2007年11月于安徽农业大学

目　录

绪 论

提要

植物生理学是研究植物生命活动规律的科学，其研究对象主要是高等绿色植物，主要内容是植物物质与能量代谢、信息传递和信号转导、生长发育与形态建成、逆境生理等4个方面。

植物生理学的发展起源于农业生产活动，大致分为孕育、诞生与成长、发展与壮大等3个阶段。近年来，植物生理学向微观和宏观两方面迅速发展，有以下4大特点：①研究层次越来越深；②学科之间相互渗透；③理论联系实际；④研究手段现代化。学习植物生理学要有正确的观点和学习方法。

1. 植物生理学的定义和研究内容

植物生理学(plant physiology)是研究植物生命活动规律的科学。主要任务是研究自养植物生命活动规律、揭示其生命现象本质，探索植物与环境相互作用的关系，为植物生产业服务。

植物生理学的研究对象包括从低等到高等的各类植物，主要是高等绿色植物。植物的生命活动是物质代谢、能量代谢、信息传递和形态建成综合反应的结果，是从胚胎形成到衰老死亡的整个生长发育过程。对该过程各个阶段内在机制及其与环境相互作用的研究构成了植物生理学研究的基本内容。因此，植物生理学的主要内容有以下4个方面：

(1)物质和能量代谢　代谢(metabolism)是生命活动中各种化学变化的总称。从性质上分为物质代谢和能量代谢，从方向上分为同化作用和异化作用。植物的物质代谢包括：水分代谢、矿质营养、呼吸作用、光合作用、有机物的转化、运输与分配等；植物的能量代谢包括植物通过光合作用转化和贮存能量，通过呼吸作用释放能量。代谢是生命活动的基础，各种代谢活动相互联系又相互制约，构成统一的整体。绿色植物代谢活动的最大特点是自养性(autotrophism)，即能利用光能将无机物转化为有机物。

(2)信息传递和信号转导　植物虽不像动物那样具有发达的神经系统，但其生活在复杂多变的环境中，必须对环境的变化做出响应(感知)，使其生长发育适应环境的变化，形成固有的生命周期。这些响应都是从接受环境的物理或化学信号刺激开始的，植物“感知”环境信息的部位与发生反应部位可能是不同的，由信号“感知”器官将这种刺激传递到反应部位的过程，即信息传递(message transportation)。信号转导(signal transduction)主要指在细胞水平上偶联细胞内外信号刺激，引起特定生理效应的一系列分子反应。信息传递是指物理或化学信号在器官或组织水平的传递，信号转导则主要指信号在细胞水平的传递。植物的生长发育进程就是遗传信息表达和环境信息调节的结果。

(3)生长发育和形态建成　生长发育(growth and development)是植物生命活动的外在表现。生长是指细胞数目、体积和重量的不可逆增加；发育是指由于细胞分化导致的形态、结构和功能上的有序变化，即形态建成。形态建成(morphogenesis)指植物在物质代谢和能量代谢的基础上发生的植物体大小、形态结构和功能方面的变化，具体表现为种子萌发，根、茎、叶的生长，开花、结实、衰老、死亡等过程。

(4)逆境生理　植物生理学还要研究在寒冷、干旱、水涝、盐碱、污染、病虫害等不利环境条件下植物生命活动的规律及调控机理，即逆境生理。

2. 植物生理学的产生和发展

植物生理学作为一门独立完整的学科在诞生之前经历了漫长的历程。在西欧有许多古代植物生理学知识的记载，我国更是在公元前 3 世纪就有相关的记录与介绍(周肇基先生在《中国植物生理学史》一书中有系统的论述)。植物生理学的产生和发展可分为以下三个阶段：

(1)植物生理学的孕育阶段(17—18 世纪)　荷兰的 van Helmont(1577—1644)是最早进行植物生理学实验的学者，他进行了柳枝盆栽称重实验以了解植物长大的物质来源。其后，英国的 S. Hales(1672—1761)研究植物蒸腾，从理论上探索水分吸收与运转。英国的 J. Priestley(1733—1804)发现老鼠与绿色植物一起放进钟罩内不死。荷兰的 J. Ingenhousz (1730—1799)初步建立起空气营养的概念。

(2)植物生理学诞生与成长阶段(19 世纪)　法国的 G. Boussingault(1802—1899)建立砂培实验法，并开始以植物为对象进行研究。19 世纪 40 年代，德国化学家 J. von Liebig (1803—1873)发表《化学在农学和生理学上的应用》，奠定了化学施肥的基础，是化学肥料理论的创始人。19 世纪末，德国植物生理学家 J. Sachs 的《植物生理学讲义》(1882)和他的学生 W. Pfeffer 的三卷本的专著《植物生理学》(1904)的问世，标志着植物生理学成为一门独立的新兴学科。J. Sach 和 W. Pfeffer 被称为植物生理学的两大先驱。

(3)植物生理学发展与壮大阶段(20 世纪—现今)　20 世纪是科学技术突飞猛进的世纪，随着物理学和化学的理论成果取得和实验技术的发展，植物生理学的各个领域在这个时期都有突破性发展。例如，植物光周期现象和光敏色素的发现；5 大类植物激素的确定；水势概念的提出；光合作用的光反应、碳同化(C_3、C_4、CAM)和光呼吸途径的发现，光合膜上功能色素蛋白复合体的立体结构的研究；植物细胞全能性、植物干细胞概念的提出和相关研究，不仅成功地通过植物组织培养技术形成完整的植株，还有望使控制植物的生长和分化成为可能；钙和钙调素等的深入研究，了解细胞内功能的调节机理等。其中，Deisenhofer 阐明细菌光合作用中心的结构，获 1988 年诺贝尔奖；Calvin 等发现碳循环，获 1962 年诺贝尔奖；P. Agre 和 MacKinnon 在钾通道蛋白结构和机理研究上取得重要成绩，共享 2003 年的诺贝尔化学奖等。

(4)中国植物生理学的发展　我国比较系统的实验性植物生理学是 20 世纪初开始的，钱崇澍(1883—1965)是我国植物生理的启业人，1917 年在国际刊物上公开发表了《钡，锶及铈对水绵的特殊作用》论文，并在各大学讲授植物生理学。20 世纪 30 年代，钱崇澍、李继侗

(1892—1961)、罗宗洛(1899—1978)、汤佩松(1903—2001)等先后留学回国,在南开大学、清华大学、中央大学等开设了植物生理学课程、建立植物生理实验室,为中国植物生理学的发展奠定了基础。1949 年以后,植物生理的研究和教学工作发展较快,出现了一批研究成果。例如,殷宏章等的作物群体生理研究,沈允钢等证明了光合磷酸化中高能态存在的研究,汤佩松等提出呼吸代谢多条途径,娄成后等细胞原生质的胞间运转的研究等,还有花药和花粉培养、单倍体育种等方面也成绩显著。"文革"期间研究工作停顿了十几年,但改革开放后,随着我国科研水平的提高,植物生理学的研究工作迅速在国际植物生理学领域占有一席之地。例如,光合膜、色素蛋白和有关电子载体蛋白复合物结构与功能的研究;作物群体生理和高光效育种;水稻及拟南芥的突变群体构建,水稻分蘖控制基因的克隆及水稻分蘖控制分子机理的研究;春化过程特异蛋白的鉴定和春化相关的 cDNA 克隆;植物-昆虫相互作用,植物-微生物相互作用,共生固氮,植物和昆虫抗逆及对环境的适应机制,植物遗传转化技术、优质高抗农作物基因工程和植物生物反应器的研究等。

3. 现代植物生理学发展的特点

近二三十年,植物生理学的研究内容向微观和宏观两方面迅速发展。有以下 4 大特点:

(1)研究层次越来越广　随着生命科学特别是分子生物学的快速发展而拓宽和深入。对植物生命活动本质的认识已经从整体、器官、细胞水平深入到分子水平;从生命活动的描述、组成成分分析深入到动态机理和调控过程的认识。在分子水平(基因表达与调控)上探讨植物生命活动的规律,使植物生理学研究领域更广阔、机制分析更深入。在宏观领域,植物生理学与环境科学、生态学等紧密结合,从生物圈及群体的角度对各种外界环境因子与植物生命活动的相互响应进行深入的研究。

(2)学科之间相互渗透　随着科学的发展,学科之间相互渗透、相互借鉴已是必然。植物生理学在发展过程中不断引入相关学科新概念、新方法以增强自身的活力,开拓新的研究领域。例如,分子生物学领域基因组测序技术的发展以及功能基因组学(functional genomics)、蛋白组学(proteomica)和代谢组学(metabolomics)等的研究,使得植物生理学能够在细胞及分子水平上研究植物生命活动及其调控机制。在宏观领域,植物生理学的研究还与生态学及环境科学相结合,形成了一些新的边缘学科,如植物生理生态学(plant physiological ecology)、植物生态生理学(plant ecophysiology)、植物环境生理学(environmental plant physiology)、植物群体生理学(plant population physiology)等,主要研究植物的生长发育和生理特性对各种环境条件的响应。

(3)理论联系实际　植物生理学是理论与实际密切结合的实验性学科,是合理农业的基础。植物生理学的研究技术和成果为解决农业(植物生产业)的重大问题提供理论基础,农业生产实际又不断为植物生理学研究提出新的课题。作物生理学、作物逆境生理学、作物育种生理学、设施栽培生理学、植物工厂等都是植物生理学与植物生产实际相结合的产物。

(4)研究手段现代化　由于实验技术的发展,仪器设备越来越精密和自动化,如同位素技术、电子显微镜技术、X 射线衍射技术、超离心技术、色层分析技术、电泳技术以及近年来发展起来的计算机图像处理技术、激光共聚焦显微镜技术、膜片钳技术等,为植物生理的研究提供了极大的方便。在农田群体、植物群落和生态系统中植物个体间的相互关系以及这种关系对群体和群落发展的影响等研究中已越来越多地运用数学方法和计算机手段，直至与遥感技术相结合，来分析作物群体发展的趋势、预测产量、预报生态系统的发展动态等。

4. 植物生理学在植物生产业中的应用

植物生产业（广义上的农业）包括农业、林业、园艺业、畜牧业（草业）等以植物生产为对象的多个行业，植物生理学源于这些行业，又为这些行业的发展提供源源不断的推动力。比如，矿质营养学说的建立及后来植物营养学研究的成果使化肥在农业生产中得到广泛应用，从而导致世界粮食产量的剧增，保证了世界人口急增对粮食的需求。植物激素的发现和研究使得植物生长调节剂和除草剂在植物生产业中得到较为普遍的应用，既提高农作物的产量又提高了劳动生产效率。有关植物呼吸作用调控机制的研究则促成了果蔬贮藏保鲜技术的推广应用。而细胞全能性理论的确立和植物组织培养技术的发展，不仅为植物基因工程的发展提供了先决条件，也为新品种培育、花果苗木的脱毒、快繁提供了技术基础。可以说，植物生理学的发展不仅丰富了生命科学的基础理论体系，而且在过去、现在和将来都是推动植物生产业科学发展的核心动力。“植物生理学是合理农业的基础，是植物生产业的支柱”实至名归。

(1)植物生理学与农作物生产　植物生理学最突出的贡献就是对农作物生产的影响。20世纪中期，从提高光合效率出发培育出的矮秆、紧凑型作物品种导致了作物生产的“第一次绿色革命”，使小麦、水稻、玉米等的产量大幅度提高。而运用以基因工程为核心的现代生物技术，培育既高产又富含营养的动植物新品种的“第二次绿色革命”，促使农业生产方式发生革命性变化，在促进农业生产及食品增长的同时，确保环境可持续发展。

植物抗性生理及相关分子生物学的研究，使植物抵抗旱、涝、盐、冷、热、病的生理和分子机理逐渐明朗，培育各种高抗逆农作物不仅可以大幅度提高粮食产量，还有可能使荒漠、盐滩变为生态绿洲。

植物矿质营养、设施栽培和薄膜覆盖技术的研究与应用，使得蔬菜反季节栽培、无土工业化生产成为可能，并对合理施肥、提高作物产量做出了贡献。

植物生长发育代谢调控机制的研究，结合分子育种技术，有可能有目的地改造农作物的物质代谢调控，从而达到改善农产品营养品质的目的。

(2)植物生理学与园林业生产　植物激素的研究推动了生长调节剂的人工合成及应用，为防止花果等器官脱落、打破休眠、控制生长、调节花果形成、使插条生根等开辟了新途径。

组织培养技术的发展，为发展花药育种、原生质体培养、细胞杂交融合、基因导入等育种新方法提供了基础，为花卉、果树和林木的工厂化快速繁殖、脱除病毒等提供了可靠途径。

果树的矮化密植、桑树的草本化密植也得益于植物生理学有关发育调控和光合作用等的研究结果。

(3)植物生理学与农产品的贮藏保鲜　农产品的收获和采摘后的贮藏保鲜技术主要是依据植物呼吸过程的调控原理而建立起来的。在低温、干燥、低氧等环境条件下植物组织、器官的呼吸作用得到有效抑制，从而可以有效延长农产品的贮藏时间。同时，植物生物技术的发展和果蔬采后生理生化变化及调控机理的研究，通过控制乙烯的合成、培育耐贮存品种等，结合环境因素的控制，使农产品较长期保质、保鲜成为现实。

(4)植物生理学与生态环境保护　植物光合作用的研究，不仅在解决粮食问题和能源问题方面发挥巨大作用,甚至还涉及环境保护方面,因为工业发展,空气中 CO_2 显著增加,以致影响气候环境。植物具有利用光能同化二氧化碳释放氧气,从而"净化"空气的特殊功能,增加植物光合作用来吸收 CO_2 是环境保护的主要对策之一。更为重要的是绿色植物的光合作用每年能固定的能量10倍于世界上每年的能量消耗,有关能源植物及其相关产业化的研究,通过利用植物残渣制成沼气、植物产物发酵制造酒精、能源植物规模化生产生物柴油、利用藻类或离体叶绿体在光下产生氢气、模拟光合作用分解水放出氢气等作为燃料,不仅可以大大减少人类对石油、煤炭等有限资源的依赖,而且不会造成任何污染。同时,植被还具有涵养水源、防止水土流失、为其他生物提供栖息地等多方面的生态功能。因此,植物的培育、保护对改善和保护生态环境具有重要意义。

总之,植物生理学与生产实践具有多方面的密切关系,未来植物生理学的研究将不仅在物质方面,而且更多地在品质方面为人类生活做出巨大贡献。

5. 学习植物生理学的要求和方法

学习植物生理学不只是为了了解植物生命活动的规律,更重要的在于为植物生产实践服务。要学好植物生理学必须要有正确的观点和学习方法。

(1)注重与相关课程的联系。对于生物学科而言,植物生理学既是一门基础课,也是一门专业课,植物生理学是进一步学习生态学、细胞工程学、天然产物开发与利用、生物物理学等的基础。对于农学类专业,它是一门专业基础课,是进一步学习栽培学、遗传育种学、农业化学、病理学、种子学、农产品贮藏与加工等课程的基础。植物生理学是研究植物生命活动过程中个体、器官、组织、细胞和分子水平上的物理、化学变化及其调节机制的科学,因此,学好植物生理学需要掌握和了解植物学以及无机化学、有机化学、生物化学、生物物理学、细胞生物学、分子生物学等学科的基础知识。

(2)将植物生理过程联系起来,做到融会贯通。植物的生命活动是动态变化的,植物与环境之间、各种生理代谢过程之间、各器官生长、分化和发育之间都是紧密联系的,并处于动态变化中,只有将植物的各种生理过程联系起来、看成一个统一的整体,才能真正学好植物生理学。在学习的过程中要注意生命活动的基础是物理和化学过程、是结构和功能的统一、是微观与宏观的统一。植物生命活动是分子—细胞—组织—器官—植物体—群体相互作用的结果。单纯分子水平的研究不能真正了解植物生命活动中各过程相互协调、相互制约的基本规律;单纯宏观水平的研究也难以了解植物生命活动的内在机制。

(3)了解本学科的最新发展。随着生命科学特别是分子生物学的快速发展,植物生理学研究领域越来越广,机理越来越深入。教材总是落后于学科发展的,科学知识每天都在更新。作为初学者,必须在认真阅读教材、掌握基本概念、基础理论和基本实验方法的同时,学会查阅国内外有关的文献资料,了解学科发展的新成就、新进展。

(4)重视实验学习,提高动手能力。植物生理学是一门实验学科,在学习植物生理学的理论知识同时,要注重实验课的学习,包括实验设计思路、操作技能和结果分析方法的学习,以验证和丰富课堂知识、掌握科学实验方法、提高实验技能和科学研究水平。从某种意义上说,通过自己的实验得到的结论比从书本上学习到的理论要重要得多。

(5)理论联系实际,学以致用。植物生理学是合理农业的基础,学习植物生理学的重要任务之一就是为植物生产业服务。因此,在学好基本概念、基础理论知识的同时,要特别重视观察和联系生产实际,从生产实践中提高和发展植物生理学的理论知识,用植物生理学知识解决生产实践中的具体问题。

思考题

1. 植物生理学的定义是什么?根据你所学习的知识,分析讨论其内涵。
2. 与其他生物相比较,绿色植物代谢活动有哪些显著的特点?
3. 为什么说"植物生理学是合理农业的基础"?
4. 请简述植物生理学的发展历程。

第1章 植物的水分生理

提要

植物的水分代谢包括植物对水分的吸收、运输、利用和散失等内容。水分在植物生命活动中所起的重要作用与其结构及理化性质有关。植物对水分的需要包括满足生命活动的生理需水和改善生存环境的生态需水。

在植物生理学中，使用水势表示水分子转移的潜在能力。细胞水势由溶质势、压力势和衬质势组成。水分移动方向总是从水势高的部位流向水势低的部位，直到两者水势差为零。细胞吸水有渗透吸水、吸胀吸水、降压吸水等。具有液泡的植物细胞以渗透吸水为主，吸胀吸水是液泡未发育的分生组织和干燥种子的主要吸水方式。细胞膜上的水通道蛋白使细胞对水的通透能力大大提高。

根系吸收水分最活跃的部位是根毛区。根系吸水可分为主动吸水和被动吸水，其动力分别为根压和蒸腾拉力。影响根系吸水的土壤条件有土壤可用水分、土壤通气状况、土壤温度和土壤溶液浓度等。

蒸腾作用是指水分从植物地上部分以水蒸气状态向外散失的过程。气孔蒸腾是蒸腾作用的主要方式。气孔运动机理可以用淀粉一糖转化学说、苹果酸代谢学说和离子泵学说等解释。参与气孔运动调控的主要因素有光照、温度、水分、CO_2和植物激素等。

植物通过根系从土壤中吸收大量水分，经根茎细胞和维管束系统的运输，最后到达叶片的气孔下腔，并通过气孔散失到空气中。人们把这一系统称为土壤—植物—大气连续系统，其中水势以递减的形式分布。水分在导管或管胞内上升的动力是根压和蒸腾拉力，并以蒸腾拉力为主。内聚力学说认为维持导管中水柱连续不断的原因是水分子的内聚力大于水柱的张力。

合理灌溉是根据作物的生理特点和土壤的水分状况，及时供给作物正常生长发育所必要的水分，以最小的灌溉量获得最大的经济效益。作物的形态指标和生理指标(细胞液浓度、叶片渗透压、叶片水势、气孔开度、气孔阻力)是合理灌溉的主要指标。

植物的水分代谢(water metabolism)是指植物对水分的吸收、运输、利用和散失的过程。植物的一切正常生命活动都必须在细胞含有一定水分的状况下才能进行。自然环境中的植物一方面吸收水分以保证生命活动的需要，另一方面又不断地散失水分以维持体内外的水分循环、气体交换以及适宜的体温。植物需要精确地平衡水分吸收和散失之间的关系，一旦这种平衡关系被打破，必将影响到植物的生长发育，甚至引起死亡。研究植物水分代谢的规律，掌握作物需水规律，建立科学合理的灌溉方法，对农作物的增产增效具有重要的实际意义。

1.1 水分在生命活动中的作用

1.1.1 水分子结构和物理化学性质

水是一种结构不对称而具有偶极离子的极性分子，单个水分子呈V形结构，两个O—H键间形成105°的夹角(图1-1A)。由于水分子中电子云偏向于氧原子，使氧原子端带部分负电荷，氢原子端带部分正电荷，但正负电荷相等，故表现为电中性(electroneutrality)。相邻的水分子间，带部分负电荷的氧原子与带部分正电荷的氢原子通过静电引力而形成氢键，发生水分子间缔合，可以形成瞬时链及环状结构(图1-1B)。分子缔合是放热过程，离解是吸热过程。当温度降低时，水的缔合程度增大，如冰是一个巨大的四面体网络结构的缔合分子，结构中有较大的空隙，而使冰的密度比液态水小；当温度升高时，水的缔合程度降低，主要以单分子状态存在，如水蒸气中约有96.5%的单分子状态水(H_2O)。比热容(specific heat)是指使单位质量的物质温度升高1℃所需的热量，简称比热。除液态氨外，在其他的液态和固态物质中，水的比热最大。因此，水可作为热的缓冲剂，对气温、地温及植物体温有巨大的调节作用，从而有利于植物适应冷热多变的环境。在一定的温度下，将单位质量的物质由液态转变为气态所需的热量就称为汽化热(vaporization heat)。所有液体中，水的汽化热是最大的，这有利于植物通过蒸腾作用有效地降低体温，避免温度升高对细胞造成伤害。

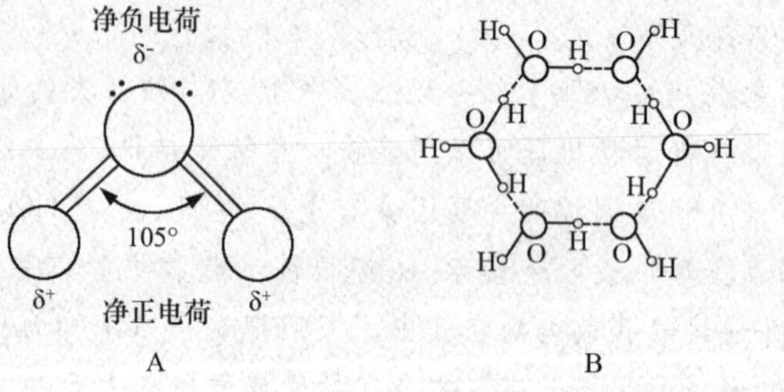

图1-1 单分子水(A)和缔合水(B)

1.1.2 水分在植物生命活动中的作用

植物生命活动对水的需要，包括满足生命活动的生理需水和改善生存环境的生态需水。

1.1.2.1 植物的含水量

水是植物细胞的重要组成部分。植物的含水量占组织鲜重的70%～90%。植物含水量与植物种类、生长环境、组织和器官特点等有关。不同植物的含水量有所不同，例如，水生植物(水浮莲、满江红、金鱼藻等)含水量可达鲜重的90%以上，中生植物含水量在70%～90%，而生长在干旱环境中的低等植物(地衣、藓类)含水量仅占6%左右。同一植物在不同环境中的含水量不同，如生长在荫蔽潮湿环境中的植物，其含水量高于向阳干燥环境中的植物。同一植物不同器官和组织含水量不同，如幼苗、根尖、幼叶等生长旺盛部位的含水量在70%～90%，生长缓慢部位如茎干35%～70%，而休眠种子只有3%～15%。

1.1.2.2　植物含水量的计算

衡量植物含水量的指标主要有绝对含水量和相对含水量，其计算方法及其符号如下：

$$WC = (FW - DW) / FW \times 100\% \tag{1-1}$$

$$RWC = (FW - DW) / (SFW - DW) \times 100\% \tag{1-2}$$

式中 WC 为绝对含水量，RWC 为相对含水量，FW 为鲜重，DW 为干重，SFW 为饱和鲜重，即组织被水充分饱和后的重量。

1.1.2.3　植物体内水分存在状态

植物细胞中的水分通常有束缚水和自由水两种存在状态。束缚水（bound water）是指被细胞内胶体颗粒或大分子吸附或存在于大分子结构空间、不能自由移动的水，也称为结合水。它常用的定义是在某低温下（通常是－20～－25℃）保持不结冰的水，即使长时间在100℃的烘箱中，也不易去掉。自由水（free water）是指不被植物细胞内胶体颗粒或大分子所吸附、能自由移动、并起溶剂作用的水，也称为游离水。由于两者的比例不同，会影响到原生质的物理性质，进而影响代谢的强度。因此，自由水/束缚水比值可作为代谢活动和抗逆性强弱的重要生理指标。当自由水/束缚水比值高时，细胞原生质呈溶胶状态，植物代谢旺盛，生长较快，抗逆性弱；反之，细胞原生质呈凝胶状态，代谢活性低，生长迟缓，但抗逆性强。环境条件可以改变植物体内自由水/束缚水比值，如植物经过干旱锻炼，体内的束缚水含量相对提高，以适应逆境条件。

1.1.2.4　水分在生命活动中的作用

(1)水是原生质的主要成分(70%～90%)，水分的多少决定植物代谢活动的强弱。

(2)水参与植物体内各种生理生化反应。如有机物质的合成和分解、光合作用和呼吸作用等过程中均有水的参与。

(3)水是生理生化反应和物质运输的介质。植物体内的生理生化过程都需要水作为介质。矿质元素的吸收和运输、光合产物的运输及分配、信号物质的传导等也都需要水作为介质。

(4)水使植物保持固有姿态。由于植物细胞高含水量及水的不可压缩性，使得细胞维持一定的紧张度，从而保持植物的固有姿态，有利于植物进行光合作用、蒸腾作用和传粉受精等生理活动。

(5)水调节植物体温和环境气候。由于水分子具有高的比热、汽化热和导热性的特点，因此，在环境温度波动的情况下，植物体内大量的水分可维持体温相对稳定。

水能调节环境气候。大气中的水汽能拦阻地面辐射量的60%，保护地球不冷却。海洋和陆地水体在夏季能吸收和积累热量，使气温不过高，在冬季能缓慢地释放热量，使气温不过低。作物栽培中，利用水来调节田间小气候是农业生产中行之有效的措施。例如，早春寒潮来临时，秧田灌水可保温抗寒。

1.2　植物细胞对水分的吸收

1.2.1　植物细胞的水势

1.2.1.1　自由能与化学势

根据热力学原理，系统中物质的总能量可分为束缚能和自由能。束缚能（bond energy）是不能用于做有用功的能量。在恒温、恒压条件下，体系可以用来对环境做功的那部分能量叫自由能(free energy)。自由能在热力学文献中常称为吉布斯(Gibbs)自由能，用字母 G 表示，它是以温度 T 和压力 p 为变量的特征函数。常采用自由能的变化来判别等温等压条件下体系的平衡状态和反应进行的方向，即可用 ΔG 判断过程自发与否。当 $\Delta G<0$，表示体系内反应可以自发发生，向自由能减小方向发展；当 $\Delta G>0$，表示体系内反应不可自发发生，外界需要供能方可进行；当体系 $\Delta G=0$，即自由能不变时，体系处于动态平衡状态。

对于多组分体系来说，体系内各组分的含量会发生变化。这种情况可能是由于开放系统中物质流带来的影响，也可能是封闭系统中发生化学反应或物相变化的结果。化学势(chemical potential)用来描述体系中各组分发生化学反应的本领及转移的潜在能力，用字母 μ 表示。组分 j 的化学势(μ_j)是指当多组分体系的温度 T，压力 p 和所有其他组分 $i\neq j$ 都保持不变的情况下，增加 1 mol 的组分 j 时体系自由能 G 的增加量。

$$\mu_j = \left(\frac{\partial G}{\partial n_j}\right)_{T,p,n_i} \quad (n_i \neq n_j) \tag{1-3}$$

化学势的单位用焦耳·摩尔$^{-1}$($J\cdot mol^{-1}$)表示。化学势的绝对值是无法确定的，通常将一定条件下纯水的化学势规定为零。同样，$\Delta\mu_j$ 可以用来判断组分 j 起反应或转移的潜在能力。物质总是从化学势高的地方自发地向化学势低的地方转移，直至动态平衡。

1.2.1.2 水势

水的化学势用来描述体系中水分子发生化学反应的本领及转移的潜在能力，用 μ_w 表示。在植物生理学中，广泛使用水势的概念来表示水分子发生化学反应的本领及转移的潜在能力。水势概念是从热力学的基本规律中推导出来的，它由自由能、化学势引申而来。水势(water potential)是指在等温等压下，体系中每偏摩尔体积的水与纯水之间的化学势差，用符号 Ψ_w(音 psi)表示。

$$\Psi_w = (\mu_w - \mu_w^0)/V_{w,m} = \Delta\mu_w / V_{w,m} \tag{1-4}$$

式中 μ_w^0 为纯水的化学势，$\mu_w-\mu_w^0$ 为水与纯水之间的化学势差($\Delta\mu_w$)，$V_{w,m}$ 为水的偏摩尔体积，单位为 $m^3\cdot mol^{-1}$。由此推出，水势的单位是 $J\cdot m^{-3}$，即 $N\cdot m^{-2}$，为压力单位，目前国际上通用兆帕(MPa)来表示，也可用帕(Pa)、巴(bar)、大气压(atm)表示，它们之间的换算关系是：1 MPa = 10^6 Pa =10 bar=9.87 atm。

某物质的偏摩尔体积是指在等温等压下，混合体系中 1 mol 该物质的有效体积，是指在温度、压强及其他组分不变的条件下，在无限大的体系中加入 1 mol 某物质时，体系体积增加的量。

与自由能和化学势一样，水势的绝对值也不易测定。纯水的水势被规定为零，这里说的纯水是指不以任何方式(物理或化学)与其他物质结合的纯的自由水。水总是由高水势处自发流向低水势处，直到两处水势相等。任何含水体系的水势会受到能改变水自由能的诸因素(如压力、溶质、温度和高度等)的影响，使体系的水势有所增减。由于溶液中溶质颗粒会降低水的自由能，所以溶液的水势为负值。植物叶片的水势一般为−1.5～−0.3 MPa。

1.2.1.3 植物细胞水势的组成

典型细胞的水势组成：

$$\Psi_w = \Psi_s + \Psi_p + \Psi_m \tag{1-5}$$

式中 Ψ_s 为溶质势，Ψ_p 为压力势，Ψ_m 为衬质势。

(1)溶质势(solute potential，Ψ_s)　是指由于溶质颗粒的存在而引起体系水势降低的数值，又称为渗透势(osmotic potential，Ψ_π)，为负值。细胞渗透势主要受细胞液浓度的影响，凡是影响细胞液浓度的内外因素，都可引起渗透势的改变。一般陆生植物叶片细胞的 Ψ_s 是 −2～−1 MPa，旱生植物叶片细胞的 Ψ_s 可以低到 −10 MPa。

渗透势可以利用范德霍夫公式计算：

$$\Psi_s = -iCRT \tag{1-6}$$

式中 i 为解离系数，C 为溶质的摩尔浓度($mol \cdot kg^{-1}$)，T 为绝对温度(K)，R 为气体常数($0.008\,3\ L \cdot MPa \cdot mol^{-1} \cdot K^{-1}$)，$\Psi_s$的单位为 MPa。

(2)压力势(pressure potential，Ψ_p)　是指由于静水压的存在而使体系水势改变的数值，一般为正值。原生质吸水膨胀，对细胞壁产生压力(膨压，turgor pressure)，由于细胞壁相对刚性，原生质体则受到一种与膨压大小相等、方向相反的壁压。由细胞壁压力引起细胞水势增加的数值，就是细胞的压力势，通常情况下为正值；在特殊情况下，压力势也可为负值或等于零，例如，当细胞失水引起初始质壁分离时，细胞的压力势为零，而剧烈蒸腾时，细胞的压力势则为负值。植物导管中溶液常处于负压下。

(3)衬质势(matrix potential，Ψ_m)　是指由于衬质与水相互作用而引起水势降低的数值，一般为负值。衬质是指表面能够吸附水分的物质，如蛋白质(体)、纤维素、染色体、膜系统等。干燥种子中，细胞原生质处于凝胶状态，其细胞的水势主要是由衬质势组成，其衬质势可达 −100 MPa。未形成液泡的细胞，主要利用构成细胞壁的果胶和纤维素以及细胞的蛋白质亲水胶体对水的吸附力吸收水分。而已形成液泡的细胞，其衬质势只有 −0.01 MPa，对总水势的影响可以忽略不计。

此外，重力对水势也有影响，称为重力势(gravitational potential，Ψ_g)。重力势与水的密度、重力加速度、水相对参考状态的高度有关。每 10 m 的高度对水势的增加量约 0.1 MPa。

综上所述，不同细胞由于体系组成的差异，其水势组成亦有差异。对于形成液泡的成熟细胞，其含水体系主要由细胞质、液泡、细胞器等构成。由于水分平衡时，细胞各部位的水势相等，但细胞质和细胞器水势组成复杂难以测定，而液泡水势较易测定，其衬质势可忽略不计，所以成熟细胞的水势由液泡水势来代替，即：

$$\Psi_{w细胞} = \Psi_{w液泡} = \Psi_s + \Psi_p \tag{1-7}$$

对于无液泡的风干种子、液泡未发育的分生组织等细胞的水势，Ψ_m 是细胞水势的主要组成，其水势等于衬质势：

$$\Psi_w = \Psi_m \tag{1-8}$$

由于植物细胞具有坚硬的细胞壁，因此很小的细胞体积变化都会引起细胞膨压的很大变化，进而引起水势的改变。细胞体积、Ψ_w、Ψ_p、Ψ_s 之间的关系可以用 Höfler 图解来表示(图 1-2)，当细胞相对体积较大时，细胞水势的变化主要是 Ψ_p 引起的，而细胞 Ψ_s 改变较小。细胞壁越坚硬，曲线的斜率 ε 越大，由细胞体积变化引起的细胞膨压变化就越大。曲线的斜率 ε 并非不变，随着细胞相对体积的下降、膨压的降低而减少。当细胞相对体积降低到 90% 以下时，细胞水势的变化主要是由 Ψ_s 的改变决定的。

1.2.2 植物细胞吸水的方式

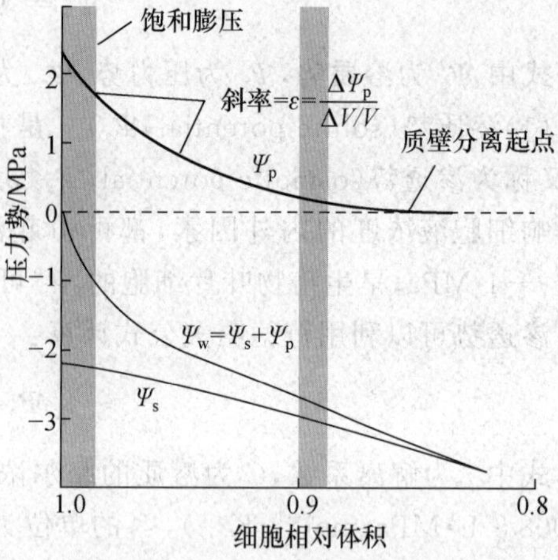

图 1-2 改进的 Höfler 图

(引自武维华,2003)

水分运动方式包括扩散和集流。物质在一个系统中从较高化学势区域移向较低化学势区域的现象称为扩散作用(diffusion),扩散是短距离水分运输的主要方式,如细胞间水分转移。由于压力差的存在而形成的大量分子集体运动的现象称为集流(bulk flow),即液体中成群的原子或分子在压力梯度或水势梯度作用下共同移动的现象。集流是长距离运输的主要方式,如木质部导管中的水分移动。溶剂分子从较高化学势区域通过半透膜(选择透性膜)向较低化学势区域扩散的现象称为渗透作用(osmosis),渗透是一种特殊的扩散形式。水分的跨膜运输包括依赖于浓度梯度的跨膜扩散,也包括通过膜上水通道蛋白的微集流运动。

无论水的运动方式如何,植物细胞的水分运输,都遵循水势规律,即细胞与外液或相邻细胞之间的水分移动状况取决于其水势差。当细胞水势高于外液或相邻细胞时,细胞失水;反之则吸水,细胞水势越低,其吸水能力越强;当细胞水势等于外液或相邻细胞时,水分处于动态平衡之中。水势差不仅决定水分运动的方向,也影响水分运动的速度。

植物细胞主要的吸水方式包括:渗透吸水、吸胀吸水、降压吸水和代谢性吸水等。

1.2.2.1 渗透吸水

把蚕豆种皮紧缚在漏斗上,注入蔗糖溶液,然后把整个装置浸入盛有纯水的烧杯中,漏斗内外液面相等。由于蚕豆种皮接近半透膜(semipermeable membrane),所以整个装置就成为一个渗透系统(图 1-3)。在一个渗透系统中,水的移动方向决定于半透膜两边溶液的水势高低,水分子从水势高的溶液流向水势低的溶液。由于纯水的水势高,蔗糖溶液的水势低,所以漏斗的玻璃管内液面上升,静水压也开始增高。随着水分逐渐进入玻璃管内,液面越上升,静水压也越大,水分从玻璃管内向烧杯移动速度就越快,膜内外水分进出速度越来越接近。最后,水分进出的速度相等,呈动态平衡,液面不再上升。水分从水势高的系统通过半透膜向水势低的系统移动的现象,就称为渗透作用。

成熟的植物细胞具有一个大液泡,其细胞壁主要是由纤维素分子组成的微纤丝构成,水分和溶质都可以通过;细胞的质膜和液泡膜等生物膜是选择透性膜,水分子易于透过,而对其他溶质分子或离子则具有选择性。如果把由液泡膜、质膜和其间的细胞质构成的原生质层看作是半透膜,当把植物细胞置于纯水或溶液中时,细胞原生质层、液泡内的细胞液与外界溶液之间就构成了渗透体系,会发生渗透作用。植物细胞通过渗透作用进行的吸水方式称为渗透吸水(osmotic

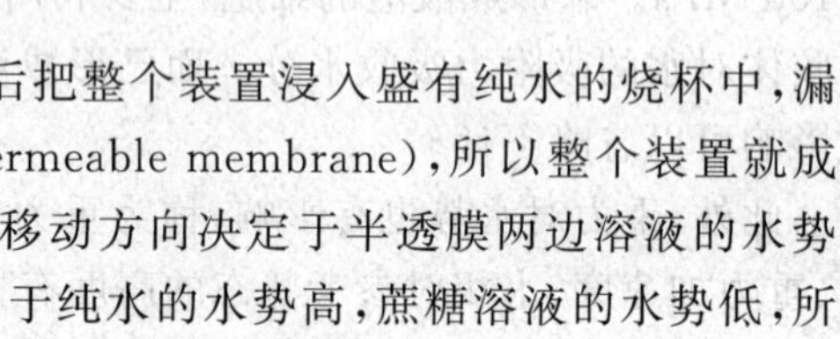

图 1-3 渗透现象

absorption of water)，是液泡化的细胞主要吸水方式。

质壁分离和质壁分离复原实验证实，植物细胞通过渗透作用吸水或失水。当细胞液泡的水势高于外界溶液的水势时，细胞开始失水，体积逐渐缩小；当细胞继续失水时，由于细胞壁和原生质层的伸缩性差异，细胞壁无法继续缩小，原生质层便和细胞壁慢慢分开；当细胞原生质刚开始在细胞角隅处与细胞壁发生分离时，为初始质壁分离；如果进一步失水，原生质体与细胞壁则完全分开，这种现象被称为质壁分离(plasmolysis)。如果把发生了质壁分离的细胞浸在水势较高的稀溶液或纯水中时，细胞吸水，整个原生质层很快会恢复到原来的状态，重新与细胞壁相接触。这种质壁分离的细胞重新吸水而使原生质体慢慢恢复原来状态的现象称为质壁分离复原(deplasmolysis)。

利用细胞质壁分离和质壁分离复原的现象可以解决以下几个问题：①说明原生质层是选择透性膜，植物细胞是一个渗透体系；②判断细胞是否为活细胞，因为死细胞不发生质壁分离现象；③测定细胞液的渗透势，细胞处于初始质壁分离状态时，$\Psi_p=0$，$\Psi_s=\Psi_w$，溶液的水势等于细胞的渗透势，由此可以计算细胞的渗透势；④判断物质透过原生质体的速度，同时可以比较原生质黏度大小。

成熟的植物细胞是一个自动调节的渗透系统。由于细胞吸水或失水过程中，细胞体积、水势及其组分发生有规律的变化，从而引起细胞吸水能力的改变(图1-4)。①若将细胞置于高水势溶液(纯水)中时，随着细胞吸水，细胞相对体积变大，膨压增加，其 Ψ_p 逐步增加，伴随着细胞含水量的增加，Ψ_s 也逐步提高，Ψ_w 增大，细胞吸水能力下降；②当细胞吸水达到紧张状态，细胞相对体积最大时，$\Psi_w=0$，$\Psi_p=-\Psi_s$；③若将细胞放到低水势溶液中时，随着细胞失水，体积缩小，Ψ_w、Ψ_p 和 Ψ_s 也相应降低，达到初始质壁分离时，$\Psi_p=0$，$\Psi_w=\Psi_s$；④若外界溶液的水势很低，细胞继续失水，则发生质壁分离，此时，$\Psi_p<0$，Ψ_s 和 Ψ_w 不断降低，细胞吸水能力不断上升。

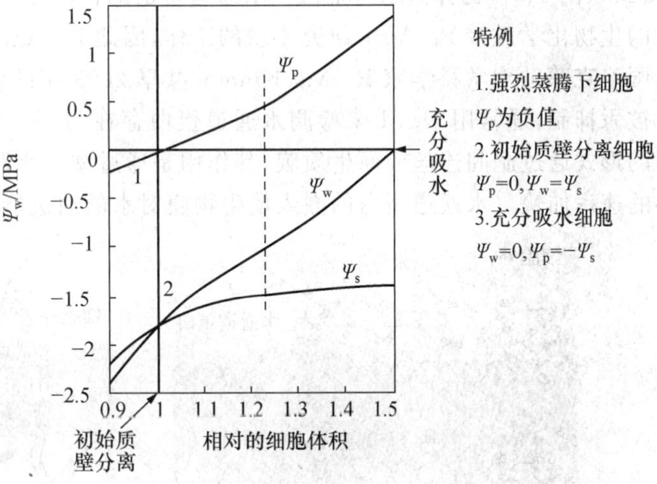

图 1-4　植物细胞体积、水势及其组分的变化

1.2.2.2　吸胀吸水

植物细胞中果胶、淀粉、纤维素和蛋白质等亲水性胶体物质吸引水分子的力量称为吸胀力，吸胀力大小与细胞亲水性胶体物质性质有关，蛋白质类物质吸胀力最大，淀粉次之，纤维素较小。豆类种子由于富含蛋白质，其吸胀吸水大于禾谷类种子。

亲水胶体物质吸水膨胀的现象称为吸胀作用(imbibition)。依靠亲水胶体的吸胀力引起水分吸收的方式称为吸胀吸水(imbibition absorption of water)，它是依赖于低的 Ψ_m 而引起的吸水，是液泡未发育的分生组织和干燥种子细胞的主要吸水方式。

1.2.2.3 降压吸水

将由 Ψ_p 的降低而引起的细胞吸水方式称为降压吸水(negative pressure absorption of water)。如蒸腾旺盛时,木质部导管和叶肉细胞(特别是萎蔫组织)的细胞壁都因失水而收缩,甚至向内凹陷而使压力势下降,从而引起这些细胞水势下降而吸水。

1.2.2.4 代谢性吸水

试验证明,细胞吸水与呼吸代谢有关。当通气良好,呼吸加强时,细胞吸水加强;相反减少氧气或用呼吸抑制剂处理,细胞吸水相应减少。植物细胞利用呼吸作用产生的能量使水分经过质膜进入细胞的过程,叫作代谢性吸水(metabolic absorption of water)。但这种吸水方式的机制还没有可靠的解释,也没有直接证据,因此这种吸水方式是否存在,意见也不统一。即使存在,其吸水所占比例也很小。

1.2.2.5 水分跨膜运输与水通道蛋白

水的跨膜转运除了简单扩散外,还存在通过水通道蛋白的跨膜运输。目前在许多动、植物及微生物中相继发现类似的专一性运输水的膜蛋白,被统称为水通道蛋白(Aquaporin, AQPs)(图 1-5),也称为水孔蛋白。水通道蛋白的首次分离源自美国约翰·霍普金斯大学医学院的生物化学教授 P. Agre 研究小组的工作,因此 P. Agre 与研究钾通道蛋白结构和机理的美国洛克菲勒大学科学家 R. MacKinnon 共享 2003 年的诺贝尔化学奖。水通道蛋白的活力可被汞抑制,通常用 $HgCl_2$ 来检测水通道蛋白存在与否。现已证实,水通道蛋白允许水以集流的形式通过胞间连丝或原生质膜,其作用是通过减小水跨膜运动的阻力而使细胞间水分迁移的速率加快。水通道蛋白的嵌入使生物膜对水的通透能力大大提高。

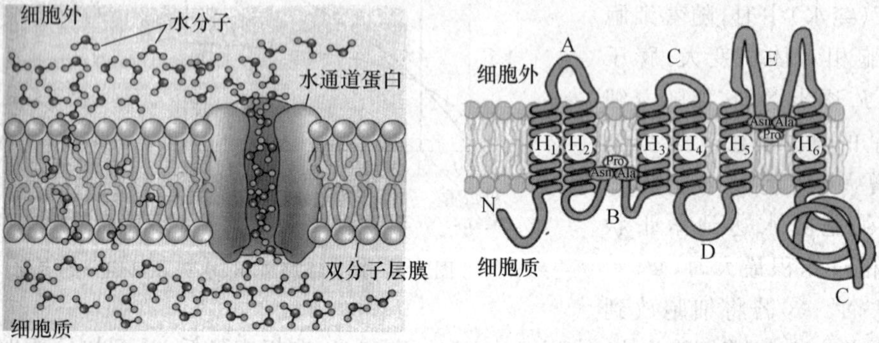

图 1-5 水分跨过细胞膜的途径

左图为水分子借助扩散或水通道蛋白进入细胞,右图为水通道蛋白结构示意图。

AQPs 在植物中分布广泛,具有丰富的多样性。到目前为止,在拟南芥、烟草、菠菜、马铃薯、胡萝卜、玉米和水稻等许多植物中都发现了 AQPs。AQPs 是由多基因家族编码的,已发现在拟南芥中有 35 个基因编码 AQPs,而玉米和水稻中也存在 33 个 AQPs 基因。最近在非维管束植物球蒴藓中发现有 23 个 AQPs 基因。根据氨基酸序列的同源性及结构特征,通常将植物 AQPs 分为 5 类(表 1-1):质膜内在蛋白(plasma membrane intrinsic proteins, PIPs),位于质膜上,分为 PIP1、2、3 三个亚类;液泡膜内在蛋白(tonoplast intrinsic proteins, TIPs),处于液泡膜上,分为 α、β、γ、δ 和 ε-TIP 五个亚类;类 Nod26 膜内在蛋白(nodulin 26-like intrinsic proteins, NIPs),存在于根瘤菌和豆科植物的共生膜上;小分子碱性膜内在蛋白

(small and basic intrinsic proteins，SIPs)，分为 SIP1 和 SIP2 两个亚类；类 GlpF(glycerol facilitator)膜内在蛋白(GlpF-like intrinsic proteins，GIPs)。

表 1-1　植物 AQPs 的分类、细胞定位和运输选择性

(引自李红梅，2010)

类型	亚类	细胞定位	运输选择性
PIPs	PIP1、PIP2 和 PIP3	质膜	水、CO_2、甘油和甘氨酸
TIPs	α、β、γ、δ 和 ε-TIP	液泡膜	水、氨水、尿素和 H_2O_2
NIPs	NOD26 和 LIP2	质膜和细胞内膜	水、甘油、尿素、硼酸和硅等
SIPs	SIP1 和 SIP2	内质网	水及其他小分子
GIPs	PpGIP1-1	可能在质膜	甘油，对水没有或只有极低的通透性

植物水通道蛋白的分布表现出明显的器官、组织和细胞特异性。植物水通道蛋白的功能可归纳为：①促进水的长距离运输。水从植物根到叶的长距离运输有 3 个不同的平行途径，即共质体途径、质外体途径、跨细胞途径，水通道蛋白在跨细胞途径中起主要作用。②在逆境应答等过程中促进细胞内外的跨膜水分运输，调节细胞内外水分平衡，该过程由质膜水通道蛋白(PIPs)来完成。③调节细胞的胀缩。通过存在于液泡膜上的水通道蛋白(TIPs)使水快速出入液泡以保证细胞能迅速膨胀和紧缩。④运输其他小分子物质。所谓水通道蛋白专一运输水分的功能是相对的，目前在植物中也发现少量水通道蛋白可同时运输其他小分子物质，如 CO_2、甘油和尿素等。⑤ 参与光合作用。有证据显示，植物 AQP 参与 CO_2 的跨膜运动，进而影响光合作用。⑥ 参与氮代谢。AQP 运输尿素和 NH_3 等含氮小分子，这对于植物氮代谢具有重要作用。⑦ 参与开花生理。AQP 参与植物的花药开裂、花粉识别、花粉萌发和花朵开放等开花相关生理过程。⑧ 参与果实的发育与成熟、种子的成熟与萌发。

植物 AQP 的活性受到门控(gating，即水通道开关)的调控，调控方式涉及 AQP 的磷酸化、异聚化、糖基化和甲基化及细胞环境的质子梯度(pH)、Ca^{2+}、活性氧和细胞渗透压等。其中，磷酸化是 AQP 活性门控调节的一种重要方式，活体试验、质谱分析及免疫检测均表明植物 AQP 的 PIP、TIP 和 NIP 等亚类都能够被磷酸化，从而提高膜的水通透性。

植物 AQP 的表达受植物激素脱落酸、赤霉素、乙烯等植物激素以及植物发育的调节。大量研究表明，脱落酸可增加 AQP 的表达，从而增强向日葵、大麦、高粱、玉米和水稻等许多植物根的水分输导能力。植物 AQP 的表达受干旱、盐胁迫、低温等逆境条件的调节，如干旱胁迫即可诱导 AQP 的表达，也可抑制 AQP 的表达。有研究表明，干旱处理使得水稻根中 OsTIP1-1、OsTIP1-2 和 OsTIP4-1 的表达上调，OsTIP4-3 的表达则受到抑制。

1.3　植物根系对水分的吸收

1.3.1　根系吸水的部位

根系顶端幼嫩部分包括根冠、分生区、伸长区和根毛区，其中根毛区是根系吸水的主要部位(图 1-6)。根毛是根表皮细胞的延伸，它的快速生长，不仅扩大了根吸收水分的面积，也有利于根与土壤颗粒的密切接触。另外，根毛区的输导组织已经形成，而木栓化程度低，有利于水分向地上部位的转移。由于植物吸水主要靠根尖，因此，移栽时尽量保留细根，减轻移栽后植株的萎蔫程度，提高成活率。

1.3.2 根系吸水的途径

根系吸水的途径包括质外体途径、共质体途径和跨细胞途径（图 1-7）。

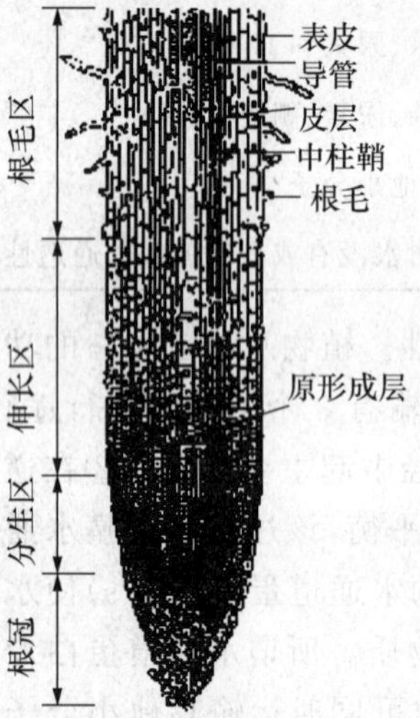

图 1-6 大麦根尖纵切面

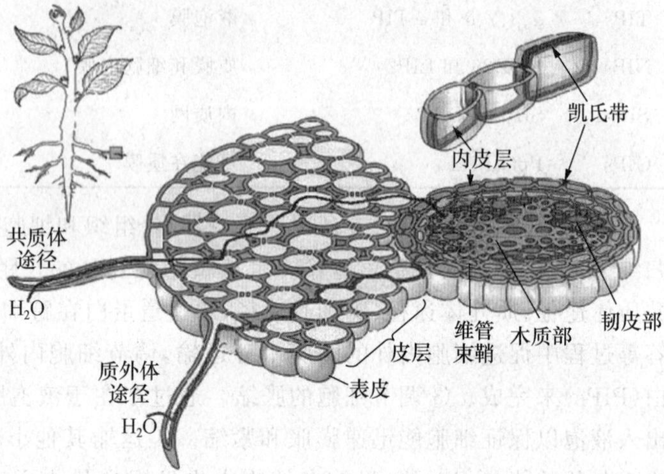

图 1-7 根部吸水的途径

质外体途径(apoplast pathway)是指水和溶质可以自由扩散到自由空间，包括细胞壁、细胞间隙和木质部导管。水分在质外体途径中移动的阻力小，速度快。由于内皮层凯氏带的存在，根质外体途径被分隔成为两个区域：一是内皮层外部分，包括根毛、皮层的胞间层、细胞壁和细胞间隙；二是内皮层内部分，包括成熟的导管和中柱各部分细胞壁。

共质体途径(symplast pathway)是水分从一个细胞的细胞质经过胞间连丝移动到另一细胞的细胞质过程，水分在共质体途径中移动的阻力大，速度慢。

跨细胞途径(transcellular path)是指水分从一个细胞移动到另一个细胞的过程，其中水分要两次跨过质膜，主要是膜上的水通道蛋白起重要作用。由于技术的原因，目前无法将共质体途径和跨细胞途径区别开来，通常合称为细胞途径(cellular pathway)。

植物体内到底哪条水分运输途径占优势，因物种、根部位以及环境条件而异。如蒸腾作用旺盛的玉米和棉花主要以质外体途径为主，在大麦和菜豆根中以细胞途径为主。洋葱根的幼嫩部位(0.10～0.45 cm)以质外体途径为主，而在较老部位(0.50～1.20 cm)则以细胞途径为主。

1.3.3 根系吸水的方式和驱动力

按其吸水动力不同，根系吸水方式可以分为两类：被动吸水和主动吸水。

1.3.3.1 被动吸水

被动吸水(passive absorption of water)是由于地上部的蒸腾作用而引起的根部吸水方

式，其驱动力是蒸腾拉力。蒸腾拉力(transpirational pull)是指因叶片蒸腾作用而产生的使导管中水分上升的力量。

水分在导管中的移动是一种集流，其上升的动力为压力势梯度。当气孔张开后，气孔下腔周围的叶肉细胞因蒸腾失水，而导致 Ψ_w 下降，从相邻细胞夺取水分，进一步使叶脉导管失水，引起压力势下降，并形成根冠间导管中的压力梯度；在压力梯度作用下，根导管中水分向上输送，造成根部细胞水分亏缺，水势降低，从而使根部细胞从周围环境中吸收水分。由此可见，被动吸水过程中，根只为水分进入植物体提供了通道。在光照下，正在蒸腾的枝叶可通过被麻醉或根死亡的枝条吸水证实了蒸腾拉力的存在。

1.3.3.2　主动吸水

主动吸水(active absorption of water)是由于根系本身的生理活动而引起的吸水方式，其驱动力是根压。根压(root pressure)是指由于植物根系的生理活动使液流从根部上升的压力。将一株生长旺盛的植物在近地面处切断，切口处套上橡皮管并与压力计相接，即可测得根压的数值。大多数植物的根压为 0.1～0.2 MPa，有些木本植物可达 0.6～0.7 MPa。根压的产生与根系主动吸收矿质元素有关。

植物根系可以看成是一个渗透体系，内皮层细胞由于凯氏带的存在起着选择透性膜的作用，根系对水分的吸收取决于内皮层内外水势梯度。当植物根系利用呼吸作用释放的能量主动吸收土壤溶液中的离子，将其转运到根的中柱和木质部导管后，中柱细胞和导管中的溶质浓度增加，水势下降；当导管水势低于土壤水势时，土壤中的水分便可自发地顺着内皮层内外的水势梯度从外部渗透进入中柱和导管，由此产生了使水分向上运输的动力，即根压，从而引起根系的主动吸水。

伤流和吐水是证实根压存在的两种生理现象，可作为根系生理活动的指标。

伤流(bleeding)是指从受伤或折断的植物组织溢出液体的现象。如果将切断部位用橡皮管连接到一个压力计上(图 1-8)，可以测到木质部中的正压力，即根压。从伤口流出的汁液叫伤流液，伤流液的数量和成分，可作为根系活动能力强弱的生理指标。

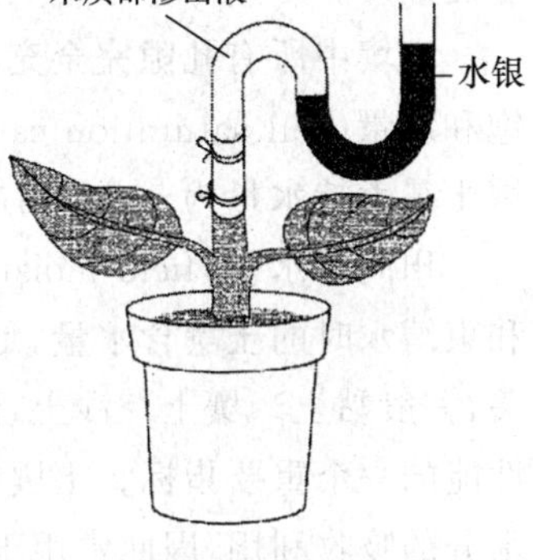

图 1-8　植物根压测定示意图
(引自武维华，2003)

吐水(guttation)是指未受伤的叶片尖端或边缘向外溢出液滴的现象。吐水现象经常发生在气温高、湿度大、空气中水蒸气接近饱和且无风的夜晚。生长健壮、根系活动较强的作物，吐水量较多；被呼吸抑制剂处理的植株根系，其吐水量下降。因此，吐水现象可以作为根系生理活动的指标，用于判断幼苗长势的强弱。

根压和蒸腾拉力在根系吸水过程中同时存在，其所占比例因植株蒸腾强度不同而存在差异。一般来说，植物主要以被动吸水为主；只有在叶片蒸腾较低时，主动吸水才成为植物的主要吸水方式，如春季叶片未展开的时候或秋季落叶后的树木。

1.3.4 影响根系吸水的环境因子

影响根系吸水的环境因子主要有两种，一是大气因子，通过影响蒸腾拉力来影响根系吸水；二是土壤因子，其中土壤水分状况、土壤通气状况、土壤溶液浓度和土壤温度等都影响植物根系对水分的吸收。

1.3.4.1 土壤水分状况

土壤水按其能否被植物利用，可分为可利用水和不可利用水。当植物蒸腾失水的速率大于根系吸水的速率时，体内水分亏缺致使茎、叶出现下垂现象，即萎蔫(wilting)。若在蒸腾作用减弱后即可恢复正常状态的萎蔫称为暂时萎蔫(temporary wilting)，它并非土壤缺乏植物可利用水而产生的。若蒸腾作用减弱后仍不能恢复原状，则称为永久萎蔫(permanent wilting)，这是由于土壤中缺乏植物可利用的水所造成的，此时土壤的水分含量就是土壤永久萎蔫系数(permanent wilting coefficient)。土壤永久萎蔫系数用来表示植物可利用土壤水的下限，以土壤水的形态而言，大致相当于全部吸湿水以及部分膜状水。不同质地土壤的永久萎蔫系数有差异，如粗沙为1%、沙壤为6%、黏土为15%左右，但水势却基本相同，约为−1.5 MPa。

土壤水分按其存在形态，可大致分为下列几种类型：固态水、气态水、束缚水和自由水。土壤水冻结时形成冰晶的为固态水；存在于土壤空气中的水蒸气为气态水；束缚水又分为吸湿水(紧束缚水)和膜状水(松束缚水)；自由水又分为毛管水、重力水和地下水，其中毛管水又分为悬着水和支持毛管水。毛管水是指存在于土壤颗粒间的毛细管中的水分，能为植物吸收利用。重力水是指存在于大的土壤空隙中，很容易因重力的作用而渗透到土壤深层的水，重力水因占据空气空间而有害无利。束缚水是指被土壤颗粒所紧紧吸附的水合层中的水，植物不能利用。

土壤中所有孔隙完全充满水分时的含水量称为最大持水量(greatest capacity)，又称土壤饱和水量(soil saturation capacity)。最大持水量大小与土壤质地有关。团粒结构良好的沙壤土最大持水量为50%左右。

田间持水量(field moisture capacity)是指当土壤中重力水全部排除，而保留全部毛管水和束缚水时的土壤含水量，是大多数植物可利用的土壤水上限。田间持水量也与土壤质地有关，一般黏土＞壤土＞沙土，而水势仅稍稍低于0，约为−0.01 MPa。田间持水量是土壤保水性能的一个重要指标。土壤自然含水量相当于田间持水量的70%～100%，最有利于植物对水分的吸收利用，因此常用于设计田间排灌沟渠、拟订灌排水定额。

田间持水量减去土壤永久萎蔫系数所得的值为植物可利用水。土壤有效含水量范围与土壤质地、土壤结构、土壤有机质含量和土壤层位有关，一般来讲，壤土的有效含水量范围大，而黏土和沙土的有效含水量范围则较小。

土壤水势包括渗透势和压力势两部分，通常土壤溶液渗透势较高，约−0.01 MPa，盐碱土可达−0.2 MPa；压力势一般接近0，但干燥土壤的压力势可达−3.0 MPa。一般来说，低于−3.1 MPa的水为土壤束缚水，−3.1～−0.01 MPa的水为毛细管水，高于−0.01 MPa的水为重力水。对于大多数植物，当土壤含水量达到永久萎蔫系数时，其水势约为−1.5 MPa，该水势称为永久萎蔫点(permanent wilting point)。

虽然不同土壤的田间持水量和永久萎蔫系数相差很大，但不同土壤在达到田间持水量和永久萎蔫系数的水分含量时，其水势却相等（图 1-9），因此，判断土壤水分的运动方向或作物根系能否吸水决定于土壤不同部位、土壤与根系之间的水势差异。

1.3.4.2　土壤通气状况

土壤中的空气组成与大气相比较而言，CO_2含量高于大气几十倍，而O_2的含量略低于大气，水汽处于饱和状态，且含有一定量的还原性气体，如CH_4、H_2S 等。土壤的空气组成不是固定不变的，受土壤的水分、温度、深度、pH、微生物活动等影响。尤其是淹水的土壤，CO_2含量更高，O_2含量更低，还原性气体含量也很高。土壤中的O_2和CO_2浓度对植物根系吸水的影响很大，当土壤中CO_2浓度过高或O_2不足时，如通气不良或渍水土壤中，首先抑制根系的有氧呼吸，减少能量供应，影响根系主动吸水；其次，由于能量供应减少，不利于根尖细胞分裂，抑制根系生长和吸水面积的扩大；第三，植物根系和微生物因无氧呼吸而累积的还原性有机酸、醇及CH_4、H_2S 等强还原物质，会使根系中毒受伤。

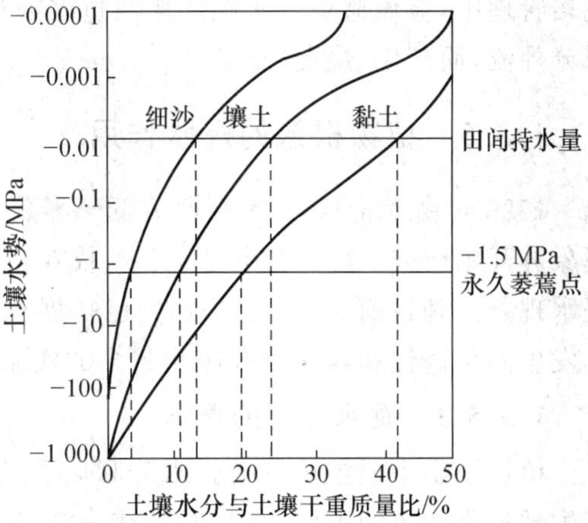

图 1-9　不同土壤的含水量与水势的关系

（引自李合生，2002）

土壤中还原性物质的积累造成土壤的氧化还原电位（Eh）迅速、大幅度降低，例如，一般森林土壤和农业旱作土壤通气条件良好，Eh 大多在＋400～＋700 mV，而沼泽化土壤和水稻田 Eh 值大多在＋200 mV 以下。就同一土壤而言，其 Eh 值总是随着水分和通气状况的波动而产生相应的变化，因此 Eh 值可作为土壤通气性的指标。

农业栽培中，中耕耘田、排水晒田等措施就在于增加根系周围的O_2、减少CO_2以及消除H_2S 等的毒害，以增强根系的吸水和吸肥能力。

1.3.4.3　土壤温度

在适宜的温度范围内，土壤温度越高，根系吸水愈多。高温、低温对水分的吸收都是不利的。土壤温度过低影响根系吸水的原因是：①低温使水的黏性增大、扩散速率降低；②低温使原生质黏性增大，水分扩散阻力加大；③低温使呼吸减弱，能量供应减少，影响根系主动吸水；④低温使根系生长缓慢，有碍吸水面积的增加。土壤温度过高影响根系吸水的原因是：提高根的木质化程度，加速其老化，减少根系吸收面积；使根细胞中的各种蛋白酶变性失活。

通常，急剧降温要比缓慢降温对吸水的影响大，所以要尽量避免高温时灌溉作物。如夏天烈日下，冷水浇灌会急剧减少根系对水分的吸收，导致植株萎蔫，“午不浇园”就是这个道理。

1.3.4.4　土壤溶液浓度

在潮湿的土壤中，土壤溶液的渗透势是决定土壤溶液水势的主要成分。土壤溶液浓度通过影响土壤水势，从而对根系吸水产生影响。当土壤溶液浓度较低，土壤水势较高时，根系易于吸水；而盐碱地，由于盐分浓度高，土壤水势低（有时低于－10 MPa），造成作物吸水困难。盐碱地里大多数农作物不能正常生长的原因之一就是土壤溶液浓度过高造成的。因此，作物栽培管理中，应该避免一次施用肥料过多或过于集中，否则会阻碍根系吸水，甚至导致根细胞水分外流，而产生“烧苗”现象。

1.3.5 植物根系的提水作用

1929 年由 Magistad 等在研究低于萎蔫含水量时植物与土壤的关系中发现植物根系提水现象并开始研究，其后在小麦、玉米、棉花、苜蓿、高粱、大麦等植物的研究中均证明具有根系提水现象。到目前为止，这一研究已扩展至乔木、灌木、牧草和农作物等二十多个植物种类，其发生的普遍性和客观性被越来越多的实验所证实。

1.3.5.1 提水作用的概念

植物根系不但担负着吸收水分和矿质营养，合成并输出一些信号物质，参与地上部分许多生理过程调节的重要作用，而且在一定条件下具有向干燥的土壤释放部分水分，以维持处于干旱土壤中根系的活力，增强植物的抗旱性的重要功能，这就是植物根系的提水作用(hydraulic lift)。具体而言，就是指在植物蒸腾降低的情况下，处于深层湿润土壤中的部分根系吸收水分，并通过输导组织运至浅层根系，进而释放到周围较干燥土壤之中，这种现象称为植物根系的提水作用，如图 1-10 所示。

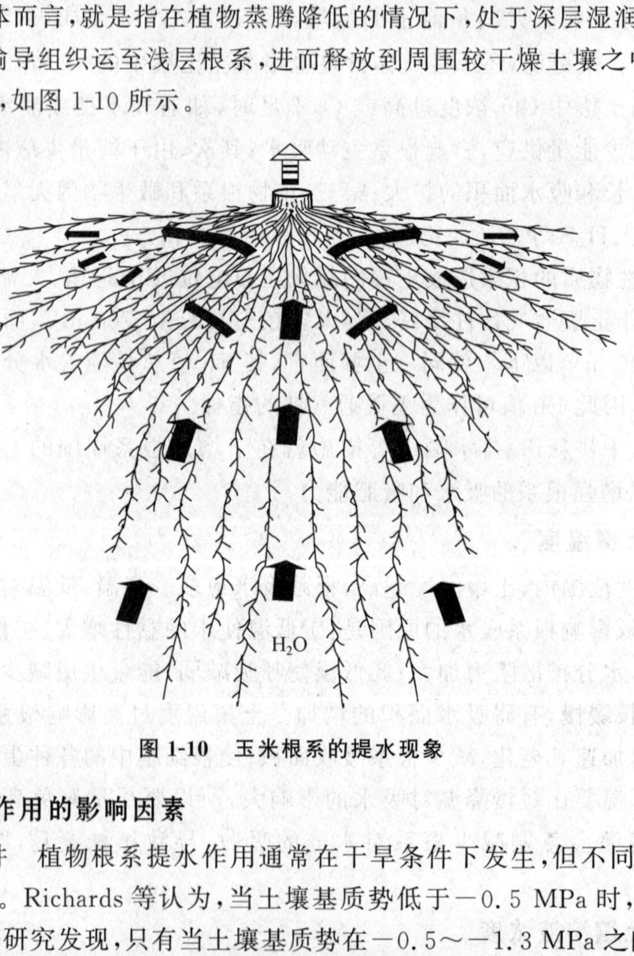

图 1-10　玉米根系的提水现象

1.3.5.2 提水作用的影响因素

(1)土壤水分条件　植物根系提水作用通常在干旱条件下发生，但不同植物发生时的土壤水势可能是不同的。Richards 等认为，当土壤基质势低于－0.5 MPa 时，三齿蒿根系才发生提水作用；Baker 等研究发现，只有当土壤基质势在－0.5～－1.3 MPa 之间时，才能测到根系的提水作用。Vetterlein 等的研究结果表明，当土壤基质势降至－10 MPa 以下时，提水作用会停止。Corak 等则认为，根系提水作用虽然只有在干旱条件下发生，但土壤水势不能过低，水势过低时，干土的阻力会限制根系中水分向土壤扩散。

(2)植物种类　不同植物根系提水作用有明显的差异。有研究证明，同一作物不同品种间存在根水倒流的差异，玉米耐旱型杂交种 TAES176 提水作用明显大于敏感型杂交种 P3225，因为 TAES176 有较大的叶面积(TAES176 为 0.501 9 m^2，P3225 为 0.369 7 m^2)和一个较大直径的初生根(TAES176 为 1.79 mm，P3225 为 1.40 mm)，这可能使 TAES176 具有一个比其他耐旱力弱的或干旱敏感型品种更大的根系导水力和一个更高的提水力。研究还指出，玉米耐旱型杂交种 TAES176 在浅层土壤中比敏感型杂交种 P3225 有更多的根系，为水分从根系流出提供了较大的根表面积。由此说明，植物的种类或品种不同，其根系提水作用的强度不同，这与植物的遗传性有关，这一研究结果为利用根系提水作用进行抗旱节水型植物的选择提供了理论依据。

1.3.5.3　根系提水作用的意义

(1)根系提水作用可以维持干燥浅层土壤中根系的生长，以致在干旱胁迫时不至于大量死亡，是植物一种重要的抗旱生存机制。

(2)增加浅层土壤水分，提高土壤养分的有效性。研究表明，谷子具有较强的提水作用，且增施磷肥具有保水和增产的效果。谷子、冬小麦根系通过提水作用可增加浅层土壤中的氮、磷、钾肥的利用效果，与对照相比，在有隔水层的浅层施肥处理中，氮钾肥(NK)、氮钾磷肥(NKP1：NK 相同，P 为 150 $mg \cdot kg^{-1}$ 土；NKP2：P 为 300 $mg \cdot kg^{-1}$ 土)的生物增产率分别为 NK：54.23%，NKP1：98.31%，NKP2：102.26%。其原因可能是由于有隔水层时深层土壤可保持较多的水分，并通过根系提水作用增加浅层土壤的含水量，提高了其中 N、K、P 的有效性。显然，根系提水作用对于增加干燥的浅层土壤中矿质营养的吸收和利用具有明显的作用。

(3)有利于植物从表层干土中吸收微量元素。

(4)有利于维系植物根际微生物的生存，维持根系活力。

1.4　植物的蒸腾作用

植物吸收的水分只有约 1.5%～2.0%用于体内物质代谢，绝大多数都散失到体外。水分从植物体中散失到外界的方式有吐水和蒸腾作用两种，植物体内的水分大部分以蒸腾作用的方式散失。

1.4.1　蒸腾作用的概念及生理意义

蒸腾作用(transpiration)是指植物体内的水分以气体状态通过植物体表，从体内散发到体外的现象，不仅受外界环境条件的影响，还受到植物体结构和气孔行为的调节。

蒸腾作用的生理意义：①蒸腾作用产生的蒸腾拉力，是植物被动吸水的主要动力，这对高大的乔木尤为重要。②蒸腾作用促进木质部汁液中的矿质营养和根系合成的有机物质的运输，并随着水的集流而被运输到植物体各部分。③蒸腾作用通过散失大量的辐射热，降低叶片温度，防止灼伤。④蒸腾作用的进行有利于 CO_2 的同化，有利于植物光合作用的正常进行。

1.4.2　蒸腾作用的度量

蒸腾速率(transpiration rate)是指在一定时间内单位叶面积蒸腾的水量，也叫蒸腾强度，常用的单位是 $g \cdot dm^{-2} \cdot h^{-1}$。一般植物蒸腾速率白天为 0.15～2.5 $g \cdot dm^{-2} \cdot h^{-1}$，夜间为

0.01～0.20 g·dm^{-2}·h^{-1}。蒸腾速率是衡量蒸腾作用强弱的重要指标，其强弱因植物种类而不同，并受光照、温度、湿度等因素的影响。蒸腾速率简单的测定方法有离体快速称重法、干燥管吸湿法，也可使用稳态气孔仪、便携式光合测定系统快速准确测定。

蒸腾作用常用的指标还有蒸腾效率和蒸腾系数。蒸腾效率(transpiration efficiency)指植物每消耗1 kg水所形成的干物质克数，常用单位是g·kg^{-1}，也称蒸腾比率(transpiration ratio)，用来表示植物对水分的利用率。植物的蒸腾效率一般在1～8 g·kg^{-1}之间。蒸腾系数(transpiration coefficient)是指植物制造1 g干物质所需水分的克数，它是蒸腾效率的倒数，也称为需水量(water requirement)。蒸腾系数因植物种类而异，如木本植物的蒸腾系数较草本植物小，C_4植物的蒸腾系数较C_3植物小，植物的蒸腾系数一般在125～1 000 g·g^{-1}之间。同一种植物因外界条件及生育期不同，其蒸腾系数有差异，如在土壤缺乏氮、磷、钾等无机营养时，需水量增加。作物需水量的测定，对计算农业用水、灌溉定额以及选择适合于旱地区栽培的作物类型等都具有重要意义。

1.4.3 蒸腾作用的方式

植物蒸腾作用的方式包括全表面蒸腾、皮孔蒸腾、角质蒸腾和气孔蒸腾4种。幼嫩植物的地上部暴露于空气中的表面都能进行蒸腾，称为全表面蒸腾；成年植物可以通过茎枝表面的皮孔进行皮孔蒸腾(lenticular transpiration)，也可以通过叶片进行，但皮孔蒸腾的量甚微，植物茎、枝、花、果实上的皮孔蒸腾仅占全部蒸腾量的0.1%左右，而叶片蒸腾作用是植物的主要方式。

植物叶片的蒸腾方式又可以分为气孔蒸腾(stomatal transpiration)和角质蒸腾(cuticular transpiration)两种。水分通过气孔散失到体外的过程称为气孔蒸腾，是植物的主要蒸腾方式，一般植物通过叶片气孔进行的气孔蒸腾约占总蒸腾量的90%以上。叶片表面的角质层可蒸腾水分，同时可阻止体内营养物质的外渗并抵御病菌的入侵。幼嫩叶的角质蒸腾占总蒸腾的1/3～1/2，成熟叶的仅占5%～10%，但处于潮湿处植物的角质蒸腾可达30%～50%。

1.4.4 气孔蒸腾

气孔运动控制着植物的气体交换和水分蒸散，每年大约有4.4×10^{14} kg CO_2和3.2×10^{16} kg水蒸气通过气孔转运。因此，气孔蒸腾对地球上的碳氧平衡、水分平衡和植物的生命活动均起很大作用。

1.4.4.1 气孔的数量、大小、分布

气孔的数量、分布、排列位置、大小因植物而异(表1-2)。不同植物的气孔频度(stomatal frequency，即单位叶面积上气孔的数目)差异较大，一般为40～500个·mm^{-2}。不同植物气孔分布特点也不相同，单子叶植物的上下表皮均有气孔分布，而双子叶植物主要分布在下表皮，浮水植物的气孔都分布在上表皮。如旱金莲、苹果的气孔仅限于下表皮，莲、睡莲的气孔限于上表皮。有的植物不存在气孔，如眼子菜就无气孔。此外，保卫细胞的水平位置也差异很大，有的凸出叶表面，有的凹入叶表面。

气孔一般长7～38 μm，宽3～12 μm，单个气孔面积10～300 μm^2，全部气孔开放面积约占叶总面积的1%左右。气孔面积虽小，但蒸腾速率高，其蒸发量可相当于同自由水面蒸发量的40%～50%，甚至达到100%，也就是说气孔蒸腾是同面积自由水面蒸发量的几十到100倍，

即通过气孔的水分蒸发不符合一般自由水面的蒸发规律。在任何蒸发表面上，由于扩散分子相互碰撞的机会少，气体分子经过边缘的扩散速度总是大于通过表面中央的扩散。扩散面积越小，其边缘与面积的比值就越大，那么通过边缘的扩散量也就越大，即边缘效应越大。可见，通过小孔的扩散速率不与小孔面积成比例，而与其小孔周长成正比，这一现象称为小孔扩散律(small pore diffusion law)或小孔扩散原理。小孔边缘效应的大小与小孔的分布与间距有关，距离过近，即频度过高，扩散出来的水分子之间相互干扰，影响扩散的速率；当然，如果气孔频度过低，单位面积上的气孔数过少，扩散速度自然也会降低(图1-11)。一般小孔间的距离约10倍于小孔直径时，边缘效应较为显著，而大部分植物叶片气孔的分布均在这一范围。

表1-2　不同类型植物的气孔数目、大小与分布

(引自白宝璋，1996)

植物	每毫米^{2}气孔平均数		下表皮气孔大小(长×宽)/μm	气孔开放时的面积/μm^2	全部气孔开放面积占叶面积/%
	上表皮	下表皮			
小麦	33	14	38×7	209	0.52
玉米	52	68	19×5	75	0.82
燕麦	25	23	38×8	239	0.98
向日葵	58	156	22×8	126	3.13
番茄	12	130	13×6	61	0.85
菜豆	40	281	7×3	17	0.54
苜蓿	169	138	—	—	—
马铃薯	51	161	—	—	—
甘蔗	141	227	—	—	—
苹果	0	409	14×12	132	5.28
莲	46	0	—	—	—

图1-11　水分通过小孔和自由水面的蒸发情况

(引自李合生，2002)

1. 小孔分布稀疏　2. 小孔分布过密，彼此干扰大　3. 小孔分布适当，总蒸发量接近于自由水面　4. 自由水面的蒸发量

1.4.4.2　气孔的形态结构与运动

气孔(stomata)是由植物叶表皮上成对的保卫细胞(guard cell)围成的小孔。有些植物中还有与表皮细胞明显不同的副卫细胞(subsidiary cell)围绕着一对保卫细胞，组成气孔复合体或称气孔器。在植物叶表皮气孔的下方，常有较大的空隙，叫气孔下腔。气孔下腔与叶肉组织的细胞间隙相连通，构成叶片内部的通气系统和水分蒸散系统。大多数植物气孔的保卫细胞为半月形或肾形，单子叶植物禾本科、莎草科的保卫细胞为哑铃形(图1-12)。肾形保卫细胞的壁按其和相邻细胞的相对位置分为背壁、腹壁、外侧壁、内侧壁。背壁指和表皮细胞相邻

的壁；腹壁和背壁相对，为近孔处的壁；外侧壁为靠叶片外表面的壁；内侧壁为靠气孔下腔的壁。

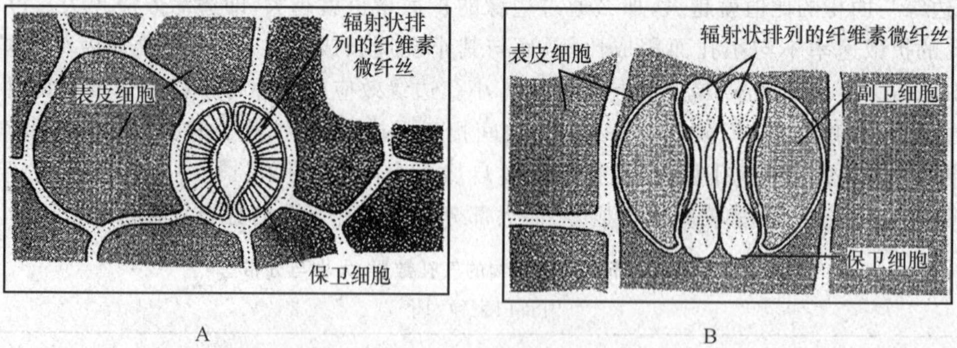

图 1-12　植物的两类气孔复合体

（引自武维华，2003）

A. 双子叶植物　B. 单子叶植物

气孔运动与保卫细胞的结构有关。一般来说，气孔在白天开放，晚上关闭，保卫细胞壁的不均匀加厚和细胞壁纤维素微纤丝的排列方式控制气孔的运动。双子叶植物的肾形保卫细胞的壁厚薄不均，一般背壁薄而腹壁加厚；在保卫细胞壁上有许多以孔口为中心，呈辐射状排列的微纤丝，当保卫细胞吸水膨胀时，限制保卫细胞沿短轴方向的增大，而细胞背壁膨胀的同时，微纤丝牵引腹壁向外运动，气孔张开。单子叶植物的哑铃形保卫细胞中部狭窄部分的细胞壁厚，两端球状部分的壁薄，在两端的薄壁上也有辐射状排列的微纤丝，控制保卫细胞吸水时两端的定向膨胀（图 1-12）。

其次，保卫细胞体积小，叶片上保卫细胞的体积仅为表皮细胞体积的 1/13 或更小，因此，少量的溶质进入即可引起保卫细胞膨压的显著变化，迅速调节气孔的开闭。

另外，与表皮细胞不同，保卫细胞中含有更多的细胞器，特别是叶绿体和淀粉体。与叶肉细胞相比，保卫细胞的叶绿体虽然发育不好，类囊体结构小，基粒少，但能进行光化学反应，生成 ATP，为气孔运动提供能量。保卫细胞叶绿体内的淀粉含量变化与叶肉细胞相反，白天气孔张开时，淀粉含量下降，夜间气孔关闭，淀粉积累。保卫细胞中参与光合碳循环的 RuBP 羧化酶（Rubisco）活性较低，但具有较高的 PEP 羧化酶（PEPC）的活性，能催化 PEP 与 CO_2 生成草酰乙酸，草酰乙酸进一步转变成苹果酸，而苹果酸参与气孔运动的调节。保卫细胞中有丰富的线粒体，呼吸代谢酶的活性显著高于叶肉细胞，这可能与气孔运动对能量的需求有关。

保卫细胞质膜和液泡膜上有多种离子通道，包括质膜外向和内向 K^+ 通道、质膜慢型和快型阴离子通道、拉伸激活非选择性通道、慢型和快型液泡通道及非电压依赖型的 K^+ 选择性通道等，这些离子通道在气孔开闭中起重要的调节作用。保卫细胞质膜上还存在多种结合蛋白，如脱落酸结合蛋白、乙酰胆碱受体、GTP 结合蛋白、光受体等，参与气孔运动调控中的接收和传递信号。

1.4.4.3　气孔运动机理

气孔运动是保卫细胞内膨压改变的结果，是什么原因引起保卫细胞膨压的变化呢？这与保卫细胞内渗透物质的变化有关。有关气孔运动的渗透物质调节存在以下几种学说。

（1）淀粉-糖转化学说（starch-sugar conversion theory）　20 世纪初，科学家观察到保卫细

胞淀粉含量的昼夜变化、pH 的变化与气孔的开闭有关，由此提出了淀粉-糖转化学说。

该理论认为，在光照下，保卫细胞进行光合作用，消耗 CO_2，引起 pH 升高（pH＝7），从而使淀粉磷酸化酶活性增强，并促使淀粉分解为葡萄糖-1-磷酸，使细胞内渗透势下降，保卫细胞吸水膨胀，气孔开启；而在黑暗中，保卫细胞光合作用停止，呼吸作用继续进行，CO_2 积累，pH 下降（pH＝5），此时淀粉磷酸化酶催化葡萄糖-1-磷酸合成淀粉，从而使细胞渗透势升高，保卫细胞失水，气孔关闭。

随着研究的深入，许多实验表明，气孔的开闭运动不完全依赖光合作用。如洋葱等植物的保卫细胞中甚至无叶绿体，但气孔仍可开闭；气孔虽对 CO_2 浓度变化很敏感，但这种浓度变化不足以引起保卫细胞的 pH 有较大改变，而一般植物保卫细胞 pH 的变化也远远达不到从 pH＝5（气孔关）变到 pH＝7（气孔开）的程度；淀粉-糖的相互转变很慢，与实际观察到的气孔关闭速度不符；如果单纯涉及光合作用而最终形成糖，那么为什么蓝光远比红光在诱导气孔开启方面更为有效？这一系列事实显然用淀粉-糖转变学说得不到正确的解释。现在的证据和看法是把淀粉、磷酸烯醇式丙酮酸（PEP）和苹果酸联系在一起，即淀粉-糖转化不是最终过程，是为苹果酸代谢提供碳骨架。

（2）苹果酸代谢学说（malate metabolism theory）　苹果酸是调节气孔开闭的重要因子。大多数保卫细胞气孔张开时淀粉含量下降，气孔关闭时增加，而苹果酸含量的变化正好相反。保卫细胞中的苹果酸可解离为 H^+ 和苹果酸阴离子，其中 H^+ 参与保卫细胞的 H^+/K^+ 交换，K^+ 含量增加，使保卫细胞水势降低；苹果酸阴离子平衡由于 K^+ 的进入而引起 pH 的变化；同时苹果酸也可直接降低水势，促进保卫细胞吸水。

淀粉是苹果酸碳骨架形成的主要来源，淀粉分解形成磷酸烯醇式丙酮酸（PEP），后者进一步转变成苹果酸。气孔中苹果酸的形成与 PEP 羧化酶（PEPC）有关，PEPC 催化 PEP 与 HCO_3^- 羧化形成草酰乙酸（OAA），OAA 在叶绿体中，由 NADP 苹果酸脱氢酶催化转化为苹果酸；或在胞质和线粒体中，被 NAD-苹果酸脱氢酶催化形成苹果酸，说明在保卫细胞中可能有两种合成苹果酸的途径。气孔关闭时，保卫细胞中的苹果酸下降、淀粉含量增加，但是其变化的比例并不是 1∶1，而且从苹果酸再回到淀粉，从能量消耗上分析也不太可能。目前的实验表明，苹果酸可能有 3 种去向：从保卫细胞释放到质外体、在保卫细胞的线粒体中被代谢释放出 CO_2 或在保卫细胞中回到淀粉合成。

（3）离子泵学说（ion pump theory）　20 世纪中叶，人们已经认识到 K^+ 在气孔开放中的作用，1967 年日本学者观察到，照光使漂浮在 KCl 溶液表面的鸭跖草保卫细胞中 K^+ 显著增加，气孔开放；转入黑暗或在光下改用 Na^+、Li^+ 时，气孔就关闭。现在发现 K^+ 也在景天科植物夜间开放的气孔保卫细胞、没有叶绿体的兜兰和马蹄纹天竺葵的保卫细胞中积累。随着 20 世纪 60 年代 Mitchell 提出的化学渗透假说的成熟，K^+ 吸收的化学渗透机制被提出，近年来随着膜片钳技术、保卫细胞原生质体分离技术的出现，加速了 K^+ 吸收机制的发展。

该学说认为，保卫细胞上的离子泵（H^+-ATPase）能够水解由氧化磷酸化或光合磷酸化生成的 ATP，产生的能量将 H^+ 从保卫细胞转移到周围细胞，使保卫细胞的 pH 升高，质膜电位发生超极化（使膜电位变得更负），产生跨膜的电化学势梯度，从而驱动 K^+ 从周围细胞经过保卫细胞膜上的内向 K^+ 通道（inward　K^+ channel）进入保卫细胞；K^+ 进出保卫细胞的同时，为平衡细胞电性，同价的阴离子（Cl^-）通过 H^+/Cl^- 同向运输载体或 OH^-/Cl^- 反向运输载体进入细胞，与新合成的苹果酸一起贮存在液泡中。随着渗透势的下降，保卫细胞吸水膨胀，气孔张开。然而，气孔的关闭过程并不是气孔张开的逆过程。Ca^{2+}的吸收或阴离子的释放使质膜电位去极化（使膜电位变得更正），胞质中Ca^{2+}升高，抑制质膜上的质子泵和内向K^+通道，激活阴离子通道，导致阴离子被释放到细胞外；质膜去极化进一步激活膜上的外向钾通道，并驱使K^+流出细胞，保卫细胞渗透势上升，失水而收缩，气孔随之关闭。

但是，近年来的研究发现，在照光时，单独K^+的增加不足以满足保卫细胞渗透势变化的需求。蔗糖在保卫细胞渗透调节的某些阶段起重要调节作用。有人认为，照光引起的气孔开放依赖于K^+的增加，K^+的吸收和积累是气孔快速开放的主要调节因素；但保卫细胞中并不长期保持高的K^+浓度，随K^+的下降，蔗糖逐渐积累以维持保卫细胞渗透势，而后参与调节气孔的关闭。由此看来，K^+和蔗糖在不同的时间起作用，参与气孔保卫细胞渗透势的调节。对于保卫细胞增加的蔗糖的来源有几种可能性：保卫细胞自身光合作用产生、淀粉降解转化或由叶肉细胞运入。

综合上述学说，气孔运动的可能机理用图1-13来表示。实际上气孔运动是一个复杂的过程，除了受到上述渗透物质变化（糖、苹果酸、K^+）的控制外，也可能与保卫细胞微丝骨架聚合和解聚、液泡融合和分裂、内源节律的调节有关。

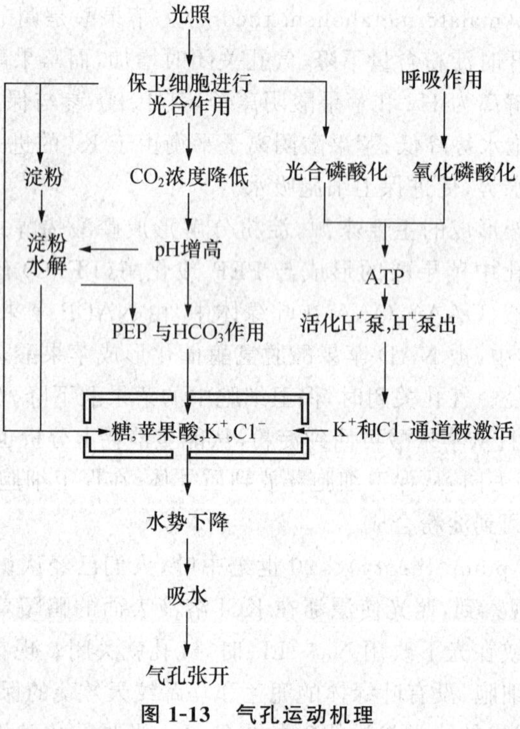

图1-13　气孔运动机理

1.4.4.4　气孔运动的调控

众所周知，保卫细胞具有非常灵敏的感受外界信号变化的能力，如在干旱条件下，植物地上部分还未检测到任何水分变化时，气孔已迅速关闭。许多证据表明，各种环境因素，如光照、温度、CO_2、干旱、淹水、ABA、氧化胁迫等刺激，都可能导致保卫细胞内G蛋白、Ca^{2+}、三磷酸肌醇（IP_3）、二酰甘油（DG）、蛋白激酶/蛋白磷酸酶、pH、膜上离子通道活性的变化，并最终表现为气孔运动。

由于保卫细胞的特殊结构和功能，能对多种刺激如光（红光和蓝光）、湿度、ABA和IAA

等迅速作出反应；许多植物，尤其是蚕豆和鸭趾草的表皮可被撕下直接观察；测定胞内 Ca^{2+} 浓度的荧光指示剂法和测定单通道电流的膜片钳技术的运用，使得气孔保卫细胞已经作为研究植物信号转导的良好模式体系（图 1-14）。

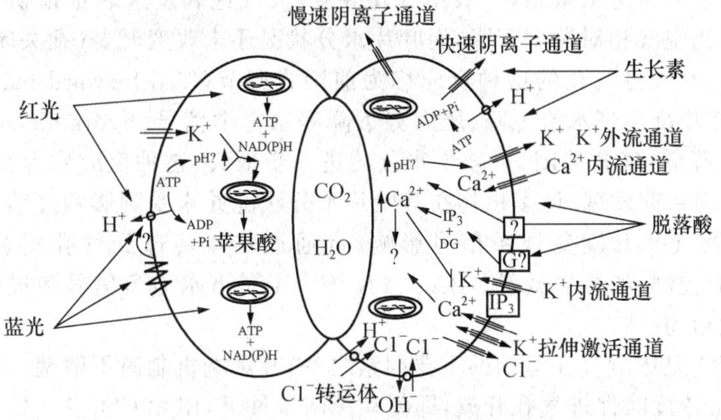

图 1-14　保卫细胞的信号转导模式图

（引自 Assmann，1993）

调节气孔运动的主要外界因素如下：

（1）光　光是影响气孔运动的主要因素。一般情况下，气孔在光照下开放，黑暗中关闭。但景天科植物例外，其气孔在晚上开放，白天关闭。

不同光质中，红光和蓝光都可引起气孔张开，但蓝光更有效。研究表明，气孔对光的反应是两个不同系统的综合效果。一方面是通过促进保卫细胞的光合作用而产生的，这种效应能被光合电子传递抑制剂 DCMU 所抑制；另一方面是受蓝光调控的，这种效应不被 DCMU 所抑制。双光实验的结果可以证明这一点：在饱和红光下的鸭跖草表皮，其气孔开放受到蓝光的促进（图 1-15）。红光的光受体可能是叶绿素或光敏色素，但目前尚未发现光敏色素对气孔开张的影响。植物体叶黄素循环中的玉米黄素可能作为光受体，参与蓝光感受信号的转导，从而调节气孔开闭。玉米黄素在接受蓝光信号后，发生异构化引起其脱辅基蛋白构象改变后，可能通过活化叶绿体膜上的 Ca^{2+}-ATPase，吸收细胞质中的 Ca^{2+}，降低细胞质中的 Ca^{2+} 浓度，进一步激活质膜上的 H^+-ATPase 并泵出 H^+，使质膜电位发生超极化，产生跨膜的电化学势梯度，驱动 K^+ 进入保卫细胞，改变保卫细胞溶质势，从而引起气孔运动。气孔对蓝光反应的强度取决于保卫细胞中玉米黄素的含量和照射的蓝光总量。玉米黄素的含量则取决于类胡萝卜素库的大小和叶黄素循环的调节。另外，蓝光不仅刺激质子外流，同时也刺激淀粉的水解和苹果酸的合成。

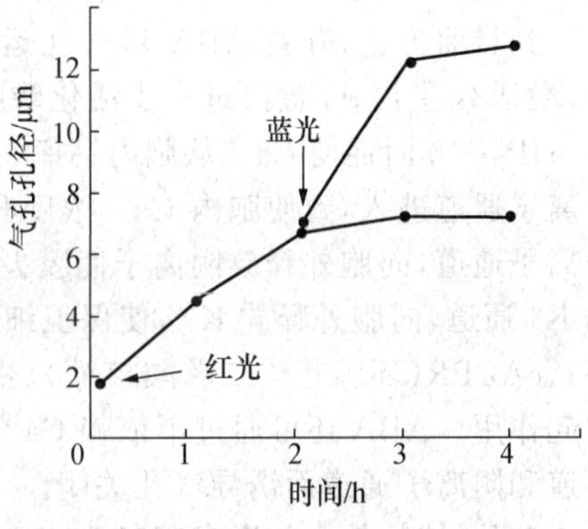

图 1-15　气孔在红光背景下对蓝光的反应

（引自武维华，2003）

（2）温度　一般说来，提高温度能增加气孔的开放度。30℃左右气孔可达最大开度，10℃以下低温，虽进行长时间光照，气孔仍很难完全张开。其中的机理可能与温度影响呼吸作用和光合作用有关。过高温度会引起保卫细胞失水、膨压下降而使气孔关闭。

(3)水分　叶片水分含量直接影响保卫细胞的膨压从而影响气孔开闭。当水分供应不足或蒸腾过于强烈，保卫细胞发生水分亏缺时，即使在光照下气孔也关闭；但当叶片被水饱和，表皮细胞含水量高，挤压保卫细胞时，气孔在白天也会关闭。

气孔对环境水分胁迫最敏感，一般用气孔导度/大气饱和度来表示植物对空气相对湿度变化的敏感性。当空气相对湿度下降，而叶片水分状况还未改变时，气孔关闭以降低蒸腾，防止水分过度亏缺，有人将气孔的这种反应称为前馈式调节(feed-forward manner)；当土壤水分供应减少时，木质部出现水流下降、压力势下降等水力学信号(hydraulic signal)的改变，引起保卫细胞膨压降低，气孔关闭，以减少水分的进一步散失，这种反应称为反馈式调节(feed-back manner)。但目前发现，许多植物在其叶片水分状况并未受到影响之前，气孔已经关闭。有证据表明，植物气孔开度受根系信号影响，且通过水流传递到气孔复合体的化学信号(chemical signal)控制，如植物激素 ABA、CTK 等。干旱下水力学信号和根源化学信号可能共同控制着气孔运动。

(4)CO_2　CO_2是影响气孔运动的重要因素之一，其影响机制尚不清楚。气孔开度与 CO_2 浓度呈负相关，低浓度时促进气孔开放，即使在黑暗条件下，用无 CO_2空气处理叶片可以使气孔张开；不管在光照或黑暗条件下，高浓度 CO_2都能促进气孔关闭，长期增加大气中 CO_2浓度可能明显增加气孔阻力。

(5)气孔的振荡　植物在相对稳定的环境条件下，气孔以数分钟或数十分钟为周期的节律开合的现象称为气孔振荡(stomatal oscillation)。气孔振荡能有效降低蒸腾，但对光合速率几乎没有影响。

(6)植物激素　CTK 促进气孔张开，ABA 则促进气孔关闭。

到目前为止，有关 ABA 对气孔运动调节的轮廓已初步勾画出来：即 ABA 与膜受体结合，激活 G 蛋白；G 蛋白进一步活化磷脂酶 C(PLC)，PLC 将 PIP_2 水解成 IP_3(1，4，5-三磷酸肌醇)；IP_3一方面促使 Ca^{2+} 从胞内钙库——液泡中释放进入胞质，另一方面促使胞外 Ca^{2+} 通过阳离子通道进入，致使胞内 Ca^{2+} 浓度升高；高浓度 Ca^{2+} 抑制质膜 H^+ 泵和内向 K^+ 通道，激活阴离子通道，向胞外释放阴离子使膜去极化；质膜去极化又进一步抑制内向 K^+ 通道，激活外向 K^+ 通道，向胞外释放 K^+；使保卫细胞膨压降低，诱导气孔关闭。除 IP_3 外，IP_6(六磷酸肌醇)、cADPR(环腺苷酸二磷酸核糖)、蛋白激酶/蛋白磷酸酶也可能是在 ABA 信号转导途径中起作用。ABA 还可通过不依赖 Ca^{2+} 的信号转导途径，即通过提高胞质 pH，激活 K^+ 外流通道和阴离子通道而诱导气孔关闭。

此外，植物体内的激素茉莉酸(JA)、水杨酸(SA)等也可以诱导气孔关闭。大量研究证明，植物体内的信号分子一氧化氮(NO)、过氧化氢(H_2O_2)、钙离子(Ca^{2+})、钙调蛋白(CaM)及蛋白激酶等都参与了气孔关闭的诱导过程。如 NO、H_2O_2 和 Ca^{2+} 等信号分子均参与了 ABA、JA 和 SA 等植物激素诱导的气孔关闭过程。

气孔运动实际上是个相当复杂的过程，有些现象尚需深入研究，如在同一叶片上有时会出现一些气孔开放而相邻气孔却关闭的现象；如果将植物完全置于黑暗中，气孔白天开张、夜晚关闭的 24 h 内在周期节律仍然可以维持一段时间；有研究发现，作物在相对稳定的环境条件下，气孔以数分钟或数十分钟为周期的节律开合现象，人们形象地称这种现象为气孔振荡，以区别其正常的昼夜节律或其他与环境变化同步的气孔开合现象。

1.4.5　蒸腾作用的调节

气孔蒸腾过程分为两步：①蒸发。叶肉细胞中的水分通过气孔下腔周围的细胞壁表面向气孔下腔蒸发;②扩散。气孔下腔水蒸气通过气孔扩散到大气(图 1-16)。蒸腾速率取决于气孔下腔内水蒸气向外扩散的力量和扩散途径的阻力,即与气孔下腔的水蒸气浓度(P_L)和大气水蒸气浓度(P_α)之差成正比,与包括界面层阻力(r_L)和叶中阻力(r_A)在内的扩散途径的阻力成反比,可以用下式表示:

$$\text{蒸腾速率} = \frac{\text{扩散力}}{\text{扩散阻力}} = \frac{P_L - P_\alpha}{r_L + r_A} \tag{1-9}$$

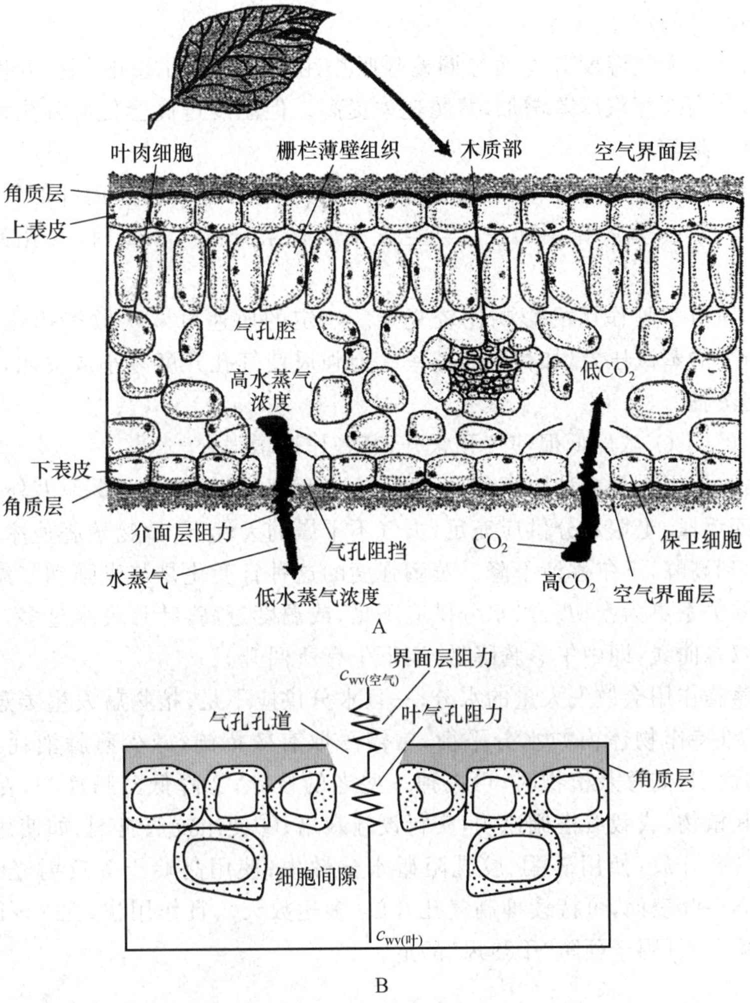

图 1-16　气孔蒸腾中水蒸气扩散途径的图解

(引自武维华,2003)

(A)水和 CO_2 通过气孔的扩散示意图　(B)用电路方式表示的气孔扩散阻力

气孔下腔的水蒸气浓度与气孔下腔周围的细胞特性有关,如气孔下腔体积大小、细胞壁表面是否粗糙、质膜透性大小、细胞含水量多少等。扩散途径阻力中的叶内阻力主要是气孔阻力,其阻力大小与气孔开度有关;而存在于叶面的静止空气层——界面层(boundary layer),其阻力大小与界面层厚薄、气孔是否内陷、气孔口有无茸毛等有关。对蒸腾影响最大的是气孔阻力。通过改变气孔大小和开关来调节蒸腾作用的方式称为蒸腾作用的气孔调节;

但当水分供应不足或蒸腾量过大时，叶肉细胞失水，气孔下腔水蒸气不再饱和，此时即使气孔张开，蒸腾却很弱，这种现象称为“初干”，植物通过初干调节蒸腾作用的方式称为非气孔调节。

凡是改变水蒸气扩散力和扩散阻力的因素都可以对蒸腾作用产生影响。影响蒸腾作用的主要环境因素有：

(1)光照　光是气孔运动的主要调节因素，大多数植物白天气孔张开，晚上气孔关闭。一方面，光可促进气孔张开，而减少气孔阻力。另一方面，光可提高大气与叶片温度而增加叶内外蒸汽压差，加快蒸腾速率。

(2)大气温度　大气温度首先通过调控呼吸作用和光合作用影响气孔开度。其次，当大气温度升高时，叶内外蒸汽压差增加，蒸腾速率提高。但温度过高会使叶片失水过多，导致气孔关闭，蒸腾速率降低。

(3)大气湿度　温度相同时，大气湿度增大而使其蒸汽压升高，从而降低气孔内外的蒸汽压差，蒸腾减弱；反之，蒸腾作用加快。当空气干燥且水分供应不足时，气孔关闭，蒸腾速率降低。

(4)风速　风对蒸腾作用的影响比较复杂。一定的风速可以吹散气孔外的水蒸气扩散层，增大气孔内外的蒸汽压差，加快蒸腾速率。但强风使气孔开度减小或关闭，增大气孔扩散阻力，降低气孔蒸腾。

(5)CO_2浓度　CO_2浓度低促使气孔张开，蒸腾作用增强。

实际上，蒸腾作用受到多种因素的共同影响，蒸腾的昼夜变化主要是由外界条件所决定的。一般在晴朗无风、土壤水分供应充足、大气不干燥的天气下，植物蒸腾速率从清晨开始逐渐增大，午后达到高峰，下午逐渐下降。蒸腾强度的这种日变化是与光强和气温变化一致的，特别是与光强的关系更为密切。当水分供应不足，或温度过高，叶片失水过多，蒸腾强度的日变化常会呈现双峰曲线，即中午蒸腾降低，而下午有所回升。

植物通过蒸腾作用会散失大量的水分，一旦水分供应不足，植物就发生萎蔫。因此，在农业生产上，为了维持作物体内的水分平衡，常需采取有效措施，减少蒸腾消耗。其措施主要有：①减少蒸腾面积，如移栽植物时，可去掉一些老的枝叶；②降低蒸腾速率，在春季、秋季的午后或阴天移栽植物，或栽后搭棚遮阴，实行设施栽培；③使用抗蒸腾剂，如使用乙酰水杨酸、脱落酸等抑制气孔开放；使用硅酮、胶乳阻碍水分散失；使用高岭土等反射光线，降低叶温。低浓度脱落酸洒在叶表面，可持续抑制气孔开放(多达数天)，且作用快，在 2～10 min 内可使多种植物气孔关闭，可用于预防“干热风”的危害。

1.5　土壤—植物—大气连续系统

1.5.1　水分运输的途径

由土壤、植物和大气组成的连续系统，称为土壤—植物—大气连续系统(soil—plant—atmosphere continuum，简称 SPAC)，向下包括土壤根系层，向上包括大气圈的对流层。其 3 个组成要素土壤、植物、大气相互作用、相互渗透和相互依赖，构成一个有机整体。土壤—植物—大气连续系统是地球上最活跃的一个层圈，进行着能量交换和物质迁移，对作物产量、气候变化，环境演变有巨大影响，故 SPAC 连续系统的能量转换、物质迁移的研究，在实践上和理论上具有重要意义。

在 SPAC 连续系统中，土壤中的水分通过植物根系吸收，经根茎细胞和维管束系统的运输，最后到达叶片的气孔下腔，并通过气孔散失到大气之中，其具体运输途径是：土壤水分被根系表皮和根毛吸收—根皮层细胞—中柱薄壁细胞—根导管（管胞）—茎导管（管胞）—叶柄导管（管胞）—叶脉导管（管胞）—叶肉细胞—叶肉细胞间隙—气孔下腔—通过气孔逸出，其中水势是以递减的形式分布的（图 1-17）。

SPAC 连续系统的不同阶段，水分以不同的方式进行运输。土壤中的水分主要以集流的方式沿水势梯度运输到植物根系表面。水分从根表皮运输至中柱薄壁细胞、从靠近叶脉的叶肉细胞运输至气孔下腔两段为经过活细胞的短距离径向运输，水在其中以跨膜的渗透作用和通过水通道的微集流方式进行运输。虽然这两段在植物体内的长度不过几毫米，但水分运输的阻力却很大，运输速度极慢。有人在常青藤中测定，水分在叶肉细胞内每移动 1 mm 的距离就受到一个大气压的阻力，大约运输速度为 10^{-3} cm·h^{-1}。可见，水分不可能通过生活的原生质进行长距离的运输，这就是为什么没有真正输导系统的植物，如苔藓和地衣等不能长得很高的原因。水分在根、茎、叶柄和叶脉的导管或管胞等细胞中的运输为长距离轴向运输，水在其中以集流方式进行运输，该途径阻力很小，速度极快，为 3～45 m·h^{-1}。水蒸气从叶气孔下腔向大气运动是以扩散方式进行的。

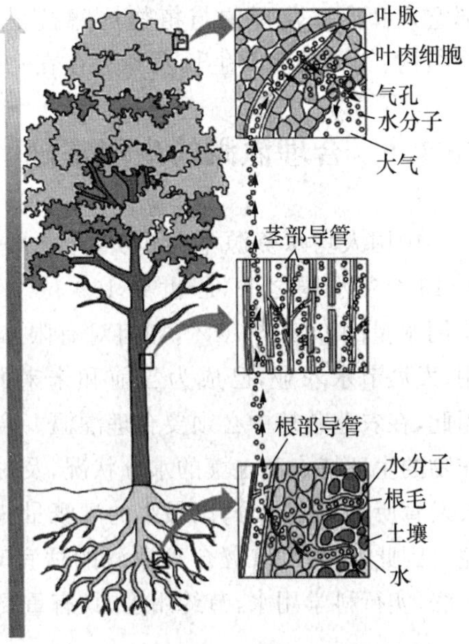

图 1-17　土壤—植物—大气连续系统示意图

1.5.2　水分沿导管上升的机制

水分在导管或管胞中的运输是一种集流，其上升的动力是由根压和蒸腾拉力造成的压力梯度。导管或管胞中的水流在压力梯度的作用下源源不断地上升，由于重力的影响，导管或管胞中上升的水流还会受到向下的拉力，这样水柱便产生了张力（tension），在张力的作用下，水柱会不会断裂？爱尔兰学者迪克逊（H. H. Dixon）提出的蒸腾流—内聚力—张力学说（transpiration-cohesion-tension theory），也称“内聚力学说”（cohesion theory）认为，水分子的内聚力大于张力，可以保持导管或管胞中水柱的连续性。根据测定，木质部水柱张力一般为 0.5～3.0 MPa，而水分子的内聚力很大，达 20～30 MPa。

导管或管胞中的水柱并不总是连续的，导管壁是导管中最脆弱的部位，任何增加木质部张力或导管负压的因素，如水分胁迫和维管病害等因素，都可使气体或病毒粒子通过导管壁纹孔进入导管，或使溶解在水中的气体释放出来，在导管或管胞中形成空穴或小气泡，即空穴化（cavitation）。少量气体的存在并非会完全中断导管或管胞中水分的运输，但当气泡扩大时即形成栓塞（embolism）。木质部栓塞最直接的后果是引起了木质部导水率的下降。木质部栓塞不一定导致植物死亡。当导管或管胞形成栓塞后，水分可以通过侧壁的纹孔进入相邻导管或管胞(图 1-18)。导管或管胞中的栓塞也是可以恢复的,大多数学者认为木质部栓塞恢复的原理是在包括根压、木质部和韧皮部产生的正压的作用下,导管或管胞中的气泡会缩小以至消失。关于木质部栓塞和空穴化的发生机理,空穴化的发生与植物木质部结构等之间的关系,发生栓塞后的木质部导水能力的恢复机理等很多问题至今尚未形成统一的认识。一些研究发现木质部空穴和栓塞化现象与植物抗寒抗旱性、植物种类、导管结构、气孔关闭及生长发育等存在一定关系。

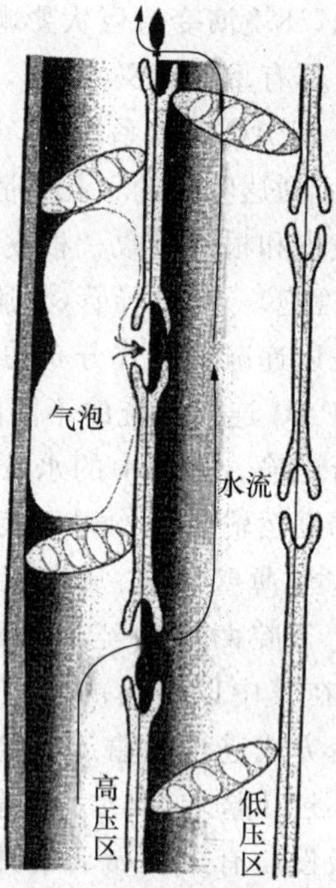

图 1-18 木质部导管或管胞分子中形成气泡时的水分运输示意图

(引自武维华,2003)

1.6 合理灌溉的生理基础

中国人均水资源不足世界平均水平的 1/4,是世界上 13 个贫水国之一,居世界 109 位。我国农业用水占总用水量的 60%~70%,如何对有限水资源进行高效利用,发展节水农业,已成为当前和未来的研究热点问题。因此,在农业栽培中必须要合理灌溉。合理灌溉就是根据作物的生理特点和土壤的水分状况,及时供给作物正常生长发育所必要的水分,以最小的灌溉量获得最大的经济效益。因此,了解和掌握合理灌溉的适宜时期、灌溉指标和方法,实行科学用水,节约用水,具有重要意义。

1.6.1 作物的需水规律

1.6.1.1 不同作物需水量不同

通常把作物的生物产量乘以蒸腾系数作为理论最低需水量,并以此作为确定最小灌溉量的理论参考依据。植物一生对水分的需求量因种类不同有较大差异,C_3作物的需水量显著高于 C_4作物,如 C_4作物玉米制造 1 g 干物质大约需水 350 g,而 C_3作物小麦制造 1 g 干物质大约需水 560 g,水稻则为 628 g。在常见的作物中,大豆和水稻需水量较多,小麦和甘蔗次之,高粱和玉米最少。农业生产具体的灌溉中,应该结合当地土壤类型的保水能力、蒸发量及降雨量等因素,对理论需水量进行综合测算,然后确定适合的灌溉量。

1.6.1.2 同一作物在不同生育期需水量不同

同一作物在不同生育期对水分需求量有很大差异。以禾本科作物为例,幼苗期由于蒸腾面积较小,耗水量较少;到抽穗开花期时,叶面积达到最大,代谢活动也最为旺盛,所以耗水最多,需水量最大;成熟期以后由于叶片逐渐衰老脱落,水分消耗逐渐减少。如小麦,从种子萌发到分蘖前期,需水量不大;从分蘖末期到抽穗期,消耗水最多,对水分缺乏敏感,此期不能缺水;从抽穗到开始灌浆,需水量较大,缺水会严重减产;从开始灌浆到乳熟末期,对水分缺乏也敏感,此期也不能缺水;从乳熟末期到完熟期,停止供水。

再如,玉米一生需水动态基本上遵循“前期少、中期多和后期偏少”的变化规律。播种到拔节阶段，此期土壤水分状况对出苗及幼苗状态有重要作用，此阶段耗水约占总耗水量的18%；拔节至吐丝阶段，植株生长速度加快，生长量急剧增加，再加上此阶段气温高，叶面蒸腾强，因此耗水量加大，此期耗水约占总耗水量的 40%；吐丝至灌浆期，此阶段水分对籽粒库容大小、籽粒败育数量及其饱满程度都有重要影响，再加上此期同化面积仍较大，耗水也较多，此阶段耗水约占总耗水量的 30%；在灌浆至成熟阶段，耗水较少，此阶段耗水占总耗水量的10%～20%。

水分临界期(critical period of water)是指植物在生命周期中对水分缺乏最敏感和最易受害的时期。每个作物有各自的水分临界期，如甘蔗分蘖期和拔节期就为水分临界期；玉米的水分临界期在开花至乳熟期；向日葵在花盘形成至灌浆期；马铃薯在开花至块茎膨大期；棉花在开花结铃期；油菜、花生、大豆、荞麦等则在开花期；水稻在花粉母细胞形成期和灌浆期。小麦水分临界期有两个，一是孕穗期，缺水则导致生殖器官发育不良，影响有效穗粒数目；二是灌浆期到乳熟期，是营养物质从营养器官向生殖器官转移的时期，缺水除直接减少营养物质的运输，造成灌浆困难外，还降低叶片光合作用的速率，减少光合产物合成，最终导致空瘪粒增加，产量降低。在水分临界期时期，应注意土壤水分的保持和灌溉，保证作物稳产高产。

1.6.2　合理灌溉的指标

1.6.2.1　作物对水分供应的反应特点

(1)作物对土壤水分的反应　大田作物一般分为湿生作物和中生作物；湿生作物如水稻，大多数作物是水湿适中的中生性作物。作物对土壤水分的不同反应主要表现在中生性作物方面，要求作物不能长期缺水、缺氧；一般认为：豆类作物、马铃薯等对土壤含水量要求最多，相当于田间最大持水量的 70%～80%；禾谷类作物是 60%～70%；低于此标准，作物的光合作用降低。据测定，当水稻土壤含水量低于田间最大持水量的 57%，大豆 45%、花生 32%、大麦 41%时，光合作用开始下降。

(2)作物对水分平衡的反应　作物对水分平衡的反应一般是指作物吸水、用水、失水三者之间的动态平衡关系。①供水不足，气孔变小，蒸腾作用减弱；②吸水过多，可能出现吐水现象，容易使作物徒长或倒伏；③蒸腾作用大于吸水作用时，叶片萎蔫下垂，作物生长受到抑制。可见作物吸水与失水维持动态平衡(吸水和失水相等)时，作物才能进行旺盛的生命活动。

(3)作物对干旱的反应　干旱对作物的影响主要分为大气干旱和土壤干旱两类。大气干旱是气温高而相对湿度小，作物蒸腾过于旺盛，叶片的蒸腾量超过根系的吸水量而破坏了作物体内的水分平衡，使植株发生萎蔫，光合作用降低的现象。若土壤的水分含量足，大气干旱造成的萎蔫则是暂时的，作物能恢复正常生长。大气干旱抑制作物茎叶的生长，降低产量及品质。土壤干旱是由于土壤水分不足，根系吸收不到足够的水分，如不及时降雨或灌溉，会造成根毛死亡甚至根系干涸，地上叶片严重萎蔫，直至植株死亡。

作物不同对干旱的反应不同，同一作物不同品种耐旱能力也有差异。干旱下，同一品种在不同生长发育阶段受害程度又有所不同，一般在作物需水临界期和最大需水期受害最重。有关作物对干旱的反应和抗旱生理详见第 9 章相关内容。

1.6.2.2　形态指标

作物缺水的形态表现为，幼嫩的茎叶在中午前后易发生萎蔫；生长速度下降；叶、茎颜色由于生长缓慢，叶绿素浓度相对增大，而呈暗绿色；茎、叶颜色有时变红，这是因为干旱时碳水化合物的分解大于合成，细胞中积累较多的可溶性糖，形成较多的花色素，而花色素在弱酸条件下呈红色的缘故。如棉花开花结铃时，叶片呈暗绿色，中午萎蔫，叶柄不易折断，幼茎逐渐变红，当上部3～4节间开始变红时，就应灌水。从缺水到引起作物形态变化有一个滞后期，当形态上出现上述缺水症状时，生理上已经受到一定程度的伤害了。

1.6.2.3 生理指标

灌溉的生理指标是指能够灵敏地反映植物体内水分状况的某些生理特性。当土壤水分不足时，首先叶片含水量降低，细胞液浓度升高，水势及溶质势下降，气孔开度减小或关闭，因此，这些都是较准确实用的灌溉生理指标。需要指出的是，作物灌溉的生理指标会因作物的种类、生育期、测定部位及不同地区和时间而有差异，在实际应用中需结合当地具体情况，校正临界值，以便有效指导灌溉实践。当有关生理指标达到临界值时，就应及时进行灌溉。例如棉花花铃期，倒数第4片功能叶的水势值达到－1.4 MPa时就应灌溉。不同作物的灌溉生理指标的临界值见表1-3。

表1-3 几种作物灌溉生理指标临界值

作物生育期	叶片渗透势/MPa	叶片水势/MPa	叶片细胞液浓度/%	气孔开度/μm
冬小麦				
分蘖—孕穗期	－1.1～－1.0	－0.9～－0.8	5.5～6.5	
孕穗—抽穗期	－1.2～－1.1	－1.0～－0.9	6.5～7.5	
灌浆期	－1.5～－1.3	－1.2～－1.1	8.0～9.0	
成熟期	－1.6～－1.3	－1.5～－1.4	11.0～12.0	
棉花				
花前期		－1.2		
花期—棉铃期		－1.4		
成熟期		－1.6		
春小麦				
分蘖—拔节期	－1.1～－1.0	－0.9～－0.8	5.5～6.5	6.5
拔节—抽穗期	－1.2～－1.0	－1.0～－0.9	6.5～7.5	6.5
灌浆期	－1.5～－1.3	－1.2～－1.1	8.0～9.0	5.5

1.6.3 节水灌溉

1.6.3.1 高水效农业及节水灌溉技术

节水农业和旱地农业都称为高水效农业。高水效农业是指同时追求和实现单位耗水的高水分利用效率、高经济效益、高生态及社会效益的一种具有高新科学技术体系、和经济市场紧密结合的新型农业体系。生物节水是高水效农业的关键。“生物节水”一词是由山仑院士1991年提出来的，其措施是按照作物需求规律采取相应的对策。例如，根据不同作物的需水量、水分临界期制定灌溉计划，进行作物布局；同时，作物需水规律也是改善水利工程和耕作措施的依据。石元春院士对生物节水进行了更加详细的论述："所谓生物性节水，是指利用和开发生物体自身的生理和基因潜力，在同等水供应条件下能够获得更多的农业产出。"实质是指提高农业生产过程中的水分利用效率(water use efficiency，WUE)，即提高单位耗水(蒸散量)的经济产量。

水分亏缺不意味着产量必然降低，许多作物和果木在一定生育阶段适度干旱可能对节水与增产有利。其机理可以解释为：干旱缺水对植物的影响有一个从"适应"到"伤害"的过程，不超过适应范围的缺水，往往在复水后可以产生生理、生长和产量形成上的补偿效应，在节约大量用水的同时，最终产量基本不受影响。作物的不同生育期对水分亏缺的反应不同，水分亏缺对产量形成的有关生理过程的影响也不一样，这正是非充分灌溉的理论基础。

20世纪70年代，澳大利亚持续灌溉农业研究所Tatura中心率先提出调亏灌溉(regulated deficit irrigation，RDI)，后来在粮食和经济作物生产中先后出现非充分灌溉、低定额灌溉、有限灌溉、亏缺灌溉等技术。1997年，康绍忠等提出控制性分根交替灌溉(Control Root-splited Alternative Irrigation，简称CRAI)一种新的节水灌溉技术。这些技术关键就是依据作物本身的生理特性和需水规律，以提高水分利用效率为中心，进行人为主动限量供水处理，在农业中做到节约用水的同时实现高产。

调亏灌溉是指作物在某一生育期内，有目的、主动地减少灌水量，造成作物受到一定程度水分胁迫的灌溉方法。主要手段是在作物非水分临界期，尤其是营养生长旺盛期适度亏水，而在作物的水分临界期充分供水。既保证了作物生理生化的需求，也提高了作物的抗旱能力，并通过改变光合产物的输出和分配提高作物水分利用率。

控制性分根交替灌溉是一种提高灌溉水利用效率和植物水分利用效率的切实可行的灌溉技术。该技术通过人工控制供水使根系在水平或垂直剖面的干燥和湿润区域交替出现，这样生长在干燥或较为干燥土壤区域中的一部分根系会产生水分胁迫信号有效地调节气孔关闭，而湿润区的一部分根系从土壤中吸收水分以满足作物生命之需的最小水量(图1-19)。交替供水后表层土壤总是间歇性地处于干旱状态，从而减少了棵间一直湿润时的无效蒸发和总的灌水量。因此，控制性分根交替灌溉可以达到不牺牲作物光合产物累积的同时，减少棵间蒸发和作物蒸腾作用耗水的目的。

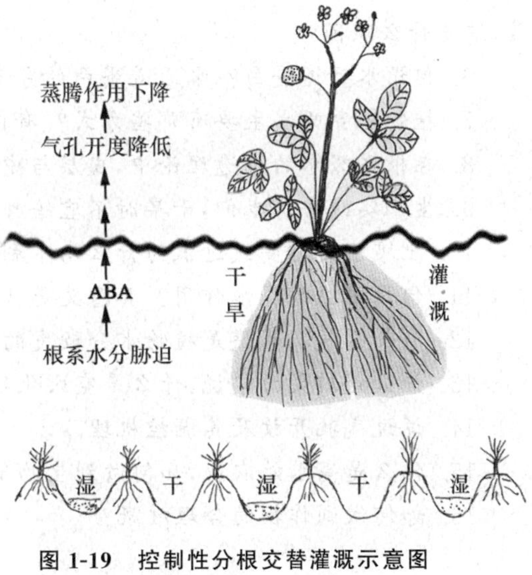

图1-19　控制性分根交替灌溉示意图

1.6.3.2　节水灌溉方式

传统大水漫灌虽然容易实施，投入少；但存在水资源利用率低、土壤肥力流失和盐碱化等诸多弊端，是较落后的灌溉方式。近年来，喷灌、滴灌等新型的节水灌溉方式已经推广使用，大大提高了我国农业的水分利用率。

喷灌是由管道将水送到位于田地中的喷头中喷出，有高压和低压的区别，也可以分为固定式和移动式。固定式喷头安装在固定的地方，有的喷头安装在地表面高度，主要用于需要美观的地方，如草地灌溉等。

微喷灌是利用折射、旋转或辐射式微型喷头将水均匀地喷洒到作物枝叶等区域的灌水形式，隶属于微灌范畴。微喷灌的工作压力低，流量小，既可以定时定量的增加土壤水分，又能提高空气湿度，调节局部小气候，广泛应用于蔬菜、花卉、果园、药材种植场所，以及扦插育苗、饲养场所等区域的加湿降温。

滴灌是将水一滴一滴地、均匀而又缓慢地滴入植物根系附近土壤中的灌溉形式，滴水流量小，水滴缓慢入土，可以最大限度地减少蒸发损失，如果再加上地膜覆盖，可以进一步减少蒸发，滴灌条件下除紧靠滴头下面的土壤水分处于饱和状态外，其他部位的土壤水分均处于非饱和状态，土壤水分主要借助毛管张力作用入渗和扩散。

渗灌已经在地下水位较高的地方应用许多年了，是人工将地下水位抬高，直接从底下为植物根系供水的方法。

思考题

1. 水分在植物生命活动中有哪些生理作用？
2. 植物体内水分存在的状态与植物代谢活动有何关系？
3. 什么叫水的化学势？与植物生理学中的水势有何不同？
4. 植物细胞的水势由哪几部分构成？其关系如何？
5. 植物在纯水中培养一段时间后，如果向培养植物的水中加入盐，则植物会出现暂时萎蔫，这是什么原因？
6. 何谓水通道蛋白？水通道蛋白的分类及功能如何？
7. 植物根系吸水主要有哪些方式？有何特点？
8. 在根系吸水的渗透理论中，皮层与中柱之间的水势差是如何形成的？
9. 生产实践告诉我们：干旱时不宜给作物施肥。请从理论上给予适当说明。
10. 土壤温度过高或过低为什么均不利于根系吸水？
11. 何谓根系的提水作用？其意义是什么？
12. 为什么气孔蒸腾是植物水分散失的主要方式？
13. 什么是内聚力学说，什么是空穴化现象？
14. 说说气孔开放及其调控机理。
15. 什么是高水效农业，如何做到生物节水？
16. 如何做到作物的合理灌溉？

第2章 植物的矿质营养

提要

植物对矿质元素的吸收、转运和利用(同化)是植物矿质营养的基本内容。通过溶液培养法,现已确定碳、氧、氢、氮、磷、钾、钙、镁、硫、铁、锰、硼、锌、铜、钼、氯、镍 17 种元素为植物的必需元素,其中碳、氧、氢、氮、磷、钾、钙、镁、硫为大量元素,铁、锰、硼、锌、铜、钼、氯、镍为微量元素。

矿质元素的生理作用有:①细胞结构物质的组成成分;②作为酶、辅酶,参与酶促反应的调节,或作为氧化还原反应的电子载体,参与能量转换过程;③参与渗透调节、胶体稳定和电荷中和等电化学作用;④作为细胞信号转导的信号分子等。当缺乏某种必需元素时,植物表现出特定的缺素症。可再利用元素的缺素症首先出现在较老器官上,不可再利用元素的缺素症则首先出现在幼嫩器官上。

植物细胞对矿质元素的吸收有被动转运、主动转运和胞饮作用三种方式。被动转运过程不需消耗细胞本身代谢能,离子穿膜动力来自物质自身的热运动或电化学梯度,可分为简单扩散和易化扩散。主动转运是物质逆浓度梯度消耗细胞自身代谢能进行的跨膜转运方式,可分为初级主动转运和次级共转运。

细胞膜上参与离子转运的有离子通道蛋白和载体蛋白。通过通道蛋白的离子运输是被动的;由载体进行的离子转运可以是被动的,也可以是主动的。载体又可分成单向传递体、同向传递体、反向传递体等类型。参与主动转运的离子泵是细胞膜上、逆浓度梯度、利用代谢能量转运离子的跨膜载体蛋白,通常是 ATPase,植物细胞中发现有三种运输 ATPase 类型。

根尖的根毛区是吸收离子最活跃的部位。根系对矿质元素吸收的特点有:矿物质和水分的相对吸收;离子的选择性吸收;单盐毒害和离子对抗。根系吸收矿质元素的过程是首先通过交换吸附将离子吸附在根的表面;离子通过质外体和共质体进入木质部导管再向上运输。根系对矿质元素的吸收受土壤条件(温度、通气状况等)的影响。植物也可利用地上部分吸收矿质元素,即叶面营养。叶吸收的矿质元素可通过韧皮部向上或向下运输。

无机氮化物是植物吸收的主要氮源,以铵盐和硝酸盐为主,占土壤含氮量的 1%~2%。铵盐可直接被植物吸收后用于氨基酸合成,而硝酸盐则必须经过代谢还原才能被利用。

不同作物的需肥量不同,同一作物不同生育期的需肥特点有差异。合理施肥就是根据作物的需肥规律适时、适量地供肥,做到低耗和高效。植物工厂是现代设施农业发展的高级阶段,使农业生产从自然生态束缚中脱离出来,是农业产业化进程中吸收应用高新技术成果最具活力和潜力的领域之一,代表着未来农业的发展方向。

植物除从土壤中吸收水分外，还从中吸收各种矿质元素，以维持正常的生命活动。植物对矿质的吸收、转运和同化以及矿质元素在生命活动中的作用称为植物矿质营养(mineral nutrition)。深入了解矿质元素的生理作用、植物对矿质元素的吸收、转运及同化的规律，对于在农业生产实践中指导合理施肥，增加作物产量和改善品质具有重要意义。

2.1 植物的必需元素

2.1.1 植物体内的元素

分析健康植株所含的元素是研究植物矿质营养时常用的方法之一。如果将植物在105℃烘干、600℃充分灼烧后，除C、H、O、N等元素分别以CO_2、H_2O、N和S氧化物等形式挥发外，植物体所含的不能挥发的残余物质称为灰分(ash)，占干物质的5%～10%。灰分中存在的元素称为灰分元素(ash element)，它们直接或间接地来自土壤矿质，故又称为矿质元素(mineral element)。由于灰分中不存在氮，且氮也不存在土壤矿质中，故N不是灰分元素。由于植物吸收的N通常是以NO_3^-或NH_4^+的形式从土壤中吸收的，这与吸收其他矿质元素相同，所以通常把N归于矿质元素一起讨论。

$$\text{植物材料}\ \xrightarrow{105℃}\begin{cases}\text{水分}(10\%\sim95\%)\\ \text{干物质}(5\%\sim90\%)\xrightarrow{600℃}\begin{cases}\text{有机物质}(90\%\sim95\%)\text{挥发}\\ \text{灰分}(5\%\sim10\%)\text{残烬}\end{cases}\end{cases}$$

目前在植物中已经发现了70多种元素。不同种类植物体内的矿质元素含量差异很大，如水生植物为1%，中生植物为5%～15%，盐生植物可高达45%；同一植物不同器官间的矿质元素含量也各不相同，年老的器官高于幼嫩器官；环境因素影响植物中矿质营养含量，气候干燥、土壤通气良好、盐分高的土壤中的植株灰分含量较高。

2.1.2 植物必需的矿质元素

2.1.2.1 研究植物必需元素的方法

植物的灰分元素中，并非所有的元素都是植物必需的。由于土壤性质难以控制，利用土培法难以确定植物的必需元素。早在19世纪，Sachs和Knop就设计了水培方法(water culture method)，也称溶液培养法(solution culture method)，即用纯化的化合物配制成水溶液来培养植物以确定植物必需的矿质元素种类和数量。溶液培养法是研究植物必需元素的有效方法。

随后出现的以石英砂、珍珠岩等作为支持物的砂培法(sand culture method)、营养薄膜技术(nutrient film technique，NFT)和雾培(spray culture)或气培等技术被用于研究和生产实践(图2-1)。其中，营养薄膜技术使流动的营养液在植物根系表面形成一层营养液薄膜而向植物提供养分，而雾培技术则是通过超声波等手段使营养液细化成雾，并弥漫在根系周围而向植物提供养分。

用各种溶液培养法人工培养植物时，要注意：①根据不同植物或不同培养目的，设计特殊的营养液配方，其中，改良版Hoagland营养液应用较为广泛(表2-1)；②经常调整pH，使营养液保持与植物相适应的 pH；③给根系通气，以保持适当的根系活力；④经常(如每星期一次)更换营养液；⑤ 控制微生物污染。

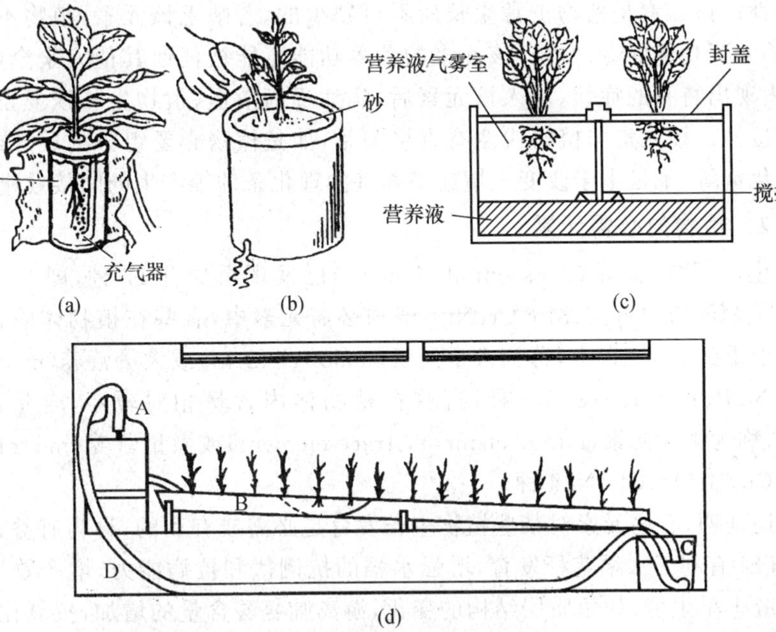

图 2-1　溶液培养法的几种类型

(引自王忠，2000)

(a)水培法：使用不透明的容器(或以锡箔包裹容器)，以免光照及藻类繁殖，并注意通气；(b)砂培法；(c)气培法：根悬于培养液上方，营养液被搅起成雾状；(d)营养膜法：营养液从容器 A 流进植物生长槽 B，未被吸收的营养液流进容器 C，并经 D 泵回 A，营养液成分及 pH 可自动调控。

表 2-1　改良版 Hoagland 营养液配方

成 分	储备液浓度/(mmol/L)	每升最终溶液中储备液体积/(g/L)
大量元素		
KNO_3	1 000	6.0
$Ca(NO_3)_2 \cdot 4H_2O$	1 000	4.0
$NH_4H_2PO_4$	1 000	2.0
$MgSO_4 \cdot 7H_2O$	1 000	1.0
微量元素		
KCl	25	2.0
H_3BO_3	12.5	2.0
$MnSO_4 \cdot H_2O$	1.0	2.0
$ZnSO_4 \cdot 7H_2O$	1.0	2.0
$CuSO_4 \cdot 5H_2O$	0.25	2.0
H_2MoO_4(85% MoO_3)	0.25	2.0
NaFeDTPA(10%Fe)	64	2.0
可选择元素		
$NiSO_4 \cdot 6H_2O$	0.25	0.066
$NaSiO_4 \cdot 9H_2O$	1 000	284.20

研究植物必需元素时，将植物培养在除去或加入某一元素的营养液中，观察植物生长发育的情况，以确定该元素是否是植物的必需元素。确定植物必需元素的三条标准是：①营养元素的必要性。该元素是植物正常生长所不可缺少的，若缺乏该元素，植物不能完成它的生活史；②营养元素功能的专一性。该元素的营养功能不能被任何其他元素全部代替，缺乏该元素，植物表现出特有的症状，加入该元素后，病症逐渐消退，植物生长恢复正常。③营养元素功能的直接性。该元素与植物代谢有直接关系，如是植物必要组分的成分或酶的成分，酶促反应的活化剂等，不是由于改变土壤或培养基的理化条件等产生的间接效应。

2.1.2.2 植物的必需元素

迄今为止，植物必需元素(essential element)已发现至少有 17 种，即 C、H、O、N、P、K、Ca、Mg、S、Fe、Mn、Zn、Cu、B、Mo、Cl、Ni。植物必需元素中，有些在植物体内含量相对较大，含量占植物干重的 0.1%以上，称为大量元素(major element)或大量营养(macronutrient)，包括 C、H、O、N、P、K、Ca、Mg、S 9 种；有些在植物体内含量相对较小，含量占植物干重的 0.01%以下，称为微量元素(minor element, trace element)或微量营养(micronutrient)，包括 Fe、Mn、Zn、Cu、B、Mo、Cl 、Ni 8 种。

近年来还证明，有些元素对某些植物生长发育是必需或有利的，称为有益元素(beneficial element)，如 Si 有利于水稻茎秆发育，增强水稻的抗倒伏和抗病能力，增产效果明显，并参与荒漠植物适应干旱生境，如角质层结构的变化，游离脯氨酸含量的增加，抗氧化防御能力的增强等生理过程。当前 Se 增强植物抗逆能力已是公认的事实，且在植物生长发育、光合作用、能量代谢、维持植物超微结构完整性等方面发挥了重要的作用。Na 有利于甜菜叶片中的淀粉转化为蔗糖，促进光合产物向根的运输，并参与保卫细胞和盐生植物细胞渗透势的调节，促进植物的渗透吸水。Co 是豆科植物根瘤菌固氮所必需的，同时甜菜施用钴肥能提高其光合作用，增加产量。稀土元素，即镧系元素包括与其性质相近的钇(Y)、钪(Sc)共 17 种元素，也是植物的有益元素。

植物体内的众多元素中除必需元素、有益元素外，大部分为中性元素，但也有少量元素是有害的。有害元素主要是一些重金属元素，如镉(Cd)、汞(Hg)、铬(Cr)、铅(Pb)、砷(As)等。目前重金属污染是全球面临的严峻问题之一。Cd 的累积在外部形态上会表现出根系不发达、生长缓慢和叶片失绿，在植株内造成叶绿素含量下降，抗氧化酶系统活性下降；Pb 会使蛋白质、核酸和酶等大分子物质变性被破坏，同时它还干扰植物体内离子间原有的平衡系统，使正常离子的调节和运输受到障碍，最终影响植物对营养元素的吸收、蒸腾作用、呼吸作用以及光合作用等方面；Hg 会引起植株叶绿素含量下降，阻碍光合作用电子传递，抗氧化酶活性失调，抑制磷酸化蛋白质本身的表达。汞的毒性机制核心是与巯基基团的结合会扰乱任何未受保护的蛋白质的正常功能。

铜是比较有争议的一种元素，它既是植物生长发育所必需的微量元素，也是当今重金属污染的元凶之一。铜胁迫对植物可造成多方面的影响，如膜脂过氧化作用增强，质膜透性增加，酶活性、可溶性蛋白质和叶绿素含量下降等，随着铜浓度的增加，组织和细胞加速衰老，植株叶片失绿，生长缓慢。

2.1.3 植物必需元素的生理作用

植物体内必需元素的生理功能概括起来有以下几个方面：①细胞结构物质的组成成分。

如 C、H、O、N、S、P 等作为蛋白质、核酸、脂类、碳水化合物等的成分，参与原生质、细胞膜等的组成。②生命活动的调节者。如 K、Ca、Mg 、Mn 和 Mo 等，作为酶(辅基、辅酶)、激素和维生素的成分、酶的活化剂，参与植物生命活动的调节。③作为电子载体。如 Fe、Zn、Cu、Mo 等，使植物体的氧化还原得以进行。④参与渗透调节、胶体稳定和电荷中和等电化学作用。如 K、Ca、Mg、Cl 等。

以下介绍氮素和各必需矿质元素的生理功能和缺素病症。

(1)氮　根系吸收的氮大多数是无机态氮，即铵态氮(NH_4^+)和硝态氮(NO_3^-)，也可吸收部分有机态氮，如尿素。

氮被称为“生命元素”，主要的生理作用包括：①氮是蛋白质、核酸、磷脂的主要成分，是原生质、细胞核、生物膜的重要组成部分，在生命活动中有特殊地位。②氮是叶绿素、许多酶及其辅酶和辅基(NAD^+、$NADP^+$、FAD)、某些植物激素(生长素和细胞分裂素)、维生素(B_1、B_2、B_6、PP)等的成分，在生命活动中起重要的调节作用。

除 C、H、O 外，N 是植物需要量最大的必需元素，因此农业生产中普遍注重氮肥的供应。但氮肥施用过量会使植株贪青旺长，易倒伏，推迟成熟而导致减产。

植株缺氮阻碍了蛋白质、核酸、磷脂的合成，会造成植物生长缓慢，植株矮小，茎秆纤细，叶小且早衰，分蘖不良，籽粒变小，根的生长特别是根的分枝受阻。由于氮素在植物体内可重复再利用，因此缺氮症状首先从老叶开始。缺氮影响叶绿素合成，故老叶表现出均匀缺绿，严重时叶片坏死，易脱落。

沙土、沙壤土，阴离子交换少的土壤易缺氮。热带与亚热带地区，高温多湿促进了有机氮肥矿化加快，加上淋溶与挥发，使土壤有机氮贫乏，速效氮和全氮含量低。土壤中施用 C/N 比高的有机质后，由于土壤微生物繁殖较快，土壤氮素消耗过多，也会造成土壤暂时性缺氮。

防治方法：最重要的是以土壤施氮为主，低温时施用硝态氮效果好；施用完全腐熟的堆肥，可以改善土壤，另外结合叶面喷施 0.2%～0.5%尿素。

(2)磷　根系吸收的磷主要是 $H_2PO_4^-$ 或 HPO_4^{2-} 形式。

磷的主要生理作用包括：①磷是核酸、核蛋白和磷脂的主要成分，是细胞质和细胞核的组成成分；②磷是 NAD^+、$NADP^+$、FAD、ADP、ATP、CoA 等的成分，参与光合作用、呼吸代谢、有机物合成及转化、同化物运输分配等多种生理生化过程，与细胞分裂生长、植物生长发育有着密切关系。

磷供应不足时，植株生长缓慢，植株矮小；分蘖分枝减少，茎、根纤细；果实和种子形成受阻，花果脱落，成熟延迟。缺磷症状首先出现在老叶。缺磷初期，叶片常呈暗绿色，这是由于缺磷时细胞生长受影响的程度超过叶绿素合成所受的影响。缺磷时，由于蛋白质合成下降，糖运输受阻，从而使营养器官中糖含量相对提高，有利于花青素的形成，如许多一年生植物茎(如玉米)常出现典型的紫红色症状。

磷供应水平过高时，会降低 Zn、Si、Fe、Cu 等微量元素的吸收和运输，从而抑制植物生长。由于磷与氮有密切关系，所以缺氮时，磷肥的效果就不能充分发挥。

有效磷极易被 Fe^{3+}、Al^{3+} 等离子固定，酸性过强土壤含磷低，在微碱性和石灰性条件下，易被 Ca^{2+} 固定，因此磷的有效度也很低。

增施有机肥料，改良土壤是防治缺磷症的有效方法。施用过磷酸钙或磷酸二氢钾，防治缺磷效果明显。但必须注意，磷肥施用过多时，可引起缺 Cu、缺 Zn 现象。

(3)钾　钾在土壤中以 KCl、K_2SO_4 等盐类形式存在,在植物体内呈离子状态。

钾的主要生理作用包括:①钾是多种酶的活化剂,如丙酮酸激酶、果糖激酶、苹果酸脱氢酶、琥珀酸脱氢酶、淀粉合成酶、琥珀酰 CoA 合成酶、谷胱甘肽合成酶等,参与碳水化合物代谢、蛋白质代谢等生理活动;②钾能促进蛋白质和糖类的合成,促进糖类的运输;③钾是构成细胞渗透势的重要成分,对细胞吸水、气孔开放有直接调节作用;④钾有使原生质胶体膨胀的作用,可提高作物的抗性。

植物生长早期不易观察到缺钾症状,但此时植株生活力已经受到影响,细胞膨压明显降低,表现出植株生长缓慢、矮化。严重缺钾时,首先植株下部老叶失绿并逐渐出现坏死症状,双子叶植物叶脉间先失绿,沿叶缘开始出现黄化或有褐色的斑点或条纹,并逐渐向叶脉间蔓延,最后发展为坏死组织;单子叶植物叶尖先黄化,随后逐渐坏死。植物出现褐色坏死组织与缺钾植株体内腐胺积累有关。植物缺钾时,根系生长明显停滞,细根和根毛生长差,易出现根腐病;茎秆维管束木质化程度低,厚壁组织不发达,常表现出组织柔弱而易倒伏。在供氮过量而钾不足时,双子叶植物叶片上,常会出现叶脉紧缩而脉间凹凸不平的现象,这是由于氮素充足使细胞内原生质汁液丰富,钾不足使纤维素合成受阻所致。

防治方法:根据土壤条件,施用钾肥,如黏质土易缺钾要多施钾肥。根据作物特性,施用不同品种的钾肥。氯化钾对忌氯作物如烟草等不适用,对氯敏感的作物如葡萄、马铃薯、甜菜等也应少用;氮、磷、钾需要配合施用,充分发挥钾肥肥效。

(4)硫　主要以 SO_4^{2-} 形式被植物吸收。

硫是蛋白质和原生质的组成成分;含硫氨基酸如胱氨酸、半胱氨酸、蛋氨酸等形成—S—S—,有稳定蛋白质空间结构的作用。硫是辅酶 A(CoA)和硫胺素、生物素、固氮酶的构成成分,在光合、固氮等反应中起重要作用,并参与糖类、蛋白质、脂肪的代谢。

缺硫植株生长缓慢,一般地上部受到的影响比根大。硫不易移动,缺乏时幼叶首先缺绿,茎细、硬而脆。十字花科植物需硫最多,豆科、百合科植物次之,禾本科植物较少。缺硫使茶树出现"茶黄病"。

缺硫情况在农业上很少遇到,因为土壤中有足够的硫满足植物需要。仅在以下情况出现缺乏症,即长期不施含硫化肥的土壤;温暖湿润地区,淋溶强烈,有机质少,质地疏松的沙质土壤;远离城镇和工矿区,降水中含硫少的偏远地区;南方丘陵山区还原性强的沙性冷浸田;种植敏感作物,如十字花科、豆科作物及烟草、棉花等容易或较易发生,禾本科作物一般不敏感,但水稻也能发生。

防治方法:施用含硫肥料如石膏、明矾、硫黄以及硫酸铵等都可见效。硫黄为元素硫,要转化为硫酸盐成 SO_4^{2-} 形态才能被作物吸收,使用前宜与土壤混拌堆置;其他各种含硫肥料都为水溶速效。如遇缺硫、缺氮不易确诊时,则可直接施用硫酸铵。

(5)钙　植物从土壤中吸收 $CaCl_2$、$CaSO_4$ 等盐类中的钙离子。

首先,钙是植物细胞壁胞间层中果胶酸钙的成分,缺钙时,细胞分裂不能进行或不能完成;第二,钙离子能作为磷脂中的磷酸与蛋白质羧基间联结的桥梁,具有稳定膜结构的作用;第三,钙是第二信使,在细胞中与有特殊结合能力的钙结合蛋白(calcium binding proteins,CBP)结合,调节植物的生长发育;第四,钙是一些酶的活化剂,如 ATP 水解酶、磷脂水解酶等;第五,钙与植物体内的草酸形成草酸钙结晶,消除过量草酸对植物(特别是一些含酸量高的肉质植物)的毒害,具有解毒作用。

缺钙植株分生组织生长缓慢，生长点和最嫩的叶片首先发病，变形、缺绿、细胞壁分解，组织变软。缺钙使甘蓝、白菜和莴苣等出现“叶焦病”，番茄、辣椒、西瓜等出现“脐腐病”，苹果出现“苦痘病”和“水心病”。大多数土壤有丰富的有效钙，不易发生这些缺钙症，但因土壤水分和盐分胁迫导致运输受阻，而引起的间接缺钙症的情况则更为普遍。在北方富含钙的石灰性土壤上，植物常常因生理性缺钙造成上述病症。

防治方法：酸性土壤缺钙，可施用石灰，既提供钙营养，又中和土壤酸性；中性、碱性土壤，由于根系吸收受阻，土壤施用无效，应改用叶面喷施。大量施用氮、钾肥，增高土壤溶液浓度，抑制对钙的吸收，铵态氮肥尤其如此，控制用肥，防止盐类浓度提高，是防治缺钙的基本措施；防止土壤干燥，高温干旱、土壤溶液浓度高，尤其是作物需钙较多时期，如大白菜结球始期、番茄结果期等，遇干旱极易诱发缺钙，应及时灌溉。

(6)镁　以 Mg^{2+} 状态被植物吸收。

镁是叶绿素的必要成分；镁是许多酶的活化剂，如 RuBP 羧化酶、5-磷酸核酮糖激酶、葡萄糖激酶、果糖激酶、丙酮酸激酶、乙酰 CoA 合成酶、异柠檬酸脱氢酶、α-酮戊二酸脱氢酶、苹果酸合成酶、谷氨酰半胱氨酸合成酶、琥珀酰辅酶 A 合成酶、核糖核酸聚合酶等，因而，镁与光合作用、碳水化合物的转化和降解、核酸和蛋白质合成代谢以及氮代谢有关。

由于镁在植株中易移动，因此缺镁症首先发生在老叶上。缺镁时，老叶片呈现脉间缺绿，这是与缺氮病症的主要区别，严重时叶尖坏死，叶片早衰与脱落。在沙质土壤、酸性土壤、K^+ 和 NH_4^+ 含量较高的土壤上容易出现缺镁现象。

防治方法：酸性缺镁土壤，施用含镁石灰，供应 Mg^{2+} 的同时又可中和土壤酸性，兼得近期和长期效果，最为适宜；合理施用钾肥和镁肥，钾、镁存在较强的拮抗作用，土壤中存在过量钾，会抑制镁的吸收，诱发植株缺镁。

(7)铁　主要以 Fe^{2+} 的螯合物被吸收。

铁对叶绿素合成、特别是稳定叶绿体结构有重要作用。铁是许多酶的辅基，如细胞色素氧化酶、过氧化物酶、过氧化氢酶和固氮酶等；铁是细胞色素、铁硫蛋白、铁氧还蛋白的组成成分，因此在呼吸作用、光合作用、氮代谢、固氮作用中有重要作用。

铁是不易重复利用的元素，缺铁典型的症状是在幼芽、幼叶失绿发黄；严重缺铁时，叶片变为黄白色，黄绿相间明显。碱性或石灰质土壤中，铁易形成不溶性的化合物而使植物缺铁。蔷薇科、玉米、高粱等对缺铁特别敏感。华北地区果树“黄叶病”与缺铁有关。

防治方法：施用有机肥，提高土壤中有机质含量，增强土壤缓冲性和降低 pH，增加土壤中可溶性铁含量；选择合适的品种与砧木，提高对铁的吸收利用率。

(8)锰　主要以 Mn^{2+} 形式被植物吸收。

首先，锰是形成叶绿素和维持叶绿素正常结构的必需元素；其次，锰是光合放氧复合体的主要成分，缺锰时光合放氧受到抑制；第三，锰也是许多酶的活化剂，如一些转移磷酸的酶和三羧酸循环中的柠檬酸脱氢酶、草酰琥珀酸脱氢酶、α-酮戊二酸脱氢酶、苹果酸脱氢酶、柠檬酸合成酶等；第四，锰还是硝酸还原的辅助因素，缺锰时硝酸就不能还原成氨，进而影响到氨基酸和蛋白质的合成。

缺锰时，植物不能形成叶绿素，幼叶脉间失绿褪色，但叶脉仍保持绿色，并伴有小坏死斑点，此为缺锰与缺铁的主要区别。燕麦对缺锰最为敏感，常出现燕麦“灰斑病”，因此常用它作为缺锰的指示作物。缺锰与土壤反应关系大。土壤过酸，易于淋失，土壤偏碱或施石灰过多，会使锰溶解降低。

防治方法：施用锰肥，含锰肥料有硫酸锰、氯化锰、碳酸锰、二氧化锰、锰矿渣等，以硫酸锰、氯化锰见效较快；施用硫黄和酸性肥料，硫黄和酸性肥料硫酸铵等入土后产酸，酸化土壤，可以提高土壤锰的有效性；叶面喷施硫酸锰等方法。

(9)锌　以Zn^{2+}形式被植物吸收。

锌是生长素前体色氨酸的必要组成成分，是生长素合成所必需的；锌是碳酸酐酶(carbonic anhydrase，CA)的成分，此酶催化CO_2和H_2O形成H_2CO_3的反应。由于植物吸收和排出CO_2通常都先溶于水，故缺锌时，呼吸和光合均会受到影响。锌也是谷氨酸脱氢酶及羧肽酶的组成成分，在氮代谢中起一定作用。

缺锌时，植物体内IAA合成锐减，尤其芽和茎中的含量明显下降，植物生长发育出现停滞状态，其典型表现是叶片变小，节间缩短等症状，通常称为“小叶病”或“簇叶病”。北方果园苹果、桃、梨等果树在春季易出现此病。禾本科植物中玉米和水稻对锌最为敏感，通常可作为判断土壤有效锌丰缺的指示作物。

有机质土壤，锌与有机物形成稳定的化合物，作物无法吸收而导致缺锌；酸性且经长期淋洗作用的沙质土壤，其锌含量很低，作物容易缺锌；土壤磷含量过高或长期施用过量磷肥，会使土壤中的锌更易被吸附而降低其有效性，导致作物缺锌；种植敏感作物，如果树中的柑橘、苹果、桃、柠檬，大田作物中的玉米、水稻等，其次是马铃薯、番茄、甜菜等易发生缺锌症。

防治方法：土壤施用锌肥，用作锌肥的有硫酸锌、氯化锌及碳酸锌等，最常用的为硫酸锌。但要注意观察后效，避免锌在土壤中的积累，施锌过量会发生毒害；排除渍水提高土壤氧化势对防止缺锌通常能获显著效果；叶面喷施硫酸锌溶液等。

(10)铜　在通气良好的土壤中，铜多以Cu^{2+}的形式被吸收，而在潮湿缺氧的土壤中，则多以Cu^{+}的形式被吸收。

铜作为多酚氧化酶、抗坏血酸氧化酶、漆酶、质蓝素的成分，在呼吸的氧化还原、光合电子传递中起重要作用。铜还可以提高马铃薯抗晚疫病的能力，所以喷硫酸铜对防治该病有良好效果。

麦类作物对铜最为敏感，最容易出现缺铜症状。禾本科作物缺铜表现为植株丛生，顶端逐渐变白，症状通常从叶尖开始，严重时不抽穗，或者穗萎缩变形，结实率降低，籽粒不饱满，甚至不结实。缺铜还常有一个明显的特征，即某些作物花的颜色发生退色现象，如蚕豆缺铜时，花的颜色由原来的深红褐色变为白色。

防治方法：一般有机质丰富的土壤，氮、磷及铁、锰含量高的土壤易缺铜。土壤及叶面施肥均有助于补铜，土壤施用铜肥较普遍，一般施用硫酸铜。果树一般采用喷施，结合防病喷洒波尔多液也能见效。由于作物每年铜吸收量很少，且淋失量甚微，故施用一次后，可数年发挥效果，因此不需要每年施用，否则将产生铜中毒。

(11)钼　以MoO_2^{4-}的形式被植物吸收。

钼是硝酸还原酶的组成成分，缺钼则影响氮代谢，呈现出缺氮病症。固氮酶是由铁蛋白和铁钼蛋白组成的，因此豆科植物根瘤菌的固氮特别需要钼。

缺钼时一般老叶先出现症状，新叶在相当长时间内仍表现正常。其共同特征是植株矮小，生长缓慢，叶片失绿，且有大小不一的黄色或橙黄色斑点；严重缺钼时，叶缘萎蔫，有时叶片扭曲呈杯状，老叶变厚、焦枯，以致死亡。十字花科花椰菜的“鞭尾病”，柑橘“黄斑病”均与缺钼有关。

防治方法：大多数土壤中所含的钼足够作物需要，但 pH 5.5 以下的酸性土固定钼，使其变成无效态。经常施用石灰也可防止缺钼。钼肥一般选择钼酸钠和钼酸铵，可以直接施入土壤，也可拌种、浸种和叶面喷施。

(12)硼　以 H_3BO_3的形式被植物吸收。

硼提高了蔗糖合成中的尿苷二磷酸葡萄糖焦磷酸化酶的活性，参与糖的运转与代谢；硼促进花粉萌发和花粉管生长；硼促进植物根系发育，特别对豆科植物根瘤的形成影响较大。

不同植物对硼的需要量不同，油菜、花椰菜、萝卜、苹果、葡萄等需硼较多，需注意充分供给；棉花、烟草、甘薯、花生、桃、梨等需量中等，要防止缺硼；水稻、大麦、小麦、玉米、大豆、柑橘等需硼较少，若发现这些作物出现缺硼症状，说明土壤缺硼已相当严重，应及时补给。

一般土壤有效硼低于 0.2 mg/kg 时，作物出现缺硼症状。缺硼首先表现为顶端生长异常缓慢，幼叶畸形、皱缩，茎叶变脆、呈暗蓝绿色。严重时，顶端生长点死亡，花和果实形成受到抑制，花药败育。缺硼也使根发育受抑制，顶端坏死。小麦的“花而不实”、棉花的“蕾而不花”、甜菜的“腐心病”、花椰菜的“褐心病”、芹菜的“茎折病”、马铃薯的“卷叶病”和苹果的“缩果病”等都是缺硼所致。

防治方法：硼肥作基肥施用，注意施用要均匀，以免局部浓度过高产生毒害作用；硼肥作追肥于苗期或开花前期，叶面喷施；硼肥也可拌种和浸种。

(13)氯　以 Cl^- 的形式被植物吸收。

氯参与光合作用水的光解；Cl^- 还与 K^+ 等离子一起参与渗透势的调节，如调节气孔开闭；只有极少量的氯以有机物形式存在，其中 4-氯吲哚乙酸是一种天然的生长素类激素；叶和根细胞的分裂也需要 Cl^- 的参与。

大田中很少发现作物有缺氯症状，因为即使土壤供氯不足，作物还可从雨水、灌溉水、大气中得到补充。土壤中含氯化物过多时，对某些作物是有害的。各种作物对氯的敏感程度不同，甜菜、大麦、玉米、菠菜和番茄的耐氯能力强，而烟草、菜豆、马铃薯、柑橘、莴苣和一些豆科作物的耐氯能力弱，易遭受毒害。

(14)镍　主要以 Ni^{2+} 形式被植物吸收。

镍是尿酶的金属成分，而尿酶催化尿素水解成 CO_2 和 NH_4^+。豆科植物和葫芦科植物对镍的要求最为明显。植物缺镍时，由于叶尖积累过量脲而出现黄化坏死现象，有些植物(如大麦)在缺镍条件下产生的种子不能萌发。

2.1.4　作物缺乏矿质元素的诊断方法

(1)病症诊断法　缺少任何一种必需的矿质元素都会引起特有的病症。各种植物对缺少某种必需元素表现的病症并不完全一致。即使同一种植物，发育阶段不同及缺乏元素的程度不同，其缺素症状表现也不同。再加上不同元素之间的相互作用，使得病症诊断更复杂。此外，植株出现病症，还可能是由于病虫害和不良环境胁迫引起的。因此，病症诊断法在实际运用中应针对具体实验，充分调研，并结合其他手段和方法综合判断，才能得出较正确的结论。

表 2-2 列出了各种必需元素缺乏的主要症状。

表 2-2　必需元素缺乏的主要症状检索表

1. 较幼嫩组织先出现病症——不易或难以再利用的元素
  2. 生长点枯死
    3. 幼叶基部淡绿，从基部开始死亡，叶片卷曲，根系生长受抑 …… B
    3. 幼叶钩状，从叶间和叶缘开始坏死；根系发育不良 …… Ca
  2. 生长点不枯死
    3. 叶缺绿，不萎蔫
      4. 叶脉间失绿，有坏死 …… Mn
      4. 叶脉间失绿，不坏死 …… Fe
      4. 叶脉也失绿 …… S
    3. 幼叶不缺绿，易萎蔫，茎尖弱 …… Cu
1. 较老组织先出现病症——易再利用的元素
  2. 整个植株生长受抑制
    3. 较老叶片先失绿 …… N
    3. 叶暗绿色或红紫色 …… P
  2. 病症限于局部
    3. 叶缘失绿，或整个叶片上有失绿或坏死斑点
      4. 叶缘失绿以至坏死，有时叶片上也有失绿至坏死斑点 …… K
      4. 整个叶片有失绿至坏死斑点或条纹 …… Zn
    3. 叶脉间失绿
      4. 有坏死斑点 …… Mg
      4. 有坏死斑点并向幼叶发展，或叶扭曲 …… Mo
      4. 有坏死斑点，最终呈青铜色 …… Cl

(2)土壤诊断法　根据土壤中有效矿质元素含量与作物中矿质元素含量的相关性，确定土壤中有效矿质元素的临界值。如果土壤中有效矿质元素含量低于临界值，作物往往表现出缺素症。由于提取剂等不同，所确定有效矿质元素临界值也不同，在实际运用中操作标准很难统一。

(3)化学诊断法　一般都以叶片为材料来分析病株矿质元素的含量，与正常植株进行比较。如果某种矿质元素在病株内的含量比正常植株显著减少时，这种矿质元素可能就是植株致病的原因。

(4)酶学诊断　根据矿质元素是植物体内某些酶的活化剂或组成成分等生理功能，其影响酶活性，可根据酶活性变化判断矿质元素的丰缺。如铜是抗坏血酸氧化酶的组成成分，其活性与叶片含铜量关系密切，测定酶活性强弱可以判断含铜丰缺。

2.2　植物细胞对矿质元素的吸收

细胞是植物体的基本结构和功能单位，细胞对矿质元素的吸收是植物吸收矿质元素的基

础。细胞膜是矿质元素进出细胞的屏障，研究各种离子跨细胞膜的运输机制是学习植物吸收矿质元素的基础。

2.2.1　跨膜电化学势梯度和膜电位

跨膜转运的离子至少受到两种物理力的作用，一是由于细胞内外离子浓度差产生的化学势梯度(chemical potential gradient)，另一是由于细胞内外电势差产生的电势梯度(electrical gradient)。受化学势梯度作用的离子是从高浓度向低浓度扩散；受电势梯度作用的离子则是阳离子被吸引向负电方向，而阴离子被负电所排斥。电势梯度和化学势梯度合称为电化学势梯度(electrochemical potential gradient)，离子运动取决于电化学势梯度差，直至离子运动达到平衡状态。

将压力、重力加速度等因素忽略不计的情况下，某一体系中某种离子 n 的电化学势可定量描述为：

$$\mu_n = \mu_n^0 + RT \ln a_n + Z_n FE \quad (2\text{-}1)$$

式中 μ_n代表离子 n 的电化学势；μ_n^0代表标准状态下离子 n 的电化学势；R 为气体常数；T 为绝对温度；a_n表示离子 n 的相对活度；Z_n代表离子 n 所带电荷数；F 为法拉第常数；E 为离子 n 所处体系的电势。

膜内外电化学势差为：

$$\Delta\mu = \mu_{内} - \mu_{外} = RT \ln(a_{内}/a_{外}) + Z_n F(E_{内} - E_{外}) \quad (2\text{-}2)$$

当 $\Delta\mu$ 为零，膜内外离子移动平衡时，即

$$\Delta E = E_{内} - E_{外} = RT/ZF \ln(a_{内}/a_{外}) \quad (2\text{-}3)$$

这就是 Nernst 方程，表示膜内外的离子电势梯度与化学势梯度的关系。ΔE 表示膜内侧相对于外侧的电位即膜电位(电势)，一般植物跨膜电位为负值。当 $\Delta\mu$ 为零时，ΔE 又称为跨膜静息电位。细胞膜的“超极化”和“去极化”是两个用膜电位为指标描述细胞膜或细胞生理状态的重要概念，所谓超极化(hyperpolarization)是指跨膜电位处于较原来参照状态(如静息状态)下的跨膜电位更负的状态，如膜电位由－80 mV 变成－120 mV；去极化(depolarization)是指跨膜电位处于较原来参照状态下的跨膜电位更正的状态，如膜电位由－120 mV 变成－80 mV。一般情况下，处于超极化状态下细胞的生理活动较为活跃。

2.2.2　植物细胞的离子跨膜运输机制

细胞吸收矿质元素主要有三种方式：被动转运(passive transport)，即离子或分子顺电化学势梯度透过膜，不需代谢能驱动的过程；主动转运(active transport)，即离子或分子逆电化学势梯度透过膜，直接由代谢能驱动的过程；胞饮作用(pinocytosis)，细胞将吸附在质膜上的矿物质通过膜的内陷而转移到细胞内的过程。胞饮作用是非选择性吸收，大分子物质甚至病毒可以通过胞饮作用进入细胞内。胞饮作用在植物细胞中不是很普遍，南瓜和番茄的花粉母细胞，蓖麻和松树的根尖细胞可以进行胞饮作用。溶质的几种转运方式总结见图 2-2。

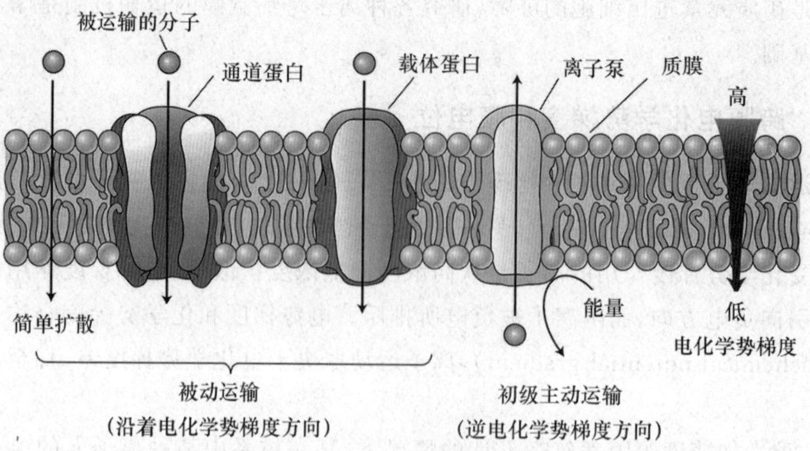

图 2-2　溶质的几种转运方式

(引自 Taiz 和 Zeiger，2017，略有改动)

2.2.2.1　被动转运

被动转运过程不需消耗细胞本身代谢能，跨膜动力来自物质自身的热运动或电化学势梯度，可分为两种：简单扩散(simple diffusion)和易化扩散(facilitated diffusion)。

1. 简单扩散

一些脂溶性物质能通过膜上脂类双分子层的间隙穿过膜屏障，这是一种依赖分子热运动的单纯物理过程，称为简单扩散或自由扩散。这种扩散沿浓度梯度(或电化学梯度)扩散，不需要载体的协助，不需要提供能量。O_2、CO_2、苯和一些激素等既能溶于水，也能溶于脂质，可以靠浓度差通过细胞膜。另外，H_2O、尿素、甘油、乙醇等双极性分子体积小，也可以自由扩散通过脂质膜。带电分子(离子)，由于高度亲水性阻止它们进入脂质双层的疏水相，所以通透性较差。

2. 易化扩散

一些非脂溶性或低脂溶性物质能依赖细胞膜上的特殊蛋白质来实现跨膜转运，称为易化扩散或协助扩散。其特点是：①有特殊转运蛋白参与；②比简单扩散转运速率高；③有特异性，即与特定溶质结合；④有饱和性，即存在最大转运速率。

细胞膜上参与离子转运的特殊蛋白质有两类：离子通道蛋白和载体蛋白。

(1)离子通道蛋白　离子通道(ion channel)是由多肽链中的若干疏水性区段在膜的脂质双分子层中形成的跨膜通道结构。

离子通道的特点：

①所有通道蛋白均以自由扩散的方式运输溶质，即离子顺电化学势梯度通过通道。

②离子通道具有门控性，即离子通道由通道蛋白开或关两种构象所调节，并通过开关应答相应的信号，所以离子通道又称为门控通道(gated channel)。

按通道的激活方式，可将离子通道分为：配体门控通道(ligand-gated channels)，电压门控通道(voltage-gated channel)，感觉型通道(sensory channel)，第二信使控制通道(second messenger-gated channel)。不同类型或不同状态下离子通道的门控特性不同，主要受膜电压、膨压、pH、Ca^{2+}和其他离子、光照、激素等因素影响。K^+通道为典型的电压依赖通道，膜电压去极化大于-40 mV，外向K^+通道关闭；液泡上的Ca^{2+}通道既有电压门控的，也有第二信使肌醇 1，4，5-三磷酸(IP_3)门控的。随着蛋白质化学、分子生物学和膜片钳技术的应用，有关离子通道门控的分子机制正在人们面前展现开来。

③离子通道具有选择性，离子通道的选择性过滤结构与离子通道的选择性有关。

图 2-3 解释了K^+通道选择性的机理。K^+离子通路外 1/3 部分为选择性离子过滤器(selectivity filter)。该过滤器是由 6 个氨基酸组成的序列，被称为"指纹序列"，离子的选择性主要发生在此。K^+在进入通道前被 8 个水分子包围，为了穿过选择性过滤器，K^+必须摆脱水分子的束缚。进入通道的每个K^+首先受到指纹序列蛋白中 8 个氧原子的包围。这 8 个氧原子等距离排列在孔道内衬并朝向通道中心，分为上、下两层，每层为 4 个氧原子。8 个氧原子包围一个K^+，完全取代了水分子层。一旦K^+通过选择性过滤器后，又重新被水分子包裹。水化后K^+在降低静电排斥力的同时，亦为K^+的高效率转运提供了基础，使离子传导过程重复地进行。Na^+不易通过K^+通道的原因是Na^+直径小于K^+，无法与通道内衬的氧原子相互作用。

④离子通道介导的转运速度远大于载体蛋白。载体蛋白每秒最多可运输10^4～10^5个离子，离子通道则每秒可运输10^6个离子以上，比离子泵或载体运输高 100～1 000 倍。

⑤离子通道具有饱和现象。在正常的生理范围内，离子通道所调节的离子流量与离子之间呈现一种线性关系。但由于细胞膜上离子通道数量有限，离子通道运输溶质时也具有饱和效应，但饱和点高于载体。

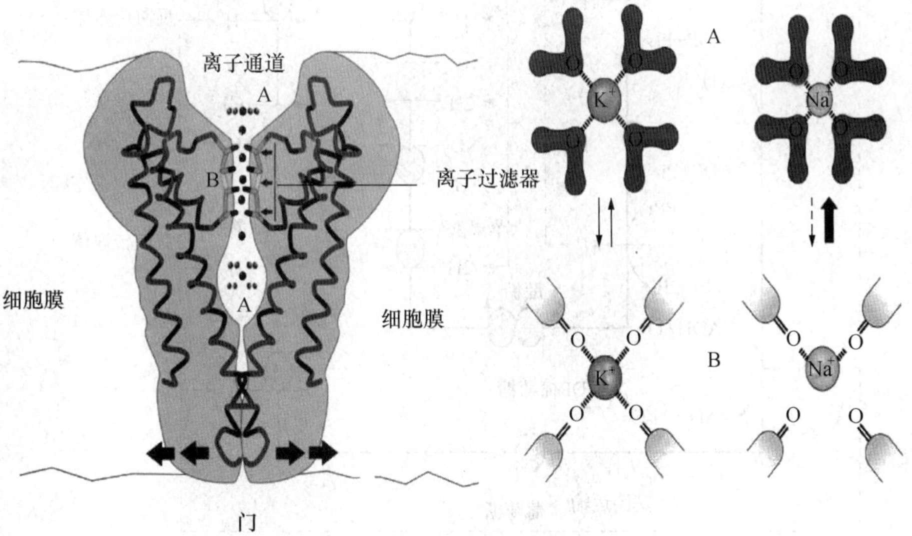

图 2-3　钾离子通道模型

A. 离子过滤器外　B. 离子过滤器内

离子通道通过参与离子转运、渗透调节、信号传递、膜电位调节及决定细胞的分裂、伸长和生长方向等方式调节多种植物生理过程，如营养物质的吸收、运输和贮藏，细胞分裂和伸长，叶片运动，气孔开闭等。

目前，已在植物细胞膜和内膜系统上发现存在 K^+ 通道、Ca^{2+} 通道、Cl^- 通道及苹果酸通道等多种离子通道类型。值得一提的是，德国科学家 E. Neher 和 B. Sakmann 因发明研究膜通道膜片钳技术（patch-clamp technique）荣获 1991 年度诺贝尔医学奖；美国科学家 R. MacKinnon 因首次发现电压门控钾离子通道（voltage-dependent potassium channel，简称 Kv channel）的蛋白质立体结构，提出钾离子通道感应细胞膜电位变化而快速开关的新机制（图 2-3），获得 2003 年度诺贝尔化学奖。

（2）载体蛋白　载体蛋白又称载体（carrier）、通透酶（permease）和转运器（transporter）等，能与特定溶质结合，通过自身构象的变化，将与其结合的溶质转移到膜的另一侧。载体蛋白有的需要能量驱动（各类 ATP 驱动的离子泵）；有的则不需要能量，以自由扩散的方式运输物质（如缬氨酶素）。即通过载体蛋白的运输可以是主动的，也可以是被动的。载体有 3 种类型：共向传递体（H^+/阴离子共向传递体，H^+/中性溶质共向传递体）、反向传递体（H^+/阳离子反向传递体）和单向传递体（图 2-4）。

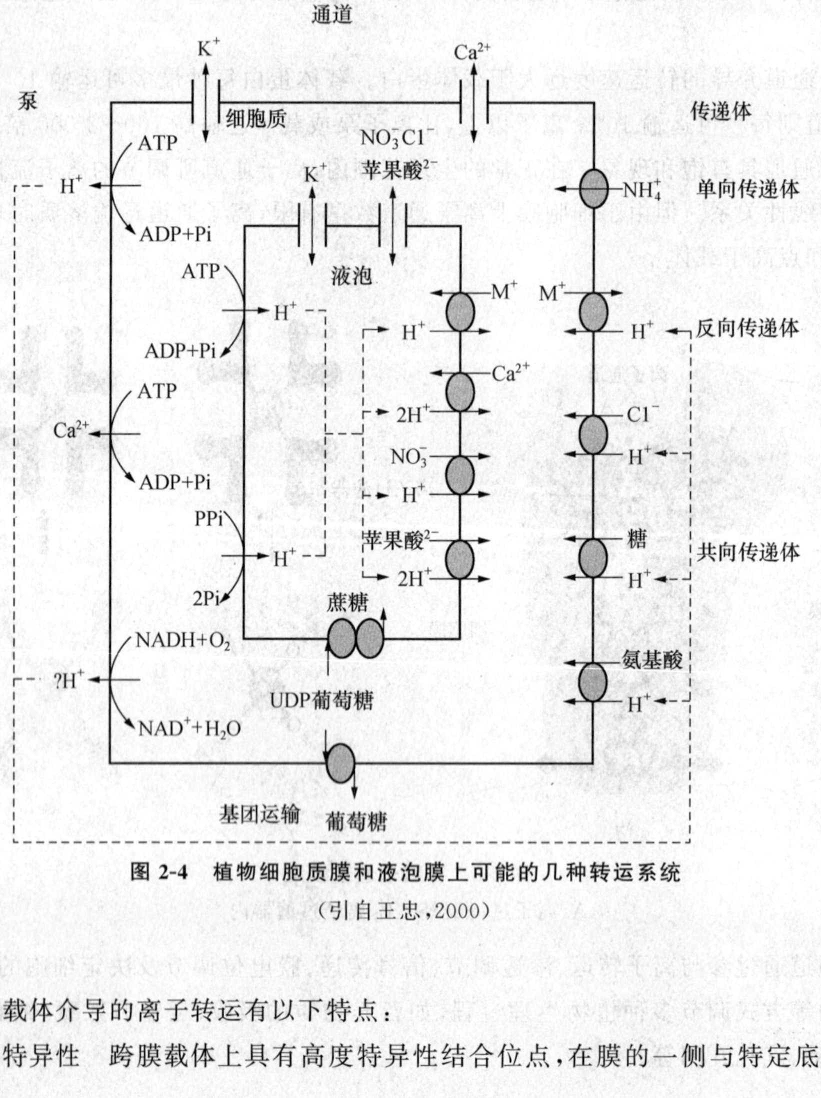

图 2-4　植物细胞质膜和液泡膜上可能的几种转运系统

（引自王忠，2000）

由膜上载体介导的离子转运有以下特点：

①高度特异性　跨膜载体上具有高度特异性结合位点，在膜的一侧与特定底物结合，并

穿过脂双分子层在膜的另一侧释放底物，此过程可往返进行。

②饱和性　由于膜上载体数目及每一载体上的底物结合位点数目是固定的，因此在一定浓度范围内，物质跨膜转运速度与膜两侧底物浓度成正比；当这些位点被全部结合时，即使膜内外物质浓度差增加，其扩散速度也不会增加，即跨膜转运动力学特征符合用于描述酶促反应的米氏方程式。

③竞争性抑制　结构相似的离子，与载体的结合部位竞争结合。当某一载体对 A 和 B 两种结构类似的物质都有转运能力时，A 和 B 物质的跨膜转运相互具有竞争性抑制作用。

④运输受膜流动性影响　温度升高，膜的流动性加大，载体构象变化或在膜上的移动加快，运输速率加快。而离子通道不依赖于膜的流动性，因此速率所受到膜流动的影响较小。

2.2.2.2　主动转运

主动转运是物质逆浓度梯度消耗细胞自身代谢能进行的跨膜转运方式。其特点：①逆浓度梯度运输；②依赖于膜运输蛋白；③需要代谢能，并对代谢毒性敏感；④具有选择性和特异性。

1. 离子泵

离子泵(pump)是细胞膜上逆电化学势梯度，利用代谢能量转运离子的跨膜载体蛋白。参与初级主动转运的离子泵通常是 ATP 酶(ATPase)，植物细胞中发现有三种运输 ATPase 类型，分别是：P 型离子泵(P-typeion pump)，或称 P 型 ATPase，此类运输泵的运输需要磷酸化(P 是 phosphorylation 的缩写)，包括质膜 H^+ 泵、Ca^{2+} 离子泵；V 型泵(V-type pump)，或称 V 型 ATPase，主要位于小泡的膜上(V 代表 vacuole 或 vesicle)，如液泡膜中的 H^+ 泵，运输时需要 ATP 供能，但不需要磷酸化；F 型泵(F-type pump)，或称 F 型 ATPase，只有 H^+ 泵，主要存在于细菌质膜、线粒体膜和叶绿体的膜上，在能量转换中起重要作用，是氧化磷酸化或光合磷酸化偶联因子(F 即 factor 的缩写)，F 型质子泵不仅可以利用水解 ATP 释放的能量转移质子，也可以利用质子动力势将 ADP 转化成 ATP。下面主要以 H^+-ATPase、Ca^{2+}-ATPase 和 H^+-PPase 为例介绍说明离子泵主动转运机理。

位于质膜上的 H^+-ATPase 在细胞质一侧，H^+-ATPase 水解 ATP，水解产生的能量将细胞质中的 H^+ 泵到膜外，并造成膜内 H^+ 浓度降低而膜外 H^+ 浓度升高，同时产生膜电位的超极化。H^+-ATPase 利用 ATP 水解释放的能量转运 H^+ 至膜的一侧，由于这一过程是由 ATP 直接提供能量，所以称为初级主动转运(primary active transport)。跨膜的 H^+ 梯度及膜电位的增加，使质膜两侧产生了质子浓度梯度(ΔpH)和膜电位梯度($\Delta\Psi$)，这两者之和称为质子电化学势梯度，又称为质子动力(ΔH，即电化学势外正内负)。由跨膜质子电化学势梯度驱动的其他离子或分子的转运过程被称为次级主动转运(secondary active transport)，又称偶联主动运输(coupling active transport)或协同转运(co-transport)，它不直接消耗 ATP，所需要的直接动力是由初级主动转运过程所产生的质子动力。

Ca^{2+}-ATPase 由 ATP 提供能量，主动把 Ca^{2+} 从胞质运输到胞外或细胞器中的蛋白体。现已证实 Ca^{2+}-ATPase 存在于质膜、内质网、高尔基体和液泡膜，可能还存在于叶绿体外膜上。其分布与植物种类、组织特异性有关，如分布在玉米根部液泡膜、地上部分内质网、大麦糊粉层细胞内质网、小麦糊粉层细胞液泡膜上。Ca^{2+}转运与ATP水解直接偶联，而不是次级运输的结果。分布在内膜上的Ca^{2+}-ATPase的作用方向是把胞质中Ca^{2+}转运进入细胞器，而分布在质膜上的作用是把Ca^{2+}从胞质运输到胞外，但它们作用结果是共同的，都在于把胞质Ca^{2+}运走，维持胞质中较低[Ca^{2+}]。Ca^{2+}-ATPase对Ca^{2+}的K_m值为0.5～5 μmol/L，具有较高的Ca^{2+}亲和力，这正处于静息状态下细胞内游离Ca^{2+}浓度范围。因此，有人认为Ca^{2+}-ATPase主要在细胞静息状态下发挥作用，也有研究表明Ca^{2+}-ATPase对逆境具有应答功能，但具体发挥作用的方式有待于进一步研究。

H^+-PPase称为H^+转运无机焦磷酸酶，是一种广泛存在于植物、少数藻类、原生动物、细菌以及原始细菌的独特的H^+转运酶。如在液泡膜上，H^+-PPase能将PPi水解为2个Pi，不仅削弱了PPi浓度过高对胞质中生物大分子合成的影响，还可用PPi水解产生的自由能，催化H^+由胞质向液泡的运输，与液泡膜H^+-ATPase一起建立跨液泡膜质子驱动力，为各种溶质分子的跨液泡膜主动运输提供驱动力。

2. 共转运

共转运(co-transport)是指两种溶质被同时运输的机制，又称为协同转运。如果两种物质向同一方向运输，称为共向转运(symport)，即H^+与另一分子或离子(如Cl^-、NO_3^-、NH_4^+、PO_4^{3-}、SO_4^{2-}、氨基酸、肽、蔗糖、己糖)，在共向传递体(symporter)作用下同向穿过膜。如果同时转运的两种物质是相反的方向，则称为反向转运(antiport)，即H^+与其他分子或离子(如Na^+、Ca^{2+})，在反向传递体(antiporter)的作用下，反向穿过膜。膜上还有一种单向传递体，进行单向传递(uniport)，这种传递方式只与膜电势(ΔE)有关，是一种易化扩散。

2.3 植物根系对矿质元素的吸收及运输

矿质元素可以通过根的表面吸收，吸收矿质元素的最快部位是根尖的根毛区，与吸水最快部位相同。原因是根毛区有巨大的吸收表面积，木质部也已发育完全，向地上输送溶质的能力强。

2.3.1 植物吸收矿质元素的特点

2.3.1.1 根系对矿质元素和水分吸收的相对性

植物对水分和矿质元素的吸收既相互关联，又相互独立。矿质元素必须溶于水中才能被吸收，矿质元素可以通过调节细胞渗透势，从而影响细胞吸水。由于植物对水分和矿质元素吸收机理并不相同，水分吸收主要是以蒸腾作用引起的被动吸水为主，而矿质吸收则是以消耗代谢能的主动吸收为主，因此根系对水分和矿质元素的吸收具有相对性，水分和矿质元素进入植物体的数量并不成正比。

实验表明，植物对水和矿质元素的吸收会因植物和环境条件的不同而变化很大。有人发现，处于光照下的大麦虽然蒸腾失水比在暗中大2.5倍左右，但矿质元素吸收并不与水分吸收成比例，如磷酸根和钾离子在光下比暗中的吸收速度快；而其他无机盐，如钙、镁、硫酸根、硝酸根离子等在光下反而吸收减少。另外，有实验还发现，溶液培养时，如果溶质浓度低，根系对矿质元素的吸收相对较多；当溶液浓度较高时，则对水分的吸收相对较多；当温度降低时，对矿质元素吸收的影响大于对水分吸收的影响。

2.3.1.2 根系对矿质元素吸收的选择性

根系对矿质元素的选择性吸收(selective absorption)表现在对同一溶液中的不同离子、同一种盐阴阳离子的不同吸收方面。如供给土壤$(NH_4)_2SO_4$时，根系会选择性吸收NH_4^+；又如盐生植物对Na^+的吸收可能大于K^+。当植物对某种离子吸收时，为保持细胞的电荷平衡，会同时伴随相同电荷的排出或相反电荷的吸收。

当植物根系培养在某种盐溶液中，对其阳离子吸收的量大于阴离子时，为保持体内电荷平衡，根细胞向外界分泌H^+，会造成溶液 pH 下降，该盐被称为生理酸性盐(physiologically acid salt)，大多数铵盐属于此类，如$(NH_4)_2SO_4$。当植物根系在某种盐溶液中，对其阴离子吸收量大于阳离子时，根细胞向外分泌OH^-和HCO_3^-，造成溶液 pH 上升，则称该盐为生理碱性盐(physiologically alkaline salt)，如供给土壤$NaNO_3$时。当植物对某盐的阴阳离子吸收的数量相等时，不影响溶液的 pH，这种盐称为生理中性盐(physiologically neutral salt)，如供给土壤NH_4NO_3时，研究发现，根系对NH_4^+和NO_3^-的吸收在时间上是不相同的，根系首先选择吸收NH_4^+，然后吸收NO_3^-，因此，NH_4NO_3施用前期是生理酸性盐，后期是生理碱性盐。由此可见，如果土壤中长期使用一种类型的化肥，会造成土壤酸碱度改变从而破坏土壤结构，所以农业生产中施肥最好用混合肥料平衡溶液。

2.3.1.3 单盐毒害和离子拮抗

将植物培养在一种盐溶液中，虽然这种盐是植物的必需元素构成，如 KCl，植物仍然受到伤害而死亡，这种现象称为单盐毒害(toxicity of single salt)。在发生单盐毒害的溶液中加入少量不同化合价的金属离子，就可解除单盐毒害，这种现象称为离子拮抗(ion antagonism)。元素周期表中的同族元素没有拮抗作用，不同族元素才产生拮抗作用，如K^+与Ca^{2+}、Ba^{2+}发生拮抗作用，K^+与Na^+，Ca^{2+}与Ba^{2+}不发生拮抗作用。由于单盐毒害作用的存在，溶液培养时一定要注意各种元素均衡搭配。植物能正常生长、并含有适当比例的多种盐溶液称为平衡溶液(balanced solution)。土壤溶液一般含有多种必需元素，对于陆生植物而言是平衡溶液。土壤经常施用同一种肥料，土壤的平衡溶液被打破，抑制植物生长，所以施肥时要注意平衡施肥，多施混合肥料。

2.3.2 根系吸收矿质元素的过程

土壤溶液中的养分首先要向根表面迁移，其运输有两种不同方式：一种是集流(mass flow)，另一种是扩散(diffussion)。溶质借水分流动而运输的方式是集流运输，植物蒸腾量的大小与离子以集流形式迁移的数量呈正相关；当根系对离子的吸收速率大于离子集流速率时，根表面附近会出现离子浓度较低的区域(有时称为养分亏竭区或耗竭区)，而远离根表面的离子浓度则较高，这时根表面外高浓度的离子就会顺着化学势梯度向低浓度的根表面迁移，这个过程称为扩散。离子扩散受许多因素的影响，能较快被根吸收；在土壤溶液中浓度较低的养分，如 NH_4^+、K^+ 和磷酸盐，主要靠扩散运输。

根系吸收矿质元素的过程，这里指矿质元素从根外进入木质部导管的过程。

2.3.2.1 离子吸附在根表面

根部细胞吸收离子，最初经过离子交换，将离子吸附于根部细胞的表面。根呼吸释放出的 CO_2，与水形成 H_2CO_3，后者被解离为 H^+ 与 HCO_3^-，并被吸附在根细胞的表面。被吸附的 H^+ 和 HCO_3^- 可分别与土壤中的阳离子和阴离子进行交换，土壤中的离子即被吸附在根细胞表面。由于这种吸附离子的方式按"同荷同价"原理进行，具有交换性质，故称为交换吸附(exchange absorption)。交换吸附是非代谢性的，不需要代谢能量，与温度无关。吸附速率很快，当吸附表面形成单分子层就达到极限。

土壤中的离子除部分溶解在土壤溶液中以外，大部分被土壤吸附着，或为难溶状态，因此根系对离子交换吸附的方式也不相同。研究表明，根系对矿质元素的吸附有三种情况：

(1)根对土壤溶液中离子的吸附　土壤溶液中的离子通过集流或扩散到达根附近，然后与根表面的 H^+ 和 HCO_3^- 进行离子交换(ion exchange)，从而吸附在根表面。

(2)根对吸附在土壤胶粒表面离子的吸附　根对土壤胶粒表面所吸附离子的吸附有两种方式，一是通过溶液交换，即呼吸产生的 H^+ 和 HCO_3^- 进入溶液，与胶粒上的阴阳离子交换，使它们进入土壤溶液，然后再被根表面吸附(图 2-5A)。二是直接进行接触交换(contact exchange)，根系表面和土壤胶粒表面所吸附的离子在一定的范围内振荡，当根系和土壤胶粒接触，两者间离子的振荡部分重合时，便可相互交换(图 2-5B)。

(3)根对难溶矿质元素的吸附　根通过分泌苹果酸、柠檬酸等有机酸促进这些难溶解矿质元素的溶解，进入溶液，然后进行吸附。

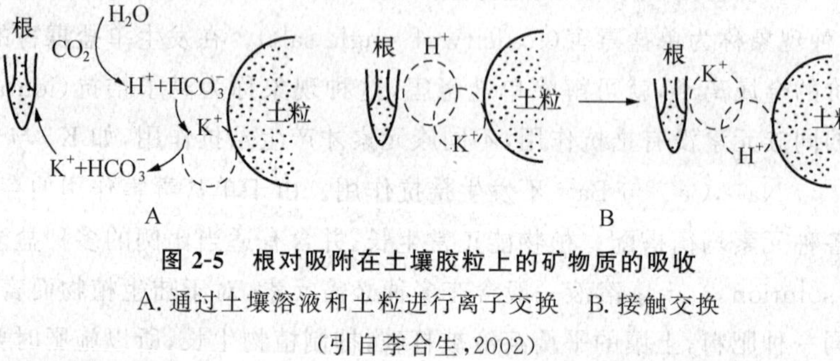

图 2-5　根对吸附在土壤胶粒上的矿物质的吸收

A. 通过土壤溶液和土粒进行离子交换　B. 接触交换

(引自李合生，2002)

2.3.2.2 离子进入根内部

吸附在根表面的离子进入根内部有两条途径，共质体(symplast)途径和质外体(apoplast)途径，由于内皮层的凯氏带存在，质外体途径是不连续的(图 2-6)。

(1)质外体途径　根部有一个与外界溶液保持扩散平衡、自由出入的外部区域称为质外体，即指植物组织中细胞壁和相邻细胞之间的细胞间隙，又称自由空间(free space)。自由空间的大小虽然无法直接测定，但可间接地用其表观自由空间(apparent free space，AFS)或相对自由空间(relative free space，RFS)的大小表示。AFS 是自由空间占组织总空间的百分比，一般为 5%～20%。

(2)共质体途径　共质体是指植物细胞的原生质体之间通过胞间连丝相互连接而成的一

个整体。离子通过自由空间到达细胞表面后，可通过主动转运或被动转运的方式进入细胞；细胞内离子再通过共质体途径，即在细胞间的胞间连丝传递，最终进入木质部薄壁细胞，并释放到导管中。

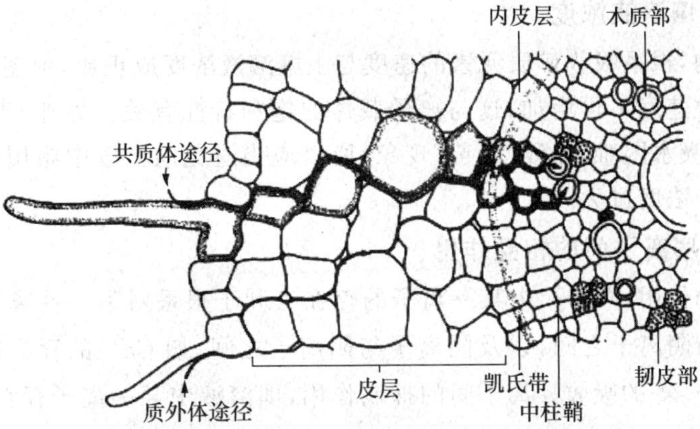

图 2-6　根毛区离子吸收的共质体和质外体途径

（引自王忠，2000）

2.3.2.3　离子进入木质部导管

根中柱的水和离子释放到木质部导管是从共质体向质外体的转移。释放的机理可以是被动的、也可以是主动的，并具有选择性。离子通过主动运输进入木质部的证据包括：中柱组织的 K^+ 浓度比皮层中的高得多；代谢抑制剂，如蛋白质合成抑制剂环己亚胺，抑制离子向木质部中释放，但不抑制其在根中的积累；木质部薄壁细胞质膜上有 ATP 酶。

离子进入导管后，随着蒸腾流而运到地上器官，其动力为蒸腾拉力和根压。

2.3.3　影响根部吸收矿质元素的条件

除了植物本身的遗传特性外，土壤和其他环境因子对矿质元素的吸收以及向地上部分的转运都有显著的影响。

2.3.3.1　土壤温度

一定范围内随着温度升高，根系对矿质元素吸收的速度加快。这是因为温度升高有利于离子的扩散和根系的呼吸作用，促进主动吸收；另外降低原生质胶体的黏性，增加膜透性，加快离子吸收。但当温度过高时，酶蛋白变性失活，影响呼吸作用；使细胞膜的通透性增大，造成离子外渗；加速根毛的死亡和根表面的木栓化，从而降低吸收面积和增大离子进入根的阻力，最终导致吸收速率下降。如水稻种植在早春寒潮期间多灌水、灌深水，可阻止土温的骤然下降，增强幼苗对低温的适应能力和抵御能力，减少低温降低矿质元素吸收的影响；水稻后期遇高温干燥天气出现时实行日灌深水夜排干，可使田间白天增湿降温，有利于养分积累。

2.3.3.2　土壤通气状况

土壤通气状况直接影响到根系的呼吸作用以及能量供应；其次影响根际微生物活动，如通气不良条件下厌氧菌活性提高，使土壤中产生有毒物质，并改变土壤养分的形态和有效性。多数情况下，土壤处于较为缺氧的状态，增施有机肥料、加强中耕松土等改善土壤结构和土壤通气的措施，由于增加了土壤中的 O_2 分压，降低 CO_2 和其他有害气体含量，从而增强植物根系对矿质元素的吸收。如我国多雨的南部及中东部，农民种植甘薯多采用垄作方式，有利于解决水与气的矛盾。

2.3.3.3 土壤溶液浓度

在一定范围内，根系吸收矿质元素的速度与土壤溶液浓度成正比，但超过此范围后，根系对矿质元素的吸收速度不再增加，这与离子载体的饱和特性有关。另外，当土壤溶液浓度过高时，会引起根系吸水困难，导致“烧苗”现象，所以应当避免向土壤中施用化肥过度，或叶面喷施化肥及农药的浓度过大。

2.3.3.4 土壤离子间的相互作用

离子间的协助作用，即溶液中某一离子的存在有利于根系对另一些离子吸收的现象，主要表现在阳离子与阴离子之间，以及阴离子与阴离子之间，如 Ca^{2+} 的存在能促进许多离子，如 NH_4^+、K^+ 和 Pb^+ 等的吸收。离子间的抑制作用，即溶液中某一离子存在能抑制另一离子吸收的现象，主要表现在对离子的选择性吸收上，如阳离子，K^+、Rb^+ 与 Cs^+ 之间、Ca^{2+}、Sr^{2+} 与 Ba^{2+} 之间；阴离子，Cl^-、Br^- 与 I^- 之间、SO_4^{2-} 与 SeO_4^{2-} 之间。离子抑制作用可能与离子竞争有关。离子间相互抑制还表现在影响离子的形态和有效性上，如 P 过多，可形成 $Zn_3(PO_4)_2$，影响根系对 Zn 的吸收。

2.3.3.5 土壤 pH

土壤 pH 对植物根系吸收矿质元素的影响很大。包括：

(1)直接影响　组成细胞的蛋白质是两性电解质，当 pH 在 4～9 之间时，pH 变化影响根表面所带电荷的性质。酸性环境中，根表面带正电荷，有利于根吸附阴离子；碱性环境中，根表面带负电荷，有利于根吸附阳离子。如当外界溶液 pH 较低时，抑制植物对 NH_4^+ 的吸收；而介质 pH 较高时，则会抑制 NO_3^- 的吸收，而对 NH_4^+ 的吸收有所增加。

(2)间接影响　一般认为土壤 pH 的间接作用大于直接作用。土壤 pH 的间接作用主要通过影响土壤矿质元素的有效性、根际微生物的活动而起作用。

pH 影响矿质元素离子的有效性。pH 较低时，有利于土壤释放各种离子，如 K^+、Mg^{2+}、Ca^{2+}、Mn^{2+}、Cu^{2+} 和 Al^{3+} 等；碳酸盐、磷酸盐和硫酸盐等盐类溶解度也较高，但如果植物根系来不及吸收，这些矿质元素则容易随雨水流走，因此酸性红壤常缺乏 P、K、Ca、Mg；同时 pH 较低时引起的重金属及 Al 溶解活化对植物生长会带来很大危害。pH 较高时，会使磷酸盐、硼酸盐、Mn、Cu 和 Zn 等营养元素形成不溶物而降低它们的有效性。土壤 pH 为中性时，N、P、K、S、Ca、Mg 有效性最大；微弱酸性时，Mn、B、Cu、Zn 等微量元素有效性最大(图 2-7)。

pH 影响根际微生物的存在和活动，而有益微生物有助于植物吸收养分、分解有机物、分泌有机酸改善土质等。微生物活动需要在一定 pH 范围内进行，如由亚硝化和硝化细菌引起的硝化作用对土壤 pH 的依赖性很大，这些细菌更喜欢中性环境，因此强酸性土壤中天然硝酸盐含量极低。

pH 影响植物的生长。植物适应土壤 pH 变化的能力不同，因此各种作物生长的最适 pH 不同。但土壤 pH 本身通常不是植物生长的限制因子，而是依赖 pH 的一种或多种次生因素限制了植物的生长。

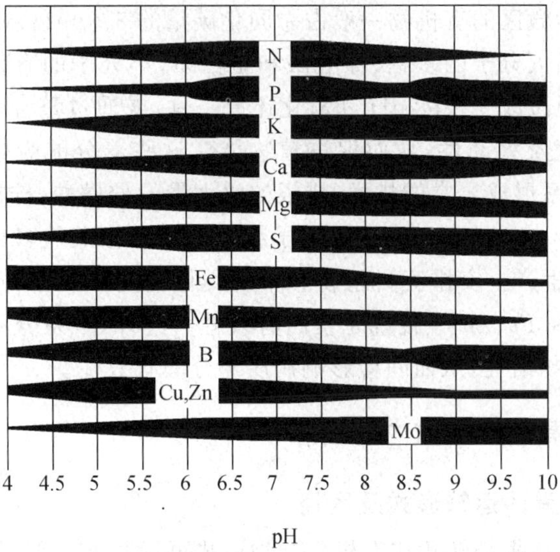

图 2-7　土壤溶液 pH 对矿质元素可利用性的影响

（引自李合生，2002）

黑色厚度代表养分的溶解度。

2.3.3.6　土壤水分状况

水分状况对植物根系矿质元素吸收的影响是多方面的。水分状况是决定土壤中离子以扩散还是以集流方式迁移的重要因素，也是化肥溶解和有机肥矿化的决定条件。土壤水分影响了土壤中离子的溶解度、土壤通气状况、土壤温度以及土壤的氧化还原状况，从而间接影响离子的吸收。水分还对植物生长，特别是对根系的生长有很大的影响，同样也间接影响矿质元素的吸收。

2.3.3.7　根际环境

根与土界面不足 1 mm 到几毫米范围的微区土壤称为根际（rhizosphere），其范围与植物种类、土壤类型、土壤含水量、根系的特定分布及分泌物等因子有关。它是根与土之间相互作用的界面，也是土壤-植物-微生物间相互作用的场所。土壤中的水分和矿质元素必须首先经过这一微域后才能到达根的表面，进而为根系所吸收。因此，这一微域环境的状况，如根际 pH、根际氧还电位、根系分泌物、根际微生物，直接影响水分、矿质元素的有效性和利用率。

由于植物根系活动的影响，根际 pH 往往与土壤 pH 有差异，其差异有时可高出 1 个 pH 单位。许多根际微生物不仅附着或寄生在寄主植物的根系上，还可能分泌特定的物质改变根的形态和结构，进而影响植物根系对养分的吸收，如微生物通过分泌有机酸、酶、氨基酸（如铁载体）等活化土壤中难溶性无机态或有机态养分，提高其有效性。但根际微生物也与植物竞争有效养分，其活动对氧的消耗导致根际氧分压降低。菌根是高等植物根系与真菌形成的共生体，分布很广。菌根可分为外生菌根与内生菌根两大类。菌根的形成能显著增加寄主植物对矿质养分和水分的吸收。外生菌根可提高树苗对土壤中 K^+ 和 NH_4^+ 的吸收；内生菌根，如泡囊-丛枝菌根（Vesicalar-Arbuscular mycorrhizae，简称 VA 菌根），可以增加土壤中一些移动性差的营养元素如 P、Zn、Cu 等养分的吸收。

根分泌物是指植物生长过程中，根向根际土壤释放的有机物质的总称。以根系脱落物或分泌物的形式进入根际微区的有机物一般占总同化碳量的5%～25%。根系分泌物的种类繁多,数量各异,主要包括大分子的多糖、糠醛酸和蛋白质,小分子的有机酸、糖、酚及各种氨基酸等。根系分泌物或通过改变根际pH和氧化还原条件,或通过螯合作用和还原作用来增加某些矿质元素的溶解度及移动性,从而促进植物体对这些养分的吸收和利用。如石灰性土壤,缺磷的白羽扇豆根系形成异常的排根,排根分泌大量的柠檬酸,柠檬酸不仅有利于根际酸化,而且可与土壤中 Fe^{3+}、Al^{3+} 和 PO_4^{3-} 等离子结合形成柠檬酸盐多聚体,并迁移到根表,供植物吸收。因而,农业生产上安排豆科植物和禾谷类植物间作或套种,不仅增加土壤耕层的N,也可提高土壤中P和Fe、Zn等微量元素的有效性。此外,根系分泌物还可通过改变根际pH进而影响根际微生物活性,从而间接影响矿质养分的有效性。

2.3.4 矿质元素在植物体内的运输

2.3.4.1 矿质元素的运输形式及途径

根系吸收的氮素多在根部转化成有机化合物形式再运往地上部,如氨基酸(天冬氨酸、谷氨酸及少量丙氨酸、缬氨酸和蛋氨酸)和酰胺(天冬酰胺、谷氨酰胺)等;磷酸盐主要以无机形式(离子)和有机形式(磷酰胆碱、ATP、ADP、AMP、6-磷酸葡萄糖、6-磷酸果糖等)运输;K^+、Ca^{2+}、Mg^{2+}、Fe^{2+}、SO_4^{2-} 等则以离子形式运往地上部。在运输过程中,导管中不仅矿质元素的形式发生变化,其组成成分也在不断改变,输导组织周围的细胞能主动地从导管中选择吸收或分泌溶质和水分。

矿质元素在植物体内从根到地上部的长距离运输主要发生在木质部导管中,随蒸腾流向上运输。木质部导管中矿质元素流动方向是单向的,但矿质元素可以通过横向运输进入筛管的韧皮部,并进行双向运输。叶片吸收的矿质元素可以在韧皮部向上或向下运输。

2.3.4.2 矿质元素的循环利用

在韧皮部中移动性较强的矿质元素,从根的木质部中运输到地上部后,又有一部分通过韧皮部再运回到根中,再转入木质部继续向上运输,从而形成养分自根至地上部之间的循环流动,这个过程称为矿质营养的循环及再循环。矿质营养在循环过程中可被反复利用。不是所有的矿质元素都可参与循环利用,有些元素在细胞内形成难溶性的稳定化合物后不再参与循环利用。易于循环利用的矿质元素缺乏时,其症状首先出现在植物的较老部位,如N、P、K和Mg等;不易于循环利用的矿质元素缺乏时,其缺素症状首先表现在植物的幼嫩器官,如Fe、Mn、Ca、B等;Cu和Zn在一定程度上可被重复利用。

矿质营养的循环是植物正常生长所必不可少的一种生命活动。N和K的循环最为典型,如植物从土壤中吸收的硝态氮,一部分在根中还原成氨,进一步形成氨基酸合成蛋白质;另一部分 NO_3^- 和氨基酸等有机态氮,进入木质部向地上部运输;地上部尤其是叶片中 NO_3^- 还原形成氨基酸和蛋白质,也可以通过韧皮部再运回根中。K也是植物体内循环量最大的元素之一,其循环对体内的电性平衡和节省能量起着重要的作用。有研究表明,参加体内往复循环的K可占到地上部总K量的20%以上。

矿质元素的循环利用不仅在同一植物体内,也可以发生在群体或更大的环境中。植物根系可以向土壤中排出矿质元素和其他物质,地上部分通过吐水和分泌也可将矿质元素和其他物质排出体外。田间条件下,植物叶片在雨水等淋洗下也会损失矿物质和其他养分。从地上部淋洗或排出到土壤中的物质又可被植株重新吸收，这种循环具有一定的生态意义。

2.3.5　叶片对矿质元素的吸收

植物吸收矿质营养大多是通过根部进行的。此外，植株地上部分也可以通过叶片吸收矿质营养，其施肥方法称根外施肥或叶面施肥(foliar fertilization)。

矿质元素可通过叶片的气孔和角质层孔隙进入叶内，进入到叶肉细胞中的机理和根相同。叶片年龄(嫩叶吸收速率更快)、大气温度、风速、大气湿度、施肥方式等均影响根外施肥效果；根外施肥的时间以凉爽、无风、大气湿度高(阴天、傍晚)较为理想；可在溶液中加入降低表面张力的物质，如活性剂和黏湿剂，提高根外施肥效果。

叶面施肥的突出优点是及时、高效、用量少，主要适合在土壤营养有效性低、上层土壤缺少有效水(如在旱季或半干旱地区)、生殖阶段及根系活力降低、对某类养分有特殊要求时进行。例如，在钙质土中，Fe 的有效性很低，缺 Fe 较为普遍，叶面施 Fe 螯合物比土壤施用更为有效。在共生固氮的豆科植物中，发育的种子和根瘤之间争夺碳水化合物引起固氮明显减弱，因此叶面施含氮化合物(如尿素)，可增加这些作物的种子产量；在小麦生长后期叶施氮肥，可以很容易地增加籽粒的蛋白质含量，提高其特定的品质(如焙烤、动物饲料)；直接向正在发育的果实表面反复喷施 Ca 可以减少苹果的苦痘病。

尽管叶面施肥有许多优点，但也存在弊端。对于叶角质层厚的植物(如柑橘和咖啡)肥效差；某些营养再运输的速率低，如 Ca 从吸收地点(主要是成熟叶)向其他器官再运输困难；一次施肥量有限，易产生伤叶(“坏死”和“焦枯”)。

2.4　氮素及磷酸盐的同化

植物将从外界环境中吸收的简单无机物转化为复杂有机物的过程，称为同化作用(assimilation)。许多必需元素进入植物体后都要同化，才能被植物利用。

2.4.1　氮的同化

植物从外界获得氮素主要通过 3 条途径，通过对硝酸盐的还原把无机氮转化为生命体可利用的有机氮、生物固氮和直接吸收土壤中的铵或有机氮。空气中含有近 79% 的 N_2，然而植物却无法直接利用，只有某些微生物(包括与高等植物共生的固氮微生物)才能利用。有机氮来自土壤中动物、植物和微生物躯体的腐烂分解，但大多数氮不溶而不能被植物利用，只有少部分如氨基酸、酰胺和尿素等可被植物直接吸收。无机氮化物是植物吸收的主要氮源，以铵盐和硝酸盐为主，铵盐可直接被植物吸收后用于氨基酸合成；硝酸盐必须经过代谢还原(metabolic reduction)才能被利用。无机氮被吸收还原后，在植物体内经运输、合成、转化及再循环等各种过程，与蛋白质代谢共同构成其生命活动的基本过程，所以研究氮代谢的过程及其调节是揭示植物生命活动过程机制的关键。

2.4.1.1　硝酸盐的代谢还原

植物体内硝酸盐被还原为氨，可分为两个阶段，一是硝酸盐在硝酸还原酶(nitrate reductase，NR)的作用下还原为亚硝酸盐；二是亚硝酸盐在亚硝酸还原酶(nitrite reductase，NiR)的作用下还原为氨。

$$\overset{(+5)}{NO_3^-} \xrightarrow[NR]{+2e^-} \overset{(+3)}{NO_2^-} \xrightarrow[NiR]{+6e^-} \overset{(-3)}{NH_4^+} \qquad (2\text{-}4)$$

硝酸盐还原为亚硝酸盐的过程是在细胞质中由硝酸还原酶催化的。NR是一种钼黄素蛋白，由黄素腺嘌呤二核苷酸(FAD)、细胞色素b($Cyt\ b_{557}$)和钼复合体(Mo-Co)组成，分子量为200～500 kD，推测结构为同型二聚体，是植物氮代谢关键步骤硝酸盐同化的限速酶。植物在不供给硝酸盐的培养介质中，其硝酸还原酶的水平很低，一旦在培养介质中加入硝酸盐，即可诱导产生这种酶，所以硝酸还原酶是一种诱导酶(induced enzyme)。

NR的电子供体是NADH(NADPH)，根中来自呼吸作用，叶片中主要来自光合作用。植物体中，电子通过NADPH或NADH转移到FAD、$Cyt\ b_{557}$、Mo^{6+}，最终将NO_3^-还原为NO_2^-(图2-8)。由于NR含有钼，植物缺钼时，NR活性受到抑制，表现出缺氮的症状。

$$NO_3^- + NAD(P)H + H^+ + 2e^- \xrightarrow{NR} NO_2^- + NAD(P)^+ + H_2O \qquad (2\text{-}5)$$

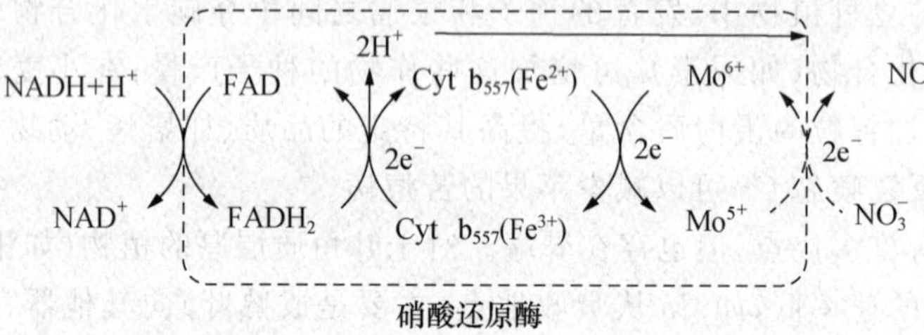

图2-8 硝酸还原酶催化反应示意图

(引自李合生，2002)

硝酸盐还原可在根中进行，也可在枝叶中进行，二者的比例与植物的种类、环境条件有关。一般温带植物大多利用根系还原硝酸盐，热带和亚热带植物则利用绿色组织还原硝酸盐。对于同一种植物，当NO_3^-供应量较大时，有相当部分运输到地上部分还原。在绿色叶片中，光照与NO_3^-还原之间存在着密切的相关性。试验表明，叶片中硝态氮的还原有明显的昼夜性；降低光照时，NR活性下降，当恢复强光照时，NR活性提高；在低光照的温室中，往往硝酸盐还原作用很差，植物体内硝态氮的浓度比正常植物往往可高出好几倍，种植在温室或塑料大棚中的蔬菜，尤其是菠菜，这一现象十分明显。目前对各种环境条件下NR调节作用的研究仍较少。

亚硝酸盐还原为氨的过程在根细胞的前质体，或叶肉细胞的叶绿体中进行。亚硝酸盐还原酶的酶促反应是：

$$NO_2^- + 6Fd_{red} + 8H^+ \xrightarrow{NiR} NH_4^+ + 6Fd_{ox} + 2H_2O \qquad (2\text{-}6)$$

在叶片的叶绿体中，NiR能利用还原态铁氧还蛋白(Fd red)把电子转移给NO_2^-并还原为NH_4^+。在根细胞的前质体中，NO_2^-还原所需的电子可能来自呼吸产生的NADH或NADPH(图2-9)。

因为NiR是含铁卟啉的酶，因此亚硝酸盐还原需要铁。NiR的合成与活性都依赖于硝酸盐的供应。同样，亚硝酸盐的还原也受到光的促进，可能与光照时植物生成还原态铁氧还蛋白有关。虽然NO_2^-是对植物毒性很强的物质，但由于植物体内NiR数量多、活性高，NO_2^-很少在植物体内积累。

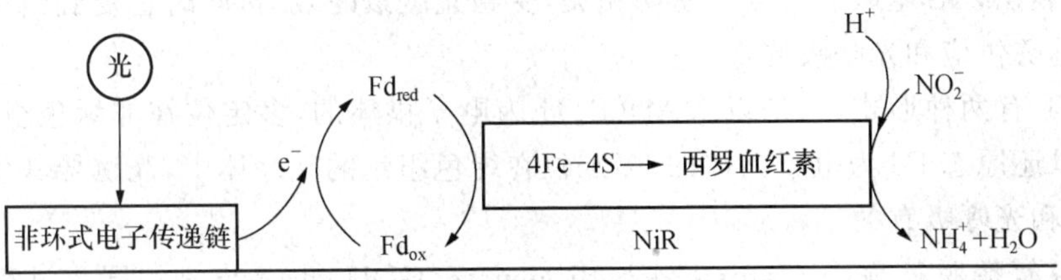

图 2-9　亚硝酸还原酶催化反应示意图

(引自 Taiz 和 Zeiger,2002)

2.4.1.2　氨的同化

植物从土壤中吸收的氨态氮,或由硝酸还原产生的铵,不在植物体内积累,而是很快被同化合成氨基酸。氨态氮或铵对植物细胞有毒害作用,因此氨同化是植物解毒的主要措施。氨的同化可以在根、根瘤和叶部进行。植物组织中,氨同化是通过谷氨酸合成酶循环进行的,其中有两种重要的酶参与催化作用,分别是谷氨酰胺合成酶(glutamine synthase,GS)和谷氨酸合酶(glutamate synthase,GOGAT),因此该循环又称为 GS-GOGAT 循环(图 2-10)。

GS 催化下列反应:

$$L\text{-谷氨酸} + \text{ATP} + \text{NH}_3 \xrightarrow{\text{Mg}^{2+}} L\text{-谷氨酰胺} + \text{ADP} + \text{Pi} \quad (2\text{-}7)$$

GOGAT 催化下列反应:

$$L\text{-谷氨酰胺} + \alpha\text{-酮戊二酸} + [\text{NAD(P)H 或 Fd}_{red}] \longrightarrow$$
$$2L\text{-谷氨酸} + [\text{NAD(P)}^+ \text{ 或 Fd}_{ox}] \quad (2\text{-}8)$$

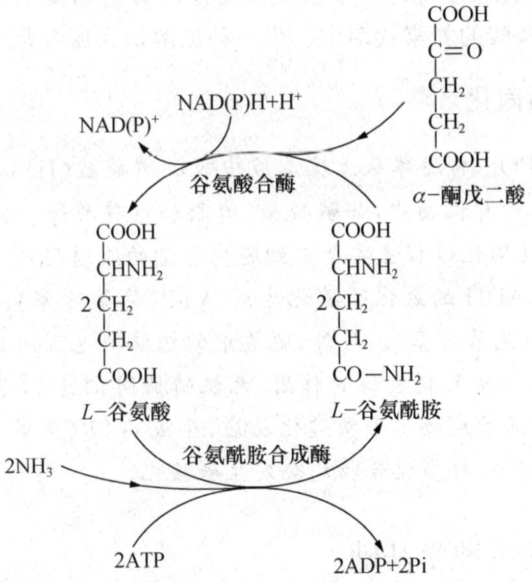

图 2-10　谷氨酸合成酶循环

(引自王忠,2000)

GS 普遍存在于各种植物组织中,定位在绿色组织的叶绿体和细胞质,或非绿色组织的质体中。GS 对氨具有很高的亲和力,其 K_m 为 $10^{-5} \sim 10^{-4}$ mol·L^{-1},能防止氨累积而造成的毒害。有研究表明，GS基因表达与光密切相关，受到光敏素的激活，同时也受到组织状况、碳水化合物、氨基酸供应和光呼吸的影响。

GOGAT有两种形式，一是以NAD(P)H为电子供体的，多定位在非绿色组织的前质体中；另一是以还原态Fd为电子供体的，多定位在绿色组织的叶绿体中，光诱导其生物合成，并与光合作用和光呼吸有关。

此外，谷氨酸脱氢酶(glutamate dehydrogenase，GDH)也参与氨的同化过程，催化下列反应：

$$\alpha\text{-酮戊二酸} + NH_3 + NAD(P)H + H^+ \rightleftharpoons L\text{-谷氨酸} + NAD(P)^+ + H_2O \quad (2\text{-}9)$$

GDH主要存在于根和叶内的线粒体中，而叶绿体中的量很少。GDH在植物同化氨的过程中普遍认为不是很重要，因为它与NH_3的亲和力很低，K_m值为5.2～7.0 $mmol \cdot L^{-1}$，但GDH在谷氨酸的降解中起较大作用。有研究表明，GDH在NH_4^+的合成和再合成中起初始性作用，并在Glu合成循环中起补充作用，但其在高等植物中的生理作用仍有争议。

以上反应形成的谷氨酰胺，也可在天冬酰胺合成酶(asparagine synthase，AS)催化下，将酰胺转移给天冬氨酸而形成天冬酰胺，普遍认为AS是植物合成天冬酰胺的主要途径。环境条件和代谢信号控制天冬酰胺的水平和AS活性，有研究指出光和(或)蔗糖会降低AS的活性。酰胺是植物体内氮素的储存形态，具有解毒作用，也是植物木质部运输氮素的主要形式。植物体内酰胺数量的多少能反映出作物氮素营养的状况。日本学者曾以水稻体内酰胺的数量作为诊断氮素营养状况的指标。

尿素分子能被植物的根和叶部所吸收，但它被同化的机理尚不清楚。目前关于尿素被同化的途径有两种见解。大多数人认为，尿素在植物体内可由脲酶水解产生氨和二氧化碳，水解产生的氨进入合成氨基酸的氮素代谢中。另一种见解认为尿素是直接被吸收和同化的。

2.4.2 磷酸盐的同化

植物根系通过H^+-PO_4^{2-}转运体从土壤溶液中吸收磷酸盐(HPO_4^{2-})，少数仍以离子形式存在，大多数被同化到各种有机物中，如磷酸糖、磷脂和核苷酸等。同化部位不限，既可在根部，也可在地上部位，但其同化过程主要是以细胞中能量的流通形式ATP为切入点。

在线粒体中，通过NADH的氧化磷酸化生成ATP(见第4章)；相似的，在叶绿体中，通过光合磷酸化生成ATP(见第3章)。另外，胞质中的糖酵解也可同化磷酸盐。具体为：在糖酵解过程中，通过甘油醛-3-磷酸脱氢酶的作用，无机磷被同化进1，3-二磷酸甘油酸，形成高能量的酰基磷酸基团，再通过底物水平磷酸化反应，生成ATP(见第4章)。ATP一旦形成，因高等植物代谢反应的需要，许多化合物均会发生磷酸化。

2.5 合理施肥的生理学基础

从1627年荷兰人van Helmont开始，到19世纪中叶德国化学家J. von Liebig，期间经过一系列的研究证明土壤为植物的生长提供营养，建立了矿质学说，奠定了化学施肥的基础。施肥(fertilization)是农业生产中的一项重要措施，其目的是为了满足作物对矿质元素的需要，即：①施肥能使植物获得高产和优质；②以最少的投入获得最好的经济效益；③改善土壤条件为高产稳产创造良好的基础，即要把用地与养地相结合。合理施肥应该根据矿质元素对作物的生理功能，结合作物的需肥规律做到适时、适量、低耗和高效。

2.5.1　作物需肥的特性

2.5.1.1　作物需肥的选择性

由于作物的生物学特性、栽培目的不同，使得作物需肥成分及总量都有差异。如小麦、水稻、玉米等，生长前期供应足够的 N 肥以利于分蘖和成穗，而后期供给足够的 P、K 肥以延续衰老，促进籽粒饱满。如甘薯、甜菜、甘蔗等根茎类作物，发育早期需足够的营养，N 素营养、水分供应都有利于叶片的旺盛生长并积累同化物；K、P 营养则促进同化物向根及块茎中转移。叶菜类则要多施 N 肥，使叶片肥大，质地柔嫩，新鲜脆嫩。N 肥能提高麻、茶的产量和品质。由于豆科作物如大豆、豌豆、花生等能固定空气中的 N 素，故需 P、K 肥较多，但在根瘤尚未形成的幼苗期也要施少量 N 肥。

应该注意不同作物对矿质元素的特殊需求，如食用大麦在灌浆前后多施 N 肥，可提高籽粒蛋白质含量、提高食用价值；酿造啤酒的大麦则应在生育后期减少施 N，否则蛋白质含量高会影响啤酒品质。水稻需 Si 较多；十字花科的蔬菜对 B 的需要量较大；大白菜、番茄等易出现缺 Ca 症状(干烧心、蒂腐病)，宜用含有效钙较多的过磷酸钙和硝酸钙；鲜食性的瓜菜如西瓜、甜瓜以及茶叶等对 Cl 毒害敏感，不宜选用氯化铵、氯化钾等含氯化肥。

不同作物对肥料的形态要求不同，如水稻缺乏硝酸还原酶，宜施铵态氮而不宜施硝态氮；但蔬菜是喜硝态氮的作物；对于烟草来说，硝态氮和铵态氮都需要，硝态氮可使烟草形成较多的有机酸，提高其燃烧性；铵态氮则能促进其形成较多的芳香族挥发油，增加其香味。

2.5.1.2　作物需肥的连续性与阶段性

作物在整个生长周期中生长阶段不同，作物对矿质元素的吸收有差异。因为种子贮藏养分，种子萌发期间不需要吸收外界肥料；随着幼苗的长大，植株吸收能力逐步增强；开花结实期，作物吸收的矿质养料最多；以后随着生长速度下降，吸收下降，至成熟期则停止吸收，衰老时甚至有部分矿质元素排出体外。作物营养期是指作物从土壤中吸收养分的整个时期，这就是作物吸收养分的连续性。不注意作物吸收养分的连续性，势必会影响作物的生长和产量。因此，生产中施用基肥对保证作物整个营养期养分的持续供应具有重要作用。

作物对养分的吸收有明显的阶段性。不同生育期，作物对养分的种类、数量和比例要求不同。作物生长发育某些期间对某种营养的缺乏特别敏感，如缺乏这种养分，作物生长和产量都会受到严重影响，即使以后补施该种养分也很难纠正和弥补，此时期称为需肥临界期(critical period of nutrition)。

作物在不同的生育期中各有明显的生长中心，如水稻、小麦等分蘖期的腋芽，拔节孕穗期的幼穗，结实期的种子。养分一般优先分配到生长中心，不同生育期施肥(包括肥料的种类和用量)对生长的影响不同，其增产效果也不同。其中施用肥料营养效果最好的时期称为植物营养最大效率期(maximum efficiency period of nutrition)。以种子和果实为经济器官的作物，其营养最大效率期一般是在生殖生长时期。棉花吸收 N、P 的最大效率期在盛花始铃期。因此，为了获得较大的增产效果，应抓住植物营养最大效率期这一有利时期适当追肥。

2.5.2 合理施肥的指标

合理施肥是指建立在植物营养学基础上，根据作物、土壤、肥料性状确定肥料的使用量及使用方式。因此，土壤养分、作物生长发育进程和体内生理生化指标变化等情况是合理施肥的指标和依据。

2.5.2.1 土壤肥力指标

通过土壤理化性状分析，了解土壤肥力(即土壤中全部养分和有效养分的贮存量)，为配方施基肥提供依据，即测土配方施肥。测土配方施肥技术的核心是调节和解决作物需肥与土壤供肥之间的矛盾，有针对性地补充作物所需的营养元素，因缺补缺，实现各种养分的平衡供应，满足作物的需要。该技术主要建立在植物矿质营养学说、养分归还学说、营养元素同等重要与不可替代律、最小养分律、肥料报酬递减律、因子综合作用律六大植物营养学说基础上。其工作可分以下四个步骤：一是土壤肥料的测试。通过对项目区的土壤和使用的肥料进行检测，了解土壤和作物养分情况，确定各种肥料及配方的数量和比例，为科学施肥提供依据；二是肥料试验与施肥推荐。开展肥料试验、示范、进行资料分析汇总等，以建立系统的、科学的肥料数据库和专家咨询系统；三是专用肥的配置。根据研究开发的各作物高效配方，加工出针对性强、技术含量高的专用肥，直接供应给农户；四是推荐施肥技术。即将配方施肥与推广先进的配套施肥方法结合起来，以求把技术、物质融为一体，做到"测土、配方、生产、供肥、技术指导"全方位服务。

如小麦施肥时期可分为基肥、种肥和追肥，追肥可细分为苗肥、拔节肥及根外喷肥等。一般采用重视基肥，巧施追肥的分次施肥方法。基肥要施足，可把 2/3 氮肥和全部的磷、钾肥、有机肥作为基肥，剩余氮肥可作追肥。施种肥是最为经济有效的施肥方法。小麦苗期是磷素反应的敏感期，磷肥可采用沟施方式作为种肥对促进小麦吸收磷素、提高磷肥的利用率有很大的意义，微肥可拌种作为种肥。

搞好测土配方施肥，提高科学施肥水平，不仅是促进粮食稳定增产、农民持续增收的重大举措，也是节本增效、加强生态环境保护、促进农业持续发展的重要条件。但土壤分析无法了解作物从土壤中吸收养分的实际数量，所以，合理施肥还应结合作物营养指标进行分析。

2.5.2.2 作物营养指标

1. 形态指标

形态指标指能够反映作物需肥情况的植株外部形态，包括作物的长相(株型或叶片形状)、长势(生长速度)、叶色等形态指标。

作物的长相长势形态指标对合理施肥有重要参考价值。一般来说，N 肥多，作物生长快，叶片大，叶色浓，株型松散；N 肥不足，作物生长缓慢，叶短而直，叶色变淡，株型紧凑。

叶色是很好的追肥形态指标。叶色对施肥反应灵敏。功能叶叶色与叶绿素含量、蛋白质合成代谢水平有关。叶色深表示 N 和叶绿素含量都高，体内蛋白质合成多，以氮代谢为主；叶色浅反映 N 和叶绿素含量低，体内蛋白质合成少，糖类合成多，植株以碳代谢为主。

2. 生理指标

生理指标指能够反映植株营养水平的生理生化变化，包括叶片营养元素含量、叶绿素含量、酰胺含量、酶活性等生理指标。作物在可见的形态指标出现之前，生理指标就已经出现异常，所以生理指标常用来诊断潜在的缺素症。

(1)叶片营养元素含量　叶片营养元素诊断就是在不同施肥水平下，分析不同作物或同一作物的不同组织、不同生育期中营养元素的浓度(或含量)与作物产量之间的关系。通过分析可在严重缺乏与适量浓度之间，找到临界浓度(critical concentration)，即作物获得最高产量时组织中营养元素的最低浓度。若组织中养分浓度低于临界浓度，就预示应及时补充肥料。组织中养分浓度在适量或以上不必施肥，否则反而浪费甚至有害。表 2-3 中是几种作物中一些元素的临界浓度。

表 2-3　几种作物干重中的一些矿质元素临界浓度(占干重率)

(引自李合生，2002)　　%

作物	测定时期	分析部位	N	P_2O_5	K_2O
春小麦	开花末期	叶片	2.60～3.00	0.52～0.60	2.80～3.00
燕麦	孕穗期	植株	4.25	1.05	4.25
玉米	抽雄	果穗前一叶	3.10	0.72	1.67
花生	开花	叶片	4.00～4.20	0.57	1.20

(2)酰胺含量　作物体内的酰胺是 N 素的贮存形式，酰胺含量高，表示 N 素营养充足，反之则说明 N 素营养不足。这一指标特别适合水稻等作物施用穗肥的依据。

(3)酶活性　某些酶的活性与矿质元素关系密切，矿质元素作为激活剂或组成成分影响酶活性。如缺 Cu 时，抗坏血酸和多酚氧化酶的活性下降；缺 Mo 时，硝酸还原酶活性下降；缺 Zn 时，碳酸酐酶和核糖核酸酶活性降低；缺 Fe 时，可引起过氧化物酶和过氧化氢酶活性下降等。根据这些酶活性的变化，便可推测植物体内的营养水平，从而指导施肥。

2.5.2.3　合理施肥的原则

合理施肥的原则就是针对植物营养特性、土壤特性、作物生育期的需要选择肥料，坚持有机肥与无机肥相结合；坚持因土壤、因作物合理施肥；坚持缺素补素，平衡施肥；确定合理的轮作施肥制度，合理调配养分；采用合理的施肥技术，提高化肥利用率。

(1)针对土壤特性选择肥料　中国南北土壤差异很大，南方的红壤、砖红壤、黄壤、黄棕壤、棕壤呈酸性或微酸性，磷肥宜用偏碱性的钙镁磷肥；北方土壤黑钙土、栗钙土、灰钙土、褐土等多呈碱性，磷肥宜用偏酸性的过磷酸钙；连续施肥多年的大棚、老菜田也逐步酸化，并且钙镁缺乏，磷肥宜选用碱性钙镁磷肥、磷矿粉等，既可调节土壤酸度，又可供应钙镁元素；有盐渍化特征的碱土、盐土，尤其是滨海盐土，宜施用磷石膏，钾肥宜选用硫酸钾。

(2)针对植物营养特性选择肥料　植物种类、品种不同对养分需求不同，同一植物品种不同生育期、不同产量水平对养分需求数量和比例不同；不同植物对养分种类有特殊反应；不同植物对养分吸收利用能力也有差异，选择化肥品种应根据作物营养特点来科学选择。

(3)针对作物生育期选择肥料　作物生长的不同时期对肥料的吸收不同，需要针对不同的生长时期选择不同的肥料。种肥选用中性高浓度的复合肥料，拌种肥一般选择专用性强的肥料；基肥可选用低浓度肥料，也可选用高浓度复合肥料；追肥多选用高浓度速效化肥如尿素、磷酸二铵、磷酸二氢钾等；灌溉施肥及叶面喷肥时，要选用高浓度、易溶解、残渣少的肥料如尿素、硝酸铵、磷酸二氢钾及种类繁多的叶面肥等。

(4)有机肥与化肥配合使用　增施有机肥对发展可持续农业、无公害农产品生产更为重要。研究表明，有机肥与化肥配合使用，有利于土壤有机质更新，激发原有腐殖质的活性，能提高土壤阳离子的代换量，有利于提高土壤酶的活性，增加作物对养分的吸收性能、缓冲性能和作物的抗逆性能；有利于协调氮素均衡稳定、长效，提高氮、磷、钾肥利用率，缓解施肥比例失调状况；有利于改善农作物品质，提高蛋白质、氨基酸等营养成分含量，减少蔬菜、水果等中的硝酸盐、亚硝酸盐含量。

(5)选择合理的施肥方法　硝酸盐含量与蔬菜种类、品种、不同部位有关，又与施肥技术和环境条件有关。蔬菜育种方面把低硝酸盐含量作为育种目标之一，在施肥技术方面，硝酸盐含量与土壤中氮的浓度和氮的种类等有密切关系，土壤中氮浓度越高，蔬菜中硝酸盐含量越高，尤其在后期。所以，蔬菜栽培时施用氮肥宜早，不宜过多。作物施肥的方式很多，如根外施肥法、深层施肥法以及目前正在推广的省工、高效、一次性全层施肥法等。

(6)发展专用、复合、特种肥　由于作物对土质、肥料要求不同，更需要专用肥。如大蒜需要含硫较高的肥料，啤酒大麦需要减少氮肥的比例，生产 500 kg 水稻与 900 kg 水稻的配比不同。日本果树施肥要进行叶色诊断，对症补充肥料。除氮、磷、钾肥外，还有各种钙、镁、硫肥，微量元素肥料、叶面肥等。肥料的专用化、复合化、多样化是世界肥料发展趋势。

(7)针对人体营养需要可生产特种肥　据中国科学院、卫生部、地质部和国家环保局调查，中国有 22 个省市的部分和大部分地区缺硒，影响 2.5 亿人的健康。有研究表明，施用含硒有机复合肥，可以提高食品硒的含量。在菜花上施用含硒有机复合肥，菜花中硒含量可达 $0.149\ mg\cdot kg^{-1}$，是普通菜花含硒 $0.002\ mg\cdot kg^{-1}$ 的 75 倍。

为充分发挥肥效，施肥时还要配合其他措施。合理灌溉会直接或间接地影响作物对矿质元素的吸收和利用。适当深耕能使土壤容纳更多的水分和肥料，促进根系发达，增大吸收面积。改善光照条件，提高作物光合效率，是充分发挥肥效的关键因素。合理密植，通风透光，使作物获得更多的有机物和合理的群体结构，达到高产高效的目的。由于各种作物营养特性各异，故应视具体情况而选择最适宜的施肥方式和肥料种类，以达到高产高效的目的。

2.5.2.4　常用化学肥料的合理施用

植物生长发育需要的必需营养元素，除碳、氢、氧外，其他主要来自土壤，而土壤中养分来自施肥，所以肥料的合理施用非常重要。

(1)氮肥的合理施用　氮肥对植物的增产起着重要的作用，是目前应用最多的化肥。另一方面氮素进入土壤、大气或水体后易导致环境污染，所以合理施用氮肥尤为重要。氮肥利用率是衡量氮肥施用是否合理的一项重要指标。氮肥利用率(nitrogen use efficiency，NUE)是指植物对氮肥中氮素养分吸收的数量占施用氮肥的百分数。在田间情况下，氮肥利用率一般水田为 20%～50%，旱地为 40%～60%，不同植物对不同氮肥的利用率也有所不同。

常见氮肥有硫酸铵、硝酸铵、尿素和碳酸氢铵等。在多数情况下，硫酸铵的利用率高于尿素和碳酸氢铵。氮素利用率低是国内外普遍存在的问题。氮肥损失的途径主要是氨的挥发、硝态氮的流失和反硝化作用等途径，因此氮肥的合理施用主要是减少损失，如铵态氮肥要深施，可以减少氨的挥发。另外，要根据气候条件、植物特性、土壤特性及氮肥特性等合理施用，再加强水肥管理等措施以期提高氮肥利用率。

(2)磷肥的合理施用　磷对人、动物和植物都是必需营养元素，其重要性不亚于氮。此外，磷矿资源属不可再生资源，使有限资源得到合理利用，提高磷肥利用率是非常重要的。磷肥利用率(phosphorus use efficiency，PUE)是指植物对施用磷肥养分利用的百分数。磷肥与氮肥相比，当季利用率较低，我国磷肥的当季利用率在 10%～25%。磷肥利用率低的主要原因一是由于磷肥在土壤中的固定；二是磷在土壤中的运动很弱。根据植物特性和轮作制度、土壤条件及磷肥特性合理施用，并结合有机肥及其他肥料配合施用，只有在协调氮、钾平衡的基础上，合理配施磷肥，提高磷肥利用率，才能有明显的增产效果。

(3)钾肥的合理施用　钾是植物的主要营养元素，也是土壤中常因供应不足而影响作物产量的三要素之一。长期以来，我国农业生产中氮、磷肥投入迅速增加，钾的投入量较少，再加上施用不当，钾肥的利用率不高，造成农田钾素处于严重亏缺状态。合理施用钾肥已成为植物高产、优质、高效的重要技术措施之一。钾肥宜深施、早施和相对集中施用，施用时掌握重施基肥，看苗早施追肥等原则。

(4)微量元素肥料的合理施用　微量元素肥料是指为了补充土壤中微量养分供应不足、维持作物正常生长发育所需要的养分整体平衡而施用的含有微量元素的肥料。常用微量元素肥料有硼砂、锌肥、铜肥、铁肥和锰肥等。微量元素肥料既可作基肥、种肥或追肥施入土壤；又可直接作用于植物，如种子处理、蘸秧根或根外喷施。施用微量元素肥料时应注意：一是针对植物对微量元素的反应施用。各种植物对不同微量元素有不同的反应，敏感程度也不同，需要量也有差异，因此将微量元素肥料施在缺素较敏感、需要量较多的植物上，可发挥其增产效果；二是针对土壤中微量元素状况而施用。不同的土壤类型，不同质地的土壤其施用微量元素肥料效果不同。北方石灰性土壤易发生缺铁、硼、锰、锌、铜，而缺钼主要发生在酸性土壤上；三是与施用大量元素肥料结合。微量元素肥料的效果，只有在施足大量元素肥料基础上才能充分发挥出来；四是严格控制用量，力求施用均匀。

中国现有化肥使用量达 4 200 万 t，约占世界的 30%左右，但当前化肥利用率只有 35%左右，与世界 45%左右的水平存在较大差距。因此，改善我国现有的肥料生产结构、改善施肥结构、改进施肥方式，合理使用化肥、提高化肥利用率尤为重要。

2.6　植物工厂

植物工厂(plant factory)的概念最早是由日本科学家提出的，是指通过设施内高精度环境控制，实现植物周年连续生产的高效农业系统，是由计算机和电子传感系统对植物生育过程中的光照、温度、湿度、CO_2浓度以及营养液组分等环境要素进行自动控制，使植物生产不受或很少受自然条件制约的省力型生产方式。

植物工厂是现代设施农业发展的高级阶段，使农业生产从自然生态束缚中脱离出来，是农业产业化进程中吸收应用高新技术成果最具活力和潜力的领域之一，代表着未来农业的发展方向。

2.6.1　植物工厂的发展现状

植物工厂的发展始于 20 世纪 50 年代欧美等一些发达国家。经过半个多世纪的发展，目前已经成为现代农业高技术产业的重要组成部分。植物工厂的基础主要来自 2 项技术的突破：①营养液栽培技术。20 世纪 40 年代以来以“矿质营养学说”为理论基础的营养液栽培技术的发展，为植物工厂提供了重要的技术支撑；②人工模拟环境与控制技术。以传感器与控制器为核心的环境控制技术的突破，使人工环境调控成为可能。

世界上第一座植物工厂出现于1957年的丹麦约克里斯顿农场，属太阳光利用型(带人工补光)，栽培作物为水芹，从播种到收获均采用全自动传送带流水作业。人工光植物工厂于1960年首先由美国通用电气公司开发成功，随后奥地利卢斯那公司于1963年又建造第一座高30 m的塔式人工光植物工厂，利用上下传送带旋转式的立体栽培方式种植生菜。目前，植物工厂逐渐形成两种典型模式：①人工光利用型植物工厂，是在完全密闭可控的环境下采用人工光源与营养液栽培技术进行植物工厂化生产的方式。由于系统密闭，受外界气候环境的影响较小，但建设与运行成本较大；②太阳光利用型植物工厂，是在封闭或半封闭的温室环境下，采用自然光(或人工补光)与营养液栽培进行植物工厂化生产的方式。由于系统未完全封闭，受外界气候环境影响较大，有时生产不太稳定，但建设与运行成本相对较低。

近年来，植物工厂科研及规模化生产在欧、美、日等发达国家快速发展，特别是一些实力雄厚的高科技公司与科研机构联合，开发植物工厂关键技术和配套产品，为植物工厂的发展奠定了坚实的技术和经济基础。如美国一方面通过植物工厂的研究希望为空间站和星球探索提供食物保障，另一方面还提出了“摩天大楼农业”的构想，希望利用植物工厂技术解决人类未来的食物供给难题。

我国对植物工厂的研究与开发起步较晚，近年来，政府极为重视农业科技创新，大力推动植物工厂的建设。2010年5月，全球首款“低碳·智能·家庭植物工厂”由中国科学家研制成功并在上海世博会展出。

2.6.2 植物工厂的关键技术

2.6.2.1 环境管理

植物工厂应用一系列的物理技术(如高压静电、紫外线、磁化等)进行灭菌工作，来提供一个相对洁净的栽培空间。植物工厂以发光二极管(light-emitting diode，LED)节能植物生长灯为光源，应用最先进的物联网技术，采用制冷-加热双向调温控湿、光照-二氧化碳偶联调控、营养液在线检测与控制等相互关联的控制子系统等，实现对植物生长的环境要素(温度、湿度、光照、CO_2浓度等)和营养液要素(电导率(electrical conductivity，EC)、pH、液温等)的在线实时检测和自动精准高效的智能化管理。在生产前期，可实时分析植物工厂内部环境信息，从而选择更适宜种植的品种；在生产阶段，可根据植物工厂内光照、温度等信息自动调控遮阳网开闭时间、加温系统等；收获产品后，利用物联网技术，采集不同阶段植物的表现和环境因子的信息，分析并反馈到下一轮生产中，以便更精准地管理，获得更优质的产品。

2.6.2.2 光源管理

植物工厂与人造光源的技术发展紧密联系，植物工厂的概念是在人造光源的基础上发展而来的，最早利用人造光源进行的种植是在温室进行，其理论依据是植物光合作用的研究成果，在太阳光的可见光范围内(波长范围：380～735 nm)太阳光与人造光源的物理原理相同，只是两者的光谱形状不同，人造光源可以完全替代太阳光实现植物室内种植。白炽灯、HID、荧光灯等人造光源已经在温室种植得到了广泛的应用，不同的人造光源在植物种植的区别是对电能的利用效率不同，提高电能利用效率直接导致种植成本的下降，然而，这些早期的人造光源在植物光合作用的吸收光谱方面却无法有效地调节，植物的吸收率低，对电能的利用效率无法进一步提高。

对人工光植物工厂而言,人工光源的电能消耗约占植物工厂总体能耗的80%。因此,节能光源技术一直是植物工厂研究的重点。20世纪90年代初期,蓝色发光的LED芯片制造技术实现量产,LED照明技术得到迅猛的发展。LED人工光源可按植物生长发育需求调制光谱,可精准调控光强、光质和光周期。对于植物而言,太阳光是全波段的,包括红、橙、黄、绿、青、蓝、紫光,然而根据实验数据显示,植物吸收的光线波段主要是红光和蓝光,比例超过60%。LED人工光源可按照红光和蓝光适当比例配制光源,满足植物生长需求。另外,还可以根据用途不同,专门配置育苗、栽培及成花等不同类型LED光源。LED人工光源的出现突破了植物工厂发展的技术瓶颈,不仅优化了植物光能利用率,而且大幅度降低了植物工厂照明能耗,降低了植物工厂的运行成本。

2.6.2.3　营养液管理

在植物工厂里,植物的栽培方式不同于传统的露天栽培,主要是营养液栽培。在营养液循环使用过程中,会滋生很多细菌,不仅影响植物的品质和产量,也造成了营养液的浪费。因此,营养液消毒是植物工厂中的关键环节。通常采用紫外线杀菌器对营养液灭菌,当水泵启动后,营养液流经紫外线杀菌器时,紫外线将营养液中的菌类瞬间杀灭。紫外线灭菌具有快捷、高效、环保、成本低的特点,是营养液杀菌最有效的方式。营养液循环再利用设备可对营养液温度、pH、EC及溶氧度进行监控和调节,如在环境温度较低时,系统会对营养液进行加热,提高液温,有助于植物根系的吸收。同时,智能循环设备还根据植物不同发育阶段,配有专门的阶段营养液,来满足不同发育阶段植物对养分的需求,从而促成植物的最佳快速生长。

2.6.2.4　蔬菜品质管理

人体摄入的硝酸盐主要来源于蔬菜,而硝酸盐进入人体后,可转化成亚硝酸盐,导致高血红蛋白症的发生或形成强致癌物亚硝胺,对人体健康构成潜在的危害。另外,蔬菜也是人体摄取维生素C的主要来源,在人类膳食中90%以上的维生素C来自蔬菜和水果。因此,植物工厂叶菜生产过程中,采取技术调控降低叶菜中硝酸盐含量,提高维生素C含量是有效提高蔬菜营养品质的重要措施。

目前,降低植物工厂蔬菜中硝酸盐含量的方法主要有采前断氮处理和采前连续光照处理两种技术。所谓断氮处理是指在叶菜收获前期,用无氮营养液、清水或含有一定量渗调离子的水溶液替换营养液,处理几天后达到降低叶菜硝酸盐含量的目的,提高了叶菜的营养品质。采前连续光照处理技术是指在采收前连续光照处理2～5 d,硝酸盐含量显著降低,维生素C和可溶性糖含量提高,叶菜的营养品质大幅提高。

2.6.3　植物工厂的功能拓展

近年来,通过植物工厂的功能拓展,植物工厂将会延伸到现代城市生活的每一个角落,真正实现植物工厂的无所不在,主要应用包括:①家庭型植物工厂,不仅为市居民提供了绿色的自然空间和体验种植的乐趣,而且还可获得洁净安全的农产品;②医院植物工厂通过绿色健康植物为病人康复提供辅助治疗;③餐厅、超市植物工厂为顾客提供了新鲜的蔬菜,大大提升了餐饮、购物的趣味性;④在商场、商务会客厅、学校等场所建立植物工厂,可为城市居民提供轻松的自然环境,为中小学生提供科普教育的基地。植物工厂技术的应用正在不断地融入城市生活,为都市人的绿色需求提供可靠的保障。

思考题

1. 如何确定植物的必需元素？植物必需元素有哪些主要生理功能？

2. 植物缺素病有的出现在顶端幼嫩枝叶上，有的出现在基部老叶上，为什么？试举例说明。

3. 植物细胞有哪些吸收离子的方式？高等植物的离子吸收有何特点？细胞膜的传递蛋白是如何参与离子转运的？

4. 土壤中氮素过多或不足对植物的生长发育有何影响？

5. 简述植物根系吸收矿质元素的过程及影响因素。

6. 在什么情况下进行叶面施肥能取得较好的效果？

7. 植物的氮同化包括哪几个方面？

8. 白天和夜晚硝酸的还原速度是否相同？为什么？

9. 合理施肥的生理指标有哪些？合理施肥增产的原因是什么？

10. 什么是植物工厂？谈谈对植物工厂未来的展望。

第3章 植物的光合作用和光合产物运输

提要

碳素同化作用包括细菌光合作用、绿色植物光合作用和化能合成作用 3 种类型。光合作用是绿色植物吸收光能、同化 CO_2 和 H_2O、制造有机物质并释放 O_2 的过程。叶绿体是进行光合作用的细胞器，类囊体膜（光合膜）是光反应（原初反应、电子传递和光合磷酸化）的主要场所，基质是暗反应（CO_2 同化）的场所。光合色素有三类：叶绿素、类胡萝卜素和藻胆素。高等植物叶绿体中含有前两类，藻胆素仅存在于藻类。叶绿素的生物合成是以谷氨酸或 α-酮戊二酸为原料，在光照条件下还原而成。光照、温度、矿质元素等影响叶绿素的合成。

光合作用可分 3 大步骤：一是光能的吸收、传递和转换；二是电子传递和光合磷酸化；三是碳同化。光能的吸收、传递和转换过程是通过原初反应完成的。光合电子传递过程分为非环式、环式和假环式电子传递。光合电子传递过程中将 ADP 和 Pi 合成为 ATP 的过程称为光合磷酸化。光反应所产生的活跃化学能（ATP 和 NADPH）称为同化力，是联系光反应和暗反应的纽带。CO_2 同化途径有 3 条：C_3 途径、C_4 途径和 CAM 途径。其中 C_3 途径是碳同化的最基本形式，既可以固定 CO_2，又可以把 CO_2 还原成糖类。C_4 途径和 CAM 途径只是固定 CO_2，并把固定的 CO_2 转运给 C_3 途径。

光呼吸是植物绿色细胞在光下吸收 O_2、释放 CO_2 的过程。其底物是乙醇酸，来自 Rubisco 的加氧反应。光呼吸在叶绿体、过氧化物酶体和线粒体 3 种细胞器中协同完成。

光合作用所产生的有机物质主要是糖类，其中淀粉在叶绿体中合成，蔗糖在细胞质合成。蔗糖是光合产物向外输出的主要形式。光合产物运输可分为短距离运输和长距离运输。光合产物运输的方向是由源到库。光合产物分配的特点主要有：优先供应生长中心；就近供应，同侧运输；功能叶之间无光合产物供应关系；同化物可以再分配与再利用。同化物分配受源的供应能力、库的竞争能力和输导系统的运输能力 3 个因素所影响。

影响光合作用的环境因素主要有光照、温度、O_2、CO_2、水分和矿质元素。植物光能利用率低的主要原因有：光合有效辐射只占太阳总辐射的 44%；量子转化效率的限制；漏光损失；环境胁迫等。提高光合效率是提高光能利用率的根本途径，主要是提高光合能力，增加光合面积，延长光合时间，减少光合产物消耗，提高经济系数。

植物体中的有机化合物占其总干物质量的 90% 以上，碳原子是所有有机化合物的主要骨架，碳素约占有机化合物量的 45%。因此，碳素营养是植物的生命基础。已知，地球上利用碳素营养的生物分为两类：绝大多数高等植物和少数微生物，可以利用无机碳化合物做营养，并且将它合成有机物，这类生物称作自养生物(autophyte)；还有一些微生物和少数高等植物，只能利用现成的有机物做营养，这类生物被称作异养生物(heterophyte)。自养生物吸收 CO_2，将其转变成有机物质的过程，称为碳素同化作用(carbon assimilation)。碳素同化作用包括细菌光合作用、绿色植物光合作用和化能合成作用 3 种类型。在这 3 种类型中，绿色植物光合作用最广泛，合成的有机物质最多，与人类的关系最密切。

绿色植物吸收光能，同化 CO_2 和 H_2O，制造有机物质并释放 O_2 的过程，称为光合作用(photosynthesis)。光合作用所产生的有机物质主要是糖类，光合作用的过程可用下列反应式表示。

$$CO_2 + H_2O \xrightarrow[\text{绿色细胞}]{\text{光能}} (CH_2O) + O_2 \tag{3-1}$$

光合作用是绿色植物的基本功能，是地球上唯一大规模地将无机物转化为有机物、把太阳能转化为化学能，并从水中释放氧气的过程。地球上几乎所有的有机物质都直接或间接地来源于光合作用。光合作用对整个生物界和人类的生存发展，以及保持自然界的生态平衡都具有重要的意义。

(1)光合作用是合成有机物的最重要途径。每年合成 5×10^{11} t 左右有机物，既满足植物本身生长发育的需要，又为生物界提供食物的来源，人类生活所必需的粮、棉、油、菜、果、茶、药和木材等都是光合作用的产物。据估计，地球上的自养植物一年中通过光合作用约同化 2×10^{11} t 碳素，其中 40%是由浮游植物同化的，余下的 60%是由陆生植物同化的。

(2)光合作用是巨大的能量转换过程。绿色植物每年同化碳所储藏的总能量约为全球能源消耗总量的 10 倍，在同化 CO_2 的过程中，把太阳光能转变为化学能，蓄积在形成的有机化合物中。人类所利用的能源，如煤炭、天然气、木材等都是过去或现在的植物通过光合作用形成的。

(3)光合作用净化空气，改善人类居住的生活环境。在地球上，由于生物呼吸和燃烧，每年约消耗 3.15×10^{11} t O_2，以这样的速度计算，大气层中所含的 O_2 将在 3 000 年左右耗尽。然而，绿色植物在吸收 CO_2 的同时每年也释放出 5.35×10^{11} t O_2，使大气中的 O_2 含量仍然维持在 21%左右，成为一个自动的空气净化系统。由于光合作用，大气中的 CO_2 和 O_2 将分别约在 300 年和 2 000 年循环一次。

光合作用是地球上生命存在、繁荣和发展的根本源泉，人们称光合作用是“地球上最重要的化学反应”。对农业现代化来说，栽培作物、果树、蔬菜、树木和牧草的目的在于获得更多的光合产物。因此，光合作用成为农业和林业生产的核心，各种农林业生产的耕作制度和栽培措施，都是为了更大限度地进行光合作用。深入探讨光合作用的规律，弄清光合作用的机理，研究光合产物的运输和分配规律，对于有效利用太阳能、使之更好地服务于人类，具有重大的理论和实际意义。

3.1 叶绿体及其色素

叶片是绿色植物进行光合作用的主要器官，光合作用的主要细胞器是叶绿体。实验证明，植物对光能的吸收、CO_2 的固定与还原、同化物的合成以及 O_2 释放，都是在叶绿体中进行的。

3.1.1 叶绿体的结构和成分

3.1.1.1 叶绿体的形态与发育

叶绿体(chloroplast)大多呈扁平椭圆形，其大小和数目依植物种类、组织类型和发育阶段而异。通常一个细胞中含有10～100个的叶绿体，其长3～6 μm，厚2～3 μm。叶肉细胞中叶绿体一般沿细胞壁排列，较多分布在与空气接触的细胞壁一边，且扁平面朝细胞壁。这样的分布有利于叶绿体与外界进行气体交换，也有利于细胞间的物质运输和光合产物向维管束的输送。叶绿体在细胞中可随光照的方向和强度而运动。在弱光下，叶绿体以扁平的一面向光以接受较多的光能；在强光下，叶绿体的扁平面与光照方向平行，不致吸收过多强光而引起结构的破坏和功能的丧失。

高等植物的叶绿体由前质体(proplastid)发育而来。前质体是近乎无色的质体，存在于茎端分生组织中。当茎端分生组织形成叶原基时，前质体双层膜中的内膜在若干处内折并伸入基质扩展增大，在光照下逐渐排列成片，并脱离内膜形成囊状结构的类囊体，同时合成叶绿素，使前质体发育成叶绿体。

3.1.1.2 叶绿体的结构

在电子显微镜下，可观察到叶绿体是由叶绿体被膜、基质和类囊体3部分组成(图3-1)。

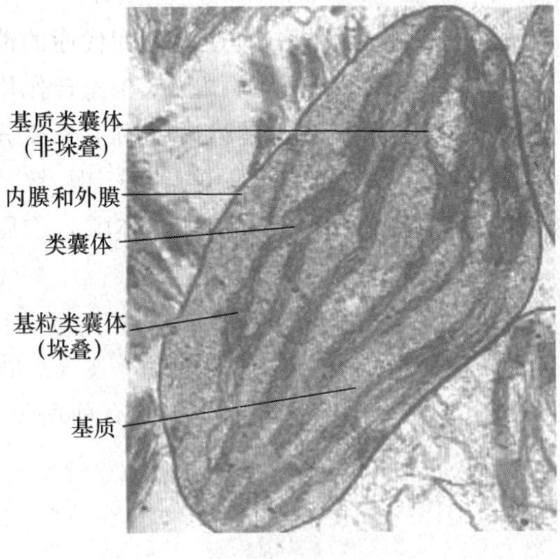

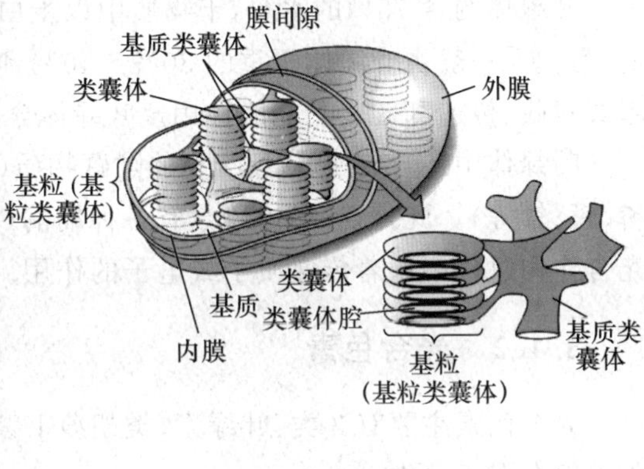

图3-1 叶绿体的结构

(引自Taiz和Zeiger，2006)

A. 叶绿体结构电镜图片 B. 叶绿体和类囊体结构示意图

叶绿体膜(chloroplast membrane)由两层薄膜构成，两层膜间距5～10 nm。膜上无叶绿素，主要功能是控制物质的进出，维持光合作用的微环境。外膜为非选择性膜，允许相对分子质量小的代谢物如蔗糖、核酸、无机盐等通过。内膜为选择透性膜，CO_2、O_2、H_2O可自由通过；Pi、磷酸丙糖、双羧酸、甘氨酸等需经膜上的转运体(translocator)才能通过；蔗糖、C_5～C_7糖的二磷酸酯、$NADP^+$、PPi等物质则不能通过。

基质(stroma)是叶绿体膜以内的基础物质。基质成分主要是可溶性蛋白质(酶)和其他代谢活跃物质，呈高度流动性状态，含有固定 CO_2 与合成淀粉的全部酶系。此外，基质中还含有 DNA、核糖体、淀粉粒和质体小球（plastoglobulus）。淀粉粒呈卵圆形，在电镜下观察呈白色或灰白色，是光合产物的临时贮藏库。当光合产物暂时不能输出叶绿体时，一部分就在基质中转化为淀粉。质体小球亦称为嗜锇滴（osmiophilic droplet），用锇酸固定植物组织制作切片，在电镜下可见到直径 50～100 nm 的黑色颗粒，即为质体小球。质体小球实际上是呈球状的油滴，内含大量的脂类物质，故又称脂滴（lipid droplet），是合成类囊体膜的脂质库。

类囊体（thylakoid）是由单层膜围起的扁平小囊，膜厚度 5～7 nm，囊腔（lumen）内充满溶液。类囊体膜的叶绿素吸收光能，合成 ATP 和 NADPH 以及传递电子。在基质中存在着许多绿色的颗粒称为基粒（grana），呈圆饼状。基粒的直径一般为 0.5～1 μm。每个基粒是由 2 个以上的类囊体垛叠在一起，这些类囊体称为基粒类囊体（grana thlylakoid）。有一些类囊体较大，贯穿在两个基粒之间的基质之中，这些类囊体称为基质类囊体（stroma thylakoid）。

叶绿体的光合色素主要集中在类囊体膜上，光能的吸收、传递和转换为化学能等光合作用光反应过程就在类囊体膜上进行，所以类囊体膜称为光合膜（photosynthetic membrane）。叶绿体中类囊体垛叠成基粒，是高等植物光合细胞所特有的膜结构。类囊体的垛叠意味着捕获光能的机构高度密集，能更有效地收集光能；另外，由于膜系统往往是酶的排列支架，膜垛叠就犹如形成一个长的代谢传送带，使代谢顺利进行。

3.1.1.3 叶绿体的成分

叶绿体约含 75%的水分，干物质中以蛋白质、脂质、色素和无机盐为主。作为代谢的催化剂，蛋白质一般占叶绿体干重的 30%～40%；叶绿体中的色素占干重 8%左右，在光合作用中起着吸收、传递和转化光能的作用。叶绿体含有 20%～40%的脂质，是组成膜的主要成分之一。叶绿体中还含有 10%～20%的贮藏物质（淀粉等），10%左右的矿质元素（铁、铜、锌、钾、磷、钙、镁等）。此外，叶绿体还含有各种辅酶（如 NAD^+ 和 $NADP^+$）和醌（如质体醌），它们在光合作用过程中起着传递质子或电子的作用。

3.1.2 光合色素

光合色素主要有 3 类：叶绿素、类胡萝卜素和藻胆素。高等植物叶绿体中含有前两类，藻胆素仅存在于藻类。

3.1.2.1 光合色素的化学特性

1. 叶绿素

叶绿素（chlorophyll）是使植物呈现绿色的色素，约占绿叶干重的 1%。主要有叶绿素 a 和叶绿素 b 两种。叶绿素 a 呈蓝绿色，叶绿素 b 呈黄绿色，它们不溶于水，但能溶于乙醇、丙酮、乙醚、氯仿等有机溶剂。由于叶绿素与蛋白质结合很牢，需要经过水解作用才能被提取出来，故通常用含有少量水的有机溶剂（如 80%的丙酮，或者 95%乙醇，或丙酮∶乙醇∶水（4.5∶4.5∶1）的混合液）来提取叶绿素。按化学性质来说，叶绿素是叶绿酸的酯。叶绿酸是双羧酸，其中的两个羧基分别与甲醇（CH_3OH）和叶绿醇（植醇，phytol，$C_{20}H_{39}OH$）发生酯化反应，形成叶绿素。

由图 3-2A 可知，叶绿素分子含有 4 个吡咯环，吡咯环和 4 个甲烯基（—CH═）连接成 1 个大环，叫作卟啉环。镁原子以两个共价键和两个配位键与卟啉环的氮原子结合，居于卟啉环的中央。另外，卟啉环还含有 1 个含羰基和羧基的副环（同素环 E），羧基以酯键和甲醇结合。

叶绿素分子的“头部”是金属卟啉环，镁原子带正电荷，与其相连的氮原子则偏向于带负电荷，呈极性，因而具有亲水性，可以与蛋白质结合。卟啉环中的镁可被 H^+、Cu^{2+}、Zn^{2+} 等所置换。当为 H^+ 所置换后，即形成褐色的去镁叶绿素（pheophytin，Pheo）。去镁叶绿素中的 H^+ 再被 Cu^{2+} 取代，就形成铜代叶绿素，颜色比原来的叶绿素更鲜艳稳定。根据这一原理可用醋酸铜处理来保存绿色标本。

叶绿素分子的 D 吡咯环侧链上的丙酸以酯键与叶绿醇相结合。D 环上存在的叶绿醇是由 4 个异戊二烯单位组成的双萜，是一个亲脂的脂肪链，使叶绿素分子具有亲脂性。这条长链的亲脂“尾巴”，对叶绿素分子在类囊体片层上的固定起着极其重要的作用（图 3-2）。

叶绿素 a 的 B 吡咯环上 1 个甲基（$—CH_3$）被醛基（—CHO）所取代，即为叶绿素 b 的结构式。氢的同位素氘或氚试验证明，叶绿素不参与氢的传递，而只以电子传递（即电子得失引起的氧化还原）及共振传递（直接传递能量）的方式，参与光反应。绝大部分叶绿素 a 分子和全部叶绿素 b 分子具有收集和传递光能的作用。少数特殊状态的叶绿素 a 分子具有将光能转换为电能的作用。

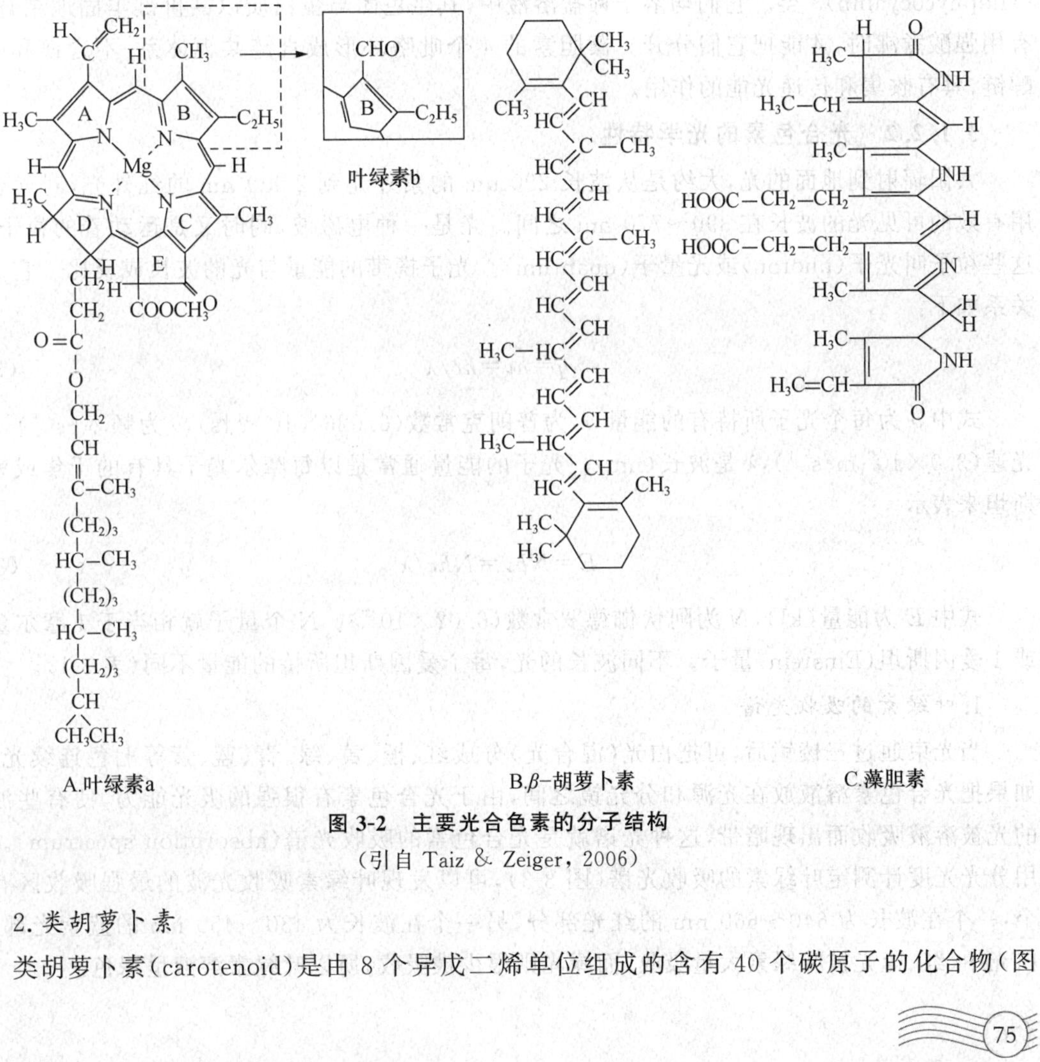

图 3-2　主要光合色素的分子结构

（引自 Taiz & Zeiger，2006）

2. 类胡萝卜素

类胡萝卜素（carotenoid）是由 8 个异戊二烯单位组成的含有 40 个碳原子的化合物（图

3-2B)，不溶于水，能溶于有机溶剂。叶绿体中的类胡萝卜素有两种，即胡萝卜素(carotene)和叶黄素(xanthophyll)，前者呈橙黄色，后者呈黄色。胡萝卜素是不饱和的碳氢化合物，分子式是 $C_{40}H_{56}$，有 α-、β-及 γ-胡萝卜素 3 种同分异构体，叶子中常见的是 β-胡萝卜素。在一些真核藻类中还含有 ε-胡萝卜素。叶黄素是由胡萝卜素衍生的醇类，分子式是 $C_{40}H_{56}O_2$。

类胡萝卜素也有吸收和传递光能的作用，还可以猝灭激发态的叶绿素，而形成激发态的类胡萝卜素，激发态的类胡萝卜素则以热损耗的方式返回基态，具有使叶绿素免遭过剩光能伤害的光保护作用(photoprotection)。

一般情况下，叶片中叶绿素与类胡萝卜素的比值约为 3/1，使得正常的叶子呈现绿色。秋天或在逆境中，叶绿素较易降解、数量减少，而类胡萝卜素比较稳定，所以叶片呈现黄色。

全部的叶绿素和类胡萝卜素都包埋在类囊体膜中，并以非共价键与蛋白质结合在一起，组成色素蛋白复合体(pigment protein complex)，各色素分子在蛋白质中按一定的规律排列和取向，以便于吸收和传递光能。

3. 藻胆素

藻胆素(phycobilin)是藻类主要的光合色素，仅存在于红藻和蓝藻中，常与蛋白质结合为藻胆蛋白(图 3-2C)，主要有藻红蛋白(phycoerythrin)、藻蓝蛋白(phycocyanin)和别藻蓝蛋白(allophycocyanin)3 类。它们均溶于稀盐溶液中，其生色团与蛋白质以共价键牢固地结合，只有用强酸煮沸时，才能把它们分开。藻胆素的 4 个吡咯环形成直链共轭体系，不含镁和叶绿醇链，具有收集和传递光能的作用。

3.1.2.2 光合色素的光学特性

太阳辐射到地面的光，大约是从波长 290 nm 的紫外光到 2 000 nm 的红外光，对光合作用有效的可见光的波长在 390～770 nm 之间。光是一种电磁波，同时又是运动着的粒子流，这些粒子叫光子(photon)或光量子(quantum)。光子携带的能量与光的波长成反比。它们的关系如下：

$$q = h\nu = hc/\lambda \tag{3-2}$$

式中 q 为每个光子所持有的能量，h 为普朗克常数(6.626×10^{-34} Js)，ν 为频率(s^{-1})，c 是光速($3.0\times10^{8}\ m\cdot s^{-1}$)，$\lambda$ 是波长(nm)。光子的能量通常是以每摩尔光子具有的千焦或爱因斯坦来表示。

$$E = Nh\nu = Nhc/\lambda \tag{3-3}$$

式中 E 为能量(kJ)，N 为阿伏伽德罗常数(6.02×10^{23})。N 个量子就相当于 1 摩尔量子或 1 爱因斯坦(Einstein)量子。不同波长的光，每个爱因斯坦所持的能量不同(表 3-1)。

1. 叶绿素的吸收光谱

当光束通过三棱镜后，可把白光(混合光)分成红、橙、黄、绿、青、蓝、紫等七色连续光谱。如果把光合色素溶液放在光源和分光镜之间，由于光合色素有很强的吸光能力，使有些波长的光被溶液吸收而出现暗带，这种光谱就是光合色素的吸收光谱(absorption spectrum)。利用分光光度计测定叶绿素的吸收光谱(图 3-3)，可以发现叶绿素吸收光波的最强吸收区有两个：一个在波长为 640～660 nm 的红光部分，另一个在波长为 430～450 nm 的蓝紫光部分。白光中，红、蓝光被叶绿素大量吸收，而绿光则很少被吸收，所以叶绿素溶液呈绿色。

叶绿素 a 和叶绿素 b 的吸收光谱很相似，但略有不同：①叶绿素 a 在红光区的吸收带偏向长波方面，吸收带较宽，吸收峰较高；而在蓝紫光区的吸收带偏向短光波方面，吸收带较窄，吸收峰较低。②叶绿素 a 对蓝紫光的吸收为对红光吸收的 1.3 倍，而叶绿素 b 则为 3 倍，说明叶绿素 b 吸收短波蓝紫光的能力比叶绿素 a 强。绝大多数的叶绿素 a 分子和全部的叶绿素 b 分子具有吸收光能的功能，并把光能传递给极少数特殊状态的叶绿素 a 分子，发生光化学反应。胡萝卜素和叶黄素的吸收光谱与叶绿素不同，它们的最大吸收带在 400～500 nm 的蓝紫光区（图 3-4），不吸收红光等长波光。

表 3-1　不同波长的光子所持有的能量

光质	波长/nm	每爱因斯坦的能量/($kJ \cdot mol^{-1}$)
紫外	＜400	297
紫	400～425	289
蓝	425～490	259
绿	490～560	222
黄	560～580	209
橙	580～640	197
红	640～740	172
红外	＞740	163

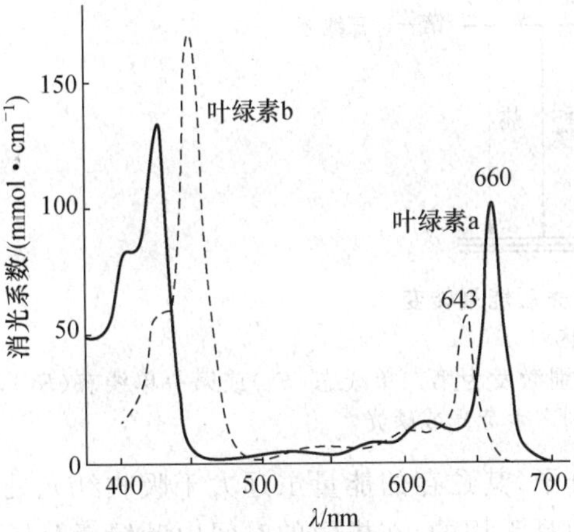

图 3-3　叶绿素 a 和叶绿素 b 在乙醚溶液中的吸收光谱

（引自 Comar 和 Zscheile，1941）

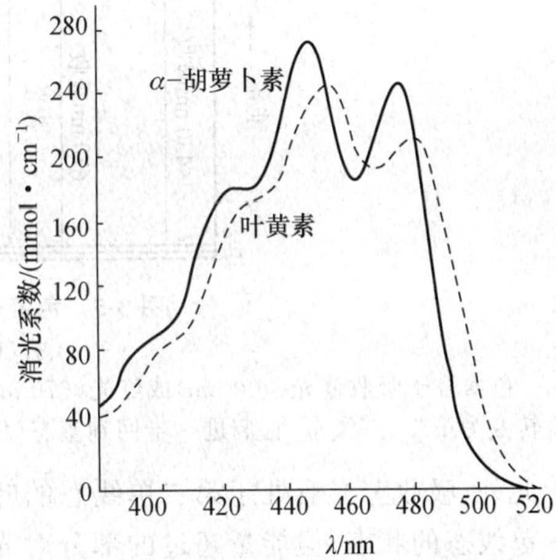

图 3-4　α-胡萝卜素和叶黄素的吸收光谱

（引自 Zscheile，1942）

2. 叶绿素分子激发态

叶绿素溶液在透射光下呈绿色，反射光下呈红色。叶绿素溶液反射光为红色的现象称为叶绿素的荧光现象。当叶绿素分子吸收光子后，就由最稳定、最低能量的基态（ground state）上升到不稳定、高能状态的激发态（excited state）（图 3-5）。激发态极不稳定，停留时间一般不超过几纳秒（10^{-9} s），以后迅速向较低能级状态转变。转变的途径有 3 条：①吸收的光能以热的形式消耗回到基态；②吸收的光能以光的形式消耗。从第一单线态回到基态所发射的光称为荧光(fluorescence)。处在第一、三线态的叶绿素分子回到基态时所发出的光称为磷光(phosphorescence)。③激发态的叶绿素分子参与能量转移，迅速地把光能传递给邻近的其他分子，最后，激发态能量推动光化学反应的进行。

$$\underset{\text{基态}}{\text{chl}} + \underset{\text{光子}}{h\nu} \longrightarrow \underset{\text{激发态}}{\text{chl}^*} \tag{3-4}$$

叶绿素分子有红光和蓝光两个最强的吸收区。红光和蓝光所携带的能量不同。如果叶绿素分子被蓝光激发，电子跃迁到能量较高的第二单线态；如果被红光激发，电子跃迁到能量较低的第一单线态。处于单线态的电子，其自旋方向保持原来状态，如果电子在激发或退激过程中自旋方向发生变化，该电子就进入能级较单线态低的第一、三线态。由于叶绿素分子吸收的光能有一部分消耗在分子内部的振动上，发射出的荧光波长总是比被吸收的波长要长一些。所以叶绿素溶液在透射光下呈绿色，在其反射光下呈红色。

叶片或叶绿体中发射荧光很弱，肉眼难以观测出来，耗能很少，一般不超过吸收能量的0.1%～1.0%，因为大部分能量用于光合作用。色素溶液则不同，由于溶液中缺少能量受体或电子受体，在照光时色素会发射很强的荧光，约占其吸收光能的10%。

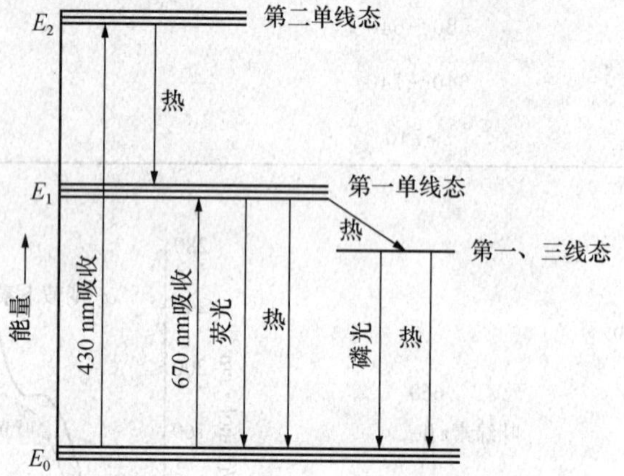

图 3-5　色素分子吸收光后能量转变

(引自 Ting，1981)

色素分子吸收蓝光(430 nm)或红光(670 nm)后，分别激发为第二单线态(E_2)或第一单线态(E_1)，E_1转变为第二、三线态，它们进一步回到基态(E_0)则分别产生荧光或磷光。

此外，吸收蓝光后处于第二单线态的叶绿素分子，其贮存的能量虽远大于吸收红光处于第一单线态的状态，但能量超过的部分对光合作用是无用的，在极短的时间内叶绿素分子要从第二单线态返回第一单线态，多余的能量也是以热的形式耗散。因此，蓝光对光合作用而言，在能量利用率上不如红光高。

荧光和磷光现象都说明叶绿素能被光所激发，而叶绿素分子的激发是将光能转变为化学能的第一步。现在，人们用带有荧光测量附件的便携式光合测定仪能精确测量叶片发出的荧光，荧光的变化可以反映光合机构的状况，因此，叶绿素荧光被称为光合作用的探针。

3.1.3　叶绿素的合成及降解

植物体内的叶绿素是不断地进行代谢的，有合成也有分解。用^{15}N 研究证明，燕麦幼苗在

72 h 后，叶绿素几乎全部被更新，而且受环境条件影响很大。

3.1.3.1　叶绿素的生物合成

叶绿素是在一系列酶的作用下形成的(图 3-6)。其主要过程可分 4 个阶段：①以谷氨酸与 α-酮戊二酸为原料，合成 5-氨基酮戊酸(5-aminolevulinic acid，ALA)，2 分子 ALA 脱水缩合形成一分子具有吡咯环的卟胆原(又称胆色素原)(porphobilinogen，PBG)。②4 分子 PBG 聚合成原卟啉Ⅸ(protoporphyrin Ⅸ)。原卟啉Ⅸ是形成叶绿素和亚铁血红素的分水岭。如果与铁结合，就生成亚铁血红素；若与镁结合，则形成 Mg-原卟啉(Mg-protoporphyrin)。Mg-原卟啉 E 环环化，D 环还原，就形成单乙烯基原叶绿素酯 a(monovinyl protochlorophyllide a)。③在光照和 NADPH 存在下，原叶绿素酯氧化还原酶催化，D 环还原形成叶绿素酯 a(chlorophyllide a)。这是叶绿素生物合成最关键的需光过程。④植醇尾巴与 D 环的丙酸酯化，就形成叶绿素 a。叶绿素 b 是由叶绿素 a 转化而成的。

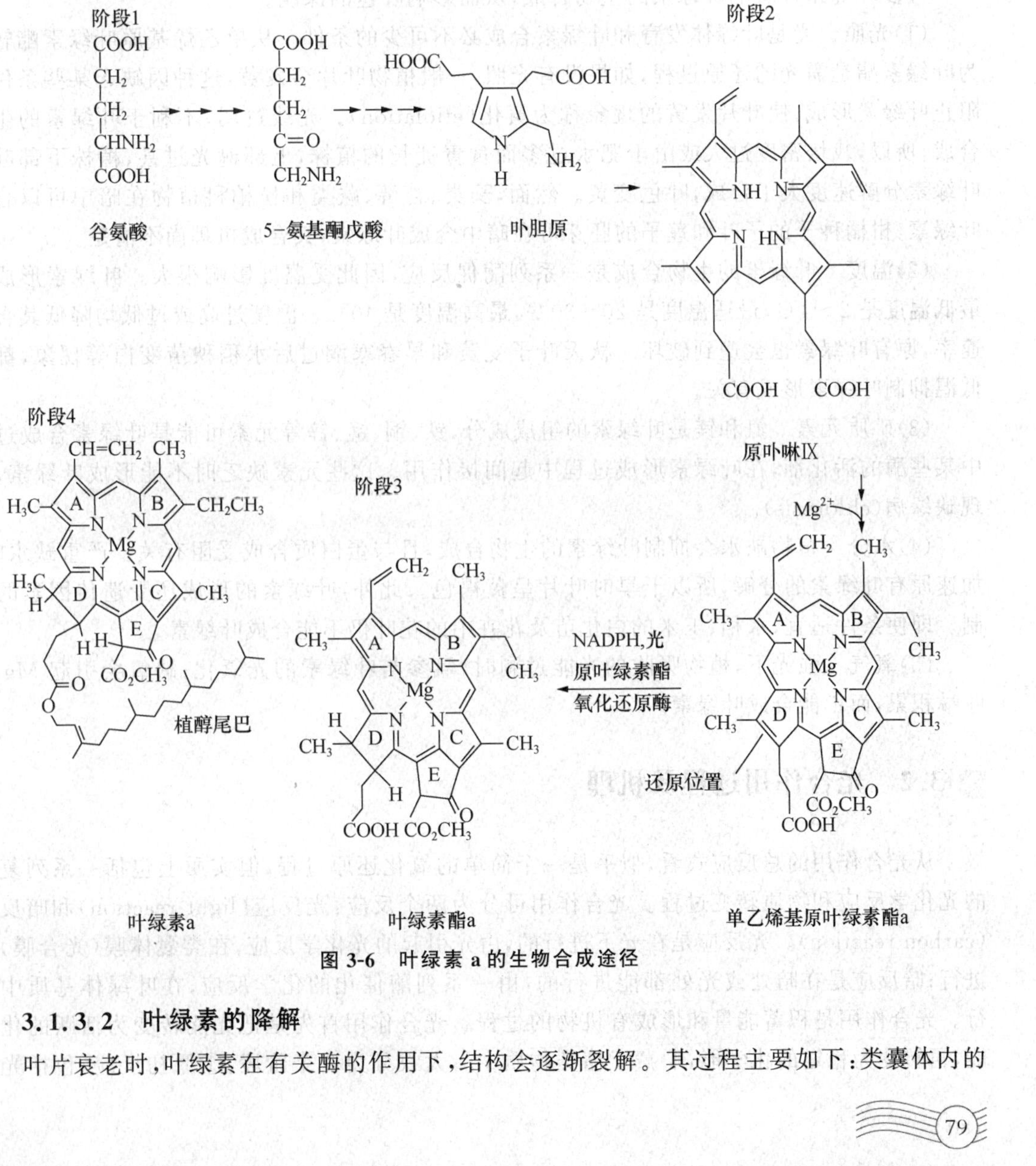

图 3-6　叶绿素 a 的生物合成途径

3.1.3.2　叶绿素的降解

叶片衰老时，叶绿素在有关酶的作用下，结构会逐渐裂解。其过程主要如下：类囊体内的叶绿素 b 在叶绿素 b 还原酶作用下生成叶绿素 a；叶绿素 a 在叶绿素酶作用下脱去植基生成脱植基叶绿素 a，再经脱镁整合酶作用生成脱镁叶绿素 a；虽除去镁离子，但仍保留卟啉大环，故仍显绿色。脱镁叶绿素 a 在脱镁叶绿酸 a 氧化酶作用下卟啉环裂解，最终成为水溶性的无色产物，由叶绿体运到附近的液泡。

3.1.3.3 植物的叶色

植物叶片呈现的颜色是叶片中各种色素的综合表现，其中主要是绿色的叶绿素和黄色的类胡萝卜素的比例。一般来说，正常叶片的叶绿素和类胡萝卜素的分子比例约为 3∶1，叶绿素 a 和叶绿素 b 也约为 3∶1，叶黄素和胡萝卜素约为 2∶1。故正常的叶片总是呈现绿色。秋天、气温下降或叶片衰老时，叶绿素的数量减少，而类胡萝卜素比较稳定，所以叶片呈现黄色。另外，因秋天降温，植物体内积累了较多糖分以适应寒冷，可溶性糖多了，形成较多的花色素苷（红色），叶子就呈红色。花色素苷吸收的光不传递到叶绿素，不能用于光合作用。

许多环境条件影响叶绿素的生物合成，从而影响叶色的深浅。

(1)光照　光是叶绿体发育和叶绿素合成必不可少的条件。从单乙烯基原叶绿素酯转变为叶绿素酯是需光的还原过程，如果没有光照，一般植物叶片会发黄，这种因缺乏某些条件而阻止叶绿素形成，使叶片发黄的现象称为黄化（etiolation）。光线过弱，不利于叶绿素的生物合成，所以，栽培密度过大或由于肥水过多而贪青徒长的植株，上部遮光过甚，植株下部叶片叶绿素分解速度大于合成，叶色变黄。然而，藻类、苔藓、蕨类和松柏科植物在暗中可以合成叶绿素，柑橘种子的子叶和莲子的胚芽可在暗中合成叶绿素，其合成机理尚不清楚。

(2)温度　叶绿素的生物合成是一系列酶促反应，因此受温度影响很大。叶绿素形成的最低温度是 2～4℃，最适温度是 20～30℃，最高温度是 40℃。温度过高或过低均降低其合成速率，原有叶绿素也会遭到破坏。秋天叶子变黄和早春寒潮过后水稻秧苗变白等现象，都与低温抑制叶绿素形成有关。

(3)矿质元素　氮和镁是叶绿素的组成成分，铁、铜、锰、锌等元素可能是叶绿素合成过程中某些酶的活化剂，在叶绿素形成过程中起间接作用。这些元素缺乏时不能形成叶绿素，呈现缺绿病（chlorosis）。

(4)水分　植物缺水会抑制叶绿素的生物合成，且与蛋白质合成受阻有关。严重缺水时，加速原有叶绿素的分解，所以干旱时叶片呈黄褐色。此外，叶绿素的形成还受遗传因素的控制。即使条件适宜，水稻、玉米的白化苗及花卉中的花叶仍不能合成叶绿素。

(5)氧气　强光下，植物吸收的光能过剩时，氧参与叶绿素的光氧化；缺氧会引起 Mg-原卟啉积累，而不能合成叶绿素。

3.2 光合作用过程及机理

从光合作用的总反应式看，似乎是一个简单的氧化还原过程，但实质上包括一系列复杂的光化学反应和物质转变过程。光合作用可分为两个反应：光反应（light reaction）和暗反应（carbon reaction）。光反应是在光下进行的，由光引起的光化学反应，在类囊体膜（光合膜）上进行；暗反应是在暗处或光处都能进行的，由一系列酶催化的化学反应，在叶绿体基质中进行。光合作用是积蓄能量和形成有机物的过程。光合作用首先是把光能转变为活跃的化学能，再转变为稳定的化学能，贮藏于糖类物质中。大致分为 3 个阶段：①原初反应，包括光能的吸收、传递和转换；②电子传递和光合磷酸化，形成活跃化学能，贮藏于同化力（ATP 和 NADPH）；③碳同化，把活跃的化学能转变为稳定化学能，固定 CO_2 形成糖类。第一、二阶段属于光反应，第三阶段属于暗反应（表 3-2）。

表 3-2　光合作用中各种能量转变情况

能量转变	光能 ——→	（光化学反应）——→	活跃的化学能 ——→	稳定的化学能
贮存能量的物质	量子	电子	ATP，NADPH	糖类等
完成能量转变的过程		原初反应	电子传递、光合磷酸化	碳同化
进行转变的部位		基粒类囊体膜	基粒类囊体膜	叶绿体基质
光、暗反应		光反应	光反应	暗反应

3.2.1　原初反应

原初反应（primary reaction）是光合作用的第一步。它是指光合作用中从光合色素分子受光激发到引起第一个光化学反应为止的过程，即色素分子捕获光能后呈激发态，能量在色素分子之间传递，最终引起一个光化学反应，是由光能推动氧化还原反应的进行。该过程速度非常快，在 $10^{-15}\sim10^{-12}$ s 时间内完成；与温度无关，可在 −196℃（液氮温度）或 −271℃（液氦温度）下进行。由于速度快，散失的能量少，所以其量子效率接近 1。

3.2.1.1　光能的吸收与传递

进行光能吸收的功能单位是由叶绿素、类胡萝卜素、脂质和蛋白质组成的复合物，即光系统。每一个光系统含有两个主要成分：聚光复合物和反应中心复合物。根据功能来区分，类囊体膜上的光合色素可分两类（图 3-7）：①反应中心色素（reaction centre pigments），存在于反应中心，少数特殊状态的叶绿素 a 属于此类，具有光化学活性，既能捕获光能，又能将光能转换为电能。②聚光色素（light-harvesting pigments），又称天线色素（antenna pigments），即聚光复合物中的色素，没有光化学活性，能吸收光能，并把吸收的光能传递到反应中心色素，大部分叶绿素 a 和全部叶绿素 b、类胡萝卜素类都属于聚光色素。若干个聚光色素分子所吸收的光能聚集于 1 个反应中心色素分子而起光化学反应。实验表明，每固定 1 分子 CO_2 需要 2 500 个色素分子吸收的光能；每固定 1 分子 CO_2 需要消耗 8 个光子，由此推算固定 1 个光子大约需要 300 个色素分子。每吸收与传递 1 个光子到反应中心完成光化学反应所需、起协同作用的色素分子数，称为光合单位（photosynthetic unit）。可见，光合单位是结合于类囊体膜上能完成光化学反应的最小结构的功能单位。

当波长范围为 400～700 nm 的可见光照射到绿色植物时，聚光色素吸收光子而被激发，由于类囊体片层的色素分子排列得很紧密，光能在色素之间以激子传递（exciton transfer）或共振传递（resonance transfer）方式向反应中心传递。在色素系统中，一个色素分子受光激发后，高能电子在返回原来轨道时也会发出激子，此激子能使相邻色素分子激发，即把激发能传递给了相邻色素分子，激发的电子可以相同的方式再发出激子，并被另一色素分子吸收，这种在相同分子内依靠激子传递来转移能量的方式称为激子传递；另外，一个色素分子吸收光能被激发后，其中高能电子的振动会引起附近另一个分子中某个电子的振动（共振），这种依靠

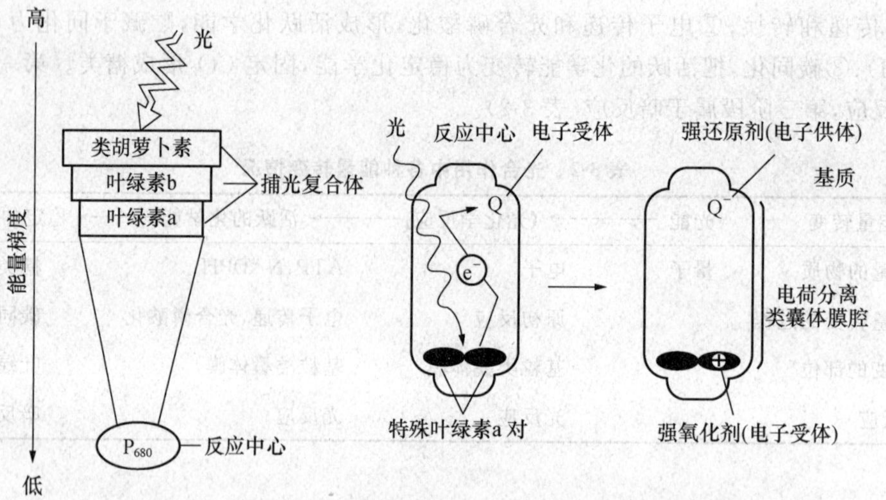

图 3-7　光能经聚光色素吸收后传递到反应中心(左)(引自 Taiz 和 Zeiger, 2006)
光电子传递,电荷分离(右)(引自 Lodish 等,2004)

电子振动在分子间传递能量的方式就称为共振传递。能量传递效率很高,类胡萝卜素所吸收的光能传给叶绿素 a 的效率高达 90%,叶绿素 b 所吸收的光能传给叶绿素 a 的效率接近 100%。大量的光能通过聚光色素吸收、传递到反应中心色素分子,引起光化学反应。

光能在色素分子间的传递过程与光化学反应不同,聚光色素间的能量传递过程是单纯的物理过程,而光化学反应则涉及分子的化学变化。能量可在相同色素分子之间传递,也可在不同色素分子之间传递,但总是沿着波长较长即能量水平较低的方向传递。能量在传递过程中是逐步降低的,保证了能量传递的方向性和不可逆性,使聚光色素所吸收的光能能够顺利地、定向地传递到光反应中心。

反应中心周围还有类胡萝卜素分子,它们主要吸收 400～500 nm 波长的光,将能量以诱导共振方式传递给叶绿素分子。类胡萝卜素除吸收、传递光能外,还可起光防护作用。光能在不同色素间的传递顺序为:类胡萝卜素→ 叶绿素 b→ 叶绿素 a→ 特殊叶绿素 a。

3.2.1.2　光能的转换

反应中心是光能转变为化学能的膜蛋白复合体,其中包含参与能量转换的特殊叶绿素 a 对(special-pair chlorophyll a),当特殊叶绿素 a 对吸收由聚光色素传来的光能后,就被激发为激发态,迅速交出一个电子给另外一个色素分子(即脱镁叶绿素),再传给位于类囊体外侧膜的非色素分子原初电子受体(如醌,Q)。此时特殊叶绿素 a 则被氧化成带正电荷的氧化态,而原初电子受体醌就被还原成带负电荷的还原态。这样就产生一个不可逆的 、跨膜的电荷分离,发生了氧化还原的化学变化(图 3-7)。这种叶绿素吸收光能后十分迅速地产生氧化还原的化学变化,称为光化学反应(photo-chemical reaction)。

光化学反应实质上是由光引起的氧化还原反应,具体变化为:聚光色素分子将光能吸收和传递到反应中心后,使特殊叶绿素 a(P)激发而成为激发态(P^*),释放电子给原初电子受体(A,即 Q),特殊叶绿素 a 被氧化成带正电荷(P^+)的氧化态,而受体被还原成带负电荷(A^-)的还原态,氧化态的特殊叶绿素 a(P^+)在失去电子后又可从次级电子供体(D)那里夺取电子,D 带上正电荷(D^+),特殊叶绿素 a 就恢复原来的还原状态(P)。这就发生了氧化还原反应,完成了光能直接转变为电能的过程。

这一氧化还原反应在光合作用中不断地反复进行，原初电子受体将电子释放进入电子传递链，直至最终电子受体 $NADP^+$。同样，氧化态的电子供体（D^+）也要向它前面的电子供体夺取电子，依次直到最终电子供体 H_2O。

$$D \cdot P \cdot A \longrightarrow D \cdot P^* \cdot A \longrightarrow D \cdot P^+ \cdot A^- \longrightarrow D^+ \cdot P \cdot A^- \quad (3\text{-}5)$$

3.2.2 电子传递与光合磷酸化

反应中心色素受光激发而发生电荷分离，实现了将光能转变为电能的过程，产生的电子经过一系列电子传递体的传递，引起水的裂解放氧和 $NADP^+$ 还原为 NADPH，并通过光合磷酸化形成 ATP，将光能转化为活跃的化学能。

3.2.2.1 光系统

量子产额（quantum yield）是指每吸收一个光量子后释放的 O_2 分子数或固定 CO_2 分子数。1943 年，爱默生（Emerson）以绿藻为材料，研究不同光波的量子产额，发现当波长大于 685 nm 的远红光时，虽然光量子仍被叶绿素大量吸收，但量子产额急剧下降，这种现象被称为红降（red drop）（图 3-8）。1957 年，爱默生等又观察到，在 710 nm 远红光条件下，如补充 650 nm 红光，则量子产额大增，比这两种波长光单独照射时的总和还要多。后来，人们把因两种波长的光协同作用而增加光合效率的现象称为增益效应（enhancement effect）或爱默生效应（Emerson effect）（图 3-9）。

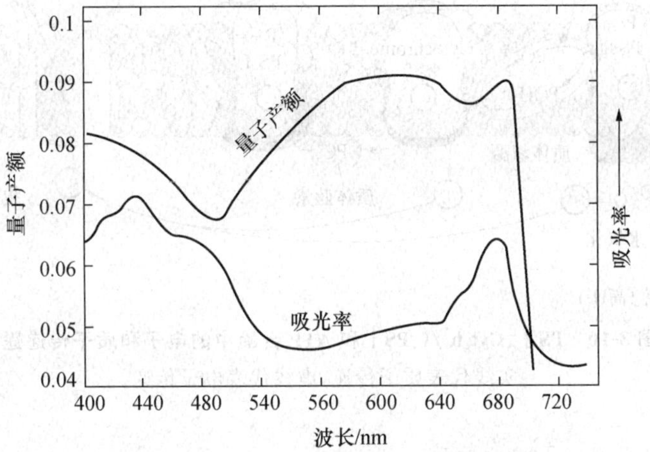

图 3-8　红降现象

（引自 Emerson 等，1943）

上述现象使人们设想，光合作用可能包括两个不同的光化学反应。后来进一步的研究证实，光合作用确实有两个光化学反应，分别由两个光系统（photosystem，PS）完成。一个是吸收 680 nm 短波红光的光系统Ⅱ（PSⅡ），另一个是吸收 700 nm 长波红光的光系统Ⅰ（PSⅠ）。这两个光系统以串联的方式协同作用。目前已从叶绿体的片层结构中分离出两个光系统，它们都是蛋白复合物，其中有光合色素、也有电子传递体。PSⅠ颗粒较小，直径为 11 nm，位于类囊体膜的外侧；PSⅡ颗粒较大，直径为 17.5 nm，位于类囊体膜的内侧。

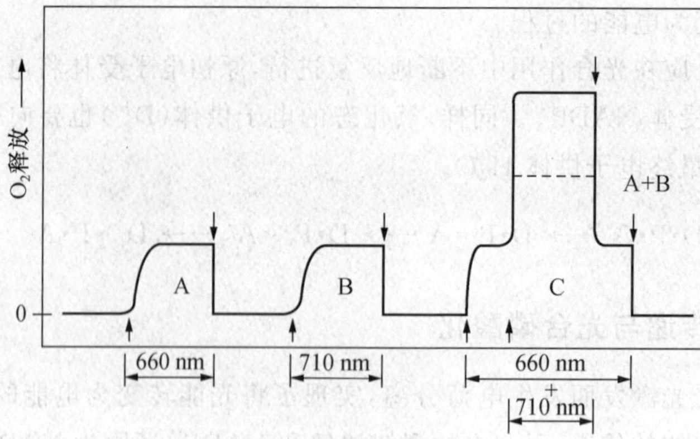

图 3-9　增益效应示意图

（引自 Emerson 等，1971）

3.2.2.2　光合电子传递体及其功能

位于类囊体膜上的光合电子传递体是由光系统Ⅰ（PSⅠ）、光系统Ⅱ（PSⅡ）和细胞色素 b_6/f（Cyt b_6/f）复合体等单位组成的，它们的排列及电子和质子传递步骤见图 3-10。

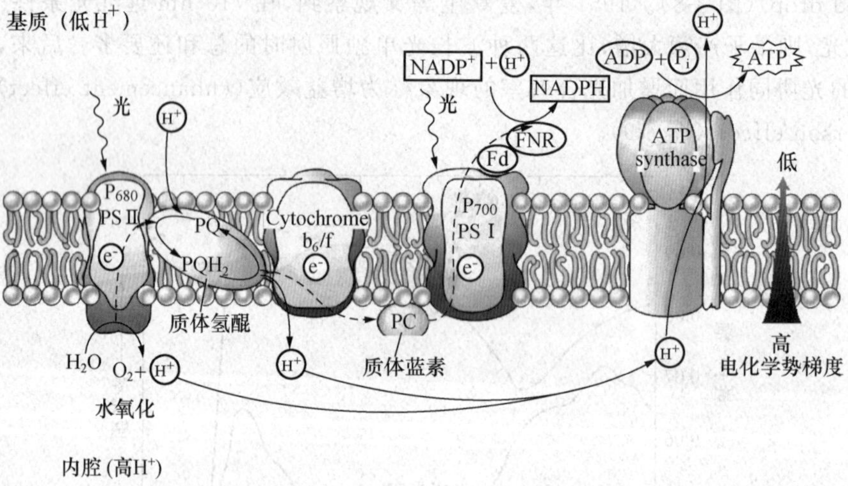

图 3-10　PSⅡ、Cyt b_6/f、PSⅠ和 ATP 合酶中的电子和质子传递途径

实线代表质子传递，虚线代表电子传递。

1. PSⅡ

（1）PSⅡ的结构与功能　PSⅡ的生理功能是吸收光能，进行光化学反应，产生强的氧化剂，使水裂解释放氧气，并把电子传至 PQ。

PSⅡ是由捕光复合体Ⅱ（light harvesting complex Ⅱ，LHCⅡ）、PSⅡ反应中心（PSⅡ reaction center）和放氧复合体（oxygen-evolving complex，OEC）等亚单位组成。LHCⅡ结合有叶绿素和类胡萝卜素分子，因距离反应中心远而称“远侧天线”，除具有吸收、传递光能的作用外，还具有耗散过多激发能，保护光合器官免受强光破坏的作用。

PSⅡ反应中心由 D_1 和 D_2 及 CP_{43} 和 CP_{47} 等核心蛋白以及 P_{680} 等色素分子组成，电子传递体主要结合在 D_1 和 D_2 上，天线蛋白（antenna protein）CP_{47} 和 CP_{43} 与叶绿素分子结合，围绕

P_{680}，比 LHCⅡ更快地把吸收的光能传至 PSⅡ反应中心，所以被称为中心天线或“近侧天线”。PSⅡ反应中心的核心部分是 D_1 和 D_2 两条多肽。反应中心的次级电子供体 Z(Tyr，酪氨酸残基)、反应中心色素 P_{680}、原初电子受体 Pheo(去镁叶绿素)、次级电子受体 Q_A、Q_B 等都结合在 D_1 和 D_2 上。反应中心色素 P_{680} 中的 P 表示色素，680 是指色素的最大吸收波长。其中与 D_1 结合的质体醌定名为 Q_B，与 D_2 结合的质体醌定名为 Q_A。Q_A 是单电子传递体，每次反应只接受一个电子生成半醌(semiquinone)，它的电子再传递至 Q_B，Q_B 是双电子传递体，可两次从 Q_A 接受电子以及从周围介质中接受 2 个 H^+ 而还原成氢醌(hydroquinone)QH_2。这样生成的氢醌可以与醌库的 PQ 交换，生成 PQH_2(图 3-11)。

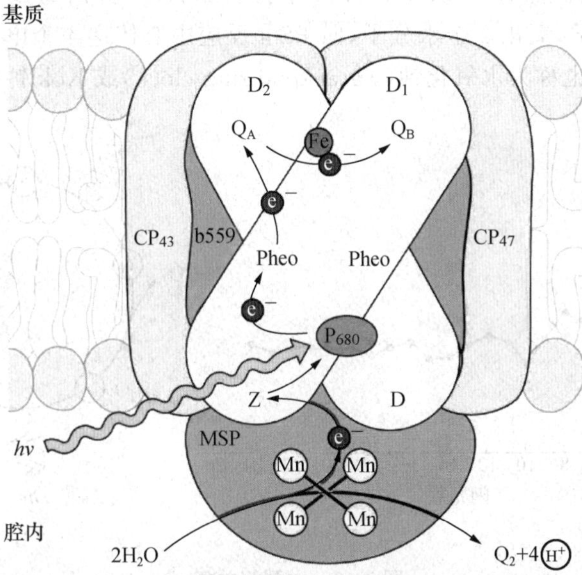

图 3-11　PSⅡ结构示意图

(引自 Malkin 等，2000)

(2)PSⅡ的水裂解放氧　水裂解放氧是希尔(Hill)于 1937 年发现的，故称为希尔反应(Hill reaction)，即在光照下，离体的叶绿体类囊体能将含有高铁的化合物(如高铁氰化物)还原为低铁化合物，并释放氧。希尔是第一个用离体叶绿体做试验，把光合作用的研究深入到细胞器水平的人。

$$2H_2O + 4Fe^{3+} \xrightarrow[\text{叶绿体}]{\text{光}} 4Fe^{2+} + O_2 + 4H^+ \quad (3\text{-}6)$$

水的裂解是植物光合作用重要的反应之一，PSⅡ的一个重要功能是进行水裂解(water splitting)放氧。在类囊体腔一侧有 3 条外周多肽，其中一条多肽为锰稳定蛋白(manganese stablizing protein，MSP)，它们与 Mn^{2+}、Ca^{2+}、Cl^- 一起参与氧的释放，称为放氧复合体(oxygen evolving complex，OEC)，参与水的裂解和氧的释放。水裂解放氧是水在光照下经过 PSⅡ 的 OEC 作用，产生 H^+ 和电子，并释放 O_2 到类囊体腔内，整个反应如下：

$$2H_2O \xrightarrow{\text{光子}} O_2 + 4H^+ + 4e^- \quad (3\text{-}7)$$

1969 年，Joliot 给已经暗适应的小球藻叶绿体以极快的闪光处理，发现闪光后放氧量不均等，是以 4 为周期呈现振荡，即每隔 4 次闪光出现一次放氧高峰，随着闪光次数的增加，放氧曲线振幅减少，渐趋平衡(图 3-12)。第 1 次闪光后无 O_2 产生，第 2 次闪光释放少量 O_2，第 3 次闪光放 O_2 最多，第 4 次闪光放 O_2 次之。然后每 4 次闪光出现一次放氧高峰。

1970 年，Kok 等据此提出了 H_2O 氧化机制的模型：放氧复合体(OEC)在每次闪光后可以积累一个正电荷，直至积累 4 个正电荷，才一次用于 2 个 H_2O 的氧化(图 3-12)。该图中不同状态的 S 代表了 OEC 中不同氧化状态的放氧复合体，含有 4 个 Mn，包括 Mn^{+}、Mn^{2+}、Mn^{3+} 和 Mn^{4+}。按照氧化程度从低到高的顺序，将不同状态的含锰蛋白分别称为 S_0、S_1、S_2、S_3 和 S_4。即 S_0 不带电荷，S_1 带 1 个正电荷，依次到 S_4 带有 4 个正电荷。每一次闪光将 S 状态向前推进一步，直至 S_4。然后，S_4 从 2 个 H_2O 中获取 4 个 e^-，并回到 S_0，如此循环。以后每 1 个循环吸收 4 个光量子，氧化 2 个水分子，向 PSⅡ反应中心传递 4 个电子并释放 4 个质子和 1 个氧分子，这种循环也称为水氧化钟(water oxidizing clock)或 Kok 钟(Kok clock)。

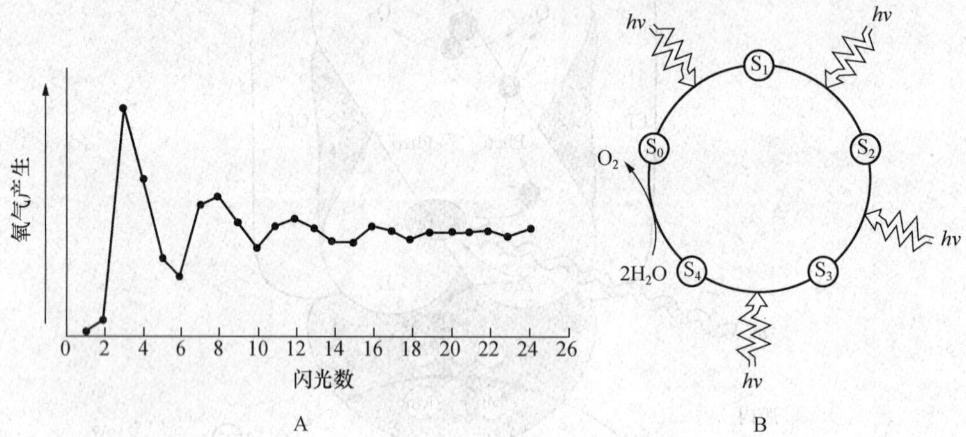

图 3-12　水裂解放氧

(引自 Malkin 等，2000)

A. 叶绿体闪光照射不同次数的放氧量　B. 放氧系统的 5 种 S 状态

(3)PSⅡ的电子传递　PSⅡ的电子传递过程可分为两个部分：第一部分是 P_{680} 激发前将水裂解放氧，其过程为：$H_2O \rightarrow$ OEC$\rightarrow$ Z(酪氨酸残基)$\rightarrow P_{680}$。第二部分是 P_{680} 激发后将电子传至质体醌(PQ)，最后传至 PC，其过程为：$P_{680}^{*} \rightarrow$ Pheo$\rightarrow PQ_A \rightarrow PQ_B$。

2. 细胞色素 b_6/f 复合体

细胞色素 b_6/f 复合体(cytochrome b_6/f complex，Cyt b_6/f)含有 2 个 Cyt b，1 个 Cyt c，1 个 Rieske Fe-S 蛋白，2 个醌氧化还原部位。它们位于 PSⅡ和 PSⅠ之间，通过可扩散的电子载体来进行电子传递。

在 PSⅡ和 Cyt b_6/f 之间的电子载体是质体醌(PQ)，PQ 是脂溶性分子，在膜脂中可进行扩散运动。Cyt b_6/f 和 PSⅠ之间的电子载体是质体蓝素(PC)，PC 是可溶性的蛋白质。

Cyt b_6/f 复合体的功能是将 PQH_2(还原态质体醌)氧化，获得电子后将电子传给 PC，使 PC 还原，同时将质子释放到类囊体腔内，建立跨膜质子梯度，成为合成 ATP 的原动力。

关于 PQH_2(即 QH_2)至 Cyt b_6/f 复合体的电子传递与质子跨膜转移的机制，可以用醌循环来解释。QH_2 的氧化分两个循环：①QH_2 被 RFe-S(即 FeS_R)氧化为半醌，放出 2 个电子，一个电子经 FeS_R 传到 Cyt f 和 PC，并释放 2 个质子到类囊体腔内；另一个电子经低电位 Cyt b

和高电位 Cyt b，传至还原位点，将 1 个 Q 还原为半醌（$Q^{\bar{\cdot}}$）。②与第一循环相同，只是高电位 Cyt b 将电子传给半醌，并接受从基质传来的 2 个 H^+，还原为 QH_2，返回 QH_2 库。醌循环总过程：2 个 QH_2 氧化，传递 4 个电子，2 个电子使 1 个 Q 还原为 QH_2，同时释放 4 个 H^+ 到类囊体腔。因本过程是从 QH_2 开始氧化，最终又形成 QH_2，故称为醌循环（Q cycle）（图 3-13）。

Cyt b_6/f 复合体的电子传递可概括为：$QH_2 \rightarrow b_6 \rightarrow Fe \rightarrow f \rightarrow PC \rightarrow$ PSⅠ。

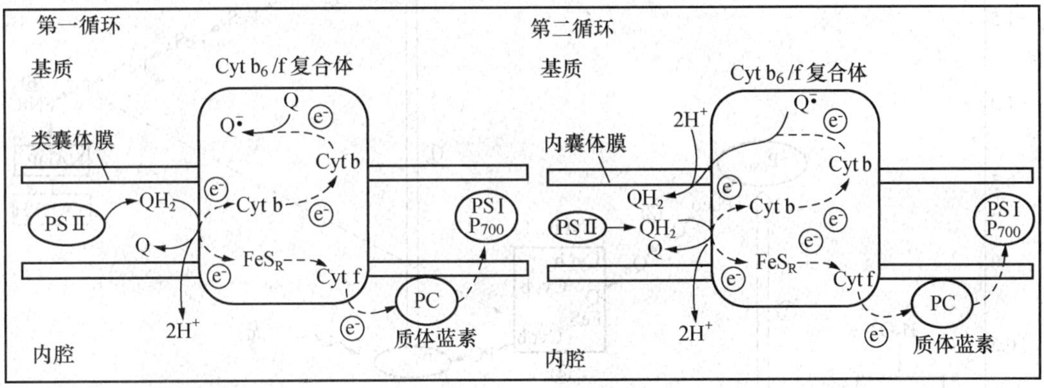

图 3-13　醌循环

（引自 Buchanan 等，2004）

3. PSⅠ

PSⅠ的生理功能是吸收光能，进行光化学反应，产生强的还原剂，用于还原 $NADP^+$，实现 PC 到 $NADP^+$ 的电子传递。

PSⅠ是由反应中心复合体和捕光复合体Ⅰ（LHCⅠ）等亚单位组成。反应中心复合体由 PsaA、PsaB 和 PsaC 三条多肽链组成，LHCⅠ环绕在反应中心周围，吸收光能后以共振方式传给 PSⅠ的反应中心色素分子（P_{700}），激发后的 P_{700} 便将电子传给原初电子受体 A_0（叶绿素 a）、次级电子受体 A_1（叶醌）及 3 个不同的 Fe-S 蛋白（FeS_X、FeS_A、FeS_B），最后交给铁氧还蛋白（ferredoxin，Fd）（图 3-14）。

PSⅠ的电子传递途径是：$P_{700} \rightarrow A_0 \rightarrow A_1 \rightarrow FeS_x \rightarrow FeS_A/FeS_B \rightarrow Fd$。

4. 光合电子传递途径

光合电子传递是指在原初反应中产生的高能电子经过一系列电子传递体，传递给 $NADP^+$，产生 NADPH 的过程。由在类囊体膜上的 PSⅡ和 PSⅠ之间几种排列紧密的电子传递体完成电子传递的总轨道，称为光合链（photosynthetic chain）。现在被广泛接受的光合电子传递途径是 Z-方案（Z-scheme），即电子

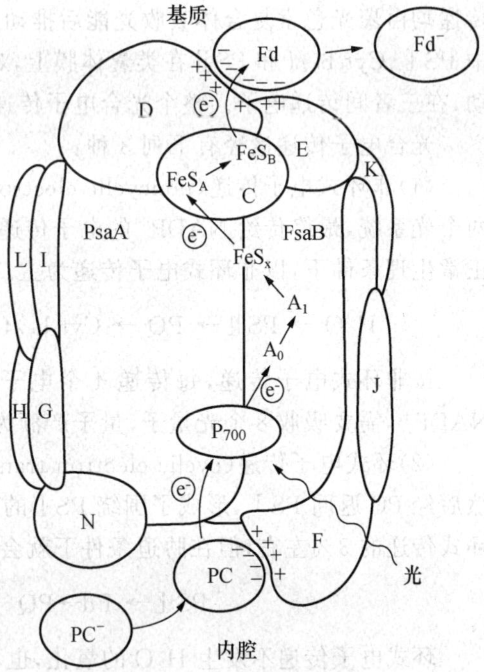

图 3-14　PSⅠ结构示意图

（引自 Malkin 和 Niyogi，2000）

传递是由两个光系统串联进行，各种电子传递体具有不同的氧化还原电位，负值越大代表还原势越强，正值越大代表氧化势越强，按氧化还原电位高低排列，使电子传递链呈侧写的"Z"形(图 3-15)。

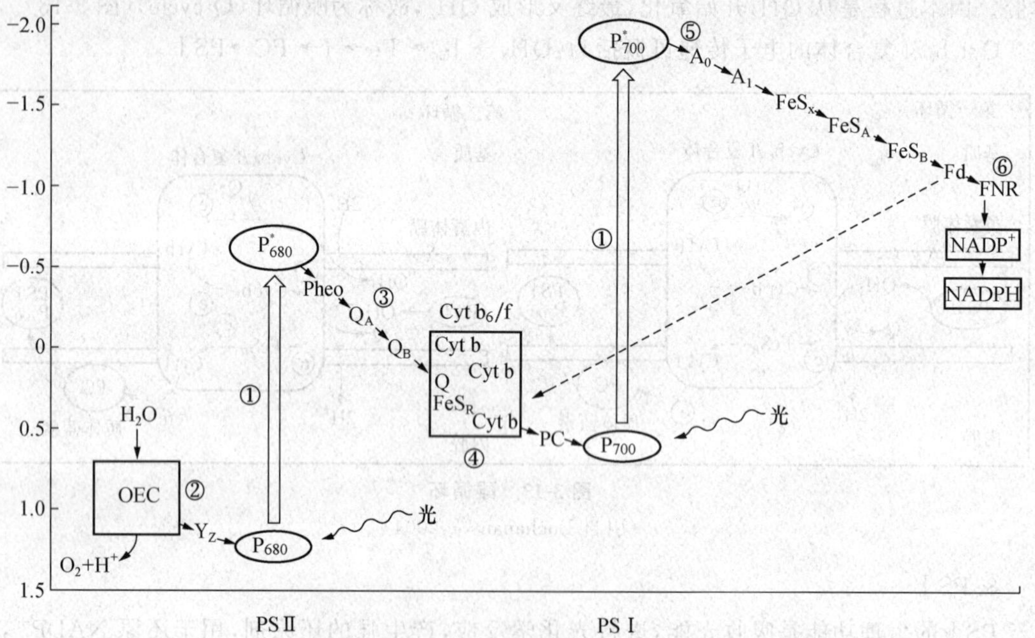

图 3-15 光合作用电子传递途径(Z 方案)

电子传递有二处是逆电势梯度，即 P_{680} 至 P_{680}^*，P_{700} 至 P_{700}^*，这种逆电势梯度的"上坡"电子传递均由聚光色素复合体吸收光能后推动，而其余电子传递都是顺电势梯度进行的。光合链中 PSⅠ、Cyt b_6/f 和 PSⅡ在类囊体膜上，难以移动；而 PQ、Fd 和 PC 可以在膜内或膜表面移动，在三者间传递电子。整个光合电子传递过程偶联着磷酸化作用，形成 ATP。

光合电子传递途径有下列 3 种：

(1)非环式电子传递(noncyclic electron transport)　水裂解放出的电子经 PSⅡ和 PSⅠ两个光系统，最终传给 $NADP^+$ 的电子传递。这是开放式的通路，故称为非环式电子传递。在正常生理条件下，以非环式电子传递为主。电子传递路线：

$$H_2O \rightarrow PSⅡ \rightarrow PQ \rightarrow Cyt\ b_6/f \rightarrow PC \rightarrow PSⅠ \rightarrow Fd \rightarrow FNR \rightarrow NADP^+ \quad (3\text{-}8)$$

按非环式电子传递，每传递 4 个电子，分解 2 分子 H_2O，释放 1 分子 O_2，还原 2 分子 $NADP^+$，需要吸收 8 个光量子，量子产额为 1/8。同时运转 8 个 H^+ 进入类囊体腔。

(2)环式电子传递(cyclic electron transport)　PSⅠ产生的电子传给 Fd，再到 Cyt b_6/f，然后经 PC 返回 PSⅠ，形成了围绕 PSⅠ的环式电子传递。正常条件下，环式电子传递只有非环式传递的 3%左右，但在胁迫条件下就会增强，对光合作用起调节作用。电子传递路线：

$$PSⅠ \rightarrow Fd \rightarrow PQ \rightarrow Cyt\ b_6/f \rightarrow PC \rightarrow PSⅠ \quad (3\text{-}9)$$

环式电子传递不发生 H_2O 的氧化，也不形成 NADPH，但有 H^+ 的跨膜运输，每传递一个电子需要吸收一个光量子。

(3)假环式电子传递(pseudocyclic electron transport)　水裂解放出的电子经 PSⅡ和

PSⅠ两个光系统，最终传给 O_2，形成超氧阴离子自由基（O_2^-），O_2^- 被超氧化物歧化酶（SOD）歧化形成 H_2O_2，H_2O_2经抗坏血酸过氧化物酶（APX）等催化形成 H_2O，电子似乎从 $H_2O \rightarrow H_2O$，故称为假环式电子传递。此途径是 Mehler 提出的，也叫作梅勒反应（Mehler's reaction）。此过程往往在强光下、$NADP^+$ 供应不足时发生。电子传递路线：

$$H_2O \rightarrow PSⅡ \rightarrow PQ \rightarrow Cyt\ b_6/f \rightarrow PC \rightarrow PSⅠ \rightarrow Fd \rightarrow O_2 \qquad (3\text{-}10)$$

假环式电子传递与非环式电子传递途径相似，也有 H^+ 的跨膜运输，它与非环式电子传递的区别只是电子的最终受体是 O_2，而不是 $NADP^+$。

一些化合物可阻断光合电子传递，抑制光合作用。这类化合物便称为光合电子传递抑制剂，农业上常用于防除杂草。如敌草隆（DCMU）阻止 PSⅡ到 PQ_B的还原，百草枯（paraquat）抑制 PSⅠ到 Fd 的还原，DBMIB（2，5-二溴-3-甲基-6-异丙基-*p*-苯醌）与 PQ 竞争阻止电子传到 Cyt b_6/f。

3.2.2.3　光合磷酸化

光合磷酸化（photophosphorylation）是指叶绿体利用光能驱动电子传递，建立跨膜类囊体膜的质子动力势（PMF），PMF 把无机磷酸（Pi）与 ADP 合成 ATP。光合磷酸化与光合电子传递是偶联在一起的，电子传递一旦停止，光合磷酸化就不能进行。因而光合磷酸化也相应分为 3 种类型，即非环式光合磷酸化（noncyclic photophosphorylation）、环式光合磷酸化（cyclic photophosphorylation）和假环式光合磷酸化（pseudocyclic photophosphorylation）。非环式光合磷酸化与假环式光合磷酸化均被 DCMU 所抑制，而环式光合磷酸化则不被 DCMU 抑制。

电子传递是如何偶联着 ATP 的合成呢？大量研究表明，光合磷酸化与电子传递是通过 ATP 合酶联系在一起的。ATP 合酶是一个多亚基单位的复合物，其功能是利用质子浓度把 ADP 和 Pi 合成为 ATP，故名 ATP 合酶。它也将 ATP 的合成与电子传递和 H^+ 跨膜转运偶联起来，故又称为偶联因子（coupling factor）。

叶绿体膜上的 ATP 合酶与线粒体膜上的 ATP 合酶结构相似，是一种直径约 10 nm 的球茎颗粒，由两个蛋白复合体构成：一个是突出在膜表面亲水性的"CF_1"复合体（头部），另一个是埋置于膜内疏水性的"CF_0"复合体（柄部）。ATP 合酶只存在于与基质直接接触的类囊体（基质类囊体和基粒类囊体的非垛叠区）的外表面上。ATP 合酶的 CF_1-CF_0不仅在 ATP 的合成反应中起关键的作用，而且同时可以水解 ATP 的能量，进行质子的跨膜运输。其催化部位在 CF_1上，CF_1结合在 CF_0上。CF_1是由 5 种多肽（α、β、γ、δ、ε）组成，它们的数目比为 3∶3∶1∶1∶1。α 和 β 两者与 ADP 和磷酸结合，催化 ADP 的磷酸化，其他多肽则起调节作用。CF_0可能由 4 种多肽（a、b、b′、c）组成，它们的数目比为 1∶1∶12∶1。CF_0可能在连接 ATP 合酶的膜部分和催化部分起作用，而 c 多肽形成跨膜通道，使质子从内腔运动到基质（图 3-16）。

关于光合磷酸化的机理，可由英国的米切尔（P. D. Mitchell）提出的化学渗透假说（chemiosmotic hypothesis）来解释，他也因此于 1978 年获得诺贝尔化学奖。在类囊体膜上的电子传递体中，PQ 可传递电子和质子，其他传递体只传递电子而不传递质子。光照引起水的裂解，水裂解释放的质子留在膜内侧、电子进入电子传递链中的 PQ。PQ 在接受水裂解电子的同时，又接受膜外侧传来的质子。PQ 将质子转运到膜内侧，电子传给 PC。这样，膜内侧质子浓度高而膜外侧低，膜内侧电位较膜外侧高；于是膜内外产生电位差（$\Delta\varphi$）和质子浓度差

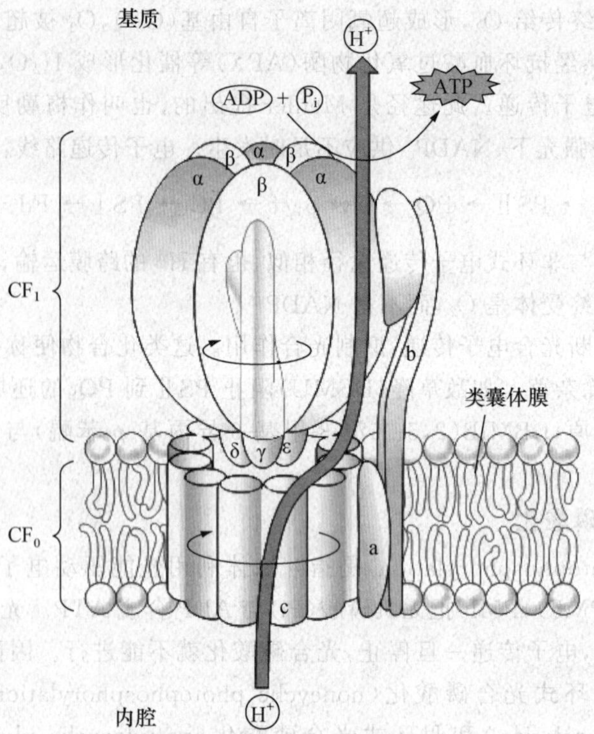

图 3-16　ATP 合酶结构

(引自 Malkin 等,2000)

(ΔpH),两者合称为质子动力势(proton motive force,PMF),即为光合磷酸化的动力。当 H^+ 沿着浓度梯度返回膜外侧时,在 ATP 合酶催化下,ADP 和 Pi 脱水形成 ATP。

化学渗透假说强调膜结构的完整性,如果膜不完整,质子能自由跨过膜,则无法在膜内外两侧形成质子动力势,就会发生解偶联现象。一些解偶联剂的作用就在于改变膜对 H^+ 的通透性,从而使电子传递所释放的能量不能转换合成 ATP。至于 CF_1 如何利用 H^+ 跨膜所释放的能量来合成 ATP,现在被人们广泛接受的是 1997 年诺贝尔化学奖获得者鲍易尔(P. D. Boyer)提出的"结合变化机制"(binding change mechanism),认为是 H^+ 浓度梯度引起 CF_1 上亚基的转动变构而催化 ATP 合成的。

经过上述变化以后,由光能转变来的电能便进一步形成活跃的化学能,暂时贮存在 ATP 和 NADPH 中。ATP 和 NADPH 是光合作用中的重要中间产物,一方面这两者都能暂时贮存能量,另一方面 NADPH 中的 H^+ 又能进一步还原 CO_2,并形成中间产物。这样就把光反应和暗反应联系起来了。由于 ATP 和 NADPH 在暗反应中用于 CO_2 的同化,故把这两种物质合称为同化力(assimilatory power)。

3.2.3　碳同化

CO_2 同化(CO_2 assimilation)简称碳同化,是指植物利用光反应形成的同化力(ATP 和 NADPH)将 CO_2 还原形成糖类物质的过程。碳同化在叶绿体的基质中进行,许多种酶参与反应。高等植物的碳同化途径有 3 条:C_3 途径(C_3 pathway)、C_4 途径(C_4 pathway)和景天酸代谢途径(crassulaceae acid metabolism pathway, CAM),其中 C_3 途径为最基本的途径,也只有这条途径才具备合成蔗糖、淀粉等产物的能力；其他两条途径只能起固定、运转 CO_2 的作用，不能形成蔗糖、淀粉等产物。

3.2.3.1　C_3途径

20 世纪 40 年代中期，美国加州大学的卡尔文（M. Calvin）等利用放射性同位素示踪和纸层析等方法，以单细胞藻类为试验材料，经过 10 年的系统研究，在 20 世纪 50 年代提出 CO_2 同化的循环途径，故称为卡尔文循环（The Calvin cycle）。卡尔文因此获得 1961 年诺贝尔化学奖。由于这个循环中的 CO_2 受体是一种戊糖（1，5-二磷酸核酮糖），故又称为还原磷酸戊糖途径（reductive pentose phosphate pathway，RPPP）。这个途径中 CO_2 被固定形成的最初产物是一种三碳化合物，故又称为 C_3 途径（图 3-17）。水稻、小麦、棉花、大豆等大多数植物都进行 C_3 途径，故称之为 C_3 植物。卡尔文循环是所有植物光合作用的基本途径，大致可分为 3 个阶段，即羧化阶段、还原阶段和更新阶段（图 3-17）。

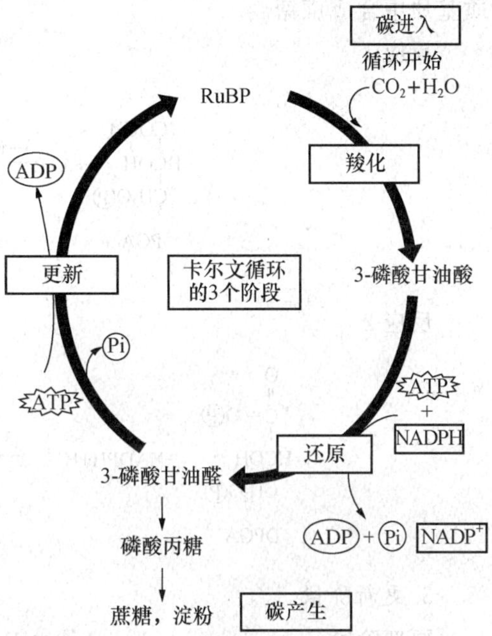

图 3-17　C_3 途径的 3 个阶段

1. 羧化阶段

CO_2 必须经过羧化阶段（carboxylation phase），固定成羧酸，然后才被还原。1，5-二磷酸-核酮糖（ribulose-1，5-bisphosphate，RuBP）在 1，5-二磷酸核酮糖羧化酶/加氧酶（RuBP carboxylase/oxygenase，Rubisco）催化下，与 CO_2 结合形成中间产物，后者再与 1 分子 H_2O 反应，分解成 2 分子的 3-磷酸甘油酸（3-phosphoglycerate，PGA），这就是 C_3 途径的羧化阶段。

$$3RuBP + 3CO_2 + 3H_2O \longrightarrow 6PGA + 6H^+ \quad (3\text{-}11)$$

在高等植物中，作为催化固定 CO_2 的第一个酶，Rubisco 是叶绿体中最丰富的可溶性蛋白质。Rubisco 蛋白由 8 个大亚基（56 kD）和 8 个小亚基（14 kD）组成，大亚基有 476 个氨基酸残基，小亚基有 123 个氨基酸残基，整个酶蛋白的分子质量共 560 kD。Rubisco 大亚基由叶绿体基因编码，而 Rubisco 小亚基由核基因编码。由 X 射线衍射可知每 2 个大亚基结合成一组，利用 Mg^{2+} 作为连接桥，每个大亚基都有一个催化位点和一个调节位点，而小亚基仅具有调节作用。

2. 还原阶段

还原阶段分两步反应，第一步反应是 3-磷酸甘油酸被 ATP 磷酸化，在 3-磷酸甘油酸激酶（3-phosphoglycerate kinase）催化下，形成 1，3-二磷酸甘油酸（1，3-diphosphoglyceric acid，DPGA）。第二步反应是 DPGA 在 3-磷酸甘油醛脱氢酶（3-phosphoglyceraldehyde dehydrogenase）作用下被 NADPH 还原，形成 3-磷酸甘油醛（3-phosphoglyceraldehyde，PGAld），这就是 CO_2 的还原阶段（reduction phase）。

从 PGA 到 PGAld 过程中，光合作用光反应形成的同化力 ATP 和 NADPH 均被利用掉。

ATP 提供能量，NADPH 提供还原力使 PGA 的羧基转变成 PGAld 的醛基。当 CO_2 一旦被还原为 PGAld，光合作用的贮能过程便完成。PGAld 和磷酸二羟丙酮(DHAP)统称为磷酸丙糖(triose phosphate，TP)。三碳糖可进一步转化，在叶绿体基质中合成淀粉，也可转运到细胞质基质中合成蔗糖。

反应 1

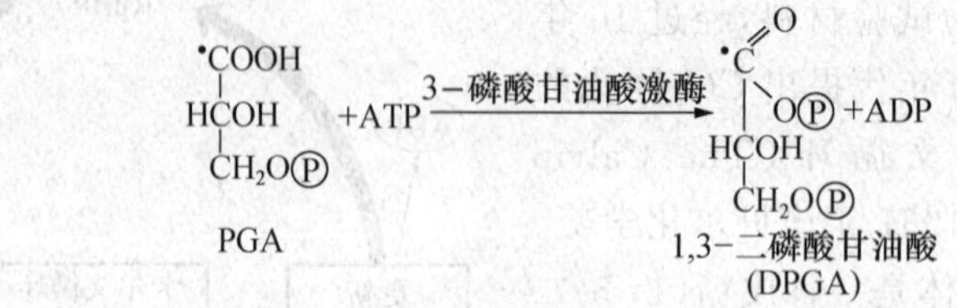

反应 2

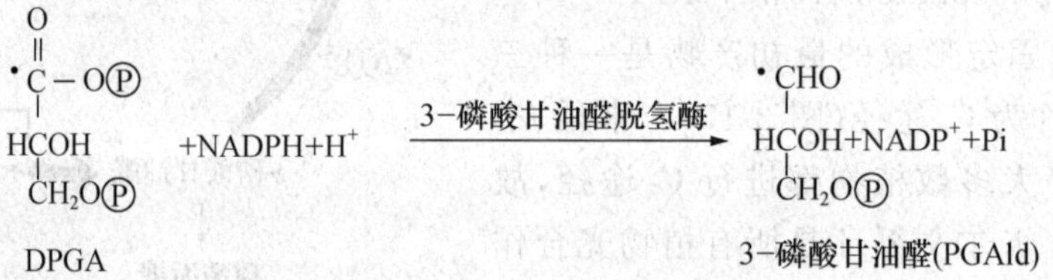

3. 更新阶段

更新阶段(regeneration phase)是由 PGAld 经过一系列的转变，再形成 RuBP 的过程。

这里包括形成磷酸化的 3-、4-、5-、6-、7-碳糖的一系列反应。最后一步由 5-磷酸核酮糖激酶催化，消耗 1 分子 ATP，再形成 RuBP，构成了一个循环(图 3-18)。

C_3 途径的总反应式为：

$$3CO_2+5H_2O+9ATP+6NADPH \rightarrow PGAld+9ADP+8Pi+6NADP^++3H^+ \quad (3\text{-}12)$$

综上所述，C_3 途径以光反应形成的 ATP 和 NADPH 为能源，固定和还原 CO_2。每同化 1 分子 CO_2，要消耗 3 分子 ATP 和 2 分子 NADPH。还原 3 分子 CO_2 可输出一个三碳糖(PGAld)。若按每同化 1 $mol \cdot L^{-1}$ CO_2 贮能 478 kJ，每水解 1 $mol \cdot L^{-1}$ ATP 和氧化 1 $mol \cdot L^{-1}$ NADPH 可分别释放能量 32 kJ 和 217 kJ 计算，通过 C_3 途径同化 CO_2 的能量转换效率为 90%(即 478/(32×3+217×2))，其能量转换效率是非常高的。

4. C_3 途径的调节

(1)自身催化　CO_2 的同化速率在很大程度上取决于 C_3 途径中间产物的数量水平。将暗适应的叶片移至光下，最初阶段光合速率很低，需要经过一个“滞后期”(一般超过 20 min，取决于暗适应时间的长短)才能达到光合速率的“稳态”阶段。其原因之一是暗中叶绿体基质中的光合中间产物(尤其是 RuBP)的含量低。C_3 途径中存在一种自身调节 RuBP 水平的机制，即在 RuBP 含量低时，最初同化 CO_2 形成的磷酸丙糖不输出，用于 RuBP 再生，以加快 CO_2 固定速率；当循环达到“稳态”后，磷酸丙糖才输出。这种调节 RuBP 等中间产物数量，使 CO_2 的同化速率处于某一“稳态”的机制，称为 C_3 途径的自身调节。

(2)光的调节　光反应中，H^+ 从叶绿体基质转移到类囊体腔内，同时交换出 Mg^{2+}。这样基质中的 pH 增加到 8.0，此时 Rubisco 的活性最高，对 CO_2 亲和力也高。CO_2 首先与 Rubisco

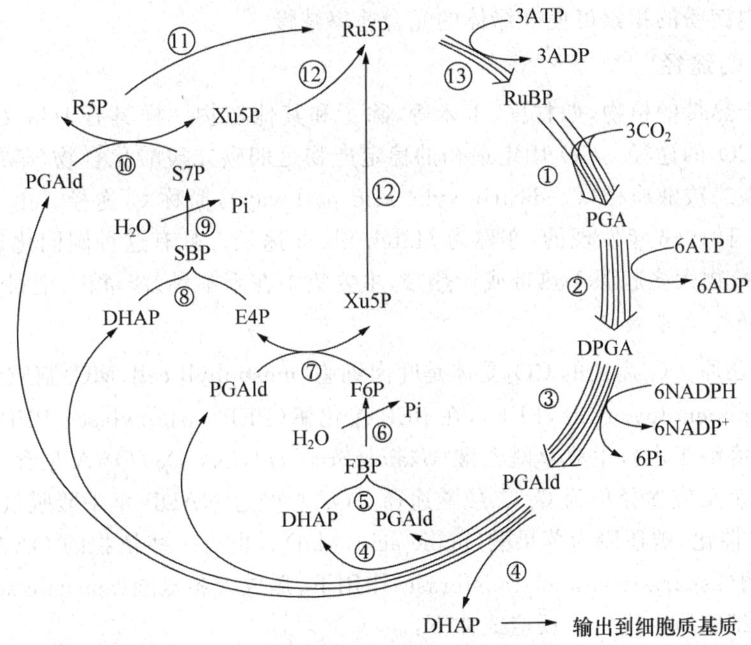

图 3-18　卡尔文循环

（引自 Bowyer 和 Leegood，1997）

每条线代表每摩尔代谢物的转变。①是羧化阶段，②和③是还原阶段。

RuBP，1，5-二磷酸核酮糖；PGA，3-磷酸甘油酸；PGAld，3-磷酸甘油醛；DHAP，磷酸二羟丙酮；FBP，1，6-二磷酸果糖；F6P，6-磷酸果糖；E4P，4-磷酸赤鲜糖；SBP，1，7-二磷酸景天庚酮糖；S7P，7-磷酸景天庚酮糖；R5P，5-磷酸核糖；Xu5P，5-磷酸木酮糖；Ru5P，5-磷酸核酮糖；参与反应的酶：①Rubisco，②3-磷酸甘油酸激酶，③3-磷酸甘油酸脱氢酶，④磷酸丙糖异构酶，⑤和⑧二磷酸果糖醛缩酶，⑥1，6-二磷酸果糖酶，⑦和⑩转酮酶，⑨1，7-二磷酸景天庚酮糖酶，⑪磷酸核糖异构酶，⑫5-磷酸核酮糖差向异构酶，⑬5-磷酸核酮糖激酶

活性部位中的一个酪氨酸残基—NH_2缓慢反应，形成氨基甲酸衍生物，再与 Mg^{2+} 结合，生成 Rubisco-CO_2-Mg^{2+} 复合物，但此复合物仍无活性。后来研究发现，在含有 Rubisco、RuBP 和 CO_2的混合物中加入一种蛋白质，Rubisco 的活性就完全表现出来，这种蛋白质就称为 Rubisco 活化酶(Rubisco activase)，它具有促进 Rubisco 依赖光活化的作用。

除了 Rubisco，受光调节的酶还有下列 4 种：3-磷酸甘油醛脱氢酶、1，6-二磷酸果糖磷酸酶、1，7-二磷酸景天庚酮糖酶、5-磷酸核酮糖激酶。这 4 种酶都含有 1 个或多个二硫键(—S—S—)。光通过铁氧还蛋白-硫氧还蛋白系统(ferredoxin-thioredoxin system，Fd-Td)去控制上述 4 种酶的活性。在暗中，它们的残基呈氧化状态，使酶不活化或亚活化；在光下，—S—S—还原成巯基(—SH)，酶就活化。

(3)光合产物转运　光合作用最初产物磷酸丙糖(TP)从叶绿体运到细胞质基质的数量，受细胞质基质中磷酸(Pi)水平的调节。TP 通过叶绿体膜上的磷酸转运体(phosphate translocator)运出叶绿体，同时将细胞质基质中等量的 Pi 运入叶绿体。当 TP 在细胞质中合成为蔗糖时，就释放出 Pi。如果细胞质的蔗糖外运受阻，或利用减慢，则其合成速度降低，Pi 的释放也随之减少，会使 TP 外运受阻。这样，TP 在叶绿体中积累，从而影响 C_3途径的正常运转。叶绿体基质内 TP 的积累既可反馈抑制 C_3途径的进行，也可促进叶绿体基质内淀粉的合成。

而叶绿体基质内淀粉的积累可使叶绿体的光合速率减慢。

3.2.3.2 C_4途径

有些起源于热带的植物，如甘蔗、玉米等，除了和其他植物一样具有卡尔文循环以外，还存在一条固定CO_2的途径。CO_2固定最初的稳定产物是四碳二羧酸化合物（苹果酸和天冬氨酸），故称为四碳二羧酸途径（C_4-dicarboxylic acid pathway），简称C_4途径。由于这个途径是Hatch和Slack于1966年发现的，亦称为Hatch-Slack途径。具有这种碳同化途径的植物称为C_4植物。C_4植物大多起源于热带或亚热带，主要集中在禾本科、莎草科、菊科、苋科等。

1. C_4途径的反应步骤

(1)羧化与还原　C_4途径的CO_2受体是叶肉细胞（mesophyll cell，MC）胞质中的磷酸烯醇式丙酮酸（phosphoenolpyruvate，PEP），在PEP羧化酶（PEP carboxylase，PEPC）催化下，固定HCO_3^-（CO_2溶解于水），生成草酰乙酸（oxaloacetic acid，OAA）。OAA是含4个碳原子的二羧酸，所以这个反应途径称为C_4-二羧酸途径。OAA经过NADP-苹果酸脱氢酶（malic acid dehydrogenase）催化，被还原为苹果酸（malic acid，Mal）。也有一些植物的OAA与谷氨酸在天冬氨酸转氨酶（aspartate amino transferase）作用下，形成天冬氨酸（aspartic acid，Asp）和酮戊二酸，反应在细胞质中进行。反应式如下：

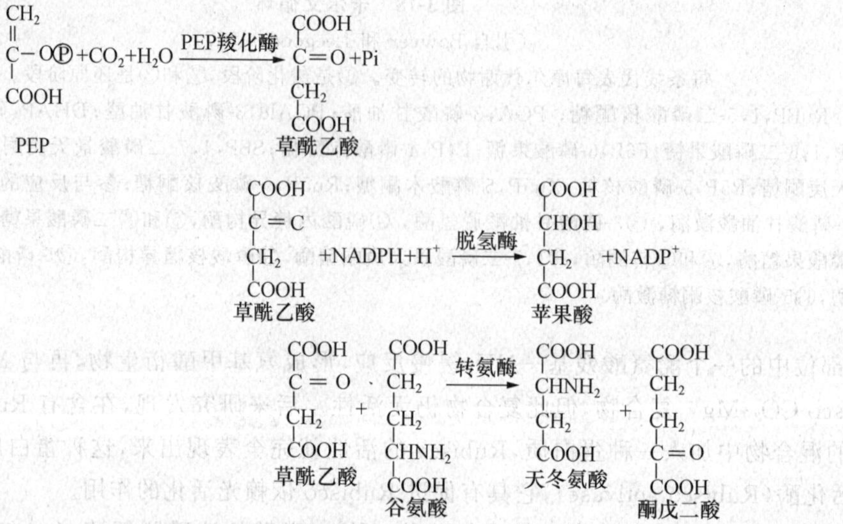

(2)转移与脱羧　上述苹果酸（Mal）或天冬氨酸（Asp）等形成后转运到维管束鞘细胞（bundle sheath cell，BSC）中进行脱羧反应，形成丙酮酸（pyruvic acid，Pyr）或丙氨酸（Ala）等C_3酸，并释放CO_2。

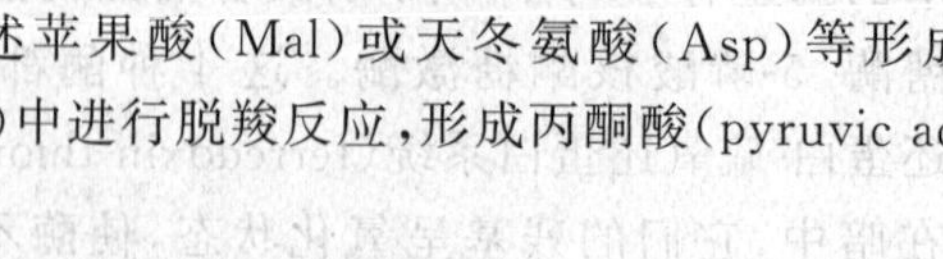

(3)更新　C_4酸脱羧形成Pyr或Ala等三碳酸后，从维管束鞘细胞运回叶肉细胞，在叶绿体中，经磷酸丙酮酸双激酶（pyruvatephosphate dikinase，PPDK）催化和ATP作用，生成PEP，使反应循环进行，而四碳二羧酸在BSC叶绿体中脱羧释放的CO_2，由BSC中的C_3途径

同化(图 3-19)。

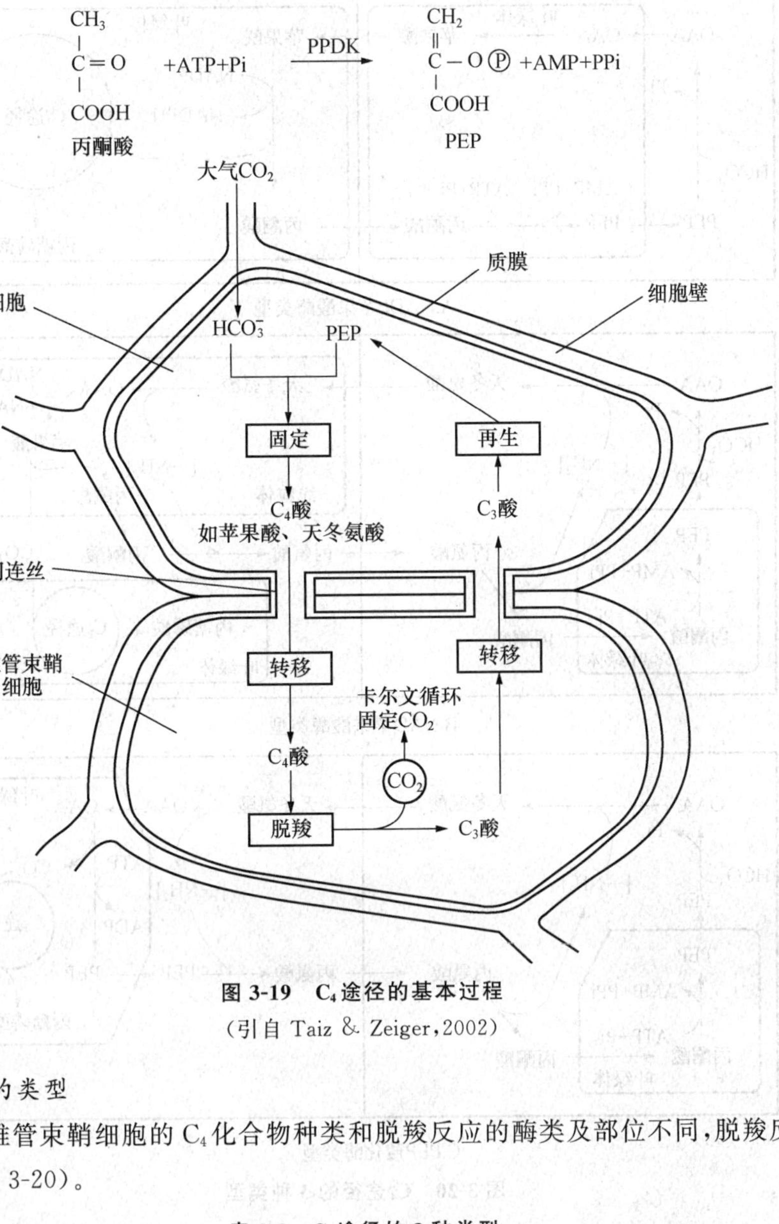

图 3-19　C$_4$途径的基本过程

(引自 Taiz & Zeiger,2002)

2. C$_4$途径的类型

根据运入维管束鞘细胞的 C$_4$化合物种类和脱羧反应的酶类及部位不同,脱羧反应分 3 种类型(表 3-3,图 3-20)。

表 3-3　C$_4$途径的 3 种类型

类型	进入维管束鞘细胞的 C$_4$酸	脱羧部位	脱羧酶	返回叶肉细胞的主要 C$_3$酸	植物种类
NADP-苹果酸酶类型	苹果酸	叶绿体	NADP-苹果酸酶	丙酮酸	玉米、高粱、甘蔗
NAD-苹果酸酶类型	天冬氨酸	线粒体	NAD-苹果酸酶	丙氨酸	马齿苋、狗尾草
PEP羧化酶类型	天冬氨酸	细胞质	PEP-羧化酶	丙氨酸和丙酮酸	羊草、非洲鼠尾粟

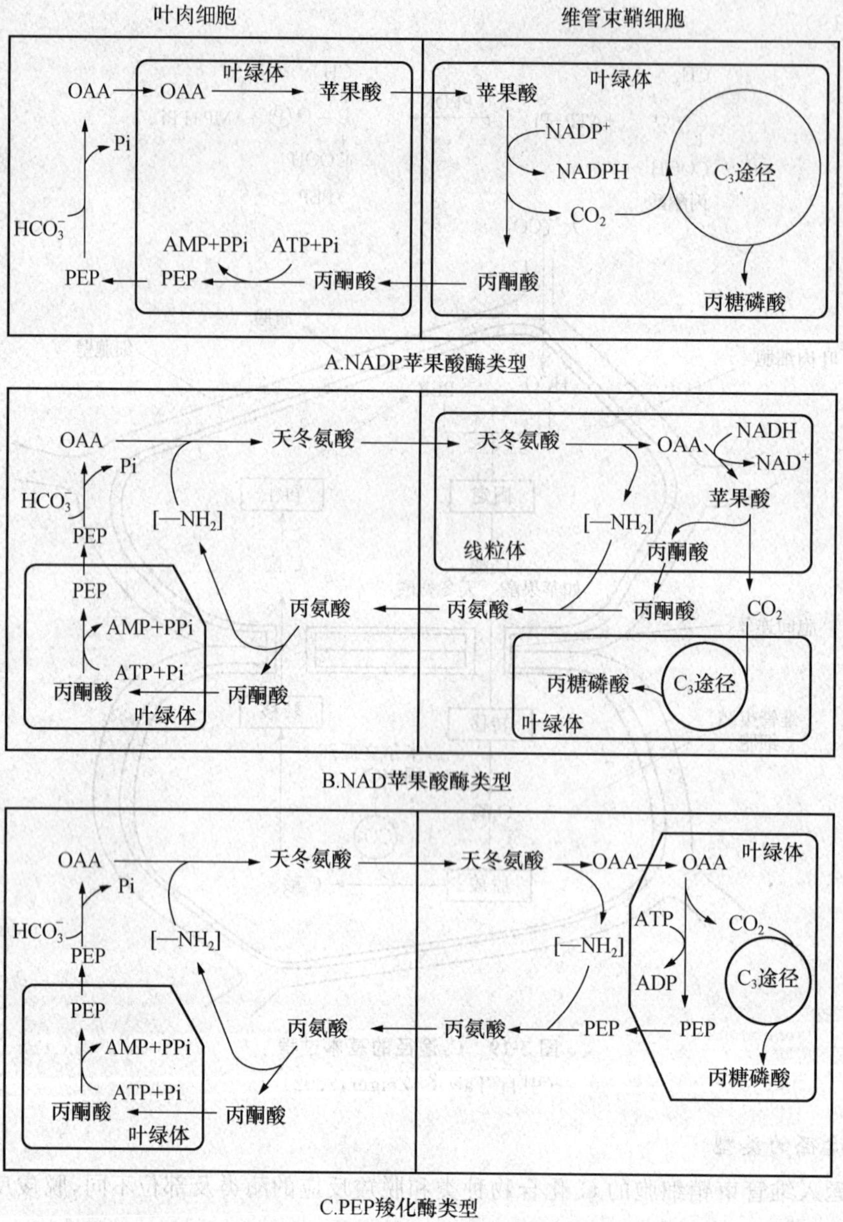

图 3-20 C_4途径的 3 种类型

3. C_4途径的调节

光、效应剂与二价金属离子等调节 C_4途径的酶活性。光可活化 C_4途径中的 NADP-苹果酸脱氢酶和磷酸丙酮酸双激酶(PPDK),其活化程度与光强度成正比,这两种酶在暗中被钝化。效应剂调节 PEP 羧化酶的活性。实验表明,苹果酸和天冬氨酸抑制 PEP 羧化酶的活性,而 6-磷酸葡萄糖(G-6-P)则增加其活性,这些调节作用在低 pH、低[Mg^{2+}]和低[PEP]条件下尤为明显。二价金属离子都是 C_4植物脱羧酶的活化剂。依赖 NADP 的苹果酸酶需要 Mg^{2+} 或 Mn^{2+},依赖 NAD 的苹果酸酶需要 Mn^{2+},PEP 羧化酶需要 Mn^{2+} 和 Mg^{2+}。

3.2.3.3　CAM 途径(景天酸代谢途径)

1. CAM 过程

景天科植物(Crassulaceae)如景天(*Sedum alboroseum*)、落地生根(*Bryophyllum pinnatum*)等的叶子,有特殊的 CO_2 同化方式。夜间气孔开放,吸收 CO_2,在 PEP 羧化酶作用下与 PEP 结合形成 OAA,OAA 在 NADP-苹果酸脱氢酶作用下进一步还原为苹果酸,积累于液泡中。白天气孔关闭,液泡中的苹果酸运至细胞质基质,在 NADP-苹果酸酶作用下,氧化脱羧,释放 CO_2,参与卡尔文循环,形成淀粉等。此外,TP 经过糖酵解过程,形成 PEP,再进一步循环。所以植物体在夜间的有机酸含量高,而糖类含量下降;白天则相反,有机酸下降,而糖分增多。这种有机酸合成日变化的代谢类型最早发现于景天科植物,所以称为景天酸代谢(crassulacean acid metabolism, CAM)途径(图 3-21)。仙人掌、菠萝等植物叶片的有机酸含量,也有同样的变化,所以这些植物通称为景天酸代谢植物(CAM plant)。

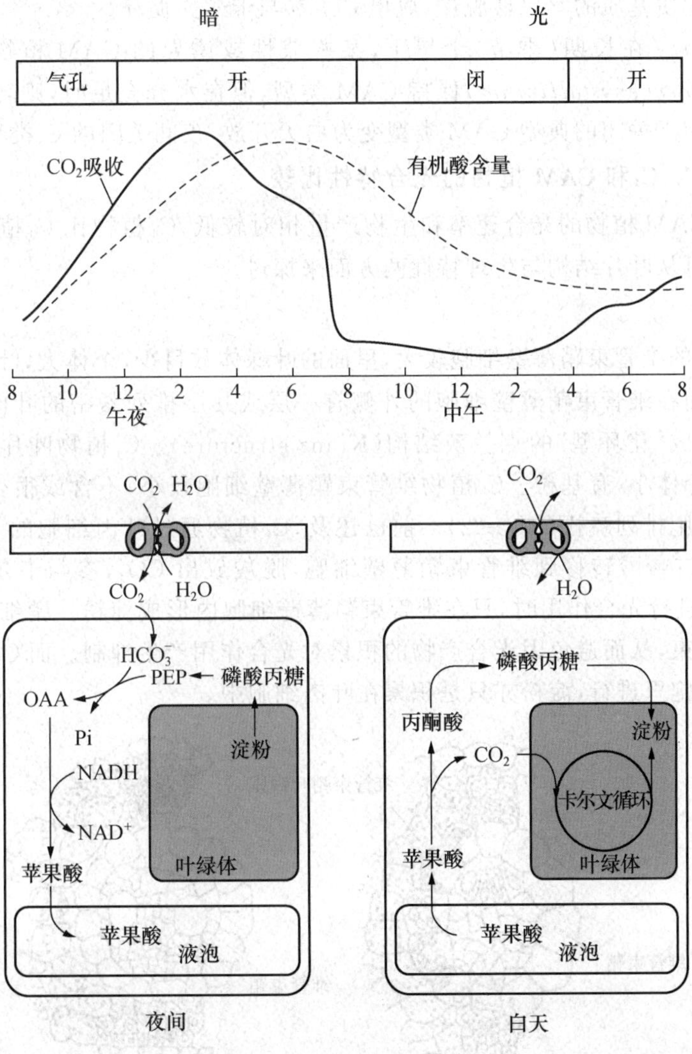

图 3-21　CAM 途径示意图

(引自 Hopkins 等,2004)

夜间吸收并固定 CO_2,白天脱羧,CO_2 被再固定进入 C_3 途径。

目前已知在26科的几百种被子植物及某些蕨类植物中发现有CAM途径，主要集中在景天科、仙人掌科、兰科、凤梨科、大戟科、百合科、石蒜科等科中。因此，CAM植物多为肉质植物，叶片表面有较厚的角质层，具有大的薄壁细胞，内有叶绿体和大液泡，从形态与结构上对高温干旱有很强的适应性。

2. CAM调节

CAM途径的调节有短期调节和长期调节两种。

(1)短期调节　也称昼夜调节，是指气孔夜晚开放，固定CO_2；白天气孔关闭，释放CO_2，这样既减少水分丢失，又能进行光合作用。要完成上述调节，细胞质基质中的PEP羧化酶和脱羧酶在昼夜起着不同作用。例如，PEP羧化酶只在夜晚起作用，而脱羧酶只在白天才有活性。最近证实，CAM植物的PEP羧化酶有夜晚型和白天型两种形式；夜晚型，夜晚羧化作用活化，形成苹果酸，该型对苹果酸不敏感；白天型，受苹果酸抑制，故白天无羧化作用，相反，脱羧酶活化，把细胞质基质的苹果酸脱羧，放出CO_2参与卡尔文循环。

(2)长期调节　在长期(季节)干旱下，某些兼性或诱导的CAM植物，如冰叶日中花(*Mesembrymthemem erystallinium*)保持CAM类型，但在水分充足时，则转为C_3类型，即从气孔夜间开放、白天关闭的典型CAM类型变为白天开放、夜间关闭的C_3类型。

3.2.3.4　C_3、C_4和CAM植物的光合特性比较

一般来说，CAM植物的光合速率和生物产量相对较低，C_4植物比C_3植物具有较强的光合作用，其原因可从叶片结构与生理特性两方面来探讨。

1. 叶片结构

C_4植物叶片的维管束鞘薄壁细胞较大，里面的叶绿体数目少，个体大，叶绿体没有基粒或基粒发育不良；而在维管束鞘薄壁细胞的外侧有一层或几层排列紧密的叶肉细胞，从横切面看，好似花环，组成"花环型"的克兰茨结构(Kranz structure)。C_4植物叶片的叶肉细胞内的叶绿体数目多，个体小，有基粒。C_3植物维管束鞘薄壁细胞较小，不含或很少叶绿体，维管束鞘周围的叶肉细胞排列疏松(图3-22)。前已述及，C_4植物通过叶肉细胞的PEP羧化酶固定CO_2，生成的C_4-二羧酸转移到维管束鞘薄壁细胞，脱羧放出CO_2，参与卡尔文循环，形成糖类，所以C_4植物进行光合作用时，只在维管束鞘薄壁细胞内形成淀粉。鞘细胞中的光合产物可就近运入维管束，从而避免因光合产物的积累对光合作用产生抑制。而C_3植物整个光合过程都是在叶肉细胞里进行，淀粉亦只是积累在叶肉细胞中。

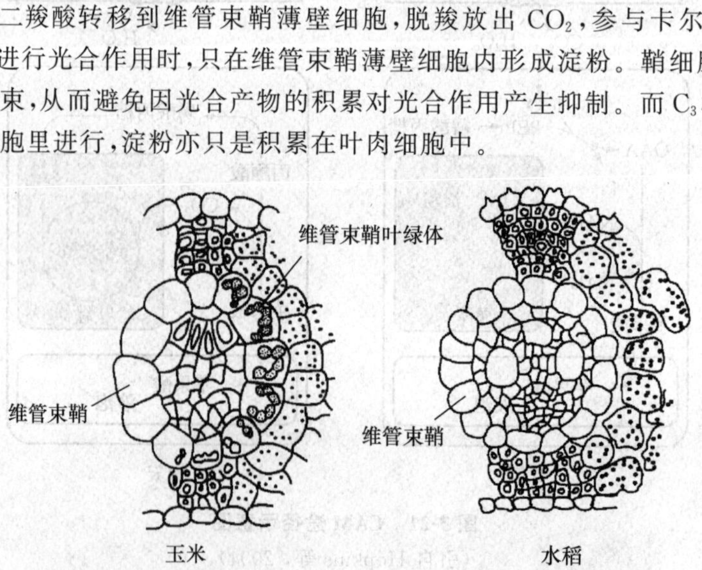

图3-22　C_4植物(玉米)与C_3植物(水稻)叶片解剖结构的差异

2. 生理特性

C_4植物比 C_3 植物具有较高的光合速率，这与 C_4植物的 PEP 羧化酶活性较高而光呼吸很弱有关。

(1)羧化酶种类和位置　①从羧化酶种类和所在位置来看，C_3植物是由叶肉细胞叶绿体的 Rubisco 羧化空气中 CO_2，而 C_4和 CAM 植物则由叶肉细胞的细胞质基质中 PEP 羧化酶羧化；②从 C_3途径固定的 CO_2来源来看，C_3植物直接固定空气中 CO_2，而 C_4和 CAM 植物则利用 C_4-二羧酸脱羧出来的 CO_2；③从 C_3途径的叶绿体所在位置来看，C_3和 CAM 植物都是在叶肉细胞进行，而 C_4植物则在维管束鞘细胞进行；④从同化 CO_2和 C_3途径的时空来看，C_3植物是同时同处进行，C_4植物在空间上分隔进行，即分别在叶肉细胞和维管束鞘细胞进行，CAM 植物是时间上分隔进行，即分别在夜晚和白天进行。

(2)PEP 羧化酶对 CO_2的亲和力强　前面已提及，C_3途径的 CO_2固定是通过 Rubisco 羧化作用来实现的，而 C_4途径的 CO_2固定是通过 PEP 羧化酶催化来完成的。PEP 羧化酶对 CO_2的 K_m值(米氏常数)为 7 $\mu mol \cdot L^{-1}$，而 Rubisco 对 CO_2的 K_m值为 450 $\mu mol \cdot L^{-1}$，即 PEP 羧化酶对 CO_2的亲和力高，因此，C_4植物的光合速率要远大于 C_3植物。

因为 PEP 羧化酶对 CO_2的亲和力高，所以，C_4植物能够利用低浓度的 CO_2，当干旱缺水气孔关闭时，C_4植物就能利用细胞间隙内的少量 CO_2继续生长，C_3植物则无此本领。因此，在干旱环境中，C_4植物生长比 C_3植物好。

C_4植物的 PEP 羧化酶活性较强，对 CO_2的亲和力很大。加之 C_4-二羧酸从叶肉细胞转移到维管束鞘细胞内脱羧释放 CO_2，使维管束鞘细胞内的 CO_2浓度比空气中高出 20 倍左右，相当于一个“CO_2泵”的作用，能有效抑制 Rubisco 的加氧反应，提高 CO_2同化速率。

另外，维管束鞘细胞中的光合产物可就近运入维管束，从而避免了光合产物累积对光合作用可能产生的抑制作用。在强光、高温、干旱和低 CO_2条件下，C_4植物才显示出高的光合效率来。可见 C_4途径是植物碳同化对热带环境的一种适应方式。

现将 C_3植物、C_4植物和 CAM 植物的某些光合特征和生理特征比较总结列于表 3-4。

表 3-4　C_3植物、C_4植物与 CAM 植物的某些光合特征及生理特征比较

特征	C_3植物 (典型温带植物)	C_4植物 (典型热带或亚热带植物)	CAM 植物 (典型干旱地区植物)
生物产量 /($t\ DW \cdot hm^{-2} \cdot$年$^{-1}$)	22±0.3	39±17	通常较低
叶片结构	无“花环型”结构，只有一种叶绿体。	有“花环型”结构，常具两种叶绿体。	无“花环型”结构，只有一种叶绿体。
叶绿素 a/b	2.8± 0.4	3.9± 0.6	2.5～3.0
CO_2固定途径	只有 C_3途径	在不同空间分别进行，C_4途径在叶肉细胞，C_3途径在维管束鞘细胞。	在不同时间分别进行，CAM 途径在夜晚，C_3途径在白天。
CO_2固定酶	Rubisco	PEPC，Rubisco	PEPC，Rubisco
CO_2最初接受体	RuBP	PEP	光下：RuBP；暗中：PEP

续表 3-4

特征	C_3植物（典型温带植物）	C_4植物（典型热带或亚热带植物）	CAM 植物（典型干旱地区植物）
CO_2固定最初产物	PGA	OAA	光下：PGA；暗中：OAA
PEPC 活性 /（$\mu mol \cdot mg^{-1} chl \cdot min^{-1}$）	0.30～0.35	16～18	0.2
光合速率 /（$\mu mol \cdot m^{-2} \cdot s^{-1}$）	15～35	25～50	0.6～2.5
CO_2补偿点 /（$\mu g \cdot L^{-1}$）	30～70	＜10	暗中：＜5
光合最适温度/℃	15～25	30～47	≈35
光呼吸	高，易测出	低，难测出	低，难测出
同化产物分配	慢	快	不等
蒸腾比率 /（$g\ DW \cdot kg^{-1} H_2O$）	450～950	250～350	18～125
气孔张开	白天	白天	晚上
耐旱性	弱	强	极强

3.2.4 光呼吸

光呼吸（photorespiration）是植物的绿色细胞依赖光照，吸收 O_2 和放出 CO_2 的过程，这一过程与光合作用密切关联，由叶绿体、过氧化物酶体和线粒体协同完成，因以 C_2 化合物乙醇酸为底物，故又称为乙醇酸氧化途径（glycollic acid oxidation pathway）或 C_2 循环（C_2 cycle）。一般生活细胞的呼吸在光照和黑暗中都可以进行，对光照没有特殊要求，称为暗呼吸。

3.2.4.1 光呼吸的途径

光呼吸是一个氧化过程，被氧化的底物是乙醇酸。乙醇酸的产生是以 RuBP 为底物，催化这一反应的酶是 Rubisco。Rubisco 是一个双功能酶，既催化 RuBP 的羧化反应，同时又催化 RuBP 的加氧反应。Rubisco 羧化作用和加氧作用的相对速率决定于 CO_2 和 O_2 的相对浓度。当 CO_2 的相对浓度高而 O_2 的相对浓度低时，RuBP 与 CO_2 经此酶催化生成 2 分子的 PGA；反之，光照下（黑暗不行），Rubisco 把 RuBP 氧化成磷酸乙醇酸（phosphoglycollic acid），后者在磷酸酶的作用下，脱去磷酸而产生乙醇酸（glycollic acid），这些过程是在叶绿体内进行的。

乙醇酸形成后转移到过氧化物酶体（peroxisome）。过氧化物酶体是一种细胞器，直径为 0.2～1.5 μm，只有单层膜，位于叶绿体附近。所有高等植物的光合作用细胞中均有过氧化物酶体，C_3 植物叶肉细胞的过氧化物酶体较多，而 C_4 植物的过氧化物酶体大多数在维管束鞘的薄壁细胞内。

在过氧化物酶体内，乙醇酸在乙醇酸氧化酶（glycollic acid oxidase）作用下，被氧化成乙醛酸（glyoxylate）和 H_2O_2。H_2O_2 在过氧化氢酶的作用下分解，放出氧。

乙醛酸经转氨酶（aminotransferase）作用，从谷氨酸得到氨基而形成甘氨酸，甘氨酸的进一步转化在线粒体中进行。2 分子甘氨酸转变成 1 分子丝氨酸，并释放 CO_2。丝氨酸再进入过氧化物酶体，经转氨酶的催化，形成羟基丙酮酸。羟基丙酮酸在甘油酸脱氢酶作用下，还原为甘油酸。甘油酸再回到叶绿体，经过甘油酸激酶的磷酸化，产生 3-磷酸甘油酸(PGA)，进入卡尔文循环，乙醇酸氧化途径到此结束(图 3-23)。

在整个乙醇酸氧化途径中，O_2 的吸收发生于叶绿体和过氧化物酶体，CO_2 的放出发生于线粒体，因此，乙醇酸氧化途径是在叶绿体、过氧化物酶体和线粒体 3 种细胞器的协同参与下完成的。

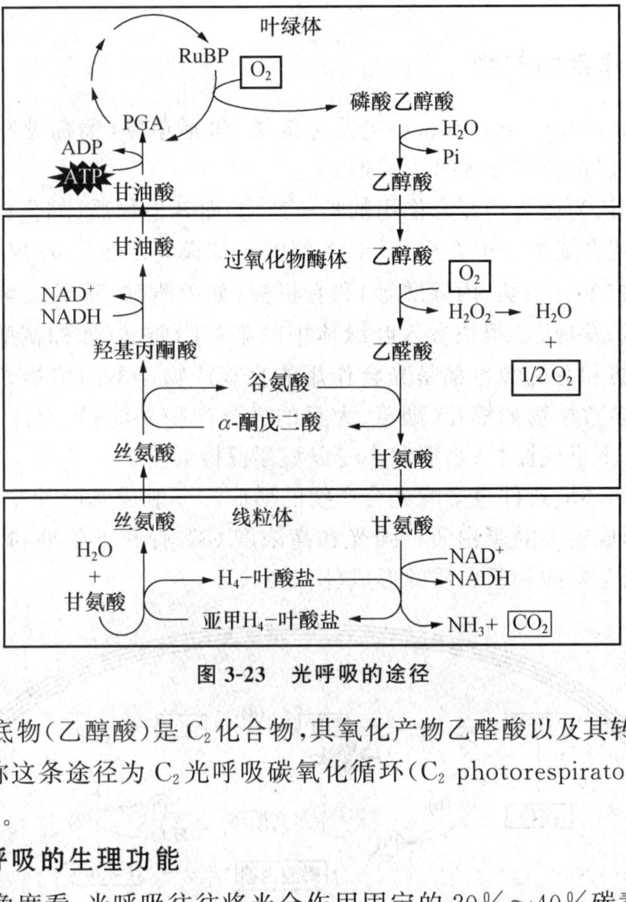

图 3-23　光呼吸的途径

由于光呼吸的底物(乙醇酸)是 C_2 化合物，其氧化产物乙醛酸以及其转氨形成的甘氨酸都是 C_2 化合物，故也称这条途径为 C_2 光呼吸碳氧化循环(C_2 photorespiratory carbon oxidation cycle)，简称 C_2 循环。

3.2.4.2　光呼吸的生理功能

从碳素同化的角度看，光呼吸往往将光合作用固定的 20%～40% 碳素变为 CO_2 放出；从能量的角度看，每释放 1 分子 CO_2 需要消耗 6.8 分子 ATP 和 3 分子 NADPH。显然，光呼吸是一种浪费。但在长期的进化过程中，光呼吸为什么未被消除掉？这可能与 Rubisco 的性质有关。随着绿色植物光合作用的进行，大气中 CO_2/O_2 比值降低，加氧酶活性不可避免地表现出来。25℃下，与空气平衡的水溶液中 CO_2/O_2 比值为 0.041 6，这时羧化作用与加氧作用的比值约为 3∶1。

光呼吸有什么生理功能，现在尚未研究清楚。目前有两种观点：①回收碳素。Rubisco 同时具有羧化和加氧的功能，在有氧条件下，光呼吸虽然损失一些有机碳，但通过 C_2 循环还可收回乙醇酸中 3/4 的碳素(2 分子乙醇酸转化 1 分子 PGA，释放 1 分子 CO_2)，避免损失过多碳素。②防止强光对光合机构的破坏。在强光下，光反应中形成的同化力会超过暗反应的需要，叶绿体中 $NADPH/NADP^+$、ATP/ADP 的比值增高，由光激发的高能电子会传递给 O_2，

形成 O_2^-，O_2^- 对光合机构有伤害作用，而光呼吸可消耗过剩的同化力和高能电子，减少 O_2^- 的形成，从而保护光合机构。另外，在干旱和高辐射期间，气孔关闭，CO_2 不能进入，会导致光抑制。此时光呼吸释放 CO_2，消耗多余能量，对光合器官起保护作用，避免产生光抑制。

水稻、小麦等 C_3 植物的光呼吸显著，通过光呼吸耗损光合作用新形成有机物的 1/4，而高粱、玉米、甘蔗等 C_4 植物的光呼吸消耗很少，只占光合作用新形成有机物的 2%～5%。

3.3　光合产物及其运输

3.3.1　光合作用的产物

光合产物(photosynthetic product)主要是糖类，包括单糖(葡萄糖和果糖)、双糖(蔗糖)和多糖(淀粉)，其中以蔗糖和淀粉最为普遍。

长期以来，一直认为糖类是光合作用的唯一产物，而其他物质(如蛋白质、脂肪和有机酸)是植物利用糖类再度合成的。但在采用 $^{14}CO_2$ 饲喂小球藻，照光后，发现在未形成糖类之前，^{14}C 已进入到氨基酸(如甘氨酸、丙氨酸等)和有机酸(如丙酮酸、苹果酸等)。当以 ^{14}C-醋酸饲喂离体叶片，照光后，发现 ^{14}C 很快参入叶绿体中的某些脂肪酸(如棕榈酸、亚油酸等)中。由此可见，蛋白质、脂肪和有机酸也都是光合作用的直接产物。不同植物光合产物的种类和数量是有差别的。大多数植物如棉花、烟草、大豆的光合产物是淀粉；而洋葱、大蒜等的光合产物是葡萄糖和果糖，不形成淀粉；水稻和小麦以积累蔗糖为主。

植物的生育期和环境条件也影响光合产物的形成。一般成熟叶片主要形成糖类，幼龄叶片除糖类之外，还形成较多的蛋白质。强光和高浓度 CO_2 有利于蔗糖和淀粉的形成，而弱光则有利于谷氨酸、天冬氨酸和蛋白质的形成(图 3-24)。

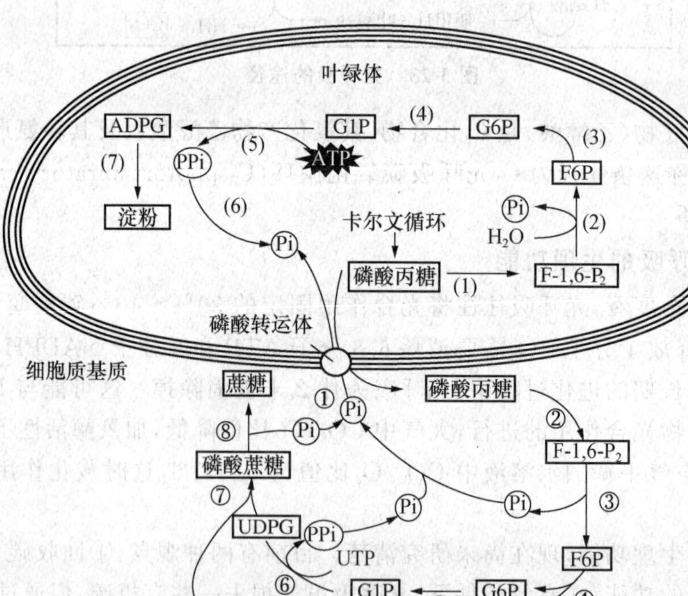

图 3-24　蔗糖与淀粉的合成

(引自 Wolosiuk，2002)

1. 淀粉在叶绿体中合成

淀粉是在叶绿体内合成的。当 C_3 途径合成磷酸丙糖（TP）时，经过各种酶的催化，先后形成 1,6-二磷酸果糖（FBP）、6-磷酸果糖（F6P）、6-磷酸葡萄糖（G6P）、1-磷酸葡萄糖（G1P）、ADP-葡萄糖（ADPG），最后合成淀粉（图 3-24）。

2. 蔗糖在细胞质基质中合成

蔗糖是在细胞质基质中合成的。叶绿体中形成的磷酸丙糖通过叶绿体膜上的磷酸转运体（phosphate translocator）运送到细胞质基质。在各种酶的作用下，磷酸丙糖先后转变为 1，6-二磷酸果糖（FBP）、6-磷酸果糖（F6P）、6-磷酸葡萄糖（G6P）、1-磷酸葡萄糖（G1P）、UDP-葡萄糖（UDPG）、6-磷酸蔗糖（S6P），最后形成蔗糖并释放出 Pi，Pi 通过磷酸转运体进入叶绿体。

3. 淀粉与蔗糖合成的调节

磷酸丙糖是光合作用合成的最初糖类，也是光合产物从叶绿体运输到细胞质的主要形式。它既可以滞留在叶绿体内，在一系列酶作用下合成淀粉；又可以通过位于叶绿体膜上的磷酸转运体进入细胞质基质，再在一系列酶作用下合成蔗糖。合成的蔗糖或临时贮藏于液泡内，或输出光合细胞，运到非光合组织中去。

Pi 和磷酸丙糖控制着蔗糖和淀粉合成途径中的几种酶，其中 ADPG 焦磷酸化酶是调节淀粉生物合成途径的主要酶，其酶活性被 3-磷酸甘油酸活化，被 Pi 抑制。白天，光合作用形成较多的 3-磷酸甘油酸，与 ADPG 焦磷酸化酶结合后，催化形成淀粉。晚上，光合磷酸化停止，积累在叶绿体里的 Pi 浓度升高，抑制淀粉形成。因此，白天或光照下，合成淀粉活跃；夜晚不但抑制淀粉合成，而且白天合成的淀粉水解为麦芽糖和葡萄糖，再度合成为蔗糖，有些蔗糖运到生长着的器官（如幼苗、幼叶、花芽）供生长发育用，有些运到茎、果实、种子等做贮存用。因此，白天在叶绿体中常见许多淀粉，到晚上，淀粉就消失了（图 3-25）。

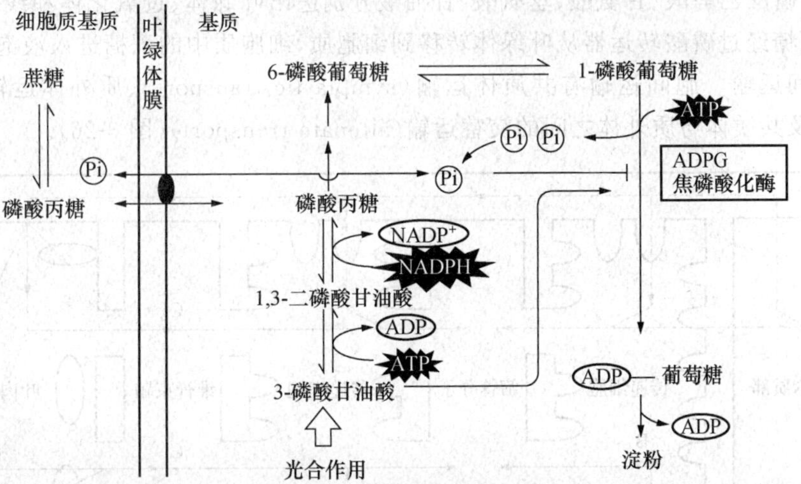

图 3-25　叶绿体淀粉生物合成的调节

（引自 Dennis 等，2002）

叶绿体中的淀粉合成和细胞质基质中的蔗糖合成呈竞争反应。当细胞质基质 Pi 浓度高时，叶绿体的磷酸丙糖与细胞质基质的 Pi 交换，输出到细胞质基质合成蔗糖。相反，细胞质基质中的 Pi 浓度低时,限制磷酸丙糖从叶绿体运出,这就促进淀粉在叶绿体基质中形成。

当光合产物运出叶绿体受阻,叶绿体基质中淀粉积累时,叶片的光合作用会受到显著抑制,其原因是:①反馈抑制。如蔗糖的积累会反馈抑制合成蔗糖的磷酸蔗糖合成酶活性,使 F6P 增加,而 F6P 的积累又反馈抑制果糖-1,6-二磷酸酯酶活性,使细胞质以及叶绿体中磷酸丙糖含量增加,从而影响 CO_2 固定。②淀粉粒的影响。叶肉细胞中蔗糖的积累会促进叶绿体基质中的淀粉合成和淀粉粒形成,过多的淀粉粒一方面压迫和损伤叶绿体;另一方面,由于淀粉粒对光有遮挡,从而阻碍叶绿体对光的吸收。研究表明,夜间,叶绿体中的淀粉被淀粉酶水解,产生的己糖由叶绿体输出到细胞质,可能也是一种重要的调节。

3.3.2 光合产物的运输与分配

叶片是光合产物的主要制造器官,合成的光合产物不断地运至根、茎、芽、果实和种子中去,用于这些器官的生长发育和呼吸消耗,或者作为贮藏物质而积累下来。而贮藏器官中的光合产物也会在一定时期被调运到其他器官,供生长所需要。光合产物的运输与分配,无论对植物的生长发育,还是对农作物产量和品质的形成都是十分重要的。

3.3.2.1 光合产物运输的途径

高等植物光合产物的运输不仅包括器官之间的运输,还包括细胞内和细胞间的运输。按照距离的长短,可分为短距离运输和长距离运输。短距离运输是指胞内与胞间运输,距离只有几个微米,主要靠扩散和原生质的吸收与分泌来完成;长距离运输指器官之间的运输,需要特化的组织,主要是韧皮部。

1. 短距离运输

(1)胞内运输　胞内运输指细胞内、细胞器之间的物质交换。主要方式有物质的扩散作用、原生质环流、细胞器膜内外的物质交换以及囊泡的形成与囊泡内含物的释放等。例如,光呼吸途径中磷酸乙醇酸、甘氨酸、丝氨酸、甘油酸分别进出叶绿体、过氧化体和线粒体,叶绿体中的磷酸丙糖经过磷酸转运器从叶绿体转移到细胞质,细胞质中的蔗糖进入液泡等。

(2)胞间运输　胞间运输有共质体运输(symplastic transport)、质外体运输(apoplastic transport)及共质体与质外体之间的交替运输(altenate transport)(图 3-26)。

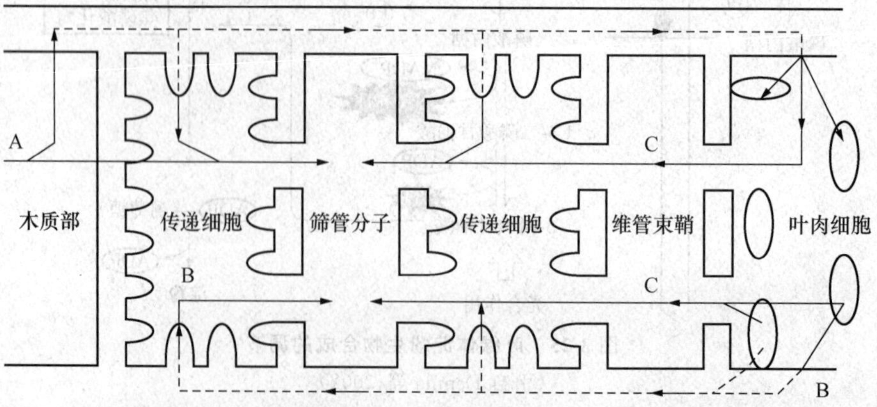

图 3-26　胞间运输途径

(引自张继澍,2006)

①共质体运输　共质体运输途径中，胞间连丝起着重要作用。胞间连丝是细胞间物质与信息交换的通道。无机离子、糖类、氨基酸、蛋白质、内源激素、核酸等均可通过胞间连丝进行转移。

②质外体运输　质外体是一个连续的自由空间，它是一个开放系统。光合产物在质外体中的运输完全是靠自由扩散的被动过程，速度很快。

③交替运输　物质在共质体与质外体间交替进行的运输称共质体-质外体交替运输。交替运输为物质进出质膜的运输。植物组织内物质的运输常不限于某一途径，如共质体内的物质可有选择地穿过质膜而进入质外体运输；质外体内的物质在适当的场所也可通过质膜重新进入共质体运输。物质进出质膜有三种方式：顺浓度梯度的被动转运(passive transport)，包括自由扩散、通过通道或载体的协助扩散；逆浓度梯度的主动转运(active transport)；以小囊泡方式进出质膜的膜动转运(cytosis)，包括内吞(endocytosis)、外排(exocytosis)和出胞等。

在共质体与质外体的交替运输过程中，常需要经过一种特化的细胞，这种细胞称传递细胞(transfer cell)或转移细胞(图 3-27)。传递细胞的特征是：细胞壁与质膜向内生长，形成许多指状皱褶，或呈片层或类似囊泡，扩大了质膜的表面，增加了溶质向外转运的面积。囊泡的运动还可以挤压胞内物质向外分泌到输导系统，即所谓的出胞现象。木质部的薄壁细胞现在也被认为是传递细胞，可能是由于其具有重新吸收木质部中溶质功能的原因。

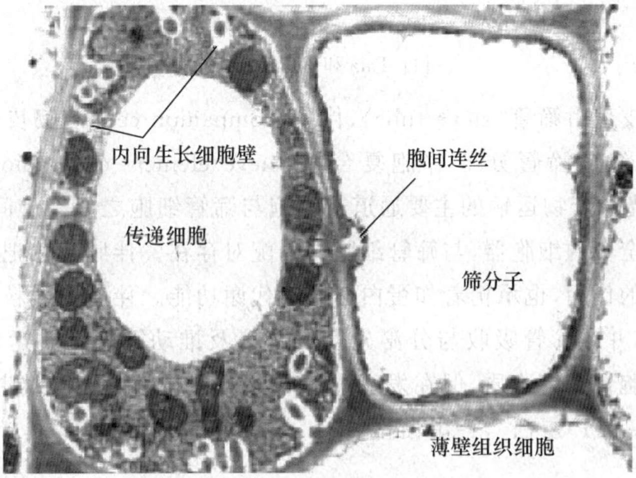

图 3-27　转移细胞细胞壁的内向生长

(引自 Taiz 和 Zeiger，2010)

2. 长距离运输

用环割(girdling experiment)的方法已经证明，光合产物的长距离运输通过韧皮部的筛管。环割处理在实践中有多种应用。如，果树生产中，环割树木枝条(将韧皮部剥去一圈)，经过一段时间，环割上部枝条正常生长，但由于光合产物下运受阻，在切口上端积累许多光合产物，所以形成膨大的愈伤组织或瘤状物(图 3-28)。果树生产中，环割能促进光合产物向花、果实运输，提高产量。此外，进行花木的高空压条繁殖时，可在欲生根的枝条上环割，在环割处附上湿土并用塑料纸包裹，由于此处理能使养分和生长素集中在切口上端，利于发根。另外，用改良半叶法测定双子叶植物的光合速率时也需在测定叶的下方进行环割处理(单子叶植物进行化学环割,即用三氯乙酸等蛋白质沉淀剂涂叶枕下叶鞘以杀死韧皮部细胞),防止叶中光合产物的外运。如果环割较宽,时间久了,根系长期得不到有机营养,就会饥饿而死。"树怕剥皮"就是这个道理。如果环割不宽(0.3～0.5 cm),过一段时间,愈伤组织可以使上下树皮连接起来,恢复物质运输能力。

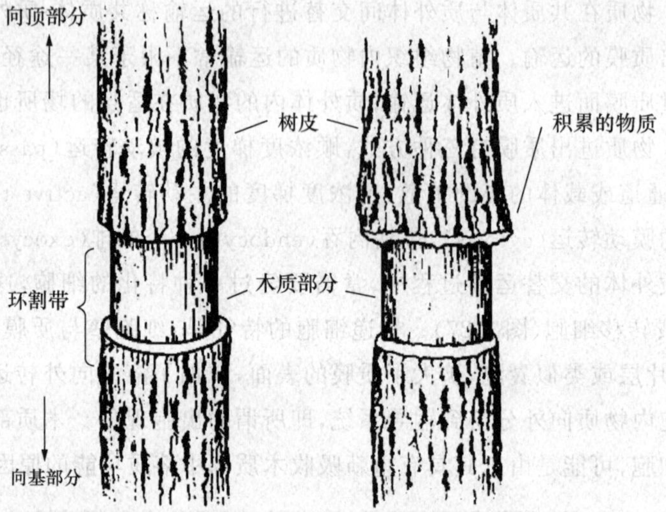

图 3-28　树木的环剥

(引自 Taiz 和 Zeiger,2010)

被子植物的韧皮部由筛管(sieve tube)、伴胞(companion cell)与韧皮薄壁细胞组成。筛管通常与伴胞配对组成筛管分子-伴胞复合体(sieve element-companion cell,SE-CC)(图 3-29),其中筛管是光合产物运输的主要通道。伴胞与筛管细胞之间有胞间连丝连接,伴胞有核,细胞质浓厚,有全套的细胞器,与筛管细胞并列配对存在。伴胞起着把光合产物从光合细胞运输到次级叶脉的作用,也承担着如蛋白合成等代谢功能。伴胞中线粒体承担着为筛管分子提供能量的作用,并在筛管吸收与分泌光合产物以及推动筛管物质运输等方面起重要作用。成熟的筛管细胞含有细胞质,但在发育过程中核及一些细胞器相继退化,出现了韧皮蛋白质(phloem protiein,P-蛋白),P-蛋白呈管状、线状或丝状,能使筛孔扩大,有利于长距离运输。

3.3.2.2　光合产物运输的形式

叶片制造的光合产物有糖类、脂肪、蛋白质和有机酸等。但蔗糖是光合产物运输的主要形式。利用蚜虫吻刺法(图 3-30)和同位素示踪法测知,韧皮部中进行运输的物质包括糖、氨基酸、有机酸、多种矿质元素(K^+较多)等(表 3-5)。蔗糖占筛管汁液干重的 73%以上,是输导系统中的主要有机物质。以蔗糖作为主要运输形式有以下优点:①蔗糖是非还原性糖,分子小、移动性大,有很高的稳定性,其糖苷键水解需要很高的能量。②蔗糖的溶解度很高,在 0℃时,100 mL 水中可溶解蔗糖 179 g,100℃时溶解 487 g。③蔗糖的运输速率很高。少数植物除蔗糖以外,韧皮部汁液还含有棉籽糖、水苏糖、毛蕊花糖等,它们都是蔗糖的衍生物。有些植物含有山梨醇、甘露醇。

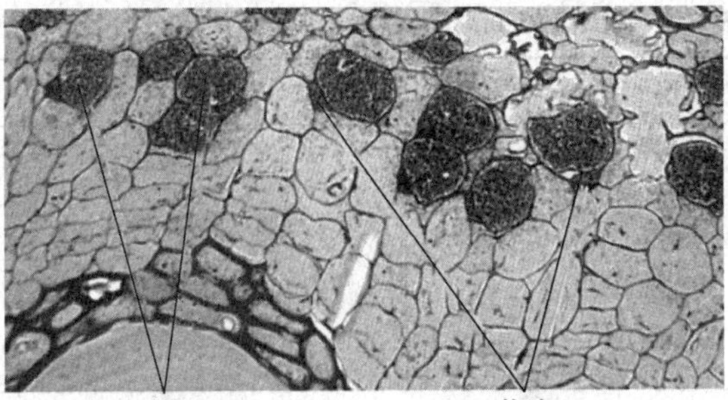

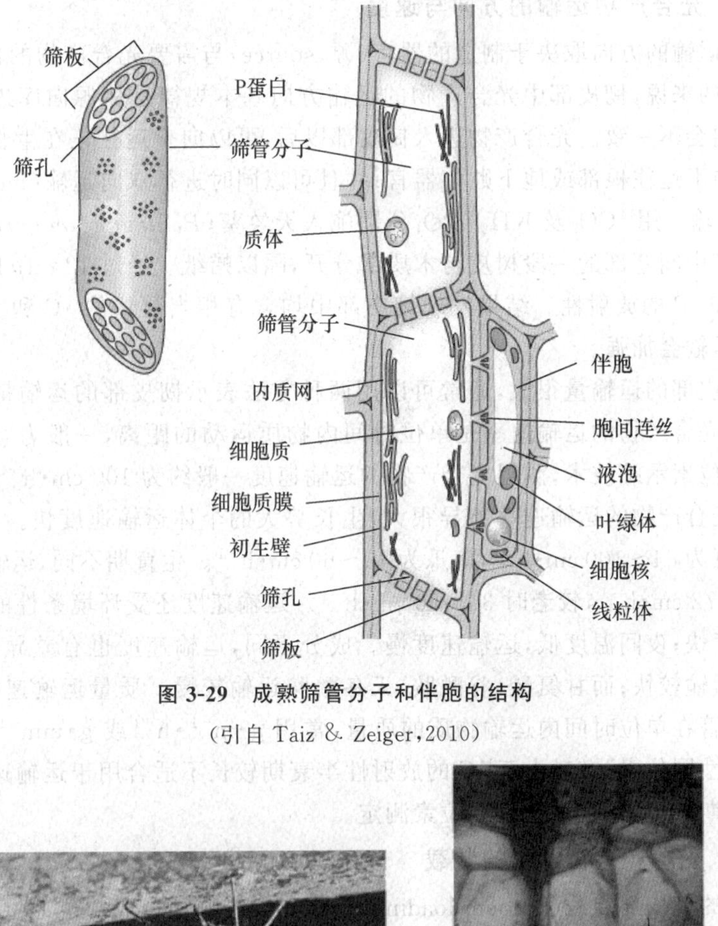

图 3-29　成熟筛管分子和伴胞的结构

(引自 Taiz & Zeiger,2010)

图 3-30　用蚜虫吻针法收集筛管汁液

(引自 Zimmermann & Brown,1971)

A.蚜虫口针刺入韧皮部　B.切断蚜虫口针,收集溢汁液

表 3-5 蓖麻(*Ricinus communis*)筛管汁成分含量 $mg \cdot mL^{-1}$

成分	含量	成分	含量
蔗糖	80.0～106.0	钾	2.3～4.4
氨基酸	5.2	氯化物	0.355～0.675
有机酸	2.0～3.2	磷	0.350～0.550
蛋白质	1.45～2.20	镁	0.109～0.122

3.3.2.3 光合产物运输的方向与速度

光合产物运输的方向取决于制造的器官(源,source)与需要光合产物的器官(库,sink)的相对位置。总的来说,韧皮部中光合产物的运输方向基本规律是从源向库进行,但由于库的部位不同,方向会不一致。光合产物进入韧皮部以后,可以向上运往正在生长的顶端、幼叶或果实;也可以向下运往根部或地下贮存器官;并且可以同时进行双向运输(bidirectional transport)或横向运输。用$^{14}CO_2$及$KH_2{}^{32}PO_4$分别施入天竺葵(*Pelargonium hortorum*)茎两端不同的叶片,并将中间茎部的一段树皮与木质部分开,隔以蜡纸。经过 12～19 h 光合作用后,测定各段的^{14}C和^{32}P的放射性。结果发现韧皮部中均含有相当数量的^{14}C和^{32}P。当纵向运输受阻时,横向运输会加强。

物质在韧皮部的运输量很大,通常可以用两种方法表示韧皮部的运输量:运输速率和质量运输速率。光合产物的运输速率是单位时间内物质运动的距离,一般为 0.3～1.5 $m \cdot h^{-1}$之间。利用同位素示踪技术,测得光合产物的运输速度一般约为 100 $cm \cdot h^{-1}$。不同生长势的植物个体,其光合产物的运输速率差异很大,生长势大的个体运输速度快。不同植物运输速度各异,如大豆为 84～100 $cm \cdot h^{-1}$,南瓜为 40～60 $cm \cdot h^{-1}$。生育期不同,运输速度也不同,如南瓜幼苗时为 72 $cm \cdot h^{-1}$,较老时 30～50 $cm \cdot h^{-1}$。运输速度还受环境条件的影响,如白天温度高,运输速度快;夜间温度低,运输速度慢。成分不同,运输速度也有差异,如丙氨酸、丝氨酸、天冬氨酸运输较快;而甘氨酸、谷酰胺、天冬酰胺运输较慢。质量运输速率是指单位截面积韧皮部或筛管在单位时间内运输物质的质量,常用 $g \cdot m^{-1} \cdot h^{-1}$ 或 $g \cdot mm^{-1} \cdot s^{-1}$ 表示。运输速率可用放射性同位素测定,由于^{14}C的放射性半衰期较长不适合用于运输速率的测定,因此用放射性半衰期较短的^{11}C放射性同位素测定。

3.3.2.4 光合产物在源端的装载

光合产物的韧皮部装载(phloem loading)是指光合产物从合成部位通过共质体和质外体进行胞间运输,最终进入筛管的过程。而光合产物从韧皮部薄壁细胞进入伴胞和筛管的过程则特指为筛管装载(sieve loading)。韧皮部装载过程包括三个阶段:第一个阶段是光合产物从叶绿体运到细胞质。白天,光合产物磷酸丙糖从叶绿体运到细胞质,然后转化为蔗糖;夜晚,叶绿体中的淀粉水解为葡萄糖,随后被运送到细胞质并转化为蔗糖;第二阶段是蔗糖从叶肉细胞运输到叶片小叶脉的筛管分子-伴胞复合体附近。第三个阶段是筛管分子的装载,也就是蔗糖进入筛管分子-伴胞复合体的过程。源端光合产物的装载对植物叶片的光合作用具有极为重要的影响。

1. 装载途径

光合产物的韧皮部装载可以通过质外体途径,也可以通过共质体途径。光合产物从韧皮部周围的叶肉细胞装载到韧皮部 SE-CC 可以通过胞间连丝进入伴胞，最后进入筛管，即共质体途径，这称为共质体装载(symplastic phloem loading)；另外，光合产物也可以由叶肉细胞，先进入质外体，然后逆浓度梯度进入伴胞，最后进入筛管分子，即"共质体-质外体-共质体"途径(图 3-31)，称为质外体装载(apoplasmic phloem loading)。跨膜质子梯度是由 ATPase 水解 ATP 移动 H^+ 所形成的。

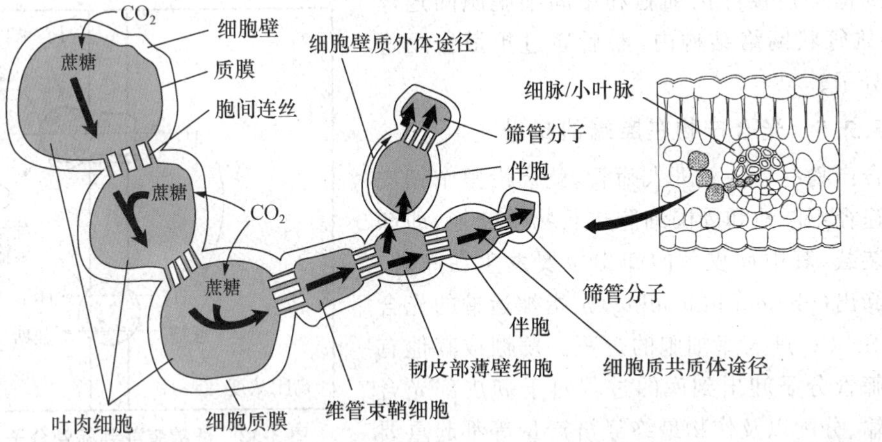

图 3-31　光合产物叶中韧皮部的装载途径

(引自 Taiz & Zeiger，2010)

2. 装载机理

光合产物在源端的装载被证明是一个主动的分泌过程，受载体调节。其依据是：①对被装载物质有选择性；②需要能量(ATP)供应；③具有饱和效应。

质外体装载过程可分为三个阶段：

(1)光合产物从光合细胞向质外体释放。大部分光合细胞形成的光合产物首先通过胞间连丝通道，进入邻近 SE-CC 的光合细胞(特化细胞)，然后这些细胞将光合产物释放到质外体。

(2)光合产物在质外体中的状态。以蔗糖分子进入 SE-CC。

(3)光合产物进入 SE-CC。装载过程是通过 SE-CC 的伴胞来完成的。

伴胞质膜上的蔗糖质子载体(sucrose-H^+ symporter)将蔗糖转运到伴胞。糖与质子协同运输，因而有人提出糖-质子协同运输模型。该模型认为，在筛管分子或伴胞的质膜中，H^+-ATPCase 不断将 H^+ 泵到细胞壁(质外体)，质外体中 H^+ 浓度较共质体高，于是形成了跨膜的电化学势差。当 H^+ 趋于平衡而回流到共质体时，通过质膜上的蔗糖/H^+ 共向运输器，H^+ 和蔗糖一同进入筛管分子(图 3-32)。

目前，许多实验证据说明了在韧皮部的装载中存在经过质外体的途径。如利用 ^{14}C 同位素方法证明，当用 $^{14}CO_2$ 饲喂甜菜叶片后，放射性很快出现在质外体中，可见质外体的蔗糖来自光合细胞。又如当甜菜、菜豆等许多植物中都观察到，当对作为库的叶片施加外源糖时，糖会汇聚到小叶脉中的筛管分子-伴胞复合体中。

共质体装载有两个假说：一是多聚化陷阱机理(polymerization trap mechanism)。叶肉细胞内形成的蔗糖和肌醇半露糖苷顺着浓度梯度进入中间细胞，在其中合成棉籽糖、水苏糖和毛蕊花糖，由于这些寡聚糖分子直径超过了连接叶肉细胞和中间细胞间胞间连丝的横断面直

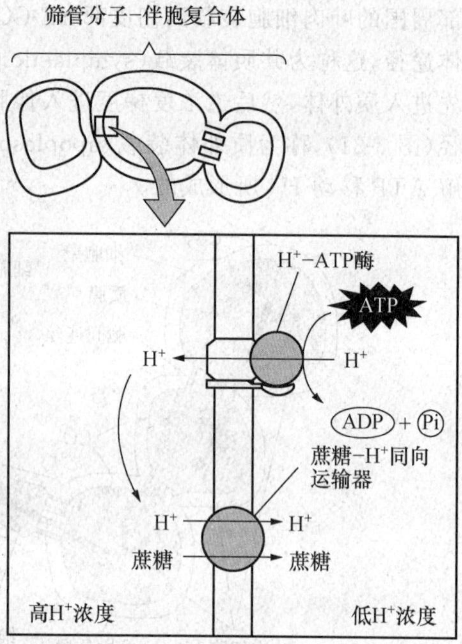

图 3-32 蔗糖装载到筛管分子-伴胞复合体的协同运输

(引自潘瑞炽,1995)

径,从而阻止了糖向叶肉细胞倒流,而中间细胞与筛管分子之间有分枝胞间连丝,足以让这些糖分子通过而进入筛管。二是内质网络运输机理(endoplasmic network transport mechanism)。该假说认为,寡聚糖主要是在叶肉细胞内形成的,并在那里被初装到横穿连接叶肉细胞和中间细胞胞间连丝的液泡-维管状网络结构内,然后通过扩散作用进入筛管分子。

3.3.2.5 光合产物在库端的卸出

光合产物一旦装载进入筛管,就会沿整个韧皮部运输途径不断地和周围细胞进行物质交换,即卸出和再装载,其中韧皮部的卸出主要发生在库端。韧皮部卸出(phloem unloading)是指被运输的光合产物从 SE-CC 进入库细胞的过程。蔗糖或其他有机物从筛管分子卸出到库的过程对于韧皮部光合产物运输、分配以及作物最终经济产量等都起重要的调节作用。

1. 卸出途径

光合产物从韧皮部筛管卸出到"库"细胞可以通过质外体途径,如卸出到贮藏器官或生殖器官,大多是这种情况。库组织中接收被运输糖的细胞叫接收细胞(receiving cell)。玉米中蔗糖在进入胚乳之前,先从筛管卸出到自由空间,并被束缚在细胞壁的蔗糖酶水解为葡萄糖或果糖,而后扩散到胚乳细胞再合成蔗糖。因为这些植物组织的 SE-CC 与库细胞间通常不存在胞间连丝,所以 SE-CC 中的蔗糖只能通过扩散作用或通过膜上的载体先进入质外体空间,然后直接进入库细胞,或降解成单糖后再被吸收进入库细胞。在甜菜根和大豆种子中,蔗糖通过质外体时并不水解,而是直接进入贮藏空间。

光合产物卸出还可以通过共质体途径。一般说来,正在生长发育的叶片和根系,光合产物是通过共质体途径运出的,即蔗糖经过胞间连丝沿蔗糖浓度梯度从 SE-CC 释放入库细胞的代谢部位。通过胞间连丝到达接受细胞,在细胞溶质或液泡中进行代谢(图 3-33)。

2. 卸出机理

对光合产物从韧皮部筛管卸出的机理,目前有两种观点:一是通过质外体途径的蔗糖同质子协同运转,机理与装载一样,是一个主动过程。二是通过共质体途径的蔗糖,借助筛管分子与库细胞的糖浓度差通过胞间连丝将光合产物卸出,通过扩散作用和集流方式,是一个被动过程。

3.3.2.6 光合产物在韧皮部运输的机理

目前有两类有关韧皮部运输机制的假说。一是主动运输机制,认为光合产物在源端的装载和库端的卸出,以及溶质在筛管中的运输过程都是需要能量的。二是被动运输机制,认为虽然光合产物在源端装载和库端卸出都需要能量,但筛管运输本身是不需要能量的,这个过程所消耗的能量用于维持运输细胞功能的完整性,或将渗漏重新返回细胞。

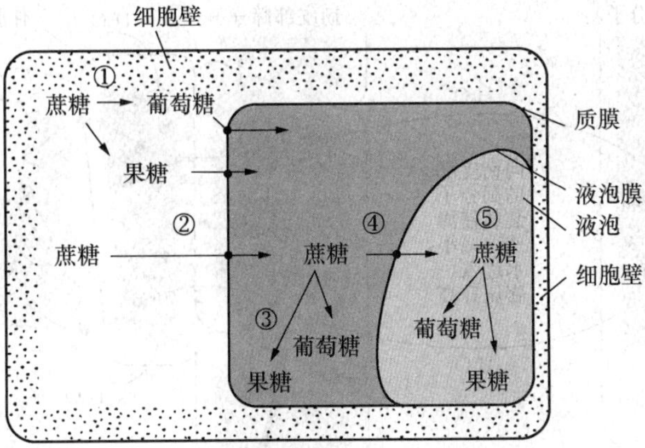

图 3-33　蔗糖卸出到质外体的可能途径

(引自 Taiz & Zeiger,2010)

①蔗糖进入质外体被细胞壁转化酶分解成葡萄糖和果糖;②蔗糖可以被直接利用;③蔗糖一旦进入质外体即被细胞质转化酶分解成葡萄糖和果糖;④蔗糖可以直接进入液泡;⑤蔗糖一旦进入质外体即被液泡转化酶分解成葡萄糖和果糖或者直接利用。

1. 压力流动学说

压力流动学说(pressure flow model)是恩斯特•明希(Ernst. Münch)在 1930 年首次提出的,即,源库两端由物质渗透而产生的压力梯度差是驱动韧皮部中光合产物运输的主要动力($\Delta\Psi_p$)。回顾水分代谢一章,我们知道 $\Psi_w = \Psi_s + \Psi_p$,即 $\Psi_p = \Psi_w - \Psi_s$。压力流动学说认为:光合产物在 SE-CC 内随着液流的流动而移动,液流的流动是由于源库两端之间 SE-CC 复合体内渗透作用所产生的压力势差而引起的。源端(叶片),光合产物被不断地装载到 SE-CC 中,浓度增加,水势降低,从邻近的木质部吸水膨胀,压力势升高,推动物质向库端流动;库端,光合产物不断地从 SE-CC 卸出到库中去,浓度降低,水势升高,水分则流向邻近的木质部,从而引起库端的压力势下降;源库两端产生压力势差,推动物质由源到库源源不断地流动(图 3-34)。

值得注意的是,韧皮部集流的运动是逆水势梯度进行的。水在筛管中的运动是集流而非渗透(筛管分子间无细胞膜),因此,渗透势在此不是液流运动的动力,而是压力差。同化物随水的集流在筛管中被运输。

目前,压力流动学说已经得到了证实。物质不可能在一个筛管分子中进行双向运输,同一管道中任何时候物质流的运输总是朝向一个方向进行,但韧皮部中的溶液能在韧皮部中的不同维管束、或不同筛管分子中进行双向运输。在物质的运输过程中尽管需要一定的能量,去维持筛管的结果和重载丢失到质外体的物质,但大量的能量消耗是不必要的。利用低温、缺氧、代谢抑制剂等试验处理限制 ATP 的产生发现并没有停止物质的运输。可见,压力流动假说的动力主要取决于源库两端的正压力势梯度差。

2. 细胞质泵动学说

早在 1885 年,戴维利斯(H. Devries)提出原生质环流(cyclosis)可能是光合产物运输的动力。1960 年,英国塞恩(R. Thaine)等的试验支持细胞质泵动学说(cytoplasmic pumping theory)。该学说的基本要点是:筛管分子内腔的细胞质呈几条长丝,形成胞纵连束,纵跨筛管

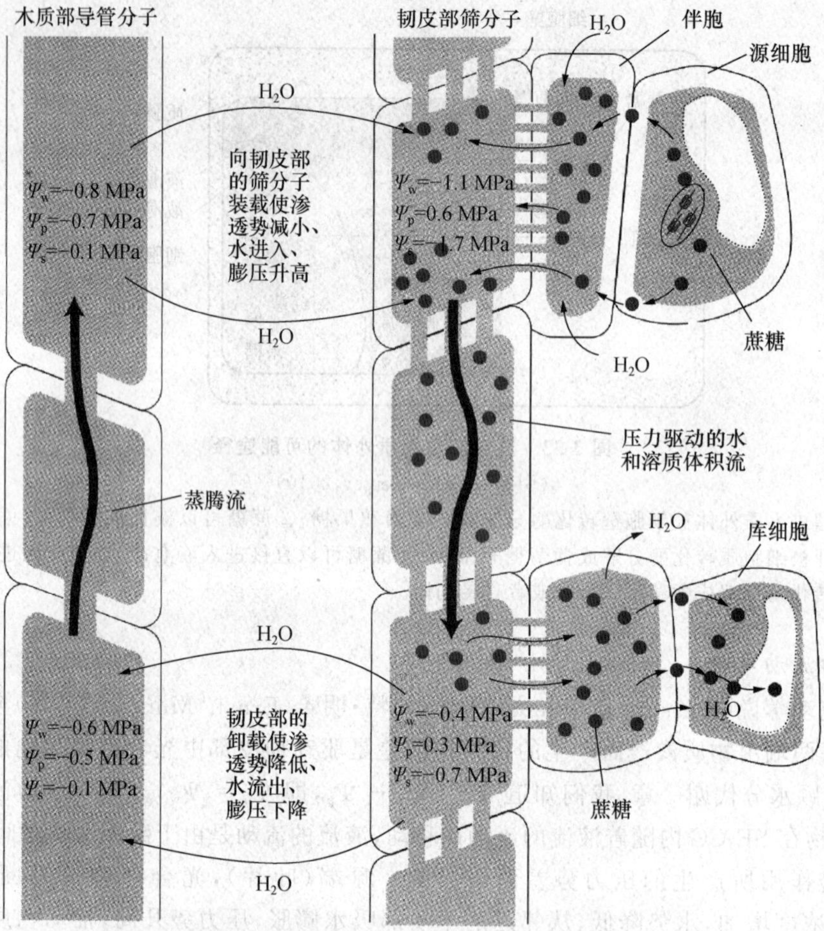

图 3-34 韧皮部同化产物运输的压力流动学说

(引自 Taiz & Zeiger,2006)

源端,糖被主动地装载进入筛管分子-伴胞复合体,水分渗透进入韧皮部细胞,建立高的膨压。

库端,当糖被卸出时,水分离开韧皮部细胞,以及产生较低的压力。

水和溶解于水的溶质通过集流从高压力区域(源)传递到低压力区域(库)。

分子,束内呈环状的蛋白质丝反复地、有节奏地收缩和张弛,产生蠕动,把细胞质长距离泵走,糖溶液随之流动,光合产物从一个筛管分子运到另一个筛管分子。

3.收缩蛋白学说

20 世纪 60 年代,我国著名学者阎隆飞证明,在烟草和南瓜的维管束中有一种能够收缩的蛋白,称韧皮蛋白(P-蛋白),类似于肌球蛋白。收缩蛋白学说(contractile protein theory)的基本要点是:第一,筛管内的 P-蛋白是空心的管状物,成束贯穿于筛孔,P-蛋白的收缩可以推动集流运动。筛孔周围胼胝质的产生与消失对这种蠕动进行生理调节。第二,空心管壁上有大量的由 P-蛋白组成的微纤丝(毛),一端固定,一端游离于筛管细胞质内,似鞭毛一样的颤动,驱动空心管内的物质脉冲状流动。P-蛋白的收缩需要消耗代谢能量,它的作用是将化学能转变为机械能,作为代谢动力推动液流流动。

3.3.2.7　光合产物的分配

植物体内光合产物分配的总规律是由源到库，即由某一源制造的光合产物主要流向与其组成源-库单位中的库。

1. 光合产物的源和库

早期源和库的概念是指制造光合产物和接纳光合产物的组织与器官，后来人们有所发展，将此用于作物产量形成的分析。

(1)代谢源(metabolic source)　指能够制造并输出光合产物的组织、器官或部位。如绿色植物的功能叶，种子萌发期间的胚乳或子叶，春季萌发时二年生或多年生植物的块根、块茎、种子等。

(2)代谢库(metabolic sink)　指消耗或贮藏光合产物的组织、器官或部位。如植物的幼叶、根、茎、花、果实、发育的种子等。

植物在不同发育阶段，作为源和库的器官则可能不同。例如，种子萌发的阶段，种子的胚乳或子叶是供应同化物的源，而胚芽和胚根则是消耗同化物的库。植物营养阶段，成熟叶片是生产供应同化物的源，而根、分生组织等则为库。即使是同一株植物，源与库也是相对的，在某一生育期，某些器官以制造输出光合产物为主，另一些则以接纳为主。前者为代谢源，后者为代谢库。随着生育期的改变，源和库的地位有时会发生变化。如一片叶片，当幼叶不到全展叶的 30%时，只有光合产物的输入，为代谢库；长到全展叶的 30%～50%时，光合产物既有输出又有输入；随着叶片继续长大，则只有输出，转变为代谢源。

(3)源-库单位(source-sink unit)　虽然同化物的基本运输方向是从源到库，但在植物体内通常有多个源和库器官，同化物在源库间运输时存在时间和空间的分工和调节。相应的源与相应的库，以及二者之间的输导系统就构成一个源-库单位。源制造的光合产物主要供应源-库单位内相应的库，它们之间在营养上相互依赖，也相互制约。如小麦抽穗后顶部三片叶的光合产物优先供应籽粒，下部叶片的光合产物主要供应根系。玉米由于源库相对位置的不同，出现了根叶组、茎叶组和穗叶组等的源-库单位。随着生育期的改变，源与库之间的相对位置也会发生相应的变化，构成新的源-库单位。

2. 光合产物分配的特点

光合产物的分配主要有以下几个特点：

(1)优先供应生长中心。所谓生长中心是指生长快、代谢旺盛的部位或器官。作物的不同生育期各有明显的生长中心，这些生长中心既是矿质元素输入的中心，也是光合产物的分配中心。如水稻、小麦分蘖期的蘖节、根和新叶，抽穗期的穗子，都是当时的生长中心。植物在不同生育期有不同的生长中心。

(2)就近供应，同侧运输。叶片制造的光合产物首先分配给距离近的生长中心，且向同侧分配较多(图 3-35)。一个库的光合产物来源主要靠其附近的源叶来供应，随着源库间距离的加大，相互间供求程度就逐渐减弱。一般说来，上位叶光合产物较多地供应籽实、生长点；下位叶光合产物则较多地供应给根。

大豆开花结荚时，叶片光合产物主要供应本节位的花荚，很少运到相邻的节位。只有该节位的花荚去掉或本节位花荚养料有节余时，才运向别的花荚。

果树上，果实获得的光合产物也主要来源于果枝附近的叶片，这样运输的距离最近，且叶片光合产物主要供应同侧邻近果实，很少横向运输到对侧，这可能与维管束走向有关。利用同位素示踪技术对甜菜进行的实验也得到了类似的结果。

(3)优先在有维管束相连接的源库间运输。维管束走向和结构对同化物运输的方向有重要影响，叶片同化物通常优先运输到与其有维管束直接连接的库。

(4)维管束的并接。当植物维管束因植物体受到伤害或修剪被切断时，韧皮部运输也会发生改变。如果源库间直接的维管束被切断，维管束间就会发生并接、使源库间的运输继续进行。

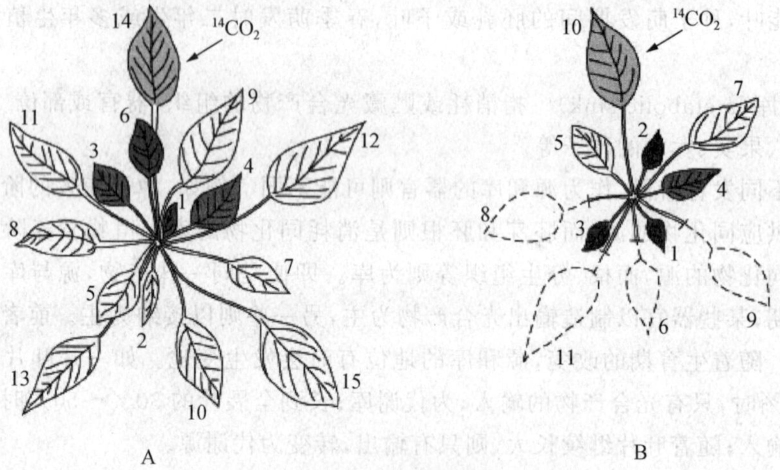

图 3-35　光合产物在韧皮部中的运输

(引自 Taiz & Zeiger,2010)

叶片从顶端向下数，数字越大表示叶龄越大。明暗度示放射性强度。

A. 在甜菜植株第 14 叶饲喂$^{14}CO_2$，4 h 后示^{14}C在叶中的分布；B. 除去一侧成熟叶片，仅保留未成熟幼叶，然后将$^{14}CO_2$饲喂第 10 叶，结果在两侧所有叶均有^{14}C分布。

3.3.2.8　光合产物的再分配与再利用

同化物的再分配与再利用是高等植物长期进化中所形成的协调器官生长的优良习性。植物同化物在一定发育时间常发生同化物的再分配和再利用。如当叶片衰老时，大部分的糖和 N、P、K 等都要撤离，重新分配到就近的新生器官，营养器官的内含物向生殖器官转移，以避免浪费。植物体除了已构成细胞壁的物质外，其他成分无论是有机物还是无机物都可以被再分配再利用，即转移到其他组织或器官去。如小麦叶片衰老时，叶内 85% 的 N，90% 的 P 都要转移到穗部。对于生长中心需要的物质来说，一是直接来源于根吸收的矿质营养和叶片制造的光合产物以及自身的光合产物，二是来源于某些大分子分解成的小分子物质或无机离子，即再分配再利用的部分。

同化物再分配的途径除了走原有的输导系统、质外体与共质体外，细胞内含物如核等可以解体后再撤离，也可不经解体直接穿壁转移，直至全部细胞撤离一空。如葱蒜细胞在衰亡过程中，原生质体不用分解成小分子就可穿壁转移。

光合产物再分配这一特点可以在生产上加以利用。例如，我国北方农民为了避免秋季早霜危害或提前倒茬，在预计严重霜冻来临之前，将玉米连根带穗提前收获，竖立成垛，茎叶中的光合产物仍能继续向籽粒中转移，称为“蹲棵”，这样可以增产 5%～10%。

再如，某些植物未授粉时，花朵鲜艳且开放时间较长，一旦授粉或受精，花瓣中的原生质体迅速解体，光合产物转移到合子，导致花瓣褪色脱落，而子房迅速膨大。通过这种光合产物的再分配再利用，可以使籽粒饱满，块根、块茎充实，营养充足，提高产量和品质。

3.3.2.9 光合产物的分配与产量形成的关系

光合产物分配到哪里，分配多少，受源的供应能力、库的竞争能力和输导系统的运输能力三个因素所影响。

供应能力是指源的光合产物能否输出以及输出多少的能力。当源光合产物较少，本身生长又需要时，基本不输出；只有形成的光合产物超过自身需要时，才能输出。且生产越多，外运潜力越大。源似乎有一种“推力”，把叶片制造的光合产物多余部分向外“推出”。源强(source strength)指源器官光合产物形成和输出的能力，光合速率是度量源强最直观的一个指标。

竞争能力是指库对光合产物的吸引、竞争和转化的能力。生长速度快、代谢旺盛的部位，对养分竞争的能力强，得到的光合产物则多。库对光合产物有一种“拉力”，代谢强，拉力就大。库强(sink strength)指库器官接纳和转化光合产物的能力。表观库强(apparent sink strength)可用库器官干物质净积累速率表示。

运输能力与源、库之间输导系统的联系、畅通程度和距离远近有关。源、库之间联系直接、畅通，且距离又近，则库得到的光合产物就多。

光合产物的运输与分配常与经济系数相联系。经济系数(economic coefficient)是指作物经济产量(economic yield)与生物产量(biological yield)的比值。经济系数的大小决定于光合产物向经济器官运输与分配的数量。凡是有利于光合产物向经济器官分配的因素，均能增大经济系数，提高经济产量。

构成作物经济产量的物质有三个方面的来源：一是当时功能叶制造的光合产物输入的；二是某些经济器官(如穗)自身合成的；三是其他器官贮存物质的再利用。其中功能叶制造的光合产物是经济产量的主要来源。

根据源库关系，从作物品种特性角度分析，影响作物产量形成的因素有 3 种类型：

(1)源限制型　其特点是源小而库大，源的供应能力是限制作物产量提高的主要因素。源的供应能力满足不了库的需要，结实率低，空壳率高。

(2)库限制型　其特点是库小源大，库的接纳能力小是限制产量提高的主要因素。源的供应能力超过库的要求，结实率高且饱满，但由于粒数少或库容小，所以产量不高。

(3)源库互作型　其特点是产量由源库协同调节，可塑性大。只要栽培措施得当，容易获得较高的产量。

人们在长期的生产实践中，依据同化物分配规律和原理，总结提炼了多种促进作物产量增加的有效措施。如通过改善株型结构等措施选育经济系数高的品种，即使生物产量不提高的情况，也能增加作物的经济产量。有经验的果农在苹果等果实开花期对枝条进行环剥或破坏主干上的一些树皮，目的是截断有机物向下运输的通道，使光合产物向生殖器官积累，有利于坐果，增加果树的产量。北方农民晚秋为了早日腾茬种麦，常在早霜来临之前将玉米连秆带穗收割，竖立成垛，茎秆中的有机物质可继续向籽粒中转移，这就是我们通常说的“蹲棵”，可增产 5%左右。

3.3.2.10　光合产物运输与分配的调控

影响及调节光合产物运输与分配的因素十分复杂，其中糖代谢状况、植物激素起着重要作用。另外，环境因素也对光合产物运输与分配有着重要影响。

1. 代谢调节

(1)细胞内蔗糖浓度的调节　叶片内蔗糖浓度高，短期内可促进光合产物从源的输出。例如，通过提高光强或增施CO_2的方法来提高叶片内蔗糖浓度，短期内可以加速光合产物从功能叶的输出速率。但从长期看，叶片内高浓度的蔗糖则会抑制光合作用。

(2)能量代谢的调节　光合产物的主动运输需要消耗代谢能量，膜ATP酶的活性与物质运输关系密切。物质进出膜都需要ATP。ATP的作用可能有2个方面：一是作为直接的动力；二是通过提高膜透性而起作用。用敌草隆(DCMU)和二硝基苯酚(DNP)抑制ATP的形成，会对物质运输产生抑制作用。

2. 激素调节

植物激素对光合产物的运输与分配有着重要影响。除乙烯外，其他4种内源激素都有促进光合产物运输与分配的效应。例如，用生长素处理棉花未受精的胚珠或柱头，发现生长素有吸引光合产物向这些器官分配的效应。又如，正在发育的向日葵籽实的生长速率与生长素含量成正比。

关于植物激素促进光合产物运输的机理，目前还不十分清楚，但有以下几个方面的解释：① 生长素与质膜上的受体结合，产生膜的去极化作用，降低膜势，并可能使离子通道打开，有利于离子及光合产物的运输。也有人提出生长素是膜上K^+/H^+交换泵的活化剂，通过刺激膜上的K^+/H^+交换，促进物质运输。② 植物激素能改变膜的理化性质，提高膜透性。如生长素、赤霉素、细胞分裂素均有提高膜透性的功能。③ 植物激素能促进RNA和蛋白质的合成，合成某些与光合产物运输有关的酶，如赤霉素诱导α-淀粉酶合成，细胞分裂素诱导和活化硝酸还原酶等。

3. 环境因素的调节

(1)温度　通过短期效应和长期效应影响光合产物的运输。短期效应是指温度变化直接影响库的代谢活性，库器官糖分积累，降低了光合产物向库的输入，引起源叶光合产物的积累，最终反馈抑制了源叶的光合活性。长期效应是指温度改变了源、库的代谢活性和库容的大小，后者是通过影响相应基因表达的结果。

温度影响光合产物运输的速度。糖的运输速率在20～30℃时最快。高于、低于这个温度，运输速率下降。低温对运输的影响，一方面是由于低温降低了呼吸速率，减少了能量供应；另一方面是低温提高了筛管内含物的黏度。高温对运输的影响，一方面是筛板出现胼胝质；另一方面高温会使呼吸作用增强，消耗物质增多。此外，高温还会使酶钝化或破坏，从而影响运输速率。

温度影响光合产物的运输方向。当土温高于气温时，光合产物向根部分配的比例增大；反之，当气温高于土温时，光合产物向顶部分配较多。因此，对于块根、块茎作物，适当提高地温有利于更多的光合产物运向地下部。

昼夜温差大小对光合产物运输也有影响。如小麦从开花到成熟期，若适当增加昼夜温差，可使其夜间呼吸消耗少，穗粒重增大。我国北方小麦产量高于南方，原因之一就是由于北方昼夜温差大，植株衰老慢，灌浆期长，光合产物积累多所致。

(2)光照　功能叶白天的输出率高于夜间。用^{14}C-同化物进行的试验证明，植物照光后，运输速率迅速增加，2～3 h后达最高峰，进入黑暗以后又迅速下降。产生这种现象的原因可能是由于光下蔗糖浓度升高，合成ATP多，运输加快所致。

(3)水分　当植物受到水分亏缺胁迫时，光合速度下降，光合产物的形成速率和形成量降低，叶片细胞内可运态蔗糖浓度变低，影响向外输出，降低了筛管内集流的运输速率。植物为适应新的生存环境，一方面用有限的光合产物来合成一些物质，以保持细胞和组织一定的渗透能力来适应干旱环境(渗透调节)；另一方面继续提供其他细胞和组织的糖分，维持一定的生长速率。因此，干旱条件下，除了源的活性受到显著影响外，植株体内光合产物的分配和运输及源库关系也发生了明显的改变。但是，干旱条件下，光合的降低并不与光合产物向穗部的输出相一致。由于穗是一个竞争力很强的库，光合产物的分配受抑制不大，而是向下部节间分配降低，从而使茎下部叶片与根系衰老死亡。

(4)矿质元素　影响光合产物运输的矿质元素，主要是N、P、K、B等。N过多，较多的碳水化合物用于形成植物营养体，不利于光合产物向外输出，向籽粒分配减少；N过少则会引起功能叶早衰。磷肥促进光合产物的运输。可能的原因是：①磷促进光合作用，形成较多的光合产物；②磷促进蔗糖合成，提高可运态蔗糖浓度；③磷是ATP的重要组分，光合产物运输离不开能量。所以，作物成熟期追施磷肥可以提高产量。棉花开花期喷施过磷酸钙，能减少幼铃脱落。钾能促进库内糖分转变成淀粉，维持源库两端的压力势差，有利于光合产物运输。硼和糖能结合成复合物，这种复合物有利于透过质膜，促进糖的运输；硼能促进蔗糖的合成，提高可运态蔗糖的浓度。作物灌浆期叶片喷施硼肥，有利于籽粒灌浆，提高产量。棉花开花结铃期喷施硼肥，有利于保花保铃，减少脱落。

3.4　光合作用的生态生理

衡量植物光合作用的主要指标有光合速率和光合生产率等。光合速率(photosynthetic rate)是指单位时间、单位绿色叶面积吸收CO_2的量或释放O_2的量。常用的单位有$\mu mol\ CO_2 \cdot m^{-2} \cdot s^{-1}$和$\mu mol\ O_2 \cdot dm^{-2} \cdot h^{-1}$。一般测定光合速率的方法都没有把叶片的呼吸作用考虑在内，所以测定的结果实际上是光合作用减去呼吸作用的差数，称为表观光合速率(apparent photosynthesis rate)或净光合速率(net photosynthesis rate，P_n)。如果把表观光合速率加上呼吸速率，则得到总光合速率或真正光合速率(true photosynthetic rate)。

$$\text{总光合速率} = \text{表观光合速率} + \text{呼吸速率} \qquad (3\text{-}13)$$

光合生产率(photosynthetic production rate)，又称净同化率(net assimilation coefficient, NAR)，是指植物在较长时间内(一昼夜或一周)单位叶面积生产的干物质量。常用$g \cdot m^{-2} \cdot d^{-1}$表示。作物光合生产率一般为4～6 g $DW \cdot m^{-2} \cdot d^{-1}$，高的可达15～16 g $DW \cdot m^{-2} \cdot d^{-1}$。

3.4.1　影响光合作用的内部因素

3.4.1.1　叶龄

刚展开的幼叶光合速率很低，其主要原因有：①叶组织发育未健全，气孔尚未完全形成或开度小，细胞间隙小，叶肉细胞与外界气体交换速率低。②叶绿体小，片层结构不发达，光合色素含量低，捕光能力弱。③光合酶，尤其是 Rubisco 的含量与活性低。④幼叶的呼吸作用旺盛，因而使表观光合速率降低。

随着幼叶的成长，叶绿体的发育，叶绿素含量与 Rubisco 酶活性的增加，光合速率不断上升；当叶片生长至面积和厚度最大时，光合速率通常也达到最大值。通常将叶片充分展开后光合速率维持较高水平的时期，称为叶片功能期，处于功能期的叶叫功能叶。功能期之后，随着叶片衰老，叶绿素含量与 Rubisco 酶活性下降，叶绿体内部结构解体，光合速率下降。此外，由于同一植株不同部位叶片所处的发育状态、外界条件和光合产物输出到库的距离不同，其光合速率也有所不同。例如，小麦旗叶光合效率高，其输出的光合产物占穗重的 45%，研究发现，其叶绿体的基粒结构较发达，叶肉细胞呈多环细胞，叶脉密集，有利于 CO_2 进入到细胞间隙以及光合产物的运输。

3.4.1.2 叶片结构

叶的结构如叶厚度、栅栏组织与海绵组织的比例、叶绿体和类囊体的数目等都对光合速率有影响。

C_4 植物的叶片光合速率通常要大于 C_3 植物，这与 C_4 植物叶片具有花环结构等特性有关。许多植物的叶组织中有两种叶肉细胞，靠近腹面的为栅栏组织细胞；靠近背面的为海绵组织细胞。栅栏组织细胞细长，排列紧密，叶绿体密度大，叶绿素含量高，致使叶的腹面呈深绿色，且其中 chl a/b 比值高，光合活性也高，而海绵组织中情况则相反。生长在光照条件下的阳生植物(sun plant)叶栅栏组织比阴生植物(shade plant)发达，因而阳生叶有较高的光合速率。

同一叶片不同部位上的光合速率往往不一致。例如，禾本科作物叶尖的光合速率比叶的中下部低，这是因为叶尖部较薄，且易早衰的缘故。

3.4.2 影响光合作用的外部因素

3.4.2.1 光照

光是光合作用的能量来源，是形成叶绿体和叶绿素的必要条件。此外，光还调节着碳同化许多酶的活性和气孔开度。光通过光照时间、光强和光质等影响植物的光合作用。

1. 光强

(1)光强与光合速率曲线　通过在不同光强下测定光合速率，可以做出光合作用的光强-光合速率曲线(图 3-36)。叶片在暗中主要通过呼吸作用释放 CO_2。随着光强的增高，光合速率相应提高，当达到某一光强时，叶片的光合速率与呼吸速率相等，净光合速率为零，这时的光强称为光补偿点(light compensation point)。在一定范围内，光合速率随着光强的增加而呈直线增加(图 3-36A)，曲线的斜率即为表观量子效率(apparent quantum efficiency)；但超

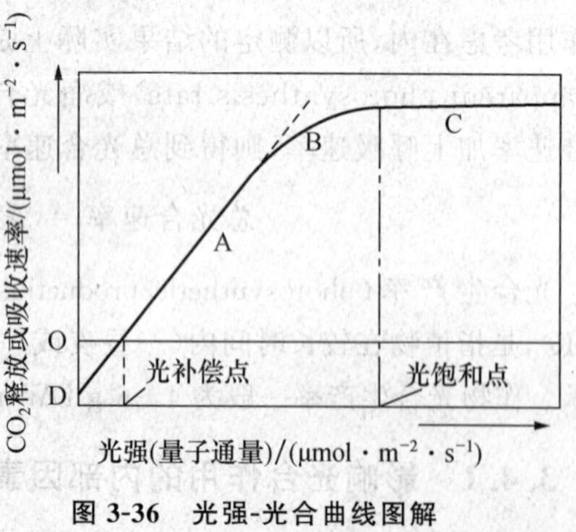

图 3-36　光强-光合曲线图解

(引自王忠，2000)

A. 比例阶段　B. 比例向饱和过渡阶段　C. 饱和阶段

过一定光强后，光合速率增加转慢(图 3-36B)；当达到某一光强时，光合速率就不再随光强增加而增加，这种现象称为光饱和现象(light saturation)。此点以后的阶段称饱和阶段(图 3-36C)。光合速率开始达到最大值时的光强称为光饱和点(light saturation point)。

光补偿点和光饱和点是植物需光特性的两个主要指标。一般来说，光补偿点高的植物其光饱和点往往也高。例如，草本植物的光补偿点与光饱和点通常高于木本植物；阳生植物的光补偿点和光饱和点高于阴生植物；C_4植物的光饱和点高于 C_3植物(图 3-37)。

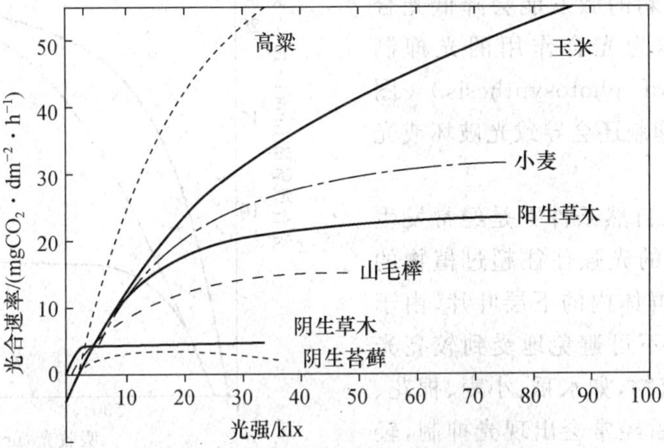

图 3-37　不同植物的光强-光合曲线

(引自 W. Larcher, 1980)

在光强-光合曲线的不同阶段，影响光合速率的主要因素不同。弱光下，光强是控制光合的主要因素。曲线的斜率大，表明植物吸收与转换光能的色素蛋白复合体可能较多，利用弱光的能力强。理论上量子产额应为 0.125(CO_2/光子)，相当于量子需要量(每同化 1 分子 CO_2或释放 1 分子 O_2所需光量子数)为 8，然而实测的表观量子产额在 0.03～0.05 之间。表观量子产额比理论值低的主要原因是：①光没有全部被叶片吸收，存在反射和透射损失；②非光合色素吸收了部分光能；③光呼吸和暗呼吸对光合的负效应；④形成的同化力没有全部用于 CO_2的还原，如用于硝酸盐和硫酸盐的还原等；⑤没有在饱和 CO_2浓度和最适温度下测定，存在 CO_2扩散和固定速率的限制等。随着光强增高，叶片吸收光能增多，光化学反应速率加快，产生的同化力多，于是 CO_2固定速率加快。此外，气孔开度、Rubisco 活性及光呼吸速率也影响直线阶段(A)的光合速率，因为这些因素都会随光强的提高而增大，其中前二者的提高对光合速率有正效应，后者有负效应。

植物出现光饱和点的实质是强光下暗反应达到最大速率，光反应产生的活跃的化学能过剩，从而限制了光合速率随着光强的增加而提高。因此，限制饱和阶段光合作用的主要因素有 CO_2扩散速率(受 CO_2浓度影响)和 CO_2固定速率(受羧化酶活性和 RuBP 再生速率影响)等。所以，C_4植物的碳同化能力强，其光饱和点和饱和光强下的光合速率也较高。

光补偿点理论在农业生产实践上有很大的意义。间作和套作时作物种类的搭配，林带树种的配置，间苗、修剪、采伐的程度，冬季温室栽培蔬菜等都与光补偿点有关。例如：①大豆的光补偿点低(仅为 3.165 $\mu mol \cdot m^{-2} \cdot s^{-1}$)，可与玉米间作，在玉米行中仍能正常生长；②在茶园间种一些喜光的落叶深根性树种，由于间作树种的遮阴、根系穿插作用以及增加了茶园内有机质，有利于茶树生长和茶叶品质提高；③栽培作物由于过密或肥水过多，造成徒长，封行过早，中下层叶片所受的光照往往在光补偿点以下，这些叶片不但不能制造养分，反而消耗养分，变成消费器官，植株易早衰；此外，呼吸作用的最适温度＞光合作用的最适温度，当种植过密和高温、光线不足时，呼吸速度＞光合速度，植物生长不良；当种植过密时，群体内温度高，不通风，易生病虫害。所以农业生产上要合理密植。

（2）光合作用的光抑制　光是植物光合作用所必需的，然而，当植物吸收的光能超过其所需时，过剩的激发能会降低光合效率，这种现象称为光合作用的光抑制（photoinhibition of photosynthesis）（图3-38）。严重的光抑制还会导致光破坏或光氧化。

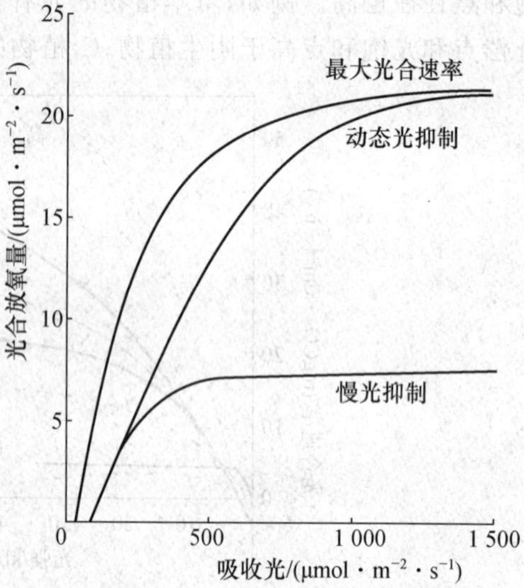

图 3-38　光抑制造成的光合作用反应曲线的变化

（引自 O. Smond C. B.，1994）

光抑制现象在自然条件下是经常发生的，因为晴天中午的光强往往超过植物的光饱和点，即使是群体内的下层叶片，由于上层枝叶晃动，也不可避免地受到较亮光斑的影响。许多植物，如水稻、小麦、棉花、大豆等，在中午前后经常会出现光抑制，轻者光合速率暂时降低，过后尚能恢复；重者叶片发黄，光合活力不能恢复。如果强光与其他不良环境（如高温、低温、干旱等）同时存在，光抑制现象更为严重。

关于光抑制的机理，一般认为光抑制主要发生在PSⅡ。正常情况下，光反应与暗反应协调进行，光反应中形成的同化力在暗反应中被及时消耗掉。但由于叶绿体基质中的CO_2浓度往往很低，接近CO_2补偿点，当光照过强时，出现光能过剩。一方面因$NADP^+$不足使电子传递给O_2，形成O_2^-，另一方面会导致还原态电子的积累，形成三线态叶绿素（^3chl），^3chl与分子氧反应生成单线态氧（$^1O_2$）。O_2^-和$^1O_2$都是化学性质非常活泼的活性氧，如不及时清除，它们会攻击叶绿素和PSⅡ反应中心的D_1蛋白，从而损伤光合机构。在特殊情况下，如低温弱光也会导致PSⅠ发生光抑制。

植物在长期的进化过程中也形成了多种光保护机制：①细胞中存在着活性氧清除系统，如SOD、CAT、POD、谷胱甘肽、抗坏血酸、类胡萝卜素等，它们共同防御活性氧对细胞的伤害。②通过代谢耗能，如提高光合速率，增强光呼吸和Mehler反应等。③提高热耗散能力，如依赖叶黄素循环的非辐射能量耗散（图3-39）。④PSⅡ的可逆失活与修复。

叶黄素循环（xanthophyll cycle）是指叶黄素的三种组成物质（紫黄素、环氧玉米黄素和玉米黄素）在不同光照强度和pH条件下，通过环氧化和脱环氧化作用相互转化的循环机制。自然界中存在三种叶黄素循环：存在于所有植物和绿藻中的紫黄素循环（Vx-cycle，V循环）；存在于某些阴生植物中的环氧化叶黄素循环（Lx-cycle，Lx循环）；存在于一些藻类中的硅甲藻黄素循环（Ddx-cycle，Ddx循环）。在这三种循环中，强光都诱导各自循环的紫黄素、叶黄素和硅藻黄素（Diatoxanthin）发生环氧化作用。叶黄素循环一直以来都是光保护领域的热点方向。当前对V循环的研究最为深入，在强光下植物可以通过V循环消耗三线态叶绿素

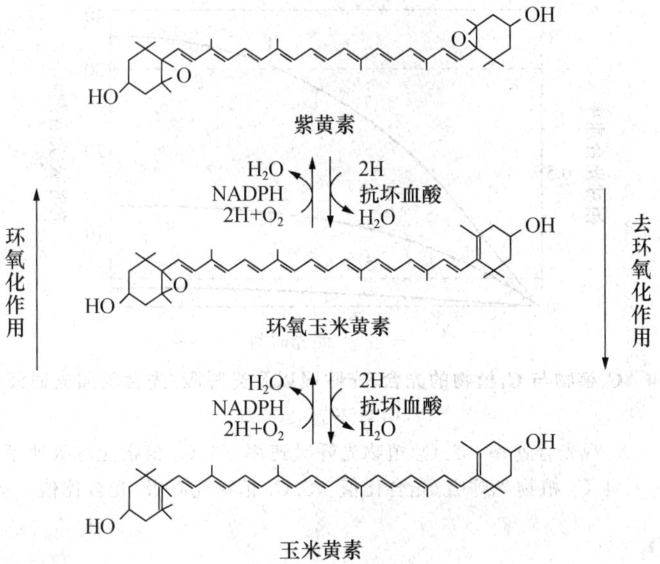

图 3-39　叶黄素循环

(引自 Taiz & Zeiger，2002)

(^3chl)，从而猝灭单线态分子氧$(^1O^2)$，防止活性氧对光合机构的破坏。有研究证实，在分离的 LHCⅡ中，100％的光能都通过热耗散途径损失掉，在强光下的植物叶片，热耗散的效率可以达到 75％。由于叶黄素循环对于植物光合机构的光破坏防御意义重大，目前有关叶黄素 V 循环的作用已成为光保护机制研究的热点领域。

2. 光质

太阳辐射中对光合作用有效的是可见光。可见光区域不同波长的光对光合速率的影响不同。光合作用的作用光谱与叶绿体色素的吸收光谱是大致吻合的。

在自然条件下，植物或多或少会受到不同波长的光线照射。例如，阴天不仅光强减弱，而且蓝光和绿光所占的比例增高。树木的叶片吸收红光和蓝光较多，故透过树冠的光线中绿光较多，由于绿光是光合作用的低效光，因而，树冠下生长的植物本来就光照不足，利用光能的效率也更低，"大树底下无丰草"就是这个道理。

3. 光照时间

对放置于暗中一段时间的材料(叶片或细胞)照光，起初光合速率很低或为负值，光照一段时间后，光合速率才逐渐上升并趋于稳定。从开始照光至光合速率达到稳定水平的这段时间，称为"光合滞后期"(lag phase of photosynthesis)或称光合诱导期(图 3-40)。一般整体叶片的光合滞后期 3～60 min，排除气孔影响的去表皮叶片、细胞、原生质体等光合组织的滞后期约 10 min。将植物从弱光移至强光下，也有类似情况出现。另外，植物的光呼吸也有滞后现象。在光合的滞后期，光呼吸速率与光合速率会按比例上升。产生光合滞后期的原因是光对酶活性的诱导以及光合碳循环中间产物的增生需要一个准备过程，而光诱导气孔开启所需时间则是叶片滞后期延长的主要因素。

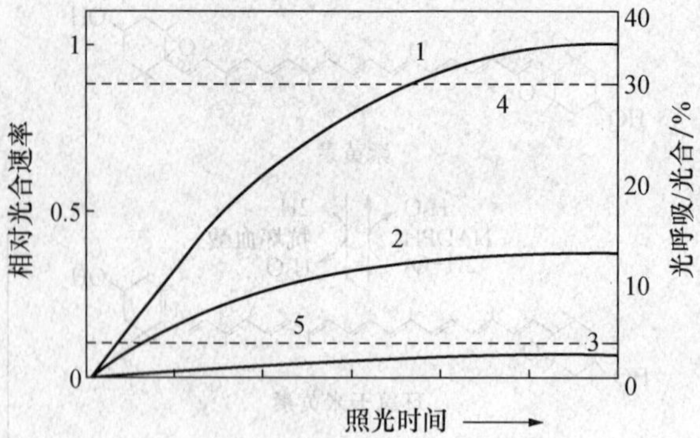

图 3-40　C_3植物与C_4植物的光合、光呼吸以及光呼吸/光合随照光时间的变化

(引自王忠,2000)

1.表观光合速率　2.C_3 植物光呼吸速率　3.C_4 植物光呼吸速率

4.C_3 植物光呼吸/光合比值　5.C_4 植物光呼吸/光合比值

3.4.2.2　CO_2

1.CO_2-光合曲线

CO_2-光合曲线与光强-光合曲线相似,有比例阶段与饱和阶段(图 3-41)。光下CO_2浓度为零时,叶片只有光、暗呼吸释放CO_2。图中的 OA 部分为光下叶片向无CO_2气体中的CO_2释放速率(实质上是光呼吸、暗呼吸、光合作用三者的平衡值),通常用它来代表光呼吸速率。在比例阶段,光合速率随CO_2浓度增高而增加,当光合速率与呼吸速率相等时,环境中的CO_2浓度即为CO_2补偿点(CO_2 compensation point,图中 C 点);当CO_2达到某一浓度(S)时,光合速率便达最大值(P_m),开始达到最大光合速率时的CO_2浓度被称为CO_2饱和点(CO_2 saturation point)。在CO_2-光合曲线的比例阶段,CO_2浓度是光合作用的限制因素,直线的斜率(CE)受 Rubisco 活性及活化 Rubisco 量的限制,CE 被称为羧化效率(carboxylation efficiency)。从 CE 的变化可以推测,Rubisco 的量和活性大,CE 大,即在较低的CO_2浓度时就有较高的光合速率,也就是说 Rubisco 的羧化效率高。在饱和阶段,CO_2已不是光合作用的限制因素,而CO_2受体的量,即 RuBP 的再生速率则成为影响光合的因素。由于 RuBP 再生受 ATP 供应的影响,所以,CO_2-光合曲线饱和阶段的光合速率反映了光合电子传递和光合磷酸化活性,P_m 被称为光合能力。

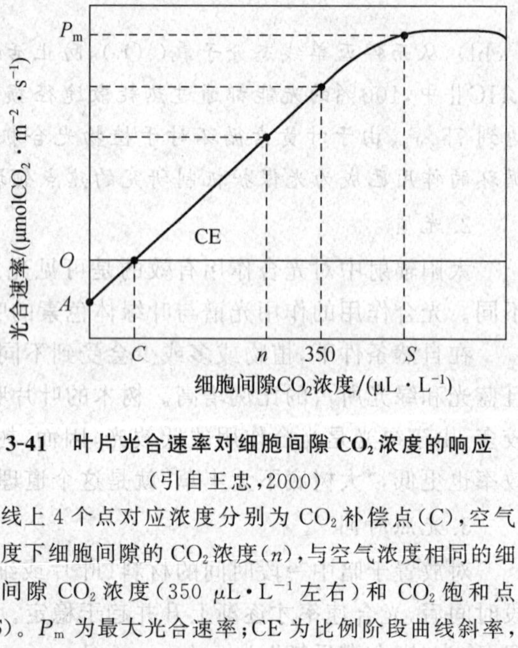

图 3-41　叶片光合速率对细胞间隙 CO_2 浓度的响应

(引自王忠,2000)

曲线上 4 个点对应浓度分别为CO_2补偿点(C),空气浓度下细胞间隙的CO_2浓度(n),与空气浓度相同的细胞间隙CO_2浓度(350 $\mu L \cdot L^{-1}$左右)和CO_2饱和点(S)。P_m 为最大光合速率;CE 为比例阶段曲线斜率,代表羧化效率;OA 光下叶片向无CO_2气体中的释放速率,代表光呼吸速率。

比较C_3植物与C_4植物的CO_2-光合曲线(图 3-42),可以看出:①C_4植物的CO_2补偿点低,

在低 CO_2 浓度下光合速率的增加比 C_3 植物快，CO_2 的利用率高。②C_4 植物的 CO_2 饱和点比 C_3 植物低，在大气 CO_2 浓度下就能达到饱和；而 C_3 植物的 CO_2 饱和点不明显，光合速率在较高 CO_2 浓度下还会随浓度上升而提高。

C_4 植物 CO_2 饱和点低的原因，可能与 C_4 植物每固定 1 分子 CO_2 要比 C_3 植物多消耗 2 分子 ATP 有关，与 C_4 植物的气孔对 CO_2 浓度敏感有关，即 CO_2 浓度超过空气水平后，C_4 植物气孔开度就变小。另外，C_4 植物 PEPC 的 K_m 低，对 CO_2 亲和力高，有浓缩 CO_2 机制，这些也是 C_4 植物 CO_2 饱和点低的原因。

尽管 C_4 植物 CO_2 饱和点比 C_3 植物的低，但其饱和点时的光合速率却往往比 C_3 植物的高。在正常生理情况下，植物 CO_2 补偿点相对稳定，例如小麦的 CO_2 补偿点为(52±2) $\mu L \cdot L^{-1}$，大麦为(55±2) $\mu L \cdot L^{-1}$，玉米为(1.3±1.2) $\mu L \cdot L^{-1}$，猪毛菜(CAM 植物)CO_2 补偿点不超过 10 $\mu L \cdot L^{-1}$。在温度上升、光强减弱、水分亏缺、氧浓度增加等条件下，CO_2 补偿点也随之上升。

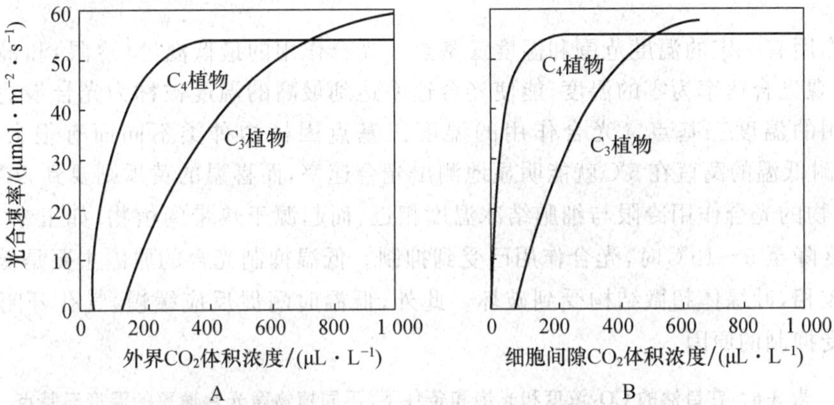

图 3-42　C_3 植物与 C_4 植物的 CO_2-光合曲线

(引自 Berry Downton，1982)

A. 光合速率与外界 CO_2 浓度　B. 光合速率与细胞间隙 CO_2 浓度(计算值)

C_4 植物为 *Tidestromia oblogifolia*，C_3 植物为 *Larrea divaricata*。

2. CO_2 的供应

陆生植物所需的 CO_2 主要是从大气中获得的，CO_2 从大气到达叶绿体羧化部位的途径和遇到的阻力如下：

$$\text{大气} \xrightarrow{r_a} \text{气孔} \xrightarrow{r_s} \text{叶肉细胞间隙} \xrightarrow{r_i} \text{叶肉细胞原生质} \xrightarrow{r_m} \text{叶绿体基质}$$

r_a、r_s、r_i、r_m 分别表示扩散层阻力、气孔阻力、叶肉阻力和羧化阻力。其中较大的阻力为 r_s 与 r_m。CO_2 从大气至叶肉细胞间隙为气相扩散，从叶肉细胞间隙到叶绿体基质为液相扩散。扩散的动力为 CO_2 浓度差。CO_2 流通速率(P，可代表光合速率)可用下式表示：

$$P = (c_a - c_c) / \sum r = (c_a - c_c)/(r_a + r_s + r_i + r_m) \tag{3-13}$$

式中 c_a 与 c_c 为大气和叶绿体中 CO_2 浓度。此式表明，光合速率与大气至叶绿体间的 CO_2 浓度差成正比，与大气至叶绿体间的总阻力成反比。凡能提高浓度差和减少阻力的因素都可促进 CO_2 流通而提高光合速率。

空气中的CO_2浓度较低，约为 350 μL · L^{-1}（0.035%），分压为 3.5×10^{-5} MPa，而一般C_3植物的CO_2饱和点为 1 000～1 500 μL · L^{-1}，是空气中的 3～5 倍。在不通风的温室、大棚和光合作用旺盛的作物冠层内的CO_2浓度可降至 200 μL · L^{-1}左右。由于光合作用对CO_2的消耗以及存在CO_2扩散阻力，因而叶绿体基质中的CO_2浓度很低，接近CO_2补偿点。因此，加强通风或设法增施CO_2能显著提高作物的光合速率，这对C_3植物尤为明显。

植物对CO_2的利用与光强有关，光照弱，CO_2补偿点升高；光照强，CO_2饱和点升高。因人类无限制地向地球大气层中排放CO_2，使CO_2浓度不断增长。大气层中的CO_2能强烈地吸收红外线，太阳辐射的能量在大气层中就“易入难出”，温度上升，似温室一样，由此产生“温室效应”(greenhouse effect)。

3.4.2.3 温度

光合作用的暗反应是由酶催化的化学反应，其反应速率受温度影响。在强光、高浓度CO_2下，温度对光合速率的影响比在低CO_2浓度下的影响更大，因为高CO_2浓度有利于暗反应的进行。

光合作用有一定的温度范围和温度三基点。光合作用的最低温度（冷限）和最高温度（热限）是指表观光合速率为零的温度，能使光合速率达到最高的温度被称为光合最适温度，这称为光合作用的温度三基点。光合作用的温度三基点因植物种类不同而有很大的差异（表3-6）。如，耐低温的莴苣在 5℃就能明显地测出光合速率，而喜温的黄瓜则要到 20℃时才能测到；耐寒植物的光合作用冷限与细胞结冰温度相近；而起源于热带的植物，如玉米、高粱、橡胶树等在温度降至 5～10℃时，光合作用已受到抑制。低温抑制光合的原因主要是低温时，细胞膜脂呈凝胶相，叶绿体超微结构受到破坏。此外，低温时酶促反应缓慢，气孔开闭失调，这些也是光合受抑制的原因。

表 3-6 在自然的CO_2浓度和光饱和条件下，不同植物净光合速率的温度三基点

（引自 Larcher，1980） ℃

植物种类	最低温度	最适温度	最高温度
草本植物：热带 C_4 植物	5～7	35～45	50～60
C_3 农作物	−2～0	20～30	40～50
阳生植物（温带）	−2～0	20～30	40～50
阴生植物	−2～0	10～20	约 40
CAM 植物（夜间固定 CO_2）	−2～0	5～15	25～30
木本植物：春天开花植物和高山植物	−7～2	10～20	30～40
热带和亚热带常绿阔叶乔木	0～5	25～30	45～50
干旱地区硬叶乔木和灌木	−5～1	15～35	42～55
温带冬季落叶乔木	−3～1	15～25	40～45
常绿针叶乔木	−5～3	10～25	35～42

从表 3-6 可知，C_4植物的热限较高，可达 50～60℃；C_3植物的热限较低，一般在 40～50℃。乳熟期小麦遇到持续高温，尽管外表上仍呈绿色，但光合功能已严重受损。产生光合作用热限的原因：一是由于膜脂与酶蛋白的热变性，使光合器官损伤，叶绿体中的酶钝化；二是由于高温刺激了光暗呼吸，使表观光合速率迅速下降（图 3-43）。

昼夜温差对光合净同化率影响很大。白天温度高，日光充足，有利于光合作用的进行；夜间温度较低，降低了呼吸消耗，因此，在一定温度范围内，昼夜温差大有利于光合积累。

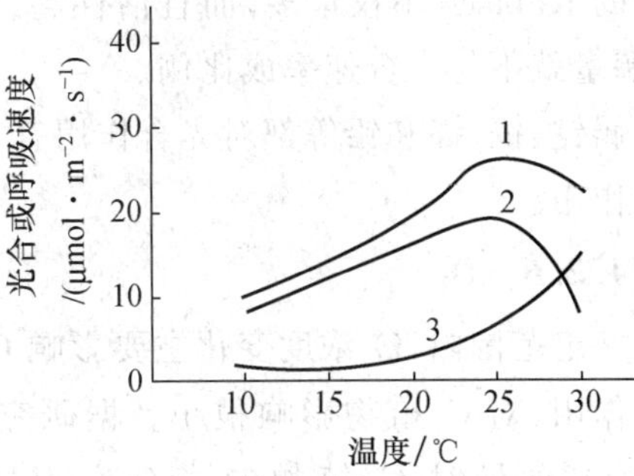

图 3-43　小麦在不同温度下光合与呼吸速率

(引自张继澍，2006)

1. 总光合速率　2. 净光合速率　3. 呼吸速率

3.4.2.4　水分

水是光合作用的原料之一，没有水光合作用无法进行。但是，用于光合作用的水只占蒸腾失水的 1%，因此，缺水影响光合作用主要是间接原因。①气孔运动对叶片缺水非常敏感，轻度水分亏缺就会引起气孔导度下降，导致进入叶内的 CO_2 减少。②水分亏缺使光合产物输出变慢，光合产物在叶片中积累，对光合作用产生反馈抑制作用。③中度的水分亏缺会影响 PSⅡ、PSⅠ的天线色素蛋白复合体和反应中心，使电子传递速率降低，光合磷酸化解偶联，同化力形成减少。④严重缺水时，甚至造成叶绿体类囊体结构破坏，不仅使光合速率下降，而且供水后光合能力也难以恢复。⑤水分亏缺使叶片生长受抑，叶面积减小，作物群体的光合速率降低。

在水分轻度亏缺时，供水后尚能使光合能力恢复，倘若水分亏缺严重，供水后叶片水势虽可恢复至原来水平，但光合速率却难以恢复至原有程度(图 3-44)。因而在水稻烤田，棉花、花生蹲苗时，要控制烤田或蹲苗程度，不能过头。土壤水分过多时，通气状况不良，根系活力下降，间接影响光合作用。水分过多也会影响光合作用。

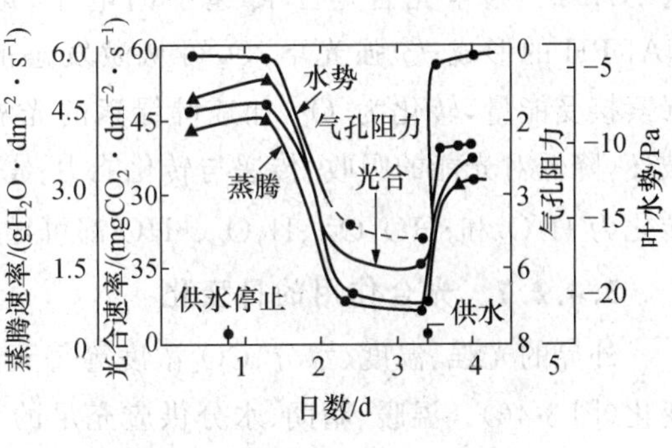

图 3-44　向日葵在较严重水分亏缺后光合速率的变化

(引自 J. S. Boyer，1971)

3.4.2.5　矿质营养

矿质营养在光合作用中的功能极为广泛，归纳起来有以下几方面：①叶绿体结构的组成成分，如 N、P、S、Mg 是叶绿体中构成叶绿素、蛋白质、核酸以及片层膜的成分。②电子传递体的重要成分，如 PC 中含 Cu，Fe-S 中心、Cytb、Cytf 和 Fd 中都含 Fe，放氧复合体不可缺少 Mn^{2+} 和 Cl^-。③磷酸基团的重要作用，构成同化力的 ATP 和 NADPH，光合碳还原循环中所有的中间产物，合成淀粉的前体 ADPG 以及合成蔗糖的前体 UDPG，这些化合物中都含有磷酸基团。④活化或调节因子，如 Rubisco、FBPase 等酶的活化需要 Mg^{2+}；Fe、Cu、Mn、Zn 参与叶绿素的合成；K^+ 和 Ca^{2+} 调节气孔开闭；K 和 P 促进光合产物的转化与运输等。

肥料三要素中以 N 对光合作用影响最为显著。在一定范围内，叶片中含 N 量、叶绿素含量、Rubisco 含量分别与光合速率呈正相关。叶片含 N 量的 80%在叶绿体中，施 N 既能增加叶绿素含量，加速光反应；又能增加光合酶的含量与活性，加快暗反应。从 N 素营养好的叶片中提取的 Rubisco 不仅量多，而且活性高。然而也有试验指出，当 Rubisco 含量超过一定值后，其酶量就不与光合速率成比例。

金属铊、镉、镍和铅等都对光合作用有害，它们大多影响气孔功能。另外，镉对 PSⅡ活性有抑制作用。

3.4.2.6 O_2

在一定范围内，O_2浓度变化主要影响 C_3 植物的光合作用，对 C_4 植物影响很小。据研究，大气中 21% O_2 含量对 C_3 植物的光合作用抑制达 33%～50%，对 C_4植物几乎不抑制。当小麦植株处于不同 CO_2浓度下，其光合速率均以含 O_2量为 4%时最高；随着含 O_2 量增加，光合速率显著下降(图 3-45)。

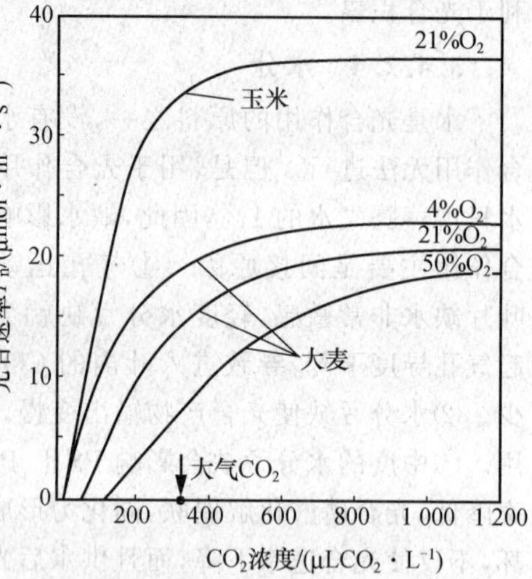

图 3-45 玉米和小麦在不同 O_2 浓度下净光合速率与 CO_2 浓度的关系

(引自 Sebanek，1992)

O_2浓度升高抑制光合作用，这种现象首先由 Warburg 发现，称为瓦布格效应（Warburg effect）。发生瓦布格效应的原因可能有：①高 O_2 促进 Rubisco 的加氧活性，促进光呼吸；②O_2分子与 $NADP^+$ 竞争光合电子传递中的电子，减少 NADPH 的形成；③强光下，O_2可从激发态的叶绿素接受能量，转化为$^1O_2$，加速叶绿素的光氧化破坏，降低对光能的吸收、传递与转化能力；④O_2从光合链接受电子后，转化为 O_2^-，O_2^-可进而转化为 H_2O_2和·HO，O_2^-、H_2O_2、·HO 都可导致膜脂过氧化，伤害光合膜。

3.4.2.7 光合作用的日变化

外界的光强、温度、水分、CO_2浓度等每天都在不断变化，因此，光合作用也呈现明显的日变化(图 3-46)。温暖、晴朗、水分供应充足的天气，光合速率随光强而变化呈单峰曲线，日出后光合速率逐渐提高，中午前后达到高峰，以后降低，日落后净光合速率出现负值(呼吸速率)。光合速率同气孔导度的变化相适应。光强相同的情况下，一般下午的光合速率低于上午的，这是由于经上午光合后，叶片中的光合产物有所积累，发生反馈抑制的缘故。如果气温过高，光照强烈，光合速率日变化呈双峰曲线，大峰出现在上午，小峰出现在下午，中午前后光合速率下降，呈现光合作用的“午休”现象(midday depression)。如图 3-47 所示。

开花期测定新疆高产棉花的光合作用日变化，12:30 光合速率达到最高峰值后下降，14:00—15:00 进入低谷后回升，呈双峰曲线。这种光合速率中午下降的程度随土壤含水量的降低而加剧。引起光合“午休”的原因主要是大气干旱和土壤干旱。在干热的中午，叶片蒸腾失水加剧，如果此时土壤水分亏缺，植物的失水大于吸水，引起气孔导度降低甚至叶片萎蔫，使叶片对 CO_2吸收减少。午间高温、强光、CO_2浓度降低也会产生光抑制，光呼吸增强，这些都会导致光合速率下降。还有人提出，光合“午休”现象与气孔运动内生节奏有关。

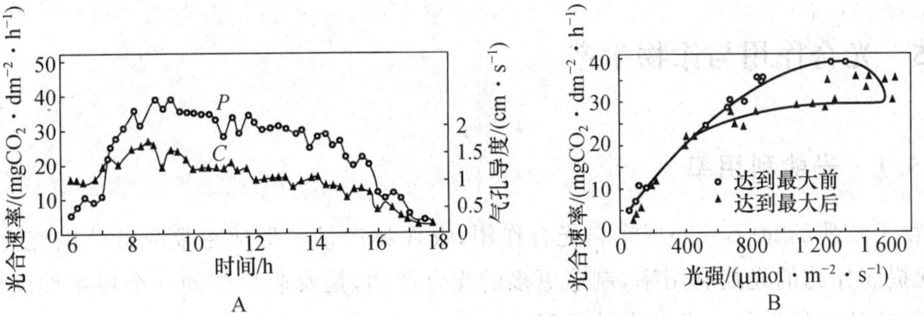

图 3-46　水稻光合速率的日变化

(引自石原邦,齐藤邦行,1987)

A. 光合速率(P)和气孔导度(C)平行变化　B. 由 A 图数据绘制的光合速率与光强的关系,在相同光强下,上午光合速率要大于下午的光合速率(曲线的箭头表示一天中时间进程)

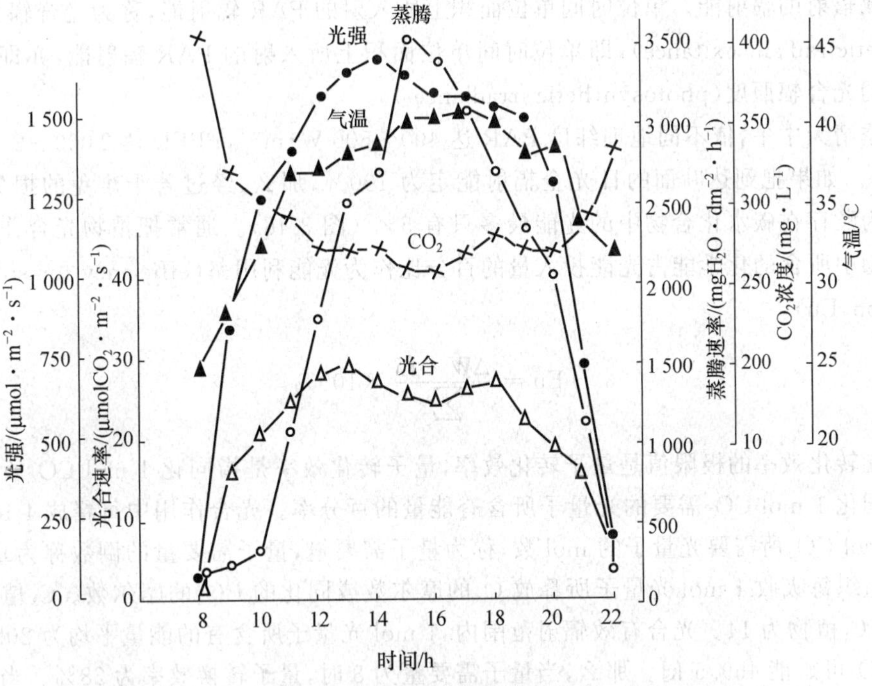

图 3-47　棉花光合作用的日变化

(引自徐邦发等,1996)

光合“午休”现象是多种因素综合影响的结果。由光合“午休”造成的损失可达光合产量的 30%以上,是作物产量形成的一大“漏洞”。生产上要采取适当措施,如适时灌溉,选用抗旱品种等,避免或减轻光合“午休”现象。据报道,大豆鼓粒期,在干热天气下进行喷灌,可提高空气湿度,降低蒸气压亏缺和叶温,提高叶片含水量,并通过改善生理生态因子而增加气孔导度,减少气孔因素对光合作用的限制,控制非气孔限制的发生,减轻或克服光合“午休”,有明显的增产作用。

3.5 光合作用与作物生产

3.5.1 光能利用率

植物干物质的90%～95%来自光合作用,农作物产量的形成主要靠叶片的光合作用,因此,如何提高作物的光能利用率,制造更多的光合产物,是农业生产的一个根本性问题。对光合作用有效的可见光称为光合有效辐射(photosynthetically active radiation,PAR),光合有效辐射只占太阳总辐射的44%。绿色植物只能利用PAR进行光合作用。

PAR可以用光量子通量密度(photon flux density,PFD)来表示,即光合光量子通量密度(PPFD),它是指单位时间单位面积上所入射400～700 nm范围内的光量子数,单位为 μmol photons·m^{-2}·s^{-2}(1 μmol photons=6.02×10^{17} photons·m^{-2}·s^{-1}),若用辐射能表示,则是指光合有效辐射的辐射能。单位时间单位面积上所入射的PAR辐射能,称为光合辐出度(photosyhthetic radiant exitance),即单位时间单位面积上所入射的PAR辐射能,亦即入射到单位面积的光合辐照度(photosynthetic irradiance)。

夏季晴天中午,依不同地理纬度PAR达400～500 W·m^{-2},PPFD达2 000～2 300 μmol·m^{-2}·s^{-1}。如果把到达叶面的日光全辐射能定为100%,那么,经过若干难免的损失之后,最终转变为贮存在碳水化合物中的光能最多只有5%(图3-48)。通常把植物光合作用所积累的有机物中所含的化学能占光能投入量的百分比作为光能利用率(efficiency for solar energy utilization,Eu)。

$$\mathrm{Eu}=\frac{\Delta W\cdot H}{\sum s}\times100\% \tag{3-14}$$

光能转化效率的极限值是量子转化效率,量子转化效率是指同化1 mol CO_2所贮存的化学能占同化1 mol CO_2需要的光量子所含有能量的百分率。光合作用中每释放1 mol O_2,或同化1 mol CO_2所需要光量子的mol数,称为量子需要量,量子需要量的倒数称为量子产额,即光合组织每吸收1 mol光量子所释放O_2的摩尔数或同化的CO_2的摩尔数。C_3植物的实测值为15,C_4植物为14。光合有效辐射范围内,1 mol光量子所含有的能量平均为209 kJ,同化1 mol CO_2可贮能469.5 kJ。那么,当量子需要量为8时,量子转换效率为28%。当量子需要量为12时,量子转换效率为18.7%。当量子需要量为14时,量子转化效率为16.5%。

经研究测算,多数作物光能利用率的最大值为3%～5%。如水稻3%～4%,玉米4%～5%。若按照夏天到达地面的太阳辐射能为1 kJ·m^{-2}·s^{-1},作物最大光能利用率按4%计算,作物每平方米每小时可贮能144 kJ。按1 g碳水化合物含能量17.2 kJ计算,144 kJ相当于8.37 g碳水化合物所含能量。就是说,每平方米土地上每小时可生产8.37 g碳水化合物,这相当于吸收209 mmol CO_2,此时的表观光合速率要达到58 μmol CO_2·m^{-2}·s^{-1}。如按上述计算,每公顷可年产粮食58 t(换算成亩产为3.9 t)。实际上,目前作物光能利用率很低,即便高产田也只有1%～2%之间。

实际的光能利用率为何比理论值低呢?主要原因有:①漏光损失。作物生长初期植株小,叶面积不足,日光的大部分直射于地面而损失。有人估算,水稻与小麦等作物漏光损失的

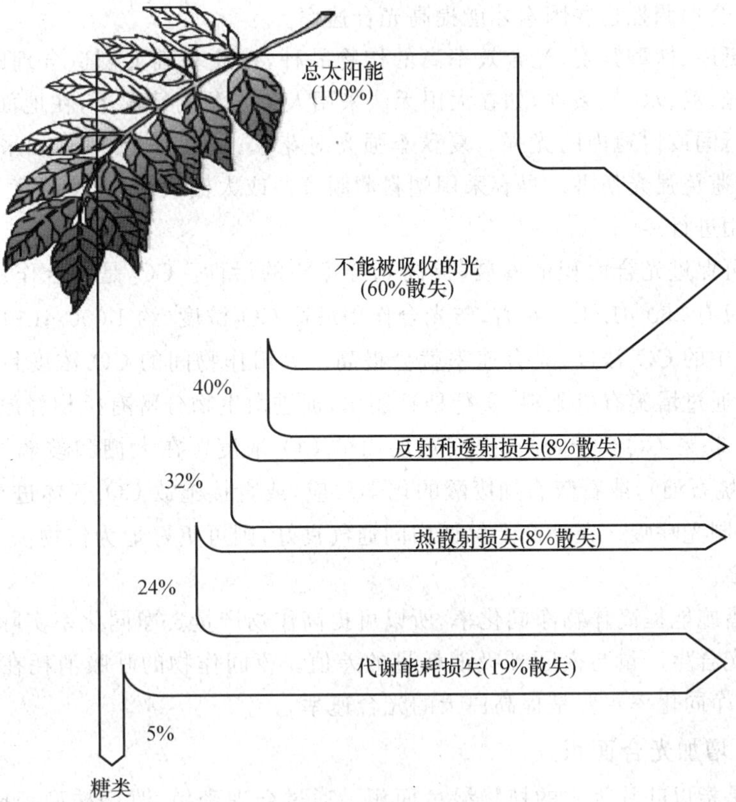

图 3-48　叶片吸收转化太阳能的能力
(引自 Taiz & Zeiger,2002)

光能可在 50%以上,如果前茬作物收割后不马上种后茬,土地空闲时间延长,则漏光损失就会更大。②光饱和浪费。夏季太阳有效辐射可达 1 800～2 000 $\mu mol \cdot m^{-2} \cdot s^{-1}$,但大多数植物的光饱和点为 540～900 $\mu mol \cdot m^{-2} \cdot s^{-1}$,有 50%～70%的太阳辐射能被浪费掉。③环境条件不适。作物在生长期间,经常会遇到不适于作物生长与进行光合作用的逆境,如干旱、水涝、低温、高温、阴雨、强光、缺 CO_2、缺肥、盐渍、病虫草害等。在逆境条件下,作物的光合生产率要比顺境下低得多,这会使光能利用率大为降低。④辐射到地面的太阳光能只是可见光的一部分(占太阳总辐射能的 40%～50%)。

3.5.2　提高作物产量的途径

作物的产量主要由光合产物转化而来。提高作物产量的根本途径是改善植物的光合性能。光合性能是指光合系统的生产性能,决定作物光能利用率高低及获得高产的关键。光合性能包括光合能力、光合面积、光合时间、光合产物的消耗和光合产物的分配利用。即:

经济产量=[(光合能力×光合面积×光合时间)－呼吸消耗]×经济系数

按照光合作用原理,要获得作物高产,就应采取适当措施,最大限度地提高光合能力,适当增加光合面积,延长光合时间,提高经济系数,减少干物质消耗。

3.5.2.1　提高光合能力

光合能力一般用光合速率表示。光合速率受作物本身光合特性和外界光、温、水、肥、气等因素的影响，合理调控这些因素才能提高光合速率。

选用叶片挺厚、株型紧凑、光合效率高的作物品种，在此基础上创造合理的群体结构，改善作物冠层的光、温、水、气条件，如在大田无法采用人工光源的情况下，在地面上铺设反光薄膜可增加作物行间或树冠内的光强。夏秋季强光对花木、蔬菜有光抑制，如采用遮阳网或防虫网遮光，就能避免强光伤害。早春采用塑料薄膜育苗或大棚栽培，可使温度提高，促进作物生长和光合作用进行。

浇水施肥可促进光合面积的发展，提高光合机构的活性。CO_2是光合作用的原料，空气中的CO_2浓度只有 350 $\mu L \cdot L^{-1}$左右，与光合作用最适CO_2浓度（约 1 000 $\mu L \cdot L^{-1}$）相差甚远，因此，增加空气中的CO_2浓度，光合速率就会提高。大田作物间的CO_2浓度目前虽然还难以人工控制，但可通过增施有机肥料，实行秸秆还田，促进微生物分解有机物释放CO_2以及深施碳酸氢铵（含有 50% CO_2）等措施，提高冠层内的CO_2浓度。在大棚和玻璃温室内，可通过CO_2发生器（燃烧石油），或石灰石加废酸的化学反应，或直接施放CO_2气体进行CO_2施肥，促进光合作用，抑制光呼吸。在生产上保证田间通气良好，则可更好地为作物供应CO_2，有利于光合速率的提高。

以上这些措施能提高作物净同化率，所以可提高作物产量。净同化率实际上是单位叶面积上白天的净光合生产量与夜间呼吸消耗量的差值。夜间作物的呼吸消耗在自然情况下难以改变，要提高净同化率主要是提高白天的光合速率。

3.5.2.2 增加光合面积

光合面积是指以叶片为主的植物绿色面积。通过合理密植、改变株型等措施，可增加光合面积。合理密植（reasonable close-planting）就是通过调节种植密度，使作物群体得到合理发展，达到最适的光合面积与最高的光能利用率。种植过稀，虽然个体发育良好，但群体叶面积不足，光能利用率低。种植过密，一方面下层叶片受光减少，光合减弱；另一方面通风不良，造成冠层内CO_2浓度过低而影响光合。此外，密度过大时还易造成倒伏，加重病虫危害而减产。

表示密植程度的指标有多种，如播种量、基本苗、总茎蘖数、叶面积系数等。其中较为科学的是叶面积系数（leaf area index，LAI），它是指作物的总叶面积和土地面积的比值。在一定范围内，作物 LAI 越大，光合产物积累越多，产量越高。但 LAI 太大造成田间郁闭，群体呼吸消耗加大，反而使干物质积累量减少。能使干物质积累量或产量达最大的 LAI 称为最适 LAI。一般当 LAI<2.5 时，叶面积与产量成正比；当 LAI>2.5 时，产量仍可增加，但与叶面积不成正比关系；当 LAI>4～5 时，产量不再增加。不少研究认为，在目前生产水平下，水稻的最大 LAI 达 7 左右，小麦 5 左右，玉米 6～7，通常能获得较高产量。近年来，国内外培育的小麦、水稻、玉米等高产新品种，多为矮秆或半矮秆、叶片挺厚、株型紧凑、耐肥抗倒的类型。种植此类品种可适当增加密度，提高叶面积系数，因而能提高光能利用率。

3.5.2.3 延长光合时间

延长光合时间可通过提高复种指数、延长生育期及补充人工光照等措施来实现。复种指数（multiple crop index）是全年农作物的收获面积对耕地面积之比。提高复种指数可增加收获面积，延长单位土地面积上作物的光合时间，减少漏光损失，充分利用光能。从播种、出苗至幼苗期，全田的叶面积系数很低，造成光能很大的浪费。通过轮种、间种和套种等提高复种指数的措施，就能在一年内巧妙地搭配作物，从时间和空间上更好地利用光能。如在前茬作物旺盛生长时，即在行间播种或栽植后茬作物，这样当前茬作物收获时，后茬作物已长大。如麦套棉、豆套薯、粮菜果蔬间混套种等有不少成功的经验。

在不影响耕作制度的前提下，适当延长作物的生育期也能提高产量。如育苗移栽，覆膜栽培等，均可有效地延长光合时间。在小面积的栽培试验中，或在加速繁殖重要植物材料时，可采用生物效应灯或日光灯作为人工光源，以延长光照时间。

LED(light-emitting diode)，即发光二极管，是一种可以有效地把电能转变成电磁辐射的装置。与传统光源相比，LED 具有亮度高、发热量小、寿命长等优势。LED 光源具有以下独特的优点：第一，光谱可控，通过调制光谱与植物的感光细胞最优结合来影响植物的生长发育与营养品质；第二，具有较窄的波谱，波谱半宽范围从几纳米到几十纳米，在±20 nm 左右，波长正好与植物光合成和光形态形成的光谱范围相吻合；第三，采用 LED 光源能得到单一波长光质，解决了以往研究中光质不纯的问题。

LED 光源在植物组织培养以及设施栽培中有着广泛的应用。生产中常用的 LED 光源有红光、蓝光和黄光，研究人员通过调控不同波长光源的比例，从而达到调控植物生长的目的。例如，有研究表明，红/蓝光(7/1)处理能增加乌塌菜叶片光合色素含量，提高光合速率，促进植株生长和改善营养品质。同样地，在蝴蝶兰的组织培养过程中，红蓝复色光更有利于蝴蝶兰的单芽增殖以及根系诱导。而在草莓的设施栽培过程中，红/蓝/黄(7/2/1)处理最有利于增加光合色素含量，提高果实产量，促进部分品质改善。

3.5.2.4　减少有机物质消耗

正常的呼吸消耗是植物生命活动所必需的，生产上应注意提高呼吸效率，尽量减少浪费型呼吸。如 C_3 植物的光呼吸消耗光合作用同化碳素的 1/4 左右，是一种浪费型呼吸，应加以限制。目前降低光呼吸主要从两方面入手。

第一是利用光呼吸抑制剂去抑制光呼吸。例如，乙醇酸氧化酶抑制剂 α-羟基磺酸盐类化合物，可抑制乙醇酸氧化为乙醛酸。用 100 ppm $NaHSO_3$ 喷洒大豆，可抑制光呼吸 32.2%，2，3-环氧丙酸也有类似效果。

第二是改变环境成分，特别是增加 CO_2 浓度，使 Rubisco 的羧化反应占优势，光呼吸得到抑制。此外，及时防治病虫草害，也是减少有机物消耗的重要方面。

3.5.2.5　提高经济系数

经济系数又叫收获指数。国内外许多研究证明，作物产量的增加有赖于收获指数的提高。如现代六倍体小麦与原始二倍体小麦相比，其高产的主要原因是其收获指数较高。提高收获指数应从选育优良品种，调控器官建成和有机物运输分配，协调“源、流、库”关系入手，使尽可能多的同化产物运往产品器官。

思考题

1. 叶绿体色素有哪些？各分布在叶绿体的什么位置？其理化性质和光学特性有何异同？
2. 光合作用可分为哪三大过程？每个过程中的能量是如何转化的？
3. 试比较 PSⅠ和 PSⅡ的结构及功能特点。

4. 光合作用中O_2是怎样产生的？

5. 为什么C_3途径是碳同化的基本途径？C_3植物、C_4植物和CAM植物在碳代谢上存在什么差异？

6. 一般来说，C_4植物比C_3植物的光合效率要高，试从它们的光合特征及生理特征比较分析。

7. 从光呼吸的代谢途径来看，光呼吸有什么意义？

8. 试述光合作用与呼吸作用的关系。

9. 试述光、温、水、气和矿质元素对光合作用的影响。

10. 什么是光能利用率？如何在农业生产中提高作物光能利用率？

11. 简述光合产物运输压力流动学说的内容，并指出其实验证据。

12. 光合产物韧皮部装载和卸出有哪些途径？各有何特点？

13. 光合产物分配的基本规律是什么？其分配主要受哪些因素的影响？

14. 什么是光合产物运输的源和库？源库之间的光合产物运输存在哪些规律？

第4章 植物的呼吸作用

提要

呼吸作用是指生活细胞内的有机物在一系列酶的作用下，逐步氧化分解成简单物质，并释放能量的过程。呼吸作用提供各种生命活动所需的能量和合成重要有机物质的原料，还可增强植物的抗病力。

呼吸代谢是一切生活细胞的共同特征，呼吸停止就意味生物体的死亡。呼吸作用是代谢中心，根据呼吸过程中是否有氧参与，可分为有氧呼吸和无氧呼吸两大类型。有氧呼吸是高等植物进行呼吸的主要形式，但植物至今仍保留着无氧呼吸的能力。

植物呼吸代谢具有多样性，主要表现在呼吸途径的多样性、呼吸链的多样性以及呼吸途径末端氧化系统的多样性。呼吸代谢的多样性是植物长期进化中形成的一种对多变环境的适应性表现。EMP-TCA 循环是植物体内有机物质氧化分解的主要途径，而 PPP、GAC 途径和抗氰呼吸在植物呼吸代谢中也占有重要地位。植物体内存在 2 条主要呼吸代谢电子传递途径，即细胞色素途径与交替途径，细胞色素呼吸链途径是电子传递主路，在生物界分布最广泛，为动物、植物及微生物所共有。其他呼吸链支路都是其补充途径。末端氧化酶主要有两类，一类存在于线粒体膜上，如细胞色素氧化酶和交替氧化酶；一类存在于细胞质中，如酚氧化酶、抗坏血酸氧化酶和乙醇酸氧化酶等。

植物呼吸代谢各条途径都可通过中间产物、辅酶、无机离子及能荷等加以反馈调节，并受植物内部生理状态及外界环境(主要是温度、O_2和 CO_2)的影响。呼吸作用与农作物栽培、育种和种子、果蔬及块根块茎的贮藏都有着密切的关系。

植物以初生代谢产物为原料或前体进一步合成生命活动非必需化合物的代谢过程称为次生代谢，其代谢物质称为次生代谢物质，主要包括萜类化合物、多酚类化合物及含氮的化合物。植物的次生代谢物质对植物生长、繁衍及适应等生理过程均具有重要作用。其中吲哚和赤霉素等次生物质作为植物激素，直接参与了生命活动的调节；叶绿素和类胡萝卜素作为光合色素参与了植物的光合作用；多酚类化合物对植物本身无毒却对动物或微生物有毒，从而使植物具有防御动物取食和抵御微生物入侵等抗性；花色素赋予植物的丰富色彩，萜类化合物构成了植物的香气，可吸引昆虫授粉和传播种子。另外，随着研究的深入，发现越来越多的植物次生代谢物质对人类健康有益，倍受国内外学者的广泛关注。

植物呼吸代谢是一切生活细胞的共同特征，是植物生长发育的物质、能量和信息的源泉，代谢的中心枢纽，属于新陈代谢的异化作用方面。呼吸停止就意味着生命的终止。因此，了解植物呼吸作用的变化规律对于调控植物生长发育、指导农业生产，有着十分重要的理论意义和应用价值。

4.1 呼吸作用的概念、指标及生理意义

4.1.1 呼吸作用的概念

呼吸作用(respiration)是指生活细胞内的有机物在一系列酶的作用下,逐步氧化分解成简单物质,并释放能量的过程。根据呼吸过程中是否有氧参与,可分为有氧呼吸和无氧呼吸。有氧呼吸是植物呼吸作用的主要形式,通常所说的呼吸作用主要是指有氧呼吸。

4.1.1.1 有氧呼吸

有氧呼吸(aerobic respiration)是指生活细胞利用分子氧(O_2),将淀粉、葡萄糖等有机物彻底氧化分解为CO_2,并生成H_2O,同时释放能量的过程。呼吸作用中被氧化的有机物称为呼吸底物或呼吸基质(respiratory substrate),如碳水化合物、有机酸、蛋白质和脂肪等。一般来说,葡萄糖是植物细胞呼吸最常利用的呼吸底物,氧在呼吸过程中不直接与葡萄糖作用,需要水分子参与到葡萄糖降解的中间产物里,中间产物的氢原子与空气中的氧结合,还原成水。因此,有氧呼吸总反应式为:

$$C_6H_{12}O_6+6H_2O+6O_2 \longrightarrow 6CO_2+12H_2O+\text{能量} \quad \Delta G^0=-2\ 870\ \text{kJ}\cdot\text{mol}^{-1} \qquad (4\text{-}1)$$

ΔG^0表示标准自由能在pH 7.0的变化。呼吸作用能量是逐步释放的,少部分以ATP、NADH和NADPH形式贮藏起来,为植物生命活动所必需;大部分以热能放出。水稻浸种催芽时,谷堆里的发热现象就是由于种子萌发时呼吸旺盛,释放出大量的热量。

4.1.1.2 无氧呼吸

无氧呼吸(anaerobic respiration)指生活细胞在无氧条件下,把淀粉、葡萄糖等有机物分解成为不彻底的氧化产物,同时释放出部分能量的过程。微生物的无氧呼吸习惯称为发酵(fermentation)。例如,酵母菌在无氧条件下分解葡萄糖产生酒精,称为酒精发酵。高等植物无氧呼吸也可产生酒精,其过程与酒精发酵是相同的。例如,苹果、香蕉贮藏过久和稻种催芽时堆积过厚产生的酒味,便是酒精发酵的结果。其反应式如下:

$$C_6H_{12}O_6 \longrightarrow 2C_2H_5OH+2CO_2+\text{能量} \quad \Delta G^0=-226\ \text{kJ}\cdot\text{mol}^{-1} \qquad (4\text{-}2)$$

乳酸菌的发酵产物是乳酸,称为乳酸发酵。高等植物中,胡萝卜、甜菜块根和青贮饲料在进行无氧呼吸时也产生乳酸。其反应式如下:

$$C_6H_{12}O_6 \longrightarrow 2CH_3CHOHCOOH+\text{能量} \quad \Delta G^0=-197\ \text{kJ}\cdot\text{mol}^{-1} \qquad (4\text{-}3)$$

无氧呼吸底物氧化降解不彻底,乙醇、乳酸等发酵产物中还含有较丰富的能量,释放能量比有氧呼吸少得多。从发展的观点来看,有氧呼吸是由无氧呼吸进化而来的。现今高等植物在缺氧情况下(如水涝)仍保留无氧呼吸能力,是植物适应生态多样性的表现。

4.1.2 呼吸作用的指标

呼吸作用的指标有两个,即呼吸速率和呼吸商。

(1)呼吸速率(respiratory rate) 又称呼吸强度(respiratory intensity),表示呼吸作用的

快慢，是最常用的生理指标。通常以单位鲜重、干重或原生质（以含氮量表示），在单位时间内释放 CO_2 的量（Q_{CO_2}）或吸收 O_2 的量（Q_{O_2}）来表示。常用单位有：$\mu mol \cdot g^{-1} \cdot h^{-1}$，$\mu mol \cdot mg^{-1} \cdot h^{-1}$，$\mu L \cdot g^{-1} \cdot h^{-1}$ 等。

（2）呼吸商（respiratory quotient，RQ）　又称呼吸系数（respiratory coefficient），是指植物组织在一定时间内释放 CO_2 与吸收 O_2 数量（体积或物质的量）的比值。呼吸商是表示呼吸底物性质和氧气供应状态的一种指标。呼吸底物种类不同，呼吸商就不同。

$$呼吸商=\frac{释放\ CO_2 的量}{吸收\ O_2 的量}$$

①以葡萄糖为呼吸底物，又完全氧化时，RQ=1。如禾谷类种子萌发时，RQ 接近 1。

$$C_6H_{12}O_6+6O_2 \longrightarrow 6CO_2+6H_2O \qquad RQ = 6/6 = 1.0 \tag{4-4}$$

②以富含氢的脂肪、蛋白质为呼吸底物，吸收的氧量多，RQ<1。如油料种子萌发初期，棕榈酸先氧化转变为蔗糖，其 RQ 约为 0.36。

$$\underset{棕榈酸}{C_{16}H_{32}O_2}+11O_2 \longrightarrow \underset{蔗糖}{C_{12}H_{22}O_{11}}+4CO_2+5H_2O \qquad RQ = 4/11 = 0.36 \tag{4-5}$$

③以含氧多于糖类的有机酸为呼吸底物时，则 RQ>1。如苹果酸为呼吸底物，RQ 为 1.33。

$$C_4H_6O_5+3O_2 \longrightarrow 4CO_2+3H_2O \qquad RQ = 4/3 = 1.33 \tag{4-6}$$

由上可见，RQ 大小与呼吸底物的性质密切相关，根据 RQ 大小，可推测呼吸底物及其种类。然而，植物呼吸底物多种多样，糖类、蛋白质、脂类或有机酸等，RQ 往往来自多种呼吸底物的平均值。一般来说，植物呼吸通常先利用糖类，较后期才利用其他物质。

环境的氧气供应状况对 RQ 影响很大，无氧条件下发生的酒精发酵，只有 CO_2 释放，无 O_2 的吸收，则 RQ>1。如果在呼吸进程中形成不完全氧化的中间产物（如有机酸），吸收的氧较多地保留在中间产物里，放出 CO_2 就相对减少，RQ 就<1。

4.1.3　呼吸作用的生理意义

（1）为生命活动提供能量。呼吸作用释放出的能量一部分以 ATP 形式贮存起来，不断满足植物体各种生理过程对能量的需要，未被利用的能量就转变为热能而散失（图 4-1）。需要呼吸作用提供能量的生理过程主要有离子的主动吸收、细胞的分裂和分化、有机物的合成、种子萌发等。不需要呼吸作用直接提供能量的生理过程主要有干种子的吸胀吸水、离子的被动吸收、蒸腾作用、光反应等。呼吸放热可提高植物体温，有利于幼苗生长、开花传粉、受精等。

（2）为重要有机物质合成提供原料。呼吸作用是植物体内有机物质代谢的中心。呼吸作用过程的许多中间产物，如 α-酮戊二酸、苹果酸、甘油醛磷酸等，可作为合成糖类、脂类、氨基酸、蛋白质、酶、核酸、色素、激素及维生素等各种细胞结构物质、生理活性物质及次生代谢物质的原料。

（3）为代谢活动提供还原力。呼吸底物降解过程中形成的 NADH、NADPH、UQH_2 等，可为脂肪及蛋白质合成、硝酸盐还原等过程提供还原力。

（4）增强植物抗病免疫能力。植物受到病菌侵染或机械损伤时，呼吸速率升高，分解有毒物质或促进伤口愈合,使伤口迅速木质化或栓质化,阻止病菌进一步侵染。呼吸作用的加强还可促进具有杀菌作用的绿原酸、咖啡酸等的合成。

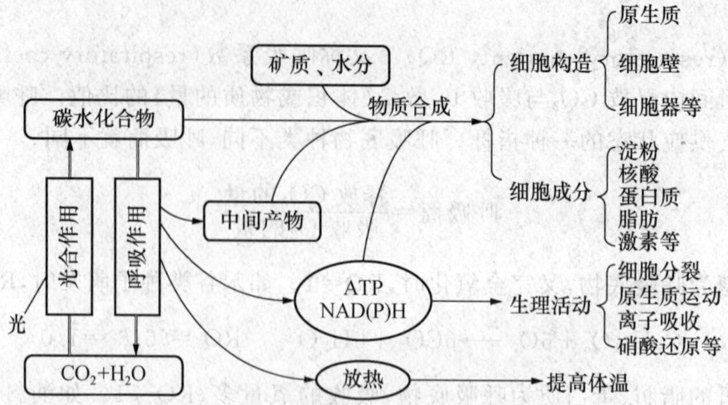

图 4-1 呼吸作用的主要功能示意图

(引自王忠,2000)

4.2 高等植物呼吸代谢的多样性

研究发现,植物呼吸代谢并不是只有一种途径,不同的植物、同一植物的不同器官或组织在不同生育时期或不同环境条件下,呼吸底物的氧化降解可走不同的途径。1965 年,汤佩松提出呼吸代谢多条路线观点,阐明了代谢与其他生理功能之间控制和被控制的相互制约的关系。即基因通过酶控制代谢,调控植物的形态结构和生理功能;在一定的限度内,代谢类型、生理功能和环境条件也调控基因的表达(图 4-2)。

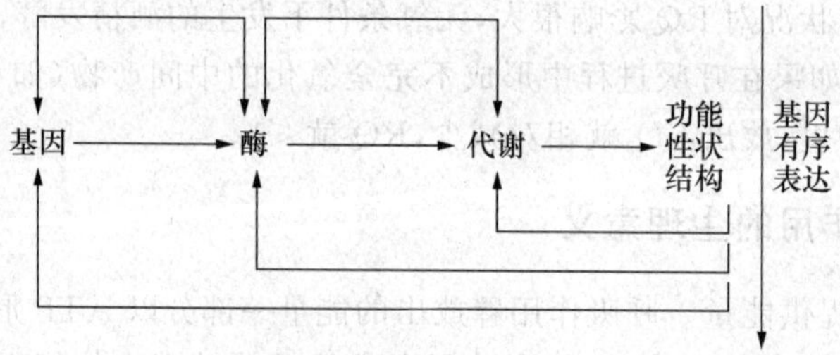

图 4-2 呼吸代谢的控制与被控制的观点示意图

(引自梁峥和梁厚果,1998)

植物呼吸代谢的多样性主要表现在,呼吸途径的多样性、呼吸链的多样性以及呼吸途径末端氧化系统的多样性。这是植物在长期进化过程中对不断变化环境的一种适应性表现,以不同方式为植物提供新的物质和能量,从而保证了植物对环境适应的灵活性。以下简介呼吸代谢多样性的过程、特点和生理意义。

4.2.1 呼吸代谢途径的多样性

高等植物中存在多种呼吸代谢途径,主要有:①糖酵解途径及丙酮酸在缺氧条件下进行的酒精发酵和乳酸发酵；②丙酮酸在有氧条件下进行降解的三羧酸循环和戊糖磷酸途径；③脂肪酸氧化分解的乙醛酸循环和乙醇酸氧化途径以及抗氰呼吸的交替途径等。各种呼吸代谢途径执行不同的生理功能，相互调节和制约(图 4-3)。

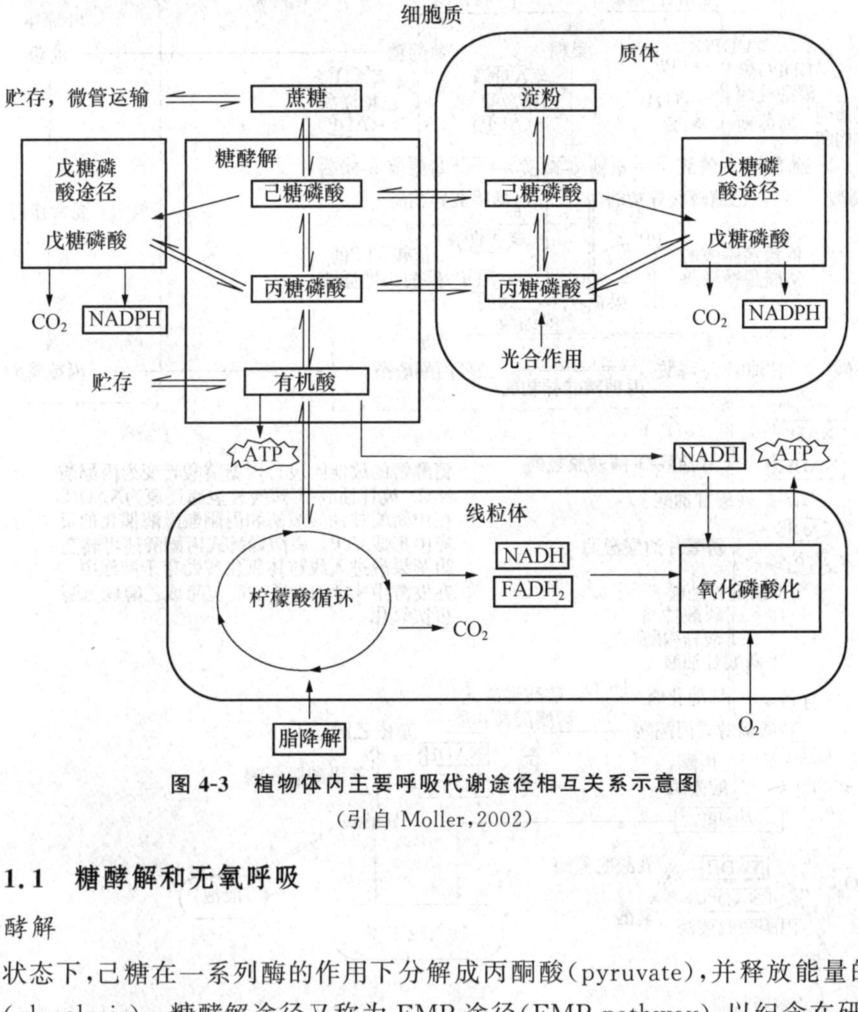

图 4-3　植物体内主要呼吸代谢途径相互关系示意图

(引自 Moller，2002)

4.2.1.1　糖酵解和无氧呼吸

1. 糖酵解

无氧状态下，己糖在一系列酶的作用下分解成丙酮酸(pyruvate)，并释放能量的过程，称为糖酵解(glycolysis)。糖酵解途径又称为 EMP 途径(EMP pathway)，以纪念在研究糖酵解途径方面有突出贡献的三位德国生物化学家 G. Embden，O. Meyerhof 和 J. Parnas。糖酵解在细胞质中进行。

(1)糖酵解的化学过程　糖酵解的化学过程见图 4-4，可分为 3 个阶段，包括：

①己糖的磷酸化。在己糖激酶作用下，己糖活化消耗两个 ATP 逐步转化为果糖-1，6-二磷酸(F-1，6-BP)。

②己糖磷酸的裂解。F-1，6-BP 在醛缩酶作用下，裂解成两分子的丙糖磷酸(甘油醛-3-磷酸和二羟丙酮磷酸)，以及丙糖磷酸之间相互转化。

③ATP 和丙酮酸的生成。甘油醛-3-磷酸氧化脱氢形成磷酸甘油酸，经脱水、脱磷酸形成丙酮酸，并生成 ATP 和 NADH＋H^+，这个阶段也称为氧化产能阶段。由于底物的分子磷酸直接转到 ADP 而形成 ATP，称为底物水平磷酸化(substrate level phosphorylation)。

糖酵解中糖的氧化分解过程，既没有 CO_2 的释放，也没有 O_2 的吸收，所需要的氧都来自

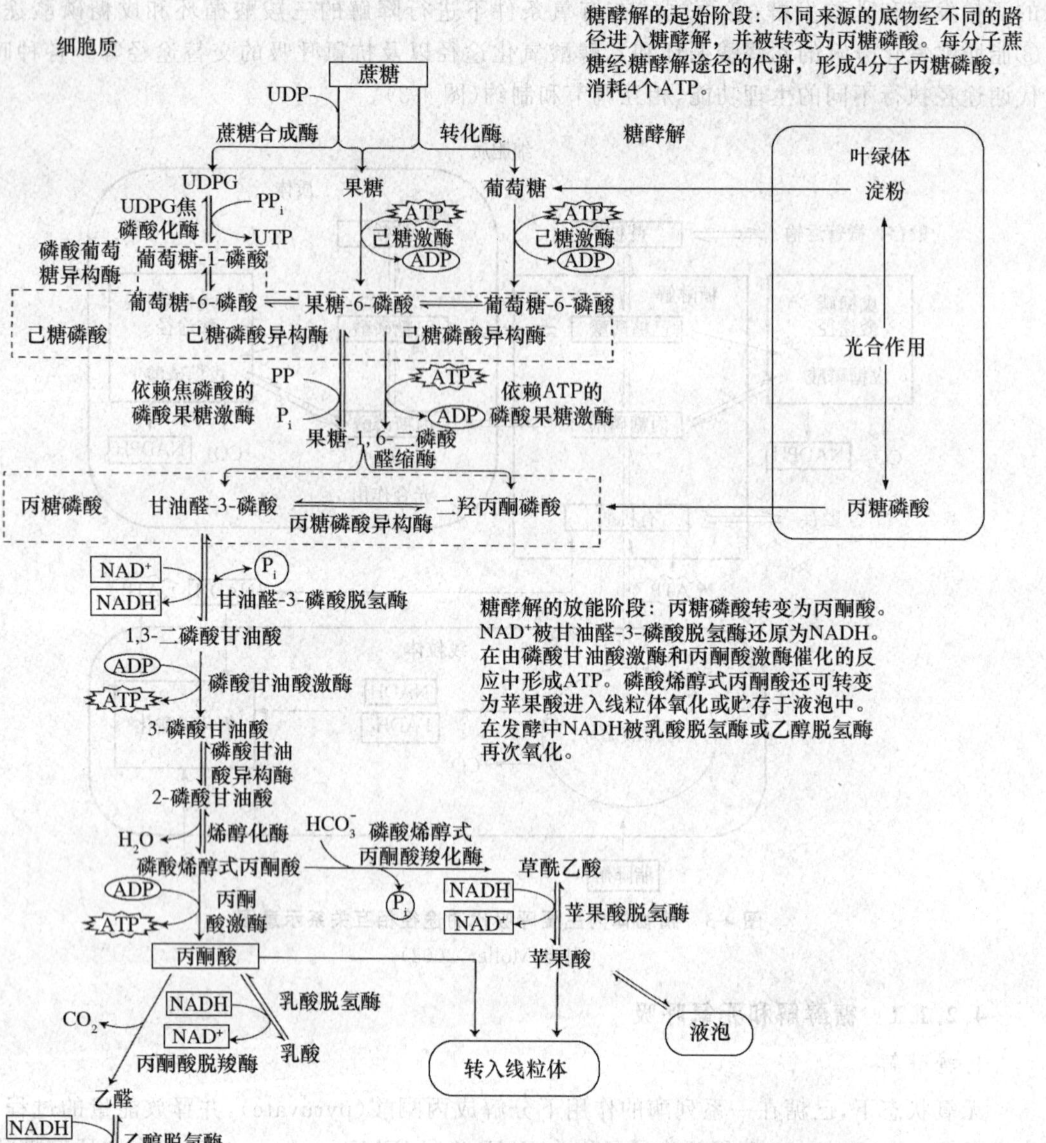

图 4-4 糖酵解和发酵途径

（引自 Taiz & Zeiger 编，宋纯鹏等译，2015）

组织内的含氧物质（水分子和被氧化的糖分子），因此糖酵解途径也称分子内呼吸（intramolecular respiration）。总反应式如下：

$$C_6H_{12}O_6 + 2NAD^+ + 2ADP + 2Pi \longrightarrow 2CH_3COCOOH + 2NADH + 2H^+ + 2ATP + 2H_2O \quad (4\text{-}7)$$

（2）糖酵解的生理意义

①糖酵解是有氧呼吸和无氧呼吸途径的共同途径，普遍存在于植物、动物和微生物中。

②糖酵解的一些中间产物(如丙糖磷酸)和最终产物丙酮酸的化学性质十分活跃,可以通过各种代谢途径生成不同的物质。

③糖酵解释放一些能量供生物体需要。对于厌氧生物来说,糖酵解是糖分解和获取能量的主要方式。

④糖酵解途径中,除由己糖激酶、磷酸果糖激酶、丙酮酸激酶等所催化的反应以外,多数反应可逆转,为糖异生作用提供了基本途径。

2. 无氧呼吸

高等植物无氧呼吸包括在无 O_2 条件下,己糖经糖酵解形成丙酮酸,进一步产生乙醇或乳酸的全过程,在细胞质中进行。

(1)酒精发酵　植物在无氧条件下通常发生酒精发酵(alcohol fermentation)。即丙酮酸在丙酮酸脱羧酶(pyruvic acid decarboxylase)作用下脱羧生成 CO_2 和乙醛,乙醛在乙醇脱氢酶(alcohol dehydrogenase)的作用下,被 NADH 还原成乙醇。

$$CH_3COCOOH \xrightarrow{\text{丙酮酸脱羧酶}} CO_2 + CH_3CHO \tag{4-8}$$

$$CH_3CHO + NADH + H^+ \xrightarrow{\text{乙醇脱氢酶}} CH_3CH_2OH + NAD^+ \tag{4-9}$$

(2)乳酸发酵　在缺少丙酮酸脱羧酶而含有乳酸脱氢酶(lactic acid dehydrogenase)的组织里,丙酮酸被 NADH 还原为乳酸,即乳酸发酵(lactate fermentation):

$$CH_3COCOOH + NADH + H^+ \xrightarrow{\text{乳酸脱氢酶}} CH_3CHOHCOOH + NAD^+ \tag{4-10}$$

无氧条件下,通过酒精发酵或乳酸发酵,实现了 NAD^+ 的再生,使糖酵解能继续进行。

无氧呼吸的能量利用效率低,有机物质损耗大,而且发酵产物酒精和乳酸的累积对细胞原生质有毒害作用。如酒精累积过多,会破坏细胞的膜结构;乳酸累积量超过细胞本身的缓冲能力,使胞质溶胶酸化,影响酶代谢,也会引起细胞酸中毒。因此,植物长期进行无氧呼吸会受到伤害,甚至死亡。

4.2.1.2　三羧酸循环

葡萄糖经过糖酵解转化成丙酮酸,在有氧条件下,通过一个包括三羧酸和二羧酸的循环而逐步氧化分解,形成 H_2O 和 CO_2 的过程,称为三羧酸循环(tricarboxylic acid cycle,TCA 或 TCAC)。该循环是英国生物化学家 H. Krebs 于 1937 年提出的,所以也称为 Krebs 循环(Krebs cycle)。TCA 循环是在线粒体基质(matrix)中进行的。TCA 循环的起始底物乙酰 CoA 不仅是糖代谢的中间产物,也是脂肪酸和某些氨基酸的代谢产物。因此,TCA 循环是糖、脂肪、蛋白质三大类物质的共同氧化途径。

1. 丙酮酸氧化脱羧

丙酮酸氧化脱羧反应是连接糖酵解和三羧酸循环的桥梁。有氧条件下,经过糖酵解转化的丙酮酸,通过位于线粒体内膜的丙酮酸转运器(pyruvate translocator)进入线粒体基质,氧化脱羧形成乙酰 CoA;乙酰 CoA 再进入三羧酸循环彻底氧化成 CO_2,并释放能量。

丙酮酸在丙酮酸脱氢酶复合体(pyruvate dehydrogenase complex)催化下,氧化脱羧形成 NADH、CO_2 和乙酸,乙酸再通过硫脂键与辅酶 A(CoA)结合生成乙酰 CoA,反应式如下:

$$CH_3COCOOH + CoA\text{-}SH + NAD^+ \xrightarrow{Mg^{2+}\text{、TPP、硫辛酸、FAD}} CH_3CO{\sim}SCoA + CO_2 + NADH + H^+ \quad (4\text{-}11)$$

乙酰 CoA 在细胞代谢中是降解和合成的枢纽物质，如丙酮酸氧化脱羧、脂肪酸的 β-氧化、氨基酸的降解等均可形成乙酰 CoA；另一方面，乙酰 CoA 又参与到多种代谢中去，如 TCA 循环，脂肪酸、类胡萝卜素及赤霉素的合成均需乙酰 CoA 作为原料。

2. 三羧酸循环的化学过程

TCA 循环的化学过程分为 3 个阶段：柠檬酸生成、氧化脱羧和草酰乙酸的再生（图 4-5）。

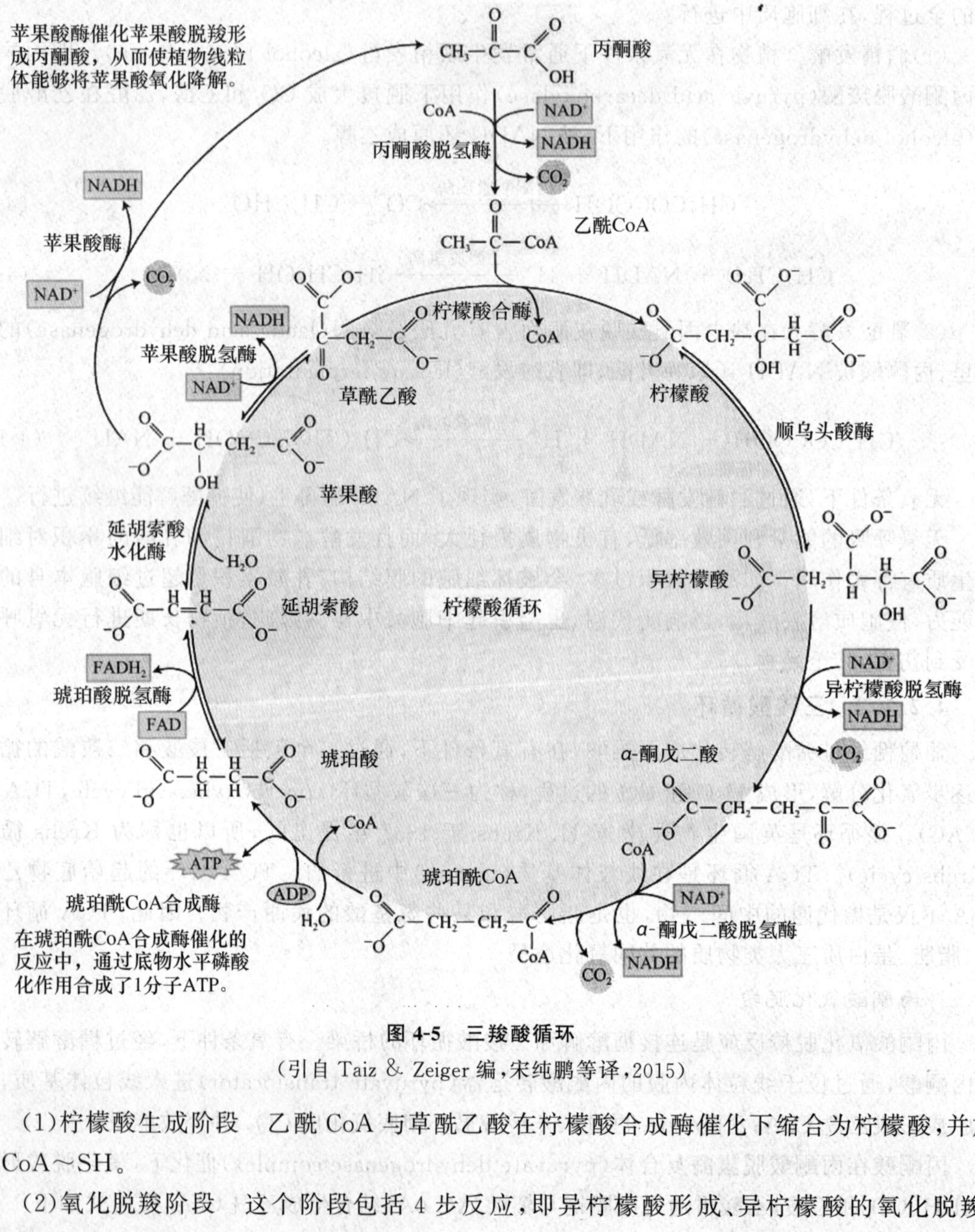

图 4-5 三羧酸循环

（引自 Taiz & Zeiger 编，宋纯鹏等译，2015）

（1）柠檬酸生成阶段 乙酰 CoA 与草酰乙酸在柠檬酸合成酶催化下缩合为柠檬酸，并放出 CoA～SH。

（2）氧化脱羧阶段 这个阶段包括 4 步反应，即异柠檬酸形成、异柠檬酸的氧化脱羧、

α-酮戊二酸氧化脱羧和琥珀酸生成，此阶段释放 CO_2 并合成 ATP。

(3)草酰乙酸的再生阶段　这个阶段包括延胡索酸、苹果酸和草酰乙酸的生成。草酰乙酸又重新接受进入循环的乙酰 CoA，再次生成柠檬酸，开始新一轮 TCA 循环。由于 1 分子葡萄糖经糖酵解生成 2 分子丙酮酸，TCA 循环的总反应式可写成：

$$2CH_3COCOOH + 8NAD^+ + 2FAD + 2ADP + 2Pi + 4H_2O \longrightarrow 6CO_2 + 8NADH + 8H^+ + 2FADH_2 + 2ATP \quad (4\text{-}12)$$

3. 三羧酸循环的生理意义

(1)TCA 循环是生物体利用糖或其他物质氧化获得能量的主要途径。每分子葡萄糖经 TCA 循环产生 36 个 ATP，这些 ATP 可为植物生命活动提供能量。

(2)TCA 循环是物质代谢的枢纽，将各种有机代谢联系起来。乙酰 CoA 不仅是糖代谢的中间产物，同时也是脂肪酸和某些氨基酸的代谢产物；TCA 循环既是糖、脂肪、蛋白质彻底氧化分解的共同途径，TCA 循环的一些中间产物又是氨基酸、蛋白质、脂肪酸生物合成的前体。

4.2.1.3　戊糖磷酸途径

20 世纪 50 年代初，Racker (1954)、Gunsalus(1955)等发现植物体内有氧呼吸代谢除 EMP-TCA 途径以外，在细胞质中还存在不经过糖酵解生成丙酮酸而进行有氧呼吸的途径，即戊糖磷酸途径(pentose phosphate pathway, PPP)，又称己糖磷酸途径(hexose monophosphate pathway, HMP)。

1. 戊糖磷酸途径的化学过程

戊糖磷酸途径是葡萄糖在细胞质内直接氧化脱羧，经一系列酶促反应被氧化降解为 CO_2 的途径。可分为两个阶段(图 4-6)。

(1)氧化阶段　从 6 mol 葡萄糖-6-磷酸(G6P)开始，经 2 次脱氢氧化及 1 次脱羧后，生成 6 mol 核酮糖-5-磷酸(Ru5P)，放出 6 mol CO_2。这些反应是不可逆的。

$$6G6P + 12NADP^+ + 6H_2O \longrightarrow 6CO_2 + 12NADPH + 12H^+ + 6Ru5P \quad (4\text{-}13)$$

(2)非氧化阶段　6 mol 的核酮糖-5-磷酸(共有 6×5=30 碳原子)经 C_3、C_4、C_5、C_7 等糖的异构化、基团转移和缩合反应等一系列糖之间的转化，生成为 5 mol 葡萄糖-6-磷酸(同样含 5×6=30 个碳原子)。这些反应是可逆的(图 4-6 的右边部分)。

戊糖磷酸途径总反应式是：

$$6G6P + 12NADP^+ + 7H_2O \longrightarrow 5G6P + 6CO_2 + Pi + 12NADPH + 12H^+ \quad (4\text{-}14)$$

2. 戊糖磷酸途径的生理意义

(1)PPP 途径产生大量 NADPH，为细胞各种合成反应提供还原力。通过该途径，每氧化 1 分子葡萄糖可产生 12 分子的 $NADPH + H^+$，NADPH 是脂肪酸、固醇等的生物合成、非光合细胞的硝酸盐、亚硝酸盐还原以及氨同化、丙酮酸羧化还原成苹果酸等过程中所必需的。

(2)PPP 途径的中间产物是许多重要有机物合成的原料。如 Ru5P 等戊糖是合成核酸的原料；赤藓糖-4-磷酸(E4P)和磷酸烯醇式丙酮酸(PEP)可以合成莽草酸，进而合成芳香族氨基酸。

(3)PPP 途径的一些中间产物丙糖、丁糖、戊糖、己糖及庚糖的磷酸酯及酶类与卡尔文循环的中间产物和酶相同，因而，戊糖磷酸途径把呼吸作用和光合作用联系起来。

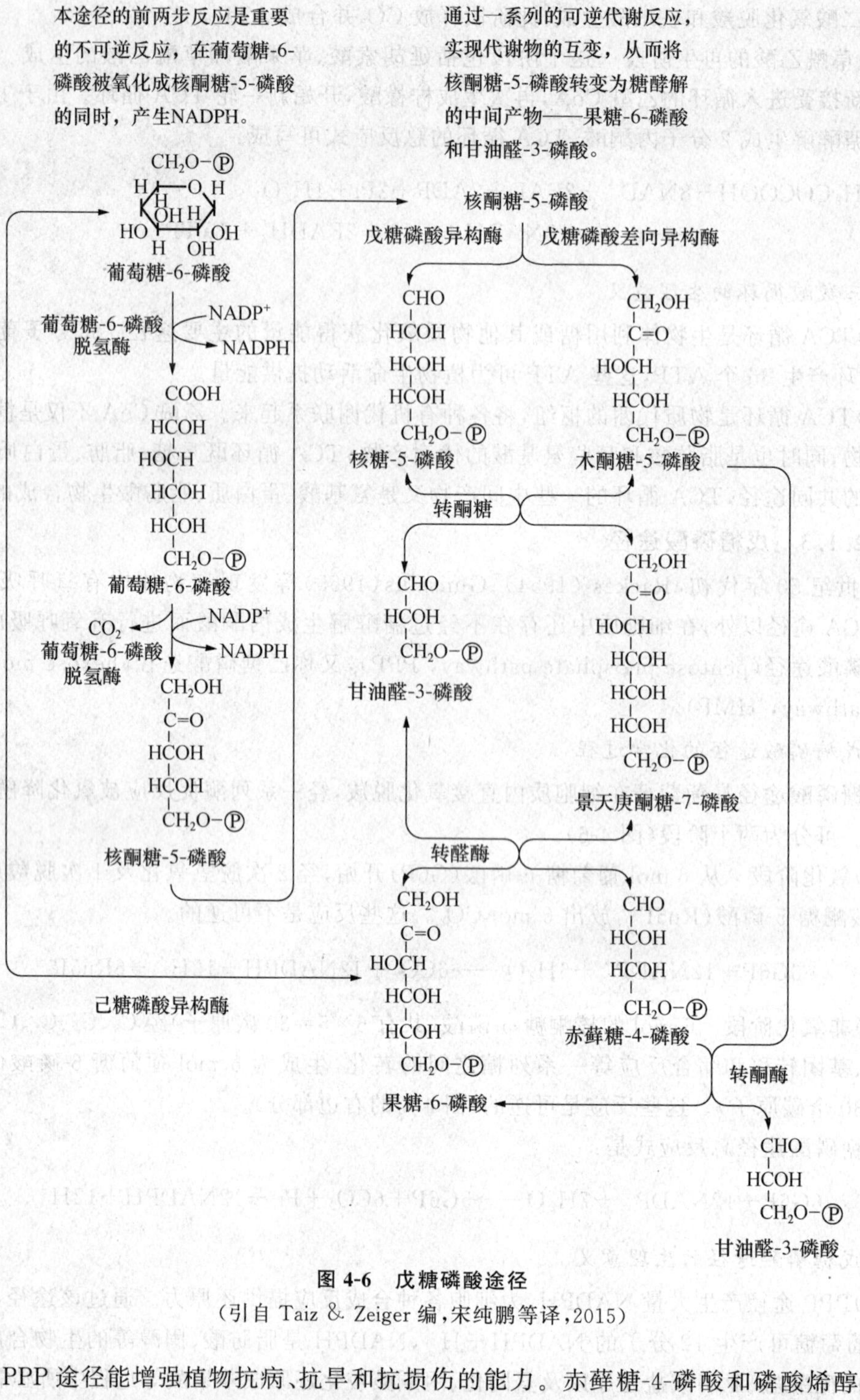

图 4-6　戊糖磷酸途径

（引自 Taiz & Zeiger 编，宋纯鹏等译，2015）

(4)PPP 途径能增强植物抗病、抗旱和抗损伤的能力。赤藓糖-4-磷酸和磷酸烯醇式丙酮酸合成的莽草酸，可进一步合成与植物生长、抗病有关的生长素、木质素、花色素苷、绿原酸、咖啡酸等。

4.2.1.4　乙醛酸循环

油料种子萌发时，贮藏的脂肪首先分解为甘油和脂肪酸。脂肪酸经 β-氧化分解为乙酰

CoA，在乙醛酸循环体（glyoxysome）生成琥珀酸、乙醛酸、苹果酸和草酰乙酸等的酶促反应过程，称为乙醛酸循环（glyoxylic acid cycle，GAC），素有“脂肪呼吸”之称。

GAC 从脂肪酸 β-氧化产物乙酰 CoA 与草酰乙酸缩合为柠檬酸，柠檬酸异构化形成异柠檬酸，异柠檬酸又在异柠檬酸裂解酶（isocitratelyase）催化下，裂解为琥珀酸和乙醛酸。在苹果酸合成酶（malate synthase）催化下，乙醛酸与另一分子乙酰 CoA 结合生成苹果酸。苹果酸脱氢，重新形成草酰乙酸，可以再与乙酰 CoA 缩合为柠檬酸，从而形成一个循环。其反应结果是由 2 分子乙酰 CoA 生成 1 分子琥珀酸和 1 分子 $NADH+H^+$（图 4-7），反应式如下：

$$2CH_3CO\sim SCoA+NAD^+ \longrightarrow \begin{array}{l} CH_2COOH \\ | \\ CH_2COOH \end{array} +2CoASH+NADH+H^+ \qquad (4\text{-}15)$$

异柠檬酸裂解酶与苹果酸合成酶是乙醛酸循环中两种特有的酶类。水稻盾片中就分离出了乙醛酸循环中的这两个关键酶——异柠檬酸裂解酶和苹果酸合成酶。

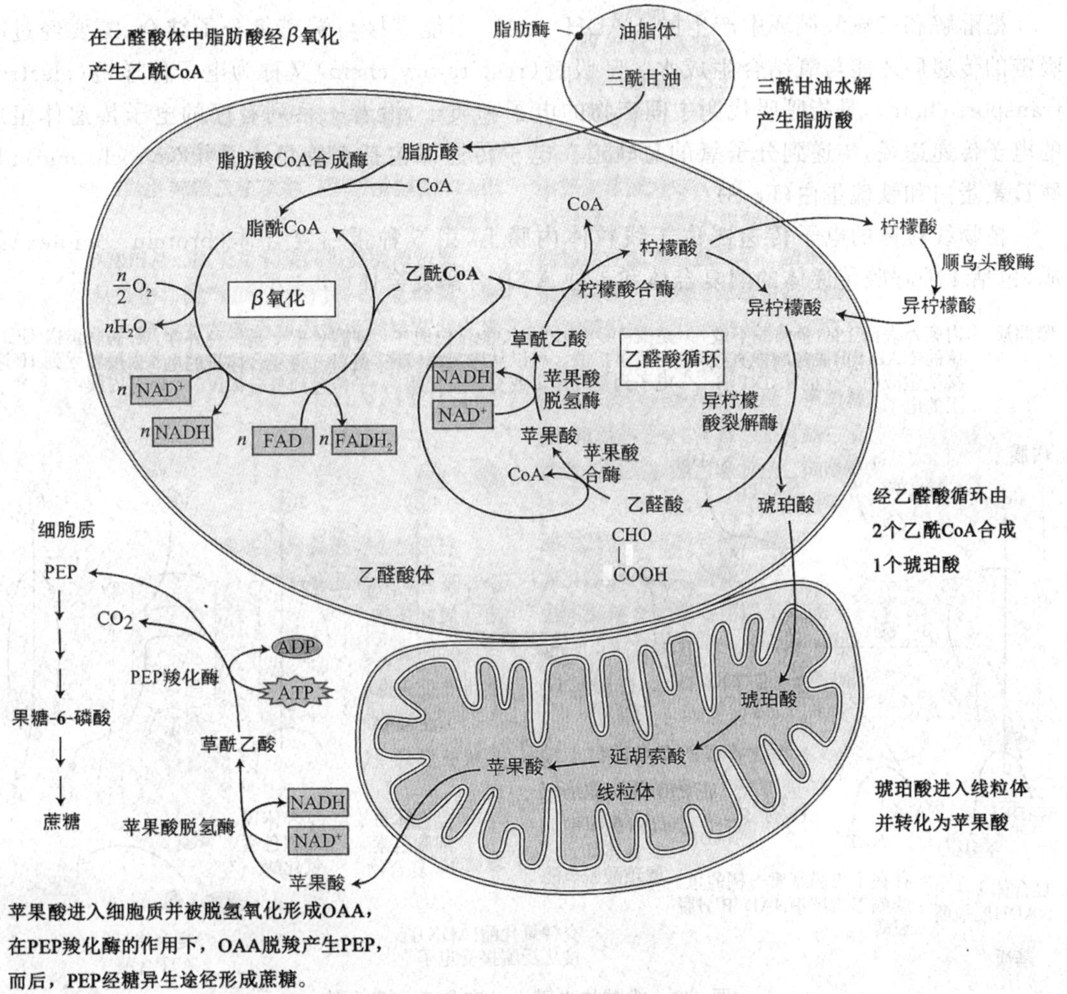

图 4-7　乙醛酸循环和脂肪酸降解转变为糖的途径

（引自 Taiz & Zeiger 编，宋纯鹏等译，2015）

乙醛酸循环途径中产生的琥珀酸可转化为糖(图 4-7)。动物和人类细胞中没有乙醛酸体,无法将脂肪酸转变为糖。植物和微生物有乙醛酸体,一些种子的萌发过程具有将脂肪转化为糖的作用。淀粉种子萌发时不发生乙醛酸循环,油料植物种子(花生、油菜、棉籽等)萌发时存在乙醛酸循环。可见,乙醛酸循环是富含脂肪的油料种子特有的一种呼吸代谢途径。

此外,在植物体内还存在着一条不被氰化物抑制的呼吸作用,称为抗氰呼吸,这将在 4.2.2 节中介绍。

4.2.2 植物呼吸链电子传递的多样性与氧化磷酸化

生物氧化(biological oxidation)是指发生在线粒体内的一系列传递氢和电子的氧化还原反应。生物氧化是在生活细胞内、正常体温、pH 接近中性和有水的环境下,由一系列酶、辅酶和中间传递体共同完成的,并伴随着能量的释放。生物氧化过程中释放的能量一部分以热能形式散失,另一部分则贮存在 ATP 中,以满足植物生命活动的需要。

4.2.2.1 呼吸电子传递链

糖酵解和三羧酸循环中产生的 $NADH + H^+$ 不能直接与游离氧分子结合,需要经过呼吸链的传递后才能与氧结合生成水。呼吸链(respiratory chain)又称为电子传递链(electron transport chain),是指呼吸代谢中间产物的电子和质子,沿着一系列有序的电子传递体组成的电子传递途径,传递到分子氧的总轨道。电子传递体包括细胞色素系统(cytochrome)、某些黄素蛋白和铁硫蛋白(Fe-S)。

植物线粒体的电子传递链位于线粒体内膜上,由 5 种蛋白复合体(protein complex)组成,包括 4 种呼吸传递体的酶复合体和 1 种 ATP 合酶复合体(图 4-8)。

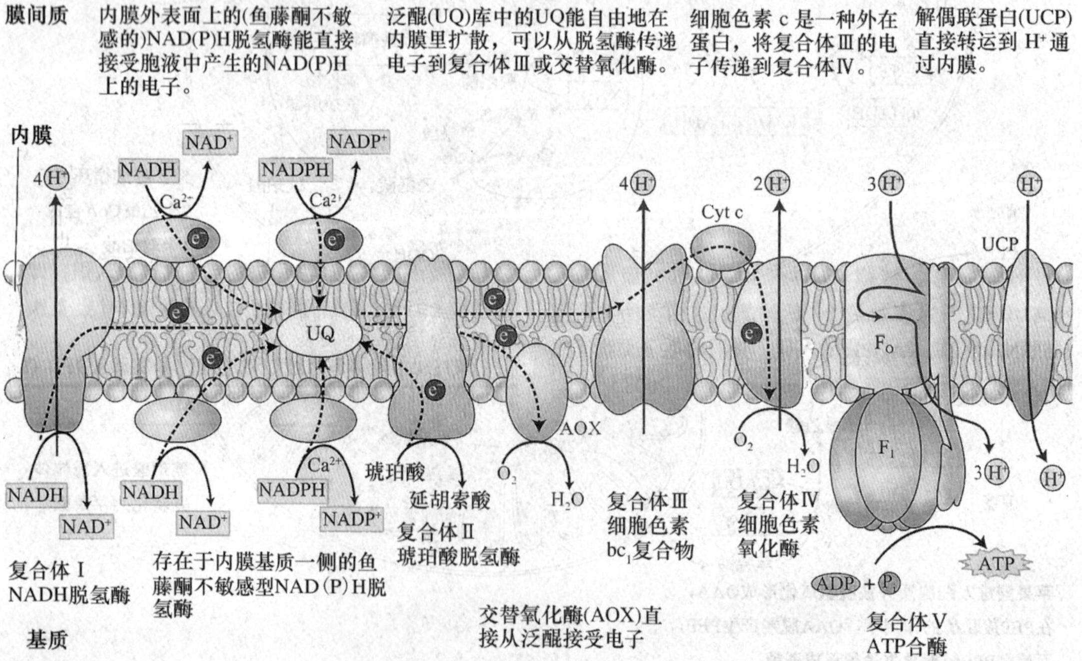

图 4-8 线粒体内膜上分布的 5 个复合体

(引自 Taiz & Zeiger 编,宋纯鹏等译,2015)

复合体Ⅰ、复合体Ⅱ、复合体Ⅲ和复合体Ⅳ是电子传递链上的电子载体,复合体Ⅴ是 ATP 合酶复合体。

(1)复合体Ⅰ　又称 NADH-泛醌氧化还原酶(NADH-ubiquinone oxidoreductase)。包括以 FMN 为辅基的黄素蛋白和多种 Fe-S,还有 UQ、磷脂(phosphatide)。其功能是将线粒体基质中 NADH＋H^+ 的 2 对电子即 4 个 H^+ 经 FMN 转运到膜间间隙,同时再经过 Fe-S 将 2 个电子传递给靠近内膜内侧的 2 个 UQ。

(2)复合体Ⅱ　又称琥珀酸-泛醌氧化还原酶(succinate-ubiquinone oxidoreductase),主要成分是琥珀酸脱氢酶(succinate dehydrogenase, SDH)、FAD、Cyt b 和 3 个 Fe-S 蛋白。其功能是催化琥珀酸氧化为延胡索酸,把 H 经 FAD 转移到 UQ 生成 UQH_2。

(3)复合体Ⅲ　又称泛醌-细胞色素 c 氧化还原酶(ubiquinone-cytochrome c oxidoreductase),一般含有 2 个 Cyt b(Cyt b_{565} 和 Cyt b_{560}),1 个 Fe-S 蛋白和 1 个 Cyt c_1。其功能是在复合体Ⅲ 和Ⅳ 之间传递电子,泵出质子到膜间间隙。

(4)复合体Ⅳ　又称细胞色素氧化酶(cytochrome oxidase),主要有 2 个铜中心(Cu_A、Cu_B)及 Cyt a 和 Cyt a_3。复合体Ⅳ是末端氧化酶(terminal oxidase),将 Cyt aa_3 中的电子传递给分子氧,激发 O_2 与 H^+ 结合形成 H_2O,每传递 1 对电子时,有 2 个 H^+ 泵出。

(5)复合体Ⅴ　又称 ATP 合酶(ATP synthase)。由 F_0 和 F_1 两部分组成,也称为 F_0F_1-ATP 合酶,催化 ADP 和 Pi 合成 ATP。

电子在呼吸链上传递的动力是电势梯度,每个电子传递体具有标准氧化还原电位(E^0)(redoxpotential),电子只能从低电位流向高电位。如 NADH 的 E^0 为－0.320 V,UQ 为＋0.070 V,而 O_2 的 E^0 有＋0.816V。所以电子能由 NADH 传递到 O_2。

在研究电子传递顺序时,常使用专一性电子传递抑制剂以阻断呼吸链中某一部位的电子传递。如鱼藤酮(rotenone)、安米妥(amytal)阻断 NADH 向 UQ 的电子传递;丙二酸(malonate)阻断电子由琥珀酸传至 FAD;抗霉素 A(antimycin A)抑制电子从 Cyt b/c_1 传递 Cyt c 或 Cyt b 传递 Cyt c_1;氰化物(cyanide, CN^-)、叠氮化物(azide, N_3^-)、CO 抑制从 Cyt a_3 到 O_2 的电子传递。此外,水杨基氧肟酸(salicyl hydroxamic acid, SHAM)阻止 UQ 的电子向交替氧化酶传递(图 4-9)。

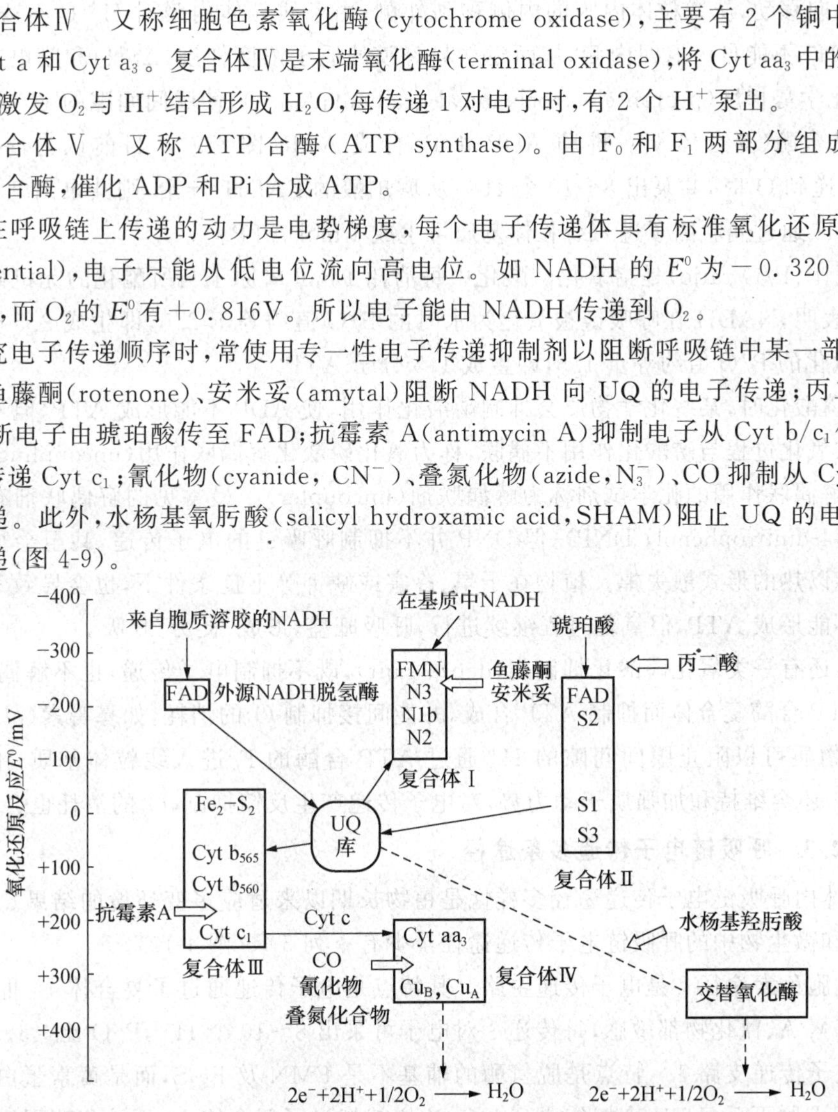

图 4-9　高等植物线粒体电子传递体及呼吸抑制剂作用位置

(引自 Anderson 和 Beardall, 1991)

N 和 S 都是 Fe-S 蛋白,Cu_B 和 Cu_A 是具铜原子的细胞色素氧化酶复合物。

4.2.2.2 氧化磷酸化

氧化磷酸化(oxidative phosphorylation) 指在生物氧化中,电子从 NADH 或 $FADH_2$脱下,经电子传递链传递到分子氧生成水,并偶联 ADP 和 Pi 生成 ATP 的过程。是需氧生物合成 ATP 的主要途径。

电子传递过程中所释放出的自由能是如何转入 ATP 分子中的,这就是氧化磷酸化作用的机理问题。目前被人们普遍接受的是由英国生物化学家 P. Mitchell 于 1961 年提出的化学渗透偶联假说,此工作获得 1978 年诺贝尔化学奖。该学说强调跨膜的质子动力势(proton motive force,pmf)是推动 ATP 合成的原动力。即呼吸链上的氢传递体与电子传递体在线粒体内膜上有着特定的不对称分布,彼此相间排列,当电子在膜中定向传递时,所释放的能量使 H^+ 发生定向移动,从线粒体内膜的内侧移到外侧;由于线粒体内膜对 H^+ 是不透性的,泵到膜外侧的 H^+ 不能自由返回内侧,从而建立起跨膜的质子浓度梯度(ΔpH)和膜电势差(ΔE),即 H^+ 电化学势梯度(proton electrochemical gradient,$\Delta\mu_{H^+}$),使膜间间隙的 H^+ 通过并激活 F_0F_1-ATP 合酶(复合体Ⅴ),推动 ADP 和 Pi 合成 ATP(图 4-9)。目前认为,一对电子从 NADH 传递到 O_2时,共泵出 8～10 个 H^+;从琥珀酸的 $FADH_2$开始,则共泵出 6 个 H^+。大约 3 mol H^+ 通过偶联因子进入线粒体基质可生成 1 mol ATP。

磷/氧比(P/O ratio)是指氧化磷酸化中每消耗 1 mol 氧原子与所酯化的无机磷摩尔数之比。实验表明,NADH 在呼吸链被氧化为水时的 P/O 值约等于 2.5,即生成 2.5 分子 ATP;$FADH_2$ 氧化的 P/O 值约等于 1.5,即生成 1.5 分子 ATP。

氧化磷酸化时,某些化学物质会抑制磷酸化作用,使 ADP 不能形成 ATP,但不抑制电子传递,导致氧化过程与磷酸化作用不偶联,称为氧化磷酸化解偶联作用(uncoupling)。能对呼吸链产生解偶联作用的化学试剂称为解偶联剂(uncoupler)。最常见的解偶联剂有 2,4-二硝基苯酚(2,4-dinitrophenol, DNP);但 DNP 并不抑制呼吸链的电子传递,甚至会加速电子传递,自由能以热的形式散失掉。植物在干旱、冷害或缺钾等不良条件下,也会导致氧化磷酸化解偶联,不能形成 ATP,但氧化过程继续进行,呼吸旺盛,形成"徒劳"呼吸。

此外,还有一类氧化磷酸化抑制剂(depressant),既不抑制电子传递,也不解偶联,它直接作用于 ATP 合酶复合体而抑制 ATP 合成,并能间接抑制 O_2的消耗,如寡霉素(oligomycin),这类化学物质可以阻止膜间间隙的 H^+ 通过 ATP 合酶的 F_0 进入线粒体基质,不仅抑制了 ATP 生成,还会维持和加强质子动力势,对电子传递产生反馈抑制,O_2的消耗也会相应减少。

4.2.2.3 呼吸链电子传递多条途径

植物体内呼吸链电子传递途径多样性是植物长期以来适应多变环境的结果。研究证明,高等植物和微生物中的呼吸链电子传递途径至少有下列 5 条(图 4-10)。

(1)细胞色素途径　是电子传递主路。其特点是电子传递通过了复合体Ⅰ、Ⅲ、Ⅳ。对鱼藤酮、抗霉素 A、氰化物都敏感,每传递一对电子可泵出 8～10 个 H^+,P/O 比≤3。

(2)电子传递支路 1　特点是脱氢酶的辅基不是 FMN 及 Fe-S,而是黄素蛋白 FP_2,电子从 NADH 上脱下后经 FP_2直接传递到 UQ,这样就越过了复合体Ⅰ,不被鱼藤酮抑制,对抗霉素 A、氰化物敏感,每传递一对电子可泵出 6 个 H^+,P/O 比为 2 或略低于 2。

(3)电子传递支路 2　特点是脱氢酶的辅基是黄素蛋白 FP_3,P/O 比为 2。其他与支路 1

相同。

(4)电子传递支路 3　特点是脱氢酶的辅基是黄素蛋白 FP_4，电子自 NADH 脱下后经 FP_4 和 Cyt b_5 直接传递给 Cyt c，越过了复合体Ⅰ、Ⅲ，只通过复合体Ⅳ，因而对鱼藤酮、抗霉素 A 不敏感，可被氰化物所抑制，P/O 比为 1。

(5)交替途径　这是一条对氰化物不敏感的支路，在氰化物存在的条件下仍运行的呼吸途径，称为抗氰呼吸(cyanide resistant respiration)。抗氰呼吸电子传递途径在某些条件下与正常的 NADH 电子传递途径交替进行，故又称为交替呼吸途径，简称交替途径(alternative pathway，AP)。交替途径的电子自 NADH 脱下后，经 FMN→Fe-S 传递到 UQ，然后不进入细胞色素电子传递系统，而是从 UQ 处分岔，经 FP 和交替氧化酶(alternative oxidase，AO)把电子交给分子氧，电子通过了复合体Ⅰ，越过了复合体Ⅲ、Ⅳ。见图 4-9。

$$\text{NADH}\rightarrow\text{FMN}\rightarrow\text{FeS}\rightarrow\text{UQ}\cdots\text{Cyt b、Fe-S、Cyt } c_1\cdots\text{Cyt c}\cdots\text{Cyt } aa_3\rightarrow O_2 \qquad (4\text{-}16)$$

（UQ ——FP——→交替氧化酶——→ O_2）

抗氰呼吸广泛存在于高等植物和微生物中，最著名的例子是天南星科植物佛焰花序，其呼吸速率(鲜重计)很高，可达 15 000～20 000 $\mu L\cdot g^{-1}\cdot h^{-1}$，比一般植物呼吸速率高 100 倍以上，同时由于呼吸放热，所以使组织温度比环境温度高出 10～20℃。因此，抗氰呼吸又称为放热呼吸(thermogenic respiration)。抗氰呼吸具有如下重要的生理意义：

(1)有利于授粉、种子萌发。抗氰呼吸产生的大量热能，使产热植物早春花器官的温度与环境温度相差达 22～25℃，有助于花粉的成熟；当产热爆发时，会增加胺类、吲哚和萜类等物质挥发，引诱昆虫传粉。如水杨酸是海芋起始放热的化学信号。

(2)促进果实成熟。果实成熟过程中出现的呼吸跃变现象，主要表现为抗氰呼吸速率增强。

(3)增强抗逆性。在各种逆境下(冷害、旱害、缺磷、渗透调节等)，植物会抑制线粒体电子传递，加强抗氰呼吸，减少活性氧(如 O_2^-)的产生，减少胁迫对植物的不利影响。

(4)代谢协同调控。有人提出能量溢流假说(energy overflow hypothesis)来解释交替途径的作用，包括：①在底物和还原力(NADH)丰富或过剩时，使细胞色素途径电子传递呈饱和状态，抗氰呼吸非常活跃，可分流电子，将多余的底物和还原力消耗掉。②当细胞色素途径受阻时，抗氰呼吸产生或加强，可保证 EMP-TCA 循环、PPP 能正常运转、底物继续氧化，维持生命活动各方面的需要。③抗氰呼吸产生热量，可消耗过多的光合作用碳累积，防止影响源-库关系，反馈抑制物质的运输。

4.2.3　末端氧化系统的多样性

末端氧化酶(terminal oxidase)是指处于呼吸链的末端，能将底物上脱下的电子传给 O_2，并形成 H_2O 或 H_2O_2 的酶类。末端氧化酶是一个具有多样性的系统，主要有两类，一类存在于线粒体膜上，如细胞色素氧化酶和交替氧化酶；一类存在于细胞质中，如酚氧化酶、抗坏血酸氧化酶和乙醇酸氧化酶等(图 4-10)。

位于线粒体膜上的末端氧化酶有：

(1)细胞色素氧化酶(cytochrome oxidase)　植物体内最主要的末端氧化酶，普遍存在于植物组织特别是幼嫩组织中，承担细胞内约 80%的耗 O_2 量。包括 Cyt a 和 Cyt a_3，含有两个铁卟啉和两个铜原子，将 Cyt a_3 电子传给 O_2，生成 H_2O。与氧的亲和力极高，易受氰化物、CO

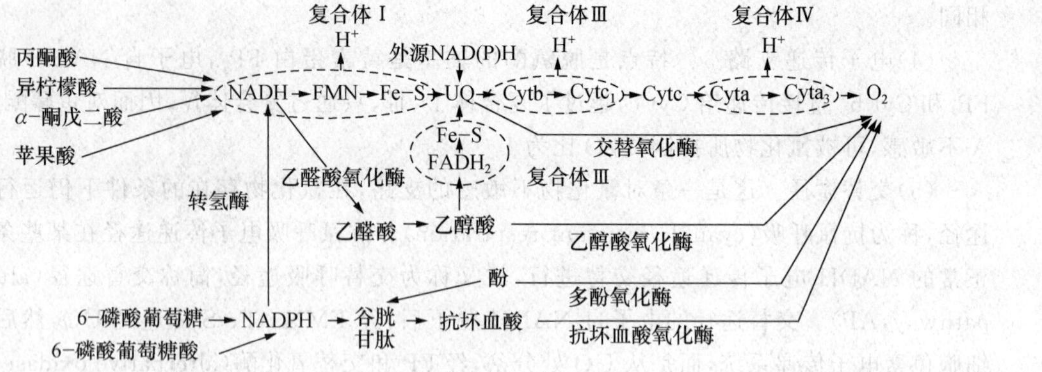

图 4-10 呼吸电子传递过程图解

（引自薛应龙，1987）

的抑制。

（2）交替氧化酶（alternative oxidase，AO） 称抗氰氧化酶（cyanide-resistant oxidase）。Fe^{2+}是 AO 活性中心的金属，AO 在植物和微生物中以氧化型二聚体和还原型二聚体存在。AO 将 UQH_2的电子经黄素蛋白（FP）传给 O_2产生 H_2O_2，再被线粒体内的过氧化氢酶氧化为 H_2O 和 O_2，该酶对氧的亲和力比细胞色素氧化酶低，但比非线粒体末端氧化酶要高；易被 SHAM 所抑制，对氰化物不敏感。根据分子生物学的研究，已有多种关于 AO 结构的假设，如 SUM 和 AN 模式（图 4-11）。

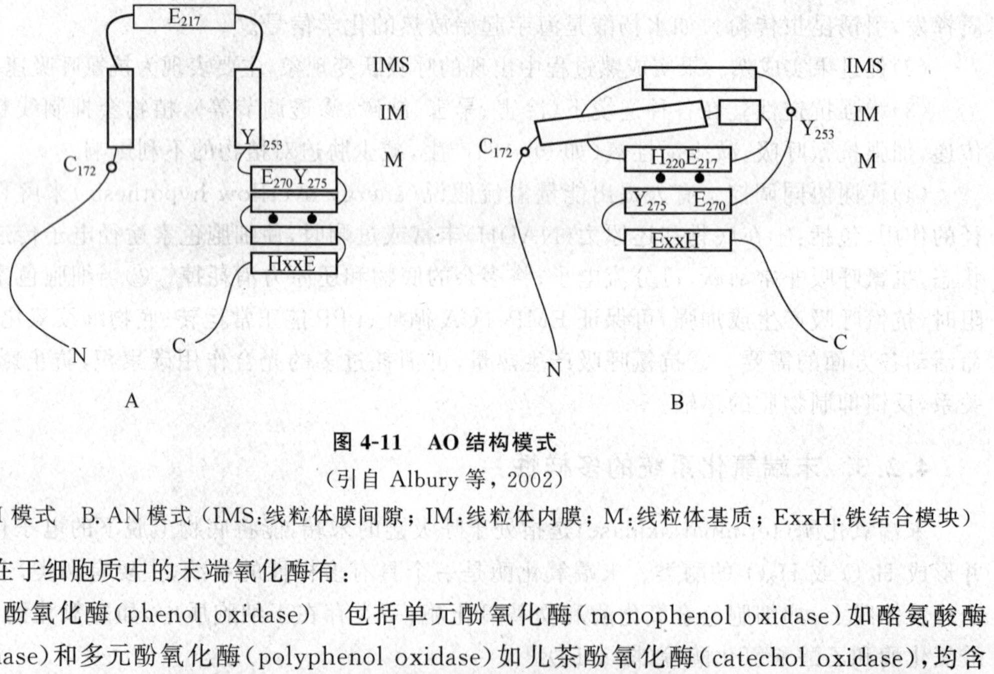

图 4-11 AO 结构模式

（引自 Albury 等，2002）

A. SUM 模式 B. AN 模式（IMS：线粒体膜间隙；IM：线粒体内膜；M：线粒体基质；ExxH：铁结合模块）

存在于细胞质中的末端氧化酶有：

（3）酚氧化酶（phenol oxidase） 包括单元酚氧化酶（monophenol oxidase）如酪氨酸酶（tyrosinase）和多元酚氧化酶（polyphenol oxidase）如儿茶酚氧化酶（catechol oxidase），均含有铜，存在于质体和微体中，可与细胞内其他底物氧化相偶联，从而起到末端氧化酶的作用。酚氧化酶对氧的亲和力中等，易受氰化物和 CO 的抑制。

（4）抗坏血酸氧化酶（ascorbic acid oxidase） 是含铜的氧化酶，位于细胞质中，催化分子氧，将抗坏血酸氧化生成 H_2O。抗坏血酸氧化酶在植物中普遍存在，以蔬菜和果实（特别是葫芦科果实)中较多,与植物的受精作用有密切关系,有利于胚珠的发育。该酶对氧的亲和力低,受氰化物抑制,对 CO 不敏感。

(5)乙醇酸氧化酶(glycolate oxidase)　是一种黄素蛋白酶(含 FMN),不含金属,位于过氧化物酶体,催化乙醇酸氧化为乙醛酸并产生 H_2O_2,与甘氨酸和草酸生成有关。该酶与氧的亲和力极低,不受氰化物和 CO 抑制。在光呼吸及水稻根部的氧化还原反应中起重要作用。

由上可知,植物呼吸代谢有多样性,这是在长期进化过程中,植物对不断变化的外界环境的一种适应性表现,以不同方式提供新的物质和能量,从而保证对环境适应的灵活性。植物呼吸代谢的多样性主要表现在:

(1)呼吸代谢途径的多样性　植物体内存在的多条呼吸途径并不是同等运行的,在糖的有氧降解中,EMP-TCA 途径与 PPP 所占的比例,随植物的种类、器官、年龄和环境而发生变化。有氧条件下,幼嫩的部位、生长旺盛的组织中 TCA 途径占主要地位;衰老、感病、受旱、受伤的组织中,PPP 途径加强,占全部呼吸的 50%以上。当 EMP-TCA 途径受阻时,PPP 则可替代正常的有氧呼吸。

(2)呼吸电子传递链的多样性　细胞色素呼吸链途径是电子传递主路,在生物界分布最广泛,为动物、植物及微生物所共有。其他呼吸链支路都是其补充途径。植物体内呼吸代谢两条主要电子传递途径,即细胞色素途径(CP)与交替途径(AP),它们之间可通过协同调节方式适应环境变化和发育进程的需要。

作为半沼泽植物,水稻能适应不同水分生态条件,其重要原因可能是同一水稻幼苗线粒体中同时存在着 4 条不同的电子传递途径(图 4-12)。其中以细胞色素途径和交替途径为主要途径,植物对这两条途径的运行强度有自动调控能力。

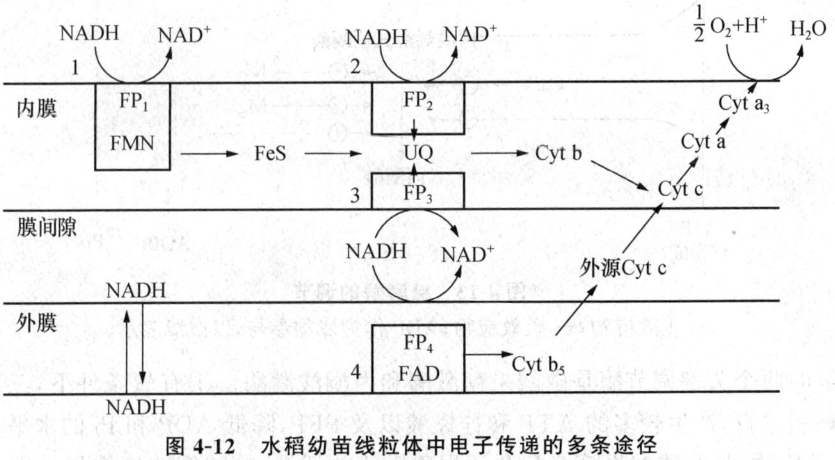

图 4-12　水稻幼苗线粒体中电子传递的多条途径

(引自李合生,2004)

(3)呼吸末端氧化酶的多样性　末端氧化酶多样性使植物在一定范围内适应不同底物和不同环境条件,保证正常的生命活动。例如,对氧浓度的适应,细胞色素氧化酶对氧的亲和力极高,在低氧浓度的情况下能发挥良好的作用;而酚氧化酶和黄酶对氧的亲和力弱,则可在较高氧浓度下顺利发挥作用。

4.3 呼吸作用的调节与控制

植物呼吸作用多条途径都具有自动调节和控制能力。细胞内呼吸代谢的调节主要是对酶的调控，包括酶的形成（基因的表达）和酶活性的调控，这里着重讨论呼吸酶活性的调节。

4.3.1 巴斯德效应和糖酵解的调节

巴斯德（B. L. Pasteur）早就观察到氧抑制酒精发酵的现象，即氧可以降低糖类的分解代谢和减少糖酵解产物的积累，这种现象被称为巴斯德效应（Pasteur effect）。对于这种现象的解释说明了糖酵解的调节机制（图 4-13）。

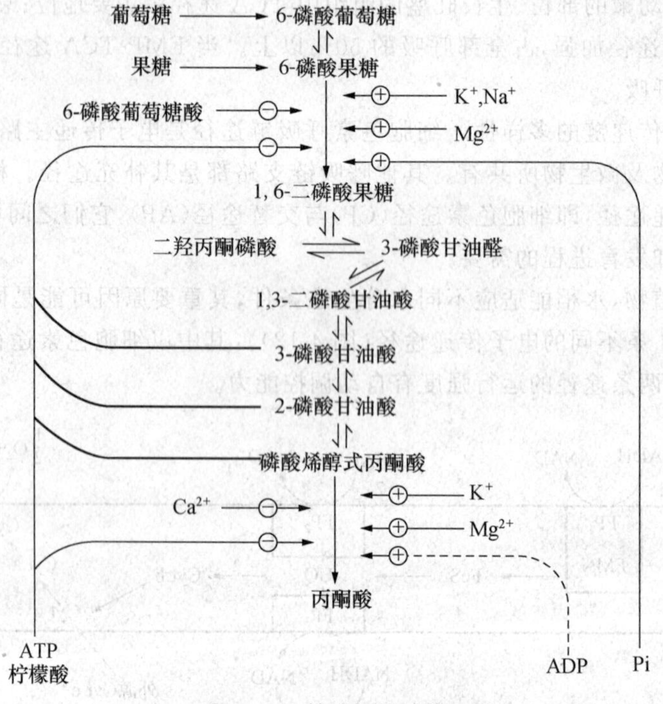

图 4-13 糖酵解的调节

＋ 正效应物；－ 负效应物；ADP 作为底物参与，以虚线表示。

糖酵解的两个关键调节酶是磷酸果糖激酶和丙酮酸激酶。①有氧条件下，三羧酸循环和生物氧化顺利进行，产生较多的 ATP 和柠檬酸以及 PEP，降低 ADP 和 Pi 的水平。柠檬酸和 ATP 是负效应物，抑制磷酸果糖激酶和丙酮酸激酶的活性，糖酵解速度缓慢。②在无氧条件下，丙酮酸的有氧降解受到抑制，柠檬酸和 ATP 合成减少，积累较多的 ADP 和 Pi，促进了两个关键酶活性，使糖酵解速度加快。③无氧条件下，NADH 不进入呼吸链，$NAD^+/NADH$ 的比值较高，对糖酵解的运转有利。④此外，己糖激酶也参与调节糖酵解速度，属于变构调节酶，其变构抑制剂为其产物 6-磷酸葡萄糖。Ca^{2+} 抑制丙酮酸激酶，K^+ 和 Mg^{2+} 则为该酶的活化剂。

4.3.2　三羧酸循环的调节

TCA 循环受到多因素的调节。

(1)NADH 是 TCA 循环的主要负效应物，NADH 水平过高，抑制丙酮酸脱氢酶系、异柠檬酸脱氢酶、苹果酸脱氢酶和苹果酸酶等的活性。ATP 对柠檬酸合成酶和苹果酸脱氢酶起抑制作用，NAD^+、ADP 为上述酶的激活剂。

(2)丙酮酸脱氢酶是丙酮酸有氧分解中的关键酶，其活性受 CoA 和 NAD^+ 的促进，受乙酰 CoA 和 NADH 的抑制。当 ATP 浓度高时，该酶会被磷酸化而失活；而丙酮酸浓度高时，会降低该酶的磷酸化程度，提高酶活性，从而加速 TCA 循环的进行。

(3)质量作用原理。产物浓度过高将产生反馈调节。例如，柠檬酸的含量可调节丙酮酸进入 TCA 循环的速度，柠檬酸多可以反馈抑制丙酮酸激酶，减慢 TCA 循环的运转。琥珀酰 CoA 对 α-酮戊二酸脱氢酶有抑制作用。AMP 对 α-酮戊二酸脱氢酶活性有促进作用，α-酮戊二酸对异柠檬酸脱氢酶有抑制作用，草酰乙酸对苹果酸脱氢酶有反馈抑制作用(图 4-14)。

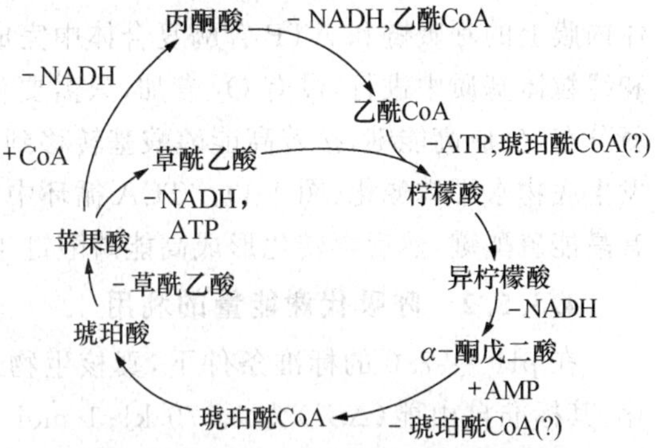

图 4-14　TCA 循环的调控部位及调节剂

＋ 正效应物；－ 负效应物

4.3.3　戊糖磷酸途径的调节

PPP 主要受 $NADPH/NADP^+$ 比值的调节，葡萄糖-6-磷酸脱氢酶是 PPP 的关键酶，受 NADPH 抑制。当 NADPH 被氧化利用，生成较多的 $NADP^+$ 时，会促进 PPP 进行。NADPH 也抑制 6-磷酸葡萄糖酸脱氢酶活性。光照和供氧都可提高 $NADP^+$ 的生成，促进 PPP 进行。

4.3.4　腺苷酸能荷的调节

由 ATP、ADP、AMP 组成的腺苷酸系统是细胞内重要的能量转换与调节系统，细胞中 ATP＋ADP＋AMP 的腺苷酸库是相对稳定的，ATP、ADP 和 AMP 在腺苷酸激酶(adenylate kinase)催化下，很容易发生可逆转变，$ATP + AMP \rightleftharpoons 2ADP$。细胞中三种腺苷酸浓度比值成为调节呼吸代谢的一个重要因素。1968 年，D. E. Atkinson 提出“能荷”的概念，“能荷”(energy charge，EC)是指细胞中腺苷酸系统的能量状态，可用下式表示：

$$EC = \frac{[ATP] + 1/2[ADP]}{[ATP] + [ADP] + [AMP]}$$

通过细胞内腺苷酸之间的转化对呼吸代谢的调节作用称为能荷调节。当细胞中全部腺苷酸都是 ATP 时，EC＝1；全部是 AMP 时，EC＝0；全部是 ADP 时，EC＝0.5。生活细胞中，能荷一般稳定在 0.75～0.95 之间，当能荷变小，ADP、Pi 相对增多时，会相应地启动、活化 ATP 的合成反应，呼吸代谢受到促进；反之，当能荷变大时，ATP 相对增多，则 ATP 合成反应减慢，ATP 利用反应就会加强，植物呼吸代谢就会相应受到抑制。EMP、TCA 循环及 PPP 中有多种酶受到 ADP 或 ATP 的促进或抑制。

4.3.5 呼吸代谢能量的贮存和利用

4.3.5.1 呼吸代谢能量的贮存

植物呼吸代谢中释放的能量，一部分以热能散失于环境中，其余部分则以高能键的形式贮存起来。真核细胞中 1 mol 葡萄糖经 EMP-TCA 循环、呼吸链彻底氧化后共生成 36 mol ATP。

植物体内的高能键主要是高能磷酸键，其次是硫酯键。高能磷酸键以腺苷三磷酸（adenosine triphosphate, ATP）中的高能磷酸键最为重要。生成 ATP 有两种方式：一是生物体生产 ATP 的主要方式，氧化磷酸化；二是底物水平的磷酸化，为次要方式。氧化磷酸化在线粒体内膜上的呼吸链和 ATP 合酶复合体中完成，需要 O_2 参加。底物水平磷酸化在细胞质基质和线粒体基质中进行，没有 O_2 参加，只需要代谢物脱氢（或脱水），其分子内部所含能量的重新分布，生成高能键，接着高能磷酸基转移到 ADP 上，生成 ATP。糖酵解过程中有两个步骤发生底物水平磷酸化（图 4-4）。TCA 循环中，α-酮戊二酸经氧化脱羧形成的琥珀酸 CoA 中具有高能硫酯键，然后再转化形成高能磷酸键生成 ATP（图 4-5）。

4.3.5.2 呼吸代谢能量的利用

在 pH = 7.0 的标准条件下，真核生物 1 mol 葡萄糖经 EMP-TCA 循环-呼吸链彻底氧化，其标准自由能（ΔG^0）为 2 870 kJ；1 mol ATP 水解时，其末端高能磷酸键可释放能量为 30.5 kJ，36 个 ATP 共释放 1 098 kJ，所以，其能量转换效率为 38.25%，其余的 61.75%以热的形式散失。可见，其能量转换效率还是比较高的。

呼吸代谢中 ATP 分解释放的能量可被植物生命活动所利用。如矿质元素的吸收与运输，有机物的合成与运输，细胞分裂和分化，植物生长、运动、开花、受精和结果等。

4.4 呼吸作用和光合作用的关系

光合作用和呼吸作用是植物体内既相互对立又相互依赖的两个过程。相互对立表现为光合作用是制造有机物、贮藏能量的过程；呼吸作用是分解有机物、释放能量的过程，两者的区别见表 4-1。

表 4-1 光合作用和呼吸作用的比较

（引自潘瑞炽，2004）

光合作用	呼吸作用
1. 以 CO_2 和 H_2O 为原料	1. 以 O_2 和有机物为原料
2. 产生有机物糖类和 O_2	2. 产生 CO_2 和 H_2O
3. 叶绿素等捕获光能	3. 有机物的化学能暂时贮存于 ATP 中或以热能散失
4. 通过光合磷酸化把光能转变为 ATP	4. 通过氧化磷酸化把有机物的化学能转变为 ATP
5. H_2O 的氢主要转移至 $NADP^+$，形成 $NADPH+H^+$	5. 有机物的氢主要转移至 NAD^+，形成 $NADH+H^+$

续表 4-1

光合作用	呼吸作用
6. 糖合成过程主要利用 ATP 和 NADPH＋H^+	6. 细胞活动是利用 ATP 和 NADH＋H^+ 或 NADPH＋H^+ 做功
7. 仅有含叶绿素的细胞才能进行光合作用	7. 活的细胞都能进行呼吸作用
8. 只有光照下才能发生	8. 在光照下或黑暗中都能发生
9. 发生在真核细胞植物的叶绿体中	9. EMP 和 PPP 发生在细胞质中，TCA 和氧化磷酸化发生在线粒体中

两者相互依赖表现为光合作用、呼吸作用这两大基本代谢过程互为原料与产物，主要有以下三个方面：

(1)光合作用释放的 O_2 可供呼吸作用利用，而呼吸作用释放的 CO_2 也可被光合作用所同化。

(2)光合作用的卡尔文循环与呼吸作用的戊糖磷酸途径基本上是正反反应的关系。两个代谢之间的许多中间产物糖类、催化酶是类同的，可以交替使用。如 GAP、Ru5P、E4P、F6P、G6P、SBP 等。

(3)光合磷酸化产生 ATP 所需的 ADP 和产生 NADPH-H^+ 所需的 $NADP^+$，与呼吸作用所需的 ADP 和 $NADP^+$ 是相同的，可以共同利用。两者的能量转变和利用如图 4-15 所示。

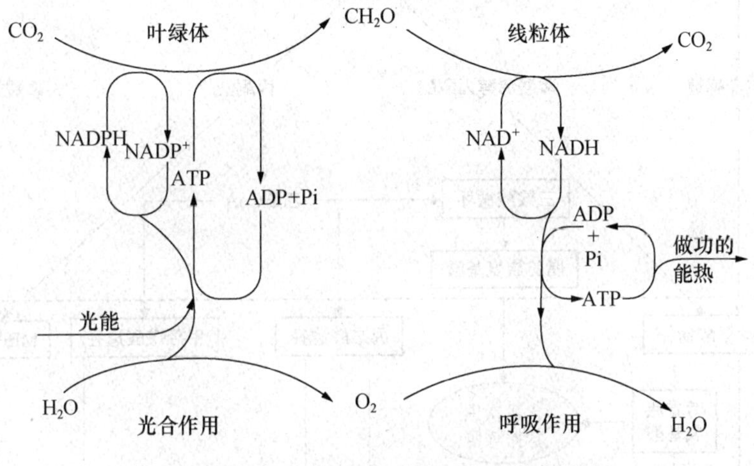

图 4-15　光合作用和呼吸作用之间的能量转变

4.5　植物的次生代谢

4.5.1　植物的次生代谢及次生代谢物质

科塞尔(H. Kossel)早在 1891 年就明确提出植物的新陈代谢包括初生代谢(primary metabolism)和次生代谢(secondary metabolism)。植物的初生代谢是指合成生物体生存所必需的化合物的代谢过程；其代谢物质主要包括糖类、脂类、蛋白质和核酸等，将这些物质称为初生代谢产物(primary metabolites),一般存在于所有植物体内。与初生代谢相比,植物的次生代谢是指在特定的条件下,植物以初生代谢产物为原料或前体进一步合成生命活动非必需化合物的代谢过程;其代谢物质称为次生代谢物质(secondary metabolites)。一般认为这些物质对维持生命有机体的基本生命过程无直接联系,主要包括萜类化合物、多酚类化合物及生物碱化合物。它们的生物合成主要通过植物体内 MVA 途径(mevalonate pathway 甲羟戊酸途径)、MEP 途径(methylerythritol phosphate pathway 2-C-甲基-*D*-赤藓糖醇-4-磷酸途径)、莽草酸途径和丙二酸途径等(图 4-16)。植物的次生代谢物质主要储存于液泡或细胞壁中,是代谢的最终产物,除了极少数外,大部分不再参加基础代谢活动。

大量研究表明植物的次生代谢是植物长期演化过程中产生的,对植物生长、繁衍、适应等生理过程均具有重要作用。其中吲哚、赤霉素等次生物质作为植物激素,直接参与了生命活动的调节;多酚类化合物使植物具有防御动物取食和抵御微生物入侵等抗性;花色素赋予了植物的丰富色彩及萜类化合物等构成植物的香气,从而吸引昆虫,有利于授粉和种子传播。另外,随着人们研究的深入,发现越来越多的植物次生代谢物质是人类所必需的,例如,中药材中许多有效成分是次生代谢物质,再如长期饮茶有助于抗氧化、降低血脂和胆固醇均归功于茶叶中富含有多酚类物质。

图 4-16 植物次生代谢的主要途径及其与初生代谢的相互联系

(虚线部分为次生代谢)

4.5.2　萜类化合物

4.5.2.1　植物中萜类化合物的种类

萜类(terpene)化合物是所有异戊二烯(C_5H_8)的聚合物及其衍生物的总称，通式$(C_5H_8)_n$，其中n是异戊二烯的单元数。根据分子中包括异戊二烯单位的数目可将萜类化合物分为：单萜(monoterpenes，$n=2$)、倍半萜(sesquiterpenes，$n=3$)、二萜(diterpenes，$n=4$)、三萜(triterpenes，$n=6$)、四萜(tetraterpenes，n＝8)和多萜(polyterpenoids，$n>10$)；其结构既有链状的，也有环状的(图 4-17)。另外，对于一些由异戊二烯合成而来，但分子中碳原子数不是 5 整倍数的化合物，称之为类萜(terpenoid)。

萜类化合物是普遍存在于植物界中结构与种类最为丰富的重要次生代谢产物，目前已有近 5 万多个萜类化合物的分子及其衍生物的结构被解析。其中，单萜和倍半萜构成了植物挥发油和香料的主要成分，如芳樟醇、香叶醇和橙花叔醇等是茶叶的主要香气成分。许多倍半萜和二萜化合物是植保素；三萜则多以皂苷的形式存在，四萜是植物中广泛分布的一些脂溶性色素(如胡萝卜素和叶黄素)，多萜中的天然橡胶是最有名的高分子化合物。一些萜类成分具有重要的药用价值，如倍半萜成分青蒿素是治疗疟疾的最佳药物，存在于裸子植物红豆杉中的二萜类生物碱——紫杉醇是抗癌药物。

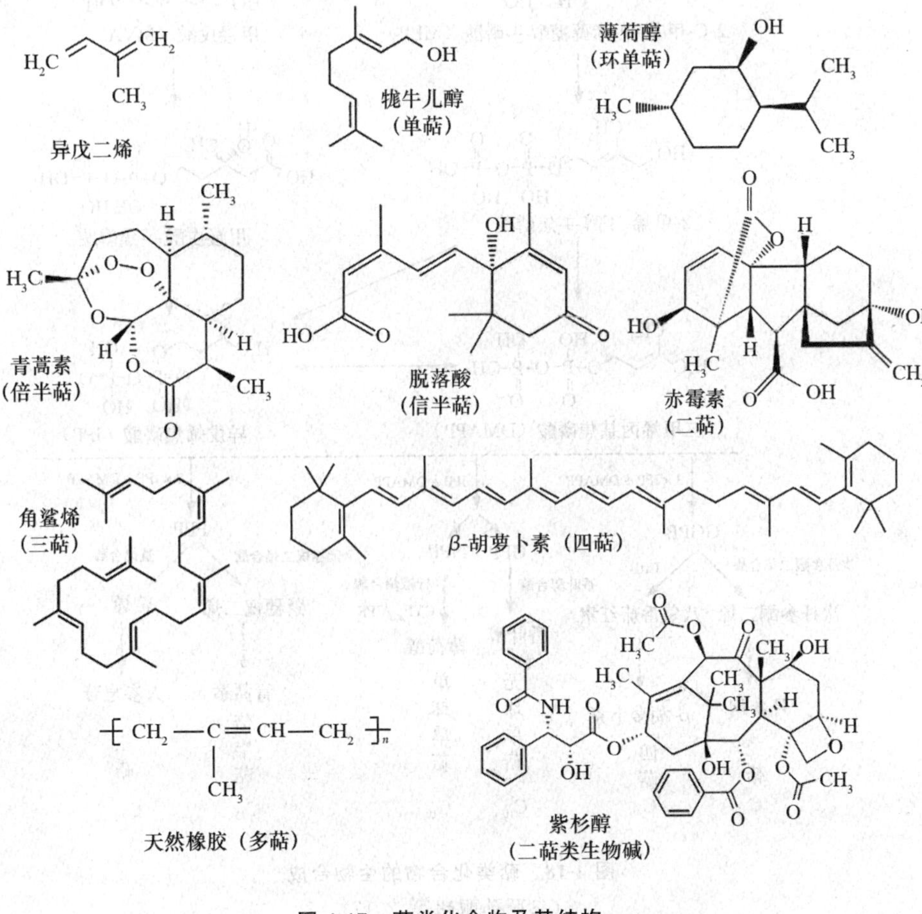

图 4-17　萜类化合物及其结构

4.5.2.2 植物中萜类化合物的生物合成

植物中萜类化合物生物合成主要有 2 条途径：MVA 途径和 MEP 途径（图 4-18）。MVA 途径在细胞质中进行，以 3 个乙酰 CoA 分子为原料，形成甲羟戊酸，再经过焦磷酸化、脱羧化

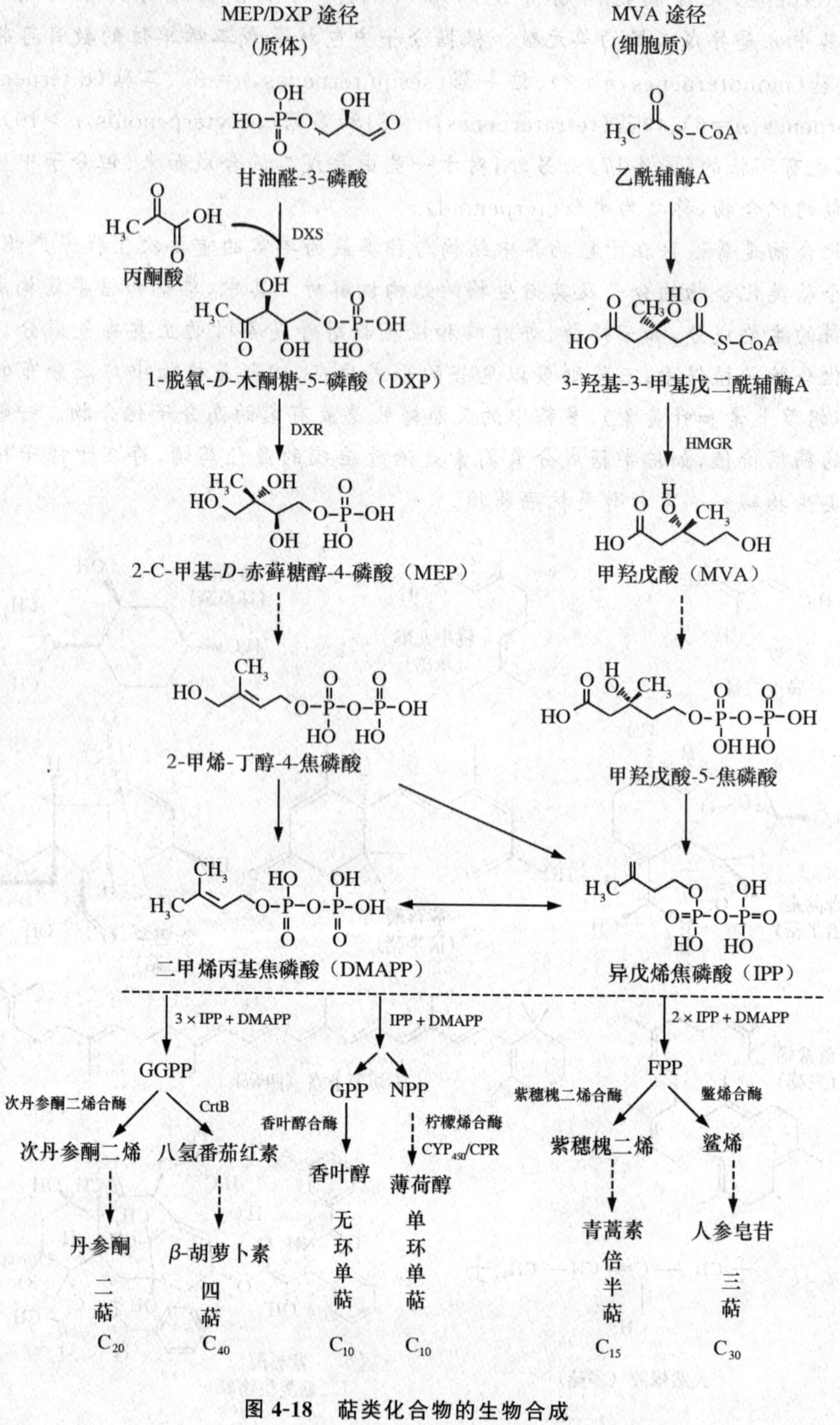

图 4-18 萜类化合物的生物合成

（参照孙丽超等，2017）

和脱水等过程，形成异戊烯焦磷酸（isopentenyl diphosphate，IPP）；MEP 途径主要在植物特有的细胞器质体中进行，以糖酵解等代谢途径的中间产物丙酮酸和 3-磷酸甘油醛为原料，经过一系列反应，合成甲基赤藓糖醇磷酸（methylerythritol phosphate，MEP），继而形成二甲基烯丙基二磷酸（dimethyallyl diphosphate，DMAPP）。IPP 和 DMAPP 是同分异构体，可以互相转化，并通过缩合反应合成牻牛儿焦磷酸（geranyl diphosphate，GPP）。GPP 既可直接形成单萜，也可以与 IPP 结合形成法尼基焦磷酸（farnesyl diphosphate，FPP）。FPP 既可直接形成倍半萜或三萜，也可进一步与 IPP 结合形成牻牛儿牻牛儿焦磷酸（Geranylgeranyl diphosphate，GGPP）。GGPP 既可直接形成二萜或四萜，也可与 FPP 结合形成多萜。

4.5.2.3　植物中萜类化合物的功能

（1）参与植物正常的生长发育和生理过程。萜类化合物在植物正常的生长发育和生理代谢过程中起着重要作用，例如，三萜类成分甾醇是细胞膜结构中重要的组成成分，参与生物膜的构建。赤霉素（二萜）、脱落酸（倍半萜）、油菜素内酯（三萜的衍生物）等是重要的植物激素，不仅调节植物正常的生长发育，而且能有效提高植物的抗逆性。四萜的衍生物类胡萝卜素（包括胡萝卜素、叶黄素、番茄红素等）决定了花、叶和果实的颜色；另外，胡萝卜素和叶黄素是叶绿体类囊体膜上重要的天线色素，起着吸收与传递光能以及抗氧化的作用。质体醌（类萜）和泛醌（类萜）为植物光合链和呼吸链中重要的电子递体。

（2）吸引昆虫传粉。单萜和芳樟醇、倍半萜成分橙花叔醇等是植物叶片、花和果实挥发油和香味的重要成分，对于吸引昆虫传粉具有重要意义。

（3）参与植物的防御反应。植物防御反应（defense responses）主要包括对草食性动物和病原微生物的免疫应答及对邻近植物竞争的防御反应。萜类对植食性昆虫和食草哺乳动物的多种行为的调节作用，主要表现在：

①直接防御反应（direct defense responses）　许多萜类是许多植食性昆虫和食草哺乳动物的毒素或拒食剂，在植物界起到重要的防御作用。例如，单萜酯的拟除虫菊酯，存在于菊的叶和花中，有极强的杀虫活性；松柏类植物通过产生单萜（如苎烯、桂叶烯等）抵御小蠹虫；许多植物表皮突起的腺毛中产生香精油（不稳定的单萜和倍半萜混合物），并以此抵御植食性昆虫侵袭；印苦楝素是极有效的昆虫拒食剂，具广泛毒性；植物蜕皮激素是一种和昆虫蜕皮激素结构基本相同的植物类固醇，昆虫摄入以后可以阻断其蜕皮和其他生长发育过程，造成死亡；强心苷和皂苷是具有抵制草食脊椎动物活性的三萜。

②间接防御反应（indirect defense responses）　当受到植食性昆虫侵害时，在植物体内诱导产生挥发性萜类吸引植食性昆虫的天敌，从而达到防御虫害的目的。例如，当玉米植株受到玉米螟等昆虫取食时，会诱导合成并释放 E-α-香柑油烯（E-α-bergamotene）和 E-β-法尼烯（E-β-farnesene）等萜类化合物吸引寄生蜂（Cotesia marginiventris）。

另外，在这一过程中，萜类化合物对邻近植物竞争的防御反应也发挥了重要作用，如许多菊科植物含有大量的挥发性萜类化合物（蒎烯、樟脑、桉树脑等）不仅保护植物自身免受侵害，还对其他植物生长产生抑制作用。

4.5.3　酚类化合物

4.5.3.1　植物中酚类化合物的种类

酚类（phenol）是一类芳香烃环上的氢被羟基或其他功能衍生物取代后生成的一类芳香

族化合物，具有特殊的芳香气味，均呈弱酸性，在环境中易被氧化。自然界中存在的酚类化合物大部分是植物次生代谢的结果，植物体内所含的酚统称内源性酚，其余则称外源性酚。根据分子所含的羟基数目可将其分为一元酚和多元酚。根据挥发性可将其分为挥发性酚和不挥发性酚。根据芳香烃环上带有碳原子数目的不同，可将植物中酚类化合物分为六种(表4-2)。

表 4-2 酚类化合物的种类

酚类化合物种类	碳骨架	代表化合物
简单苯丙酸类	C_6—C_3	桂皮酸(肉桂酸)、对-羟基桂皮酸、咖啡酸、阿魏酸
苯丙酸内酯类	C_6—C_3	香豆素、伞形花内酯、补骨脂内酯、邪蒿内酯
苯甲酸衍生物类	C_6—C_1	水杨酸、没食子酸、香兰素
类黄酮类化合物	C_6—C_3—C_6	黄酮、黄酮醇、异黄酮、黄烷醇、花色素
木质素类化合物	$[C_6—C_3]_n$	紫丁香基木质素、愈创木基木质素、对-羟基苯基木质素
鞣质类化合物	$[C_6—C_3—C_6]_n$	可水解鞣质、缩合鞣质、复合鞣质

1. 简单苯丙酸类化合物

简单苯丙酸类是具有 C_6-C_3 结构的芳香羧酸化合物。其结构特点是苯环有羟基取代，数目、排列方式、甲基化程度有所不同，常与不同的醇、氨基酸、糖、有机酸结合成酯存在，如桂皮酸、对羟基桂皮酸、咖啡酸、阿魏酸、异阿魏酸、对-香豆酸等(图 4-19)。

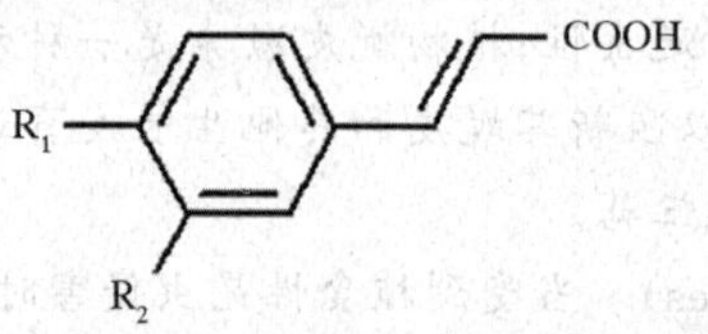

	R_1	R_2
桂皮酸	H	H
对羟基桂皮酸	OH	H
咖啡酸	OH	OH
阿魏酸	OH	OCH_3
异阿魏酸	OCH_3	OH

图 4-19 简单苯丙酸类化合物

2. 苯丙酸内酯类化合物

苯丙酸内酯类化合物又称香豆素，是顺式邻羟基桂皮酸的内酯，具有芳香气味。其苯环上也带-C_3，但 C_3 通过氧化、环化而成苯骈 α-吡喃酮；异戊烯基活泼双键结合的位置及其氧化情况不同而产生了不同的氧环结构，根据其取代基和连接方式可分为简单香豆素类、呋喃香豆素和吡喃香豆素等。简单香豆素类仅在苯环有取代的香豆素，取代基包括羟基、甲氧基、亚甲二氧基、异戊烯基；呋喃香豆素是指香豆素核上的异戊烯基与邻位酚羟基环合成呋喃环的一类物质；吡喃香豆素是指香豆素核上的异戊烯基与邻位酚羟基环合成 2,2-二甲基-α-吡喃环的一类物质(图 4-20)。

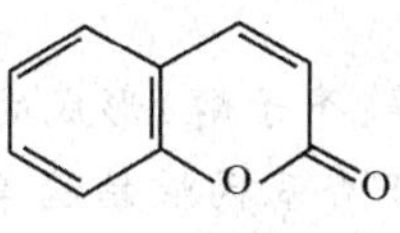

苯骈α-吡喃酮（母核结构）

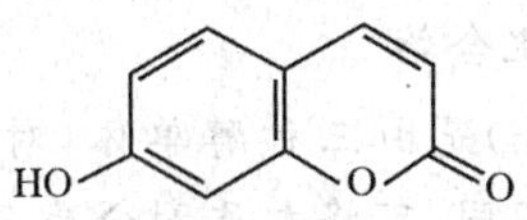

伞形花内酯（简单香豆素类）

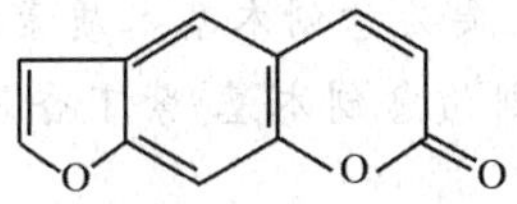

补骨脂内酯（呋喃香豆素）

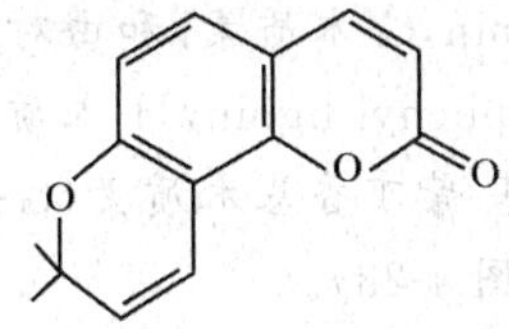

邪蒿内酯（吡喃香豆素）

图 4-20　常见几种苯丙酸内酯类化合物的分子结构

3. 苯甲酸衍生物类化合物

苯甲酸衍生物类是指具有 C_6-C_1 结构，即苯环上带有 1 个碳原子的一类物质，如水杨酸、没食子酸和香兰素等（图 4-21）。

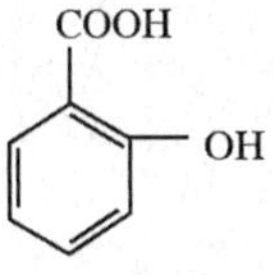

水杨酸

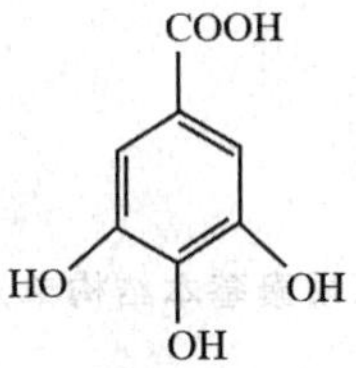

没食子酸

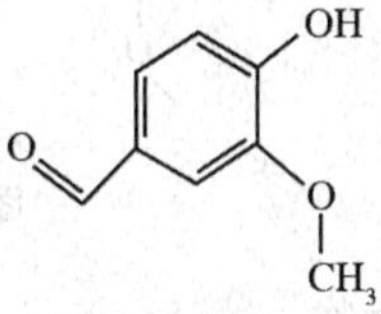

香兰素

图 4-21　常见几种苯甲酸衍生物类化合物的分子结构

4. 类黄酮类化合物

类黄酮类化合物是色原酮或色原烷的衍生物，泛指两个具有酚羟基的苯环通过中央 3 个碳原子相互连接而成的一系列化合物，即以 C_6-C_3-C_6 结构为基本母核的天然产物。天然黄酮类化合物多以苷类形式存在，包括氧苷与碳苷。依据类黄酮基本分子结构的杂氧环和构象的不同，一般把类黄酮划分为六大类：黄酮（flavone）、黄酮醇（flavonol）、异黄酮（isoflavone）、黄烷酮（flavanone）、黄烷醇（flavanol）、花色素（anthocyanidin）（图 4-22）。

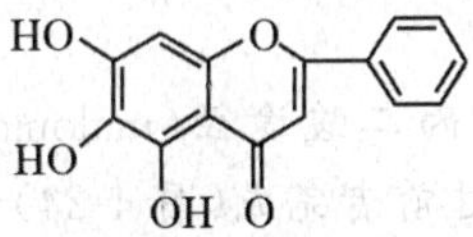

黄芪素（黄酮类）

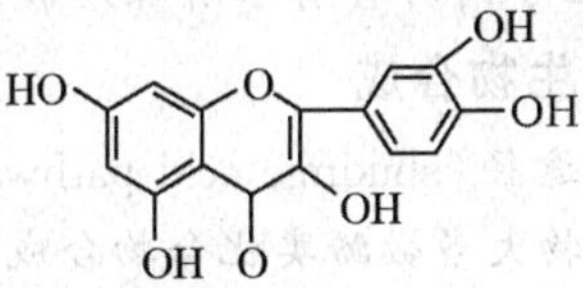

槲皮素（黄酮醇类）

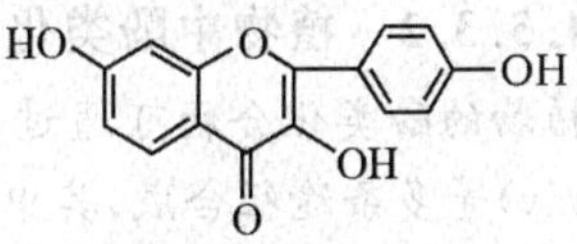

大豆素（异黄酮类）

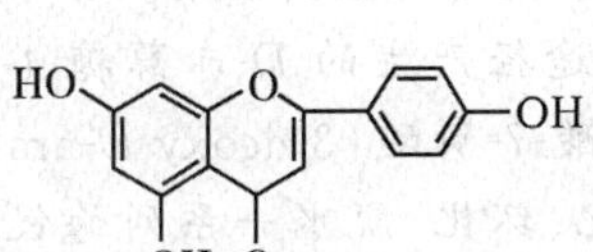

柚皮素（黄烷酮类）

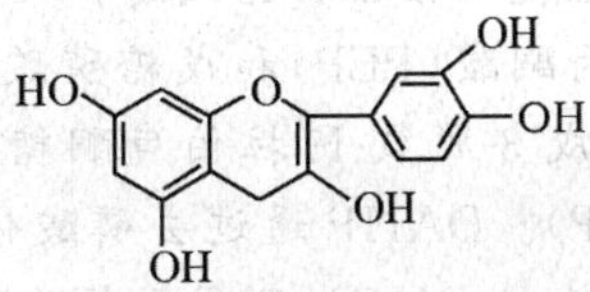

儿茶素（黄烷醇类）

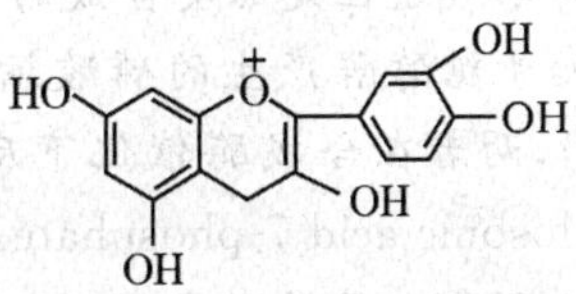

矢车菊素（花色素类）

图 4-22　常见几种黄酮类化合物的分子结构

5. 木质素类化合物

木质素(lignin)是由三种醇单体(对香豆醇、松柏醇、芥子醇)形成的一种复杂酚类聚合物。根据单体的不同,可将木质素分为3种类型:由紫丁香基丙烷结构单体聚合而成的紫丁香基木质素(syringyl lignin,S-木质素),由愈创木基丙烷结构单体聚合而成的愈创木基木质素(guaiacyl lignin,G-木质素)和由对-羟基苯基丙烷结构单体聚合而成的对-羟基苯基木质素(para-hydroxy-phenyl lignin,H-木质素)。裸子植物主要为愈创木基木质素(G),双子叶植物主要含愈创木基-紫丁香基木质素(G-S),单子叶植物则为愈创木基-紫丁香基-对-羟基苯基木质素(G-S-H)(图4-23)。

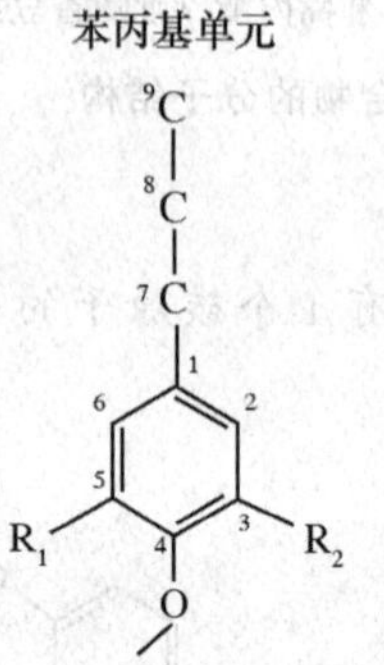

	R_1	R_2
对羟苯基丙烷(H)单元	H	H
愈创木基丙烷(G)单元	H	OCH_3
紫丁香基丙烷(S)单元	OCH_3	OCH_3

图4-23　木质素基本结构单元

6. 鞣质类化合物

鞣质类化合物又称单宁(tannins),是存在于植物体内的一类结构比较复杂的多元酚类化合物。根据化学结构可分为三大类:可水解鞣质(hydrolysable tannins)、缩合鞣质(condensed tannins)和复合鞣质。可水解鞣质是由酚酸及其衍生物与葡萄糖或多元醇通过苷键或酯键形成,可被酸、碱、酶水解。缩合鞣质是由儿茶素(catechin)或其衍生物没食子儿茶素(gallocatechin)等以碳-碳键聚合而成。通常三聚体以上才具有鞣质的性质。由于结构中无苷键与酯键,故不能被酸、碱水解。缩合鞣质的水溶液在空气中久置后能进一步缩合,形成不溶于水的红棕色沉淀,称为鞣红(phlobaphene),如切开的生梨、苹果等久置会变红棕色,茶水等久置后形成红棕色沉淀等。复合鞣质是由儿茶素类与水解鞣质通过碳-碳键连接而成,首先从壳斗科植物中分离得到,现已发现广泛存在于同时含有水解鞣质和缩合鞣质的植物中。

4.5.3.2　植物中酚类化合物的生物合成

植物的酚类化合物可通过莽草酸途径(shikimic acid pathway)和丙二酸途径(malonic acid pathway)等多条途径合成,其中高等植物大多数酚类化合物合成是通过前者完成(图4-24)。

1. 莽草酸途径

莽草酸途径是酚类合成的中心,也是连接植物糖代谢和次生代谢的主要桥梁。莽草酸途径起始于糖酵解产生的磷酸烯醇式丙酮酸(PEP)和戊糖磷酸途径产生的*D*-赤藓糖-4-磷酸(E4P),两者在合成酶催化下反应生成3-脱氧-阿拉伯庚酮糖酸-7-磷酸(3-deoxy-*D*-arabino-heptulosonic acid 7-phosphate,DAHP)。DAHP通过去磷酸化、环化、脱水一系列酶促反应生成3-脱氢奎尼酸(3-Dehydroquinic acid,DHQ)、脱氢莽草酸(3-dehydroshikimic acid)、莽草酸(shikimic acid)。随后,莽草酸在激酶的催化下发生磷酸化反应生成3-磷酸-莽草酸,3-磷酸-莽草酸与磷酸烯醇丙酮酸在5-烯醇丙酮莽草酸-3-磷酸合酶(5-enolpyruvyl shikimate-3-

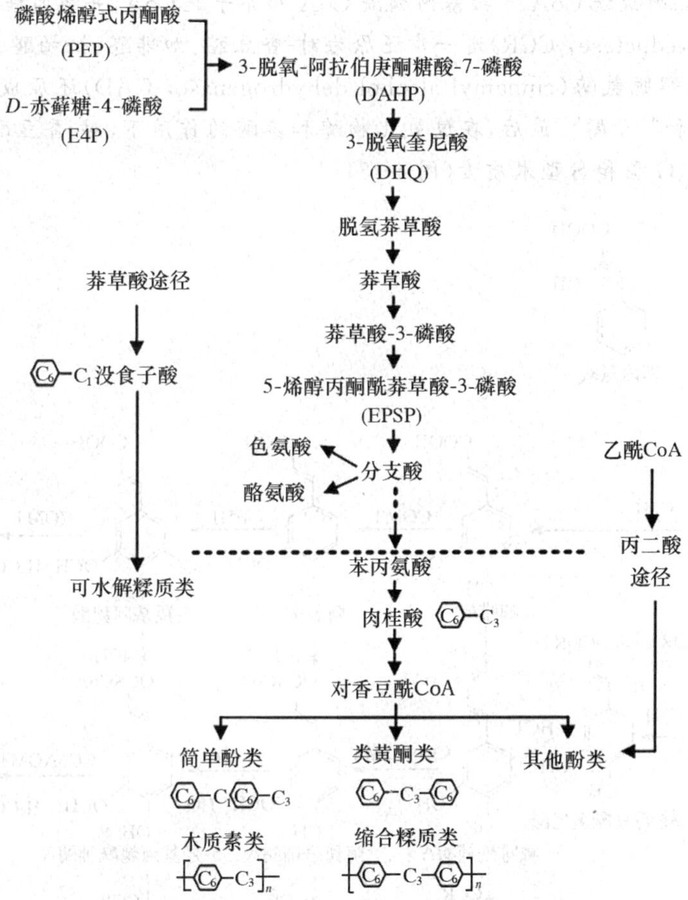

图 4-24　植物酚类化合物的生物合成途径

phosphate synthase，EPSPS）的催化下，反应生成 5-烯醇丙酮酰莽草酸-3-磷酸（5-enlpyruvylshikimic acid 3-phosphate，EPSP），EPSP 通过去磷酸反应生成分支酸（chorismic acid）。分支酸是莽草酸途径的重要枢纽物质，随后的去向分为两个分支：一个经邻氨基苯甲酸合成酶催化反应生成邻氨基苯甲酸，从而进入色氨酸合成途径；另一支在变位酶的作用下生成预苯酸（Prephenic acid），预苯酸在转氨酶的作用下生成前酪氨酸（arogenic acid），前酪氨酸可在脱氢酶的作用下生成酪氨酸，也可再经脱水反应生成苯丙氨酸（phenylalanine）。

本途径存在于高等植物、真菌和细菌中，而动物则无，所以动物不能合成苯丙氨酸、酪氨酸和色氨酸这 3 种芳香族氨基酸，必须从食物中补充。广谱除草剂草甘膦之所以能除草，就是因为它能抑制 EPSPS，从而抑制莽草酸与 PEP 合成 EPSP。

2. 木质素类化合物的生物合成

在木本植物中，木质素是仅次于纤维素含量第二丰富的有机聚合物，其单体合成源于莽草酸途径产生的苯丙氨酸在苯丙氨酸解氨酶（Phenylalanine Ammonia-Lyase，PAL）作用下，脱氨形成反式肉桂酸，再经肉桂酸 4-羟基化酶（cinnamate 4-hydroxylase，C4H）催化形成对-羟基香豆酸。对-羟基香豆酸及其衍生产物咖啡酸、阿魏酸、5-羟基阿魏酸和芥子酸，在 4-香豆酸辅酶 A 连接酶（4-coumarate CoA ligase，4CL）的作用下，分别形成对-羟基香豆酰

CoA、咖啡酰 CoA、阿魏酰 CoA、5-羟基阿魏酰 CoA 和芥子酰 CoA，并经肉桂酰辅酶 A 还原酶(cinnamoyl-CoA reductase，CCR)进一步还原为对-香豆醛、咖啡醛、松柏醛、5-羟基松柏醛和芥子醛，再被肉桂醇脱氢酶(cinnamyl alcohol dehydrogenase，CAD)还原成对-香豆醇、松柏醇、5-羟基松柏醇和芥子醇。最后，在过氧化物酶和漆酶的作用下，对-香豆醇、松柏醇和芥子醇分别形成 H 型、G 型和 S 型木质素(图 4-25)。

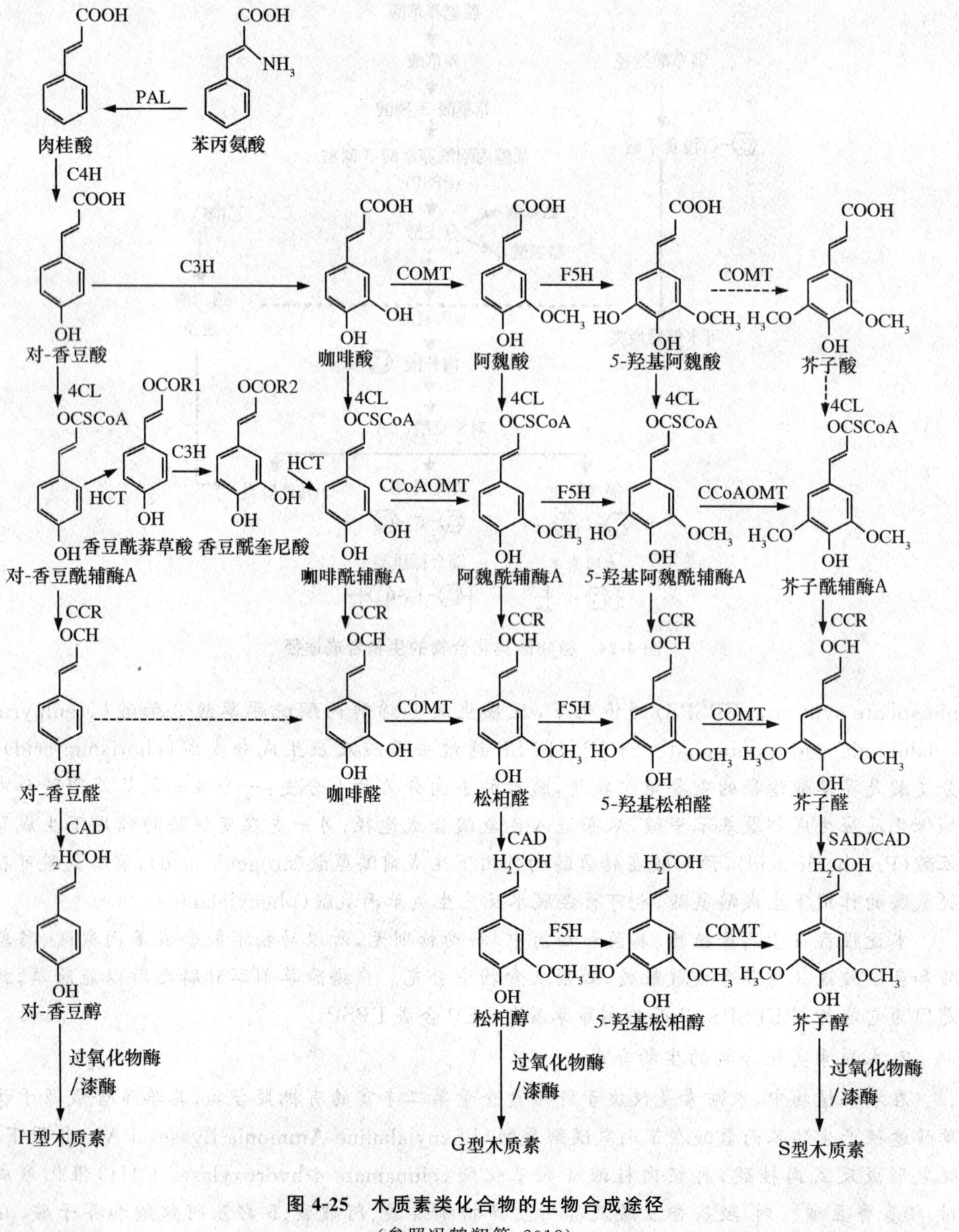

图 4-25　木质素类化合物的生物合成途径

(参照冯鹤翔等，2018)

3. 类黄酮类化合物的生物合成

植物类黄酮生物合成的起始底物为对香豆酰 CoA 和丙二酰 CoA，分别来源于莽草酸途径和丙二酸途径(malonic acid pathway)。它们在查尔酮合成酶(chalcone synthase, CHS)的作用下形成查尔酮(chalcone)，然后由查尔酮异构酶(chalcone isomerase, CHI)催化形成柚皮素(naringenin)，柚皮素作为主要的代谢产物进入其他类黄酮的合成途径(图 4-26)。

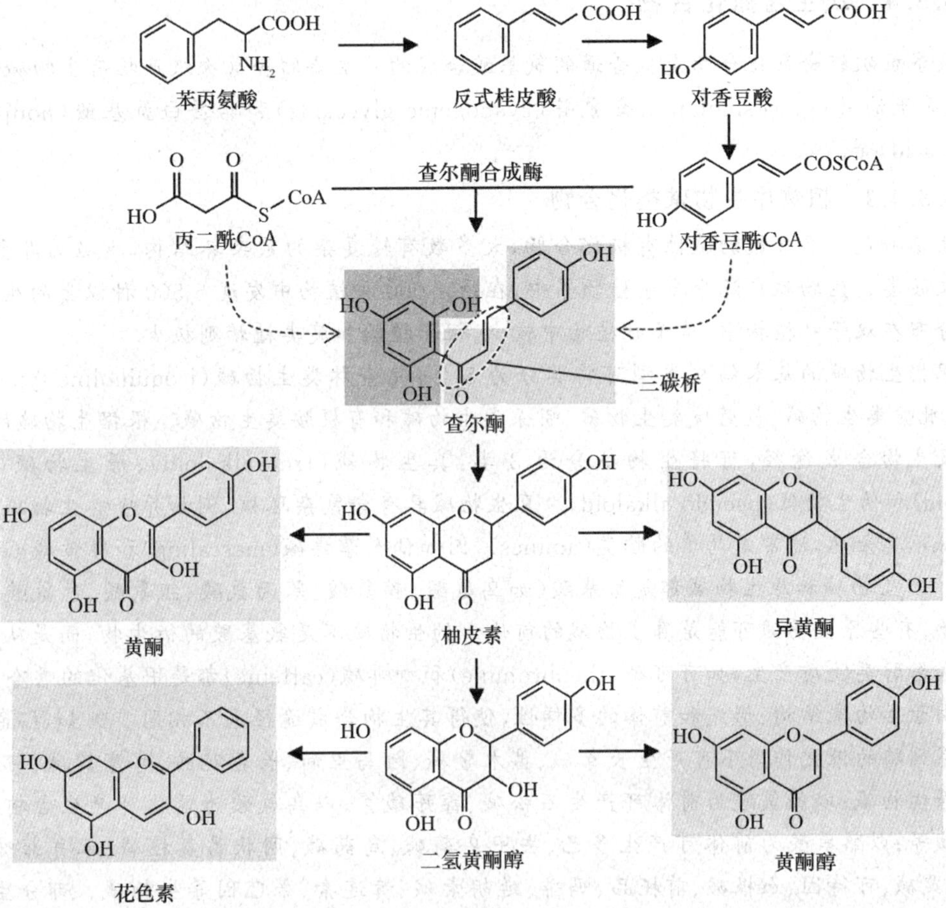

图 4-26　类黄酮类化合物的生物合成途径

4.5.3.3　植物中酚类化合物的功能

酚类在植物体中有多方面的生理功能，几乎遍及植物生长发育的各个过程，涉及许多重要代谢反应。例如，木质素是构成植物细胞壁的成分之一。水杨酸参与植物生长和发育的许多生理过程，主要包括植物生长、器官形成、产热、开花诱导、营养吸收、乙烯合成、气孔运动、光合作用和抗生物或非生物胁迫等；花色素和黄酮醇使植物的花和果实呈现各种颜色，可引诱昆虫和其他动物，有助于授粉和传播种子；叶片中的黄酮类和黄酮醇能吸收紫外线 B (UV-B)，使植物免受 UV-B 伤害；花色素可在一定程度上释放出 H^+，猝灭诸如强光、水分胁迫等逆境条件下产生的氧自由基，避免光抑制、光氧化、脂质过氧化，保护光合器及细胞膜系统的完整性，从而起到保护作用。

酚类是植物体内重要的化学防御物质和化感物质。例如，鞣质分子有许多的羟基团，能形成带有羰基功能团的氢键存在于蛋白质中，使蛋白质沉淀，从而抑制了蛋白质水解酶的活性，影响食草动物的取食、分解作用以及营养循环。许多黄酮类成分可作为植保素，而且可转化形成单宁，在植物抗病反应中起重要作用。一些酚类物质，如对羟基苯甲酸、香草酸、丁香酸、香豆酸和阿魏酸是重要的化感物质，能影响其他植物的生长、行为或群体关系。

4.5.4 次生含氮化合物

大多数次级含氮化合物是从普通的氨基酸合成的。主要的含氮次级产物有生物碱(alkaloid)、芥子油苷(glucosinolate)、含氰苷(cyanogenic glycoside)和非蛋白氨基酸(nonprotein amino acid)等。

4.5.4.1 植物中生物碱类化合物

生物碱是一类含氮的碱性有机化合物，大多数有较复杂的氮杂环结构，少数为非氮杂环的有机胺类。生物碱广泛分布于植物界中，在约 4 000 种植物中发现 5 500 种以上的生物碱，主要分布在双子叶植物中，单子叶植物中较少，裸子植物和蕨类植物则极少。

根据生物碱的基本结构类型可将其分为 5 类：异喹啉类生物碱(isoquinoline-type alkaloid)、吡啶类生物碱、莨菪烷类生物碱、吲哚类生物碱和有机胺类生物碱。根据生物碱的分子结构及生物合成途径，可将生物碱分为 3 类：真生物碱(true alkaloid)、原生物碱(proto alkaloid)和伪生物碱(pseudo alkaloid)。真生物碱具有含氮杂环核，例如异喹啉生物碱类；原生物碱不具杂环，通常是简单的胺类(amines)，例如仙人掌毒碱(mescaling)和麻黄碱(ephedrine)。真生物碱和原生物碱都是氨基酸(如鸟氨酸、赖氨酸、苯丙氨酸、组氨酸、色氨酸等)的衍生物，有些原生物碱可能是真生物碱的前体。伪生物碱不是氨基酸的衍生物，而是从萜类、嘌呤和甾醇类物质产生，如可可碱(theobromine)和咖啡碱(caffeine)都是甲基化的嘌呤。

由于生物碱结构、形式和前体的多样性，使得其生物合成途径也不相同。例如，*L*-色氨酸在一系列酶的催化作用下可产生长春碱、番木鳖碱、阿马里新、长春花胺、育亨宾碱、阿吗灵、奎宁等生物碱；以赖氨酸为前体可产生石松碱、毒芹碱等；以鸟氨酸为前体可产生古柯碱、东莨菪碱等；以酪氨酸为前体可产生多巴、去甲乌药碱、乌药碱、网状番荔枝碱、苯并菲啶生物碱、罂粟碱、可待因、血根碱、前托品、吗啡、延胡索碱、黄连素、蒂巴因等生物碱。部分生物碱的生物合成途径如图 4-27 所示。

生物碱是核酸的组成成分，又是维生素 B_1、叶酸和生物素的组成成分，因此在植物生理活动中具有重要意义。秋水仙素(碱)能人工诱变产生多倍体。大多数生物碱味苦有毒，具有杀虫活性，参与植物的化学防御反应。如苦参碱、烟碱、小檗碱、莨菪碱、博落回碱、马钱子碱、雷公藤碱、百部碱、甾醇生物碱等对不同种类害虫具有较强的麻醉、触杀、忌避、拒食和抑制生长发育等活性。许多生物碱是治病良药，如毛莨科黄连根茎中的小檗碱是黄连素的主要成分，有抗菌消炎作用；萝芙木中的利血平能降血压；石蒜中的加兰他敏对小儿麻痹后遗症有疗效，罂粟果皮中所含的吗啡碱是著名镇痛剂；奎宁碱是有价值的解热药；三尖杉碱和长春花碱是治癌良药。

4.5.4.2 植物中芥子油苷类化合物

芥子油苷也称硫代葡萄糖苷(glucosinolate，GS)，是一种含硫含氮的阴离子亲水性植物

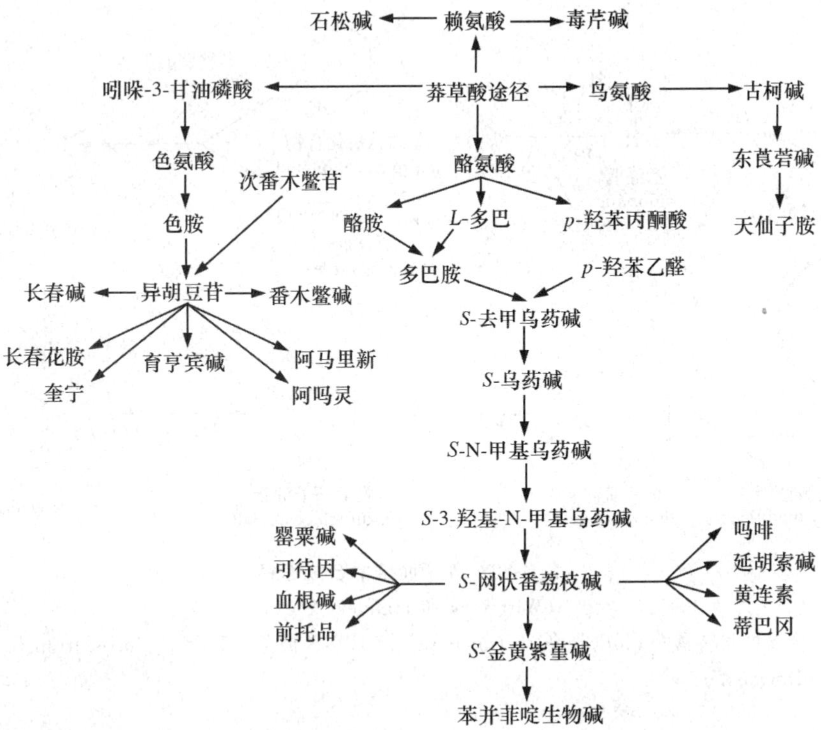

图 4-27　生物碱主要生物合成途径

次生代谢产物。目前已经在双子叶植物的 16 个科中发现 120 多种芥子油苷。

根据芥子油苷来源氨基酸前体的不同，将芥子油苷分为脂肪族(侧链来源于甲硫氨酸、丙氨酸、缬氨酸、亮氨酸和异亮氨酸)、芳香族(侧链来源于苯丙氨酸和酪氨酸)和吲哚族（侧链来源于色氨酸）3 大类。其合成为氨基酸经侧链延长反应后，由细胞色素 P_{450}（CYP_{450}）中的 CYP_{79} 家族催化形成乙醛肟(aldoximes)，再由 CYP_{83} 家族催化生成不稳定的酸式硝基化合物(aci-nitro compounds)和氧化腈(nitrile oxides)。这两种物质都可以在谷胱甘肽硫转移酶(glutathione-S-transferase)的催化下，与硫供体(如半胱氨酸)结合形成 S-烷基硫代氧肟(S-alkyl thiohydroximates)，再由 C-S 裂解酶(C-S lyase)催化生成硫代肟基酸(thiohydroximic acids)。然后硫代肟基酸被 S-糖基转移酶(S-glucosyltransferase)催化，使硫端脱掉氢加上 1 个葡萄糖基，形成脱硫芥子油苷(desulfoglucosinolate)，接着在磺基转移酶(sulfotransferase)的催化下，由 3′-磷酸腺苷-5′-磷酸硫酸(3′-phospho-adenosine-5′-phosphosullfate，PAPS)磺基化形成完整的芥子油苷核心结构（图 4-28)。

完整植物中芥子油苷存在于细胞液泡中，相对稳定，其水解酶黑芥子酶（亦称之为葡萄糖硫苷酶，myrosinase）则存在于特定的蛋白体中。当植物受到外界病虫害侵袭或者机械损伤等引起组织损伤时，芥子油苷和黑芥子酶的区室化结构被破坏，使得作为底物的芥子油苷和作为催化剂的黑芥子酶相接触。在黑芥子酶的作用下，芥子油苷的硫葡糖苷连接发生水解，脱去 1 分子葡萄糖后形成不稳定的糖苷配基(aglycone)，并自发重排而形成异硫代氰酸盐(isothiocyanate)、硫代氰酸盐(thiocyanate)、上皮环硫腈(epithionitrile)和腈类(nitrile)等生物活性产物（图 4-29)，从而产生对植食性动物和病原微生物的化学防御反应。芥子油苷-黑

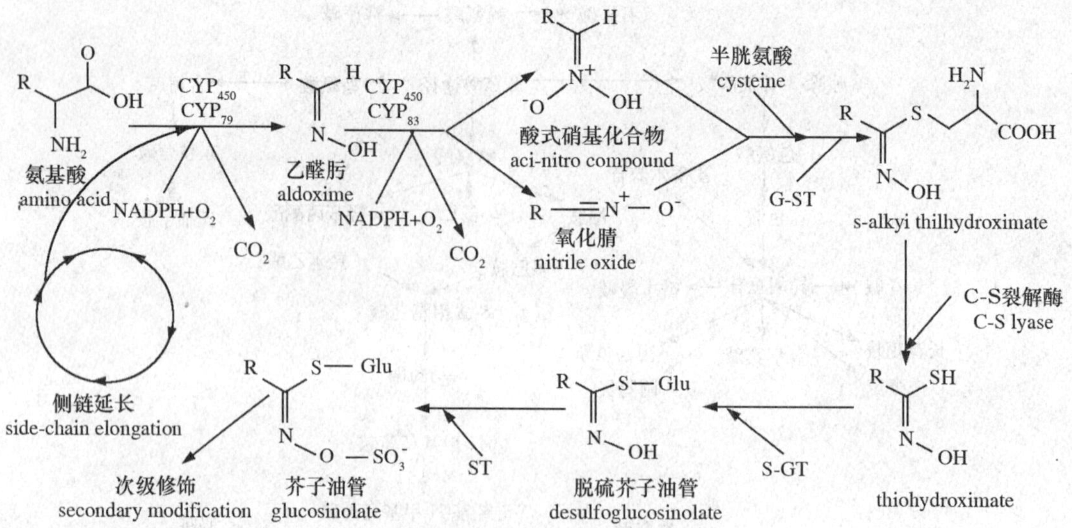

图 4-28　芥子油苷的合成途径

(Wittstock 和 Halkier, 2002)

G-ST：谷胱甘肽转移酶 glutathione-S-transferase；S-GT：S-糖基转移酶 S-glucosyltransferase；ST：磺基转移酶 sulfotransferase。

芥子酶系统对植食性动物的防御反应主要表现在：产生直接的毒性、抑制生长或者使适口性差、降低食物效率、引起甲状腺肿和肝损伤或坏死等。此外，吲哚族芥子油苷对十字花科植物的生长素代谢具有调节作用。芥子油苷降解产生的异硫代氰酸盐具有很强的抗癌活性。

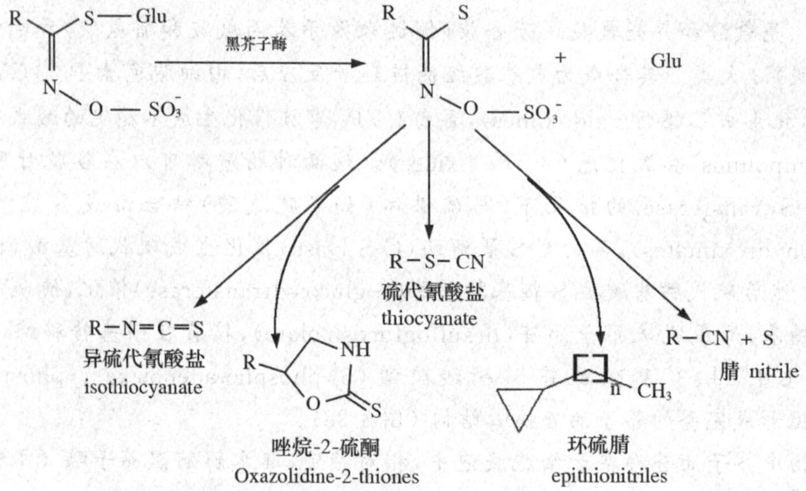

图 4-29　芥子油苷的水解途径

(Wittstock 和 Halkier, 2002)

4.5.4.3　植物中含氰苷类化合物

含氰苷类化合物又称为生氰苷或氰苷，是氰醇衍生物的羟基和 *D*-葡萄糖缩合形成的糖苷（图 4-30)，广泛分布于植物界，其中菊科、豆科、亚麻科和蔷薇科等最多。已鉴定结构的含氰苷有 30 种左右，如亚麻苦苷(linamarin)、野黑樱苷(prunasin)、苦杏仁苷(amygdalin)、百脉根苷(lataustralin)和蜀黍氰苷(dhurrin)等。根据取代基不同主要分为脂肪族生氰苷和芳香族生氰苷。

含氰苷主要由 3 种脂肪族氨基酸（*L*-缬氨酸、*L*-异亮氨酸和亮氨酸）、两种芳香族氨基酸（*L*-苯丙氨酸和酪氨酸）以及一种非蛋白质氨基酸[2-(2′-环戊烯基)-甘氨酸]衍生而来。首先，在细胞色素 P_{450} 的催化作用下，α-氨基酸羟基化形成 *N*-羟基氨基酸，然后形成醛肟(aldoxime)，进一步形成 α-羟基腈，并在糖基转移酶(glycosyl transferases)催化下发生糖基化反应，合成含氰苷。

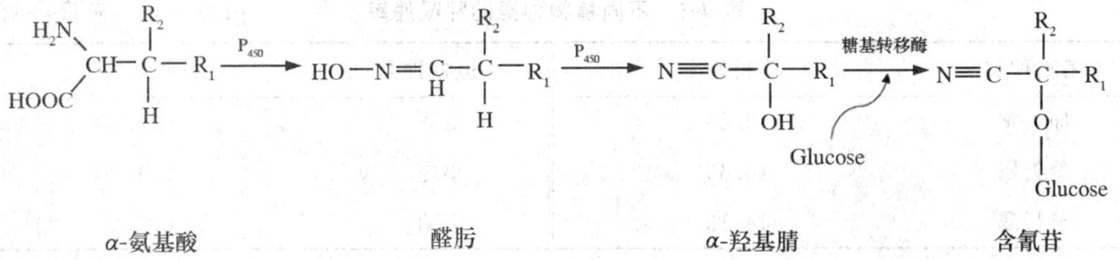

图 4-30　生氰糖苷生物合成途径

含氰苷本身无毒，存在于叶表皮的液泡中，而分解含氰苷的酶——β-葡萄糖苷酶(β-Glucosidase)则存在叶肉中，互不接触。当叶片被咬碎后，含氰苷就与酶混合，含氰苷中的 α-羟基腈和糖分开，前者再在 α-羟腈酶(α-Hydroxynitrile lyase)作用下或自发分解为酮和氰化氢(HCN)，即产生化学防御反应(图 4-31)。昆虫和其他草食动物取食植物后，产生 HCN，呼吸就被抑制，人畜误食后会因氢氰酸的产生而中毒死亡。例如，苦杏仁苷存在杏、桃、梅和苹果种子中，经苦杏仁酶水解后生成葡萄糖、苯甲醛和氢氰酸。木薯块茎含较多含氰苷，一定要经磨碎、浸泡、干燥等过程，除去或分解大部分含氰苷后，才能食用。

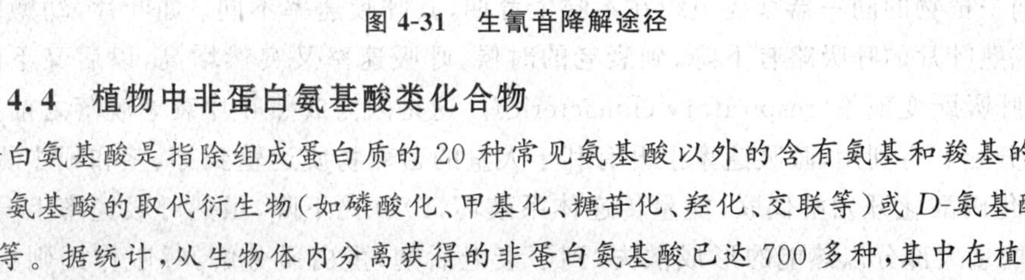

图 4-31　生氰苷降解途径

4.5.4.4　植物中非蛋白氨基酸类化合物

非蛋白氨基酸是指除组成蛋白质的 20 种常见氨基酸以外的含有氨基和羧基的化合物，多为蛋白氨基酸的取代衍生物(如磷酸化、甲基化、糖苷化、羟化、交联等)或 *D*-氨基酸及 β、γ、δ 氨基酸等。据统计，从生物体内分离获得的非蛋白氨基酸已达 700 多种，其中在植物中发现的约 240 种。非蛋白氨基酸对植物本身有保护作用。如豆科油麻藤属(*Mucuna*)植物种子中含有与酪氨酸结构相似的左旋多巴(*L*-dopa)，对昆虫有毒，能保护种子不受昆虫侵害。但这种物质对哺乳动物无毒，可作为治疗帕金森氏症的药物。

4.6 呼吸作用的影响因素及应用

4.6.1 影响呼吸速率的因素

4.6.1.1 内部因素

(1)不同植物呼吸速率不同。一般而言,凡是生长快的植物呼吸速率高,生长慢的植物呼吸速率低(表 4-3)。

表 4-3 不同植物种类的呼吸速率 $\mu LO_2 \cdot g^{-1}$(鲜重)$\cdot h^{-1}$

植物种类	呼吸速率	植物种类	呼吸速率
仙人掌	6.80	蚕豆	96.60
景天属	16.60	小麦	251.00
云杉属	44.10	细菌	10 000.00

(2)同一植物的不同器官或组织,呼吸速率不同。生殖器官的呼吸速率高于营养器官;生长旺盛的、幼嫩的器官的呼吸速率高于生长缓慢的、年老的器官;种子内胚的呼吸速率高于胚乳(表 4-4)。

表 4-4 不同植物的不同器官的呼吸速率 $\mu LO_2 \cdot g^{-1}$(鲜重)$\cdot h^{-1}$

植物	器官	呼吸速率
胡萝卜	根	25
	叶	440
苹果	果肉	30
	果皮	95
大麦	种子(浸泡 15 h)	715
	胚	76
	胚乳	266
	根	960～1 480

(3)同一植物的同一器官或组织在不同生育期,其呼吸速率不同。如叶片,幼嫩时呼吸速率较快,成熟叶片的呼吸略有下降,到衰老的时候,呼吸速率又突然增高,以后又下降。这种现象称为呼吸跃变现象(respiratory climacteric)。这是因为成熟叶片衰老脱落之前要进行同化物的再分配和再利用,呼吸速率上升有利于大量的营养物质运输到芽、茎和根中提供能量;但此时氧化磷酸化开始解偶联,能量传递体系破坏,P/O 比下降,虽然呼吸速率上升,但不合成 ATP,能量大部分以热能的形成散失;到了衰老后期,蛋白质分解,呼吸作用则极其微弱。果实(如苹果、香蕉、芒果等)的呼吸速率在不同果龄也有同样的变化。幼果呼吸最强;随着果龄的增加,呼吸速率降低;但在果实发育后期,呼吸会突然增高,呈现呼吸骤变,以后呼吸再下降。这是因为果实成熟时产生乙烯,乙烯刺激抗氰呼吸,诱发呼吸跃变,促进果实成熟。

(4)多年生植物的呼吸速率表现出季节周期性变化。温带植物的呼吸速率以春季发芽和开花时最高,冬天降到最低点。这种周期性变化除了外界环境的影响外,与植物体内的代谢强度、酶的活性及呼吸底物的多少有密切关系。

4.6.1.2　外部因素

外界条件对呼吸速率的影响和对所有生理过程一样,分为三个基点,包括最低点、最适点和最高点。某一环境因素使一生理过程能长时间持续地最快地进行,称为最适点;而使该生理过程能够进行的最低或最高限度,分别称为最低点和最高点。某一生理过程的三基点不是固定不变的,可随着环境因素的变化而变化。对呼吸速率有影响的外界因素主要有温度、O_2与 CO_2的浓度。

(1)温度　温度对呼吸作用的影响主要表现为温度对呼吸酶活性的影响。在最低点和最适点之间,呼吸速率随温度的增高而加快;达到最适点后,呼吸速率会随温度的增高而下降。呼吸作用最适温度是能较长时间维持稳定的、较高呼吸速率的温度,一般温带植物为 25～35℃。呼吸作用的最适温度总是比光合作用的最适温度高。呼吸作用最低温度则因植物种类不同而有很大差异,一般植物在接近 0℃时,植物呼吸作用进行得很慢,而冬小麦在 0～－7℃下仍可进行呼吸;耐寒的松树针叶在－25℃下仍未停止呼吸。呼吸作用的最高温度一般在 35～45℃之间,最高温度时,呼吸速率在短时间内升高,但时间较长后,呼吸速率就会急剧下降,这是因为高温加速了酶的钝化或失活(图 4-32)。

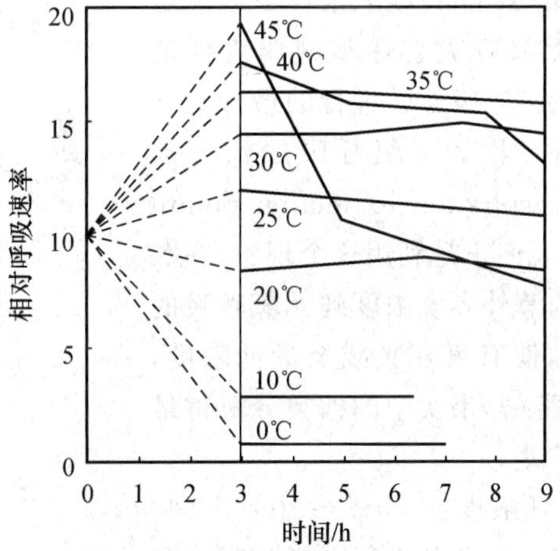

图 4-32　温度(结合时间)对豌豆幼苗呼吸速率的影响

(引自王忠,2000)

预先将豌豆幼苗放在 25℃下,培养 4 d,其相对呼吸速率为 10,再放到不同温度下培养 3 h,测定相对速率的变化。

由于温度升高 10℃而引起的呼吸速率增加的倍数,通常称为温度系数(temperature coefficient,Q_{10})。在 0～35℃生理温度范围内,呼吸作用的温度系数为 2.0～2.5,即当温度升高 10℃时,呼吸速度增加到 2.0～2.5 倍,也就是增加一倍或稍多些。

$$Q_{10}=\frac{(t+10)℃\text{时反应速率}}{t℃\text{时反应速率}}$$

(2)O_2　氧是有氧呼吸途径运转的必要因素,也是呼吸电子传递系统中的最终电子受体,氧浓度的变化对呼吸速率、呼吸代谢途径都有影响。

长时间的无氧呼吸严重危害植物生长发育。主要原因有:①无氧呼吸产生酒精,酒精使细胞内蛋白质变性；②无氧呼吸利用葡萄糖产生的能量很少，植物要维持正常的生理需要就要消耗更多的有机物；③没有丙酮酸氧化过程，缺乏有氧呼吸中间产物合成的原料；④缺氧时，会抑制根尖细胞分裂，影响根系内物质的运输；土壤中厌氧细菌活跃，造成肥料损失。

但也有少数植物在缺氧情况下，仍保留无氧呼吸能力。如水稻能生活在供氧不足的淹水条件下，是因为水稻根系有乙醇酸氧化酶，进行乙醇酸氧化途径，压低了酒精发酵；另外，水稻有发达的通气组织从地上部运输 O_2 到根系，保证根系维持一定的有氧呼吸。柳树这类耐涝植物对缺氧则是另一种适应机理，在呼吸中利用 NO_3^- 作为 e^- 的受体，以适应 O_2 的不足，柳树受涝时可提高对 NO_3^- 的吸收，补充 O_2 的不足。

在一定范围内，氧浓度的增加会促进呼吸速度的增加，当在缺氧条件下逐渐增加氧浓度，无氧呼吸会逐步减弱直到消失，一般把无氧呼吸停止进行的最低氧含量(10％左右)称为无氧呼吸的消失点(anaerobic respiration extinction point)(图 4-33)。人们正是利用这个现象，在贮藏苹果时，调节外界氧浓度到无氧呼吸的消失点附近，使有氧呼吸减至最低限度，但不刺激糖酵解，果实中的糖类分解得最慢，有利于贮藏。

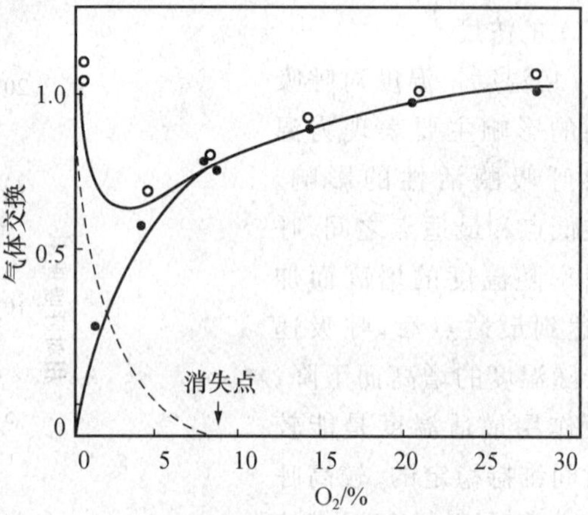

图 4-33　苹果在不同氧分压下的气体交换

(引自王忠，2000)

实心点为耗氧量，空心点为释放量，虚线为无氧条件下 CO_2 的释放，消失点表示无氧呼吸停止。

细胞内氧浓度在 10％～20％之间，无氧呼吸不进行，全部进行有氧呼吸。在 O_2 浓度较低的情况下，呼吸速率与 O_2 浓度成正比，呼吸速率随 O_2 浓度的增大而增强，但 O_2 浓度增至一定程度，对呼吸作用就没有促进作用了，这一氧浓度称为氧饱和点(oxygen saturation point)。氧饱和点与温度密切相关，一般是温度升高，氧饱和点也提高。氧浓度过高，对植物有毒害，这可能与活性氧代谢形成自由基有关。

(3) CO_2　CO_2 是呼吸作用的最终产物，当外界环境中 CO_2 浓度增高时，呼吸作用受到抑制。实验证明，CO_2 的体积分数升高到 1％～10％以上时，呼吸作用明显被抑制，不仅抑制有氧呼吸，对无氧呼吸也有抑制作用，这在果蔬、种子贮藏中可以加以利用。

(4)水分　植物组织的含水量与呼吸作用密切相关。干燥种子呼吸作用很微弱；当干燥种子吸水后，呼吸速率则迅速增加，因此，种子含水量是制约种子呼吸强弱的重要因素。一般随着植物组织含水量的增加，植株呼吸速率升高；当植物受旱接近萎蔫时，呼吸速率会有所增加，而在萎蔫时间较长时，呼吸速率则会下降。

(5)机械损伤和病原菌的侵染　机械损伤会明显加快组织的呼吸速率，主要是：①植物组织受伤后，伤呼吸增加，促进了酚氧化酶和底物酚的接触，酚类物质迅速氧化。②机械损伤使某些细胞转变为愈伤组织去修补伤口，这些生长旺盛的愈伤组织细胞呼吸速率较快。因此，在采收、包装、运输和贮藏果蔬时，应尽可能防止机械损伤。

植物组织感病后，呼吸速率增加，原因可能有：宿主受体细胞的线粒体增多并被激活，氧化酶活性增强，分解毒素，抑制病原菌水解酶活性，促进伤口愈合。另外抗氰呼吸、PPP 加强。

影响呼吸作用的外界因素除以上因素外，呼吸底物(如可溶性糖)的含量多少也会使呼吸作用加强或减弱；一些矿质元素(如 P、Fe、Cu、Mn 等)也对呼吸有重要影响。

4.6.2　呼吸作用的应用

呼吸作用是代谢的中心，农业生产中一方面要促进呼吸以增加作物的生长发育，提高产量；另一方面由于呼吸消耗有机物，在贮藏植物产品时又要降低呼吸，减少损耗。总之，我们应利用呼吸作用的规律为生产服务。

4.6.2.1　呼吸作用与农产品的安全贮藏

许多农产品如种子、果实蔬菜及块根块茎等，是有生命的有机体，在贮藏期间由于不断进行呼吸作用，大量消耗营养物质，从而降低了产品质量。为了使农产品安全贮藏，在贮藏期间需要采用低温、低氧、干燥等各种措施来降低呼吸，保证农产品的质量。

1. 呼吸作用与种子的安全贮藏

水是干种子呼吸速率的限制因素。干种子呼吸速率微弱，当种子含水量达到一定量时，其呼吸速率上升，如油料种子含水量达到 10%～11%，淀粉种子含水量达到 15%～16%时，呼吸作用就显著增强，如果含水量继续升高，则呼吸速率几乎呈直线上升(图 4-34)。其原因是：①种子含水量增高后，种子内出现自由水，呼吸酶活性大大增高，呼吸速率就增强；②呼吸放出的水分又会使粮堆湿度增大，种子“出汗”，呼吸放出的热量又使粮堆温度上升，反过来又促进呼吸增强；③呼吸作用的散热提高了粮堆温度，有利于微生物活动，会导致种子的变质，使种子丧失发芽力和食用价值。

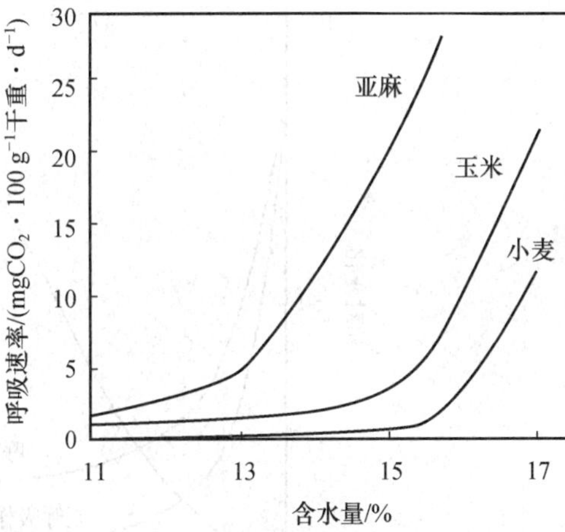

图 4-34　作物种子含水量与呼吸强度的关系

为使种子和粮食安全贮藏，国家有关部门制定了种子安全贮藏的水分标准，在此含水量下，种子处于风干状态，所含水分都是束缚水，呼吸酶的活性降低到极限，呼吸极其微弱，可以安全贮藏，一般称其为安全含水量。各种种子安全含水量不同，如，油料种子 8%～9%，淀粉种子 12%～14%，杉木 10%～20%，马尾松 9%～10%，刺槐 7%～8%，侧柏 3%～10%等。淀粉种子安全含水量高于油料种子的原因，主要是由于淀粉种子中含淀粉等亲水物质多，干燥状态下存在的束缚水含量就要高一些。

粮食、种子安全贮藏的基本原理是控制水分，降低温度，抑制呼吸。安全贮藏的条件是干燥、低温。可采取以下措施：①晒干。进仓种子的含水量不得超过安全含水量。②注意库房的通风和密闭。冬季或晚间开仓，冷风透过粮堆，散热散湿，可以保持种子发芽率；梅雨季节进行全面密闭，以防外界潮湿空气进入。③库房内气体成分控制。适当增加 CO_2 和降低 O_2 含量；或抽出粮仓空气充入 N_2。近年来，国内外采用气调法进行粮食贮藏，取得了较好效果，即将粮仓中空气抽出，充入氮气，达到抑制呼吸安全贮藏的目的。

除干燥种子外，有些植物如荔枝、龙眼、芒果、板栗、可可、核桃、茶等的种子成熟时有较高含水量(30%～60%),采收后不久便可自动进入萌发状态,一旦脱水,种子生活力丧失。这类种子称为顽拗性种子(recalitrant seed)。顽拗性种子的贮存过程中不耐失水,贮藏时不宜干燥,而需要在较高含水量的条件下保存。这类种子只能用低温控制呼吸进行贮藏。

2.呼吸作用与果蔬的安全贮藏

果蔬贮藏时不能干燥,因为干燥会造成果蔬皱缩,失去新鲜状态,降低商品价值。但柑橘、白菜、菠菜等贮藏前可轻度干燥,以减少呼吸。

按果实成熟过程中呼吸作用的变化大体可分为两类:一类是呼吸跃变型果实,如苹果、梨、香蕉及番茄等;另一类是非呼吸跃变型果实,如柑橘、柠檬、橙、菠萝等,后一类果实在一定条件下(如用乙烯处理),也可能出现呼吸跃变现象(图4-35)。果实的呼吸跃变与温度关系很大,例如,苹果在贮藏过程中,若在22.5℃贮藏时,其呼吸跃变出现早而明显,在10℃下,其呼吸跃变出现稍迟,也不十分明显,而在2.5℃下几乎看不出来。

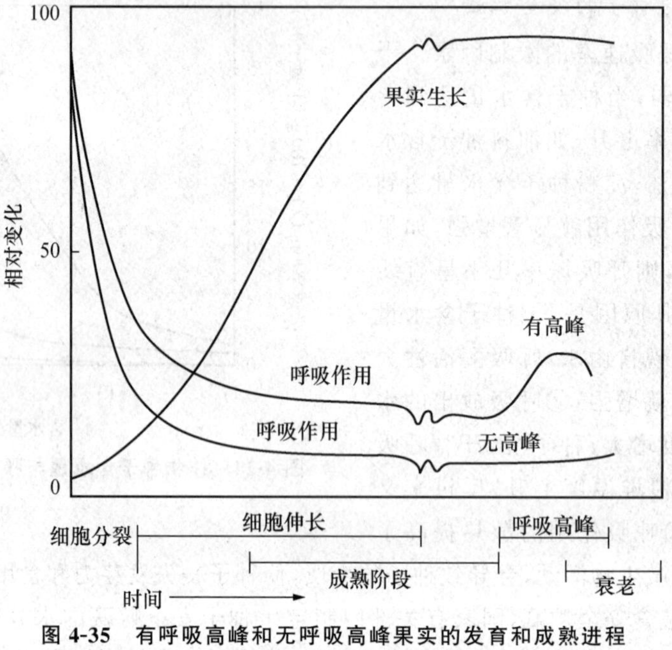

图4-35 有呼吸高峰和无呼吸高峰果实的发育和成熟进程

(引自J. Biale, 1964)

不连续线表明不同果实的发育速度的差异在时间比例上的变化,果实生长的方式可能是单S形或双S形。

呼吸跃变是果实进入后熟的一种特征,在果实贮藏和运输中,重要的问题是延迟其成熟。其措施是:①降低温度,推迟呼吸跃变产生的时间。如荔枝0～1℃只能贮存10～20 d,而低温速冻可保存6～8个月,置于货架上5～10 h仍不褐变。香蕉贮藏的最适温度是11～14℃,苹果是4℃,大多数蔬菜是4～5℃。②控制气体成分,增加环境中CO_2和N_2浓度,降低O_2浓度,降低呼吸跃变产生的强度,可以有效防止生热腐烂,利于果实、蔬菜保鲜。番茄装箱以塑料布密封,抽去空气,充以氮气,把O_2浓度降至3%～6%,可以抑制乙烯产生,使番茄贮藏1～3个月以上。

4.6.2.2 呼吸作用与作物栽培

农业生产上,许多栽培措施是为了直接或间接地保证作物呼吸的正常进行。例如:①早稻浸种催芽时要及时换水、翻动谷堆及温水淋种是利用种子的呼吸热来提高温度，加快萌发；种子露白后，进行有氧呼吸释放大量热量，要及时翻堆降温，防止烧苗。②水稻秧苗期湿润管理，寒潮来临时灌水护秧，寒潮过后，适时排水，这些措施都是为了控制温度和保证氧气供应，以利于秧苗进行有氧呼吸，不致因低温、缺氧产生生理障碍，从而达到防止烂秧、培育壮秧的目的。

作物栽培中的许多生理障碍与呼吸缺氧直接相关。例如：①涝害淹死植株，是因为无氧呼吸过久累积酒精而引起中毒；干旱和缺钾使作物的氧化磷酸化解偶联，导致生长不良甚至死亡。②低温导致烂秧，是因为低温破坏线粒体的结构，呼吸“空转”，能量缺乏，引起代谢紊乱。③水稻种子萌发时的“旱长根，水长芽”，就是因为在缺氧时，水稻胚芽鞘的生长只是细胞的伸长，有水就可以了；而胚根的生长既有细胞分裂又有伸长，要求有氧才能生长。

在各种逆境条件下，如何保证作物有氧呼吸的正常进行是提高产量的关键。例如：

(1)大田栽培要适时中耕松土。这是因为土壤中植物根系的呼吸作用，特别是土壤微生物的呼吸作用会产生大量的 CO_2，加之土壤表层板结，土壤深层通气不良，积累 CO_2 可达 4%～10%，甚至更高，如不及时进行中耕松土，就会使植物根系呼吸作用受阻。适时中耕松土，有助于改善根际周围的氧气供应，保证根系的正常呼吸和生长。

(2)渍水较长的苗圃退水后宜用活水灌溉及排洗。这是因为渍水较长的苗圃树苗长期处于无氧呼吸状态，土壤通气不良，由于厌氧微生物活动，产生大量 CO_2 积累在土壤中，抑制根的呼吸，根系代谢弱。渍水较长地下水位高，土壤通气不良，产生 H_2S 等还原性物质，危害根系生长，甚至引起烂根和死根。用活水灌溉，可以增加水中溶解氧，促进根系有氧呼吸，并能排洗 H_2S 等有害的物质。这也就是农谚所说的“旱耙地，涝浇园”。

(3)我国南方小麦灌浆期，雨水较多，容易造成高温高湿逼熟，植株提早死亡，籽粒不饱满。此时要特别注意开沟排渍，降低地下水位，增加土壤含氧量，以维持根系的正常呼吸和吸收营养。

(4)水稻栽培管理中，注意勤灌浅灌、适时烤田等措施，使稻根有氧呼吸旺盛，促进营养和水分的吸收，促进新根的发生。早稻灌浆成熟期正处在高温季节，可以灌“跑马水”降温，减少呼吸消耗，有利于种子成熟。

(5)农作物合理密植。这是由于光合作用的最适温度比呼吸作用的最适温度低，种植不能过密，封行不能过早，在高温和光线不足情况下，呼吸消耗过大，净同化率降低；此外，种植过密时，下部叶片处于光补偿点以下，成为消耗器官，植株易早衰；种植过密时群体内温度高，不通风，易生病虫害，影响产量的提高；而种植过稀，光合作用积累少，同样影响产量。

此外，如温室和塑料大棚中应及时揭膜，通风透光。林业生产上，夏季对苗木进行喷灌来降低叶温和减弱呼吸，促进苗木生长等。

思考题

1. 植物呼吸代谢途径多样性如何理解，有何生物学意义？

2. EMP、TCA、PPP 途径和氧化磷酸化过程分别发生在细胞的哪些部位？这些过程相互之间有什么联系？

3. 什么是抗氰呼吸，抗氰呼吸的生理意义有哪些？
4. 油料种子呼吸作用有何特点？
5. 长时间的无氧呼吸为什么会使植物受到伤害？
6. 以化学渗透假说说明氧化磷酸化的机制。
7. 呼吸作用的反馈调节表现在哪些方面？
8. 植物呼吸作用与光合作用有什么关系？植物的光呼吸和暗呼吸有哪些区别？
9. 什么是呼吸商？说明呼吸商的变化和呼吸底物之间的关系。
10. 举例说明谷物种子、果蔬贮藏及作物栽培中如何应用呼吸作用原理。

第5章 植物细胞信号转导与植物生长物质

提要

植物细胞的信号转导过程可简单概括为:刺激与感受→信号转导→反应三个重要的环节。细胞外的信号刺激主要包括胞外环境信号和胞间信号,信号通过细胞表面受体和质膜内受体被细胞感受。植物细胞表面的受体主要包括离子通道受体、酶联受体和G蛋白偶联受体。胞外信号通过细胞膜转换为细胞内信号的过程称为跨膜信号转换,细胞表面的受体尤其是G蛋白偶联受体在信号的跨膜转换过程中起重要的作用。胞外信号传导到细胞后,通过信号转导通常会产生胞内第二信使(Ca^{2+}、IP_3、DG、cAMP等),从而将胞外配体所含的信息转换为胞内第二信使信息。蛋白质可逆磷酸化是细胞信号传递过程中所有信号传递途径的共同环节,由蛋白激酶和蛋白磷酸酯酶完成。细胞内的各个信号转导途径之间存在交互作用,形成细胞内的信号转导网络。

植物生长物质是一些可调节植物生长发育的微量有机物质,包括植物激素和植物生长调节剂,此外还有一些天然存在的生长活性物质和抑制物质。植物激素是植物体内产生的,调节植物生长发育的微量有机物质,目前被公认的植物激素有五大类,包括IAA、GA、CTK、ABA与ETH。此外,BRs、JAs、SA、PAs等也具有植物激素的特性。

植物激素与细胞的激素受体或激素结合蛋白结合后产生生理作用。所谓激素受体是指与激素特异结合,并能引发特殊生理生化反应的蛋白质。激素分子和受体结合后能激活一系列的胞内信号转导,从而使细胞做出反应。生长素受体有两种,一种存在于质膜上,另一种存在于细胞质(或细胞核)中。前者促进细胞壁松弛,是酸生长理论的基础;后者促进核酸和蛋白质的合成,是基因活化学说的基础。

各类激素的生理功能不同。IAA能促进细胞伸长和分裂,促进插枝生根,抑制器官脱落,控制性别和向性,维持顶端优势,诱导单性结实等。GA能促进细胞伸长生长,促进细胞分裂,打破休眠,诱导淀粉酶活性,促进营养生长,防止器官脱落等。CTK能促进细胞的分裂和扩大,诱导芽的分化,延缓叶片衰老,保绿和防止果实脱落等。ABA抑制细胞分裂和伸长,促进脱落、衰老和休眠,调节气孔开闭,提高植物的抗逆性。ETH促进衰老和催熟,也可促进细胞扩大,引起偏上生长和三重反应,促进插枝生根,控制性别分化。BRs促进植物生长、细胞伸长和分裂,促进光合作用,增强抗性。JAs能抑制生长和萌发,促进衰老,诱导蛋白合成。SA可诱导生热效应和提高抗性,并能诱导开花和控制性别表达。PAs能促进生长,延缓衰老,提高抗性。植物激素之间可相互促进增效,也可相互拮抗抵消。在植物生长发育进程中,任何一种生理过程不是某一激素的单独作用,而是多种激素的相互作用,共同调节控制着植物的生长发育。

植物生长调节剂是人工合成的具有类似激素活性的化合物,包括生长促进剂、生长抑制剂和生长延缓剂等。常见的生长促进剂有IPA、NAA、KT、6-BA等,常见的生长抑制剂有TIBA、整形素、MH等,生长延缓剂有PP_{333}、S-3307、CCC、B_9、Pix等。

植物在生长发育过程中，除了需要大量水分、矿质和有机物作为细胞的结构物质和营养物质外，还需要一类微量的生长物质来调节与控制植物体内各种代谢过程，以适应外界环境条件的变化。对植物来说，各种外界环境条件的变化就是多种刺激信号。植物激素即为一类重要的胞外、胞间化学信号，当不同的激素分子进入靶细胞后，通过不同的细胞信号转导途径，最终引起一系列的生理生化变化和形态反应。本章将介绍细胞信号转导方面的基本理论知识，重点介绍经典的五类植物激素和主要植物生长调节剂的结构、性质、代谢、生理作用、作用机理和信号转导途径，以及植物激素和生长调节剂在农业生产上的应用。

5.1 植物细胞信号转导体系

任何生物的生长过程都要受到遗传信息和环境信息的调控，细胞必须不断地感受和接收各种外界环境信号以及来自相邻细胞的各种化学或物理信号，并做出适当的生理反应以维持生命活动的进行，调控其生长和发育的进程。由于植物的位置固定，其生长发育更易受环境信息影响，因此，植物必须更加正确地辨别各种信息并做出相应的应答反应，以确保正常的生长和发育。在这一过程中，植物首先要感受到环境信号的刺激，将其转化为细胞内信号，并在细胞内逐级传递，最终改变酶的活性或调节基因的表达，从而产生适应环境的细胞反应。这种细胞间和细胞内的信号转导过程称为植物细胞信号转导(signal transduction)。

已发现参与植物细胞信号转导的信号分子有几十种，按其作用部位分为胞间信号分子和胞内信号分子。细胞信号转导全过程可分为四个阶段：①胞外信号传递；②跨膜信号转换；③胞内信号转导；④细胞应答反应(图 5-1)。通常，在细胞间传递信息的物质称为第一信使，如激素；而第一信使作用于靶细胞后在胞浆内产生的、具有生理活性的信息分子称为第二信使，第二信使将获得的信息分化、增强及放大，并进一步向下传递使细胞产生应答反应，常见的第二信使包括环磷酸腺苷(cAMP)、环磷酸鸟苷(cGMP)、三磷酸肌醇(IP_3)、二酯酰甘油

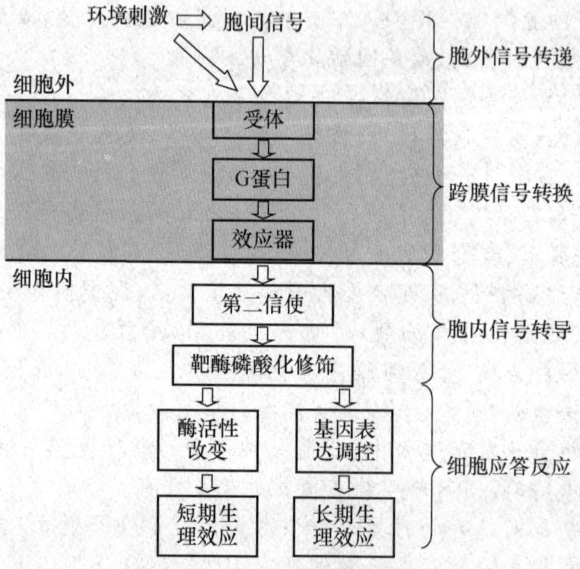

图 5-1 细胞信号转导模式图
(引自武维华等，2008，略有改动)

(DAG)、Ca^{2+}、NO 等。

5.1.1　胞外信号的种类及传递

胞外信号包括外源的环境刺激、由于某些刺激而导致的植物体其他部位细胞合成的内源胞间信号(主要是植物激素)以及内源胞间信号与效应位点间的信息物质。

5.1.1.1　环境刺激

植物生活在复杂多变的自然环境中,不可避免地受到各种环境刺激因子的影响,包括光、温度、水分、植物激素、辐射、电磁场、物理化学伤害、病原菌侵染、矿物质及气体等。对植物来说,环境变化就是刺激,即信号(signal)。在众多环境刺激因子中,影响最大、研究最深入的是光信号,其次是植物激素信号。

光波长、光质或植物激素可作为一个刺激信号去激发受体,从而引起细胞内一系列生理反应,包括改变离子流,调节代谢途径,基因表达调节,细胞骨架改变等,最终表现为形态结构和功能的变化。目前已经发现和确认了多个光受体和植物激素受体,有关刺激信号转导途径的研究已深入到分子水平。近年来特别在光受体和植物激素受体基因克隆和表达,G 蛋白、Ca^{2+} 与 CaM、IP_3 及蛋白质可逆磷酸化参与信号转导等方面取得了重要进展。

5.1.1.2　内源胞间信号

当环境刺激的作用位点与效应位点处在植物体的不同部位时,就必然产生胞间信号来传递信息。根据信号性质不同分为化学信号与物理信号。

1. 化学信号

化学信号(chemical signal)是指细胞感受到刺激后,合成并传递到作用部位引起生理反应的化学物质,如植物激素(脱落酸、赤霉素、生长素、乙烯等)、植物生长活性物质(水杨酸、茉莉酸、寡聚半乳糖、壳梭孢菌素、花生四烯酸、茉莉酸甲酯、多胺类物质及乙酰胆碱等)和 Ca^{2+} 等。

通常认为,植物激素是主要的胞间化学信号,它们既可以在植物一定的发育阶段和一定组织器官中产生,也可以在一定环境刺激下合成。例如当植物根系受到干旱或盐胁迫时,根系细胞会迅速合成脱落酸(ABA),ABA 通过木质部蒸腾流输送到地上部分,引起气孔关闭,从而叶片生长受到抑制,ABA 的合成和输出量也随干旱或盐胁迫程度的加剧而显著增加。这种随着刺激信号强度的增加,合成量及向作用位点输出量也随之增加的化学信号物质称之为正化学信号(positive chemical signal)。同时在干旱胁迫时,根系合成和输出细胞分裂素(CTK)显著减少,这种随着刺激强度的增加,合成量及向作用位点输出量随之减少的化学信号物质称为负化学信号(negative chemical signal)。

2. 物理信号

物理信号(physical signal)是指细胞感受到环境刺激后产生的具有传递信息并引起细胞反应的电信号和水力学信号。

电信号传递是植物体内长距离传递信息的一种重要方式,是植物体对外部刺激的最初反应。我国著名的植物生理学家娄成后教授在 20 世纪 60 年代就指出:"电波的信息传递在高等植物中是普遍存在的。"他认为植物为了对环境变化做出反应,既需要专一的化学信号传递,也需要快速的电信号传递。植物电波研究较多的为动作电位 (action potential,AP),也叫动作电波,是指细胞和组织中发生的、相对于空间和时间能快速变化的一类生物电位。植物中动作电波的传递仅用短暂的冲击(如机械震击、电脉冲或局部温度的升降)就可以激发出来，而且受刺激的植物没有被伤害，不久便恢复原状。有人测到捕虫植物的动作电位幅度为110～115 mV，传递速度可达 6～30 $cm\cdot s^{-1}$。

一些敏感植物(如含羞草的茎叶)，当受到外界刺激(震动、烧灼、骤冷等)时，除了受刺激部位的小叶成对合拢外，临近的小叶甚至整个复叶的小叶均成对合拢，并引起复叶叶柄下垂，这一过程伴有电波的传递。又如，当平行排列轮藻中的一个细胞接受电刺激而引起动作电位后，该细胞就可以将其传递到相距 10 mm 处的另一个细胞，而且引起同步节奏的动作电位。Wildon 等用番茄做实验，指出由子叶伤害而引起第一片真叶产生三磷酸肌醇(IP_3)的过程中，动作电位是传播的主要方式。他们采取让电信号通过后马上就除去子叶以及使子叶叶柄制冷以阻碍筛管运输、排除化学物质传递的试验，其结果都证明单有电信号就可以引起 IP_3 反应，而且首次证明了电信号可引起包括基因转录在内的生理生化变化。

植物细胞对水力学信号(压力势的变化)很敏感。玉米叶片木质部压力的微小变化就能迅速影响叶片气孔的开度，即压力势降低时气孔开放，反之亦然。

5.1.1.3 胞间信号的传递

当环境信号刺激的作用位点与效应位点处在植物不同部位时，胞间信号就要进行长距离的传递。植物胞间信号的长距离传递形式主要有以下几种：

(1)易挥发性化学信号在植物体内扩散传递　易挥发性化学信号可通过在植株体内的气腔网络(air space network)扩散而迅速传递，通常这种信号的传递速度可达 2 $mm\cdot s^{-1}$左右。植物激素乙烯和茉莉酸甲酯(JA-Me)均属此类信号，这两类化合物在植物某器官或组织受到刺激后可迅速合成，并从合成位点迅速扩散到周围环境中，因此，若植物生长在一个密闭的条件下，这些化合物可在植物体内积累并迅速到达作用部位而产生效应，如淹水时植株体内就经常存在这类信号的传递。

(2)化学信号的传递　①韧皮部传递。韧皮部是同化物长距离运输的主要路径，也是化学信号长距离传递的主要途径。植物体内许多化学信号物质，如 ABA、JA-Me、SA、寡聚半乳糖等都可通过韧皮部途径传递。一般韧皮部信号传递的速度在 0.1～1 $mm\cdot s^{-1}$之间，最高达 4 $mm\cdot s^{-1}$。②木质部传递。化学信号通过集流的方式在木质部传递。例如，植物受到土壤干旱胁迫时，根系迅速合成并输出信号物质 ABA，ABA 通过木质部蒸腾流进入叶片，并影响叶片 ABA 浓度，从而抑制叶片的生长和气孔的开放。

(3)电信号的传递　植物电波信号的短距离传递需要通过共质体和质外体途径，而长距离传递则是通过维管束。对非敏感草本植物来讲，AP 的传播速度在 1～20 $mm\cdot s^{-1}$之间；对敏感植物而言，AP 的传播速度高达 200 $mm\cdot s^{-1}$。

(4)水力学信号的传递　水力学信号是通过植物体水连续体系中的压力变化来传递的。植物体主要通过木质部这一连续体系，一方面可有效地将水分运往植株的大部分组织，同时也可将水力学信号长距离传递到连续体系中的各部分。

5.1.2 跨膜信号转换

胞间信号传递至效应位点，与细胞膜表面受体结合而使受体活化，通过受体将信号转导进入细胞内，此过程即为跨膜信号转换(transmembrane signal transduction)。胞间信号从产生位点经长距离传递到达靶细胞，靶细胞首先感受信号，将胞外信号转变为胞内信号，然后再启动下游的各种信号转导系统，并对原初信号进行放大以及激活次级信号，最终导致植物的生理生化反应。跨膜信号转换方式有多种，其中研究较清楚的是 G 蛋白介导的跨膜信号转换。

5.1.2.1　受体

受体(receptor)是指能够与信号物质特异性结合,并将胞外信号转换为胞内信号的物质,主要是蛋白质(个别是糖脂)。能与受体特异性结合的生物活性分子称为配体(Ligand)。根据受体在细胞中的位置,可将受体分为膜受体和胞内受体,前者位于细胞质膜上,后者则位于细胞内部。植物细胞的受体主要位于细胞膜上。

膜受体主要包括 5 种类型:①G 蛋白偶联受体(G-protein-linked receptor),受体蛋白的氨基端位于细胞外侧,羧基端位于内侧,一条肽链形成几个 α 螺旋的跨膜结构,羧基端具有与 G 蛋白相互作用的区域,受体活化后直接将 G 蛋白激活,进行跨膜信号转换;②离子通道偶联受体(ion-channel-linked receptor);③酶联受体(enzyme linked receptor),受体本身是一种酶蛋白,具有胞外感受信号区域、跨膜区域和胞内的激酶区域,当细胞外区域与信号分子结合时,可激活酶,将下游组分(靶蛋白)磷酸化而传递信号(图 5-2);④光受体(photo receptor);⑤激素受体(hormone reccptor)。

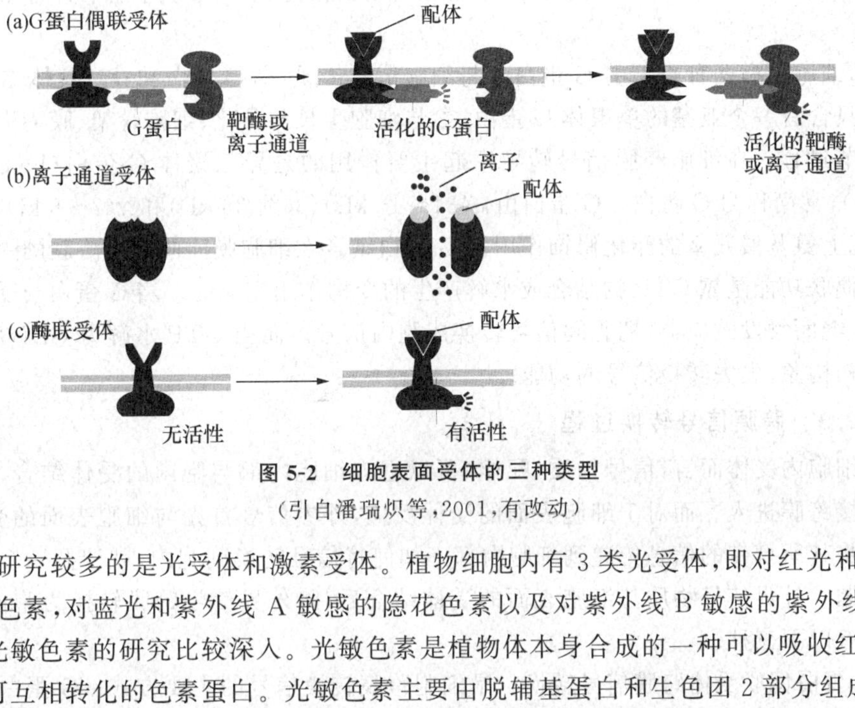

图 5-2　细胞表面受体的三种类型

(引自潘瑞炽等,2001,有改动)

目前研究较多的是光受体和激素受体。植物细胞内有 3 类光受体,即对红光和远红光敏感的光敏色素,对蓝光和紫外线 A 敏感的隐花色素以及对紫外线 B 敏感的紫外线 B 受体。其中,对光敏色素的研究比较深入。光敏色素是植物体本身合成的一种可以吸收红光和远红光,而且可互相转化的色素蛋白。光敏色素主要由脱辅基蛋白和生色团 2 部分组成,后者是开链的四吡咯环化合物。所有具有光合作用的植物均含有光敏色素,但含量极低。

近年来关于植物激素受体的研究进展非常迅速,已经陆续鉴定出了生长素、细胞分裂素、赤霉素、乙烯和脱落酸的受体。除此之外,在其他具有类似植物激素的生长调节物质方面,也发现了相对应的受体蛋白,如油菜素内酯受体、茉莉酸受体和水杨酸受体等,以上的这些受体基本都是定位于细胞膜上的受体蛋白。激素效应位点可能处于细胞膜外侧,在信号与受体结合之后存在着特异的跨膜转换及胞内信号进行信息传递、放大的信号转导机制。

激素信号转导的第一步涉及细胞中的受体位点对激素分子的识别。受体与激素结合后,其构象发生改变,成为激活状态,形成活性的"激素-受体复合物",完成激素信号的识别过程。接着进入信号的转导和放大过程,被激活的"激素-受体复合物"启动一系列的生物化学级联反应,引起最终的生理响应。

信号物质与受体结合是细胞感应胞外信号，并将其转换为胞内信号的首要步骤。通常一种类型的受体只能引起一种类型信号的转导过程，但一种外部信号可同时引起不同类型表面受体的识别反应，从而产生两种或两种以上的信使物质。通常，受体与配体的结合具有以下几个特点：①高度专一性；②高度亲和力；③饱和性；④可逆性。

5.1.2.2　GTP 结合调节蛋白

有的受体接受胞间信号分子到产生胞内信号分子，期间要经过信号转换的过程，通常认为此过程是通过 G 蛋白实现的，故又称 G 蛋白为偶联蛋白或信号转换蛋白。G 蛋白全称为 GTP 结合调节蛋白(GTP binding regulatory protein)，其生理活性依赖于三磷酸鸟苷(GTP)的结合以及具有 GTP 水解酶的活性而得名。G 蛋白的发现是生物学领域的重大进展，发现者 Gilman 与 Rodbell 也因此获得 1994 年诺贝尔医学生理奖。植物 G 蛋白的研究始于 20 世纪 80 年代，已证明 G 蛋白在高等植物中普遍存在，其在光、植物激素对植物的生理效应，以及跨膜离子运输、气孔运动、植物形态建成等生理活动的细胞信号转导过程中具有重要的调节作用。

通常，细胞内有两种类型的 G 蛋白参与细胞信号传递：小 G 蛋白和异三聚体 G 蛋白。小 G 蛋白是只含有一个亚基的单聚体 G 蛋白，参与细胞生长与分化、细胞骨架、膜囊泡与蛋白质运输的调节过程。在细胞跨膜信号转导中起主要作用的是异三聚体 G 蛋白(heterotrimeric G-protein)，常简称为 G 蛋白。G 蛋白由 α(31～46 kD)、β(约 36 kD)和 γ(7～8 kD)三种亚基组成，亚基上氨基酸残基的酯化修饰作用将 G 蛋白结合在细胞膜面向胞质溶胶的一侧。G 蛋白的信号偶联功能是靠 GTP 的结合或水解产生的变构作用完成的。当 G 蛋白与受体结合而被激活时，继而触发效应器，把胞间信号转换成胞内信号。而当 GTP 水解为 GDP 后，G 蛋白就回到原初构象，失去转换信号的功能。

5.1.2.3　跨膜信号转换过程

对于细胞内受体而言，信号物质(配体)可以进入细胞内部与胞内的受体结合，完成细胞信号的直接跨膜进入。而对于细胞表面的受体反应，外界信号首先与细胞表面的受体结合，不能直接将其所携带的信息传递到细胞内部。如何将信号转换到胞内，就涉及一个信号的跨膜转换问题。外界信号物质与细胞表面的受体结合后，将外界信号跨膜转换为胞内信号，其方式通常有以下三种。

(1)G 蛋白偶联受体跨膜信号转换　是细胞跨膜转换信号的主要方式。G 蛋白位于膜内侧，并与质膜紧密结合的蛋白复合体。当信号分子与膜上的受体结合后，激活的受体就将信号传递给 G 蛋白，Gα 与 GDP 的结合力减弱，而与 GTP 的结合力增强，最终激活 Gα，导致 G 蛋白三聚体解离。Gα 与 Gβγ 分离而呈游离状态，活化的 Gα 继而触发效应器(如磷酸酯酶 C)，把胞外信号转换成胞内信号。当 Gα 所具有的 GTP 酶活化将与 Gα 相结合的 GTP 水解为 GDP 后，Gα 恢复到去活化状态并与 Gβγ 重新结合为 G 蛋白复合体，这样完成一次 G 蛋白循环(图 5-3)。

G 蛋白参与胞外信号跨膜转换的特点：胞外信号被细胞表面受体识别后，通过膜上的 G 蛋白转换到膜内侧的效应酶上，再通过效应酶产生多种第二信使，从而把胞外信号转换到胞内。

(2)离子通道偶联受体跨膜信号转换　离子通道(ion channel)是存在于膜上可以跨膜转

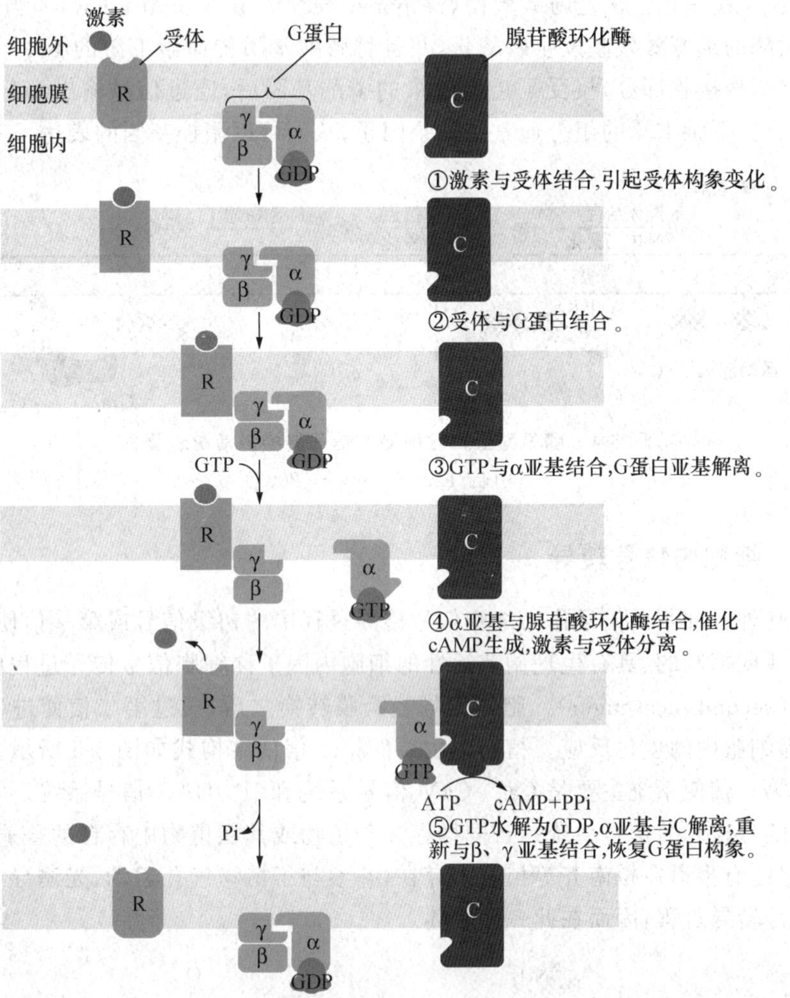

图 5-3　G 蛋白参与的跨膜信号转换

(引自 Taiz & Zeiger,2006)

运离子的一类蛋白质。离子通道型受体除了具备转运离子的功能外,同时还能与配体特异性结合和识别,具备受体的功能。当离子通道受体和配体结合接收信号后,可以引起跨膜的离子流动,把胞外的信息通过膜离子通道转换为细胞内某一离子浓度改变的信息(图 5-2b)。目前植物中关于离子通道型受体的研究不多,但在拟南芥、烟草和豌豆等植物中发现有与动物细胞同源的离子通道型谷氨酸受体(ionotropic glutamate receptor,iGluR),并且可能参与了植物的光信号转导过程。

(3)酶促信号直接跨膜转换　该过程的跨膜信号转换主要由酶联受体完成。酶联受体除了具有受体的功能外,本身还是一种酶蛋白,当细胞外的受体区域和配体结合后,可以激活具有酶活性的胞内结构域,引起酶活性的改变,从而引起细胞内侧的反应,将信号传递到胞内。如具有受体功能的酪氨酸蛋白激酶,当其胞外的受体部分接受了外界信号后激活了胞内具有蛋白激酶活性的结构域,从而使细胞内某些蛋白质的酪氨酸残基磷酸化,进而在细胞内形成信号转导途径(图 5-4)。乙烯受体两个基本的部分,一个是组氨酸蛋白激酶(his protein kinase, HPK),另一个是效应调节蛋白(response-regulator protein, RR)。当 HPK 接受胞外信号后,激酶的组氨酸残基发生磷酸化,并且将磷酸基团传递给下游的 RR。RR 的天冬氨酸残基部分(信号接收部分)接受了传递过来的磷酸基团后,通过信号输出部分,将信号传递给下游的组分。下游末端的组分通常是转录因子,从而可以调控基因的表达。

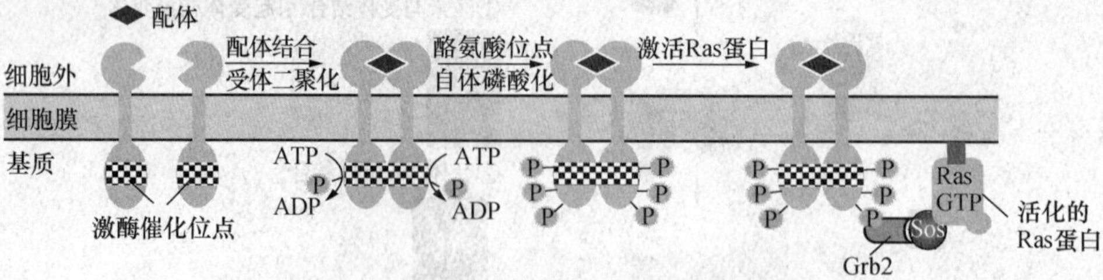

图 5-4 酪氨酸蛋白激酶受体信号转换激活 Ras 蛋白

(引自 Taiz & Zeiger, 2006)

5.1.3 细胞内信号转导

一般将胞外各种刺激信号作为细胞信号传导过程中的初级信号或第一信使,而把由胞外刺激信号激活或抑制的、具有生理调节活性的细胞内因子称细胞信号传导过程中的次级信号或第二信使(second messenger)。胞外信号经跨膜转换之后,通过第二信使进一步传递和放大,最终引起细胞内的生化反应。植物中主要的第二信使结构式如图 5-5 所示。目前植物中普遍接受的第二信使系统主要是 Ca^{2+}-CaM 信号系统和 IP_3-DAG 信号系统。对于动物中研究较为透彻的环核苷酸信号系统是否同样存在于植物或其在植物中存在的普遍性,尽管目前尚有争议,但已有报道在拟南芥等植物中存在,并参与了植物气孔运动、光诱导叶绿体花色素的合成等信号转导过程,因而在此一并表述。

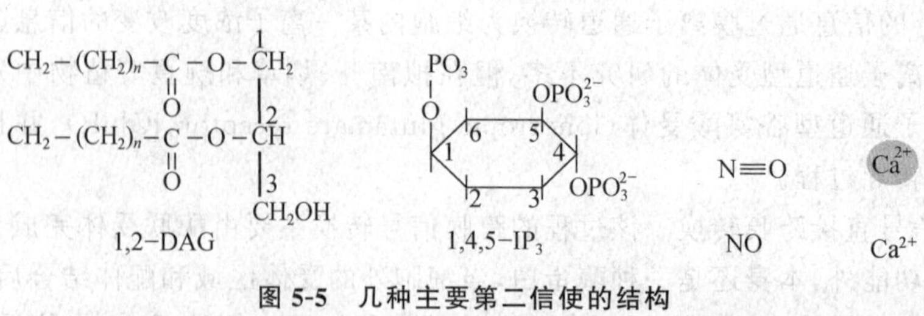

图 5-5 几种主要第二信使的结构

5.1.3.1 Ca^{2+}-CaM 信号系统

植物细胞内的游离 Ca^{2+} 是细胞信号转导过程中重要的第二信使,在多种信号转导过程中发挥重要的调节作用,尤其在植物适应各种环境胁迫过程中发挥关键作用。Ca^{2+} 梯度的存在是

Ca^{2+} 信号产生的基础。正常情况下，植物细胞质中静息态 Ca^{2+} 浓度为 $10^{-7}\sim10^{-6}$ mol·L^{-1}，而胞外 Ca^{2+} 浓度为 $10^{-4}\sim10^{-3}$ mol·L^{-1}，胞壁中 Ca^{2+} 浓度也高达 $10^{-5}\sim10^{-3}$ mol·L^{-1}；细胞器的 Ca^{2+} 浓度也是胞质的几百到上千倍，所以，Ca^{2+} 在植物细胞中的分布极不平衡，Ca^{2+} 浓度在细胞器中最高，是细胞最重要的胞内钙库，而细胞壁等质外体为胞外钙库。

静息状态下 Ca^{2+} 梯度的分布是相对稳定的，Ca^{2+} 信号的产生和终止表现在胞质中游离 Ca^{2+} 浓度的升高和降低。当细胞受到外界刺激并发生信号反应时，Ca^{2+} 可以通过胞内、胞外钙库膜上的 Ca^{2+} 通道顺着化学势梯度扩散进入细胞质，细胞质 Ca^{2+} 浓度上升，产生钙信号，钙信号作用于下游调控元件（如钙调节蛋白等），进一步启动下游反应（如 IP_3）。当信号反应完成后，胞质中的 Ca^{2+} 又可通过钙库膜上的钙泵（Ca^{2+}-ATP 酶）或 Ca^{2+}/H^{+} 转运体，把 Ca^{2+} 运回到 Ca^{2+} 库，胞质中游离 Ca^{2+} 浓度恢复到原来的静息态水平，同时 Ca^{2+} 也与受体蛋白分离，信号终止，完成一次完整的信号转导过程。

几乎所有的胞外刺激信号都可能引起胞内游离 Ca^{2+} 浓度的变化，而这种变化的时间、幅度、频率、区域化分布等都不尽相同，可能不同刺激信号的特异性正是靠 Ca^{2+} 浓度变化形式的不同而体现的（图 5-6）。胞外刺激信号可能直接或间接地调节 Ca^{2+} 的运输系统，引起胞内游离 Ca^{2+} 浓度变化以至影响细胞的生理生化活动。

胞内 Ca^{2+} 信号通过其受体-钙调蛋白转导信号。现在研究得较清楚的植物中钙调蛋白主要有两种：钙调素与钙依赖型蛋白激酶。

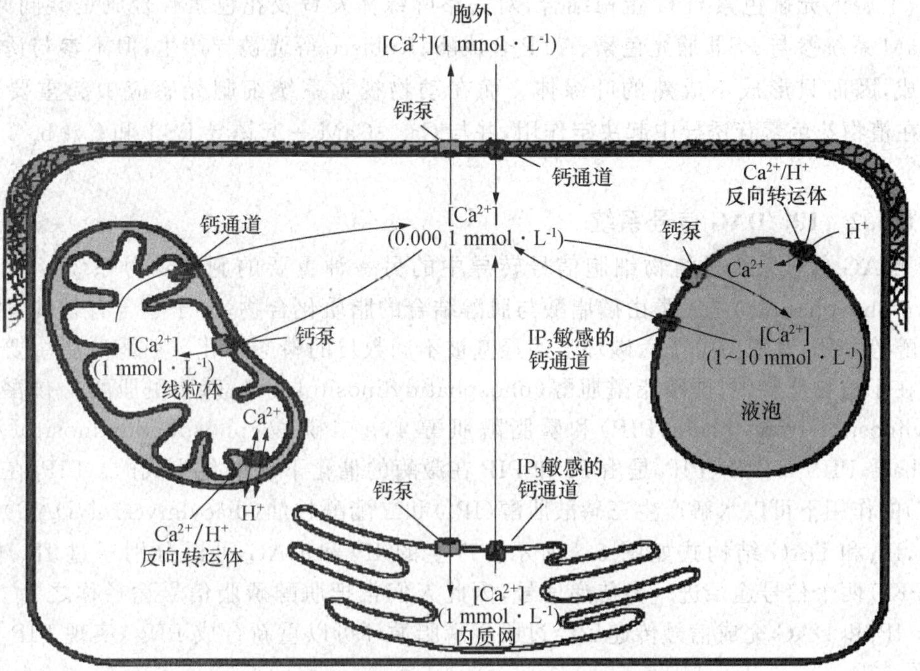

图 5-6　高等植物细胞内钙离子转运多条途径

（引自 Buchanan et al.，2000）

钙调素（calmodulin，CaM）是植物细胞内最重要的 Ca^{2+} 结合蛋白，是由一条肽链构成的可溶性球蛋白，分子量约为 16.7 kD，由 148 个氨基酸组成，其中 1/3 的氨基酸残基是酸性的谷氨酸和天冬氨酸，不含半胱氨酸和脯氨酸。该蛋白热稳定性好，保守性强。其带负电荷的

羧基部位与 Ca^{2+} 相结合，每个 CaM 分子上有 4 个 Ca^{2+} 结合位点，结合后分子构象发生改变，疏水区域呈激活态，而活化的 CaM 又与靶酶结合，使其活化而引起生理反应。CaM 以两种方式起作用：第一，直接与靶酶结合，诱导靶酶构象改变，从而调节靶酶的活性；第二，与 Ca^{2+} 结合，形成活化态的 Ca^{2+}-CaM 复合体，然后再与靶酶结合将靶酶激活，这种方式在钙信号传递中起主要作用。

$$nCa^{2+} + CaM \rightleftharpoons Ca_n^{2+} \cdot CaM \ [1 < n \leqslant 4]$$
$$mCa_n^{2+} \cdot CaM + E \rightleftharpoons (Ca_n^{2+} \cdot CaM)_m \cdot E^* \quad (5\text{-}1)$$

n 代表与 CaM 结合的 Ca^{2+} 分子数；m 代表活化靶酶所需的 $Ca_n^{2+}\cdot CaM$ 复合体数；E 代表靶酶；E^* 代表活化的靶酶。

目前，对 CaM 生理功能的研究涉及面相当广泛，在离子转运、酶活性调节、细胞分裂与分化、细胞骨架与细胞运动、光合作用、孢子萌发、种子和花粉萌发、激素反应、胞内酶活化及基因表达等生理过程中，都有 CaM 的参与。

Nam-Hai Chua 实验室用光敏色素 A 缺失的番茄单细胞突变系，研究了完整叶绿体中多种光系统色素蛋白质及酶基因表达所必需的光信号传导过程。将信号系统中各组分，如 PHYA、G 蛋白激活剂，Ca^{2+} 及 CaM、cGMP、cAMP 等以及它们的不同组合微注射入单细胞内，随后对叶绿体内多种色素蛋白和酶系在基因活化、转录、翻译三种水平进行观察发现，光刺激后，上游的光敏色素与 G 蛋白结合，对完整叶绿体发育及花色素苷合成是共同必需的；Ca^{2+}-CaM 系统参与 PSⅡ捕光色素、ATP 合成酶、Rubisco 等光诱导产生，但不参与诱导花色素苷合成，因而只形成不成熟的叶绿体。而在动物视觉系统细胞光感应中起重要作用的 cGMP 在植物花色素苷诱导中起决定作用，并与 Ca^{2+}-CaM 一起诱导 PSⅠ和 Cyt b_6/f 的合成（图 5-7）。

5.1.3.2　IP_3/DAG 信号系统

IP_3-DAG 信号系统是植物细胞信号转导中的另一种重要的胞内信号系统。肌醇磷脂（inositol phospholipid）是一类由磷脂酸与肌醇结合的脂质化合物，分子中含有甘油、脂酸、磷酸和肌醇等基团，其肌醇分子六碳环上的羟基被不同数目的磷酸酯化。肌醇磷脂主要以三种形式存在于植物质膜中，即磷脂酰肌醇（phosphatidylinositol，PI）、磷脂酰肌醇-4-磷酸（phosphatidylinositol-4-phosphate，PIP）和磷脂酰肌醇-4，5-二磷酸（phosphatidylinositol-4，5-bisphosphate，PIP_2）。PIP、PIP_2 是由 PI 和 PIP 在激酶的催化下磷酸化生成的。PIP_2 在磷脂酶 C（PLC）的作用下可以水解产生三磷酸肌醇（IP_3）和二酯酰甘油（diacylglycerol，DAG）两种第二信使，IP_3 和 DAG 结构式如图 5-5 所示。产生的 IP_3 和 DAG 可以分别通过 IP_3/Ca^{2+} 和 DAG/PKC 两个信号途径进一步传递信号，因此人们常把肌醇磷脂信号途径称之为“双信使途径”。IP_3 和 DAG 完成信号传递后经过肌醇磷脂循环可以重新合成 PIP_2，实现 PIP_2 的更新合成（图 5-8）。

关于植物的肌醇磷脂信号系统作用模式，目前公认的假说是：植物细胞感受外界刺激信号后，经过信号的跨膜转换，激活质膜内侧锚定的 PLC，活化的 PLC 水解质膜上的 PIP_2 产生两种第二信使 DAG 和 IP_3，从而启动 IP_3/Ca^{2+} 和 DAG/PKC 双信号途径。一方面，产生的 IP_3 与细胞内钙库（如液泡、内质网等）膜上的受体结合，激活钙库膜上的 Ca^{2+} 通道，使 Ca^{2+} 从钙库中释放出来，引起胞内游离的 Ca^{2+} 浓度升高，从而启动胞内的 Ca^{2+} 信号系统，实现肌醇

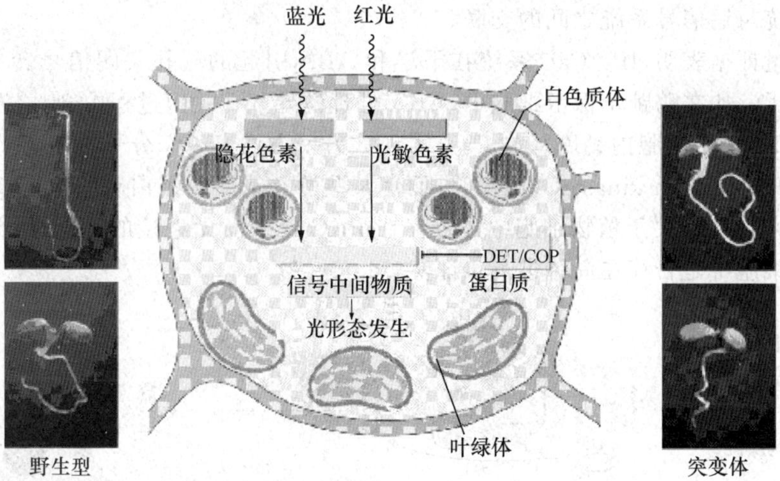

蓝光和红光经常相互影响和交替作用于植物的发育，DET(去黄化)和COP(光形态发生组分)两类蛋白通常维持暗中黄化过程。

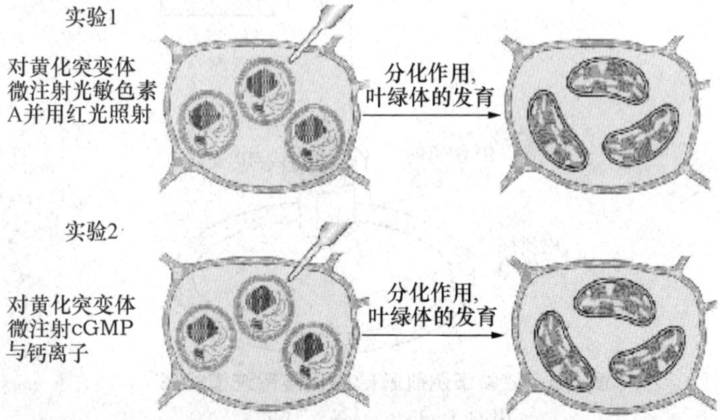

图 5-7　光敏色素 A 缺乏的番茄黄化单细胞突变系叶绿素发育的光信号传导过程

缺少 *PHYA* 的西红柿黄化突变体的细胞在叶绿素发育方面受到削弱，这些突变体细胞通过微注射纯化的光敏色素并随即对其进行红光处理（实验 1）等可以诱导其行使正常的红光调控的叶绿体发育作用。这种光敏色素/红光处理的效应可以用注射 GMP 与 Ca^{2+} 混合物的处理（实验 2）来模拟。通过自身注射任何第二信使都会诱导叶绿体的发育，仅用 cGMP 注射会诱导花青素的合成。

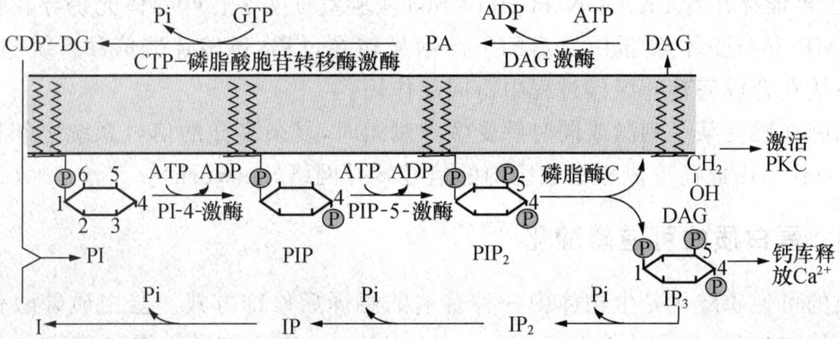

图 5-8　磷脂酰肌醇代谢循环过程

（参照 Berridge，1986，略有修改）

磷脂信号系统与钙信号系统之间的交联。

已有大量证据表明，IP_3/Ca^{2+}系统在干旱和ABA引起的气孔关闭信号转导过程中起重要的调节作用。如在鸭跖草保卫细胞中，ABA处理诱导气孔关闭过程中，胞内游离的Ca^{2+}升高也是通过IP_3作用于胞内钙库释放Ca^{2+}实现。另一方面，DAG分子在有Ca^{2+}和磷脂存在时，蛋白激酶C(protein kinase C，PKC)进而使某些酶类或底物蛋白磷酸化，实现信号的下游传递(图5-9)。目前，关于植物细胞中是否存在PKC分子尚无直接的证据，因此，DAG/PKC途径在植物细胞中是否存在尚待进一步证实。

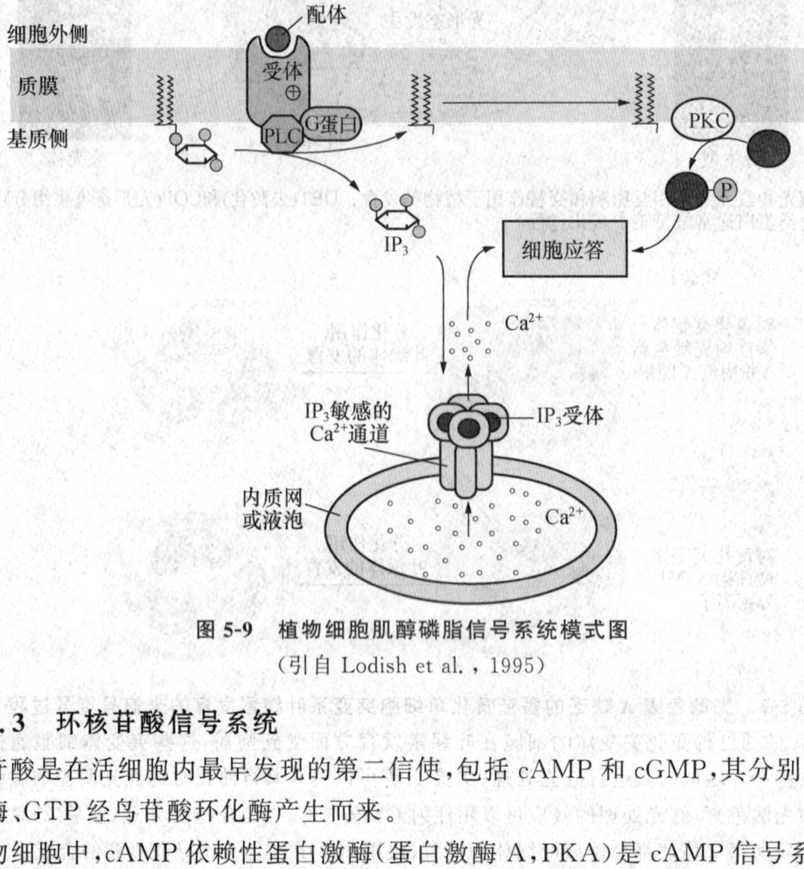

图5-9　植物细胞肌醇磷脂信号系统模式图

(引自Lodish et al.，1995)

5.1.3.3　环核苷酸信号系统

环核苷酸是在活细胞内最早发现的第二信使，包括cAMP和cGMP，其分别由ATP经腺苷酸环化酶、GTP经鸟苷酸环化酶产生而来。

在动物细胞中，cAMP依赖性蛋白激酶(蛋白激酶A，PKA)是cAMP信号系统的作用中心，植物中也可能存在着PKA。Nam-Hai Chua实验室证实了在叶绿体光诱导花色素苷合成过程中，cAMP参与受体G蛋白之后的下游信号转导过程，环核苷酸信号系统与Ca^{2+}-CaM信号转导系统在合成完整叶绿体过程中协同起作用。

植物细胞在感受某一刺激或同时感受多种刺激时，复杂多样的信号系统之间存在着相互交流(cross-talk)，由此而形成植物细胞内的信号转导网络(network)。

5.1.4　蛋白质的可逆磷酸化

蛋白质的可逆磷酸化是生物体内一种普遍的翻译后修饰方式。蛋白质磷酸化和去磷酸化属于共价修饰过程，分别由蛋白激酶(protein kinase，PK)和蛋白磷酸酯酶(protein phosphatase，PP)催化，它们是上述几类胞内信使进一步作用的靶酶，也即胞内信号通过调节胞内蛋白质的磷酸化或去磷酸化过程而进一步转导信号。PK催化ATP或GTP的磷酸基团结合到底物蛋白质的氨基酸残基上，而 PP 则催化水解掉磷酸化蛋白质的磷酸基团。

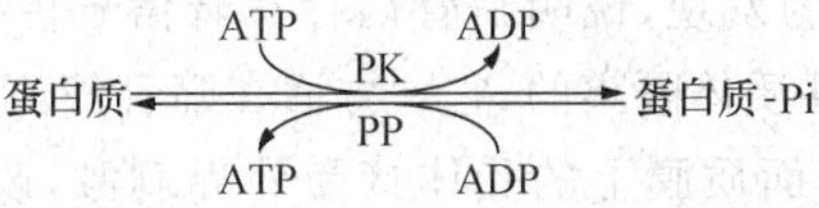

(5-2)

外来信号与其受体结合，导致受体构象发生变化，随后通过引起第二信使的释放而作用于蛋白激酶或磷酸酯酶，或者因有些受体本身就具有蛋白激酶的活性，所以与信号结合后可立即得到激活。蛋白激酶可对其底物蛋白质所特定的氨基酸残基进行磷酸化修饰，从而引起相应的生理反应，以完成信号转导过程。此外，由于蛋白激酶的底物既可以是酶，也可以是转录因子(transcription factor)，因而它们既可以直接通过对酶的磷酸化修饰来改变酶的活性，也可以通过修饰转录因子而激活或抑制基因的表达，从而使细胞对外来信号做出相应的反应。如图 5-10 所示，蛋白质的磷酸化和去磷酸化在细胞信号转导过程中具有级联放大信号的作用，外界微弱的信号可以通过受体激活 G 蛋白、产生第二信使、激活相应的蛋白激酶和促使底物蛋白磷酸化等一系列反应得到级联(cascade)放大。

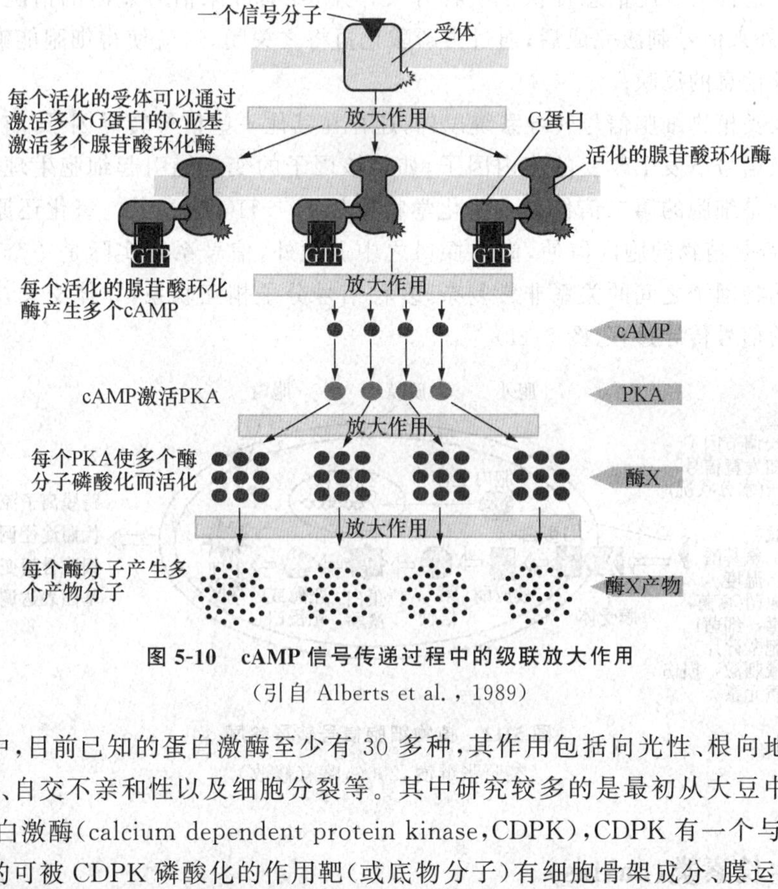

图 5-10　cAMP 信号传递过程中的级联放大作用

(引自 Alberts et al.，1989)

在植物中，目前已知的蛋白激酶至少有 30 多种，其作用包括向光性、根向地性、抗寒、抗病、光合作用、自交不亲和性以及细胞分裂等。其中研究较多的是最初从大豆中得到的依赖于 Ca^{2+} 的蛋白激酶(calcium dependent protein kinase，CDPK)，CDPK 有一个与 Ca^{2+} 结合位点。现已知的可被 CDPK 磷酸化的作用靶(或底物分子)有细胞骨架成分、膜运输成分、质膜上的质子 ATP 酶等。如从燕麦中分离出与质膜成分相结合的 CDPK 成分，可将质膜上的质子 ATP 酶磷酸化，从而调节跨膜离子的运输。

除 CDPK 类外，还有与光敏色素密切相关的钙依赖型蛋白激酶、同时受 Ca^{2+} 和 CaM 调节的蛋白激酶等。近年来，在水稻筛管汁液中也分离到分子量为 17 kD 高度磷酸化的蛋白质以及分子量为 65 kD、具有蛋白激酶活性的蛋白质，蛋白激酶的活性依赖于 Ca^{2+} 的存在。筛管汁液内依赖 Ca^{2+} 蛋白激酶的发现，说明筛管内存在着信号传导系统。许多植物的 SE-CC 复合体与周围细胞基本上是共质体隔离的，它一方面在筛管液流中传递着激素等化学信号物质，另一方面又可通过细胞表面质膜上的受体接受外界刺激，改变筛管汁液内游离 Ca^{2+} 浓度，Ca^{2+} 作为第二信使激发筛管内的蛋白磷酸化，从而调控细胞内-系列生化反应，完成从源到库的信号传导。

蛋白磷酸酯酶去磷酸化作用是终止信号或一种逆向调节，与蛋白激酶理论上有同等重要意义。已在植物中鉴定出几种不同的蛋白磷酸酯酶，如豌豆、胡萝卜中的 Type1 蛋白磷酸酯酶，豌豆、胡萝卜、小麦中的 Type2A 和 Type2C 蛋白磷酸酯酶等。有研究表明，Type1 蛋白磷酸酯酶可能与植物细胞有丝分裂过程的调控有关。豌豆保卫细胞中存在一种依赖 Ca^{2+} 的蛋白磷酸酯酶，与 K^+ 的转移和气孔的开闭有关。

虽然磷酸化或去磷酸化的过程本身是单一的反应，但多种蛋白质的磷酸化和去磷酸化的结果是不同的，很可能与实现细胞中各种不同刺激信号的转导过程有关。事实上，正是蛋白质磷酸化的可逆性为细胞信息提供了一种开关作用，在有外来信号刺激的情况下，通过磷酸化将之打开；外来信号刺激完成后，通过去磷酸化再将之关闭，这就使得细胞能够有效而经济地调控对内外信息的反映。

除上述几类植物细胞信号转导系统以外，还存在其他一些信号转导因子，有人认为，凡是能在胞外刺激信号下发生改变的胞内因子，如果该因子的变化能引起细胞生理活动的变化，则这种因子就是细胞的第二信使。一些化学物质如 H^+、H_2O_2、Mg^{2+}、氧化还原物质以及胞质 pH 等，是否是植物的胞内信使，尚在探讨之中。此外，信号系统实际是一个信号网络，参与传递信号的各因子之间的关系非常复杂，多种信号分子相互联系，立体交叉，协同作用，实现生物体中的信号传导过程(图 5-11)。

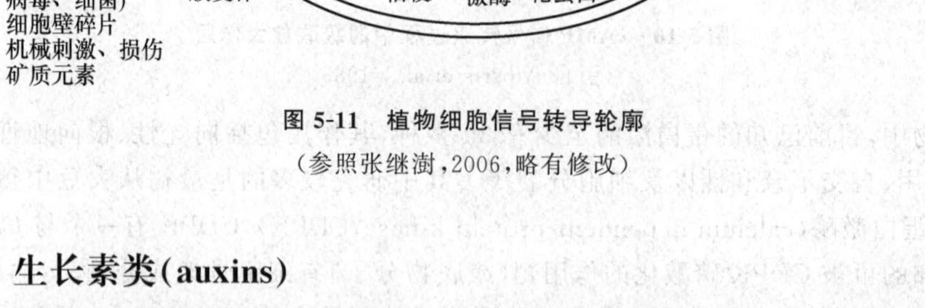

图 5-11 植物细胞信号转导轮廓

(参照张继澍，2006，略有修改)

5.2 生长素类(auxins)

5.2.1 生长素的发现与化学结构

生长素(auxin)是最早被发现的植物激素。1881 年，英国科学家 Charles Darwin 和他的儿子 Francis Darwin 利用金丝雀草(*Phalarit canariensis*)胚芽鞘进行向光性实验,发现在单向光照射下,胚芽鞘向光弯曲,如果切去尖端或将尖端遮起来,用单向光照射时,胚芽鞘不向光弯曲(图 5-12A)。他们认为单向光引起的胚芽鞘向光弯曲是由于某种物质由鞘尖向下传递,造成背光面和向光面生长快慢不同所致,这一成果记录在他们合著的 *The Power of Movement in Plants* 一书中。1926 年荷兰科学家 Fritz Went 用琼胶收集胚芽鞘的生长物质并建立了生长素的测定方法——燕麦试法。将燕麦胚芽鞘尖端切下,放在琼胶块上,约 1 h 后,移去芽鞘尖端,将琼胶切成许多小块,放在黑暗中生长的去顶胚芽鞘的一侧,胚芽鞘就会向放琼胶的对侧弯曲。如果放纯琼胶块,则不弯曲(图 5-12D),由此证明了 Darwin 父子的设想。

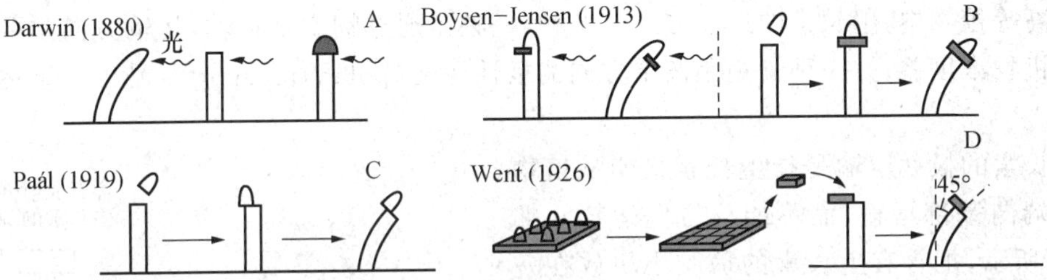

图 5-12　导致生长素发现的向光性实验

1934 年,荷兰的 F. Kögl 等从人尿、根霉、麦芽中分离和纯化了一种刺激生长的物质,经鉴定为吲哚乙酸(indole-3-acetic acid,IAA)。最终,人们采用希腊词 auxein 命名该化合物,意思是"增加"或者"生长"。除 IAA 外,还在大麦、番茄、烟草及玉米等植物中先后发现苯乙酸(PAA)、4-氯吲哚乙酸(4-Cl-IAA)及吲哚丁酸(IBA)等天然化合物,它们都不同程度地具有类似于生长素的生理活性。以后人工合成了几种生长素类的植物生长调节剂,如 2,4-D、萘乙酸(NAA)等(图 5-13)。2,4-D 在农业上主要作为生长素类除草剂使用,在低浓度下,具有促进植物生长的作用,在高浓度下能杀死双子叶植物,但对单子叶植物影响很小。

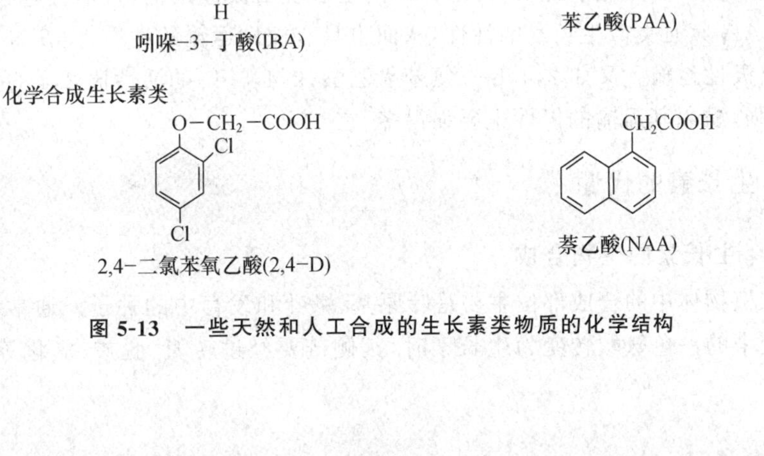

图 5-13　一些天然和人工合成的生长素类物质的化学结构

5.2.2 生长素在植物体内的分布与运输

5.2.2.1 分布

各种器官中都有生长素的分布，但较集中在生长旺盛的部位，如胚芽鞘、芽和根尖端的分生组织、形成层、正在展开的叶片、胚、幼嫩的果实和种子等，而趋向衰老的组织或器官中则含量甚少。

寄生和共生的微生物也可产生生长素，并影响寄主的生长。如豆科植物根瘤的形成就与根瘤菌产生的生长素有关，其他一些植物肿瘤的形成也与能产生生长素的病原菌入侵有关。

5.2.2.2 运输

在高等植物中，生长素的运输方式有两种：一种是通过韧皮部运输，运输方向主要取决于两端有机物浓度差；另一种是短距离单方向的极性运输（polar transport），是生长素运输的主要方式。

生长素的极性运输是指生长素只能从植物体的顶端向基部运输，而不能反方向运输。如图 5-14 所示，把含有生长素的琼胶小块放在一段切头去尾燕麦胚芽鞘的顶端，把另一块不含生长素的琼胶小块接在基部，一段时间后，基部的琼胶中即含有生长素，但如果把这一段胚芽鞘颠倒过来，基部向上，做同样的实验，生长素不会向下运输。其他植物激素则无此特点。

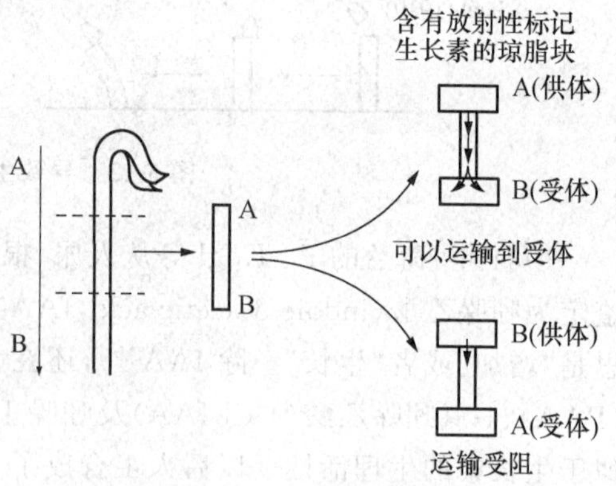

图 5-14 生长素的极性运输

A. 顶端 B. 基部

生长素的极性运输与植物的发育有密切关系，如扦插枝条不定根形成时的极性和顶芽产生的生长素向基运输所形成的顶端优势等。对植物茎尖用人工合成的生长素处理时，生长素在植物体内的运输也是极性的。

生长素的极性运输是需要能量的，不依赖于重力。生长素从细胞一端吸收和从细胞另一端外流导致了极性运输。定位在细胞膜上的 PIN 运输蛋白选择性输入和输出生长素。另外，一些抗生长素类化合物如 TIBA 和 NPA（萘基邻氨甲酰苯甲酸）等，也能抑制生长素的极性运输。

人工合成的生长素类化学物质，在植物体内也表现出极性运输，且活性越强，极性运输也越强。如 α-NAA 具有类似生长素的活性，从而也具有极性运输的性质，而 β-NAA 无活性，因此也不表现出极性运输。又如 2,4,5-三氯苯氧乙酸（2,4,5-T）的活性比 2,4,6-三氯苯氧乙酸（2,4,6-T）的强，所以其运输的极性也要强得多。

5.2.3 生长素的代谢

5.2.3.1 生长素的生物合成

生长素在植物体中的合成部位主要是叶原基、嫩叶和发育中的种子。通常认为生长素是由色氨酸转变来的。色氨酸转变为生长素时，其侧链要经过转氨、脱羧、氧化等反应，其合成的途径主要有以下 4 条支路(图 5-15)。

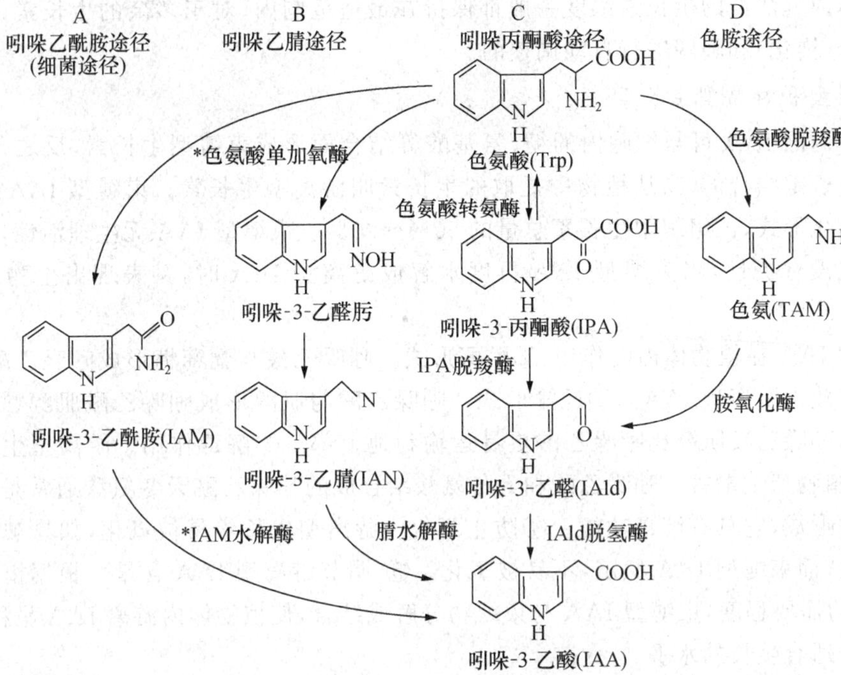

* 表示该酶只在细菌中存在

图 5-15　植物和细菌中的吲哚乙酸生物合成途径

(引自 After Bartel,1997)

(1)吲哚丙酮酸途径　IPA 途径(图 5-15C),色氨酸通过转氨作用形成吲哚丙酮酸,再脱羧形成吲哚乙醛,进一步经过脱氢变成吲哚乙酸。许多高等植物组织和组织匀浆提取物中都发现上述各步骤的酶,特别是将色氨酸转化为吲哚丙酮酸的色氨酸转氨酶。本途径在高等植物中占优势。

(2)色胺途径　TAM 途径(图 5-15D),色氨酸脱羧形成色胺,再氧化转氨形成吲哚乙醛,最后形成吲哚乙酸。本途径在植物中占少数。研究表明,大麦、燕麦、烟草和番茄枝条中同时存在吲哚丙酮酸途径和色胺途径。

(3)吲哚乙腈途径　IAN 途径(图 5-15B),许多植物特别是十字花科植物中存在着吲哚乙腈。吲哚乙腈也由色氨酸转化而来,在腈水解酶的作用下吲哚乙腈转变成 IAA。一些十字花科、禾本科和芭蕉科植物中存在该途径。

(4)吲哚乙酰胺途径　IAM 途径(图 5-15A),色氨酸由色氨酸单加氧酶催化形成吲哚乙酰胺,然后经水解反应生成 IAA。此途径仅在细菌体内存在,如一些病原菌(假单胞杆菌和农杆菌),产生的生长素可导致寄生植物的形态发生改变。

另有研究表明,IAA 的生物合成途径具有多样性,IAA 的合成不一定要经过色氨酸,还存在非色氨酸途径。拟南芥(*Arabidopsis thaliana*)的营养缺陷型试验揭示,IAA 可以由吲哚直接转化而来。色氨酸途径和非色氨酸途径可能并存于植物体内。

另外,Zn 是色氨酸合成酶的组分,植物缺 Zn 时,导致由吲哚和丝氨酸结合而形成色氨酸的过程受阻,使色氨酸含量下降,从而影响 IAA 的合成。这是果树“小叶病”的主要原因。

5.2.3.2 生长素的结合与降解

植物体内具活性的生长素浓度一般都保持在最适范围内，对于多余的生长素，植物一般是通过结合(钝化)和降解进行自动调控的。

1. 束缚型和游离型生长素

植物体内的IAA可与细胞内的糖、氨基酸等结合而形成束缚型生长素，反之，没有与其他分子以共价键结合的、易从植物中提取的生长素叫游离型生长素。束缚型IAA是生长素的贮藏或钝化形式，占组织中生长素总量的50%～90%。束缚型IAA无生理活性，在植物体内的运输也没有极性，当束缚型IAA再度水解成游离型IAA时，又表现出生物活性和极性运输。

束缚型IAA在植物体内的作用：①贮藏形式。吲哚乙酸与葡萄糖形成吲哚乙酰葡萄糖，在适当时释放出游离型IAA。②运输形式。吲哚乙酸与肌醇形成吲哚乙酰肌醇贮存于种子中，发芽时，吲哚乙酰肌醇比吲哚乙酸更易运输到地上部。③解毒作用。游离型生长素过多时，往往对植物产生毒害。吲哚乙酸和天冬氨酸结合成的吲哚乙酰天冬氨酸通常是在生长素积累过多时形成，它具有解毒功能。④防止氧化。游离型生长素易被氧化，如易被吲哚乙酸氧化酶氧化，而束缚型IAA稳定，不易被氧化。⑤ 调节游离型IAA含量。根据植物体对游离型IAA的需要程度，束缚型IAA与束缚物分解或结合，使植物体内游离IAA呈稳衡状态，调节到一个适合生长的水平。

2. 生长素的降解

IAA的降解主要有两种方式：酶氧化降解和光氧化降解。

(1)酶氧化降解　酶氧化降解是IAA的主要降解过程，可分为脱羧降解和非脱羧降解。过去曾认为过氧化物酶是催化IAA氧化降解的主要酶类，因为该酶在植物中广泛存在，并且在体外试验中过氧化物酶可以氧化IAA，使其脱羧生成3-亚甲基羟吲哚(3-methyleneoxindole)。但该降解途径在植物体内是否存在尚不清楚，如在转基因植物中，即使过氧化物酶活性提高10倍或降低10倍，对内源IAA水平都没有影响。

通过同位素标记试验发现了另外两条氧化降解途径，可能是植物体内控制IAA降解的主要途径。这两条途径的最终产物都是羟吲哚-3-乙酸(oxindole-3-acetic acid，OxIAA)，OxIAA在玉米胚乳或茎组织中都可以检测到，其中一条途径是直接将IAA氧化为OxIAA；另一条途径首先将IAA-天冬氨酸结合物氧化为中间产物二氧吲哚-3-乙酰天冬氨酸(dioxindole-3-acetylaspartate)，然后再转变为OxIAA。这两条氧化途径的主要特点是，降解过程中IAA的侧链保持完整，所以相对于过氧化物酶催化的IAA脱羧降解反应来说，这两条降解途径也称非脱羧降解途径。

(2)光氧化降解　IAA的光氧化降解产物和酶氧化产物相同，都为亚甲基氧代吲哚及其衍生物和吲哚醛。水溶液中的IAA照光后很快分解，在有植物细胞色素(核黄素或紫黄质)存在的情况下，其光氧化作用将大大加速。这种情况表明，在自然条件下很可能是植物体内的色素吸收光能促进了IAA的氧化。

在田间对植物施用IAA时，上述两种降解过程能同时发生。而人工合成的生长素类物质，如α-NAA和2,4-D等则发生酶氧化降解作用，能在植物体内保留较长时间，比外用IAA有较大的稳定性。所以，在大田中一般不用IAA而施用人工合成的生长素类调节剂。

3. 生长素代谢的调节

生长素的代谢除通过形成束缚型 IAA、酶氧化降解和光氧化降解外，还受其他植物激素调节。如 CTK 可以抑制 IAA 与氨基酸的结合，也可通过影响降解酶活性，从而影响 IAA 在体内的含量。GA 处理往往可增加植物 IAA 的含量。

酚类化合物可能抑制 IAA 与氨基酸的结合，影响 IAA 侧链的氧化进程，并可抑制 IAA 的极性运输，使 IAA 在体内的分布受到影响。

总之，植物体内 IAA 的含量由多种因素所调控。Normanly 等于 1995 年提出，植物细胞中 IAA 水平的影响因素，如图 5-16 所示。

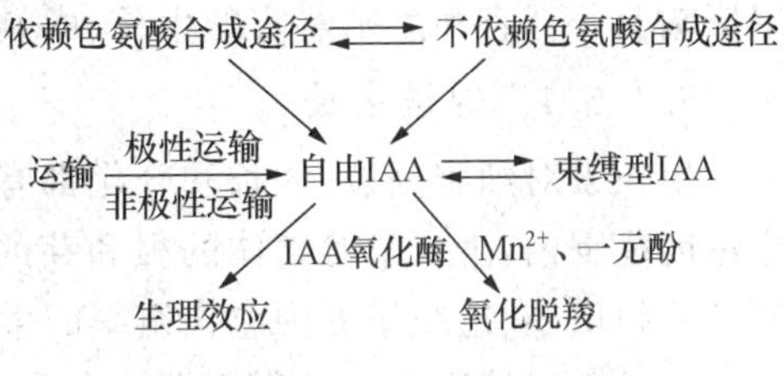

图 5-16　IAA 水平的影响因素

5.2.4　生长素信号转导

在长期进化中，生长素(auxin)对植物生长至关重要，调节多种发育过程，主要包括顶端优势、器官发育、向光性、向重性等。生长素主要在茎尖分生组织、根尖分生组织和幼嫩的叶片合成。吲哚-3-乙酸(indole-3-acetic acid，IAA)是植物中最主要的生长素，其合成途径复杂多样，分为以吲哚为前体的非色氨酸途径(Trp-independent auxin biosynthesis pathway)和以色氨酸为前体的色氨酸途径(Trp-dependent auxin biosynthesis pathway)。生长素通过耗能的极性运输(polar transport)由顶部向基部的转运。这种极性运输主要依赖于细胞顶部的生长素输入载体(influx carrier)和细胞基部的生长素输出载体(efflux carrier)(图 5-17)。输入载体(AUX1/LAX 蛋白)参与了生长素细胞输入，输出载体(PIN、ABCB 蛋白)参与了生长素细胞输出运输。生长素载体依赖肌动蛋白在膜上和胞内体间快速循环流动，从而调节生长素的内稳态。生长素的内流还可通过质子化的 IAAH 被动扩散透过磷脂双分子层。在细胞核内，当没有生长素时，转录抑制蛋白 AUX/IAA 和生长素响应因子(auxin response factor，ARF)形成异质二聚体，使 ARF 失去活性，从而抑制生长素诱导基因的转录。当存在生长素时，IAA 促进 E3 泛素连接酶复合体 $SCF^{TIR1/ABF}$ 将泛素分子连接到 AUX/IAA 上，使 AUX/IAA 蛋白被 26S 蛋白酶体降解，释放出 ARF，两个活性的 ARF 形成同质二聚体，激活生长素诱导基因的表达。

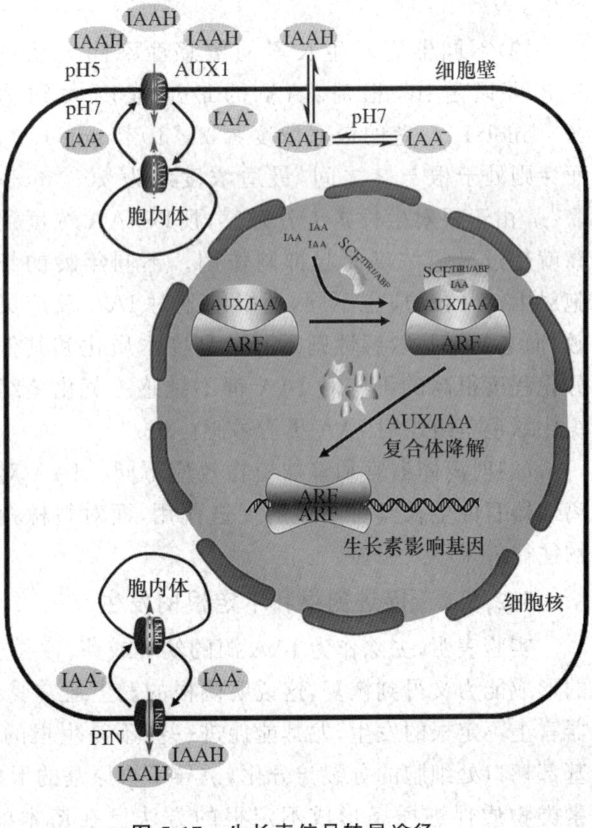

图 5-17　生长素信号转导途径

5.2.5 生长素的生理效应

在植物生长发育的不同阶段，不同植物的组织和器官中，生长素对植物生长和形态建成都有着广泛的作用。从细胞水平看，它可以影响细胞分裂、伸长和分化；从器官水平看，它可以影响营养器官和生殖器官的生长、成熟和衰老。

5.2.5.1 促进生长

生长素对细胞分裂、伸长和分化都有生理作用，但最显著的作用是促进伸长生长。在一定浓度范围内，生长素对离体的根和芽的生长也有促进作用。此外，生长素还可促进马铃薯和菊芋的块茎、组织培养中愈伤组织的生长。

生长素对植物生长的作用有3个特点：

(1)双重作用　生长素对细胞伸长的作用与生长素浓度、细胞年龄和器官种类有关。一般来说生长素在低浓度时促进生长，浓度较高时则会转为抑制作用(图5-18)。在低浓度的IAA溶液中，根切段的伸长随IAA浓度的增加而增加；当IAA浓度高于10^{-10} mol·L^{-1}时，对根切段伸长的促进作用逐渐减少；浓度增加到10^{-8} mol·L^{-1}时，则对根切段的伸长表现出明显的抑制作用。IAA对茎和芽生长的效应与根相似，只是浓度不同。因此，任何一种器官，IAA对其促进生长时都有一个最适浓度，低于这个浓度时称亚最适浓度，这时生长随IAA浓度的增加而加快，高于最适浓度时称超最适浓度，这时IAA促进生长的效应随浓度的增加而逐渐下降。当IAA浓度高到一定值后则抑制生长，这是由于高浓度的IAA诱导了乙烯的产生。

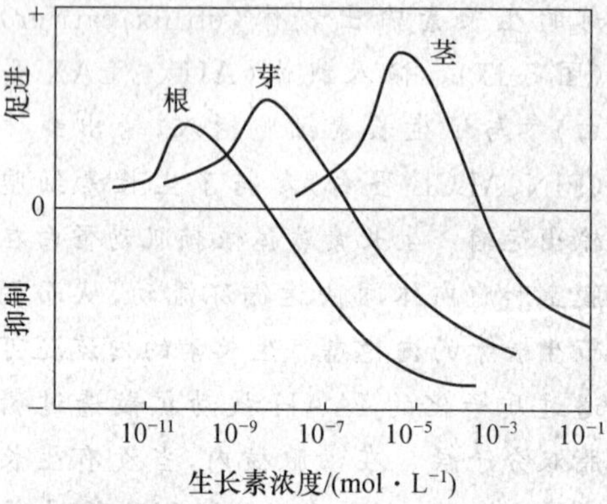

图5-18　植物不同器官对生长素的反应

(引自K. V. Thimann，1937)

(2)不同器官对生长素的敏感性不同　从图5-18可以看出，根对IAA的最适浓度大约为10^{-10} mol·L^{-1}，茎的最适浓度为2×10^{-5} mol·L^{-1}，而芽则处于根与茎之间，最适浓度约为10^{-8} mol·L^{-1}。由于根对生长素十分敏感，所以IAA浓度稍高就超过最适浓度而起抑制作用。不同年龄的细胞对IAA的反应也不同，幼嫩细胞对IAA反应灵敏，而老的细胞敏感性则下降。高度木质化和其他分化程度很高的细胞对IAA都不敏感。黄化茎组织比绿色茎组织对IAA更为敏感。

(3)对离体器官和整株植物效应不同　IAA对离体器官的生长具有明显的促进作用，而对整株植物往往效果不太明显。

5.2.5.2 促进侧根和不定根的发生

实验表明，去除作为IAA源的幼叶或芽，往往会减少侧根的数量，但再用IAA处理时根的形成能力又得到恢复，这说明侧根的发生通常受到IAA的调控。生长素还能促进茎、叶等器官上不定根的发生，尤其能促进一些不易生根的植物插条顺利生根，这主要是刺激了插条基部切口处细胞的分裂与分化，诱导了根原基的形成，然后长出大量的不定根。目前，用生长素类物质促进插条形成不定根的方法已在苗木的无性繁殖上广泛应用，如NAA、IBA和

2,4-D 等,其中 IBA 的作用最强烈,诱发的根多而长,NAA 诱发的根少但较粗壮,所以有时两者可结合使用。

5.2.5.3　对养分的调运作用

IAA 具有很强的吸引与调运养分的效应。从天竺葵叶片进行的试验中可以看出,^{14}C 标记的葡萄糖向着 IAA 浓度高的地方移动(图 5-19)。利用这一特性,用 IAA 处理,可促使子房及其周围组织膨大而获得无籽果实。

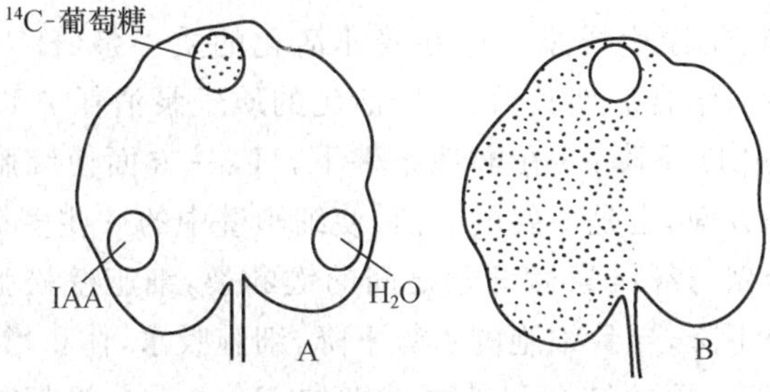

图 5-19　生长素调运养分的作用

(引自 M. Penot, 1978)

A. 在天竺葵的叶片不同部位滴上 IAA、H_2O 和 ^{14}C-葡萄糖　B. 48 h 后同一叶片的放射性自显影(原来滴加 ^{14}C-葡萄糖的部位已被切除,以免放射自显影时模糊)

5.2.5.4　生长素的其他效应

IAA 还广泛参与其他生理过程。如引导植物的向光性、向重性、向触性;促进维管系统的分化;促进菠萝开花和瓜类植物雌花的形成;促进果实发育与单性结实;保持植物的顶端优势;促进形成层细胞向木质部细胞分化;促进光合产物的运输、叶片的扩大和气孔的开放等。此外,生长素还可抑制花朵脱落、叶片老化和块根形成等。

5.2.6　生长素的信号转导途径与作用机理

生长素最明显的生理效应是促进细胞的伸长生长。用生长素处理茎切段后,不仅细胞伸长了,而且细胞壁有新物质的合成,原生质的量也增加了。由于植物细胞周围有一个半刚性的细胞壁,所以生长素处理后所引起细胞的生长必然包含了细胞壁的松弛和新物质的合成。对生长素的作用机理前人先后提出了"酸生长理论"和"基因活化学说"。

5.2.6.1　酸生长理论

P. M. Ray 将燕麦胚芽鞘切段放入一定浓度 IAA 的溶液中,发现 10～15 min 后切段开始迅速伸长,同时介质的 pH 下降,细胞壁的可塑性增加。将切段放入含 IAA 的 pH 4 的缓冲溶液中,切段也表现出伸长;如将切段转入含 IAA 的 pH 7 的缓冲溶液中,则切段的伸长停止;若再转入含 IAA 的 pH 4 的缓冲溶液中,则切段重新伸长。将胚芽鞘切段放入不含 IAA 的 pH 3.2～3.5 的缓冲溶液中,则 1 min 后可检测出切段的伸长,且细胞壁的可塑性也增加;如将切段转入 pH 7 的缓冲溶液中,则切段的伸长停止;若再转入 pH 3.2～3.5 的缓冲溶液中,则切段重新表现出伸长(表 5-1)。

表 5-1 IAA 和 H^+ 对燕麦胚芽鞘切段伸长的影响

处理	①IAA	②IAA＋pH 4 缓冲液	③IAA＋pH 7 缓冲液	④IAA＋pH 4 缓冲液	⑤pH 3.2～3.5 缓冲液	⑥pH 7 缓冲液	⑦pH 3.2～3.5 缓冲液
切段表现	伸长，介质 pH 下降	伸长（转入③）	伸长停止（转入④）	重新伸长	伸长（转入⑥）	伸长停止（转入⑦）	重新伸长

基于上述结果，Ray 和 Cleland 于 1970 年提出了生长素作用机理的酸生长理论（acid growth theory）。其要点：①原生质膜上存在着非活化的质子泵（H^+-ATP 酶），生长素作为泵的变构效应剂，与泵蛋白结合后使其活化；②活化的质子泵消耗 ATP 将细胞内的 H^+ 泵到细胞壁中，导致细胞壁的 pH 下降；③在酸性条件下，H^+ 一方面使细胞壁中对酸不稳定的化学键（如氢键）断裂；另一方面，也是主要的方面，使细胞壁中的一些多糖水解酶（如纤维素酶）激活，从而使连接木葡聚糖与纤维素微纤丝之间的键断裂，细胞壁松弛，可塑性增加；④细胞壁松弛后，细胞的压力势下降，导致细胞的水势下降，细胞吸水，体积增大而发生不可逆增长。

由于 IAA 与 H^+-ATP 酶的结合和随之带来的 H^+ 主动分泌都需要一定的时间，所以，IAA 引起伸长的滞后期（10～15 min）比酸所引起伸长的滞后期（1 min）长。

为什么由 IAA 或 H^+ 引起细胞的生长主要是纵向伸长，而不是宽度的伸展？这是由于细胞壁中纤维素微纤丝是纵向螺旋排列的，当细胞壁松弛后，细胞的伸长生长会优于径向生长。生长素诱导的细胞伸长生长是一个需能过程，呼吸抑制剂如 CN^- 和 DNP 可抑制 IAA 的这种效应，但对 H^+ 诱导的伸长则无影响。此外，IAA 所诱导的细胞壁可塑性的增加只对活细胞有效，对死细胞不起作用；而 H^+ 所引起的这种效应对死、活细胞都有效。这是因为质膜上的质子泵是一种蛋白质，只有活细胞并在 ATP 的参与下才具活性，使得 H^+ 泵出细胞进入细胞壁，酸生长反应才可进行。

5.2.6.2 基因活化学说

生长素的“酸生长理论”虽能很好地解释 IAA 所引起的快速反应，但许多研究结果表明，IAA 所诱导的细胞生长过程中不断有新的原生质成分和细胞壁物质合成，且这种过程能持续几个小时，而完全由 H^+ 诱导的生长只能进行很短时间，如用 IAA 处理豌豆上胚轴，3 d 后顶端 1 cm 处的 DNA 和蛋白质含量比对照增加 2.5 倍，RNA 含量比对照增加 4 倍，而用核酸合成抑制剂放线菌素 D 和蛋白质合成抑制剂亚胺环己酮处理，则抑制 IAA 诱导的 RNA 和蛋白质的合成。进一步用 5-氟尿嘧啶（抑制除 mRNA 以外的其他 RNA 的合成）试验证明，新合成的核酸为 mRNA。此外还发现，细胞在生长过程中细胞壁的厚度基本保持不变，因此，还必须合成更多的纤维素和交联多糖。

20 世纪 80 年代许多研究证明，IAA 与质膜上或细胞质中的受体结合后，会诱发形成 IP_3，IP_3 打开细胞器的钙通道，释放液泡等细胞器中的 Ca^{2+}，增加细胞溶质中 Ca^{2+} 水平，Ca^{2+} 水平的提高有利于蛋白质磷酸化作用，使无活性的蛋白质因子活化，在质膜上与 IAA 结合，形成蛋白质-IAA 复合物，再移到细胞核，合成特殊 mRNA，最后在核糖体上合成蛋白质。新合成的酶和新的细胞壁成分不断补充插入细胞壁的骨架中，从而保持细胞在生长过程中细胞壁的厚度基本不变。

从以上资料得知，IAA 的长期效应是通过在转录和翻译水平上促进核酸和蛋白质的合成而产生的。由此提出了生长素作用机理的基因活化学说。该学说对 IAA 所诱导生长的长期效应解释如下：

植物细胞具有全能性，但在一般情况下，绝大部分基因是处于抑制状态的，IAA 的作用就是解除这种抑制，使某些处于“休眠”状态的基因活化，从而转录并翻译出新的蛋白质。当 IAA 与质膜上的激素受体蛋白(可能就是质膜上的质子泵)结合后，激活细胞内的第二信使，并将信息转导至细胞核内，使处于抑制状态的基因解除阻遏，基因开始转录和翻译，合成新的 mRNA 和蛋白质，并由此产生一系列的生理生化反应，如细胞伸长、壁蛋白合成等。由于 IAA 所诱导的生长既有快速反应，又有长期效应，因此提出了 IAA 促进植物生长的作用方式设想(图 5-20)。

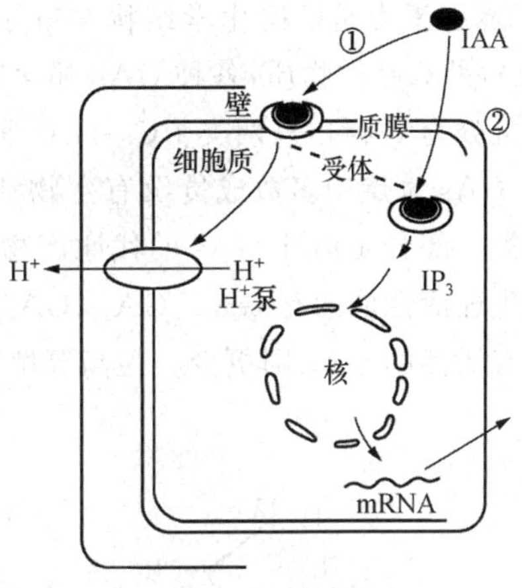

图 5-20　IAA 促进生长的作用方式示意图

①IAA 与质膜受体结合→H^+ 进入细胞壁→细胞壁软化→细胞膨压下降→细胞吸水→快速反应；②IAA 与胞质受体结合→产生第二信使→第二信使进入细胞核→生长相关基因解除阻遏→mRNA 转录→蛋白质合成→长期效应。

5.2.6.3　生长素受体

IAA 所产生的各种生理作用是 IAA 与细胞中的生长素受体结合后而实现的，这也是 IAA 在细胞中作用的开始。生长素受体是激素受体的一种。所谓激素受体(hormone receptor)是指能与激素特异结合的、并能引发特殊生理生化反应的蛋白质。作为激素受体，必须满足受体与配体结合的基本特点，即：①与激素配体特异性结合；②与激素配体结合具有饱和性；③与激素的结合具有高亲和性和可逆性；④结合后诱导特定的生理效应。满足这些条件的生长素结合蛋白被称为生长素受体。

生长素受体可位于质膜上、细胞质或细胞核中，质膜受体可促进细胞壁松弛，是酸生长理论的基础，而胞质或胞核可促进核酸和蛋白质的合成，是基因活化学说的基础。

已分离到一些位于质膜、内质网或液泡膜上的生长素结合蛋白(auxin-binding protein，ABP)。如以玉米胚芽鞘为材料分离出的一种质膜 ABP，是分子量为 40 kD 的同二聚体蛋白，与 IAA 结合后可促进质膜上 H^+-ATPase 的活性，将膜内侧的 H^+ 泵出，使细胞壁松弛，从而促进伸长生长。另外，在烟草愈伤组织中鉴定出了存在于液泡及细胞核内的 ABP，这些 ABP 能显著促进 IAA 诱导的 mRNA 的增加。

5.3　赤霉素类(gibberellins，GAs)

5.3.1　赤霉素的种类及化学结构

赤霉素(gibberellins，GAs)是指具有赤霉烷骨架，并能刺激细胞分裂和伸长的一类化合物的总称。最早是由日本植物病理学家黑泽英一(E. Kurosawa)等研究水稻恶苗病时发现的，是植物界中普遍存在的一类植物激素。目前，在植物、真菌和细菌中已经发现超过 140 种不同结构的赤霉素，其中大多数种类存在于高等植物中。按其发现顺序，分别简写为 GA_1、GA_2、GA_3、…、GA_n，其中，GA_3 叫赤霉酸(gibberellic acid)，是生物活性最高的一种，可以从赤霉菌发酵液中大量提取，是目前主要的商品化和农用形式。

赤霉素类是根据化学结构来确定的，它们在化学结构上均含有赤霉烷环基本结构（图5-21），是双萜类物质，各种 GAs 都含有羧基，所以呈酸性。按其中双键、羟基的数目、位置不同，可分为 C_{19} 和 C_{20} 两类。C_{19}-GAs 种类多于 C_{20}-GAs，活性也高于后者。

GAs 家族中多数成员没有生物活性或者活性很低。其中一部分是合成 GAs 的前体物质，另一部分是活性 GAs 的代谢产物。生理活性强的赤霉素有 GA_1、GA_3、GA_7、GA_{30}、GA_{38} 等，生理活性弱的有 GA_{13}、GA_{25}、GA_{39} 等。某一种植物或其某一个器官中含有的 GAs 种类较少，有活性的 GAs 则更少。在高等植物中，GA_1 可能是最主要的调控茎伸长生长的物质。

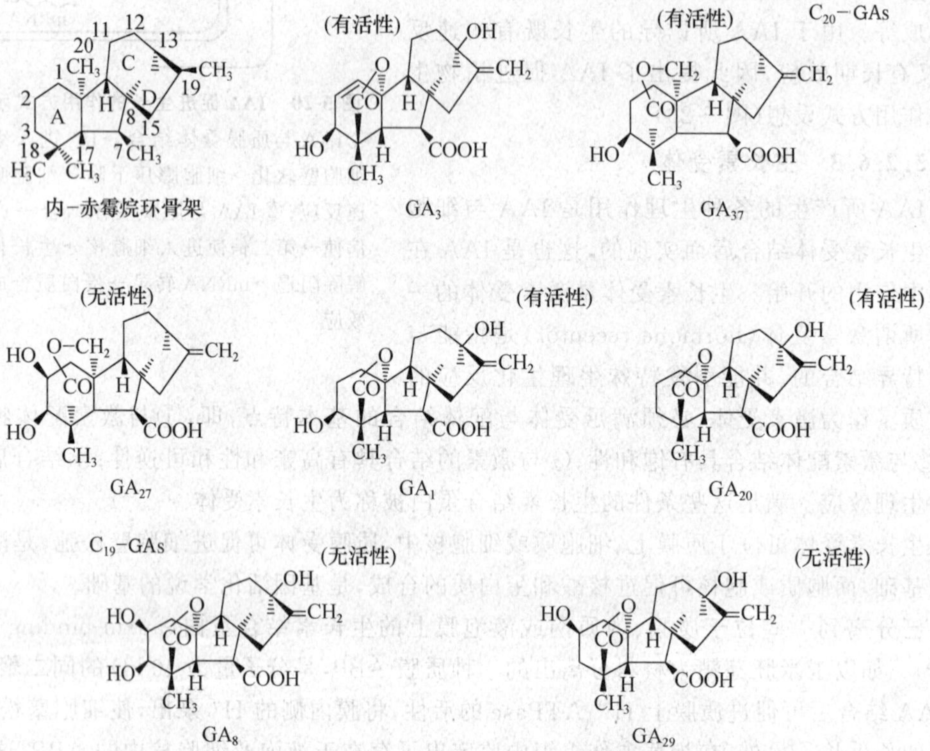

图 5-21　赤霉烷环骨架和一些活性及非活性赤霉素的化学结构

C_{19}-GAs 包括 GA_1（有活性）、GA_3（有活性）、GA_{20}（有活性）、GA_8（无活性）、GA_{29}（无活性）；

C_{20}-GAs 包括 GA_{27}（无活性）、GA_{37}（有活性）。

5.3.2　赤霉素的分布与运输

GA 广泛分布于各种植物、真菌和细菌中，与 IAA 类似，GA 较多存在于植株生长旺盛的部位，如茎端、嫩叶、根尖、果实和种子中。每个器官或者组织都含有两种以上的 GA，而且 GA 的种类、数量和状态（游离态或结合态）都因植物发育时期而异。

GA 在植物体内的运输没有极性，可以双向运输。根尖合成的 GA 通过木质部向上运输，而叶原基产生的 GA 则是通过韧皮部向下运输，其运输速度与光合产物相同，为 50～100 $cm \cdot h^{-1}$，不同植物间运输速度的差异很大。

GA 合成后在体内的降解很慢,然而却很容易转变成无生物活性的束缚型 GA。植物体内的束缚型 GA 主要有 GA-葡萄糖酯和 GA-葡萄糖苷等,是 GA 的贮藏和运输形式。在植物的不同发育时期,游离型 GA 与束缚型 GA 可相互转化。如在种子成熟时,游离型的 GA 不断转变成束缚型的 GA 而贮藏起来;而在种子萌发时,束缚型的 GA 又通过酶促水解转变成游离型的 GA 而发挥其生理调节作用。

5.3.3　赤霉素生物合成及其调控

5.3.3.1　赤霉素的生物合成过程

赤霉素在高等植物中生物合成的部位主要是幼芽、幼根、发育的幼果和种子。赤霉素在细胞中的合成部位是质体、内质网和细胞质等。

GAs 合成的前体:GAs 是通过类萜途径合成的,其生物合成的前体是牻牛儿基牻牛儿基焦磷酸(geranylgeranyl pyrophosphate,GGPP),GGPP 是由异戊烯焦磷酸(isopentenyl pyrophosphate,IPP)转变来的。植物细胞内的 GGPP 形成途径有两条,甲羟戊酸途径和非甲羟戊酸途径。

(1)在线粒体、细胞质和内质网,GGPP 是通过甲羟戊酸途径形成的。3 分子的乙酰 CoA 形成 1 分子甲羟戊酸(又名甲瓦龙酸)(mevalonic acid,MVA);MVA 通过加磷酸基团反应和脱羧反应生成 1 分子 IPP;IPP 与其异构体二甲丙烯焦磷酸(dimethylallyl pyrophosphate,DMAPP)结合生成 10C 中间产物牻牛儿基焦磷酸(geranyl pyrophosphate,GPP);GPP 与另一分子 IPP 缩合生成 15C 法尼基焦磷酸(farnesyl pyrophosphate,FPP);FPP 进一步与第 3 分子 IPP 缩合生成 20C 的中间产物牻牛儿基牻牛儿基焦磷酸。过程概括为:3 乙酰 CoA→MVA→IPP→ DMAPP→GPP→FPP→GGPP。

(2)在质体中,GGPP 通过非甲羟戊酸途径合成,如在叶绿体中,IPP 是由 3-磷酸甘油醛和丙酮酸缩合 5-磷酸木酮糖转化而成的,接下来的过程与甲羟戊酸途径相同。

GA_{12}-7-醛是 GAs 生物合成途径中的第一个真正带有赤霉烷结构的化合物,以 GA_{12}-7-醛为分割点,可以把 GAs 合成分为以下 3 个阶段(图 5-22)。

(1)牻牛儿基牻牛儿基焦磷酸(GGPP)合成内根-贝壳杉烯。GGPP 为重要的一前体物质,由此可以形成多种萜类化合物。首先,在质体中,GGPP 在内根-古巴焦磷酸合成酶(ent-copalyl-diphosphate synthase,CPS)和内根-贝壳杉烯合酶(ent-kaurene synthase,KS)催化下,经 2 步反应生成内根-贝壳杉烯。

(2)内根-贝壳杉烯生成 GA_{12}-7-醛。该阶段在质体折叠区和内质网中进行。2 个重要的酶参与了这一过程,分别是内根-贝壳杉烯氧化酶(ent-kaurene oxidase,KO)和内根-贝壳杉烯酸氧化酶(ent-kaurene acid oxidase,KAO)。迄今研究发现,在所有植物中形成 GA_{12} 的步骤都是一样的。

(3)由 GA_{12}-7-醛合成不同的 GAs。此过程在细胞质中完成。首先,GA_{12}-7-醛的第 7 位上的醛基被氧化为羧基,生成 GA_{12}。这是重要的第一步,因为第 7 位羧基为所有 GAs 所共有,也是生物活性所必需。后续过程中的一个重要步骤是氧化除去第 20 位碳原子,生成具有不同程度生物活性的 C_{19}-GAs。GA_{12}-7-醛以前的步骤为所有植物共有,但是从 GA_{12}-7-醛转变为不同的 GAs 途径因植物种类不同乃至植物组织的不同而异。

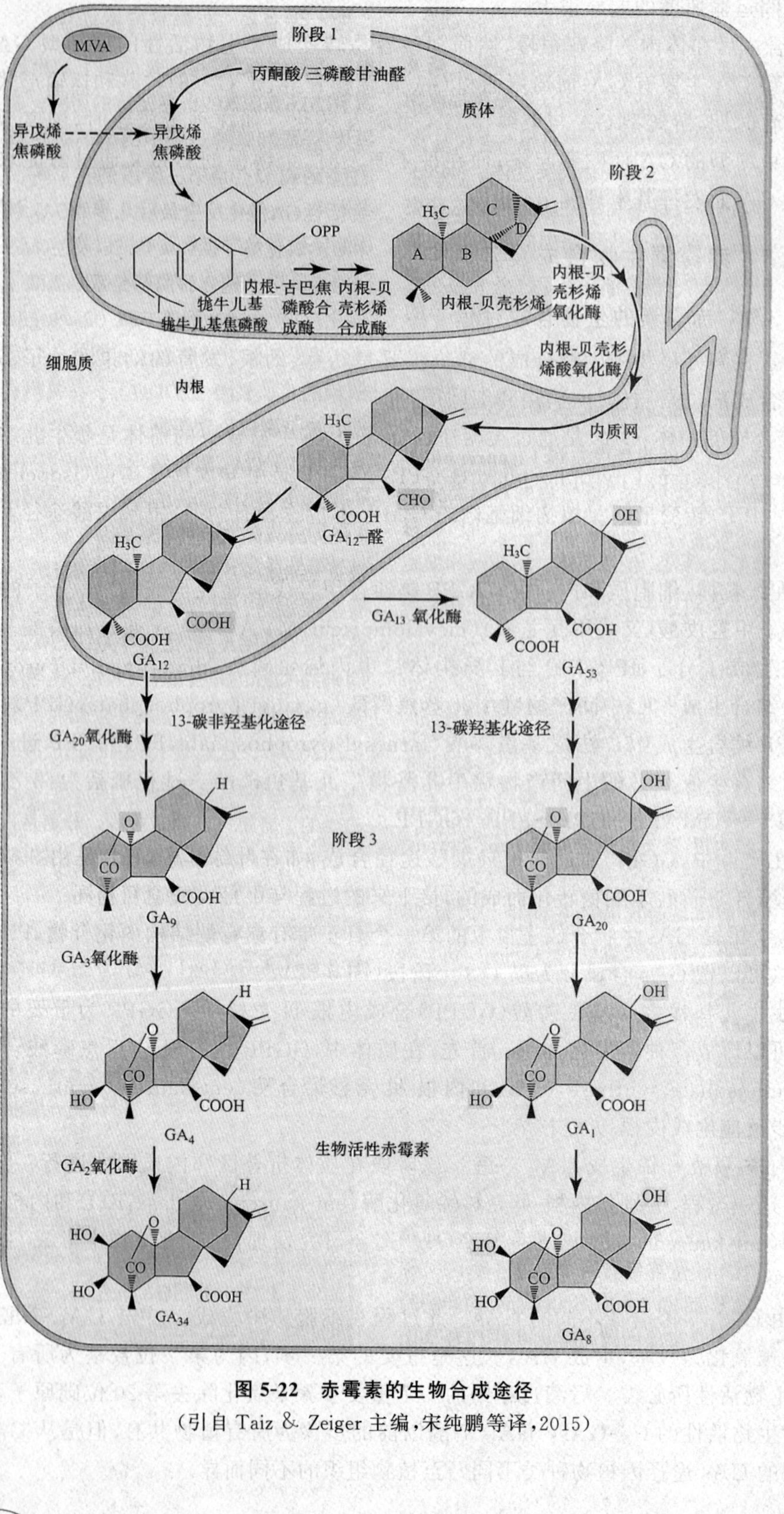

图 5-22　赤霉素的生物合成途径

（引自 Taiz & Zeiger 主编，宋纯鹏等译，2015）

多种化合物能阻断 GAs 的生物合成，表现出抑制节间伸长的效应，被称为植物生长延缓剂或者抗赤霉素。GAs 合成途径中自 GGPP 开始，经过 2 个环化步骤后形成内根-贝壳杉烯，分别由 CPS 和 KS 所控制，抑制这两个环化步骤的化合物主要有 AMO-1618、矮壮素(CCC)、Phosphon-D 和缩节胺等。紧接着环化步骤之后，内根-贝壳杉烯的 19 位进行连续 3 步的氧化反应生产内根-贝壳杉烯酸，受 KO 和 KAO 催化，嘧啶醇和多效唑对其具有抑制作用。

5.3.3.2　赤霉素生物合成的调节

1. 赤霉素生物合成的反馈调节

植物通常保持赤霉素在体内的平衡，生物活性 GAs 保持在一定浓度范围，其中包含了 GA 生物合成的反馈调节。生物活性 GAs 会降低编码 GA_{20}-氧化酶和 GA_3 β-羟基化酶基因的表达，用有活性 GA 处理野生型豌豆会降低 GA_{20}-氧化酶 mRNA 和 GA_1 含量。将黄化豌豆幼苗转移至光下，4 h 后 GA_{20}-氧化酶和 GA_3 β-羟基化酶转录的表达增加了 5 倍。如果在光处理之前给黄化幼苗供应外源的 GA_1，会抑制光诱导的 GA_{20}-氧化酶和 GA_3 β-羟基化酶 mRNA 的累积。说明活性 GAs 在 GA 生物合成反馈抑制过程中起重要作用。

在 GA 响应突变体中，如小麦 *Rht3*、玉米 *Dwarf8* 和拟南芥 *gai*，虽然它们都是矮生突变体，但含有大量生物活性 GAs。相反，细长突变体，如豌豆 *lacrys* 生长得就像用大量 GA 处理过，而实际上含有较少量的生物活性 GAs。这似乎自相矛盾，因为茎伸长通常是由生物活性 GA 量控制的，但它揭示了 GA 响应和 GA 生物合成之间的联系。矮生突变体不能响应 GA，也不能降低 GA 生物合成，说明这些基因在正常情况下很可能参与了 GA 信号的接收或传递过程(图 5-23)。而细长突变体中 GA 生物合成明显降低，很可能是由于相应的基因在 GA 信号的接收或传递过程中起着负调节的作用。因此，克隆这些基因对我们了解 GA 的作用机理有重要意义。

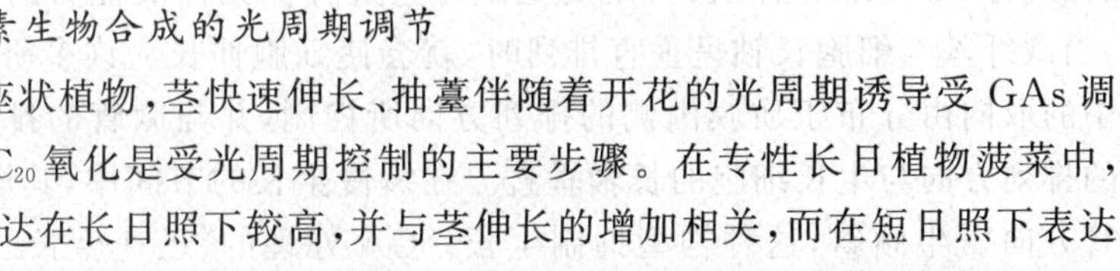

图 5-23　GA 生物合成的反馈调节

2. 赤霉素生物合成的光周期调节

许多莲座状植物，茎快速伸长、抽薹伴随着开花的光周期诱导受 GAs 调控。在这些植物中赤霉素的 C_{20} 氧化是受光周期控制的主要步骤。在专性长日植物菠菜中，GA_5(GA_{20}-氧化酶)基因的表达在长日照下较高，并与茎伸长的增加相关，而在短日照下表达较低。这一表达模式在光周期改变后 2 d 内建立起来。兼性的长日植物拟南芥，抽薹在长日照下加快，当植株从长日照转移到短日照条件下，C_{19}-GAs：GA_9、GA_{20}、GA_1 和 GA_8 的含量上升，表明 GA_{20}-氧化酶活性受长日照条件促进。在短日照条件下，茎伸长至少部分归因于 GA_5 表达的增加，而 GA_4 3β-羟基化酶的表达不受光周期控制。在植物种子萌发阶段情况不太一样。光敏色素对莴苣种子萌发的调节，可能主要通过内源生物活性 GA 水平的改变来进行，内源 GA_1 的含量在红光处理后增加。

5.3.4 赤霉素的生理效应

5.3.4.1 促进茎的伸长生长

赤霉素最显著的生理效应就是促进植物的生长，主要是促进细胞的伸长。GA 促进生长具有以下特点：

(1)促进整株植物生长。与 IAA 促进的伸长生长相反，GA 能显著促进整株植物的伸长生长，尤其对矮生植物、莲座植物和一些禾本科植物效果特别明显(图 5-24)。但 GA 对离体茎切段的伸长没有明显的促进作用。

(2)GA 促进茎的伸长，但节间数不变。

(3)GA 对根的生长也有重要作用。在 GA 的生物合成被阻断的矮生豌豆和拟南芥突变体中，与野生型相比，其根较短，用 GA 处理芽能促进茎和根的生长。

(4)GA 对生长无抑制作用，即使浓度很高，仍可表现出最大的促进效应，这与 IAA 促进植物生长具有最适浓度的情况显著不同。

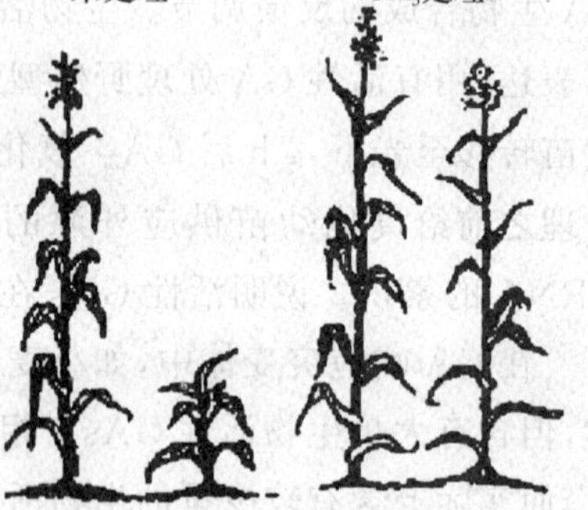

图 5-24 外源 GA 处理对矮化玉米的影响

GA 促进细胞伸长的机理，主要有以下 3 个方面：

(1)诱导膨胀素的产生和活性增加。1992 年，在黄瓜幼苗中发现了一种细胞壁松弛蛋白质，称膨胀素，该蛋白质通过断裂细胞壁多聚体间(例如微纤丝和半纤维素间)的非离子键，引起细胞壁松弛而促进细胞伸长。已有充分的证据表明，膨胀素是促进植物细胞伸长的关键因子。

(2)提高木葡聚糖内葡糖基酶(XET)的活性。木葡聚糖是植物初生壁的主要成分之一。木葡聚糖除了受纤维素酶催化外，也受 XET 作用。XET 可以使木葡聚糖产生内转基作用，把木葡聚糖切开，并重新形成另一个木葡聚糖分子，再排列为木葡聚-纤维网，从而使细胞壁延长。GA 能显著提高 XET 的活性，研究表明 GA 通过提高 XET 相关基因的转录水平促进细胞伸长。

(3)促进微管与细胞长轴呈垂直排列。植物细胞壁的主要成分是纤维素，呈晶体形微纤丝，这种微纤丝无伸展性，要使细胞伸展，一定要把微纤丝拆开。无伸展能力的细胞，其微纤丝是随机取向的，当微纤丝与细胞长轴呈垂直排列时，就会使细胞伸长。许多研究结果表明，微纤丝在细胞壁中的取向由分布于质膜内侧的排列方向所控制，并与微管的排列方向平行。赤霉素促使微管的排列方向与生长细胞的长轴垂直。在缓慢生长的节间中，其居间分生组织以上的细胞内微管方向发生倾斜，这种构型抑制生长。GA 处理的、迅速生长的深水稻节间中，其居间分生组织以上的细胞内微管由水平方向逐渐变化至伸长区顶部呈倾斜构型，因而有利于细胞伸长。

矮生植株伸长生长受到抑制的原因在于矮生种内源 GA 的生物合成受阻，使得体内 GA 含量比正常品种低。一些十字花科植物如菠菜、胡萝卜等，在短日条件下呈现短缩茎的莲座状形态，只有在长日条件下才抽薹开花。试验证明，施用外源赤霉素可以使这类植物在短日条件下抽薹开花，而且自然条件下的抽薹开花也是受内源赤霉素调节的。另外，一些需低温处理才能抽薹开花的植物，也可用赤霉素处理来代替。

5.3.4.2　诱导开花

某些高等植物花芽的分化是受日照长度(即光周期)和温度影响的。例如，对于冬性二年生作物，需要一定日数的低温春化处理才能开花，否则表现出莲座状生长而不能抽薹开花。若对这些未经春化的作物施用 GA，则不经低温过程也能诱导开花，且效果很明显。此外，GA 也能代替长日照诱导某些长日植物开花，但 GA 对短日植物的花芽分化无促进作用。对于花芽已经分化的植物，GA 对其花的开放具有显著的促进效应。如 GA 能促进甜叶菊、铁树及柏科、杉科植物的开花。

5.3.4.3　打破休眠，促进种子发芽

GA 对种子萌发过程有多方面的影响，如刺激胚芽的营养生长，松弛围绕在胚周围的胚乳层细胞，降低对胚生长的压迫，这主要是因为 GA 可诱导 α-淀粉酶、蛋白酶和其他水解酶的合成，催化种子内贮藏物质的降解，以供胚的生长发育所需。对于一些需光照或低温才能萌发的种子，如莴苣、烟草、紫苏、李和苹果等，可用 GA 处理代替光照或低温打破休眠。所以 GA 是介导外界环境因素与种子休眠破除、促进种子萌发的一个重要的调节因子。

5.3.4.4　影响花芽分化和性别控制

GA 对于决定雌雄异花同株植物花的性别具有重要意义，因为许多环境因素对植物性别的影响可能是通过影响 GA 实现的。例如，短日照和低温处理可以大幅度增加玉米植株体内的 GA 含量，诱导果穗花发育为雌性花。施用外源 GA 同样会诱导果穗雌花的发育。对玉米突变体的研究表明，如果 GA 生物合成或信号传递过程发生突变，果穗上会有大量的雄花发育。可见 GA 对玉米花性别决定的主要作用是抑制雄花发育。而对于一些双子叶植物如黄瓜、大麻和菠菜，赤霉素会促进雄花的形成，而 GA 生物合成抑制剂则促进雌花的发育。GA 对不同物种的作用结果不同。

5.3.4.5　其他生理效应

此外，GA 还可促进某些植物坐果和单性结实、调节植物幼态和成熟态之间的转变、促进花粉发育和花粉管的形成等。GA 也可促进细胞的分裂和分化，GA 促进细胞分裂是由于缩短了 G_1 期和 S 期。

5.3.5　赤霉素的作用机理

5.3.5.1　GA 促进 α-淀粉酶的合成

GA 与酶合成的研究主要集中在 GA 如何诱导禾谷类种子 α-淀粉酶的形成方面。大麦种子内的贮藏物质主要是淀粉，发芽时在 α-淀粉酶的作用下，淀粉水解为糖以供胚生长的需要。如种子无胚，则不能产生 α-淀粉酶，但外加 GA 可代替胚的作用，诱导无胚种子产生 α-淀粉酶。如既去胚又去糊粉层，即使用 GA 处理，淀粉仍不能水解(图 5-25)，这证明糊粉层细胞是 GA 作用的靶细胞。另外，分子生物学证据表明，GA 提高了 α-淀粉酶 mRNA 的转录水平，证据主要有两方面：①GA 刺激 α-淀粉酶的产生受到转录和翻译抑制剂的阻断；②放射性同位素标记研究表明，GA 增强 α-淀粉酶的活性是从氨基酸开始的从头合成途径，而不是激活已存在的酶的作用。

GA 促进无胚大麦种子合成 α-淀粉酶的反应具有高度的专一性和灵敏性，现已用来作为

GA 的生物鉴定法，在一定浓度范围内，α-淀粉酶的产生与外源 GA 的浓度成正比。

大麦籽粒在萌发时，贮藏在胚中的束缚型 GA 水解，释放出游离的 GA，通过胚乳扩散到糊粉层，并诱导糊粉层细胞合成 α-淀粉酶，酶扩散到胚乳中催化淀粉水解，水解产物供胚生长需要。

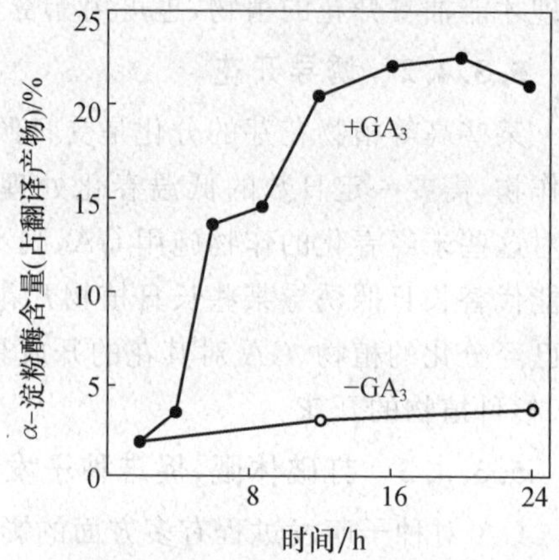

图 5-25　GA 对大麦糊粉层产生的 α-淀粉酶的影响

5.3.5.2　GA 使 IAA 水平升高

许多研究表明，GA 可使内源 IAA 水平增高。这是因为一方面 GA 降低了 IAA 氧化酶的活性，另一方面 GA 促进蛋白酶的活性，使蛋白质水解，IAA 的合成前体色氨酸增多。此外，GA 还促进束缚型 IAA 释放出游离型 IAA。以上 3 个方面都增加了细胞内 IAA 的水平，从而促进生长。所以，GA 和 IAA 在促进生长、诱导单性结实和促进形成层活动等方面都具有相似的效应。但 GA 在打破芽和种子的休眠、诱导禾谷类种子 α-淀粉酶的合成、促进未春化的二年生及长日植物成花，以及促进矮生植株节间的伸长等方面的功能，IAA 不具有。

GA 参与调控植物生长发育的各个阶段，如种子的萌发、幼苗的生长、茎和根的生长及开花等过程。随着分子生物学及遗传学的发展，科学家已经逐步解析了 GA 在植物体内的信号转导过程及调控植物生长发育的机制。GA 信号转导的基本框架为 GA-GID1-DELLA-$SCF^{GID2/SLY1/SNE}$调控植物的生长发育。其中 GID1(gibberellin insensitive dwarf-1)为 GA 受体蛋白，DELLA 为 GA 信号途径阻遏蛋白；而 GID2(gibberellin insensitive dwarf-2)、SLY1(sleey-1)和 SNE(sneezy)均为 F-box 蛋白，参与介导 DELLA 蛋白的降解。无 GA 时，受体 GID1 与 DELLA 蛋白不存在互作，DELLA 蛋白处于稳定状态，并抑制其互作蛋白功能，GA 响应基因被抑制。外源施加 GA 后，GID1 与 DELLA 发生互作，并激活由 $SCF^{GID2/SLY1/SNE}$ 介导的 DELLA 降解，互作蛋白被释放，GA 信号被激活(图 5-26)。

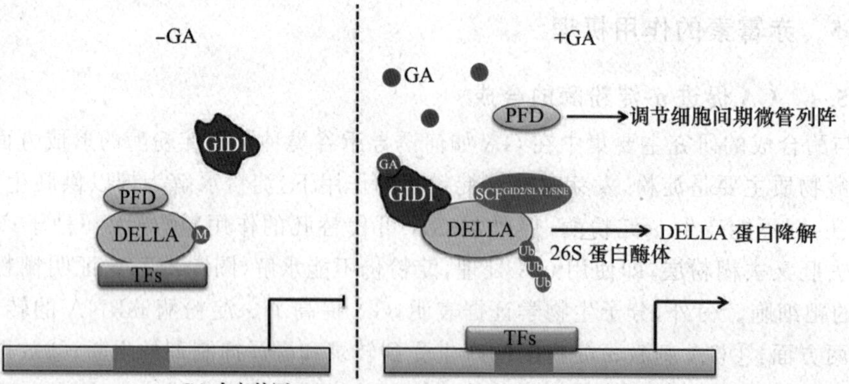

图 5-26　GA 信号转导的去阻遏模型

(引自王戈等，2018)

5.4　细胞分裂素类(cytokinins, CTK)

5.4.1　细胞分裂素的化学结构和种类

细胞分裂素(cytokinin)是一类以促进细胞分裂为主的植物激素。其化学结构为腺嘌呤的衍生物，是腺嘌呤 6 位和 9 位 N 原子上以及 2 位 C 原子上的 H 被取代的产物，细胞分裂素分为天然和人工合成两类(图 5-27)。

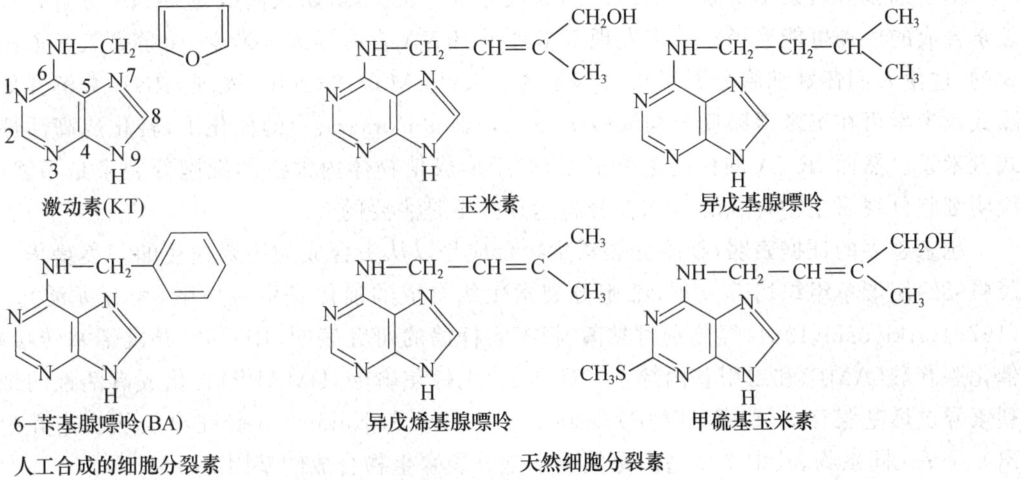

图 5-27　常见的天然细胞分裂素和人工合成细胞分裂素的结构式

天然 CTK 可分为游离态和结合态两种形式，而只有游离态的细胞分裂素才具有生物学功能。游离态 CTK 在被子植物中广泛存在，在藻类、藓类、蕨类、针叶类植物以及植物病原菌、真菌、昆虫和线虫中也有发现。玉米素是高等植物和细菌中最丰富的、天然的游离态 CTK，还有二氢玉米素、异戊烯基腺嘌呤(iP)在植物和细菌中也普遍存在。结合态 CTK 有异戊烯基腺苷(iPA)、甲硫基异戊烯基腺苷、甲硫基玉米素等，它们结合在 tRNA 上，构成 tRNA 的组成成分。

人工合成细胞分裂素常见的有：激动素(KT)、6-苄基腺嘌呤(6-BA)和四氢吡喃苄基腺嘌呤(多氯苯甲酸，PBA)等。在农业和园艺上应用得最广的 CTK 是游离态的 6-BA。有的化学物质虽然不具腺嘌呤结构，但仍然具有细胞分裂素的生理作用，如二苯脲。

5.4.2　细胞分裂素的合成、运输及代谢

5.4.2.1　CTK 的生物合成场所及运输

高等植物中，CTK 主要存在于可进行细胞分裂的部位，如茎尖、根尖、未成熟的种子、萌发的种子和生长着的果实等。一般认为，细胞分裂素的合成部位是根尖，然后经过木质部运往地上部产生生理效应，在植物的伤流液中能够检测到 CTK。随着研究的深入，发现根尖并不是 CTK 合成的唯一部位，茎顶端也能合成 CTK。冠瘿瘤组织在不含 CTK 的培养基中可

以进行细胞分裂,测定表明其组织中含有丰富的 CTK。用放射性标记的腺嘌呤培养长春花的冠瘿瘤组织,则标记的放射性腺嘌呤能够进入到组织产生的玉米素和玉米素核苷中,这表明在冠瘿瘤组织中存在细胞分裂素的合成途径。此外,萌发的种子和发育的果实也可能是 CTK 的合成部位。

5.4.2.2 细胞分裂素的生物合成

植物因感染而产生的冠瘿瘤细胞会产生大量的生长素和细胞分裂素,该过程已成为研究细胞分裂素合成代谢的典型实验系统。CTK 合成是在细胞的微粒体中进行的。细胞分裂素的生物合成有两条途径,一是 tRNA 的分解,二是从头合成。

基于细胞分裂素本身就是 tRNA 组成成分这一认识,最初人们认为 tRNA 分解是细胞分裂素合成的一种可能途径。后来发现玉米种子 tRNA 含有顺式玉米素,而游离玉米素则是反式的,这使人们怀疑细胞分裂素与 tRNA 的关系,但 Mok 等(2001)发现 tRNA 分解释放出的顺式玉米素可在玉米素顺反异构酶(zeatin cis-trans-isomerase)的催化下,转化成高活性的反式玉米素。然而 tRNA 的代谢速率很低,对于形成植物体内大量的细胞分裂素是不够的,这说明细胞分裂素生物合成的 tRNA 分解途径并不是主要的。

越来越多的证据表明,细胞分裂素生物合成是以从头合成为主要途径的。美籍华人陈政茂(1982)用烟草组织培养发现,细胞分裂素生物合成的前体是甲羟戊酸(甲瓦龙酸)。Taya(1978)、Akiyoshi(1984)等分别对黏菌、根癌农杆菌的研究表明,IPT 酶(异戊烯基转移酶)可催化腺苷酸(AMP)和二甲基丙烯基二磷酸(异戊烯焦磷酸,DMAPP)转化成有活性的细胞分裂素异戊烯基腺苷-5′-磷酸(iPMP)。2001 年,Takei 和 Kakimoto 研究小组从拟南芥中鉴定出 9 个 *ipt* 同系物,其中 7 个基因是编码细胞分裂素生物合成的基因。

细胞分裂素从头合成的关键步骤是异戊烯基焦磷酸(iPP)和 5′-AMP 缩合生成异戊烯基腺苷-5′-磷酸([9R-5′P]iP),催化的酶是异戊烯基转移酶(isopentenyl transferase,IPT 酶),进而在水解酶作用下形成异戊基腺嘌呤。异戊烯基腺嘌呤如进一步氧化,就能形成玉米素(图 5-28)。

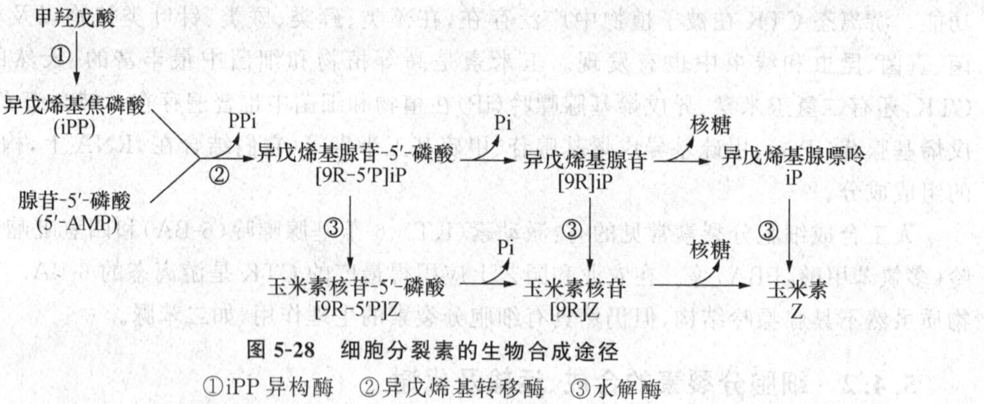

图 5-28 细胞分裂素的生物合成途径

①iPP 异构酶 ②异戊烯基转移酶 ③水解酶

5.4.2.3 细胞分裂素的代谢

游离态 CTK 常常通过糖基化、乙酰基化等方式转化为结合态形式,结合态 CTK 较稳定,适于贮藏或运输。CTK 氧化酶(cytokinin oxidase,CKO)是催化 CTK 在细胞内降解的主要酶,它在 O_2 存在下,催化玉米素、玉米素核苷和异戊烯基腺嘌呤等可转变为腺嘌呤及其衍生物,使 CTK 失活,这对调节或限制 CTK 作用有重要意义。已在多种植物中发现了 CTK 氧化酶的存在，其活性可以被高浓度的细胞分裂素所诱导。

5.4.3　细胞分裂素的生理作用和应用

细胞分裂素对植物生长发育过程的影响非常广泛，能够促进或抑制高等植物一系列生理、代谢、生化和发育过程，而且人们越来越深入地认识到，细胞分裂素对完整植物的这些生命活动过程有着重要的调控作用。

5.4.3.1　调控根和地上部细胞分裂

植物的细胞分裂主要发生在茎尖、根尖等分生组织细胞，CTK 参与了对顶端分生组织发育的调控。将拟南芥的细胞分裂素氧化酶基因转入烟草中过表达，结果显著降低了茎尖分生组织内的细胞分裂素水平，抑制了细胞的分裂速度，但是相反的是，却促进了根系的生长，表明 CTK 对茎尖和根尖生长的调控性质有所不同。分析原因可能是 CTK 作用的剂量效应所致，因为 CTK 主要在根尖合成，所以根内的 CTK 水平非常高，超过了最适剂量而产生抑制，CKO 基因过表达可以降低 CTK 的作用强度，从而起到促进根系生长的作用。

5.4.3.2　促进芽的分化

促进芽的分化是 CTK 最重要的生理效应之一。1957 年，F. Shoog 和 C. O. Miller 在进行烟草的组织培养时发现，6-BA 和 IAA 的相互作用控制着愈伤组织根、芽的形成。当培养基中 CTK/IAA 的比值高时，愈伤组织形成芽；而比值低时，愈伤组织形成根；如二者的浓度相等，则愈伤组织保持生长而不分化；所以，通过调整二者的比值，可诱导愈伤组织形成完整的植株。

5.4.3.3　促进细胞生长

双子叶植物如芥菜、黄瓜、向日葵和萝卜等的子叶用 CTK 处理，可促进子叶细胞扩大生长（图 5-29），子叶的扩大是由于细胞体积的增大而不是细胞数目的增多。子叶在光照条件下比黑暗条件下扩大生长的速度快，但在光照和暗处 CTK 均能促进子叶生长增大。与 IAA 诱导的细胞生长一样，CTK 促进细胞生长也是增加了细胞壁的伸展性，但 CTK 诱导的细胞壁松弛不伴随质子分泌导致的细胞壁酸化，而且 IAA 和 GA 都不能促进双子叶植物子叶细胞扩大生长，因此 CTK 对子叶的扩大效应可作为 CTK 的生物测定方法。

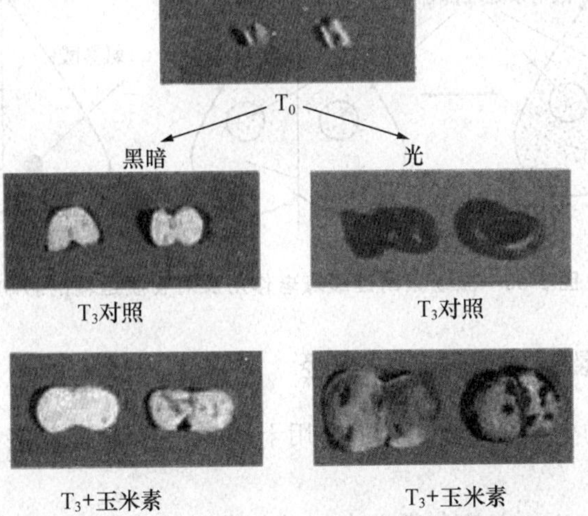

图 5-29　细胞分裂素对萝卜子叶膨大的作用

T_0 表示实验开始之前萌发的萝卜子叶，T_3 表示在加或不加 2.5 mmol·L^{-1} 玉米素的情况下在暗中或光下培养 3 d 离体的子叶。

5.4.3.4 消除顶端优势，促进侧芽发育

CTK 能解除由生长素所引起的顶端优势，促进侧芽生长发育。例如，用细胞分裂素直接处理侧芽会刺激芽的细胞分裂和生长，CTK 过量而产生的突变体常表现为顶端优势被抑制的表型，如野生型烟草具有很强的顶端优势，而 CTK 过量则侧枝生长茂盛，几乎与主茎相当。如豌豆苗第一真叶叶腋内的侧芽，一般处于潜伏状态，但若滴加激动素于叶腋部分，腋芽则可生长发育。这些现象表明，CTK 是削弱和打破顶端优势，促进侧芽生长发育的激素。

5.4.3.5 延缓叶片衰老，促进营养物质移动

叶片从植物体上脱落后，叶绿素、RNA、脂肪和蛋白质会逐渐降解，即使保持叶片湿润和供应充足营养也不可避免，这种现象是植物的衰老过程。用 CTK 处理可以延迟叶片衰老，如用 CTK 处理植株上的一个叶片，当其他的叶片发黄脱落时，处理叶片仍然保持绿色；甚至一个叶片上的一个小点用 CTK 处理后，周围组织开始衰老时，该处理点仍然会保持绿色(图 5-30A，B)。

CTK 延缓衰老是由于 CTK 能够延缓叶绿素和蛋白质的降解速度，稳定多聚核糖体(蛋白质高速合成的场所)，抑制 DNA 酶、RNA 酶及蛋白酶的活性，保持膜的完整性等。此外，CTK 还可调动多种养分向处理部位移动，如离体烟草叶片一半涂以激动素，同叶另一半滴加放射性，结果放射性氨基酸在 CTK 处理的部位累积，说明 CTK 具有诱导营养物质向其所在部位运输的作用(图 5-30)，因此，有人认为 CTK 延缓衰老的另一原因是促进了物质的积累。现在有许多资料证明，激动素有促进核酸和蛋白质合成的作用，例如，CTK 可抑制与衰老有关的一些水解酶(如纤维素酶、果胶酶、核糖核酸酶等)mRNA 的合成，所以，CTK 可能在转录水平上起防止衰老的作用。

由于 CTK 有保绿及延缓衰老等作用，可用来处理水果和鲜花等保鲜、保绿，防止落果。如用 400 mg·L^{-1}的 6-BA 水溶液处理柑橘幼果，可显著防止第一次生理脱落，对照的坐果率为 21%，而处理的可达 91%，且果梗加粗，果实浓绿，果实也比对照显著增大。

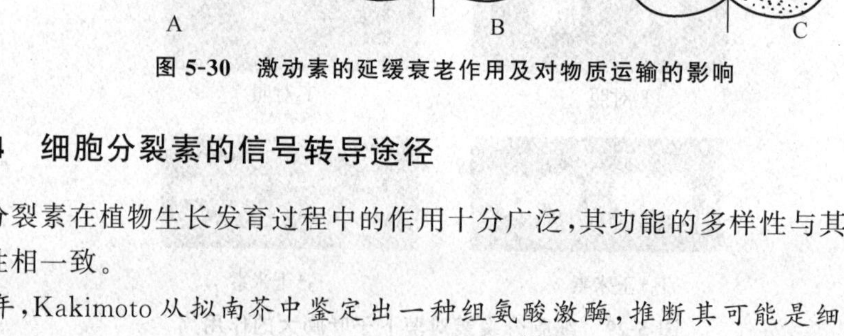

图 5-30 激动素的延缓衰老作用及对物质运输的影响

5.4.4 细胞分裂素的信号转导途径

细胞分裂素在植物生长发育过程中的作用十分广泛，其功能的多样性与其信号转导途径的多分支性相一致。

1996 年，Kakimoto 从拟南芥中鉴定出一种组氨酸激酶，推断其可能是细胞分裂素的受体，命名为细胞分裂素独立因子 1(cytolinin independent 1，CKI1)。2001 年，Inoue 和 Suzuki 两个研究小组再次从拟南芥中鉴定出一种编码组氨酸激酶的细胞分裂素受体(cytolinin receptor 1,CRE1)基因,明确了组氨酸激酶参与细胞分裂素信号传递过程。利用酵母缺失突变体遗传互补实验进一步证实了 CRE1 是细胞分裂素受体。在拟南芥中还发现了另外两个与 CER1 非常相似的 CTK 受体 AHK2 和 AHK3,表明 CTK 受体由多基因家族编码。*cre1/ahk2/ahk3* 三突变体植株表现出少花或无花、莲座叶变小、根生长被抑制等多种异常发育,尽管如此,三突变体植株依然能够存活,表明 CTK 可能不是植物生长所必需,或者在植物体内可能还存在其他细胞分裂素信号应答途径,这还有待深入研究。

研究表明,拟南芥中细胞分裂素信号途径为:CTK 与 CRE1、AHK2 或 AHK3 等受体的 CHASE 结构域结合,激活它们的组氨酸激酶活性,实现跨膜信号转导。随后,CRE1 的接受区域 D 将磷酸基团传给组氨酸磷酸转移蛋白(arabidopsis histidine phosphotransfer,AHP)。AHP 进入细胞核后,可能通过磷酸化反应调节 A 型或 B 型响应调控因子(arabidopsis response regulator,ARR)基因表达,或通过其他效应物引起 CTK 诱导的生理反应(图 5-31)。

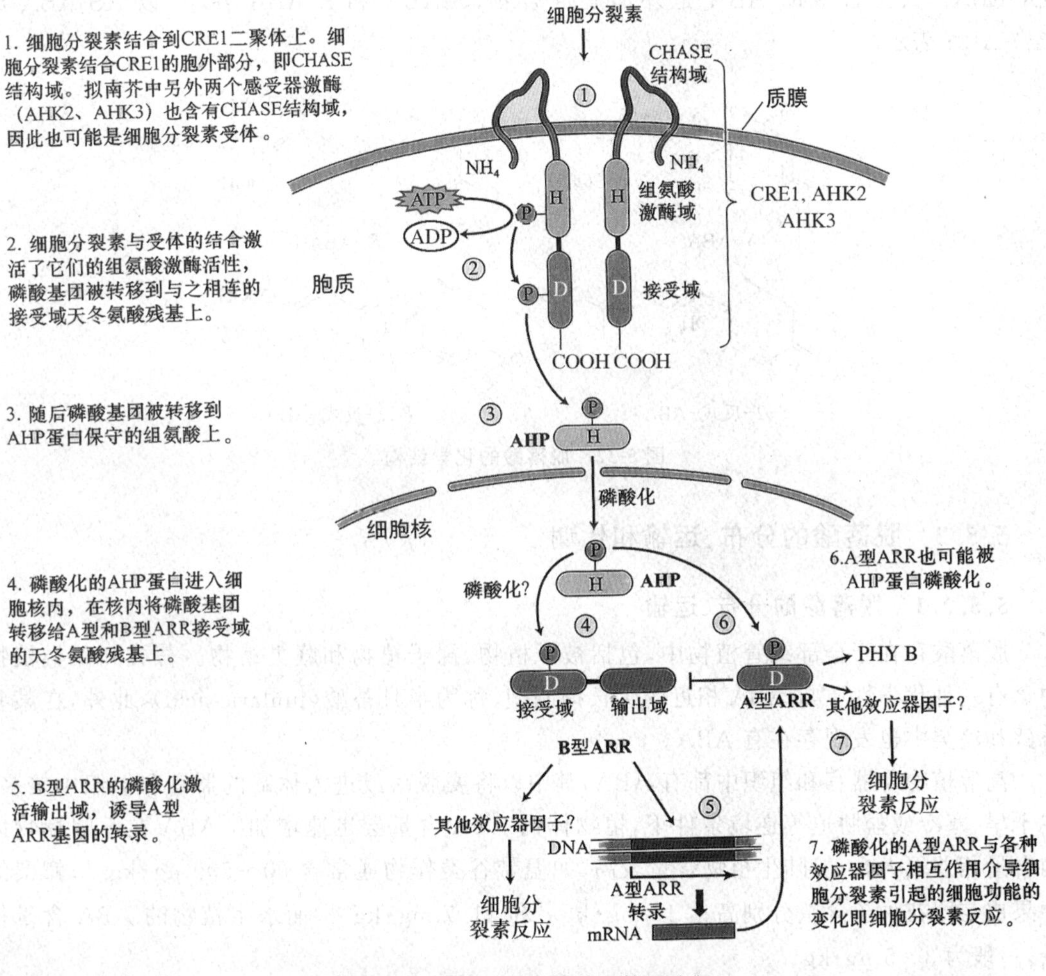

图 5-31　细胞分裂素的信号转导途径

(引自 Taiz & Zeiger 主编,宋晓鹏等译,2015)

5.5 脱落酸(abscisic acid,ABA)

脱落酸(abscisic acid,ABA)是指能引起芽休眠、叶子脱落和抑制生长等生理作用的植物激素。它是人们在研究与休眠、脱落和种子萌发等生理过程有关的生长抑制物质时发现的。

5.5.1 脱落酸的结构

ABA是以异戊二烯为基本单位的含15个碳的倍半萜羧酸(图5-32),化学名称为5-(1′-羟基-2′,6′,6′-三甲基-4′-氧代-2′-环己烯-1′-基)-3-甲基-2-顺-4-反-戊二烯酸,分子式为$C_{15}H_{20}$-O_4,相对分子质量为264.3。ABA环1′位上为不对称碳原子,故有两种旋光异构体,天然形式主要为右旋ABA,即(+)-ABA或*S*-ABA。它的对映体为左旋ABA,即(-)-ABA或*R*-ABA。人工合成的ABA是外消旋混合物,*S*-ABA和*R*-ABA各半,以*RS*-ABA或(±)-ABA表示。

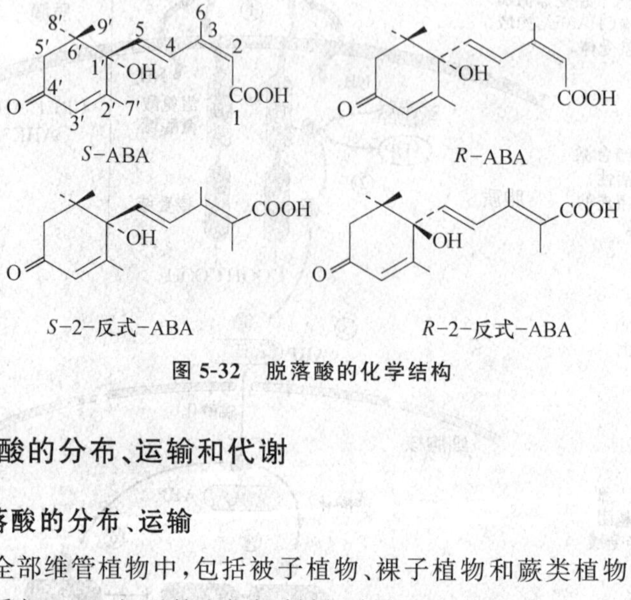

图5-32 脱落酸的化学结构

5.5.2 脱落酸的分布、运输和代谢

5.5.2.1 脱落酸的分布、运输

脱落酸存在于全部维管植物中,包括被子植物、裸子植物和蕨类植物。苔类和藻类植物中含有一种化学性质与ABA相近的生长抑制剂,称为半月苔酸(lunlaric acid),此外,在某些苔藓和藻类中也发现存在有ABA。

高等植物各器官和组织中都有ABA,其中以将要脱落或进入休眠的器官和组织中较多。在干旱、寒冷或盐胁迫等逆境条件下,植物体内ABA含量会迅速增加。ABA在不同植物体内含量相差很大,一般陆生植物含量较高,如温带谷类作物通常含50～500 $\mu g \cdot kg^{-1}$,鳄梨的中果皮与团花种子含量分别高达10 $mg \cdot kg^{-1}$和11.7 $mg \cdot kg^{-1}$;而水生植物的ABA含量很低,一般为3～5 $\mu g \cdot kg^{-1}$。

ABA在植物体内的运输不具有极性,既可通过木质部运输又可通过韧皮部运输。一般叶片内合成的ABA主要通过韧皮部向下运输到根部;而根系内合成的ABA主要通过木质部向上运输到茎叶。ABA在植物体的运输速度很快,在茎或叶柄中的运输速率大约是20 $mm \cdot h^{-1}$。ABA主要以游离型的形式运输,也有部分以脱落酸糖苷的形式运输。

5.5.2.2　脱落酸的代谢

ABA 的合成部位主要是根冠和萎蔫的叶片，在茎、种子、花和果实等器官中也能合成。例如，在菠菜叶肉细胞的细胞质中能合成 ABA，然后将其运送到细胞各处。ABA 在细胞内合成的场所主要是质体，如叶绿体，ABA 呈弱酸性，而叶绿体的基质呈高 pH，所以 ABA 以离子化状态积累在叶绿体中。

1. ABA 的生物合成

ABA 的生物合成途径主要有两条：直接途径和间接途径。直接途径是指从 C_{15} 化合物(FPP)直接合成 ABA 的过程。间接途径则是指从 C_{40} 化合物经氧化分解生成 ABA 的过程。

(1)直接途径　C_{15} 途径，由甲瓦龙酸(MVA)经过法尼基焦磷酸(FPP)，再经过一些未明的过程而形成 ABA，即 MVA→→FPP→→ABA。

(2)间接途径　C_{40} 途径，通常认为在高等植物中，主要以间接途径合成 ABA。该途径经过聚合、环化、异构化、氧化、裂解等复杂反应过程，可分为三个阶段：①早期反应，在质体内从萜类化合物的共同前体异戊烯焦磷酸(IPP)开始，经过与 GA 生物合成第一阶段相似的步骤合成链状的 20 个 C 的牻牛儿基牻牛儿焦磷酸(GGPP)，进一步合成链状 40 个 C 类胡萝卜素——八氢番茄红素；②中期反应，在质体内由八氢番茄红素形成玉米黄质开始至裂解形成 15 个 C 的黄质醛(xanthoxin)；③晚期反应，在细胞溶胶内黄质醛转变成 ABA。

其他类胡萝卜素如新黄质(neoxanthix)、叶黄素(lutein)等都可光解或在脂氧合酶作用下转变为黄质醛，最终形成脱落酸。

ABA 的碳骨架与一些类胡萝卜素的末端部分相似。Tarlor 等将类胡萝卜素暴露在光下，会产生生长抑制物。后来发现紫黄质在光下产生的抑制剂是 2-顺式-黄质醛，在一些植物的枝叶中也检出这种物质。黄质醛迅速代谢成为 ABA。近几年发现，除了紫黄质外，其他类胡萝卜素(如新黄质，叶黄素等)都可光解或在脂氧合酶作用下，转变为黄质醛，最终形成 ABA(图 5-33)。

2. ABA 的钝化

ABA 可与细胞内的单糖或氨基酸以共价键结合而失去活性。而结合态的 ABA 又可水解重新释放出 ABA，因而结合态 ABA 是 ABA 的贮藏形式。但干旱所造成的 ABA 迅速增加，并不是来自结合态 ABA 的水解，而是重新合成的。

3. ABA 的氧化

ABA 被氧化的产物是活性很低的红花菜豆酸(phaseic acid)和无生理活性的二氢红花菜豆酸(dihydrophaseic acid)。

5.5.3　脱落酸的生理作用与应用

5.5.3.1　促进休眠

在许多情况下，一粒有活性的种子即使所有生长必需的环境条件都满足也不萌发，这种现象称为种子休眠，种子休眠暂时延迟了种子萌发，使种子有足够的时间播撒到地理位置更远的地方，也防止种子在不适宜的环境下发芽，从而最大限度地提高了幼苗的存活率。人们认为 ABA 的存在是导致种子休眠的一个重要原因，如桃、蔷薇休眠种子的外种皮中存在 ABA，只有通过层积处理，ABA 水平降低后，种子才能正常发芽。植物的休眠和生长，是由

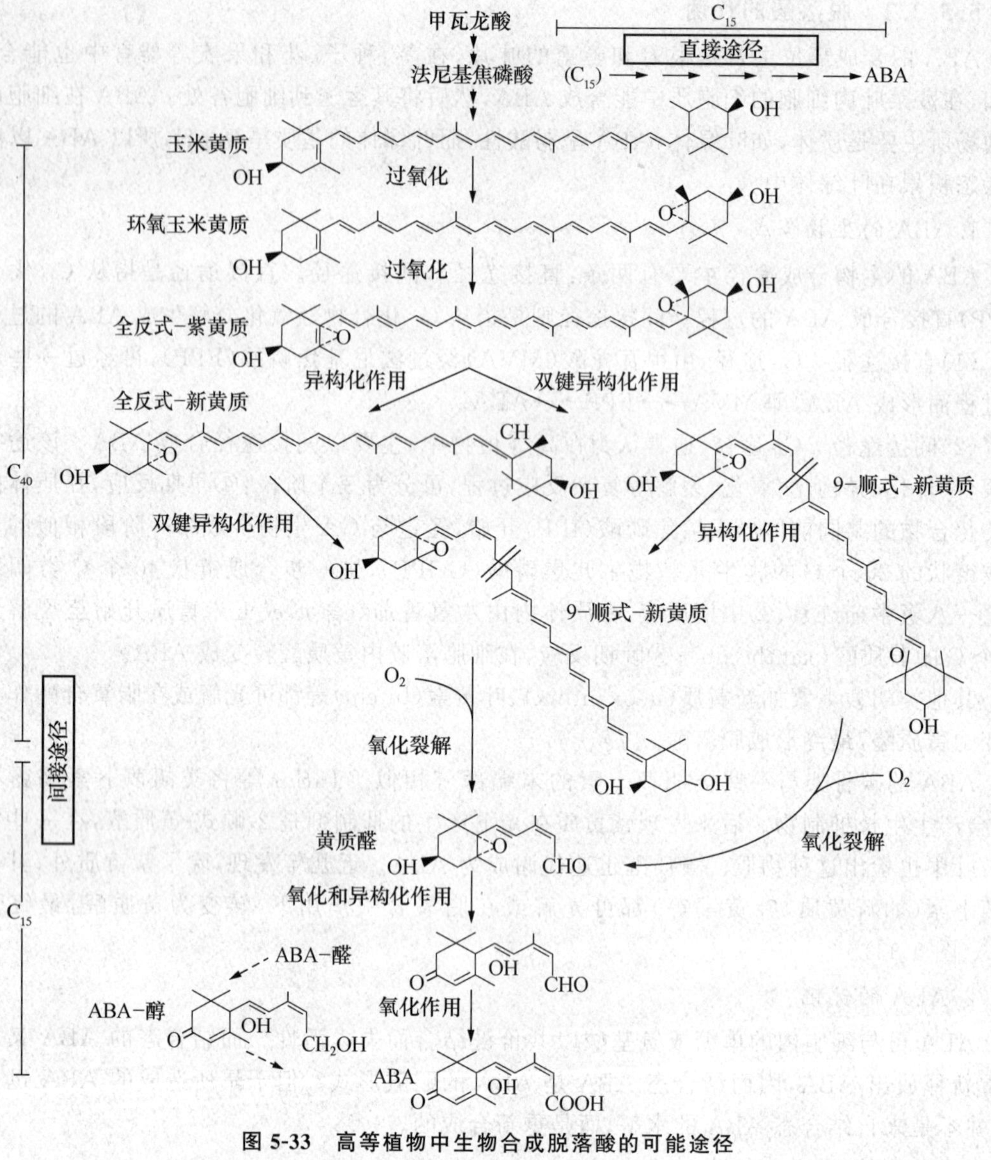

图 5-33 高等植物中生物合成脱落酸的可能途径

（引自 Taiz & Zeiger，2006）

ABA 和 GA 这两种激素协调调节的，如在种子发育过程中，ABA 水平的高峰期与 GA 水平的低谷期重合，而在休眠破除时，GA 水平的高峰期与 ABA 水平的低谷期重合。外用 ABA 时，还可使旺盛生长的枝条停止生长而进入休眠，这是它最初也被称为“休眠素”的原因。秋天的短日条件下，叶中甲瓦龙酸合成 GA 的量减少，而合成的 ABA 量不断增加，使芽进入休眠状态以便越冬。

5.5.3.2 促进气孔关闭

ABA 可引起气孔关闭，降低蒸腾，维持叶片的水分平衡，这是 ABA 最重要的生理效应之一（图 5-34）。K. Cornish 于 1986 年发现，水分胁迫下，叶片保卫细胞中的 ABA 含量是正常水分条件下含量的 18 倍。ABA 促使气孔关闭的原因是使保卫细胞中的 K^+ 外渗，造成保卫细胞的水势高于周围细胞的水势，使保卫细胞失水所引起的。ABA 合成缺陷型突变体通常表现为萎蔫现象，因为它们失去了关闭气孔的能力，外施 ABA 可以使这些突变体关闭气孔并回复膨压。ABA 还能促进根系的吸水与溢泌速率，增加其向地上部的供水量，因此，ABA 是植物体内调节蒸腾的激素。

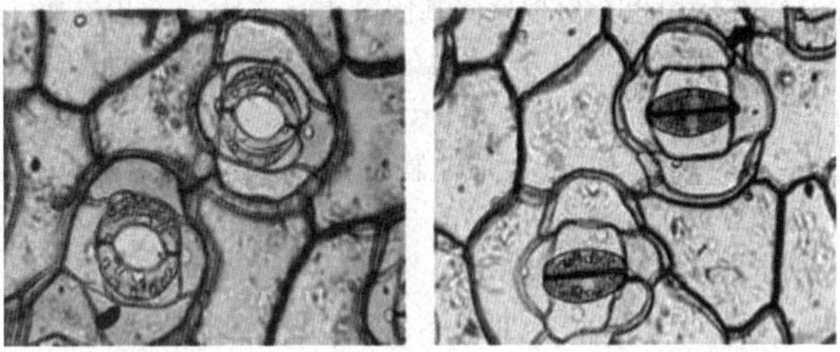

图 5-34　ABA 促进气孔的关闭

A. 培养在缓冲液中的蚕豆表皮　B. 缓冲液中加入 ABA 后几分钟内气孔就关闭

5.5.3.3　抑制生长

ABA 能抑制整株植物或离体器官的生长，也能抑制种子的萌发。ABA 的抑制效应比植物体内的另一类天然抑制剂——酚要高千倍。酚类物质是通过毒害发挥其抑制效应的，是不可逆的，而 ABA 的抑制效应则是可逆的，一旦去除 ABA，枝条的生长或种子的萌发又会立即开始。

5.5.3.4　促进叶片衰老，间接导致器官脱落

ABA 最初作为脱落诱导因子被分离出来，将 ABA 溶液涂抹于去除叶片的棉花外植体叶柄切口上，几天后叶柄就开始脱落(图 5-35)，此效应十分明显。而此后的实验证明 ABA 仅在几种植物中促进器官脱落，导致器官脱落的主要激素是乙烯。然而，ABA 明显参与叶片衰老过程，ABA 可能通过促进衰老，间接增加乙烯的合成，从而促进器官脱落。

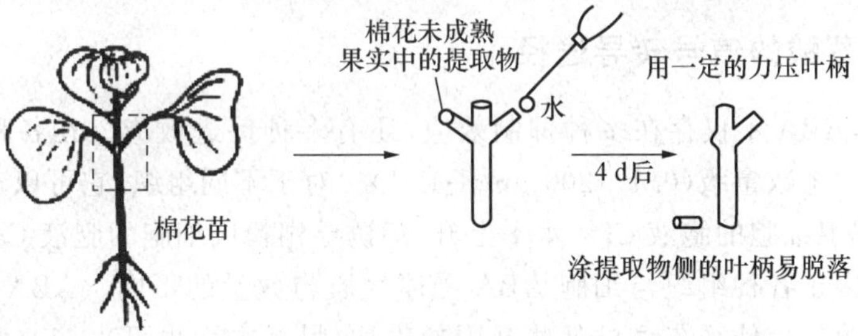

图 5-35　ABA 促进叶柄脱落实验

5.5.3.5　增加抗逆性

一般来说，干旱、寒冷、高温、盐渍和水涝等逆境都能使植物体内 ABA 迅速增加，使植物体从生理、生化和分子水平上产生适应性变化，从而增加植物的抗逆性。如在干旱逆境中形成的 ABA，从合成部位迅速地运输到保卫细胞，使保卫细胞 ABA 浓度迅速增高，导致气孔关闭，减少水分丧失，提高植物抗旱能力；ABA 还可显著降低高温对叶绿体超微结构的破坏，增加叶绿体的热稳定性；诱导某些酶的重新合成而增加植物的抗冷性、抗涝性和抗盐性。因此，

ABA被称为应激激素或胁迫激素(stress hormone)。

5.5.3.6 ABA对基因表达的调控

当植物受到渗透胁迫(osmotic stress)时,其体内的ABA水平会急剧上升,同时出现若干个特殊基因的表达产物。倘若植物体并未受到干旱、盐渍或寒冷引起的渗透胁迫,而只是吸收了相当数量的ABA,其体内也会出现这些基因的表达产物。近几年来,已从水稻、棉花、小麦、马铃薯、萝卜、番茄、烟草等植物中分离出10多种受ABA诱导而表达的基因,这些基因表达的部位包括种子、幼苗、叶、根和愈伤组织等。

ABA可改变某些酶的活性,如ABA能抑制大麦糊粉层中α-淀粉酶的合成,这与RNA合成抑制剂——放线菌素D的抑制情况相似(图5-36)。有人认为,ABA是阻碍了RNA聚合酶的活性,致使DNA到RNA的转录不能进行。

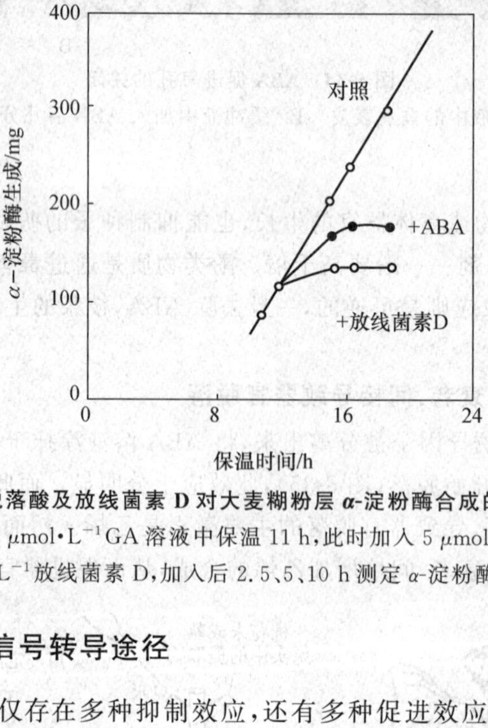

图5-36 脱落酸及放线菌素D对大麦糊粉层α-淀粉酶合成的抑制作用

糊粉层在0.1 $\mu mol \cdot L^{-1}$ GA溶液中保温11 h,此时加入5 $\mu mol \cdot L^{-1}$ ABA或10 $\mu g \cdot L^{-1}$放线菌素D,加入后2.5、5、10 h测定α-淀粉酶合成。

5.5.4 脱落酸的信号转导途径

在植物体内,ABA不仅存在多种抑制效应,还有多种促进效应。在各种实验系统中,它的最适浓度可跨4个数量级(0.1~200 $\mu mol \cdot L^{-1}$)。对于不同组织,它可以产生相反的效应。例如,它可促进保卫细胞的胞液Ca^{2+}水平上升,却诱导糊粉层细胞的胞液Ca^{2+}水平下降。通常把这些差异归因于各种组织与细胞ABA受体性质与数量的不同。ABA及其受体的复合物一方面可通过第二信使系统诱导某些基因的表达;另一方面也可直接改变膜系统的性状,干预某些离子的跨膜运动。

人们研究ABA受体采用了生物化学和遗传学方法。有些实验证明ABA受体存在于细胞质膜表面,如显微注射ABA不能使开放的鸭跖草(*Commelina*)气孔关闭或者不能抑制大麦糊粉层原生质体GA诱导α-淀粉酶的合成;此外,不能透过膜的ABA-蛋白质结合物可激活离子通道和基因表达;用生物素标记的ABA处理保卫细胞原生质体,然后加入一种与生物素结合的蛋白质——荧光抗生物素蛋白,在原生质体表面可以看到多个可能是ABA受体的小斑。还有些实验支持ABA受体定位于细胞内,如将ABA不间断地直接加入到胞质中可以抑

制内向 K^+ 通道和慢速阴离子通道，这些通道为气孔开放所需；将非活化的"笼包被"ABA 显微注射入鸭跖草保卫细胞，然后用紫外线短暂照射激活 ABA 使其从"笼包被"分子中释放出来，则气孔关闭，对照用不能被光分解的"笼包被"ABA 注射保卫细胞，气孔在紫外线照射后不关闭。以上实验结果表明在细胞表面和细胞内部可能均有 ABA 受体存在。

人们已经通过亲和纯化和抗独特型抗体鉴定出来了一些 ABA 受体蛋白，由于 ABA 抗独特型抗体可以特异的识别 ABA 抗体的 ABA 识别部位，所以也能够识别 ABA 受体的 ABA 识别部位，并与之结合。利用这一原理，在拟南芥中鉴定出了一个 ABA 受体，首先从经过 ABA 处理的大麦糊粉层组织得到 cDNA 表达文库，然后用抗独特型抗体从表达文库中筛选到一个能与 ABA 特异结合的 ABAP1 蛋白，该蛋白其结合 ABA 具有饱和性、可逆性、高亲和性及立体异构特异性，而且定位于质膜上。

后来的实验又在拟南芥中发现了一种与 ABAP1 非常相似的蛋白 FCA，与 ABAP1 不同的是，FCA 是一种存在于细胞核内的 RNA 结合蛋白，通过抑制 FLC（一种开花抑制蛋白）而调控植物开花。实验证明，FCA 和 ABAP1 一样，与 ABA 的结合具有特异性和高亲和性，因此也是一种可能的 ABA 受体。

研究 ABA 与 Ca^{2+}-CaM 系统的关系时，有两类实验材料被广泛使用，一类是 ABA 诱导胞液 Ca^{2+} 水平升高的，如鸭跖草或蚕豆的表皮、保卫细胞原生质体和大麦居间分生组织的原生质体，另一类是 ABA 诱导胞液 Ca^{2+} 水平下降的，如大麦糊粉层细胞的原生质体。

研究 ABA 促使鸭跖草气孔关闭的机制时发现，ABA 促进鸭跖草气孔关闭有赖于可利用 Ca^{2+} 的存在，在缺钙条件下，ABA 几乎不抑制气孔开放。在不缺钙条件下，ABA 能诱导鸭跖草下表皮保卫细胞的胞液游离 Ca^{2+} 水平迅速升高，而且这种升高现象比气孔关闭现象出现得早。当鸭跖草的下表皮受到 10^{-6} mol·L^{-1} ABA 处理时，不到 2 min，保卫细胞胞液的 Ca^{2+} 水平由静息态的 70 nmol·L^{-1} 上升至第一个高峰，随后其峰值愈来愈高，10 min 时达到 1 μmol·L^{-1}，而气孔开度在 5 min 后才开始变小，当气孔接近完全关闭时，Ca^{2+} 水平早已上升至最高值并开始下降。由此可确认，Ca^{2+} 是 ABA 诱导气孔关闭过程中的一种第二信使。

大麦糊粉层细胞原生质胞液静息态 Ca^{2+} 浓度约为 200 nmol·L^{-1}，经 200 μmol·L^{-1} ABA 处理，可在 5 s 内降至 50 nmoL^{-1} 左右。Ca^{2+} 浓度的下降值与外源 ABA 剂量之间存在良好的线性关系。1991 年，王梅等认为这种 ABA 引起胞液 Ca^{2+} 浓度的下降与质膜 Ca^{2+} 浓度、ATP 酶的活化有关，这也是 ABA 与第二信使关系的又一实验证据。另有研究表明，ABA 能影响细胞质膜、液泡膜等生物膜的性质，从而影响离子的跨膜运动。如 ABA 使保卫细胞的 K^+ 与 Cl^- 外渗量急剧上升，从而使其渗透物质减少，水势上升，气孔关闭。

5.6　乙烯（ethylene，ETH）

5.6.1　乙烯的分布

乙烯（ethylene）是一种简单的不饱和碳氢化合物，结构式为 $H_2C=CH_2$，在生理环境的温度和压力下是一种气体。高等植物几乎所有的器官都能产生乙烯，根据植物组织类型和发育阶段的不同，乙烯的合成速率也不同。通常在成熟组织合成乙烯较少，而在分生组织、种子萌发、花器官衰老及果实成熟过程中乙烯合成量增加。另外，植物受到伤害及生理胁迫如涝害、病害、高温以及干旱时都能诱导乙烯的生物合成。除了植物能够产生乙烯之外，某些真菌（青霉菌、镰刀菌、酵母、毛霉）和细菌（大肠杆菌）也能够产生乙烯。

5.6.2 乙烯的生物合成及运输

5.6.2.1 乙烯的生物合成

乙烯是在细胞的液泡膜的内表面合成的。乙烯的生物合成前体为蛋氨酸（甲硫氨酸，Met），其直接前体为1-氨基环丙烷-1-羧酸（ACC）。蛋氨酸经过蛋氨酸循环，形成5′-甲硫基腺苷（MTA）和ACC，前者通过循环再生成蛋氨酸，而ACC则在ACC氧化酶的催化下氧化生成乙烯。乙烯的生物合成受到许多因素的调节，这些因素包括发育因素和环境因素（图5-37）。

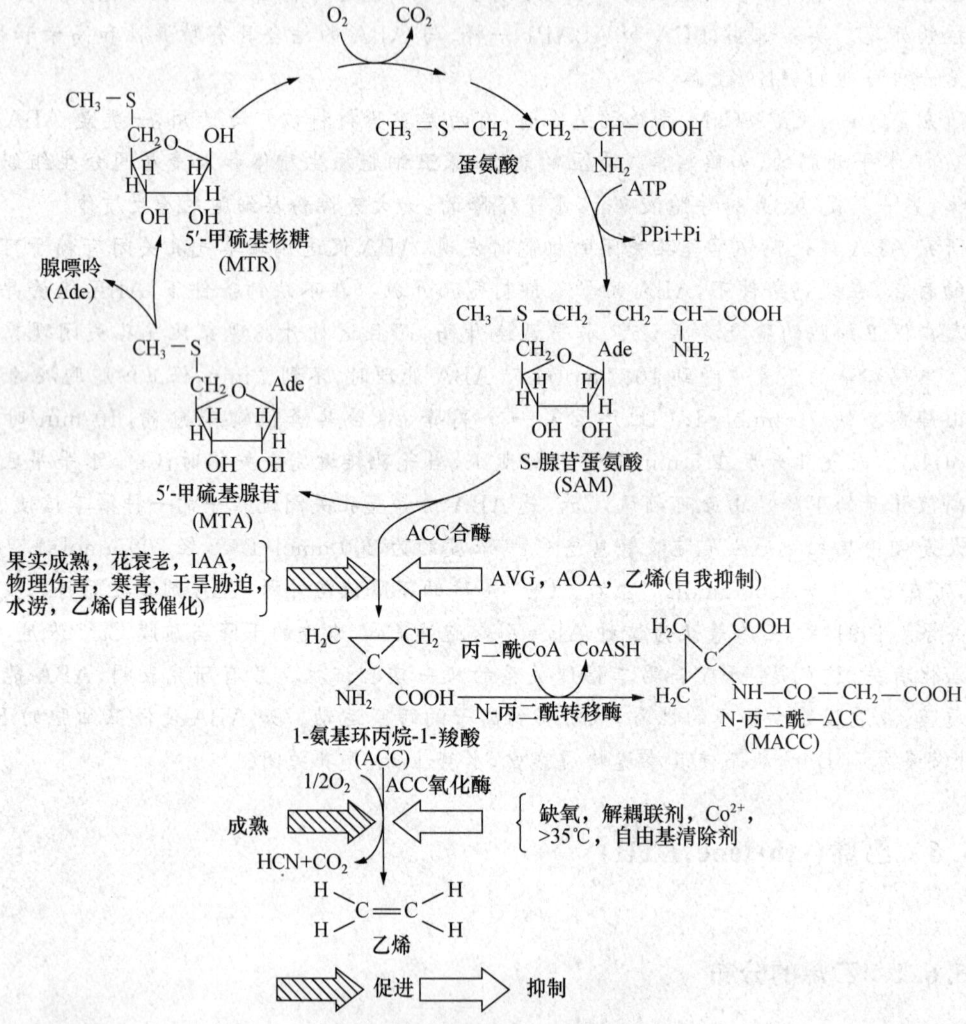

图5-37 乙烯生物合成及其调节

（引自潘瑞炽，2005）

植物组织内乙烯合成的调控影响植物的萌发、生长、成熟和衰老。乙烯合成主要通过关键酶来进行调控，人们利用这些关键酶的激活剂或抑制剂调控乙烯的合成。

ACC 合酶是植物体内乙烯合成的关键酶，该酶活性受生育期、环境和激素的影响。在植物正常生长发育的某个时期或当植物组织受到逆境胁迫时，ACC 合酶活性都会加强，从而生成更多的乙烯。IAA 也可促进乙烯的生成，因为 IAA 能在转录和翻译水平上诱导 ACC 合酶的合成。缺 O_2将阻碍乙烯的形成，因为从 ACC 生成乙烯是一个双底物（O_2和 ACC）的反应过程，如淹水的植物特别矮小，就是因为水涝时，在缺 O_2条件下，根及地上部分 ACC 合酶的活性被增加，根中由 ACC 形成乙烯的过程在缺 O_2条件下受阻，但根中的 ACC 能很快地转运到叶中诱导乙烯的大量产生，抑制茎的伸长生长。另外，ACC 合酶发挥作用需以磷酸吡哆醛为辅基，所以磷酸吡哆醛的抑制剂如氨基乙氧基乙烯基甘氨酸（AVG）、氨基氧乙酸（AOA）能显著抑制 ACC 合酶的活性，从而抑制乙烯的生成。所以，在生产实践中可用 AVG 和 AOA 处理减少果实脱落，抑制果实后熟，延长果实和切花的保存时间。一些无机离子如 Co^{2+}、Ni^{2+}和 Ag^{+} 都能抑制乙烯的生成。

ACC 除了形成乙烯以外，也可转变为非挥发性的 N-丙二酰-ACC（MACC），此反应是不可逆反应。当 ACC 大量转向 MACC 时，乙烯的生成量则减少，因此，MACC 的形成有调节乙烯生物合成的作用。

5.6.2.2　乙烯的运输

乙烯在植物体内易于移动，并遵循虎克扩散定律。此外，乙烯还可穿过被电击死的茎段。这些都证明乙烯的运输是被动的扩散过程，但其生物合成过程一定要在具有完整膜结构的活细胞中才能进行。一般情况下，乙烯就在合成部位起作用。乙烯的前体 ACC 是可溶于水的溶液，因而，推测 ACC 可能是乙烯在植物体内远距离运输的形式，通过木质部运输。

5.6.3　乙烯的生理效应和应用

（1）改变生长习性　乙烯对植物生长的典型效应是：抑制茎的伸长生长、促进茎或根的横向增粗及茎的横向生长（即使茎失去负向重力性），这就是乙烯所特有的“三重反应”（图 5-38）。乙烯促使茎横向生长是由于它引起偏上生长所造成的。所谓偏上生长是指器官的上部生长速度快于下部的现象。乙烯对茎与叶柄都有偏上生长的作用，从而造成了茎横生和叶下垂。

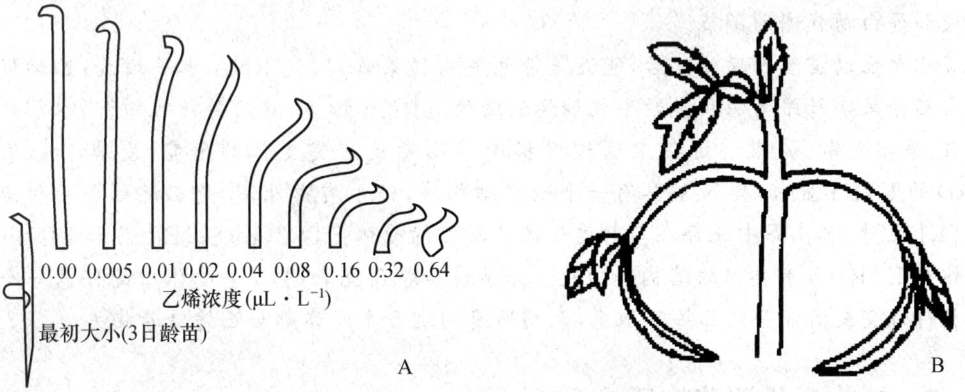

图 5-38　乙烯的“三重反应”(A)和偏上生长(B)

A. 不同乙烯浓度下黄化豌豆幼苗生长的状态　B. 用 10 μL·L⁻¹ 乙烯处理 4 h 后蕃茄苗的形态，由于叶柄上侧的细胞伸长大于下侧，使叶片下垂。

(2)促进成熟　催熟是乙烯最主要和最显著的效应,因此也称乙烯为催熟激素。乙烯对果实成熟、棉铃开裂、水稻的灌浆与成熟都有显著的效果。

在实际生活中,我们知道,一旦箱里出现了一只烂苹果,如不立即除去,整箱苹果会很快烂掉。这是由于腐烂苹果产生的乙烯比正常苹果的多,触发了附近苹果也大量产生乙烯,使箱内乙烯浓度在较短时间内剧增,诱导呼吸跃变,加快苹果完熟和贮藏物质消耗的缘故。又如柿子,即使在树上已成熟,但仍很涩口,不能食用,只有经过后熟才能食用。由于乙烯是气体,易扩散,故散放的柿子后熟过程很慢,放置十天半月后仍难食用;若将容器密闭(如用塑料袋封装),果实产生的乙烯就不会扩散掉,再加上自身催化作用,后熟过程加快,一般5 d后就可食用了。在香蕉成熟过程中,乙烯产生的突跃是在呼吸跃变之前,表明乙烯是启动成熟反应的激素。

(3)促进衰老和脱落　乙烯是控制叶片、花、果实脱落的主要激素。这是因为乙烯能促进细胞壁降解酶——纤维素酶的合成并且控制纤维素酶由原生质体释放到细胞壁中,从而促进细胞衰老和细胞壁的分解,引起离区近茎侧的细胞膨胀,从而迫使叶片、花或果实机械地脱离。如施用乙烯利可促进花的凋谢,而施用乙烯合成抑制剂可明显延缓衰老。

(4)促进开花和雌花分化　乙烯可促进菠萝等凤梨科植物开花,如用乙烯利处理菠萝后,抽蕾率可达90%以上,并且开花提早,花期一致。乙烯还可改变花的性别,促进黄瓜雌花分化,并使雌、雄异花同株的雌花着生节位下降。乙烯在这方面的效应与IAA相似,而与GA相反,现在知道IAA增加雌花分化就是由于IAA诱导产生乙烯的结果。

(5)乙烯的其他效应　乙烯还可诱导插枝不定根的形成,促进根的生长和分化,打破种子和芽的休眠,诱导次生物质的分泌(如橡胶树的乳胶),刺激腋枝的增殖(如番木瓜和山龙眼等)等。

5.6.4　乙烯的信号转导途径与作用机理

由于乙烯能提高很多酶,如过氧化物酶、纤维素酶、果胶酶和磷酸酯酶等的含量及活性,因此,乙烯可能在翻译水平上起作用。但乙烯对某些生理过程的调节作用发生得很快,如乙烯处理可在5 min内改变植株的生长速度,这就难以用促进蛋白质的合成来解释了。因此,有人认为乙烯的作用机理与IAA的相似,其短期快速效应是对膜透性的影响,而长期效应则是对核酸和蛋白质代谢的调节。

黄化大豆幼苗经乙烯处理后,能促进染色质的转录作用,使RNA水平增加;乙烯促进鳄梨和番茄等果实纤维素酶和多聚半乳糖醛酸酶的mRNA增多,随后酶活性增加,水解纤维素和果胶,果实变软、成熟。近年来通过对拟南芥乙烯反应突变体的研究,发现了分子量为147 kD的ETR1蛋白,其N端具有一个疏水结构域,位于质膜外侧,是乙烯结合的位点。除了ETR1之外,拟南芥中还存在与其类似的几种乙烯受体ETR2、ERS1、ERS2和EIN4等,这些受体与ETR1具有类似的结构和功能。分子遗传学研究表明,5个受体中的任意一个发生功能获得性突变都能导致乙烯不敏感,表明所有的这5个受体都与乙烯信号相关。

5.7　植物生长调节物质

植物体内除了有上述五大类激素外,还有很多微量的有机化合物对植物生长发育表现出特殊的调节作用。此外,众多的植物生长调节剂也可对植物生长发育起重要的调节控制作用。

5.7.1　油菜素甾体类(brassinolides, BRs)

5.7.1.1　结构和种类

1970 年,美国的米切尔等报道,在油菜的花粉中发现了一种新的生长物质,它能引起菜豆幼苗节间伸长、弯曲、裂开等异常生长反应,并将其命名为油菜素(brassin)。研究发现,它是一种甾醇内酯化合物,命名为油菜素内酯(brassinolide,BR),结构见图 5-39。BRs 在植物界中普遍存在,现已从植物中分离得到 40 多种油菜素甾体类化合物,分别表示为 BR_1、BR_2、…、BR_n。BRs 在植物体内含量极少,但生理活性很强。

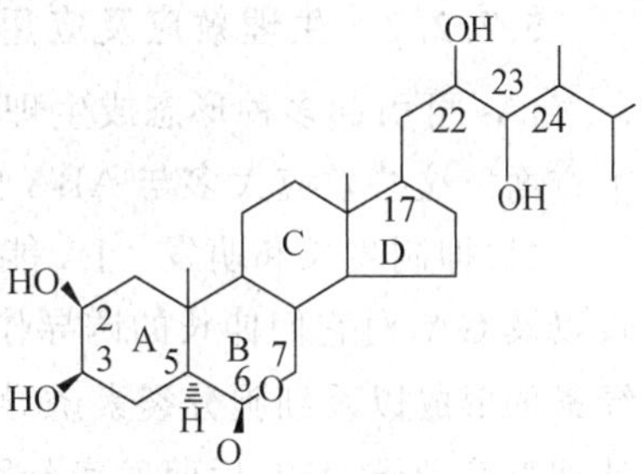

图 5-39　油菜素内酯(BR_1)的结构

油菜花粉是 BR_1 的丰富来源,但其含量极低,只有 100～200 $\mu g \cdot kg^{-1}$,BR_1 也存在于其他植物中;BR_2 在被分析过的植物中分布最广。BR 在植物体不同组织中的含量不同,花粉和种子 1～1 000 $ng \cdot kg^{-1}$,枝条1～100 $ng \cdot kg^{-1}$,果实和叶片 1～10 $ng \cdot kg^{-1}$。

5.7.1.2　生理效应及应用

(1)促进细胞伸长和分裂　用 10 $ng \cdot L^{-1}$ 的油菜素内酯处理菜豆幼苗第二节间,可引起该节间显著伸长弯曲,细胞分裂加快,节间膨大,甚至开裂,这一综合生长反应被用作 BR 的生物测定法。BR_1 促进细胞的分裂和伸长,其原因是增强了 RNA 聚合酶活性,促进了核酸和蛋白质的合成;BR_1 还可增强 ATP 酶活性,促进质膜分泌 H^+ 到细胞壁,使细胞伸长。

(2)促进光合作用　BR 可促进小麦叶 RuBP 羧化酶的活性,提高光合速率。BR_1 处理花生幼苗后 9 d,叶绿素含量比对照高 10%～12%,光合速率加快 15%。放射性 CO_2 示踪试验表明,BR_1 对叶片中光合产物向穗部运输有促进作用。

(3)促进花粉管伸长　花粉中富含 BR,因此很容易理解 BR 对雄性育性起着重要作用。已经证明,BR 促进花粉管从柱头经过花柱到胚囊的生长。

(4)促进种子萌发　像花粉粒一样,种子中含有很高水平的 BR。BR 通过与其他植物激素相互作用而促进种子的萌发。

(5)提高抗性　BR 通过对细胞膜的作用,增强植物对干旱、病害、盐害、除草剂、药害等逆境的抵抗力,因此,有人将其称为“逆境缓和激素”。

5.7.2　茉莉酸类(jasmonates,JAs)

5.7.2.1　代谢和分布

茉莉酸类是广泛存在于植物体内的一类化合物,现已发现了 30 多种。茉莉酸(JA)和茉莉酸甲酯(JA-Me)是其中最重要的代表(图 5-40)。

目前认为,JA 的合成既可在细胞质中,也可在叶绿体中。JA 的生物合成前体来自膜脂中的亚麻酸，亚麻酸经脂氧合酶催化加氧作用产生脂肪酸过氧化氢物，再经过氧化氢物环化酶的作用转变为 18C 的环脂肪酸，最后经还原及多次 β-氧化而形成 JA。JAs 通常在植物韧皮部系统中运输，也可在木质部及细胞间隙运输。

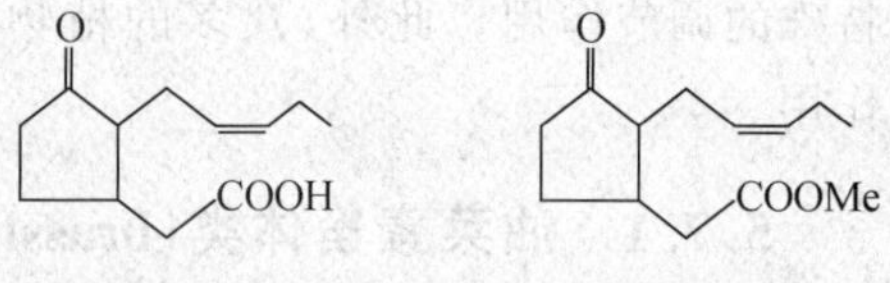

图 5-40　茉莉酸和茉莉酸甲酯

5.7.2.2　生理效应及应用

JAs 可引起多种形态或生理效应，JAs 的生理效应非常广泛，包括促进、抑制和诱导等多个方面。这些效应大多与 ABA 的效应相似，但也有独特之处。

(1)抑制生长和萌发　JA 能显著抑制水稻幼苗第二叶鞘长度、莴苣幼苗下胚轴和根的生长以及 GA_3 对它们伸长的诱导作用，JA-Me 可抑制珍珠稗幼苗生长、离体黄瓜子叶鲜重和叶绿素的形成以及细胞分裂素诱导的大豆愈伤组织的生长。用 $10\ \mu g \cdot L^{-1}$ 和 $100\ \mu g \cdot L^{-1}$ 的 JA 处理莴苣种子，45 h 后萌发率分别只有对照的 86% 和 63%。茶花粉培养基中外加 JA，则能强烈抑制花粉萌发。

(2)促进生根　JA-Me 能显著促进绿豆下胚轴插条生根。

(3)促进衰老　从苦蒿中提取的 JA-Me 能加快燕麦叶片切段叶绿素的降解。用高浓度乙烯利处理后，JA-Me 能促进豇豆叶片离层的产生。JA-Me 还可使郁金香叶的叶绿素迅速降解，叶黄化，叶形改变，加快衰老进程。此外茉莉酸类还有抑制花芽分化和提高抗性等作用。

(4)参与植物内源性抗虫、抗病　JA 可以刺激渗压素(osmotin)和硫堇(thionin)等抗真菌蛋白的合成。外源 JA 处理番茄植株，明显增强其抗病能力。

JA 与 ABA 结构相似，其生理效应也有许多相似之处，如抑制生长、抑制种子和花粉萌发、促进器官衰老和脱落、诱导气孔关闭、促进乙烯产生、抑制含羞草叶片运动、提高抗逆性等。但是 JA 与 ABA 也有不同之处，如在莴苣种子萌发的生物测定中，JA 不如 ABA 活力高，JA 不抑制 IAA 诱导燕麦芽鞘的伸长弯曲，不抑制含羞草叶片的蒸腾，不抑制茶的花粉萌发。

5.7.3　水杨酸(salicylic acid，SA)

5.7.3.1　发现和结构

1763 年，英国的斯通首先发现柳树皮有很强的收敛作用，可以治疗疟疾和发烧。后来发现，这是柳树皮中所含的大量水杨酸糖苷在起作用，于是经过许多药物学家和化学家的努力，医学上便有了阿司匹林药物的问世。阿司匹林即乙酰水杨酸，在生物体内可很快转化为水杨酸(图 5-41)。20 世纪 60 年代后，人们开始发现了 SA 在植物中重要的生理作用。

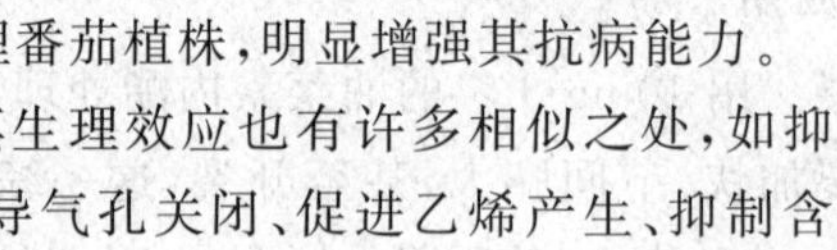

图 5-41　水杨酸(左)与乙酰水杨酸(右)

5.7.3.2　生理效应和应用

(1)生热效应　天南星科植物佛焰花序的生热现象很早就引起了人们的注意。早就有人指出，这一突发的代谢变化是由一种生热素引起的。为了寻找这种生热素，人们整整经历了50年的研究，直到1987年，Raskin等的试验才证明这种生热素就是SA。外源施用SA可使成熟花上部佛焰花序的温度增高12℃。生热现象实质上与抗氰呼吸途径的电子传递系统有关。在严寒条件下花序产热，保持局部较高温度有利于开花结实，此外，高温有利于花序产生具有臭味的胺类和吲哚类物质的蒸发，以吸引昆虫传粉。可见，SA诱导的生热效应是植物对低温环境的一种适应。

(2)诱导开花　用5.6 $\mu mol \cdot L^{-1}$的SA处理可使长日植物浮萍 *gibba* G_3在非诱导光周期下开花。在其他浮萍上也发现了类似现象。后来发现这一诱导是依赖于光周期的，即是在光诱导以后的某个时期与开花促进或抑制因子相互作用而促进开花的。进一步研究表明，SA能使长日性浮萍 *gibba* G_3和短日性浮萍 *Paucicostata 6746* 的光临界值分别缩短和延长约2 h。

(3)增强抗性　某些植物在受病毒、真菌或细菌侵染后，侵染部位的SA水平显著增加，同时出现坏死病斑，即过敏反应(HR)，并引起非感染部位SA含量的升高，从而使其对同一病原或其他病原的再侵染产生抗性。

SA可诱导植物产生某些病原相关蛋白(PRs)。有人报道，抗性烟草植株感染烟草花叶病毒后，产生的系统抗性与9种mRNA的诱导活化有关，施用外源SA也可诱导这些mRNA。进一步研究表明，病菌的侵染或外源SA的施用能使本来处于不可翻译态的mRNA转变为可翻译态。

(4)其他作用　SA还可抑制大豆的顶端生长，促进侧生生长，增加分枝数量、单株结角数及单角重。SA(0.01～1 $mmol \cdot L^{-1}$)可提高玉米幼苗硝酸还原酶的活性，还拮抗ABA对萝卜幼苗生长的抑制作用。SA还被用于切花保鲜、水稻抗寒等方面。

5.7.4　多胺(ployamines,PAs)

5.7.4.1　种类和分布

多胺(ployamines,PAs)是一类脂肪族含氮碱，包括二胺、三胺、四胺及其他胺类，广泛存在于植物体内。20世纪60年代，人们发现多胺具有刺激植物生长和防止衰老等作用，能调节植物的多种生理活动。高等植物的二胺有腐胺(putrescine,Put)和尸胺(cadaverine,Cad)等，三胺有亚精胺(spermidine,Spd)，四胺有精胺(spermine,Spm)，还有其他胺类(表5-2)。通常胺基数目越多，生物活性越强。

表 5-2　高等植物中主要的胺

胺类	结构	来源
二氨丙烷	$NH_2(CH_2)NH_2$	禾本科
腐胺	$NH_2(CH_2)_4NH_2$	普遍存在
尸胺	$NH_2(CH_2)_5NH_2$	豆科
亚精胺	$NH_2(CH_2)_3NH(CH_2)_4NH_2$	普遍存在
精胺	$NH_2(CH_2)_3NH(CH_2)_4NH(CH_2)_3NH_2$	普遍存在
鲱精胺	$NH_2(CH_2)_4NHC(=NH)NH_2$	普遍存在

5.7.4.2 生理效应和应用

(1)促进生长 多胺能够促进植物的生长。例如,休眠菊芋的块茎是不进行细胞分裂的,它的外植体中内源 PAs、IAA、CTK 的含量都很低,如在培养基中只加入 10～100 $\mu mol \cdot L^{-1}$ 的 PAs 而不加其他生长物质,则块茎的细胞能进行分裂和生长。

(2)延缓衰老 置于暗中的燕麦、豌豆、菜豆、烟草、萝卜等叶片,被 PAs 处理后均能延缓衰老进程。而且发现,前期 PAs 能抑制蛋白酶与 RNA 酶活性的提高,减慢蛋白质的降解速率;后期则延缓叶绿素的分解。据研究,腐胺、亚精胺、精胺等能有效地阻止幼嫩叶片中叶绿素的破坏,但对老叶则无效。PAs 和 ETH 有共同的生物合成前体蛋氨酸,PAs 通过竞争蛋氨酸而抑制 ETH 的生成,从而起到延缓衰老的作用。

(3)其他作用 PAs 还可调节与光敏色素有关的生长和形态建成,调节植物的开花过程,参与光敏核不育水稻花粉的育性转换,并能提高种子活力和发芽力,促进根系对无机离子的吸收,还有助于植物抗性的提高。

5.7.5 其他植物生长调节剂

(1)玉米赤霉烯酮(zearaienone) 1962 年,Stob 等从玉米赤霉菌的培养物中分离出一种活性物质,并证明它是引起牲畜发生雌性化病症的原因。1966 年,Urry 等确定了该物质的化学结构,属于二羟基苯甲酸内酯类化合物,命名为玉米赤霉烯酮(zearaienone),后人们又从玉米赤霉菌的培养物中分离出 10 多种玉米赤霉烯酮的衍生物。这些化合物能在植物体内转化和代谢,并对植物的营养生长和生殖生长过程,如幼苗与根的生长、侧芽发生、种子萌发、开花和性别表达产生影响。但其生理效应、作用机理等还不清楚。

(2)寡糖素(oligosaccharin) 在植物中发现许多对生理过程有调节作用的寡糖片段,称为寡糖素(oligosaccharin)。多数寡糖素是初生细胞壁的降解产物,通常含 10 个左右的单糖残基。依赖于糖键结构的不同,调控着植物的生长发育及对逆境的防卫等重要生理过程。已经证明寡糖素可以诱发植物产生抗毒素及蛋白酶抑制剂,从而提高植物的抗性,寡糖素还可控制植物的形态建成、营养生长和生殖生长等。

(3)系统素(systenin,SYS) 系统素是一种由 18 个氨基酸组成的多肽。是植物感受创伤和微生物侵害的信号分子,在植物防卫反应中起着非常重要的作用。

5.8 植物生长调节剂及其在农林生产中的应用

5.8.1 植物生长调节剂

由于植物体内天然合成的植物激素含量甚微,不可能大量提取以用于调控植物的生长发育,改善农业生长。为满足生产需要,研究者就利用化学合成法成功合成了许多与天然植物激素具有类似生理活性的有机化合物,即植物生长调节剂(plant growth regulation,PGR)。此外,生产中使用的 GA_3 等少数天然激素主要是通过微生物发酵而来,现在也将其列入广义的植物生长调节剂范围。

植物生长调节剂的种类很多,一般根据生理功能的不同可分为三类,即植物生长促进剂、植物生长抑制剂和植物生长延缓剂三类。

5.8.1.1　植物生长促进剂

植物生长促进剂(plant growth promotor)可以促进分生组织细胞分裂、分化和伸长生长，也可以促进植物营养器官的生长和生殖器官的发育，该功能在一定程度上可被植物生长抑制剂所逆转。

(1)生长素类型　植物生长调节剂中，生长素类是在农业生产中最早被应用的，其中最早发现的是 IPA 和 IBA，它们和 IAA 一样都具有吲哚环，只是侧链的长度不同。以后又发现没有吲哚环而具有萘环的化合物，如 α-NAA，以及具有苯环的化合物，如 2,4-二氯苯氧乙酸，也都有吲哚乙酸的生理活性。另外还发现和这些化合物有关的化合物，如萘氧乙酸、4-碘苯氧乙酸(增产灵)等和它们的一些衍生物(包括盐、酯、酰胺，如萘乙酸钠、2,4-D 丁酯、萘乙酰胺等)都有生理效应。

有些人工合成的生长素类物质，如 NAA、2,4-D 等，由于原料丰富，生产过程简单，可以大量制造。此外，它们不像人工合成的 IAA 那样在体内会受 IAA 氧化酶的破坏，见光易分解，因而效果稳定。所以，生长素类型植物生长调节剂(经常使用的是 IBA、NAA、2,4-D)在农业上得到了广泛的使用。但是，在施用中要注意防止高浓度生长素残留所带来的副作用，例如 2,4-D 高浓度下可作为除草剂进行使用。

(2)赤霉素类型　赤霉素类型植物生长调节剂的种类很多，科研与生产上应用最多的是 GA_3，又称 920，其由赤霉菌发酵液中提取而来。它是一种固体粉末，难溶于水，易溶于醇类、丙酮、冰醋酸等有机溶剂。使用时可先用少量乙醇溶解，然后加水稀释至所需浓度。GA_3 在低温和酸性条件下较稳定，遇碱中和而失效，所以配制使用时应加以注意。此外，国内市售产品还有 GA_4+GA_7(GA_4 与 GA_7 的混合物)，目前通过发酵法的改良，也可以单一产生 GA_4，同时还有些化合物虽不具有赤霉素的基本结构，但也具有赤霉素的生理活性，如长蠕孢醇、贝壳杉酸等。

(3)细胞分裂素类型　常见的人工合成的细胞分裂素有 6-苄基腺嘌呤(6-BA)、激动素(KT)、氯吡苯脲(CPPU)、四氢吡喃苄基腺嘌呤(又称多氯苯甲酸，简称 PBA)和玉米素等，其中玉米素的生物活性比激动素高 10 倍，但因供应不普遍，价格高而受到限制。还有一些化学物质虽然不具有腺嘌呤结构，但也具有细胞分裂素的生理作用，如二苯基脲(diphenyluea)。在农业生产中应用最广的是 6-苄基腺嘌呤和激动素，使用时可先用 0.1 mol·L^{-1} HCl 溶解，再用清水稀释至刻度。

(4)乙烯类型　乙烯是气体，难以在生产上应用。为此，科学家们研制出了各种乙烯发生剂，这些乙烯发生剂被植物吸收后，能在植物体内释放出乙烯。其中乙烯利(ethrel)的生物活性较高，被应用得最广。乙烯利是一种水溶性的强酸性液体，其化学名称叫 2-氯乙基膦酸(CEPA)，在 pH$<$4.1 的条件下稳定，当 pH$>$4.1 时，可以分解放出乙烯，pH 越高，产生的乙烯越多。乙烯利易被植物的茎、叶或果实吸收。由于植物体内的 pH 一般都高于 4.1，所以，乙烯利进入组织后不需要酶的参加就可水解放出乙烯，对生长发育起调节作用。

5.8.1.2　植物生长抑制剂

植物生长抑制剂(plant growth inhibitor)可抑制植物顶端分生组织细胞的生长和分化，使植物丧失顶端优势，进而造成侧枝多，叶小，生殖器官也受影响。外施生长素一般可以逆转这类调节剂的抑制效应，而外施 GA_3 无效，因为这种抑制作用不是由于缺少 GA 而引起的，而是由于这类物质使茎顶端分生组织细胞的核酸和蛋白合成受阻，细胞分裂慢。目前常见的人工合成的植物生长抑制剂有三碘苯甲酸（TIBA）、青鲜素（MH）、整形素等（图 5-42）。

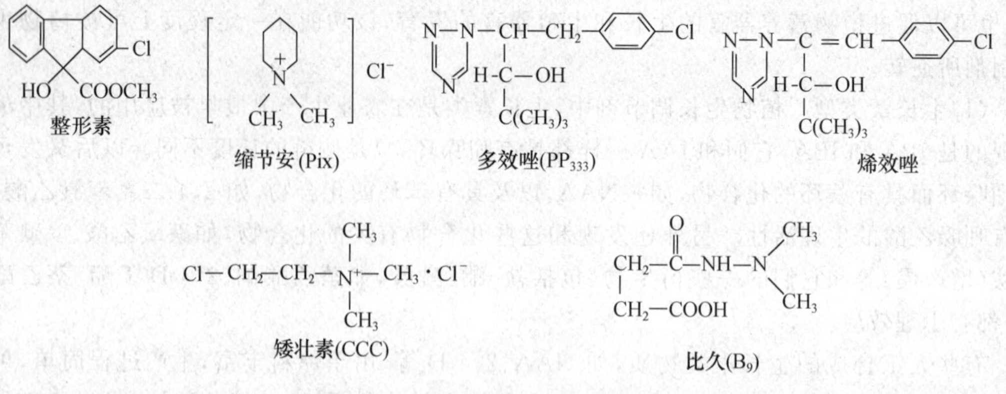

图 5-42　部分植物生长抑制物质

（1）三碘苯甲酸　三碘苯甲酸（2，3，5-triiodobenzoic acid，TIBA）的分子式为 $C_7H_3O_2I_3$，微溶于水，溶于乙醇、丙酮等有机溶剂。它可以阻止 IAA 运输，抑制顶端分生组织细胞分裂，使植物矮化，消除顶端优势，增加分枝。生产上多用于大豆，开花期喷施 125 $\mu l \cdot L^{-1}$ TIBA，能使豆梗矮化，分枝和花芽分化增加，结荚率提高，增产显著。

（2）整形素　整形素（morphactin）的化学名称是 2-氯-9 羟基芴-9-羟酸甲酯，分子式为 $C_{15}H_{11}ClO_3$ 其又称正形素或氯甲丹，可溶于乙醇。其作用机理是抑制生长素的极性运输和拮抗赤霉素。常用于禾本科植物和木本植物，它能抑制顶端分生组织细胞分裂和伸长、茎伸长和腋芽滋生，使植株矮化成灌木状，常用来塑造木本盆景。整形素还抑制种子发芽，抑制甘蓝、莴苣抽薹，促进结球。此外，整形素还能消除植物的向地性和向光性。

5.8.1.3　植物生长延缓剂

能抑制赤霉素的生物合成，进而抑制植物亚顶端分生组织细胞伸长的生长调节剂称为植物生长延缓剂（plant growth retardant）。亚顶端分生组织中的细胞主要功能是伸长，由于 GA 在这里起关键作用，所以外施 GA 往往可以逆转这种效应。该类物质不减少细胞数目和节间数，也不影响叶片的发育和叶片数目，一般也不影响花的发育。根据作用机制不同，植物生长延缓剂通常可分为两类，即抑制赤霉素生物合成中的环化和氧化步骤。其中抑制环化步骤的延缓剂有矮壮素（CCC）和缩节安（Pix），而抑制氧化步骤的延缓剂包括多效唑（PP_{333}）、烯效唑和比久（B_9）等（图 5-42）。

（1）矮壮素　矮壮素（CCC）是氯化氯代胆碱的简称，属于季铵型化合物。它是一种抗赤霉素的药剂，与 GA 作用相反，可以使节间缩短，植株变矮、茎变粗，叶色加深。CCC 在生产上较常用，可以防止小麦等作物倒伏，防止棉花徒长，减少蕾铃脱落，也可促进根系发育，增强作物抗寒、抗旱、抗盐碱能力。

（2）缩节安　缩节安（Pix）的化学名称是 1，1-二甲基哌啶翁氯化物，国内又称助壮素、皮克斯等，它与矮壮素相似。生产上主要用于控制棉花徒长，使其节间缩短、叶片变小，并且减少蕾铃脱落，从而增加棉花产量。

（3）多效唑　多效唑（PP_{333}）又名氯丁唑，化学名称为 1-（对-氯苯基）-2-（1，2，4-三唑-1-基）-4，4-二甲基-戊烷-3 醇，是英国 ZCJ 公司 20 世纪 70 年代推出的一种新型高效生长延缓剂。PP_{333}的生理作用主要是阻碍 GA 的生物合成，同时加速体内 IAA 的分解，从而延缓、抑制植株的营养生长。

PP_{333}广泛用于果树、花卉、蔬菜和大田作物，可使植株根系发达、植株矮化、茎秆粗壮，并可以促进分枝、增穗增粒、增强抗逆性等，另外还可用于海桐、黄杨等绿篱植物的化学修剪。然而，PP_{333}的残效期长，影响后茬作物的生长，目前有被烯效唑取代的趋势。

(4)烯效唑　烯效唑又名 S-3307、优康唑、高效唑，化学名称为 *E*-(对-氯苯基)-2-(1,2,4-三唑-1-基)-4,4-1-戊烯-3 醇。能抑制赤霉素的生物合成，有强烈抑制细胞伸长的效果。有矮化植株、抗倒伏、增产、除杂草和杀菌(黑粉菌、青霉菌)等作用。

(5)比久　比久(B_9)是二甲胺琥珀酰胺酸的简称，也叫阿拉。B_9可抑制 GA 的生物合成，抑制果树顶端分生组织的细胞分裂，使枝条生长缓慢，抑制新梢萌发，因而可代替人工整枝。同时有利于花芽分化，增加开花数和提高坐果率。B_9可防止花生徒长，使株型紧凑、荚果增多。B_9残效期长，影响后茬作物生长，有人还认为B_9有致癌的危险，因此不宜用在食用作物上，更不要在临近收获时施用。

5.8.2　植物激素间的相互关系

5.8.2.1　激素间的增效作用与拮抗作用

植物体内同时存在数种植物激素，它们之间可相互促进增效，也可相互拮抗抵消(表 5-3)。植物生长发育进程中，任何一种生理过程往往不是某一激素的单独作用，而是多种激素相互作用的结果。

表 5-3　植物不同部位各种激素的相对浓度(非定量测定)

(引自孟繁静，1995)

部位	相对浓度			
	生长素	赤霉素	细胞分裂素	脱落酸
茎尖	+++	+++	+++	−
幼叶	+++	+++	−	−
伸长茎	++	++	−	−
侧芽	+	++	−	−
成熟叶	+	+	−	+++
成熟茎	+	+	−	−
根	+	−	−	−
根尖	++	++	+++	−

+++表示含量高；++表示含量中等；+表示含量低；−表示无。

(1)增效作用　一种激素可加强另一种激素的效应，此种现象称为激素的增效作用。如 IAA 和 GA 对于促进植物节间的伸长生长，表现为相互增效作用。IAA 促进细胞核的分裂，而 CTK 促进细胞质的分裂，二者共同作用，从而完成细胞核与质的分裂。ABA 促进脱落的效果可因 ETH 而得到增强。

(2)拮抗作用　亦称对抗作用，指一种物质的作用被另一种物质所阻抑的现象。激素间存在拮抗作用，如 GA 诱导 α-淀粉酶的合成和对种子萌发的促进作用，因 ABA 的存在而受到拮抗。

GA 与 ABA 的拮抗作用表现在许多方面，如生长、休眠等。它们都来自甲瓦龙酸，且通过同样的代谢途径形成法尼基焦磷酸。在光敏色素作用下，长日照条件形成 GA，短日照条件形成 ABA。因此，夏季日照长，产生 GA 使植株继续生长；而冬季来临前日照短，则产生 ABA 而使芽进入休眠。这就是植物春天开始萌芽生长，秋天开始落叶休眠的主要原因。

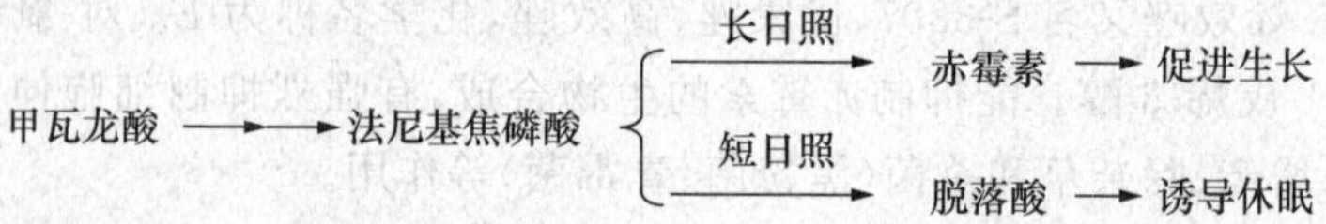

IAA 推迟器官脱落的效应会被同时施用的 ABA 所抵消；而 ABA 强烈抑制生长和加速衰老的进程又可能会被 CTK 所解除。细胞分裂素抑制叶绿素、核酸和蛋白质的降解，抑制叶片衰老；而 ABA 则抑制核糖、蛋白质的合成并提高核酸酶活性，从而促进核酸的降解，使叶片衰老。ABA 和 CTK 还可调节气孔的开闭，这些都证明 ABA 与 IAA、GA 以及 CTK 间的拮抗关系会直接影响某些生理效应。

IAA 与 GA 虽然对生长都有促进作用，但二者间也有拮抗的一面，如 IAA 能促进插枝生根而 GA 则抑制不定根的形成。IAA 抑制侧芽萌发，维持植株的顶端优势，而 CTK 却可消除顶端优势，促进侧芽生长。此外，PAs 和 ETH 都有共同的生物合成前体蛋氨酸，因而 ETH 诱导衰老的效应可以被 PAs 所抵消。

5.8.2.2 激素间的比值对生理效应的影响

由于每种器官都存在着数种激素，因而，决定生理效应的往往不是某种激素的绝对量，而是各激素间的相对含量。在组织培养中 CTK/IAA 不同的比值影响根芽的分化。烟草茎髓部愈伤组织的培养实验证明，当 CTK/IAA 的比例高时，愈伤组织就分化出芽；比例低时，有利于分化出根；当二者比例处于中间水平，愈伤组织只生长而不分化，这种效应已被广泛应用于组织培养中。

GA/IAA 的比例控制形成层的分化，当 GA/IAA 比值高时，有利于韧皮部分化，反之则有利于木质部分化。

植物激素对性别分化亦有影响，如 GA 可诱导黄瓜雄花的分化，但这种诱导可为 ABA 所抑制。黄瓜茎端的 ABA 和 GA_4 含量与花芽性别分化有关，当 ABA/GA_4 比值较高时有利于雌花分化，较低时则利于雄花分化。

在自然情况下，植物根部与叶片中形成的激素间是保持平衡的，因此，雌性植株与雄性植株出现的比例基本相同。由于根中主要合成 CTK，叶片主要合成 GA，用雌雄异株的菠菜或大麻进行试验时发现，当去掉根系，叶片中合成的 GA 直接运至顶芽并促其分化为雄花；当去掉叶片时，则根内合成 CTK 直接运至顶芽并促其分化为雌花。可见，GA/CTK 的比值可影响雌雄异株植物的性别分化。

5.8.2.3 激素间的代谢与植物生长发育的关系

GA 因能促进蛋白质的降解并抑制 IAA 氧化酶的活性，而提高组织中的 IAA 含量和促进生长。较高浓度的 IAA 促进 ACC 合成酶的活性而促进 ETH 的生物合成；但 ETH 能促进 IAA 氧化酶的活性，从而抑制 IAA 的合成和极性运输。因此，在 ETH 作用下，IAA 含量水平下降。从某种角度上说，植物的生长发育是通过 IAA 与 ETH 的相互作用来实现的。

5.8.2.4 多种植物激素影响植物生长发育的顺序性

种子休眠时，ABA 含量很高，随着种子逐渐成熟，ABA 含量逐渐下降，并变为束缚态，而此时 GA 含量渐增。当完成后熟时，ABA 含量下降到最低点，GA 水平很高，这时种子的休眠被解除，遇适宜条件，随即萌发。种子萌发时 IAA 水平提高，促进幼苗的生长。随着根系的生长，根中产生的 CTK 向上运输，促进地上部生长。

5.8.2.5 植物对激素的敏感性及其影响因素

植物对激素的敏感性是指植物对一定浓度的激素的响应程度。在很多情况下，植物激素作用的强弱与其浓度关系不大，植物细胞对激素的敏感性才是激素作用的控制因素。植物对激素的敏感性可能由激素受体的数目、受体与激素的亲和性、植物反应能力等因素所决定。此外，外源生长调节剂的作用效果还受植物细胞的吸收效率、生长调节剂在植物体内的运输与代谢以及其他内源激素浓度变化等影响(图 5-43)。因此，在植物离体试验时往往需要施加高浓度的激素才能获得显著的生理反应。

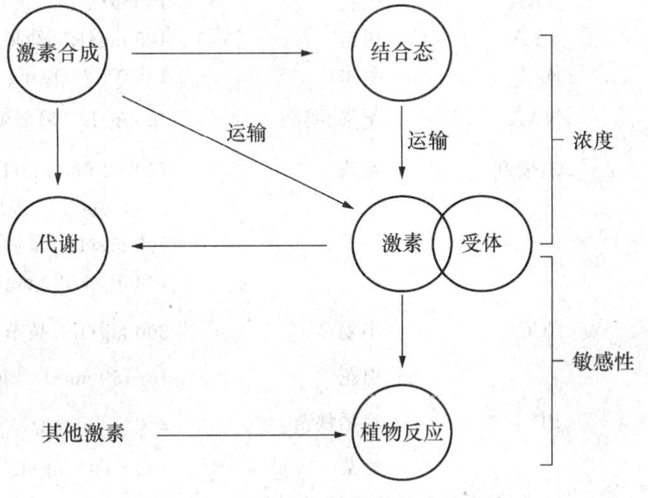

图 5-43 影响植物对激素反应的因素

5.8.3 植物生长调节剂在农林生产中的具体应用

在植物生理学中，用植物生长调节剂来调节和控制植物生长发育的技术简称为植物化学调控。与传统的农业技术手段相比，化学调控具有价格低、收效快、应用方便及省时省力等优点，现已发展成为当前农林生产中不可或缺的重要措施(表 5-4)，具有重要的应用前景。其中生长素类型主要用于促进插枝生根、防止采前落果、诱导菠萝开花以及阔叶杂草的防除等。GA_3用于杂交水稻制种中父母本花期的调节、形成无籽果实、打破芽和种子的休眠及提高产量等。细胞分裂素类型可用于组织培养中诱导细胞分化、增加果实结果率、促进果实生长及改善果实外观、切花保鲜等。矮壮素与多效唑等用于作物的矮壮、促进分蘖与生根、改善株型、增加产量及提高作物的抗逆能力等。

表 5-4　植物生长调节剂在农业上的应用

使用目的	调节剂种类	应用对象	使用方法
打破休眠，促进萌发	GA_3	人参鲜种	50～100 mg·L^{-1}秋播前浸种 24 h
		莴苣	100 mg·L^{-1}浸种 2～4 h
		马铃薯	0.5～3 mg·L^{-1}浸泡块茎 5～10 min
促进营养生长，增加产量	GA_3	芹菜、苋菜	50～100 mg·L^{-1}采前 10～15 d 喷施
		菠菜、莴苣	10～30 mg·L^{-1}采前喷施
		茶	100 mg·L^{-1}芽叶刚伸展时喷施
促进插枝生根	NAA	甘薯、黄杨、葡萄	50～1 000 mg·L^{-1}定植前蘸根
	附加维生素 B	桑、茶	50～100 mg·L^{-1}浸基部 12～24 h
	IBA	苹果、桑、茶	20～200 mg·L^{-1}浸基部 12～24 h
		猕猴桃	500 mg·L^{-1}浸基部 12～24 h
促进雌花分化	乙烯利	黄瓜、南瓜	100～250 mg·L^{-1}1～4 叶期喷施
促进雄花分化	GA_3	黄瓜	50～150 mg·L^{-1}开花盛期喷施
保花保果，防止脱落	NAA	棉花	10 mg·L^{-1}2～4 叶期喷施
	6-BA	柑橘	400 mg·L^{-1}幼果期喷施
	B_9	苹果	1 000～2 000 mg·L^{-1}采果前 60 d 喷施
疏花疏果，促进脱落	NAA	苹果、鸭梨	40 mg·L^{-1}局部喷施
促进果实成熟	乙烯利	香蕉	750～1 000 mg·L^{-1}采前喷果
			1 000 mg·L^{-1}采后浸果一下
		柿子	500 mg·L^{-1}采后浸果 0.5～1 min
			1 000～4 000 mg·L^{-1}采后喷果
植物矮化、健壮	CCC	小麦	300 mg·L^{-1}拔节始期喷施
		棉花	10～50 mg·L^{-1}花前喷施
	PP_{333}	晚稻秧苗	250～300 mg·L^{-1}一叶一心期喷施
		油菜	100～200 mg·L^{-1}二叶一心期喷施
		大豆	200～250 mg·L^{-1}4～6 叶期喷施

思考题

1. 什么是细胞信号转导？细胞信号转导包括哪些过程？
2. 什么叫钙调蛋白？它有什么作用？
3. 简述异三聚体 G 蛋白参与细胞外信号跨膜转换的过程。
4. 植物细胞中常见的第二信使有哪些？简述其主要功能。
5. 蛋白质可逆磷酸化在细胞信号转导中有什么作用？
6. 五大类植物激素的主要生理作用是什么？它们的生理效应有何异同？
7. 植物体内有哪些因素决定了特定组织中生长素的含量？如何用实验证明生长素极性

运输？简要说明生长素的作用机理。

8.生长素和赤霉素都能促进茎的伸长生长，但是茎对生长素和赤霉素的反应有何差异？

9.采用什么方法可证明 GA 能诱导大麦胚乳中 α-淀粉酶的形成？

10.细胞分裂素为什么能延缓叶片衰老？证明细胞分裂素是在根尖合成的依据有哪些？

11.植物的休眠与生长可能是由哪两种激素调节的？如何调节？

12.乙烯利的化学名称叫什么？在生产上主要应用于哪些方面？

13.除五大类激素外，植物体内还含有哪些能显著调节植物生长发育的有活性的物质？它们有哪些主要生理效应？简要比较茉莉酸与脱落酸的异同？

14.生长抑制剂与生长延缓剂在概念及作用方式有何异同？农业上常用的生长调节剂有哪些？在作物生产上有哪些应用？

第6章 植物的生长生理

提要

在植物的生活周期中，植物的生长、分化和发育之间关系密切，有时交叉或重叠在一起。生长是量变，分化是质变，发育是生长和分化的总和。

种子萌发需要充足的水分、适宜的温度、足够的氧气，有些种子还需要光照或黑暗条件。种子萌发时的吸水可分为急剧吸水、滞缓吸水和重新迅速吸水3个阶段；呼吸速率也表现为迅速升高、平稳阶段和再次迅速增加3个阶段。随着种子吸水，酶活性逐渐增强，各种贮存物质都要经过水解、转运和重组过程；同时，IAA、GA含量升高，ABA含量降低。

组织培养是依据细胞的全能性，在无菌条件下，将植物的外植体接种到人工培养基上离体培养成植株的技术。组织培养技术在研究植物生长发育规律及生产实践领域中得到广泛的运用。

植物的生长过程表现为慢—快—慢的生长规律，呈S形曲线，即植物生长大周期。植物或器官的生长速率随昼夜或季节而发生有规律性变化的现象称为植物生长的周期性。植物生长还存在近似昼夜节奏的现象。植物各个器官之间的生长存在相关性，即地下部分与地上部分、主茎与侧枝、营养生长与生殖生长的相关性。根据植物对外界刺激的反应，植物运动分为向性运动和感性运动。向性运动指植物在外界单方向刺激下所产生的定向生长运动，感性运动指植物在外界刺激下所产生的与刺激方向无关的运动。植物的生长还受生长节律的调节。

植物的生长除受到内部因素(包括基因、激素、营养等)的影响外，还受外界环境条件温度、水分、光照和生物因子等的影响。使植物生长健壮、比生长最适温度稍低的温度为协调最适温度。光对植物生长既有间接作用，也有直接影响。其间接作用是光合作用，提供植物生长所需的物质和能量；直接影响是植物光形态建成。

光控发育是光对植物发育调控的特殊效应，是区别于光合作用的光信号反应。参加植物光控发育的光受体有光敏色素、隐花色素、向光素和UV-B受体等，其中以光敏色素的研究最为深入。光敏色素普遍分布于真菌以外的各类植物中，其中分生组织中含量最多。光敏色素的生理作用很广，如调节器官分化、种子萌发、生长与运动、光周期和花诱导等。光敏色素有Pr和Pfr两种形式，其中Pfr是生理活化型，通过信号转导启动生理反应。两种形式的光敏色素在红光或远红光照射下发生可逆转换，所以光敏色素介导的反应通常是红光-远红光可逆反应。编码光敏色素蛋白的基因是多基因家族，其中*PHYA*基因编码的PⅠ光敏色素大量存在于黄化组织中，因其Pfr不稳定，在光下生长的植物中，含量很低；*PHYB*、*PHYC*、*PHYD*、*PHYE* 基因编码 PⅡ 光敏色素，其表达水平低。植物的许多形态建成还受蓝光和紫外光调控，如向光性、色素合成、下胚轴伸长的抑制等。已知的蓝光受体有隐花色素和向光素，都是黄素蛋白，调节不同的蓝光反应。UV-B 对植物的整个生长发育和代谢都有影响，其受体为 UVR8，抑制拟南芥下胚轴的生长、叶肉细胞和表皮细胞的伸展、表皮气孔放大等。

植物生长(plant growth)是指植物在体积和质量(干重)上的不可逆增加，是由细胞分裂、伸长以及原生质体、细胞壁的增长而引起，是量变过程。如根伸长、叶面积扩展、果实膨大、茎伸长等。然而，也有例外情况，如黑暗中萌发生长的幼苗，其干重是下降的；发育的胚囊其细胞数目是减少的，但属于生长。

分化(differentiation)是指来自同一合子或遗传上同质的细胞转变为形态、机能、化学构成上异质的过程，是质变过程。细胞扩大和伸长停止后，就转入分化期，在分化期细胞转化为具有一定形态结构和特定功能的特化细胞，包括薄壁组织、机械组织、输导组织、保护组织、海绵组织等。细胞分化是基因选择性表达的结果。

发育(development)是指在生活周期中，植物构造和机能从简单到复杂的量变及质变过程，是植物生长和分化的综合。如种子经萌发生长和分化后形成根、茎、叶、花、果实等器官，即形态建成，是发育的外在表现；又如植物经过适当光周期诱导后，就具备在适当条件下形成生殖器官的能力(开花)，但这种能力在短时间内外观上并没有任何表现，是内在机能的变化，是发育的质变过程。严格地讲，植物的个体发育是从形成合子开始，但由于农业生产往往是从播种开始，因此，一般将植物从种子萌发到幼苗生长、营养体形成、生殖体形成、开花结实、形成新种子的整个过程称为植物的发育周期。

在植物的生活周期中，植物的生长、分化和发育之间关系密切，有时交叉或重叠在一起。生长是量变过程；分化是局部的质变；发育则是器官或整体有序的一系列量变和质变。一般认为，发育包含了生长和分化。如花的发育，包括花原基的分化和花器官各部分的生长；果实的发育包括了果实各部分的生长和分化等。但同时，生长和分化又受发育的制约。如水稻必须生长到一定叶龄以后，才能接受光周期诱导，这一特性对同一品种来说是较稳定的；水稻幼穗的分化和生长必须在通过光周期的发育阶段之后才能进行；油菜、白菜、萝卜等在抽薹前后长出不同形态的叶片，这也表明不同的发育阶段有不同的生长数量和分化类型。

植物的发育是植物的遗传信息在内外条件影响下有序表达的结果，发育在时间上有严格的进程，如种子发芽、幼苗成长、开花结实、衰老死亡都是按一定的时间顺序发生的。同时，发育在空间上也有巧妙的布局，如茎上的叶原基就是按一定的顺序排列形成叶序；花原基的分化通常是由外向内进行，如先发生萼片原基，以后依次产生花瓣、雄蕊、雌蕊等原基；在胚生长时，胚珠周围组织也同时进行生长与分化等。

6.1　种子的萌发和幼苗的生长

种子萌发(seed germination)是指在适宜的环境条件下，种子从吸水到胚根突破种皮期间所发生的一系列生理生化变化过程。分子生物学方面，萌发是水分、温度等因子使控制种子萌发的基因表达和酶活化,引发一系列与胚生长有关的反应。生理生化方面,萌发是无休眠或已解除休眠的种子吸水后,由相对静止状态转为生理活动状态,呼吸作用增强,贮藏物质被分解并转化为可供胚利用的物质,引起胚生长的过程。细胞学方面,萌发是胚细胞的分裂、伸长和分化所引起的胚生长的过程。形态学方面,萌发是具有生活力的种子吸水后,胚生长突破种皮并形成幼苗的过程。种子是否具备萌发能力与环境因素和种子的内部因素有关,其中种子的内部因素包括种子是否具有生活力、是否处在休眠状态。

6.1.1 种子的活力和寿命

种子生活力(viability)是指种子的发芽潜在能力和种胚所具有的生命力。没有生活力的种子是死种子,不能萌发。测定种子生活力除采用发芽实验外,也可采用一些简单、快速的化学和物理方法。如2,3,5-氯化三苯基四氮唑(2,3,5-tipheny tetrazolium chlorid,TTC)、染料染色法、溴麝香草酚蓝法(bromothymol blue,BTB)、荧光法等。不同方法各有优缺点和适宜的范围。农业生长上为了更准确地评价种子萌发质量,人们又引入了种子活力的概念。

种子活力(seed vigor)是衡量种子的健壮度的指标,指种子在田间(即非理想)状态下迅速而整齐地发芽并形成健壮幼苗的能力。

种子从成熟到丧失生活力所经历的时间,称为种子的寿命(seed longevity),主要是由遗传基因决定的。根据种子寿命的长短可分为三类:短命种子,寿命为几小时至几周。如杨、柳、榆、栎、可可属、椰子属、茶属种子等。柳树种子成熟后只在12 h内有发芽能力。杨树种子寿命一般不超过几周。中命种子,寿命为几年至几十年。大多数栽培植物如水稻、小麦、大麦、大豆、菜豆的种子寿命为2年;玉米2～3年;油菜3年;蚕豆、绿豆、豇豆、紫云英5～11年。长命种子,寿命在几十年以上。北京植物园曾对从泥炭土层中挖出沉睡千年的莲子进行催芽萌发,后来竟开出花来。远在更新世(距今10 000年前)时期埋入北极冻土带淤泥中的北极羽扁豆种子,挖出后可在实验室里迅速萌发,这些都是长命种子。

当然,种子寿命长短还受环境因素、贮藏条件的影响。根据种子贮藏期间是否耐脱水,一般可分为正常性种子(orthodox seed)和顽拗性种子(recalcitrant seed)两大类。正常性种子耐脱水性很强,可在很低的含水量下长期贮藏而不丧失活力,但代谢活动基本停止,呈休眠状态,大多数作物种子属于这一类。顽拗性种子不耐失水,在贮藏中忌干燥和低温,其寿命短,只有几天;若贮藏中保持一定含水量和适宜温度,种子寿命可延长到几个月甚至更长。产于热带和亚热带地区的许多果树如荔枝、龙眼、芒果、可可、橡胶、椰子、板栗、栎树等,以及一些水生草本植物如水浮莲、菱、茭白等,均属于顽拗性种子。

6.1.2 种子萌发时的生理生化变化

种子萌发过程中的生理生化变化主要包括:种子吸水的变化、呼吸作用的变化、干种子中已有酶系统以及细胞器的活化与损伤修复、新酶系统的合成以及贮藏物质的动员等。

6.1.2.1 种子的吸水

根据吸水方式来分,种子萌发时吸水可分为吸胀吸水和渗透性吸水。根据吸收水分速率来分,种子萌发时的吸水可分为急剧吸水、滞缓吸水和重新迅速吸水3个阶段(图6-1)。

(1)阶段Ⅰ急剧吸水　此阶段的吸水为吸胀吸水,与种子代谢无关,依赖原生质胶体吸胀作用的物理吸水,温度系数(Q_{10})较低,仅为1.5～1.8。具体地说,就是细胞壁和细胞内贮藏多聚物的水合作用。值得说明的是，随着吸胀作用时间的延长，种子内水合细胞数量也逐步增加。通过吸胀吸水，种子中的原生质胶体由凝胶状态转变为溶胶状态，使原来干种子中结构被破坏的细胞器和不活化的高分子得到伸展与修复，表现出原有的结构和功能。在原生质相变过程中，一些膜会被伤害，导致溶质从细胞内渗漏。渗漏的积极意义是降低种子内抑制物的浓度，促进种子萌发。无论种子是否通过休眠，是否有生活力，干种子同样都能完成吸胀吸水。

(2)阶段Ⅱ滞缓吸水　干种子经过物理吸水，原生质的水合程度趋向饱和，细胞膨压增加，阻碍了细胞的进一步吸水，且种子体积的膨胀受到种皮的束缚，因而，此阶段表现为吸水暂停或速度变慢。此阶段，虽然种子的吸水停滞，但活种子的代谢活动却非常旺盛，细胞分裂加速。

(3)阶段Ⅲ重新迅速吸水　此阶段为生长吸水，以渗透性吸水为主。在种子贮藏物质转化转运的基础上，生长的胚细胞内原生质组成成分合成旺盛，当胚根突破种皮后，新生器官生长加快，与代谢作用相关的细胞吸水加强。而休眠或死种子不能进行阶段Ⅲ的吸水。

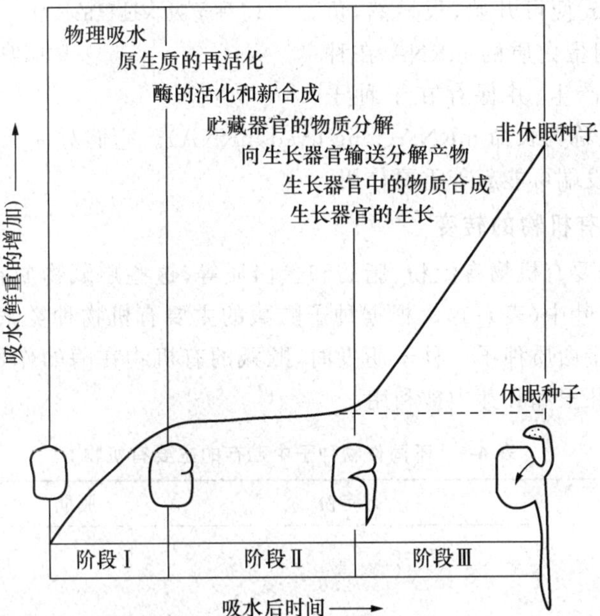

图 6-1　种子萌发时吸水的三个阶段

6.1.2.2　呼吸速率的变化

按呼吸作用的强弱，可将种子萌发时的过程分为 3 个阶段：迅速升高、平稳阶段和再次迅速增加(图 6-2)。种子吸胀吸水阶段，呼吸强度迅速增加，这主要是由已存在于种子细胞中而在吸水后活化的呼吸酶及线粒体系统所催化的。干种子中这些酶可能被线粒体专一的胚胎发育晚期丰富(late embryogenesis abundant, LEA)蛋白保护。在吸水停滞阶段，呼吸强度维持在一定水平，主要原因是此时胚根尚未突破种皮，呼吸需氧受限制，另外，新的呼吸酶和线粒体系统尚未大量合成。生长吸水阶段，呼吸强度也迅速增加，因为胚根突破种皮后，氧气供应得到改善，而且此时新的呼吸酶和线粒体系统已大量合成。

种子萌发吸水的阶段Ⅰ和阶段Ⅱ，CO_2 的产生大大超过 O_2 的消耗，RQ＞1；吸水的阶段Ⅲ，O_2的消耗则大大增加。这说明种子萌发初期的呼吸作用主要是无氧呼吸，而随后进行的是有氧呼吸。

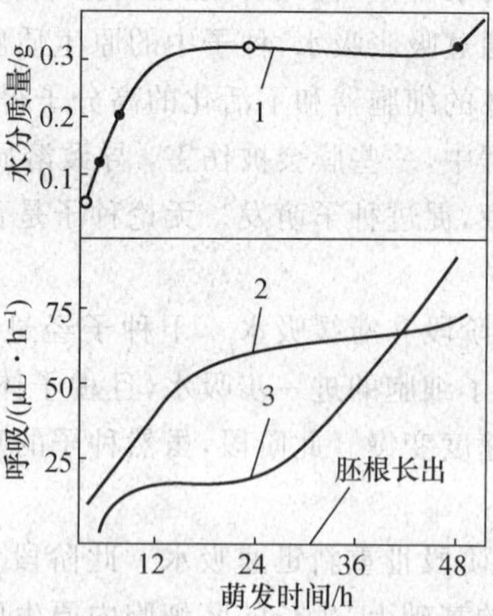

图 6-2　豌豆种子萌发时吸水和呼吸的变化

1. 种子吸水过程的变化　2. CO_2 释放的变化　3. O_2 吸收的变化

6.1.2.3　酶的活化与合成

种子萌发时酶的形成有两个来源：①已存在于干种子中的酶吸水后活化，如 β-淀粉酶(β-amylase)，在干种子贮藏器官中以钝化态存在，经水合后，活性可立即恢复。②种子吸水后重新合成的酶，如 α-淀粉酶(α-amylase)。酶重新合成所需的 mRNA，可由吸水后种子 DNA 转录而来，或已存在于干种子中。在种子萌发时，新的 RNA 要在吸涨 12 h 后才能开始合成，而蛋白质的合成在种子吸涨后 15～20 min 便可开始，很显然，负责编码种子萌发早期蛋白质的 mRNA 在种子形成过程中就已产生，并保存在干种子中，这部分 mRNA 被称为长命 mRNA(long lived mRNA)。它们对种子萌发早期几种水解酶的形成，以及胚根的发端可能起着重要作用。

6.1.2.4　贮藏有机物的转变

种子中贮藏的主要有机物有淀粉、脂肪和蛋白质等，这些贮藏物质在种子发育过程中形成并贮藏在胚乳或子叶中(表 6-1)。根据种子贮藏的主要有机物种类来分：把种子区分为淀粉种子、油料种子和蛋白质种子。种子萌发时，贮藏的有机物在酶的作用下被分解为小分子化合物，并被运输到胚根和胚芽中被利用。

表 6-1　不同作物种子中贮存的主要有机物　%

作物种子	淀粉	脂肪	蛋白质
淀粉种子			
小麦	72.0	1.4	12.0
水稻	73.0	2.0	10.0
玉米	76.0	4.0	8.0
高粱	74.0	4.0	10.0
油料种子			
芝麻	11.0	58.0	22.0
向日葵	14.0	51.0	23.0
花生	16.0	46.0	30.0
豆类种子			
大豆	30.0	20.0	39.0
豌豆	58.0	1.0	24.6
蚕豆	49.0	0.8	18.2

(1)淀粉　种子萌发时,淀粉在淀粉酶和麦芽糖酶的作用下水解为葡萄糖。

淀粉有直链淀粉和支链淀粉两种,前者只有 α-1,4 糖苷键,后者有 α-1,4 糖苷键和 α-1,6 糖苷键。淀粉酶有 α-淀粉酶和 β-淀粉酶两种,α-淀粉酶为淀粉内切酶,任意水解淀粉内的 α-1,4 糖苷键;β-淀粉酶为淀粉外切酶,在直链淀粉或糊精的非还原端按顺序水解 α-1,4 糖苷键,每次水解一个麦芽糖分子。α-淀粉酶和 β-淀粉酶这两种酶都不能水解 α-1,6 糖苷键。支链淀粉的分支处在脱支酶(也称去分支酶,或 R 酶)作用下水解 α-1,6 糖苷键,降解为麦芽糖。麦芽糖分子在麦芽糖酶作用下水解为葡萄糖。需说明的是种子在发芽前仅有 β-淀粉酶,萌发后才有 α-淀粉酶。稻谷随贮藏时间延长,酶活性降低。所以新米做成的饭比陈米做的饭糊化程度高,黏性强,香甜。除上述酶促水解外,淀粉也可磷酸解,在磷酸参与下,通过淀粉磷酸化酶(P 酶)的作用,可直接分解为 1-磷酸-葡萄糖。

淀粉酶和淀粉磷酸化酶都可以降解淀粉,但这两种酶所要求的最适温度是不同的,前者要求高温,后者要求低温。例如,夏天香蕉迅速变甜,是由于高温下淀粉酶水解淀粉转变为可溶性的糖;如果处于 10℃,淀粉酶活性差,香蕉则不会迅速变甜;又如甘薯块根、马铃薯块茎、萝卜、蔬菜,在低温时(0～9℃)淀粉含量下降,可溶性糖含量增加,1-磷酸-葡萄糖也增加。

淀粉降解的产物以蔗糖形式从胚乳或子叶运输到胚根、胚芽,水解供呼吸,或再合成淀粉、脂肪和蛋白质等。

(2)脂肪　大多数油料种子中贮藏的脂肪是甘油三酯。油料种子萌发时,甘油三酯在脂肪酶水解成甘油和脂肪酸。脂肪酶在酸性条件下活性高,有自动催化性质。甘油经磷酸化生成磷酸甘油,再转变为磷酸二羟丙酮后可进入糖酵解,经有氧呼吸途径氧化为水和 CO_2,或经逆糖酵解途径转变为葡萄糖、蔗糖等。脂肪酸进入乙醛酸循环体,经过 β-氧化形成乙酰 CoA,再经乙醛酸循环形成琥珀酸,再运至线粒体,进行 TCA 循环,产生苹果酸。苹果酸运至细胞质,被氧化为草酰乙酸,进一步羧化为磷酸烯醇式丙酮酸。再经葡萄糖异生途径,形成葡萄糖,最后转变为蔗糖。

(3)蛋白质　水解蛋白质的酶有两大类:蛋白酶(protease)和肽酶(peptase)。泛素-蛋白酶体途径(ubiquitin-proteasome pathway)是真核细胞内降解蛋白质的重要途径,它是指在真核细胞内通过泛素活化酶(ubiquitin-activating enzyme,简称 E1)、泛素结合酶(ubiquitin-conjugating enzyme,简称 E2)、泛素蛋白连接酶(ubiquitin-proteinligating enzyme, 简称 E3)的作用,26S 蛋白酶体识别泛素化标记的蛋白质后,再分解为多肽。然后,多肽在肽酶作用下完全水解为氨基酸。氨基酸主要以酰胺(谷氨酰胺和天冬酰胺)的形式运输供生长所需。运输而来的氨基酸,既可直接成为合成新的蛋白质原料,又可以通过转氨作用形成其他种类的氨基酸,还可以通过脱氨作用转变为有机酸和氨。有机酸可进入呼吸代谢途径,也可作为形成氨基酸的碳骨架。而氨对细胞有毒,则迅速转变为酰胺,一般细胞内不会积累氨。

各种贮藏物质的分解和再利用归纳为图 6-3。

6.1.2.5　含磷化合物的变化

种子中最多的贮磷物质是肌醇六磷酸（又称植酸或非丁）。植酸常与钾、钙、镁等元素结合,形成植酸盐,因此植酸盐也是其他多种矿质元素的主要贮藏形式。种子萌发时,植酸水解为肌醇和磷酸。肌醇可参与到细胞壁的形成过程中,磷酸参与体内能量代谢。

6.1.2.6　植物激素的变化

种子从休眠状态转变为萌发状态及在萌发过程中受多种内源激素控制。从休眠状态转

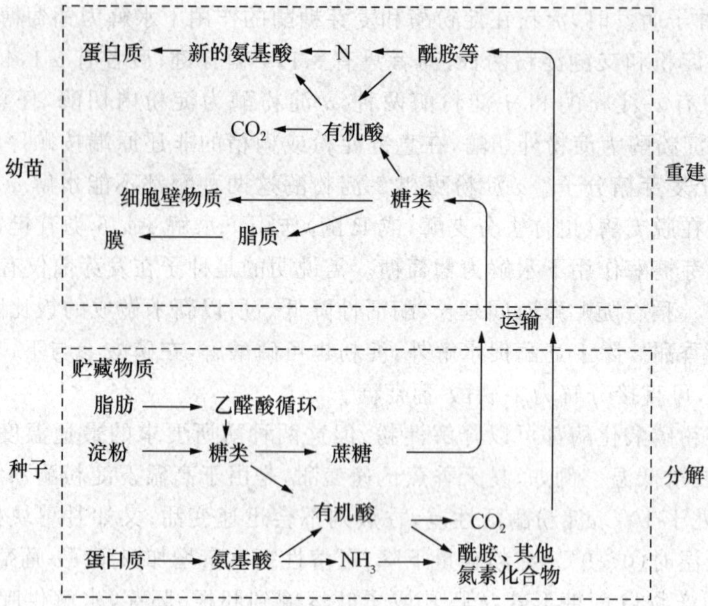

图 6-3　种子萌发时贮藏有机物的分解、运输和重建

(引自蒋德安,2011)

变为萌发状态由 2 个关键的激素分子调节,即 ABA 和 GA。ABA 促进休眠,GA 促进萌发,二者存在拮抗效应,ABA/GA 的阈值范围调控种子的休眠和萌发,且彼此抑制对方的代谢和信号基因。近来研究表明,ABA 几乎参与调控了种子发育和萌发的全部过程,GA 的作用并不像 ABA 那样广泛,GA 主要在萌发起始和胚根突出时发生作用。进一步研究认为,GA 和 ABA 调控种子萌发可能是源于靶标基因 α-淀粉酶基因,它们均可调控 α-淀粉酶基因的转录,GAs 激活 α-淀粉酶的表达,相反,ABA 下调 α-淀粉酶的表达。

未萌发的种子通常不含游离型 IAA,萌发初期种子内束缚型 IAA 转变为游离型 IAA,且逐步合成新的 IAA。最近发现,生长素精细调控胚根的突出,生长素受体 *Tir1*、*Afb1*、*Afb2*、*Afb3* 四突变体的拟南芥种子胚根突出完全受到抑制,而部分种子子叶展开较为正常。CTK 在萌发早期增加,有研究认为生长素与细胞分裂素决定胚根和根顶端分生组织的形成。此外,乙烯、油菜素内酯对萌发均有影响。

与 ABA 和 GA 类似,这些激素的作用往往是交互的。例如,有研究表明 IAA 通过其响应蛋白 ARF10/16 调控 ABA 信号通路中 ABI3 转录因子的稳定性来调控拟南芥种子休眠与萌发。而这种交互的分子调控网络在种子萌发时导致激素间往往存在协同与拮抗效应。例如,GA、ETH、BR 促进种子萌发,而 ABA 抑制种子萌发,GA、ETH、BR 均可以拮抗 ABA 的效应。

6.1.3　控制种子萌发的环境条件

6.1.3.1　水分

水分是种子萌发的第一条件。风干种子虽然含有 5%～13%的水分,但是这些水分都属于被蛋白质等亲水胶体吸附的束缚水,不能作为反应介质。种子萌发吸水的作用:①种子吸水后,其细胞中的原生质胶体由凝胶转变为溶胶,使细胞器结构恢复,基因活化,转录萌发所需要的 mRNA 并合成蛋白质。②吸水还能使种子呼吸上升，代谢活动加强，贮藏物质水解成可溶性物质供胚发育所需要。③吸水后种皮膨胀软化，有利于种子内外气体交换，也有利于胚根、胚芽突破种皮而继续生长。

种子吸水的程度、速率与种子成分有关。一般淀粉和油料种子吸水达风干重的 30%～70%即可发芽，蛋白质种子吸水达风干重的 110%以上才可发芽，这是因为蛋白质有较大的亲水性。表 6-2 列举了几种主要作物种子萌发时的吸水量。

表 6-2　几种主要作物种子萌发时最低吸水量占风干重的百分率　　%

作物种类	吸水率	作物种类	吸水率
水稻	35	棉花	60
小麦	60	豌豆	186
玉米	40	大豆	120
油菜	48	蚕豆	157

种子吸水的程度、速率还与温度及环境中水分的有效性有关。在一定温度范围内，温度高吸水快，萌发也快。例如，早春水温低，早稻浸种要 3～4 d；夏天水温高，晚稻浸种 1 d 就能吸足水分。土壤中有效水含量高时，有利于种子的吸胀吸水。土壤干旱或在盐碱地中，种子不易吸水萌发。土壤水分过多，会使土温下降、氧气缺乏，对种子萌发也不利，甚至引起烂种。一般种子在土壤中萌发所需要的水分条件以土壤饱和含水量的 60%～70%为宜，这样的土壤，用手握可以成团，掉下来可以散开。

6.1.3.2　温度

种子的萌发是由一系列酶催化的生化反应引起的，因而受温度的影响，并存在温度三基点：最低温度、最适温度和最高温度。在最低温度时，种子能萌发，但所需时间长，发芽不整齐，易烂种。种子萌发的最适温度是指种子在最短的时间范围内萌发率最高的温度。高于最适温度，虽然萌发速率较快，但发芽率低。低于最低温度或高于最高温度时，种子就不能萌发。一般冬作物种子萌发的温度三基点较低，而夏作物较高(表 6-3)。虽然种子在最适温时萌发最快，但由于消耗较多，幼苗长得不健壮。一般适宜播种期以稍高于最低温为宜。如棉花播种期以地下 5 cm 深处，土温稳定在 12℃为宜。早春提前播种，为了提高温度，促进萌发，早稻可采用薄膜育秧，其他作物可利用温室、温床、阳畦、风障等设施育苗。

表 6-3　几种农作物种子萌发的温度范围　　℃

作物	最低温度	最适温度	最高温度	作物	最低温度	最适温度	最高温度
小麦	0～4	20～28	30～43	水稻	8～12	30～37	40～42
大麦	0～4	20～28	30～40	烟草	10～12	25～28	35～40
大麻	0～2	37～40	50～51	棉花	10～13	25～32	38～40
高粱	6～7	30～33	40～45	花生	12～15	25～37	41～46
谷子	6～8	30～33	40～45	黄瓜	15～18	31～37	38～40
大豆	6～8	25～30	39～40	番茄	15～18	25～30	34～39
玉米	5～10	32～35	40～44	甜瓜	10～19	30～40	45～50

自然界中的种子都是在有昼夜温差情况下萌发的，因此，变温比恒温更有利于种子萌发，且变温幅度至少相差10℃。变温有利于种皮胀缩与气体的内外交换，可能有利于种子中某些基因的活化，有利于发芽抑制物浓度的降低或清除。变温处理除可促进种子萌发外，还起抗寒锻炼的作用。难萌发的种子进行变温处理更有利于种子萌发。

6.1.3.3 氧气

休眠种子的呼吸作用很弱，需氧量很少；种子萌发时，由于呼吸作用旺盛，需要足够的氧气。一般氧浓度＞10％，作物种子才能正常萌发；当氧浓度＜5％时，很多作物种子不能萌发。含脂肪较多的种子如花生、大豆和棉花等种子萌发时，需氧量比淀粉种子（如麦类和玉米）多，因此这类种子宜浅播。若播后遇雨，要及时松土排水，改善土壤的通气条件，否则会引起烂种。

水稻对缺氧有一定的忍受能力，其种子在淹水的情况下能靠无氧呼吸来萌发。缺氧时，稻谷萌发只长芽鞘，不长根，幼苗生长也十分细弱，同时，无氧呼吸还会产生对种子萌发和幼苗生长有害的酒精等物质。生产上常说水稻"水长芽，旱长根"，这是因为，胚芽鞘的生长只是细胞的伸长，仅靠无氧呼吸的能量已可发生；而胚根和胚芽的生长，则既有细胞分裂，又有细胞伸长，对能量和物质的需求量高，所以必须依赖有氧呼吸。因此，水稻正常萌发需要氧气。在水稻催芽时，要经常翻种，注重氧的供给。播种后要浅灌勤灌，保持秧板的湿润，以满足幼苗对水分和氧气的共同需要。

根据需水量的不同，水稻育秧一般分为水育秧和旱育秧。水育秧是传统的育秧方式，秧田以淹水管理为主，需水多，秧龄长；旱育秧，秧田保持土壤湿润通气，以利于根系发育，需水少，秧龄短，分蘖多。现代化的水稻育秧常采用旱育秧的方法。

6.1.3.4 光照

根据光对种子萌发的影响可将种子分为中光种子、需光种子、喜暗（或嫌光）种子3类。中光种子(non-hotoblastic seed)，这类种子只要水、温、氧的条件满足就能够萌发，萌发不受光照的影响。如多数农作物的种子水稻、小麦、大豆、棉花等。作物种子的这一特性与人类在作物生产中长期选留种子有关。需光种子(light seed)，这类种子在有光条件下萌发良好，在黑暗中则不能发芽或发芽不好。如莴苣、紫苏、胡萝卜、桦木以及多种杂草种子等。喜暗（或嫌光）种子(dark seed)，这类种子在光下萌发不好，而在黑暗中反而发芽很好。如葱、韭菜、苋菜、番茄、茄子、南瓜等。有人曾调查过946种植物种子的发芽，其中672种为需光种子，258种为嫌光种子，18种为中光种子。种子的需光或嫌光程度因品种不同而有差异，还与环境条件的变化以及种子内部的生理状况有关。另外发现，GA能代替光照使需光种子在暗中发芽，光照也可提高种子中GA的含量。

光对种子萌发的影响与光质有关。例如，莴苣种子吸水后的萌发可被560～690 nm的红光(red light,R)促进，其中促进萌发最有效的波长为660 nm；抑制莴苣种子萌发的波长为690～780 nm的远红光(far red light,FR)，其抑制萌发最有效的波长为730 nm。当对莴苣种子用R(600～660 nm)和FR(700～750 nm)交替照射，且每次照射后取出一部分种子放在暗处发芽，发现其萌发情况决定于最后一次照射的光谱成分。如最后照射的是红光，则促进种子萌发，最后照射的是远红光则抑制种子萌发（图6-4和表6-4）。这一现象与光敏色素有关。

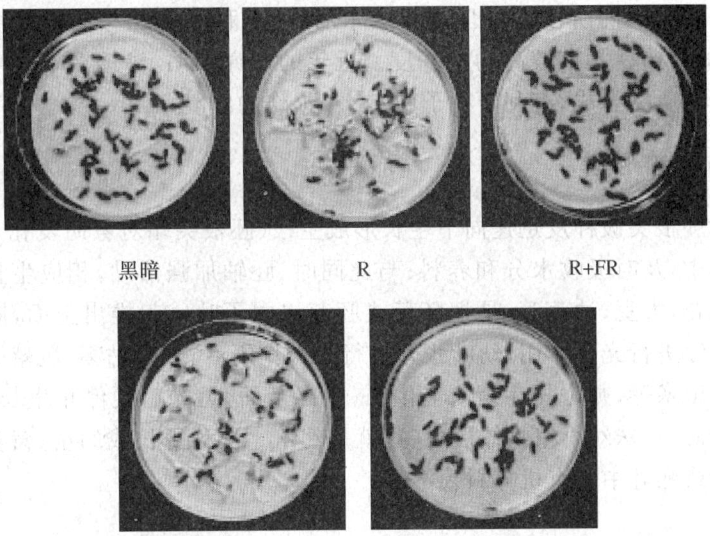

图 6-4　莴苣种子在不同光照处理下的萌发情况

（引自 Flint，1936）

表 6-4　红光（R）和远红光（FR）对莴苣种子萌发的控制

（引自 Bothwick 等，1952）

%

照光处理	种子萌发率	照光处理	种子萌发率
R	70	R＋FR＋R＋FR＋R	76
R＋FR	6	R＋FR＋R＋FR＋R＋FR	7
R＋FR＋R	74	R＋FR＋R＋FR＋R＋FR＋R	81
R＋FR＋R＋FR	6	R＋FR＋R＋FR＋R＋FR＋R＋FR	7

R：照 660 nm 红光 1 min；FR：照 730 nm 远红光 4 min；26℃。

6.1.4　种子预处理与种子萌发的调节

播种活力高的种子，获得健壮、整齐的幼苗，是提高田间生产性能和高产的重要保证。对活力偏低的种子，可以通过播种前的预处理，提高其活力，改善其田间成苗状态。

种子预处理的方法有多种。施用生理活性物质可以改善种子的萌发与成苗。施用生理活性物质的形式有喷施、撒施、涂于种子表面（造成颗粒状或带状，即种子包衣或丸衣）、通过有机溶剂渗入等。施用的物质包括植物生长调节物质、矿质元素、杀虫剂、杀菌剂、杀鼠剂、保水剂等。

对种子进行渗透调节处理可以缩短播种至出苗所需的时间，提高幼苗的整齐度和抗逆性。所谓渗透调节（osmotic adjustment）处理，一般是利用一定浓度的聚乙二醇（PEG）溶液对种子进行处理。PEG 是一种相对分子质量较大的惰性物质，渗透调节处理中通常使用相对分子质量为 6 000 的 PEG。种子在 PEG 溶液中吸水后开始萌动，进而引发细胞中的生理生化过程。这可能是由于 PEG 溶液具有一定的渗透势，可以控制水分进入细胞中的量，使萌发过程进行到一定程度后就停留在某一阶段，而不能完成萌发的整个过程，这样所有种子的萌发最终都将停留在相同的阶段。一旦重新吸水后,所有种子都从相同阶段继续完成萌发过程,这样所产生的幼苗就具有较高的整齐度。近年的研究表明,渗透调节处理可以促进萌发种子中 RNA、蛋白质的合成,有利于种子中 DNA 损伤的修复。

6.1.5 幼苗的形成

种子萌发时胚根突破种皮迅速向下生长形成主根(胚根尖端对着萌发孔,向地性)使幼苗很快固定在土壤中,及时吸收水分和养料;与此同时,胚轴加强活动,相应生长和伸长。对于双子叶植物如棉花,大豆,油菜等,是把胚芽或胚芽连同子叶一起推出土面,向上生长形成幼茎、幼叶;子叶转绿进行光合作用,幼叶张开进行光合作用后,子叶枯萎、脱落。对于单子叶植物如水稻,小麦,玉米等,则是胚芽鞘向上生长,顶出土面,见光后便停止生长,从芽鞘中伸出第一片绿叶。至此,一株幼小植物体形成,这就是幼苗。从种子长成幼苗,营养物质来源于种子内现成的子叶或胚乳中的有机养料。

6.2 植物的组织培养

植物组织培养 (plant tissue culture)即植物无菌培养技术,又称离体培养,是指在无菌条件下,将植物的离体器官、组织、花药、花粉、体细胞甚至原生质体接种到人工培养基上培养成植株的技术。用于离体培养进行无性繁殖的各种植物材料称外植体(explant)。组织培养技术不仅有助于解决一些理论问题,如植物的生长、分化和形态建成的规律等,而且在农业、林业、园艺、医药等生产实践中具有广泛的应用前景。

6.2.1 植物组织培养的原理

植物组织培养的理论基础是植物细胞的全能性。植物细胞的全能性(plant cell totipotency)是指植物的每个活细胞都包含着该物种的全部遗传信息,且具备发育成完整植株的潜在能力。完整植株的每个生活细胞都保持潜在的全能性,细胞分化完成后,就受植物体本身和环境的影响,保持分化状态;一旦外植体脱离了植株本身,给予适宜的培养条件,外植体的细胞脱分化、再分化,并生长发育形成完整的植株,显示已分化的细胞全能性。所谓脱分化(dedifferentiation)是指已经分化的植物器官、组织或细胞在离体培养时,丧失其特有的分化能力,又恢复细胞分裂的能力并形成与原有状态不同细胞的过程。新形成的一团没有分化的,有分裂能力的细胞群称为愈伤组织 (callus)。再分化 (redifferentiation)是指脱分化形成的愈伤组织细胞在适宜的培养条件下直接分化出根和芽等器官,从而形成完整植株的过程。再分化也可分化为胚状体 (embryoid),胚状体具有根、茎两个极性结构,因此可以一次性形成完整的植株。

6.2.2 植物组织培养的基本方法

6.2.2.1 培养基种类

不同的外植体、不同的培养方法和培养目的,要求采用不同的培养基。使用比较普遍的是 MS 和 N_6两种培养基 (表 6-5)。经常采用的是 MS、White、Nitsch 培养基等。它们在基本成分上大同小异,MS 培养基无机盐浓度高,微量元素种类齐全,养分均衡,应用最广,特别是培养再生植物。White 培养基由于无机盐的数量比较低，更适合木本植物的组织培养。N_6 培养基含有较高的硝酸盐、较低的铵盐，适合禾本科和柑橘类植物的花药培养。White 培养基为低盐培养基，用于生根培养。因此选择适宜的培养基是组织培养成功的关键。

表 6-5 MS 和 N_6 培养基配方表 $mg \cdot L^{-1}$

培养基成分	MS	N_6	培养基成分	MS	N_6
NH_4NO_3	1 650	463	$CuSO_4 \cdot 5H_2O$	0.025	0.03
KNO_3	1 900	2 830	$Na_2MoO_4 \cdot 2H_2O$	0.25	
$CaCl_2 \cdot 2H_2O$	440	166	H_3BO_3	6.2	1.6
$MgSO_4 \cdot 7H_2O$	370	185	KI	0.83	0.8
KH_2PO_4	170	400	烟酸(维生素 PP)	0.5	0.5
$FeSO_4 \cdot 7H_2O$	28.7	8	盐酸吡多醇(维生素 B_6)	0.5	0.5
Na_2-EDTA	37.3	37.3	盐酸硫胺素(维生素 B_1)	0.1	1
$MnSO_4 \cdot 4H_2O$	22.3	4.4	肌醇	100	
$ZnSO_4 \cdot 7H_2O$	8.6	1.5	甘氨酸	2	2
$CoCl_2 \cdot 6H_2O$	0.025				

培养基一般都是由无机营养物、碳源、维生素、生长调节物质和有机附加物等 5 类物质组成。①无机营养物包括大量元素和微量元素。大量元素除 C、H、O 外，N 常用硝态氮或铵态氮，P 常用磷酸盐，S 常用硫酸盐，还有 K、Na、Ca、Mg 等。微量元素包括 Mn、Zn、Cu、B、Mo 和 Fe 等。②碳源一般用蔗糖，其质量浓度是 $20 \sim 40\ g \cdot L^{-1}$。蔗糖除作为培养物的碳源外，还有维持渗透压的作用。③维生素中只有硫胺素是必需的，而烟酸、维生素 B_6(吡哆胺)和肌醇对生长只起促进作用。④生长调节物质常用 2,4-D 和 NAA，因其不易分解，加热灭菌时比较稳定。IAA 虽有相同效果，但易被加热破坏。此外，还有 KT、ZT 或 6-BA 和 GA 等。在诱导根和芽的分化时，还要注意调整细胞分裂素与生长素的比例。⑤ 有机附加物是指氨基酸（如甘氨酸）、水解酪蛋白、酵母汁、椰子乳等，它们主要是促进分化，如果基本培养基的配方适当，则大多数情况下是不需要的。

根据培养基的物理状态，可将植物组织培养分为液体培养和固体培养。液体培养是不向培养基加入固化剂，培养基为液体状态。为了保证液体培养时的氧气供应，可在液体培养基上架设纸桥或进行振荡培养。纸桥培养法(paper wick method)是植物茎尖分生组织培养常用的方法，有时也可用于单细胞培养。具体做法将滤纸的两端浸入液体培养基中，使滤纸的中央部分露出培养基表面，将所要的细胞放置于滤纸上进行培养。Bigot(1976)对该方法进行了改进，制作一特制三角瓶，使其底部一部分向上突起，在突起处放上滤纸，用这种方法的优点是外植体不易干燥。固体培养是在培养基中加入固化剂，使培养基呈固体状态。所采用的固化剂多为琼脂，最适浓度一般为 0.6%～1.0%(重量/体积)。

6.2.2.2 培养条件

植物组织培养的整个过程必须保持严格的无菌条件。培养室定期用紫外灯照射或用杀菌剂熏蒸，尽量保持无菌状态。由于培养基的营养十分丰富，微生物极易在其上生长，因此培养基及接种用具必须进行高温高压灭菌。外植体的表面甚至内部都有微生物生长，必须对其进行消毒。通常采用氯化汞、过氧化氢、次氯酸钙、次氯酸钠和70%酒精等，消毒后还要用无菌水充分冲洗。接种须在超净工作台上进行，操作人员必须经常用70%酒精擦拭手。

植物组织培养时要注意光照和温度的控制。要进行人工光照，并控制好光强和光周期，人工光照一般采用日光灯。也有些培养室利用自然光照，其顶部采用可以透光的玻璃。温度一般控制在25～27℃，有时还要求一定的昼夜温差（一般为昼温25℃、夜温15℃左右）。水分和氧气条件一般容易得到满足。

6.2.3 植物组织培养的应用

(1)花粉培养和单倍体育种　通过花粉进行组织培养获得单倍体植株，经染色体加倍筛选后，即可得到纯合二倍体。与常规育种相比，节约人力、物力，单倍体育种可大大加速育种进程，且利于隐性突变体筛选，提高选择效率。20世纪70年代以来，我国已培育出多种花粉植株，如水稻、小麦、大黑麦、小黑麦、玉米、甜菜、茄子、烟草、辣椒、杨树和橡胶树等，其中小麦“花培一号”、烟草“单育一号”等优良品种已大面积推广。

(2)快速无性繁殖植物材料　为解决某些植物难以利用种子繁殖的问题，通过组织培养技术可以大量而快速地繁殖农作物、园艺植物、观赏植物、药用植物和某些珍贵的木本植物。如广东、广西和海南岛香蕉的种植已大多采用试管苗，甘蔗和兰花试管苗也已大量应用于生产，柑橘、菠萝、草莓、桉树以及其他许多花卉等也开始利用试管苗进行栽培。利用组培技术进行无性快速繁殖具有许多优点，如取材少，培养材料经济；可人为控制培养条件，不受自然条件的影响；生长周期短，繁殖率高；管理方便，容易实现自动化控制等。

(3)获得脱病毒植株　病毒病是植物感染病毒后产生的严重病害，特别是长期无性繁殖的作物受害严重，且很难防治。在老的组织和器官病毒含量高，幼嫩的未成熟组织和器官病毒含量较低，生长点几乎不含病毒或病毒较少。1952年法国Morel用生长点培养法获得兰花脱病毒植株(virus-free plants)成功，脱病毒植株不仅提高产量和品质，而且可解决品种退化的问题。现在许多国家开展了这方面的工作，目前已在马铃薯、甘薯、大蒜、石竹、百合、兰花、草莓等植物上获得成功。我国已获得马铃薯脱病毒苗，并进行了推广种植，在广东省进行了柑橘脱病毒苗的培育等。

(4)生产人工种子　1978年Murashige提出人工种子(artificial seed)概念，又称人造种子，是指将植物组织培养中产生的体细胞胚包裹在含有养分的胶囊内，可像种子一样直接播种到大田用于生产。人工种子由体细胞胚、人工种皮、人工胚乳组成。中国科学家陈正华等(1998)将人工种子的概念进一步扩展为：植物组织培养中产生的任何一种繁殖体。无论是涂膜胶囊中包埋的、裸露的或经过干燥的、只要能够发育成完整植株的均可称之为人工种子。目前，已有胡萝卜、芹菜、苜蓿、棉花、玉米、水稻、橡胶等几十种植物的人工种子试种成功，但是有待进一步完善人工种子生产技术，降低成本。

(5)药用植物和次生物质的工厂化生产　药用植物的有效成分多是一些次生代谢产物，它们在某些器官或组织的细胞中含量较多。利用组织培养技术可大量繁殖药用植物特定部位的细胞或愈伤组织，然后再从这些细胞或愈伤组织中提取有效成分，从而达到工厂化生产的目的。如从人参培养细胞中提取人参皂苷，从洋地黄培养细胞中取得疗效高、毒性低的强心苷，从三分三（*Scopolia acutangula*）愈伤组织中提取莨菪碱及东莨菪碱等，已经获得成功。

(6)体细胞诱变和突变体筛选　通过组织培养可人为加上物理或化学诱变处理诱发基因突变,从中选择有益的突变细胞继续培养,进而选育出优良品系。目前,筛选出的突变品系已在十几种作物的改良中得到了应用。如早熟、丰产的水稻和小麦新品系,高产多穗的玉米新品系以及抗白叶枯病的水稻,抗赤霉病或根腐病的小麦,高赖氨酸含量的玉米和大麦,抗旱疫病的番茄,耐枯黄萎病、耐高温、耐盐的棉花新品系,抗晚疫病、枯萎病的马铃薯突变系以及抗除草剂的烟草品系等。

(7)原生质体培养和体细胞杂交　采用酶解法去除细胞壁,进行原生质体培养,不仅是研究细胞生命活动机理的良好体系之一,还可以开展原生质体融合与体细胞杂交,获得新品系、新品种。通过体细胞杂交可以克服远缘杂交不亲和性,扩大杂交育种的范围和途径。目前,已得到栽培烟草与野生烟草、栽培大豆与野生大豆、籼稻与野生稻、籼稻与粳稻、小麦与鹅冠草等细胞杂种及其后代,获得了有价值的新品系或育种上有用的新材料。

(8)用于生长、分化及遗传等方面的基础研究　利用组织培养的方法,可在不受植物体其他部分干扰的条件下,研究被培养组织或器官的生长与分化规律,并且可以用各种培养条件影响它们的生长与分化,在细胞学、遗传学、育种学等领域均有很大的应用价值。

6.3　植物生长的周期性

植物种子萌发后,植物生长表现为根、茎、叶等营养器官的生长与后期的生殖生长,从而形成种子和果实。植物或植物器官在生长过程中并不是连续不断地均匀地进行生长,而是有一定的节奏规律性,其生长速率还会随昼夜和季节发生有规律的变化,这些现象就是植物生长的周期性(growth periodicity)。

6.3.1　植物生长的指标和生长大周期

6.3.1.1　植物生长的指标

(1)生长量　是指植物材料在测定时的实际数量,可用长度、面积、生物量等来表示。

(2)生长速率　生长速率表示植物生长的快慢,一般有两种表示方法。

绝对生长速率(absolute growth rate, AGR):指单位时间内植物材料生长的绝对增加量。如以 t_1、t_2 分别表示两次测定的时间,以 W_1、W_2 分别表示两次测得的重量,$AGR=(W_2-W_1)/(t_2-t_1)$。

植物的绝对生长速率因物种、生育期和环境条件等不同有很大差别。例如,雨后春笋的生长速率可达 $50\sim90\ cm\cdot d^{-1}$;而生长在北极的北美云杉生长速率仅为每年 0.3 cm;小麦的茎秆在抽穗期生长速率为 $5\sim6\ cm\cdot d^{-1}$;拔节期的玉米生长速率为 $10\sim15\ cm\cdot d^{-1}$,而抽雄后的株高就停止增长。

相对生长速率(relative growth rate, RGR):指单位时间内植物材料绝对增加量占原来生长量的相对比例(通常以百分率表示)。相对生长速率消除了植物材料本身大小的影响,可用于比较不同植物材料的生长速率。$RGR=(W_2-W_1)/[W_1\cdot(t_2-t_1)]$。

6.3.1.2　植物的生长大周期

植物细胞、组织、器官以及一年生植物的整株植物,在生长过程中,其生长速率都表现出

“慢—快—慢”的规律性,即开始时生长缓慢,以后逐渐加快,达到最高速度后又减慢以致最后停止。植物细胞、组织、器官以及一年生植物的整株植物,所经历的“慢—快—慢”整个生长过程,被称为生长大周期 (grand period of growth)。

以一年生植物玉米的生长总量或株高对生长时间作图,所得到的生长曲线 (growth curve)呈“S”形,若以生长速率 (rate of growth) 对生长时间作图,所得到的生长速率曲线则呈抛物线形 (图 6-5)。植物的 S-生长曲线可分为 3 个时期,开始时为滞缓期(lag phase),然后进入对数生长期 (logarithmic growth phase)和线性生长期 (linear growth phase),最后为衰老期 (senescence phase)。林木的树高、直径、树冠和材积生长都表现“S”形过程。一般树高生长快速期来得早,然后是树冠和直径,最后是材积(指木材体积)速生期。

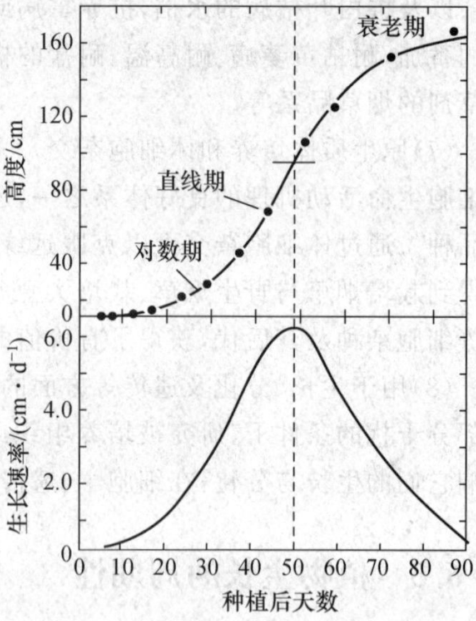

图 6-5 玉米的生长曲线

一个器官生长大周期的形成与其细胞生长的规律有关。生长初期,细胞处于分裂时期,生长比较缓慢;然后细胞体积随时间推移呈对数增大,细胞越多,生长越快;持续一段时间的快速生长后,细胞开始成熟、衰老,生长速率下降。植物个体和群体的生长大周期则是由于生长初期植株幼小,光合作用合成干物质少,因而生长缓慢;以后随着枝繁叶茂,光合作用加强,合成大量有机物,体积和干重急剧增加,因而生长加快;最后由于植株进入衰老期,光合作用下降,合成有机物减少,加上呼吸作用的消耗,干重不再增加,甚至还会减少。

自然界中生长的植物,其生长曲线与典型的 S-曲线有不同程度的偏离。有时某个生长期可能完全消失或特别突出,有时有一段时间生长停顿而又快速生长而呈现双 S-曲线,这些情况的产生主要与植物本身生长特性、养分供应和自然环境条件有关。

在生产实践中,任何促进或抑制生长的措施都必须在生长速率达到最高以前采用,否则任何促控措施都将失去意义。农业生产上要求做到“不误农时”,就是这个道理。例如,要控制水稻或小麦的徒长,可控制水肥的供应或使用 CCC,但应在拔节前使用,否则就达不到控制徒长的目的,反而影响幼穗分化与生长,降低产量。在森林培育上可根据培育目的和需要,在林木或器官生长高峰到来以前,及时采取营林措施促进或抑制其生长。

6.3.2 植物生长的温周期性

自然条件下,温度的变化表现出日温较高、夜温较低的周期性。植物的生长按温度的昼夜周期性发生有规律的变化,被称为植物生长的温周期性 (thermoperiodicity of growth),或植物生长的昼夜周期性。树木的株高、直径、树冠和材积的生长都表现昼夜周期性。一般来说,在夏季,植物的生长速率白天较慢,夜晚较快;而在冬季,植物的生长速率白天较快,夜晚较慢。

植物生长昼夜周期性的形成原因,主要是夏季白天温度高、光照强,蒸腾量大,植株易缺水，强光抑制植物细胞的伸长；晚上温度降低，呼吸作用减弱，物质消耗减少，积累增加；较低的夜温还有利于根系的生长以及细胞分裂素的合成，从而有利于植物的生长。但在冬季，夜晚温度太低，植物的生长受到抑制甚至停止。例如，番茄是喜温作物，但其系统发育则需要变温。在白天温度较高（23～26℃）、夜间温度较低（8～15℃）时生长最好，果实产量也最高。将番茄放在白天和黑夜 26.5℃ 的人工气候箱中或改变昼夜的时间节奏（如连续光照或光暗各 6 h），植株长势弱，产量低。如果夜温高于昼温，则生长明显受抑制。水稻在昼温高于夜温的地方栽种，不仅植株生长健壮，而且籽粒充实，米质也好。其原因是白天气温高，光照强，有利于光合作用以及光合产物的转化和运输；夜间气温低，呼吸消耗下降，有利于糖分积累。

6.3.3　植物生长的季节周期性

植物的生长在一年四季中也会发生规律性的变化，称为植物生长的季节周期性（seasonal periodicity of growth），即春发、夏茂、秋落、冬眠。这是因为一年四季中，光照、温度、水分等影响植物生长的外界因素发生有规律的变化。

温带地区，春天温度回升、日照延长，植株上的休眠芽或种子开始萌发生长。到了夏天，温度进一步升高和日照延长，水分较为充足，夏熟作物开始成熟，其他作物则进一步旺盛生长，并开始孕育生殖器官。秋天时，气温逐渐下降、日照逐渐缩短，植株将有机物运向生殖器官，或贮藏在根和芽等器官中，体内糖分与脂肪等物质的含量提高，组织含水量下降，原生质趋向凝胶状态；IAA、GA、CTK 等促进植物生长的激素由游离态转变为束缚态，而 ABA 等抑制生长的激素含量增加，植物体内代谢活动大为降低，最终导致落叶，植株的生长速率下降以至停止，进入休眠状态。到了冬天，一年生植物完成生殖生长后，种子成熟进入休眠，营养体死亡；而多年生植物，如落叶木本植物，其芽进入休眠。

一年生植物的生长量呈 S-曲线，即是植物生长季节周期性的表现。多年生树木的器官生长如根、茎、叶、花、果实和种子生长也具有季节周期性的表现，而且各器官的生长不是平行的（图 6-6）。多年生林木的树高、胸径、树冠和材积的生长同样具有季节周期性变化，温带树种最明显，而热带树种不明显。

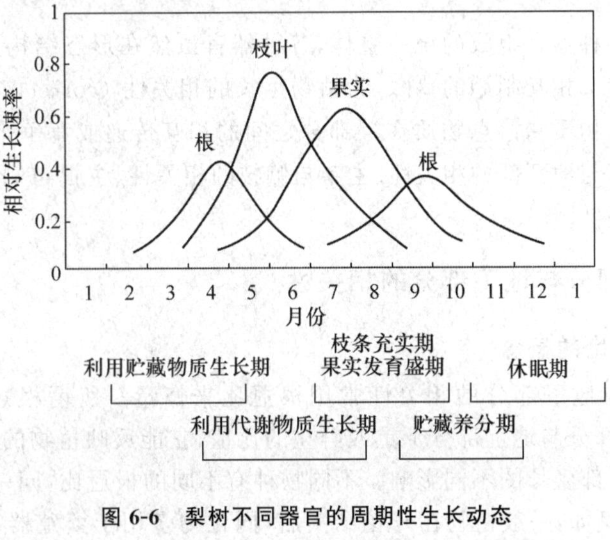

图 6-6　梨树不同器官的周期性生长动态

木本植物的年轮则是植物生长的季节周期性变化的表现。其形成是由于形成层在不同季节所形成的次生木质部在形态上的差异而造成。每年生长季节的早期，由于气候温和、雨量充足，形成层的活动旺盛，所形成的木质部细胞较大，且细胞壁较薄，因而材质显得疏松，被称为早材 (early wood)；在生长季节的晚期，由于气候逐渐干冷，形成层活动逐渐减弱以至停止，所形成的木质部细胞小而细胞壁厚，材质显得紧密，被称为晚材 (late wood)。前一年的晚材和第二年的早材界限分明，即是年轮线。

多年生树木的根、茎、叶、果和种子的生长并不是平行进行的，而是此起彼伏。例如，成年梨树一年内可分为5个相互重叠的生长期。①是利用贮藏物质的生长期，从早春至开花(2—4月)。在此期间，根系首先生长，随后花和叶才开始生长。②是利用当时代谢产物的生长期，即是从开花到枝条生长停止(4—7月)。③是枝条充实期，也叫果实发育期(7—9月)。④是贮藏养分期，就是果实采收后至落叶前(9—11月)，地上部的代谢物向根部输送。⑤是冬季落叶之后的休眠期(11月至翌年2月)。成年梨树每年周而复始经历着这五个生长时期，大体可代表落叶性果树的生长周期性。

当然，不同树种在生长的季节周期性上有很大的差异，尤其是在高生长上，因此，通常根据树木在一年中高生长期的长短，把树种分成前期生长类型和全期生长类型两种。①前期生长类型(又称春季生长类型)：春季开始生长、高生长期较短(3个月左右)，以后主要是叶子的生长枝条的老熟。常见树种有马尾松、云南松、银杏、核桃、云杉属、臭椿、梨等。②全期生长类型：高生长期持续整个生长季(南方有6～9个月)，多次抽梢生长。常见树种有杉木、桉树、杨树、泡桐、柳树等。在林木生产上对于前期生长类型树种早施肥、高生长结束以后不宜再施肥；而对于全期生长类型，可多次追肥。

植物生长的季节周期性是植物对环境周期性变化的适应。当气温逐渐降低时，植物生长的速率逐渐下降，对低温的抵抗能力逐渐增强，有利于越冬。

6.4 植物生长的相关性

高等植物是由各种器官组成的统一整体，各种器官虽然在形态结构及功能上不同，但它们的生长是相互依赖又相互制约的，称之为植物生长的相关性 (correlation)。这种相关性是通过植物体内的营养物质和信息物质在各部分之间的相互传递或竞争来实现的。植物生长的相关性包括地上部与地下部的相关性、主茎与侧枝的相关性、主根与侧根的相关性、营养生长与生殖生长的相关性。

6.4.1 地上部分与地下部分的相关性

6.4.1.1 根冠比的概念

对于地上部分与地下部分的相关性常用根冠比来衡量。所谓根冠比(root-top ratio, R/T)是指植物地下部分与地上部分干重或鲜重的比值，它能反映植物的生长状况，以及环境条件对地上部与地下部生长的不同影响。不同物种有不同的根冠比，同一物种在不同的生育期R/T也有变化。例如，一般植物在开花结实后，同化物多用于繁殖器官，加上根系逐渐衰老，使R/T降低；而甘薯、甜菜等作物在生育后期，因大量养分向根部运输，贮藏根迅速膨大，

R/T 反而增高;多年生植物的根冠比还有明显的季节变化。

在养分和水分等供应充足情况下,地上部分与地下部分的生长存在依赖关系,也就是说,根系生长良好,其地上部分的枝叶也较茂盛;同样,地上部分生长良好,也会促进根系的生长。通常所说的"根深叶茂""本固枝荣"和"壮苗必须先壮根",就是指地上部分与地下部分的依赖关系。这是因为,植物的地上部分和地下部分处在不同的环境中,两者之间有维管束的联络,存在着营养物质与信息物质的大量交换。具体地说就是,根部的活动和生长有赖于地上部分所提供的光合产物、生长素、维生素等;而地上部分的生长和活动则需要根系提供水分、矿质、氮素以及根中合成的植物激素(CTK、GA 与 ABA)、氨基酸等。

图 6-7 概括了干旱时植物根冠间的物质与信息交流。其中 ABA 被认为是一种逆境信号,在水分亏缺时,根系快速合成 ABA 并通过木质部蒸腾流运输到地上部分,调节地上部分的生理活动,如缩小气孔开度,抑制叶的分化与扩展,以减少蒸腾来增强对干旱的适应性。另外,叶片的水分状况信号,如细胞膨压,以及叶片中合成的化学信号物质也可传递到根部,影响根的生长与生理功能。利用局部土壤干旱诱导根系合成 ABA 并运送到地上部分,使气孔开度减少的原理,张建华、康绍忠等提出了控制性交替灌溉的节水栽培新思路,即对宽行作物如玉米、棉花根系实施分区供水(隔行间隙灌溉),人为控制根的一部分干旱、另一部分湿润,让生长在干旱土壤中的根合成 ABA 运送到地上部分,控制气孔开度,而让生长在非干旱土壤中的根吸水吸肥,这样既控制了植株的蒸腾量,减少了土壤水分的蒸发量;又保证了地上部分对水分的需要量,维持正常的生理活动,从而达到节省用水、对植株生长和干物质积累影响较小的目的。通过对玉米实施控制性交替灌溉试验表明,能节省用水量 34.4%～36.8%。

因此,在水分、养分等因素供应不足的情况下,上述的地上部分与地下部分的协调关系会发生改变,存在着制约关系,通过 R/T 值的变化可以反映出来。

6.4.1.2　影响根冠比因素

(1)土壤水分　植物地上部分依靠根系供给水分,又因枝叶大量蒸腾,所以地上部分水分容易亏缺,因而土壤水分不足对地上部分的影响比根系更大,R/T 增大,尤其是沙漠上生长的植物 R/T 更大。反之,当土壤水分较多时,氧气含量减少,由于土壤通气性不良,根的生长受到一定程度的影响,而地上部分由于水分供应充足而保持旺盛生长,因而 R/T 下降。水稻生产上"旱长根、水长苗"的现象就是这个道理。水稻栽培中的落干烤田以及旱田雨后的排水松土,由于能降低地下水位,增加土壤含氧量而有利于根系生长,因而能提高 R/T。

(2)矿质营养　氮素少时,植物根部吸收的少量氮素首先满足根的生长,运到冠部的氮素就少,使 R/T 增大;氮素充足时,大部分氮素与光合产物用于枝叶生长,供应根部的相对数量减少,R/T 降低。磷、钾肥有调节碳水化合物转化和运输的作用,可促进光合产物向根和贮藏器官的转移,通常能增加 R/T。

农业生产上常通过肥水来调控 R/T。对以收获地下部分为主的作物如甘薯、胡萝卜、甜菜、马铃薯等,生长前期应注意 N 肥和水分的供应,以增加光合面积,多制造光合产物;中后期则要施用 P、K 肥,并适当控制 N 素和水分的供应,以促进光合产物向地下部分的运输和积累。

(3)光照　光照不足时,植物叶片制造的光合产物向下输送减少,影响根部生长,而对地上部分的生长相对影响较小,所以 R/T 降低。在一定范围内,光强提高光合产物增多,这对根与冠的生长都有利。但在强光下,植物易发生光抑制,同时空气中相对湿度下降,植株地上

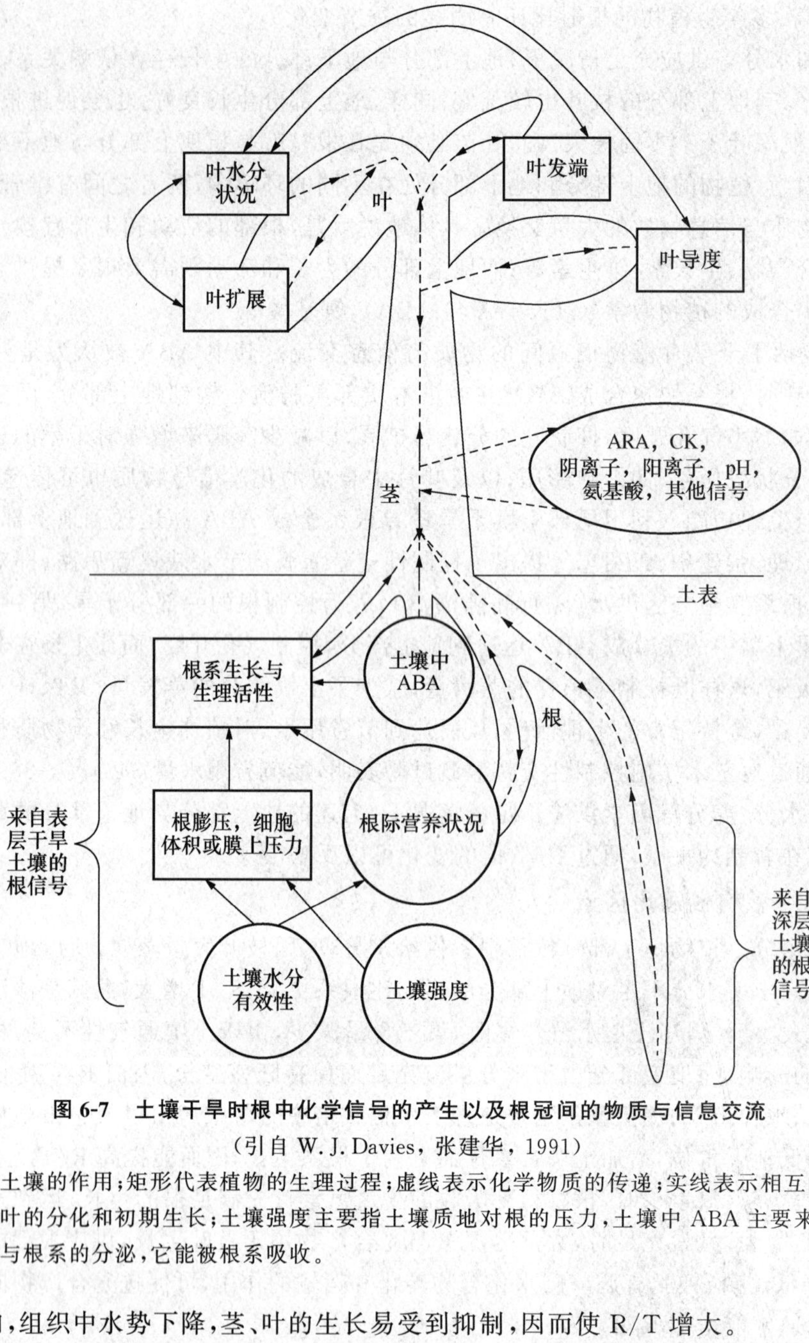

图 6-7　土壤干旱时根中化学信号的产生以及根冠间的物质与信息交流

（引自 W. J. Davies，张建华，1991）

圆圈表示土壤的作用；矩形代表植物的生理过程；虚线表示化学物质的传递；实线表示相互间的影响。叶发端指叶的分化和初期生长；土壤强度主要指土壤质地对根的压力，土壤中 ABA 主要来源于微生物的合成与根系的分泌，它能被根系吸收。

部蒸腾增加，组织中水势下降，茎、叶的生长易受到抑制，因而使 R/T 增大。

（4）温度　通常植物根部的活动与生长所需要的温度比地上部分低些，故在气温低的秋末至早春，植物冠部的生长处于停滞期时，根系仍有生长，R/T 因而加大；但当气温升高，地上部分生长加快时，R/T 就下降。这种情况在冬小麦越冬和次年返青中得以证实。

（5）修剪与整枝　修剪与整枝去除了部分枝叶和芽，短期内是增加 R/T，但随着地上部分的迅速生长，一段时间后 R/T 下降。这是因为修剪和整枝刺激了侧芽和侧枝的生长，使大部分光合产物或贮藏物用于新梢生长，对根系的供应相对减少了。同时，因地上部分代谢库的减少，留下的叶与芽从根系得到的水分和矿质（特别是氮素）的供应相应地增加，因此地上部分生长要优于地下部分的生长。

(6)中耕与移栽　中耕引起部分断根，短期内降低了 R/T，并抑制地上部分生长。但由于断根后，根部代谢库的减少，使地上部分对断根后根系的供应相对增加，同时，中耕又增加了土壤通气性，促进了侧根与新根的生长，因此，随后效应是增加 R/T。苗木、蔬菜移栽时也有暂时伤根，以后又促进发根的类似情况。

(7)生长调节剂　GA、油菜素内酯等生长促进剂，能促进叶菜类如芹菜、菠菜、苋菜等茎叶的生长，降低 R/T，提高产量。三碘苯甲酸、整形素、矮壮素、缩节胺等生长抑制剂或生长延缓剂，对茎顶端或亚顶端分生组织的细胞分裂和伸长有抑制作用，使节间变短，增大 R/T。

6.4.2　主茎与侧枝的相关性

6.4.2.1　顶端优势

植物的顶芽长出主茎，侧芽长出侧枝，通常主茎生长快，侧枝或侧芽则生长较慢或潜伏不长。这种由植物顶芽生长占优势而抑制侧芽生长的现象，称为顶端优势(apical dominance)。

顶端优势的表现有：侧芽生长的抑制、分枝生长速度的调节和分枝角度的控制。除顶芽外，生长中的幼叶、节间、花序等都能抑制其下面侧芽的生长，根尖能抑制侧根的发生和生长，冠果也能抑制边果的生长。

不同种类植物，其顶端优势现象不尽相同。①有些植物的顶端优势十分明显，如向日葵、玉米、高粱、黄麻等的顶端优势很强，一般不分枝；②有些植物的顶端优势较为明显，如雪松、桧柏、水杉等越靠近顶端的侧枝生长受抑越强，从而形成宝塔形树冠；③有些植物顶端优势不明显，如柳树以及灌木型植物等。

同一植物在不同生育期，其顶端优势现象也各不相同。如稻、麦在分蘖期顶端优势弱，分蘖节上可多次长出分蘖。进入拔节期后，顶端优势增强，主茎上不再长分蘖。玉米顶芽分化成雄穗后，顶端优势减弱，下部几个节间的腋芽开始分化成雌穗。许多树木在幼龄阶段顶端优势明显，树冠呈圆锥形，成年后顶端优势变弱，树冠变为圆形或平顶。由此可以看出，植物的分枝及其株型在很大程度上受到顶端优势强弱的影响。

6.4.2.2　产生顶端优势的原因

关于顶端优势产生的原因，很早就引起了学者们的注意。有多种假说用来解释顶端优势，但一般都认为这与营养物质的供应和内源激素的调控有关。

(1)营养假说　由 K. Goebel 于 1900 年提出。该假说认为，顶芽是一个营养库，在胚中就形成，发育早，输导组织也较发达，能优先获得营养而生长，侧芽则由于养分缺乏而被抑制。这种情况在营养缺乏时表现更为明显。如亚麻植株在缺乏营养时，侧芽生长完全被抑制，而在营养充足时侧芽可以生长。但该假说未涉及激素对芽生长的调节作用。

(2)激素抑制假说　自发现 IAA 后，人们的注意力集中到 IAA 与顶端优势的关系上来，形成了激素抑制(hormonal inhibition)假说。K. V. Thimann 和 F. Skoog 于 1934 年指出，顶端优势是由于 IAA 对侧芽的抑制作用而产生的。植物顶端形成的 IAA 通过极性运输下运到侧芽，侧芽对生长素比顶芽敏感，从而使生长受抑制。其最有力的证据是，植物去顶以后，可导致侧芽的生长；使用外源的 IAA 可代替植物顶端的作用，抑制侧芽的生长(图 6-8)。另外，施用生长素运输抑制剂，或对主茎作环割处理阻止 IAA 下运，都可导致处理部位下方的侧芽生长。

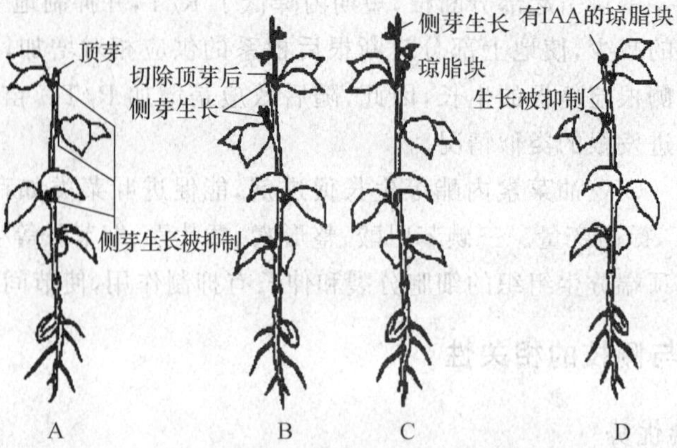

图 6-8 顶端优势和 IAA 的作用

A. 有顶芽时,侧芽生长被抑制;B. 切除顶芽上部侧芽就萌发生长,并代替顶芽,抑制下部侧芽的萌发;C. 切除顶芽,并在切口处放上琼脂,生长情况同 B;D. 在切口放上含 IAA 的琼脂,即使没有顶芽也抑制侧芽生长。此实验表明茎端是抑制侧芽生长的信号源,信号物质为 IAA。

Cocal 等于 1991 年发现,菜豆幼苗在去顶后 4～24 h,侧芽内 IAA 含量不是减少而是增加了 5 倍,而 ABA 含量则比对照减少了 30%～70%。同时观察到侧芽鲜重在去顶后 8 h 开始增加,24 h 更为明显。IAA 和 ABA 含量变化发生于侧芽鲜重增加之前,提示这两种激素均可能与侧芽生长有关,同时否定了上述的顶芽合成生长素极性下运抑制侧芽的激素抑制假说。

(3)营养转移假说　F. Went 于 1936 年将营养假说和激素假说相结合,提出营养转移(nutrient diversion)假说,认为:IAA 既能调节生长,又能控制代谢物的定向运转,植物顶端是 IAA 的合成部位,高浓度的 IAA 使其保持为生长活动中心和物质交换中心,将营养物质调运至茎端,因而不利于侧芽的生长。许多实验证明,植物顶端产生的 IAA 可以决定矿质元素和同化物在植物体内的运输方向及其分布,IAA 通过影响同化物在韧皮部的运输来控制植物茎中的营养梯度。但也有实验结果与这一假说相矛盾。例如,从植株去顶到可见的侧芽生长开始之前的这段时间内,并未测到植株茎节部内源养分含量的增加。

(4)细胞分裂素在顶端优势中的作用　Wickson 等 1958 年首先报道,用 CTK 处理豌豆植株的侧芽可以诱导侧芽生长。通过比较两种不同顶端优势强度的番茄品系发现,顶端优势强的突变种中 CTK 含量低。在去顶及除去子叶的豌豆幼苗根部施加放射性 6-BA,发现 CTK 在侧芽内的浓度增加,侧芽萌发被促进。这些都说明,CTK 能促进侧芽萌发,解除顶端优势。已知 IAA 可影响植物体内 CTK 的含量与分布。通常顶芽中含有高浓度的 IAA,一方面可促使由根部合成的 CTK 更多地运向顶端;另一方面,影响侧芽中 CTK 的代谢或转变,如抑制玉米素前体向有生理活性的玉米素转变,从而抑制侧芽萌发。如果切除顶端,消除高浓度 IAA 源,侧芽中由根部运来和本身合成的 CTK 增多,其结果会促进萌发。

也有人认为,IAA/CTK 的浓度比值决定了顶端优势的强弱。由根合成而向上运输的 CTK 在侧芽部位与 IAA 对抗,IAA/CTK 的比值低时促进侧芽生长,反之,抑制侧芽生长。还有人认为 CTK 能影响 Ca^{2+} 的分布,而 Ca^{2+} 又为 CTK 促进芽发育所必需,因此,CTK 影响顶端优势的效应可能与 Ca^{2+} 密切相关。

(5)原发优势假说　优势现象不仅存在于植物的营养器官，也存在于花、果实和种子等繁殖器官。为了解释众多的优势现象，F. Bangenth 于 1989 年提出了原发优势(primigenic dominance)假说，认为器官发育的先后顺序可以决定各器官间的优势顺序，即先发育的器官生长可以抑制后发育器官的生长。顶端合成并且向外运出的 IAA 可以抑制侧芽中 IAA 的运出，从而抑制其生长。由于这一假说中所提到的优势是通过不同器官所产生的 IAA 之间的相互作用来实现的，所以也称为生长素的自动控制(autoinhibition)假说。这一假说也可以解释植物生殖生长中众多的相对优势现象。例如，苹果树的落果大多是侧位果。去除菜豆植株的老豆荚中的种子，会刺激幼嫩豆荚及其中的种子生长。此外，用豌豆、番茄等做实验，也证明了早期发育的器官可通过其向外运输的 IAA 抑制后发育器官中 IAA 的向外运输，从而抑制它的生长。

由于分子生物学的迅速发展，基因工程已被应用于植物顶端优势机理的研究。Klee(1987)和 Medford(1989)将编码色氨酸单加氧酶(tryptophan mono-oxygenase)基因通过致瘤农杆菌的 T-DNA 转入烟草植株后，可使植株中的 IAA 含量比对照增加 10 倍，侧芽生长完全被抑制。Romano 等于 1991 年将编码生长素-赖氨酸合成酶(IAA lysine synthetase)的基因转入烟草植株，由于此酶可促进 IAA 与赖氨酸的结合，使植株内游离 IAA 含量下降 20 倍，从而使侧芽生长被促进。梅得福等(1989)将促进 CTK 合成的异戊烯转移酶(isopentenyl transferase)的基因导入烟草植株，其内源 CTK 含量提高 100 倍，从而诱导大量的侧芽生长。这些都进一步证实了 IAA 和 CTK 与植物顶端优势有密切的关系。

至今，植物顶端优势的研究已有 100 多年的时间了，其间提出了多种假说，但有一点是共同的，即都认为顶端是信号源，这信号源是由顶端产生并极性向下运输的 IAA，它直接或间接地调节着其他激素、营养物质的合成、运输与分配，从而促进顶端生长而抑制侧芽的生长。而 CTK 等其他植物激素、营养物质以及 Ca^{2+} 浓度等也影响着顶端优势，因此顶端优势可能是多种因子综合影响的结果。

6.4.2.3　顶端控制、先端优势与成层现象

(1)顶端控制　是指树木领导枝和侧枝的相关性。表现为在领导枝的影响下，侧枝不能直立生长。切除领导枝以后，其下面的一两个侧枝能在不同程度上恢复直立生长，代替原来的领导枝发挥控制作用。如果在领导枝的基部进行环割，同样可以解除控制作用，使下面的一两个侧枝恢复直立生长。研究证明，引起顶端控制的植物激素主要是 IAA，这一点与顶端优势是相同的。但是，顶端优势是抑制侧芽的萌发和伸长，顶端控制则是控制侧枝的直立生长，其作用方式是不同的。

(2)先端优势与成层现象　某些果树(如桃、梨、苹果等)虽无明显的顶端优势，但存在着明显的先端优势与成层现象。先端优势是指主茎顶芽不抑制侧芽生长，而是所有枝条的顶芽(或新梢梢尖)抑制本枝条下部芽生长的现象。由于一年生枝条只在尖端长出少数生长旺盛的枝条，下部光秃或仅形成少量的短枝，主枝自然显现出层状排列，进而导致树冠表现出很强的层次性，这就是成层现象。在果树栽培上常利用先端优势和成层现象进行整形修剪。

6.4.2.4　主根与侧根生长的相关性

直根系植物的主根对侧根的生长有抑制作用，表现出顶端优势。只有在主根被切除或受损时，侧根的生长才加快。实验表明，根的顶端优势可能与 CTK 有关，根尖合成 CTK 并向上

运输,抑制侧根的生长。ABA 和黄质醛也能抑制侧根的生长,但要求的浓度较 CTK 为高。一些须根系植物(禾本科植物如稻、麦、玉米、各种杂草、苜蓿以及葱、蒜、百合、水仙等的根系都是须根系)的根系生长没有明显的顶端优势。

6.4.2.5 顶端优势的应用

生产上有时需要利用和保持顶端优势,如麻类、向日葵、烟草、玉米、高粱等作物以及松、杉等用材树木需要高大笔直的茎干,要控制其侧枝生长,而使主茎强壮,挺直。

生产上有时则需消除顶端优势,以促进分枝生长,如水肥充足,植株生长健壮,则有利于侧芽发枝、分蘖成穗;如棉花打顶和整枝、瓜类摘蔓、果树修剪等可调节营养生长,合理分配养分;花卉打顶去蕾,可控制花的数量和大小;茶树栽培中弯下主枝可长出更多侧枝,从而增加茶叶产量;绿篱(是指由灌木或小乔木以近距离的株行距密植,栽成单行或双行,紧密结合的规则的种植形式,也称植篱、生篱)修剪可促进侧芽生长,而形成密集灌丛状;也可利用植物生长调节剂代替打顶,如 TIBA 抑制大豆顶端优势,促进腋芽成花,提高结荚率;B_9 对多种果树有克服顶端优势、促进侧芽萌发的效果。

生产上,树木、蔬菜及棉花等育苗移栽时常要"搬钵",就是切断主根,以促进侧根生长,有利于水分和养分的吸收。

6.4.3 营养生长与生殖生长的相关性

6.4.3.1 营养生长与生殖生长

植物的营养生长(vegetative growth)是指根、茎、叶等营养器官的生长。植物的生殖生长(reproductive growth)是指花、果实、种子等生殖器官的形成与生长。营养生长和生殖生长是植物生长周期中的两个不同阶段,通常以花芽分化作为生殖生长开始的标志。

当然,营养生长和生殖生长并不是截然分开的。例如小麦、水稻等禾谷类作物,从萌发到分蘖是营养生长,从拔节前到开花是营养生长与生殖生长并存时期,而从开花到成熟是生殖生长。棉花从萌芽到现蕾是营养生长,从现蕾到结铃吐絮则一直处于营养生长和生殖生长并存阶段。多年生木本果树从种子萌发或嫁接成活到花芽分化之前为营养生长期,此后即进入营养生长和生殖生长并存阶段,而且可以持续很多年。

根据开花结实次数的不同,可以把植物分为两大类:一次开花植物和多次开花植物。一次开花植物的特点是营养生长在前,生殖生长在后,一生只开一次花。开花后,营养器官所合成的有机物,主要向生殖器官转移,营养器官逐渐停止生长,随后衰老死亡。水稻、小麦、玉米、高粱、向日葵、竹子等植物均属此类。然而,有些一次开花植物在条件适宜时,开花结实后并不引起全部营养体的死亡。如南方的再生稻,在早稻收割后,稻茬上再生出的分蘖仍能开花结实。多次开花植物如棉花、番茄、大豆、四季豆、瓜类以及果树等,这类植物的特点是营养生长与生殖生长有所重叠。生殖器官的出现并不会马上引起营养器官的衰竭,在开花结实的同时,营养器官还可继续生长。不过通常在盛花期以后,营养生长速率降低。

6.4.3.2 营养生长与生殖生长的关系

营养生长与生殖生长存在着既相互依赖又相互制约的关系:

(1)依赖关系　植物一般首先进行营养生长,再进行生殖生长,即植物前期的营养生长是基础,而以花芽为标志的生殖生长必须在一定的营养生长基础上才能进行。若营养器官生长不好，生殖器官的发育自然也不会好，也就是说生殖生长对营养生长存在依赖关系。

(2)对立关系　营养生长与生殖生长之间有时不协调，即对立关系。表现在：①营养器官生长过旺，会抑制到生殖器官的形成和发育。例如，稻、麦若前期肥水过多，则引起茎叶徒长，延缓幼穗分化，增加空瘪率；若后期肥水过多，则造成贪青迟熟，影响粒重。大豆、果树、棉花等，如枝叶徒长，往往不能正常开花结实，或者导致花、荚、果严重脱落。②生殖生长抑制营养生长。一次开花植物，如水稻、玉米、竹子等，一生只开一次花，开花后植株逐渐衰老死亡。多次开花植物，如多年生的果树等，营养生长与生殖生长重叠和交叉进行，开花并不导致植株死亡，只是引起营养生长速率的降低甚至停止生长。苹果、梨、荔枝、龙眼等果树具有“大小年”现象，当年产量高，次年产量低。这主要是由营养生长与生殖生长的相互制约造成的。大年时，果树开花结实过多，消耗了大量的养分，植株体内所积累的养分不足，抑制来年花芽的分化，使花、果减少；小年时的情况则正好相反。

在农业生产上，可根据收获对象是营养器官还是生殖器官，采取相应措施，协调营养生长与生殖生长的关系，获得优质高产。若以收获营养器官为主，如茶树、桑树、麻类及叶菜类，则可通过供应充足的水分，增施 N 肥，摘除花芽等措施来促进营养器官的生长，而抑制生殖器官的生长。若以收获生殖器官为主，则在前期应促进营养器官的生长，为生殖器官的生长打下良好的基础，后期则应注意增施 P、K 肥及各种微量元素，以促进生殖器官的生长；在果树生产中，可采取疏花疏果等措施，调节营养生长与生殖生长的矛盾，消除“大小年”现象，达到年年丰产的目的。

6.4.4　植物的再生与极性

再生(regeneration)是指植物体的离体部分具有恢复其他部分的能力。人们利用植物的再生能力，用插条、插叶、插根和单芽扦插等方法，扩大和加速植物繁殖，同时保持繁殖体原有的优良品质。如将秋海棠属或景天科植物某些种类的叶片从母体分离下来，放在潮湿环境下，容易产生不定根与不定芽；在落地生根叶子边缘的凹陷处，常残存有分生组织团，随着叶片的增大，分生组织继续分裂和分化，每个分生组织均可发育成一个小植株。当然，各种植物离体叶子的再生能力差别较大。

极性(polarity)是指植物体或植物体的一部分(如器官、组织或细胞)在形态学的两端具有不同形态结构和生理生化特性的现象。植物体的极性在受精卵中已形成，并延续给植株，是植物分化的前提。当胚长成新植物体时，仍然明显地表现出极性。例如，将柳树枝条悬挂在潮湿的空气中，枝条基部切口附近的一些细胞可能由于受 IAA 和营养物质的刺激而恢复分生能力，形成愈伤组织，并分化出不定根。这种在伤口再生根的现象与枝条的极性密切相关。无论柳树枝条如何挂法，其形态学上端总是长芽，而形态学下端则总是长根，即使上下倒置，这种极性现象也不会改变(图 6-9)，根的切段在再生植株上也有极性，通常是在近根尖的一端形成根，而在近茎端形成芽。叶片在再生时也表现出极性。

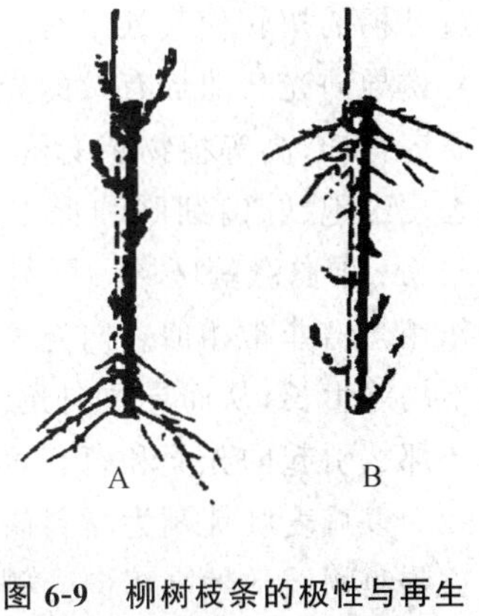

图 6-9　柳树枝条的极性与再生

A. 正放(上端出芽，下端生根)

B. 倒置(下端出芽，芽朝上；上端长根，根朝下)

一般认为,极性产生的原因与生长素的极性运输有关。由于IAA在茎中的极性运输,使形态学下端IAA/CTK比值较大,从而促使下端发根;IAA含量少的形态学上端则发生芽的分化。另外,由于不同器官IAA的极性运输强弱不同,如茎>根>叶,因此不同器官的极性强弱也存在差异。生产上,在扦插、嫁接以及组织培养时,都需将其形态学的下端向下,上端朝上,避免倒置;在嫁接时,一般砧木和接穗要在同一个方向上相接才能成功。

6.5 植物的运动

虽然植物的整体不能像动物一样自由移动,可植物的某些器官却可以在空间位置上有限度地移动,这种器官的位置移动就称植物运动(plant movement)。根据引起植物运动的外界刺激方向,将植物的运动分为向性运动、感性运动;另外,植物还有与内在节奏有关的近似昼夜节奏的生理钟运动。根据引起运动的原因又可以分为生长性运动和膨胀性运动,生长性运动是由于生长的不均匀而造成的,而膨胀性运动是由于细胞膨压的改变造成的。

6.5.1 向性运动

所谓向性运动(tropic movement)是指植物的某些器官受到外界环境中单方向的刺激而产生的运动。向性运动是由于生长的不均匀而引起,属于生长性运动。当器官停止生长或者除去生长部位,向性运动随即消失。根据给予刺激因素的不同,向性运动又可分为向光性、向重力性、向化性、向水性、向触性等。

6.5.1.1 向光性

植物生长器官受单方向光照射而引起生长弯曲的现象称为向光性(phototropism)。植物向光性反应最敏感的部位是茎尖、胚芽鞘、根尖、生长中的茎、黑暗处生长的幼苗。根据植物器官向光性反应的方向不同,又可分为正向光性、负向光性和横向光性。正向光性(positie phototropism)是指器官向着光照的方向弯曲,主要指植物的茎、芽等向着光方向生长运动。负向光性(negative phototropism)是指器官背着光照的方向弯曲。根有负向光性,如芥菜根和常春藤气生根。横向光性(diaphototropism)是指器官与照射来的光垂直生长运动,如叶片通过叶柄的扭转使其处于对光线适合位置的特性(图6-10)。

诱导向光弯曲最有效的光是蓝光。那么植物器官中感受蓝光刺激的受体是什么?近年来研究得知,高等植物感受蓝光信号刺激的光受体是向光素,主要分布在向光反应敏感部位的表皮细胞、叶肉细胞和保卫细胞的质膜上。向光素属于黄素蛋白质,氨基酸序列上存在Ser/Thr蛋白激酶区域。照射蓝光时,激酶区域自生磷酸化而激活受体,其作用光谱和向光性作用光谱非常相似。向光素接受刺激后引起一系列反应,最终造成器官的向光面和背光面的不均等生长,从而导致向光或背光弯曲。

那么引起向光面和背光面的不均等生长的原因又是什么呢?Cholodny(1927)和Went(1928)以燕麦胚芽鞘为材料研究发现在单侧蓝光作用下,背光侧胚芽鞘顶端扩散到琼脂中的生长刺激物质活性高于向光侧,并认为该物质是生长素(相对比值为27:57),据此提出向光性运动是由于在单侧光作用下生长素分布不均匀引起的。Thimann等(1937)称之为Choodny-Went Theory,即生长素分布不均匀假说,并应用该学说解释植物向光性及向重力性运动现象,沿用至今,成为解释向光性运动的经典理论。

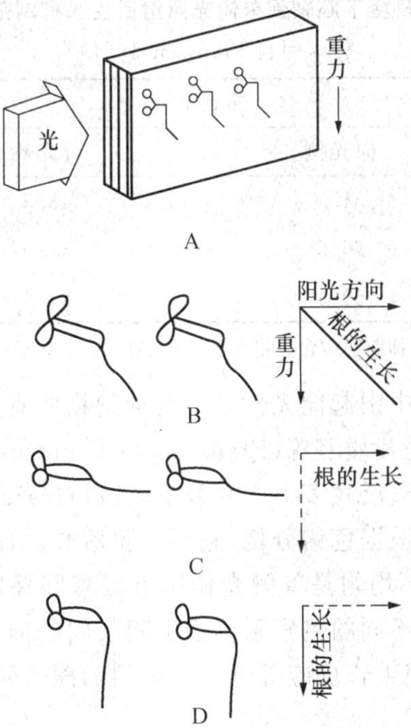

图 6-10　拟南芥突变体幼芽正向光性、根负向光性和根向重力性反应

(引自石黑和冈田,1994)

A. 研究向光性和向重力性的实验装置示意图,将装有琼脂培养基的透明盒用罩子遮光,仅从一侧给予光照;B. 野生型,具有正常的向光性和向重力性,根生长受光照和重力两方面影响,表现为向背光侧下斜生长;C. 缺乏向重力性反应的突变体(*aux*1),根背光横向伸长,具有负向光性;D. 缺乏根向光性反应的突变体(*rpt*1),根仅向重力生长,不表现负向光性,而胚轴具有正向光性。

1975 年,Bruinsum 等以向日葵幼苗为材料研究植物向光性运动特性时发现,单侧蓝光处理并未引起生长素分布不均匀,因而对该假说提出质疑。Franssen 等(1981)用单向光刺激向日葵的下胚轴后,发现两侧的生长素并无差异(表 6-6),但却存在一种抑制物(xanthoxin,黄氧醛)梯度(表 6-7),有 60%~70%的抑制物积累在向光一侧。Hasagawa 等(1980—1986)以萝卜等下胚轴为材料,对向光性运动机理进行了详细的研究,获得了与 Brunsum 相同的结果,同时发现单侧光引起向光侧积累生长抑制物质,从而提出 Brunsum-Hasagawa 学说(1990),即抑制物质分布不均匀假说,认为植物向光性运动是由于单侧光引起生长抑制物质分布不均匀所致。

表 6-6　向日葵、萝卜和燕麦向光性器官的 IAA 分布

器官	试验数/次	测定方法	IAA 的相对分布/%		
			向光一侧	背光一侧	黑暗对照
绿色向日葵下胚轴	3	荧光分光光度法	51	49	48
	5	免疫法	50.5	49.5	50
绿色萝卜下胚轴	3	电子俘获检测法	51	49	45
黄化燕麦胚芽鞘	3	电子俘获检测法	49.5	50.5	50

表 6-7　绿色向日葵下胚轴受单侧光照射后生长抑制剂活性的相对分布

（引自 Franssen，1981）

刺激持续时间/min	抑制率/%		弯曲度/(°)
	向光侧	背光侧	
0	51.5	48.5	0
30～45	66.5	33.5	15.5
60～80	59.5	40.5	34.5

采用水芹根生物测定法，幼苗平均抑制物质含量相当于每克鲜重 60 ng 顺式黄质醛。

一些研究表明，不同植物中引起向光性运动的抑制物质有所不同。引起绿色向日葵幼苗下胚轴向光弯曲的抑制物质是黄质醛等（Franssen 和 Bruinsma，1981），引起萝卜下胚轴向光弯曲的抑制物质是顺式萝卜宁、反式萝卜宁和萝卜酰胺（Hasagawa 等，1986）。燕麦胚芽鞘中的抑制物质至今未鉴定出，但根据色谱分析，它不是脱落酸。1999 年陈汝民研究指出，抑制物质 6-甲基 2-苯并唑啉酮分布不均匀是单侧光作用下玉米胚芽鞘向光运动的主要原因。可能不同的植物种类、植物器官和不同的色素系统会引起不同的向光性反应，因此，必须对光的感受、刺激转换、信号转导和细胞生长反应等进行一系列的深入研究。

6.5.1.2　向重力性

植物在重力的影响下，保持一定方向生长的特性，被称为向重力性 (gravitropism)。根系顺着重力方向向下生长，称为正向重力性；茎背离重力方向向上生长，称为负向重力性；地下茎以垂直于重力的方向水平生长，称为横向重力性。通常初生根有明显的正向重力性，主茎有明显的负向重力性，但次生根、侧枝、叶柄、地下茎却偏向水平生长，即横向重力性。将幼苗横放时，一定时间后就会发现根向下弯曲而茎向上弯曲；作物倒伏后，茎会弯曲向上生长，都是植物向重力性的表现。近年来的太空实验证明，在无重力作用的条件下，植物的根和茎都不发生弯曲。

植物对重力的感受部位只限于生长器官的某些部位，如离根尖 1.5～2.0 mm 的根冠、离茎端约 10 mm 的一段幼嫩组织及其他尚未失去生长机能的节间、胚轴、花轴等。此外，禾本科植物的节间在完成生长之后的一段时间内也能因重力作用而恢复生长机能，使节在向地的一侧显著生长。植物的向重力性具有重要的生物学意义。当种子播种到土中，不管胚的方位如何，总是根向下长，茎向上长。禾谷类作物如水稻、小麦倒伏后，茎节向上弯曲，可恢复直立生长。

目前认为，植物感受重力信号的受体是平衡石(statolith)。平衡石原指甲壳类动物中管理平衡的沙粒。植物器官中的平衡石是淀粉体(amyloplast)，根部的根冠细胞、茎部的维管束周围 1～2 层细胞（即淀粉鞘，是指在一些植物幼小的茎中，皮层最内的一层或几层细胞含有丰富的淀粉，被称为淀粉鞘）或髓部薄壁细胞中都存在大量的淀粉体，起着平衡石的作用。

当器官位置改变时（如横放或斜放），淀粉体将沿重力的方向"沉降"至与重力垂直的一侧（图 6-11），这一过程将对原生质体造成一定的压力，并作为一种刺激被细胞所感受，这一侧的内质网受刺激释放出较多的 Ca^{2+}，Ca^{2+} 可能作为化学信号引起 IAA 不均衡分布。因此，当植株水平放置时，由于重力的作用，器官上侧的 IAA 将向下侧移动，从而导致上侧 IAA 减少，下侧 IAA 增多。过多的 IAA 就抑制根下侧细胞的生长，根就向下弯曲生长（图 6-12）。

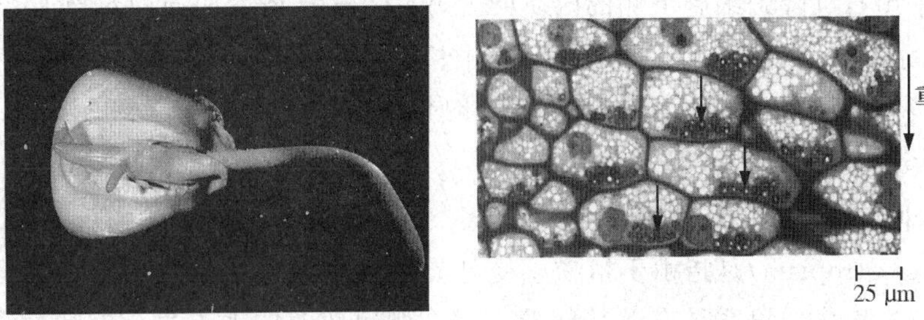

图 6-11　玉米正向重力性生长和在根尖细胞内底部分布的淀粉体

箭头指示淀粉体所在位置。

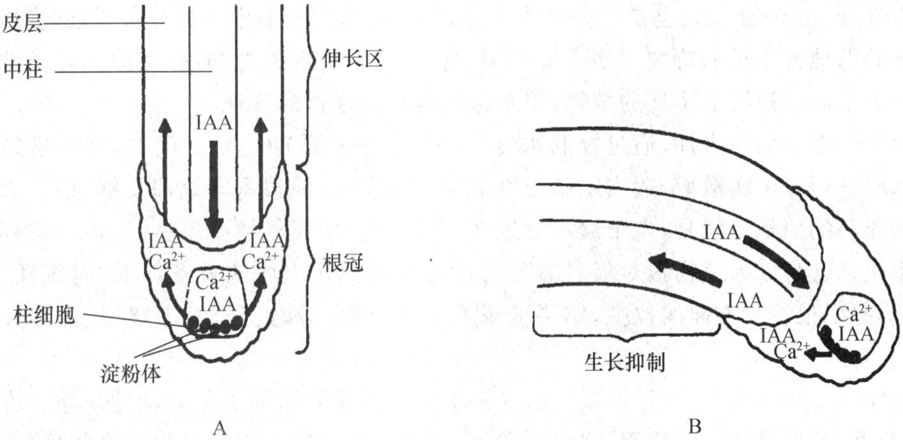

图 6-12　根在向重力性反应中 Ca^{2+} 和生长素的重新分布

(引自 Hassenstein 和 Evans,1988)

A. 根尖方向和重力方向平行　B. 根尖方向和重力方向垂直

也有人认为,IAA 向下侧移动可能是由于重力的影响而造成的电势差引起,上侧带负电荷,下侧带正电荷,带负电荷的 IAA 于是就向下移动。由于根对 IAA 很敏感,微量的 IAA 促进根的生长,IAA 稍多时,根的生长就受到抑制。因此,根横放时,下侧的生长将由于 IAA 增多而受抑制,根就向下弯曲生长。相反,由于茎对 IAA 不敏感,茎横放时,下侧的生长将由于 IAA 的增多而加快,茎就向上弯曲生长。

另外有实验证明,根横置时,根冠内的 ABA 向下移动,然后向根的生长部位(如分生区和伸长区)运输,该处下侧的 ABA 含量较高,于是抑制该侧细胞分裂和伸长,根向下弯曲生长。因此认为,根冠中含有的 ABA 也影响根的弯曲生长。

Ca^{2+} 在向重力性反应中也起着重要的作用。均匀地外施 $^{45}Ca^{2+}$ 于根,当根水平放置,发现 $^{45}Ca^{2+}$ 向根的下侧移动。将含有钙离子螯合剂(如 EDTA)的琼脂块放在横放的玉米根冠上,无向重力性反应;如改用含 Ca^{2+} 的琼脂块,则恢复向重力性反应。进一步研究发现,玉米根内有钙调素,根冠中的钙调素浓度是伸长区的 4 倍。外施钙调素的抑制剂于根冠,则根丧失向重力性反应。

结合平衡石、IAA、Ca^{2+}、钙调素和 ABA 对向重力性的影响,有人综合提出向重力性的机理：根横放时，平衡石沉降到细胞下侧的内质网上，产生压力，诱发内质网释放 Ca^{2+} 到细胞质内，Ca^{2+} 和钙调素结合，激活细胞下侧的钙泵和生长素泵，向细胞外输出 Ca^{2+} 和 IAA，于是细胞下侧积累过多 Ca^{2+} 和 IAA，并向根尖运输；同时根横放的下侧积累较多的 ABA，抑制该侧细胞的生长，故引起根尖向下弯曲生长。

6.5.1.3 向化性、向水性和向触性

向化性(chemotropism)是指由于植物感受外界环境中某些化学物质不均匀分布所引起的向性生长反应。植物的根系具有总是朝着土壤中肥料较多的地方生长的特性。生产上采用深耕施肥，就是利用向化性使根向深处生长，从而可以吸收更多营养。香蕉、竹子等以肥引芽，也是利用了根和地下茎在水肥充足的地方生长较为旺盛的这个生长特点。花粉管的伸长生长总是朝着胚珠的方向进行，被认为是由于受到胚珠细胞分泌的化学物质所引起。

向水性(hydrotropism)也是一种向化性的表现，是指当土壤中水分分布不均匀时，根总是趋向较湿润的地方生长的特性。如干旱土壤中根系能向土壤深处伸展，其原因是土壤深处的含水量较表土高。沙漠上生长的植物，根系深扎就是向水性的表现。

农业生产上利用向水性，通过控制水分条件来影响根系的生长。例如，蹲苗措施是通过暂停浇水或进行深中耕散墒，适当限制土壤上层水分供应，使根系向纵深发展，以扩大根系吸收水分和养料的面积。但是，当土壤水分过多，以致使土壤通气情况不良时，常可看到根朝相反方向生长。这是因为植物根对氧具有显著的正向性。在土壤缺氧条件下，向氧性(向化性的一种)引起了根生长方向的改变，结果使根系入土不深，有时甚至发生跷根，即部分根系长出地面。

向触性(thigmotropic)是生长器官因受到单方向机械刺激而引起运动的现象。许多攀缘植物，如豌豆、黄瓜、丝瓜、葡萄等，它们的卷须一边生长，一边在空中自发地进行回旋运动，当卷须的上端触及粗糙物体时，由于其接触物体的一侧生长较慢，另一侧生长较快，使卷须发生弯曲而将物体缠绕起来。

6.5.2 感性运动

感性运动(nastic movement)是指由没有一定方向性的外界刺激(如光暗转变、触摸等)所引起的运动，运动的方向与外界刺激方向无关。根据外界刺激的种类可分为感夜性、感热性、感震性等。有些感性运动是由生长的不均匀引起，如感夜性和感热性。还有一些感性运动是由细胞膨压的变化所引起，也称为紧张性运动 (turgor movement)或膨胀性运动，如感震性。

6.5.2.1 感夜性

感夜性(nyctinasty)是指一些植物接受光暗变化信号，引起叶片(或小叶)和花的开合运动(图 6-13)。如大豆、花生、合欢、四季豆、含羞草、合欢、木瓜、酢浆草、三叶草等叶片白天挺拔张开、晚上合拢或下垂。跳舞草(*Codariocalyx motorius*)在常温强光下，其 2 片小叶不停地摆动，上下飞舞；光照越强或声波振动越大，运动速度越快，而晚上所有叶片下垂闭合。蒲公英和酢浆草的花及许多菊科植物的花序白天开放、晚上闭合。月见草、烟草、紫茉莉的花晚上开放、白天闭合。感夜运动是由于光暗的变化引起叶片或花瓣的上下表面生长得不均匀而造成的，上表面生长较快时，叶片或花瓣向下弯曲生长，称为偏上性(epinasty)；下表面生长较快时，叶片或花瓣向上生长，称为偏下性(hyponasty)。感夜运动还可以作为判断一些植物生

长健壮与否的指标。

图 6-13　含羞草的感夜运动

(引自 Taiz 和 Zeiger，2006)

目前对感夜运动产生的原因有两种看法，一是解剖结构上，叶柄基部的叶枕或小叶基部上下两侧的细胞体积、细胞壁厚薄和细胞间隙的大小都不同，光敏色素在接受光暗变化的刺激，这些细胞质膜和液泡膜的透性发生改变，引起两侧细胞的膨压变化也不同；二是生理上，含羞草的感夜运动可能是：白天，叶片合成大量 IAA 主要运到叶柄下半侧，K^+ 和 Cl^- 也运输到 IAA 浓度高的地方，水分就进入叶枕，细胞膨胀，导致叶片高挺。到晚上，IAA 运输量减少，进行相反反应，叶片就下垂。植物之所以对光暗有反应，这种昼夜有内在节奏的变化是由生物钟控制的。

6.5.2.2　感热性

植物对温度变化起反应的感性运动，称为感热性(thermonasty)，也称为感温性。如番红花和郁金香花的开放或关闭受温度变化的影响，温度升高时，花朵开放；温度下降时，花瓣合拢。将番红花和郁金香从较冷处移至温暖处后，很快就会开花。水稻花的开放也受温度的影响，因此，在进行人工授粉时，可采用温水浸花的措施，促使其内外稃张开，便于授粉。感热性运动也是由花瓣的上下表面的生长不均匀所造成。花的感热性有益于植物在适宜的温度下进行授粉，且保护花的内部免受不良条件的影响。

6.5.2.3　感震性

感受外界震动而引起植物运动的特性，称为感震性 (seismonasty)。如含羞草的部分小叶受到震动(或其他刺激如烧灼、电激等)时，小叶迅速成对合拢，在刺激较强时，可很快传递到其他部位，使整个复叶的小叶合拢，复叶下垂，甚至使整株植物的复叶下垂。经过一定时间后，植株又可恢复原状(图 6-14A，B)。含羞草对震动的反应极快，刺激后 0.1 s 就开始，几秒钟就完成。刺激信号上下传递极快，可达 40～50 $cm \cdot s^{-1}$。许多学者认为，含羞草小叶感受到震动刺激后，会产生动作电位(action potential)，与动物的神经细胞产生的动作电位相似，只是传递速度稍慢。至于动作电位与引起细胞透性改变之间的过程，目前还不是很清楚。食虫植物中的茅膏菜、捕蝇草感受到昆虫落到叶子上后所发生的运动，也是一种感震性运动；其他如小檗和矢车菊等的雄蕊花丝，沟酸浆雌蕊的二裂柱头也都进行感震性运动；猪笼草也具有感震性运动。

含羞草叶子感震性的机理,被认为是由于小叶和复叶叶柄基部叶褥细胞膨压的改变而引起的(图 6-14C)。叶褥是含羞草叶柄基部的一群特殊细胞,具有特殊的解剖结构。小叶叶褥上半部细胞的间隙较大,细胞壁较薄;而下半部细胞则排列紧密,细胞壁较厚。当小叶受到震动或其他刺激时,叶褥上半部细胞的透性增大,细胞内的水分和溶质排入细胞间隙,细胞的膨压下降,组织疲软,而此时叶褥下半部的细胞还保持紧张状态,因而小叶成对合拢。一定时间后,水分和溶质又回到叶褥上半部细胞中,小叶又张开。复叶叶褥的结构则正好与小叶叶褥的结构相反,即复叶叶褥的上半部细胞排列紧密,细胞壁较厚,而下半部细胞的间隙较大,细胞壁较薄,受到外界震动或其他刺激导致膨压改变时,复叶就下垂。因此,感震性运动是由细胞膨压改变而造成的,不是由生长不均匀所引起,是一种可逆性的运动。

此外,含羞草还可对热、冷、电、化学等刺激做出反应,并且以 1～3 $cm \cdot s^{-1}$ 的速度向其他部位传递;强烈刺激其速度甚至可达 20 $cm \cdot s^{-1}$。

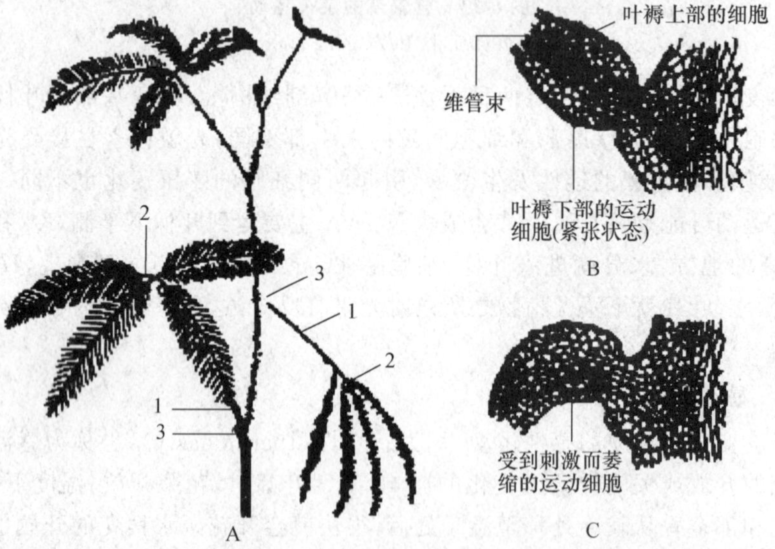

图 6-14　含羞草的感震性运动

A. 一片叶子受到刺激后下垂(1. 总叶柄　2. 小叶柄　3. 叶褥)

B. 未受刺激的总叶柄叶褥结构　C. 受刺激后叶子下垂的叶细胞

6.5.3　近似昼夜节奏——生物钟

6.5.3.1　生物钟的概念

植物很多生理活动对昼夜与季节变化的反应是由于环境条件的周期性变化而引起的,也有一些植物的生命活动则并不取决于环境条件的改变,即恒稳条件下仍发生周期性变化。20 世纪 30 年代初期,E. Bunning 和 K. Stern 用记纹鼓记录菜豆叶片的运动现象,菜豆叶片在白天呈水平状,晚上呈下垂状的“就眠运动”,即使在外界连续光照或连续黑暗以及恒温条件下仍然在较长的时间中保持周期性变化(图 6-15),首先确认了它是一种内源性节奏现象。由于这种生命活动内源性节奏的周期是在 20～28 h 之间,接近 24 h,因此称为近似昼夜节奏(circadian rhythm),亦称生物钟(biological clock)或生理钟(physiological clock)。

生物界中广泛存在近似昼夜节奏的现象,从单细胞到多细胞生物,包括植物、动物,还有人类。植物方面的例子很多,如小球藻的细胞分裂,膝间藻的发光现象,许多种藻类和真菌的孢子成熟和散放,高等植物的花朵开放、叶片运动、气孔开闭、蒸腾作用、伤流液的流量及其氨基酸的浓度和成分、胚芽鞘的生长速度等。在植物组织培养中也可观察到培养植物膨压和生长速度的内在性昼夜变化。

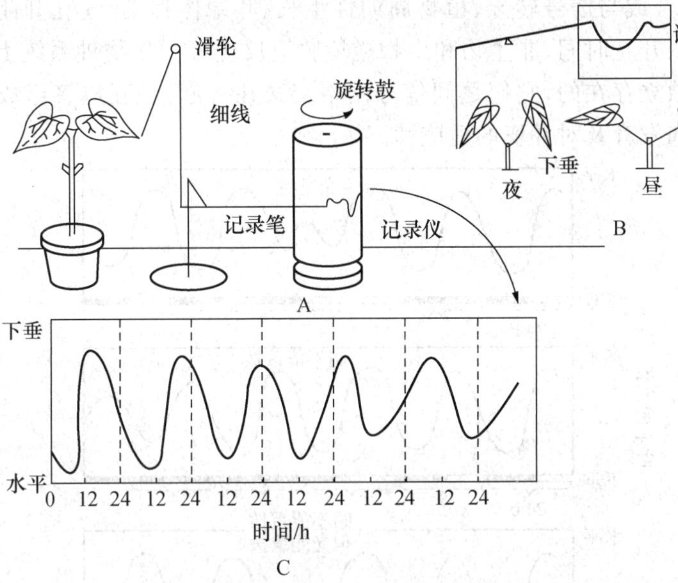

图 6-15　菜豆叶运动的内生节奏记录

A. 用记纹鼓记录菜豆叶片运动的示意图　B. 菜豆叶昼夜运动与记录曲线的关系示意图
C. 菜豆在恒定条件(弱光,20℃)下的运动记录图

6.5.3.2　生物钟的特性

生物钟是植物体内的一种测时机制,可以保证一些生理活动按时进行,但关于生物钟的机理,目前还不清楚。生物钟具有以下 2 个特征。

(1)恒稳条件下,其周期长度不是准确的 24 h。如菜豆叶子在弱光下的运动周期长度为 27 h(图 6-14C);燕麦胚芽鞘生长速率的节奏为 23.3 h 等,不同个体周期长度稍有不同。

(2)必须有一个启动信号,能被外界信号重拨且具有自调功能。对菜豆而言,启动信号是暗期跟着的光期(图 6-16)。自然界中的重拨信号一般为黎明或黄昏的光暗变化。如果将通常在夏季夜间开放的昙花放在日夜颠倒的条件下约 1 周,可使昙花在白天盛开。外界信号的重拨对内生节奏起约束作用,即自然界由于地球自转的昼夜变化而把近似昼夜节奏约束到 24 h,每天重拨和每天约束,会使内生节奏与自然界的节奏变化相配合。此外,生物钟对温度变化不敏感,温度仅能稍稍改变周期长度。

6.5.3.3　生物钟的系统组成

植物生物钟系统由三部分组成:输入途径(input pathways)、中央振荡器(central oscillator)和输出途径(output pathways)。输入途径包括,自然界光、温度、营养等的环境信号被红光受体 PHYs 和蓝光受体 CRYs 等以及其他可能存在的未知组分所感受,再将信号的变化传递给生物钟中央振荡器。目前模式植物拟南芥生物钟系统中央振荡器由 CCA1 (circadian clock-associated 1)、LHY (late elongated hypocotyl)、TOC1(timing of cab expression 1)和其他 PRRs（PRR3、PRR5、PRR7、PRR9）、GI（gigantea）、ZTL（zeitlupe）、CHE（ccal hiking expedition）、ELF3（early flowering 3）、ELF4、LUX（luxarrhythmo）等构成复杂的多重反馈调控网络。输出途径是指生物钟参与调控的诸多以近 24 h 振荡的生物节律，涉及植物生长发育过程中各类关键的生理生化过程。例如：细胞游离 Ca^{2+} 浓度的近 24 h 节律性振荡、蛋白磷酸化反应、激素的合成与信号转导、植物周期性生长、叶绿体移动、气孔开闭、下胚轴伸长、叶片运动、花瓣开闭、开花时间、非生物和生物逆境胁迫反应等。生物钟系统上述三部分之间的关系并不是分割独立存在的，它们之间信号网络交叉在一起，相互应答组成一个有机的整体来调控植物生长和发育及对环境的适应性。

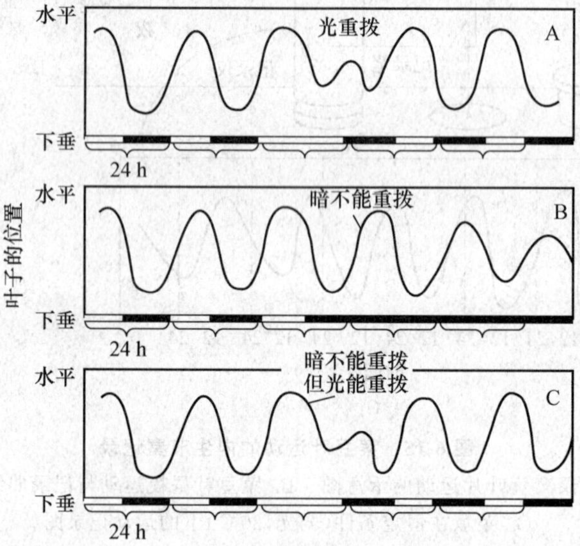

图 6-16　光暗变化对菜豆叶片运动的影响

内生节奏可被光所重新调拨（A 和 C），但不能被延长暗期（C）或连续黑暗（B）所调拨。

6.5.3.4　生物钟的生态学意义

植物的生物钟表现出明显的生态意义，如有些花在清晨开放，为白天活动的昆虫提供了花粉和花蜜；菜豆、酢浆草、三叶草等叶片的“就眠运动”在白天呈水平位置，这对吸收光能有利；有些藻类释放雌雄配子只在一天的同一时间发生，这样就增加了交配的机会。

6.6　影响植物生长的环境条件

植物的生长既受到内部因素（包括基因型、激素、营养等）的控制，又受到外界环境条件的影响。影响植物生长的外界环境条件主要包括温度、水分、光照和矿质营养。

6.6.1　温度

植物的正常生长要在一定的温度范围内才能进行。在此温度范围内，随着温度的升高，生长加快。这是因为温度通过影响植物体内酶的活性，进而影响各种代谢过程，如水分与矿质的吸收，有机物质的合成、转化、运输与分配等，导致细胞的分裂与分化受到影响，最终影响植物生长。植物生长的最低温度、最适温度和最高温度被称为生长温度三基点。温度三基点与植物的原产地有关（表 6-8），原产于热带及亚热带的植物，其温度三基点较高；而原产于温带的植物，其温度三基点则较低；原产于寒带的植物，其温度三基点更低。同一植物的不同器官，不同生育期，其温度三基点也不同。

表 6-8　几种农作物生长温度三基点　　℃

作物	最低温度	最适温度	最高温度
水稻	10～12	30～32	40～44
大、小麦	0～5	25～31	31～37
向日葵	5～10	31～37	37～44
玉米	5～10	27～33	44～50
大豆	10～12	27～33	33～40
南瓜	10～15	37～44	44～50
棉花	15～18	25～30	30～38

植物生长的最适温度是指植物生长最快时的温度。应该指出这个温度对于植物健壮生长来说，往往不是最适宜的。因为植物生长最快时，物质较多用于生长，体内物质消耗太多，反而没有在较低温度下生长得那么健壮。能使植物生长健壮、比生长最适温度稍低的温度叫作协调最适温度。在生产实践上为了培育健壮植株，往往需要在协调最适温度下进行。如前所述，植物的生长一般在日温较高、夜温较低的情况下生长较好，即具有温周期性。了解温度对植物生长的影响，对指导农林业、园艺等生产实践有重要的意义。如在温室栽培中，可以通过调节昼夜温度的变化，使栽种的作物正常生长发育，提高产量和品质。

需要了解的是，植物还存在生存的最低温和最高温。一般而言，植物生存的最低温低于生长的最低温，生存的最高温要高于生长的最高温。

6.6.2　水分

植物细胞原生质必须处于水分饱和状态，植物才能进行正常生长。水分亏缺影响植物细胞原生质的代谢活动（详见水分代谢、矿质营养、光合作用、呼吸作用等）。水分亏缺还会影响植物细胞分裂、生长和分化，其中以细胞生长（体积扩大）对缺水更为敏感。小麦、玉米等禾谷类作物从分蘖末期到抽穗期为第一个水分临界期，就是因为这段时间缺水，严重影响穗下节间的伸长，同时影响花粉母细胞的正常分裂和花粉形成。

6.6.3　生物因子

植物个体的生长过程中会受到与它群生在一起的植物和其他生物的影响。如寄生、共生等。在寄生情况下，寄生物（可以是动物、植物和微生物）有时能杀伤杀死或抑制寄主植物的生长，如菟丝子寄生在大豆上会严重危害大豆植株的生长；有时则能引起寄主植物的不正常生长，如形成瘤瘿。在共生情况下，共生双方的生长均受到相互促进的作用，如根瘤菌与豆类的共生。

生物体也可通过改变生态环境来影响另一生物体。这表现在两个方面：一是相互竞争（allelospoly），对环境生长因素，如对光、肥、水的竞争；高秆植物对短秆植物生长的影响；杂草的滋生蔓延等。另一是相生相克（allelopathy），即通过分泌化学物质来促进或抑制周围植物的生长。相生相克也称它感作用。引起它感作用的化学物质称为它感化合物(allelochemical),它们几乎都是一些分子量较小、结构较简单的植物次生物质。如直链醇、脂肪酸、醛、酮、肉桂酸、萘醌、生物碱等,最常见的是酚类和类萜化合物。这些物质对植物生理代谢及生长发育均能产生一定的影响。

利用植物间生长的相互关系,对农业、林业以及生态环境治理具有重要作用。如在作物布局上可利用有益的作物组合,尽量避免与相克的作物为邻,对有自毒的应避免连作。园林植物配置中,也要注意它们间的相生相克现象。如在富营养化的水域中种植宽叶香蒲、凤眼莲、水葫芦、水花生或水浮莲等水生植物,一方面利用水生植物快速生长的特点大量吸收水中营养物质,另一方面水生植物可分泌一些化合物,通过它感作用对藻类产生相克效应,清除大部分藻类,使水澄清,收到绿化水面和净化水质的效益。

6.6.4 机械刺激

机械刺激是植物生活环境中广泛存在的一种物理因子,机械刺激的方式包括风、机械、动物和植物的摩擦,降雨、冰雹对茎叶的冲击,土壤颗粒对根的阻力以及摇晃、震动等。植物的生长发育受机械刺激的调节。例如,用布条、木棍等刺激番茄幼苗,可降低番茄株高,节间变短,根冠比增大;用振动刺激黄瓜幼苗,不但降低株高,而且增加瓜数和瓜重;水稻、大麦、玉米等幼苗感受机械刺激后,也显著降低株高。田间的植株比温室或塑料大棚中的植株矮壮,原因之一是田间的植株常受到了风和雨的机械刺激。机械刺激影响植株生长发育的现象称为植物的接触形态建成(thigmomorphogenesis)。一般认为其生理机理是,机械刺激使植株产生动作电波,动作电波影响质膜透性、物质运输、激素平衡(通常是乙烯含量增加、生长素和赤霉素活性下降)以及某些基因的活化,从而影响植物的生长和发育。

机械刺激能使植株矮化和生长健壮的效应,已经被应用于作物育苗,如对苗床幼苗用棍棒定时扫荡,培苗密度可增大而不会徒长。

6.6.5 光

光对植物生长既有间接作用,也有直接影响。其间接作用是作为光合作用的能源,为植物生长提供必要的物质和能量(详见光合作用);直接影响是指光对植物形态建成的作用。光促进幼叶的展开,抑制茎的伸长。如草坪中长在树下的草比空旷处的草长得要高;黑暗中生长的幼苗比光下生长的幼苗要高。蓝光对植物生长有明显的抑制作用,紫外光的抑制作用更强。高山上的植物长得矮小,就是因为高山上的大气稀薄,紫外光强度较大的缘故。这部分内容详见 6.7 植物的光控发育。

此外,影响植物生长的外界因素还有矿质(详见第 2 章植物的矿质营养)、大气、植物生长调节剂(详见第 5 章中植物生长物质)以及其他物理因子(如失重)等。

6.7 植物的光控发育

光是影响植物生物生长发育最重要的环境因子之一,它是高等植物光合作用的能量来源,为植物生长提供必要的物质和能量(详见光合作用),对植物生长具有间接作用,对光的需求是高能反应,只有在较强的光照下(光补偿点以上)才能合成足够的光合产物供生长需要,并将光能转化为化学能储存起来;也是植物生长发育的信号来源,在调控生长发育中起信号起作用，光只作为一个信号去激发受体，推动细胞内一系列反应，最终表现为形态结构的变化，只需短时间、较弱的光照就能满足，且不存在能量转化，对植物生长起直接作用，是低能反应。二者区别见表 6-9。

表 6-9　光合作用与光控发育的区别

光合作用	光控发育
光能转化为化学能贮藏在有机物中	光作为信号激发受体，推动一系列反应引起形态变化
光对代谢活动的影响	光对形态变化的影响
要求光能较高（光补偿点以上）	要求光能较低
光的受体是叶绿体色素	光的受体是光敏色素、隐花色素、向光素和 UV-B 受体

光作为信号分子调节植物的生长发育过程，如种子萌发、植株生长、花芽分化以及器官衰老等，以协调植物对多变的外界环境的适应。通常将依赖光控制细胞的分化、结构和功能的改变，最终汇集成组织和器官的建成，称为植物的光形态建成（photomorphogenesis），或称光控发育作用（light-controlled development）。与此相对应，暗中生长的植物表现出各种黄化特征的现象，称为暗形态建成（skotomorphogenesis）（图 6-17）。

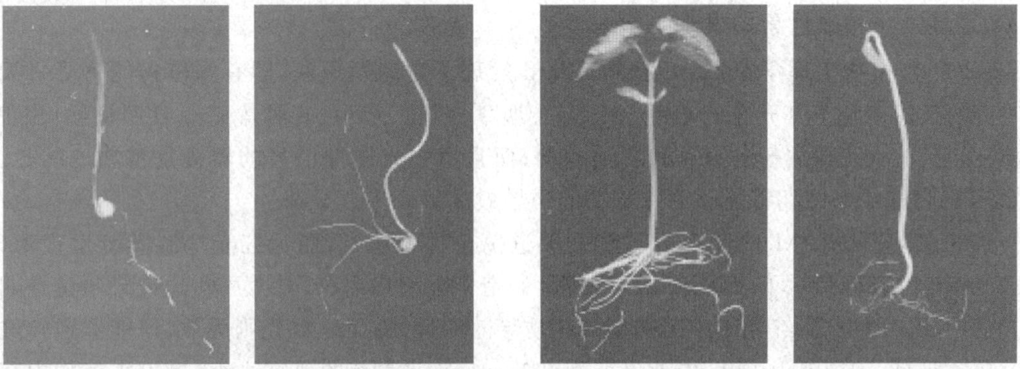

A　　B　　C　　D

图 6-17　不同光照条件下生长的玉米和菜豆的幼苗

A. 光下生长的玉米　B. 暗下生长的玉米　C. 光下生长的菜豆　D. 暗下生长的菜豆

在黑暗中，植物生长形成的幼苗称为黄化苗，黄化苗虽具全部遗传信息，但因缺乏光，大部分基因不能表达出来，因此与正常植物相比，具有一定的特征：茎细节长，柔软脆弱，机械组织不发达，茎顶端弯曲，叶片小而不展开，呈鳞片状，根系不发达。每天给黄化苗照少量的光，就可转变为正常苗，如豌豆黄化幼苗每天接受 5～10 min 及以上的光照，就可转化为正常苗。

黄化苗在黑暗中伸长特别快的特点也有其适应意义，可使植株从土壤中或暗处很快伸到光处进行自养营养。如土中种子萌发后，可迅速出土见光进行自养，这点对贮藏养分少的小粒种子显得十分重要。此外在蔬菜生产中，也可利用黄化组织分化差、薄壁细胞多、机械组织不发达的特点，用遮光或培土的方法来生产柔嫩的韭黄、蒜黄、豆芽、软化药芹等。

如给黄化幼苗一个微弱的闪光，在几小时之内就可以观察到一系列光形态建成的去黄化反应，如茎伸长减慢、弯钩伸展，合成叶绿素等。也就是说，高等植物的光形态建成具有极其精密的光接受和信号传导系统。植物通过光接受系统感知环境中的光，而后通过细胞内信使的传导，引起级联反应，最终表现为发育的光形态建成。

光对植物产生一定的作用,首先必须被植物吸收。植物体内大量吸收光能的色素包括叶绿素、类胡萝卜素和花青素。另外,植物体内还含有一些微量色素。这些微量色素因能感受光的信息如光质、光强、光照时间、光照方向等光信号的变化,把这些信号放大,使植物能随外界光照的变化而做出相应的反应,进而影响植物的光形态建成,故被称为光受体(photoreceptor),即光感受系统。植物的光受体与光合色素分别或交替吸收自然光照,共同调节物质和能量代谢,控制着光形态建成。

根据光受体最有效的吸收光谱与作用光谱范围,目前知道的植物光受体有 3 类:一是吸收红光(650～680 nm)/远红光(710～740 nm)的光敏色素(phytochrome,Phy);二是吸收蓝光(400～500 nm)/UV-A(330～390 nm)的蓝光受体(blue light receptor),目前研究发现的有隐花色素(cryptochrome,Cry)和向光素(phototropin,Phot);三是吸收紫外光-B(280～320 nm)紫外光-B 受体 UVR8(UV-B receptor 8)。

6.7.1 光敏色素

光敏色素是一种对红光和远红光吸收有逆转效应、参与光形态建成、调节植物发育的色素蛋白。是目前植物体内最重要、研究得最为深入的一种光受体。

6.7.1.1 光敏色素的发现

1920 年,植物生理学家 Garner 和 Allard 发现了光周期现象,即有些植物能感受每天日照时间的长短来调节其开花的早晚,如大豆、烟草、菊花、牵牛、苍耳等是短日照植物(SDP),而萝卜、甘蓝、大麦等属于长日照植物(LDP);而且感知光周期信号的器官是植物的叶片,短至 30 s 的灯光中断暗期都能够消除暗期的诱导效应。

1935 年,Flint 和 McAlister 发现红光促进莴苣种子萌发,而远红光抑制其萌发现象(图 6-4,表 6-4)。在此启示下,Hendricks 等设计制造了大型光谱仪,对大豆叶片进行暗诱导期单色光的中断实验发现,红光暗中断抑制开花诱导效应最强;而远红光则无效,但能够逆转红光的效应。于是,美国 Beltsville 农业研究所以 Borthwick 为首的研究小组,提出了植物中存在一种吸收红光或远红光而可逆转地控制植物发育的色素假设。经过几年的努力终于取得了直接的实验证据,说明了玉米黄化苗中确实存在着这种“幻觉中的色素”。1959 年 12 月,Butler 等报告了用新研制成的双波长分光光度计观测到黄化玉米幼芽或其蛋白提取液,照射红光后,在红光区的吸收减少,远红光区的吸收增加;而照射远红光后,在红光区的吸收增加,远红光区的吸收减少。这种吸收差异的光谱变化,可以反复发生多次。翌年 4 月,植物学家 Borthwick 和物理化学家 Hendricks 把这种吸收红光或远红光可逆转换的色素命名为光敏色素。光敏色素的发现是 20 世纪植物发育生物学研究中一个最重要的成就,是一个多学科的科学家和工程师的集体重大发现,是多学科互相渗透交叉的重要创新成果范例之一。

6.7.1.2 光敏色素的结构

光敏色素是一种易溶于水的浅蓝色的色素蛋白质,在植物体中以 2 个亚基组成的二聚体形式存在。每个亚基由两部分组成:吸收光的生色团(chromophore)和脱辅基蛋白(apoprotein)的多肽链,两者合称为全蛋白(holoprotein)。高等植物中生色团是由排列成直链的 4 个吡咯环组成,也称光敏色素质(phytochromobilin),与胆色素的胆绿素(biliverdin)结构相似,分子质量大约为 612 D。脱辅基蛋白是一条长链多肽,分子量为 120～127 kD,脱辅基蛋白单独不能吸收红光或远红光，需其半胱氨酸(Cys)残基通过硫醚键与生色团共价连接形成全蛋白才能吸收光(图 6-18)。

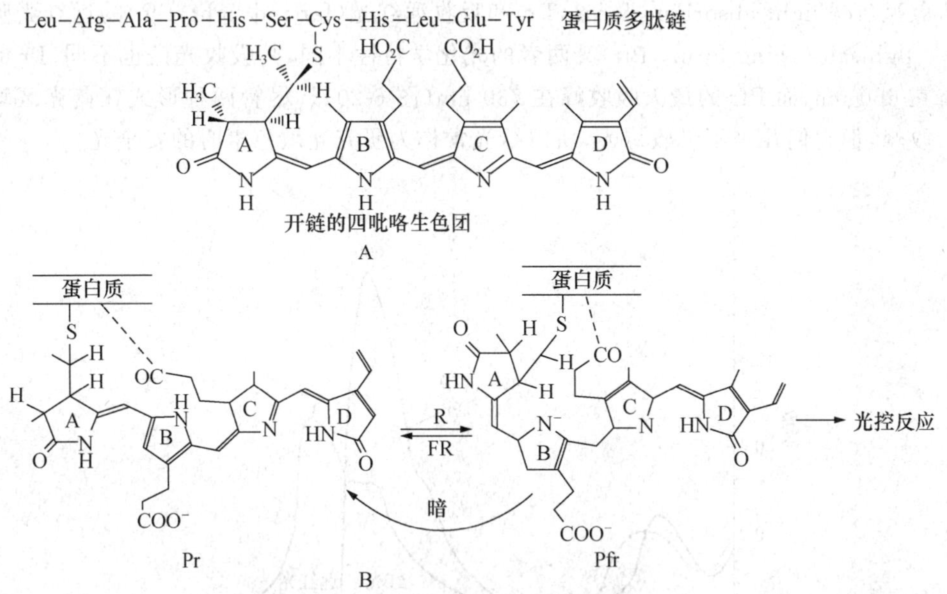

图 6-18　光敏色素的结构及 Pr 与 Pfr 的转变

A. Pr 结构(包括硫醚键连接的生色团和部分蛋白质的多肽链)(引自 Lagairias & Repoport，1980)

B. Pr 与 Pfr 的转变(引自 Mohr & Shropshire，1983)

各种植物光敏色素的合成都通过两条独立途径来完成，一是合成脱辅基蛋白，二是合成生色团。植物光敏色素的脱辅基蛋白由核基因编码，在细胞质中合成；而生色团由质体基因编码，在质体中合成，运出到细胞质中，二者自动装配成光敏色素蛋白(图 6-19)。二者的组装是个自我催化(autocatalytic)的过程，即在不需要添加其他蛋白或辅因子的情况下，把纯化的光敏色素多肽链与纯化的生色团在试管中混合，二者即可结合。

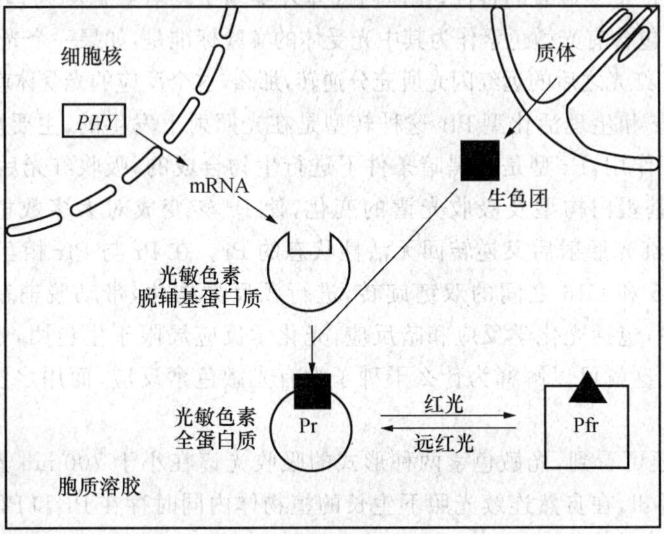

图 6-19　光敏色素的合成

(引自 Kendrick 等，1997)

6.7.1.3 光敏色素的性质

光敏色素在植物体内是以两种可以互相转化的形式存在的，即吸收红光(red light，R)的红光吸收型(red light-absorbing form，Pr)和吸收远红光(far red light，FR)的远红光吸收型(far-red light-absorbing form，Pfr)。两者的光化学特性不同，其吸收光谱也不同，Pr 的最大吸收峰在 660 nm，而 Pfr 的最大吸收峰在 730 nm(图 6-20)。尽管两种形式在蓝光区均有一小的吸收峰，但它们几乎不吸收绿光，所以绿光常作为研究光敏色素时的安全光。

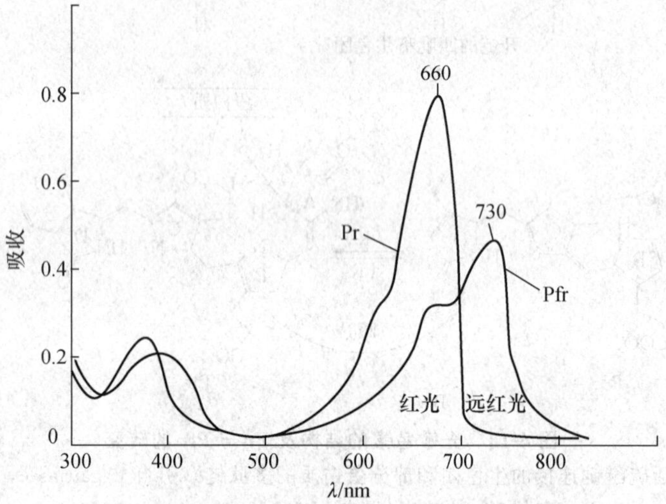

图 6-20 光敏色素的吸收光谱

(引自 Viestra & Quail，1983)

Pr 是生理钝化型，Pfr 是生理活化型。两者在不同光谱作用下可以相互转换，如在暗中生长或黄化植物中以 Pr 存在，照射白光或红光后，没有生理活性的 Pr 转化为具有生理活性的 Pfr；相反，照射远红光后，Pfr 逆转化为 Pr(图 6-18)，这就称为光逆转性(photoreversibility)，这种转变或逆转是光敏色素最显著的特性，在体内或体外实验中均可被检测到。目前判断一个光调节的反应过程是否包含有光敏色素作为其中光受体的实验标准是：如果一个光反应可以被红闪光诱发，又可以被紧随红光之后的远红闪光所充分逆转，那么，这个反应的光受体就是光敏色素。

生理钝化型 Pr 和生理活化型 Pfr 这种转型是在光照射下发生的，主要源于脱辅基蛋白和生色团之间的相互作用，Pr 型是在黑暗条件下进行生物合成的，吸收红光后，生色团的构型改变，从而引起脱辅基蛋白构型及吸收光谱的变化，使 Pr 转变成对大多数植物起活性作用的 Pfr；而 Pfr 接受远红光照射后又逆转回无活性状态的 Pr。在 Pr 与 Pfr 相互转化过程中，生色团吡咯环 D 的 C15 和 C16 之间的双键旋转，进行顺反异构化，带动脱辅基蛋白发生构象变化。在这些转变中，包括光化学反应和暗反应，光化学反应局限于生色团，暗反应只有在含水条件下才能发生。这就可以解释为什么干种子没有光敏色素反应，而用水浸泡后的种子才有光敏色素反应。

从图 6-20 中还可看到，光敏色素两种形式的吸收光谱在小于 700 nm 光波下都有不同程度的吸收。由此可知，在自然连续光照下生长的植物体内同时存在 Pr 和 Pfr 两种形式。在植物体中，Pr 和 Pfr 是“平衡”的，这种平衡取决于光源的光波成分。在一定波长下，具生理活性的 Pfr 浓度与光敏色素总浓度的比值就是光敏色素的光稳定平衡(photostationary equilibrium，Φ），即 $\Phi=[Pfr]/([Pr]+[Pfr])$。Φ 值在不同环境条件下呈动态变化。例如，白芥幼苗在饱和红光（660 nm）下达到平衡时，Φ 值是 0.8，而在饱和远红光（718 nm）照射下，Φ 值约为 0.025，（图 6-21）。在自然条件下，Φ 为 0.01～0.05 即可引起生理反应。Φ 值在红光下达到最大，在远红光下最小，在黑暗环境中 Φ 值不断降低。当 Φ 值发生变化时，即可以引起植物体内的生理变化。

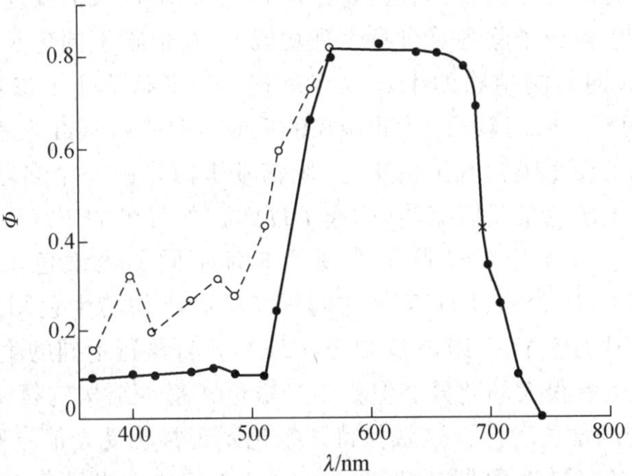

图 6-21　54 h 龄黄化白芥幼苗被 1 W/m² (实线) 和 10 W/m² (虚线) 光照射 30 min 后不同波长的 Φ 值

（引自潘瑞炽，2012）

6.7.1.4　光敏色素的代谢

黑暗中生长的幼苗合成光敏色素 Pr 型，光下转换为 Pfr 型，但光下 Pfr 型不稳定，大量降解，达到一个新的稳定状态（图 6-22）。光敏色素 Pfr 型在暗中又自发地逆转为 Pr 型，或被蛋白酶水解。暗中逆转速率比光转换速率慢，受温度、pH 和化学物质等影响，较高的温度和较低的 pH 加快暗逆转，一些还原剂可以在极短的时间中大大加速暗逆转的进行。

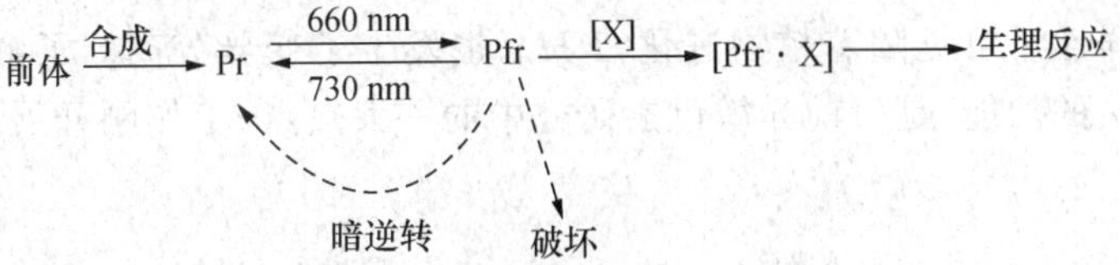

图 6-22　光敏色素代谢与光转换

6.7.1.5　光敏色素的类型及其编码基因

20 多年前，人们还只知道植物体内仅有一种光敏色素分子，但后来研究发现，不论是黄色或绿色的植物组织中至少存在两种类型的光敏色素分子。一般将在黄化组织中主要存在的光敏色素称为类型Ⅰ光敏色素（typeⅠphytochrome，PⅠ），由于其见光迅速降解，又被称之为光不稳定型。而在光下生长的绿色组织中存在的光敏色素称为类型Ⅱ光敏色素（typeⅡphytochrome，PⅡ），在光下能稳定存在，又被称之为光稳定型。PⅠ是一种易溶于水的浅蓝绿色蛋白质，以二聚体形式存在于细胞质中，它在吸收红光转变为 Pfr 后不稳定，迅速降解，且在光下很少合成，只有在黑暗中才能合成，因此 PⅠ在黄化组织中大量存在，在绿色组织中含量较低。PⅡ也是以二聚体的形式存在，在光下和黑暗中都可合成，而在黄化组织中含量较低，仅为PⅠ的1%～2%，但在光下转变成Pfr后较稳定，加之在绿色植物中PⅠ被选择性降解，因而虽然PⅡ含量低，却是绿色植物中主要的光敏色素。

两类光敏色素分别调控不同的生理反应。PⅠ在红光区的吸收高峰是666 nm，而PⅡ在红光区的吸收高峰在652 nm。PⅠ负责包括幼苗去黄化、光诱导的一些酶合成及色素合成等反应；PⅡ负责的反应发生在光下生长的植物中，生理功能较为复杂，在抑制黄化幼苗、避阴反应和光周期调控开花时间等方面发挥着主要作用，但像细胞伸长的反应等是由两者共同调节的。因此这两类光敏色素分子除各具自身生理功能外，在植物不同生长发育阶段也表现出协调作用或拮抗作用，共同影响植物的生长发育过程。一般认为PⅠ参与调控的反应时间较短，而PⅡ参与调控的反应时间较长。PⅡ调控的反应有时不被远红光和暗期所逆转。

光敏色素的种类主要由脱辅基蛋白决定，脱辅基蛋白是由一个多基因家族编码的，一般认为被子植物中存在光敏色素基因家族(称作*PHY*)。如玉米的*PHY*数目为2～4个，燕麦的*PHY*数超过4个。在拟南芥幼苗中发现了5种不同的光敏色素基因，分别被命名为*PHYA*、*PHYB*、*PHYC*、*PHYD*、*PHYE*。它们所编码的产物与生色团结合形成5种光敏色素蛋白(PHYA、PHYB 、PHYC、PHYD和PHYE)，各自执行不同的生理功能。由这几种基因编码的氨基酸顺序也有很大的差异。但作为光敏色素基本结构的氨基酸序列保守性较高，如N端与生色团结合的部位稳定。这就保持了生色团正常感受光信号所需的结构环境，以及使不同植物光敏色素的光谱性质非常相似。由*PHYA*编码的光敏色素蛋白A(PHYA)对光不稳定，属PⅠ，专一接收连续远红光信号。而*PHYB*、*PHYC*、*PHYD*和*PHYE*编码的PHYB、PHYC、PHYD和PHYE等对光稳定，属PⅡ，专一接收连续红光信号。有证据表明，*PHYA*编码PⅠ脱辅基蛋白，而*PHYB*编码产物与PⅡ脱辅基蛋白有关。*PHYA*的表达受到光负调节，而*PHYB*～*PHYE*的表达不受光照影响，属于组成型表达。

Park等利用生物物理和生物化学等手段发现，光敏色素包括2个中心区域，即与生色团相作用的N端"光感受区"和C端"光信号输出区"(图6-23)，而且还认为其他作用因子是通过光敏色素C端而发生作用的。

至今在低等植物中只发现了1种*PHY*，裸子植物中发现了2种*PHY*，在被子植物中显示出*PHY*的多样性。可见随着植物进化，*PHY*也发生了变异分离。了解光敏色素家族的组成及其不同成员的功能，是目前光敏色素研究中的一大热点，工作刚开展，但已显示出深远的意义。

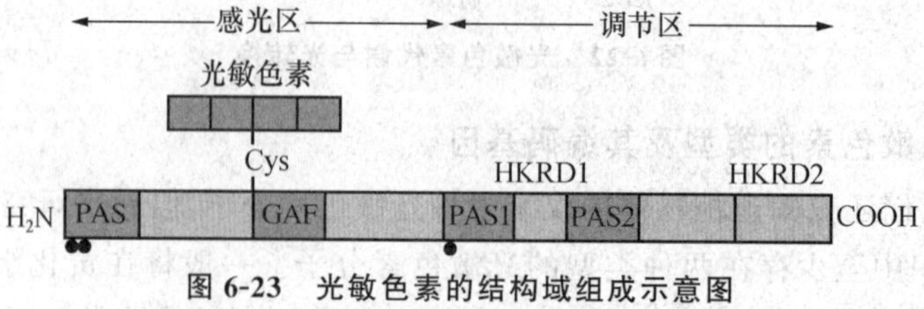

图6-23 光敏色素的结构域组成示意图

(引自惠婕，2010)

光敏色素的结构域组成：N端感光区包括PAS结构域和生色团结合结构域(即与GAF携带的半胱氨酸位点结合)；C端包括2个PAS结构域以及组氨酸激酶相关结构域(HKRD1和HKRD2)，C端结构域传递信号到光敏色素下游蛋白。黑点代表磷酸位点。

6.7.1.6 光敏色素的分布

光敏色素分布于植物各种器官和组织中，但分布不均匀。在植物分生组织和幼嫩器官，如胚芽鞘、芽尖、幼叶、根尖和节间分生区中含量较高(图 6-24)。禾本科植物的胚芽鞘尖端、黄化豌豆幼苗的弯钩、各种植物的分生组织和根尖等部分的光敏色素含量较多。一般来说，蛋白质丰富的分生组织中含有较多的光敏色素。

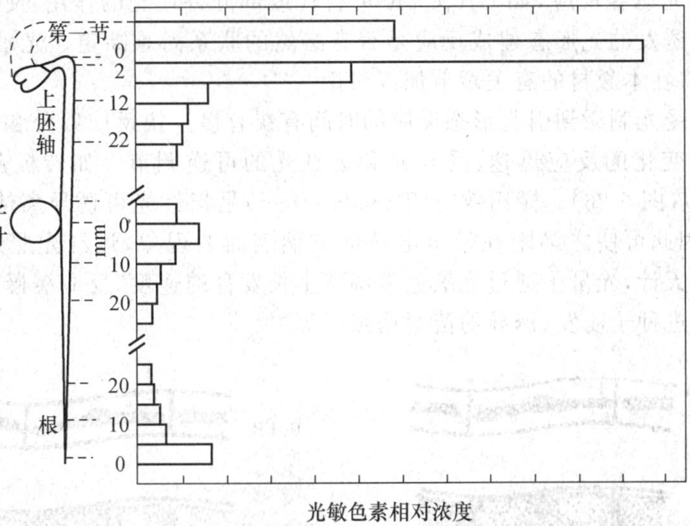

图 6-24 黄化豌豆幼苗中光敏色素的分布

(引自 Kendrick & Frankland，1983)

在亚细胞水平上，光敏色素主要存在于质膜、线粒体、质体、核膜、内质网和细胞质中。通常黄化苗中光敏色素含量比绿色组织中高出 20～100 倍。在黄化组织中，光敏色素大多分布在膜系统上，而照射红光后，大多分散在细胞中的各个部分。对光敏色素的细胞定位表明，黑暗条件下 PHYA～PHYE 都位于细胞质基质中，一旦照光，在 Pr 转变为 Pfr 的过程中，核定位序列暴露出来，Pfr 就进入细胞核内，调控相关基因的表达。

6.7.1.7 光敏色素的生理作用和反应调节类型

1. 光敏色素的生理作用

植物个体发育的整个过程都离不开光敏色素的作用。如从调节种子的萌发到幼苗的正常生长；从叶片表面气孔和表皮毛的形成到体内维管束的分化；从植株地上部分形态发育到地下部分的生长以及根冠比的调节；从叶绿体的发育到光合作用的调控；从贮藏淀粉、脂肪的降解到蛋白质、核酸的合成；从光周期控制花芽分化到叶片等器官衰老的调节等，这些过程都存在着光敏色素的作用(表 6-10)。现已清楚，植物体内有 60 多种酶或蛋白质受光敏色素的调控。

表 6-10 高等植物中光敏色素控制的某些生理作用

1. 种子萌发	2. 小叶运动	3. 光周期反应	4. 叶脱落
5. 弯钩张开	6. 膜透性改变	7. 花诱导	8. 块茎形成
9. 节间延长	10. 向光敏感性	11. 子叶张开	12. 性别表现
13. 根原基起始	14. 花色素形成	15. 肉质化	16. 叶分化与扩大
17. 质体形成	18. 叶片偏上生长	19. 节律现象	20. 激素代谢
21. 酸性磷酸酯酶	22. 激素含量	23. IAA 合成和运输	24. 乙烯生物合成
25. 气孔分化	26. 脂肪酸合成	27. 花粉育性	28. 核酸合成

另外，光敏色素与植物体内的激素代谢也有关。例如黄化大麦经红光照射后，GA 含量急剧上升，光敏色素 Pfr 型可促进卷曲幼叶中 GA 的形成和质体中释放出 GA；红光可减少植物体内游离 IAA 的含量；光下乙烯生物合成受阻而使幼苗下胚轴弯曲张开和伸直。植物激素也可以模拟某些光诱导反应，如 GA、CTK 可替代或部分替代光的作用，使需光种子萌发，但激素与光敏色素诱发的光形态建成反应是否有必然的联系尚难断定。光敏色素诱导的生理作用具体过程，将在本教材的有关章节加以讨论。

光敏色素接受光刺激到引起形态反应的时间有快有慢。快反应以分和秒计，从吸收光量子到诱导出形态变化的反应迅速，受红光和远红光的可逆调节。如转板藻叶绿体运动（图 6-25）和棚田效应（图 6-26）。棚田效应（Tanada effect）是指红光可诱导离体绿豆根尖的膜产生少量正电荷，因此可使之黏附在带负电荷的玻璃表面的现象，远红光照射可逆转该过程。慢反应以小时和天计，光量子通过光敏色素调节生长发育的速度，反应缓慢，反应终止后不能逆转。如红光促进种子萌发、诱导幼苗弯钩张开等。

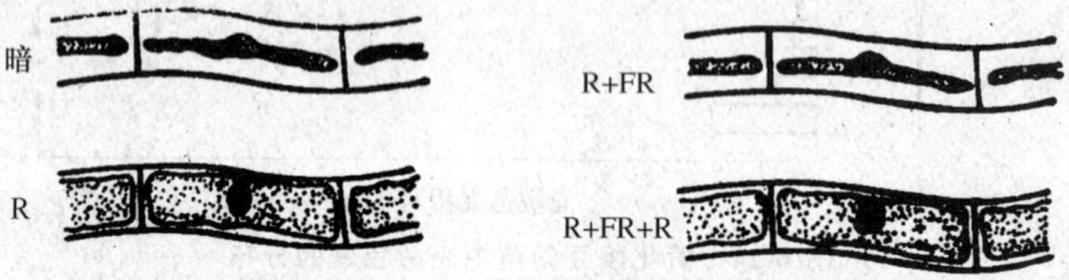

图 6-25　弱 R 和 FR 对转板藻叶绿体运动的影响

（引自潘瑞炽，2004）

红光使叶绿体面向光照方向。

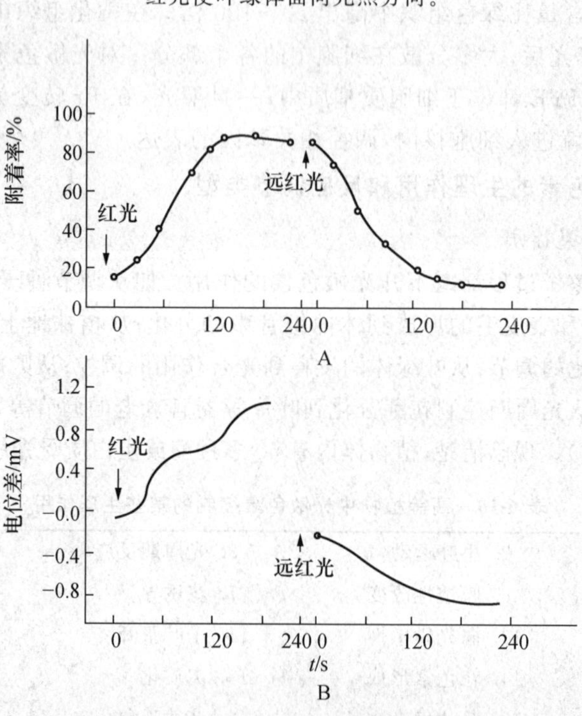

图 6-26　红光或远红光处理后，绿豆根尖黏附在带负电荷的玻璃板表面的动力学（A）和根尖电位差（B）的变化

（引自潘瑞炽，2012）

2. 光敏色素的反应调节类型

根据对光量的需求，光敏色素参与调节的反应分为极低辐照度反应、低辐照度反应和高辐照度反应 3 种类型。3 种类型调节反应的相同点和不同点归纳于表 6-11。

(1) 极低辐照度反应(very low fluence response，VLFR)　VLFR 可被 $10^{-4} \sim 10^{-2}$ $\mu mol \cdot m^{-2}$ 的红光或远红光诱导，但红光反应不能被远红光逆转。在 Φ 值仅为 0.02%时就满足反应条件，即使在实验室的绿色安全光下反应都可能发生。这样极低辐照度的红光可刺激暗中生长的燕麦芽鞘伸长，但抑制其中胚轴生长；拟南芥种子可被 1～100 $nmol \cdot m^{-2}$ 的红光诱导萌发。极低辐照度的反应遵守反比定律，即反应的程度与光辐照度和光照时间的乘积成正比，如增加光辐照度可减少照光时间，反之亦然。由于远红光使 9%的 Pfr 正常转化为 Pr，仍保留 3%的 Pr，所以红光反应不能被远红光逆转。VLFR 的作用光谱峰在红光和蓝光区，说明其光受体是光敏色素，而且可能有蓝光受体参与。

(2) 低辐照度反应(low fluence response，LFR)　LFR 也称为诱导反应，1 $\mu mol \cdot m^{-2}$ 的光强即可启动这类反应，1 000 $\mu mol \cdot m^{-2}$ 时达到饱和，是典型的红光-远红光可逆反应。反应可被一个短暂的红闪光诱导，并可被随后的远红光照射所逆转。在未达到光饱和时，反应也遵守反比定律。多数的光形态建成是 LFR。如需光莴苣种子的萌发，仅需几秒钟至几分钟照光即促进萌发，转板藻叶绿体运动也属于这一类。也有的种子需几小时或数天连续或间断照光才能萌发。由于种子贮存的营养有限，土壤使光衰减较明显，为使其幼苗尽快进入自养，所以需光种子不能播种太深。在自然条件下，光谱成分不是完全一致的，出土的幼苗依赖不同类型的光敏色素感光而完成去黄化或避阴反应。在直射阳光下，大量红光激活 PHYB 诱导去黄化反应，植株冠层下幼苗感受较多的远红光，激活 PHYA 诱导冠层下幼苗去黄化反应。

光对生长的植物来说，光敏色素还作为环境中 R∶FR 比率的感受器，传递不同光质、不同照光时间的信息，调节植物的发育。如植物叶片含有叶绿素而吸收红光，透过或反射远红光。当植物受到周围植物的遮阴时，R∶FR 值变小，阳生植物在这种条件下，PHYB 吸收远红光而促进茎向上伸长速度加快，以获取更多的阳光，这就叫避阴反应(shade avoidance response)。

(3) 高辐照度反应(high irradiance response，HIR)　HIR 也称高光照反应，反应需持续的强光照，激活反应的光强需大于 10 $\mu mol \cdot m^{-2}$，其饱和光照比低辐照度反应强 100 倍以上。HIR 是光波长、辐照强度及光照时间的综合作用，光照越强，光照时间越长，反应程度越大，不遵守反比定律，红光反应也不能被远红光逆转。一般来说，黄化苗的反应光谱高峰在远红光、蓝光和近紫外光 A 区域，而绿苗的反应主要在红光区域。目前，已知在远红光下，HIR 不受 PHYA 调节，在红光下，HIR 却受 PHYB 调节。由高辐照度引起的光形态建成有：双子叶植物花色素苷的形成、抑制芥菜与莴苣下胚轴的伸长和莴苣胚芽顶端弯钩的张开等。在去黄化过程中，一些 LFR 同时也属于 HIR。如在低辐照度条件下，黄化白芥菜幼苗的花色素形成是典型的红光-远红光可逆反应，作用光谱在红光区有一单峰；而当用几小时的高强度光处理后，也表现出 HIR。

表 6-11　光敏色素 3 种调节反应的比较

(改自潘瑞炽,2004)

反应类型	诱导光量	红光-远红光可逆	反比定律	作用光谱峰和光受体	事例
VLFR	1～100 nmol・m^{-2}	否	是	红光、蓝光 PⅠ(PHYA)	燕麦芽鞘伸长 拟南芥种子萌发
LFR	1～100 μmol・m^{-2}	是	是	红光、远红光 PⅡ(PHYB、PHYD、PHYE)	莴苣种子萌发 转板藻叶绿体运动
HIR	1～100 mmol・m^{-2}	否	否	黄化苗:远红光、蓝光、UV-B PⅠ(PHYA)、Cry 绿 苗:红光 PⅡ(PHYB)	花色素苷形成 开花诱导 幼苗去黄化 抑制下胚轴的伸长

6.7.1.8　光敏色素的作用机理

对光敏色素作用机理可以简单地概括为图 6-27。光敏色素的生色团与脱辅基蛋白在细胞质内组装后以非活性 Pr 形式存在,在生色团感受到红光照射后大部分变成具有活性的 Pfr 形式,导致大多数的 Pfr 由胞质移向核内,一旦进入核内,光敏色素即与转录因子相互作用,调节基因转录的变化,最终调控植物产生一系列生理生化变化和形态建成。少量 Pfr 留在细胞质内通过调节膜电势和离子流从而调控植物的一些快速反应如茎伸长抑制等。

光敏色素作用于植物光形态建成的机理,目前有两种假说:膜作用假说与基因调节假说。

(1)膜作用假说　该假说由 Hendricks 等在 1967 年提出。假说认为,光敏色素能改变细胞中一种或多种膜的特性或功能,从而引起一系列反应。当其发生光化学转换时,Pfr 直接与膜发生物理作用,从而改变膜的透性、膜上酶的分布,进一步影响跨膜离子流动和酶活性,最终引起植物形态建成的变化。显然,光敏色素调控的快速反应都与膜性质的变化有关。

一些实验间接证明,无论是在活体还是在离体状况下,Pfr 均能结合到质膜、内质网、叶绿体和线粒体等膜上。经红光照射的燕麦幼苗中分离出的线粒体膜上,可测定出有较高含量的 Pfr 存在;而未经红光照射的线粒体膜上没能测到 Pfr 的存在,这表明光活化的 Pfr 能与线粒体被膜结合。当用能分解表面附着蛋白的蛋白酶处理时,发现蛋白酶不能去除线粒体膜上的 Pfr,而且膜上的 Pfr 能被光逆转而调节线粒体的某些功能,这进一步表明 Pfr 与膜的结合不是随机的表面黏合。

活化的光敏色素不仅能与膜结合,而且还能调节膜的功能。巨大藻(Nitella)在照光后 1.7 s,就可观察到原生质膜内侧的电势比外侧低的极化作用被消除。一些豆科植物的小叶在光照时会运动,这是由于 K^+ 快速进入或排出细胞,影响到小叶叶枕细胞的膨压而引起的。光敏色素被认为在小叶运动中起光调节作用,在吸光后,光敏色素改变了膜的透性,引起 K^+ 的流动,最终引起小叶运动。

光敏色素除了调节 K^+ 进出细胞外,更重要的是调控着细胞内 Ca^{2+} 的输导系统。近年来的生化实验表明,光敏色素对光形态建成的作用是与 Ca^{2+} 以及依赖 Ca^{2+} 的结合蛋白 CaM 有关的。例如,光可诱导转板藻(*Mongeotia*)的叶绿体转动(图 6-25),给转板藻照射 30 s 红光后,在 3 min 内可检测到转板藻体内 Ca^{2+} 积累速度增加 2～10 倍;这个效应可被照射红光后、

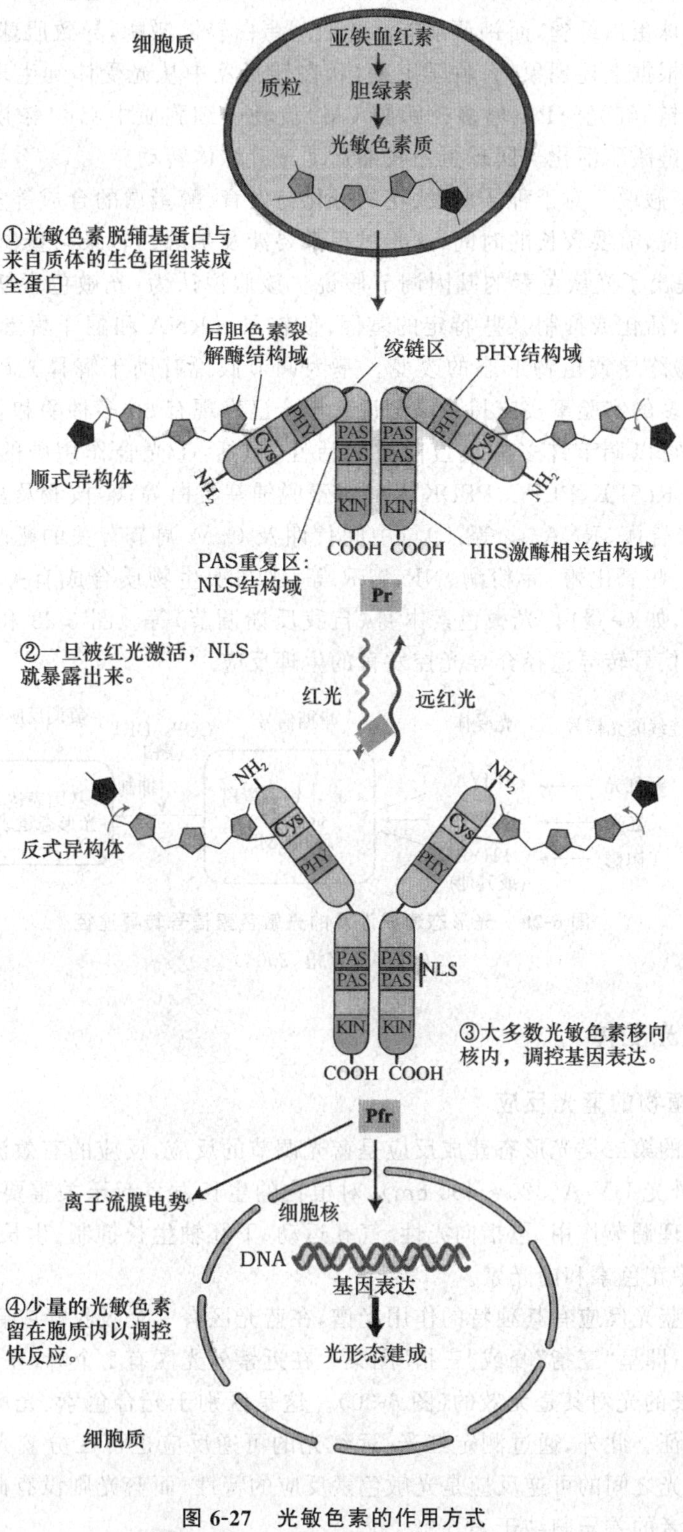

图 6-27　光敏色素的作用方式

(引自 Taiz 等主编，宋纯鹏等编译，2015)

立即照射 30 s 的远红光全部逆转。叶绿体之所以能在细胞内转动，这是由于叶绿体和原生质膜之间存在肌动球蛋白纤丝，而钙调素能活化肌球蛋白轻链激酶，导致肌球蛋白的收缩运动，使叶绿体转动。根据上述现象，有科学家提出，在转板藻中从光受体到生理反应之间存在这样一条信号传递链：红光→Pfr 增多→跨膜 Ca^{2+} 流动→细胞质中 Ca^{2+} 浓度增加→钙调素活化→肌球蛋白轻链激酶活化→肌球蛋白收缩运动→叶绿体转动。

(2)基因调节假说　对于种子萌发、花的分化与发育、酶蛋白的合成等多数被光敏色素诱导的生理过程来说，需要较长的时间，这些过程都要涉及基因的转录与蛋白质的翻译。为此，1966 年，Mohr 提出了光敏色素的基因调节假说。该假说认为，光敏色素 Φ 值的变化引起信号的转移和放大，活化或抑制某些特定的基因，使转录 mRNA 和翻译酶蛋白发生改变，从而影响代谢活动，最终导致植物形态的改变。基因调节假说有助于解释光敏色素作用的慢反应。现在越来越多的实验事实支持了该假说。至今已发现有 60 多种酶和蛋白质受光敏色素调控。光敏色素可以调节许多酶或蛋白质的活性，包括：①光合作用中的 Rubisco、PGAK、FBPase、SBPase、Ru5PK、PEPC、PPDK 及叶绿素脱辅基蛋白等；②核酸及蛋白质代谢中的有关酶，如 RNA 聚合酶、RNAase 等；③与中间代谢及 CaM 调节有关的靶酶，如 PGAld 脱氢酶、NAD 激酶、一些氧化酶、淀粉酶、NR、NiR 等；④与次生物质合成有关的酶，如 PAL 等；⑤信息传递物质，如 G-蛋白、光敏色素本身(自我反馈调节)等。图 6-28 和图 6-29 简要说明了光敏色素通过信号转导途径介导光控发育的生理反应。

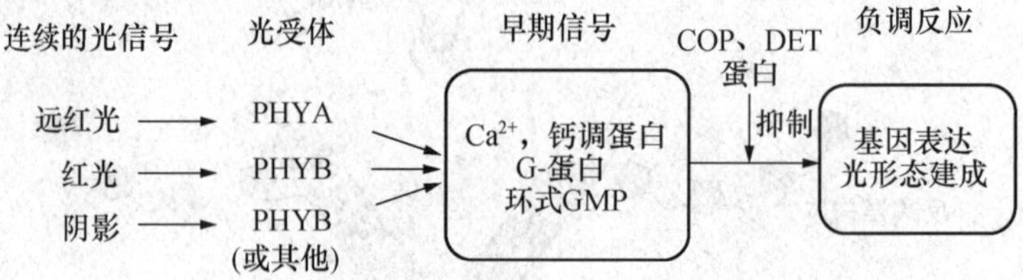

图 6-28　光形态建成涉及的光敏色素信号转导途径

(引自曹仪植，2004)

6.7.2　蓝光受体

6.7.2.1　植物的蓝光反应

植物界存在的第二类光形态建成反应是蓝光调节的反应，反应的有效波长是蓝光(400～500 nm)和近紫外光 UV-A(320～400 nm)，对植物的生长发育起至关重要的作用，涉及植物生长发育多种生理调节作用，包括向光性、气孔运动、下胚轴生长抑制、生长素调节、昼夜节律等，其光受体是隐花色素和向光素。

高等植物的蓝光反应有其独特的作用光谱，在蓝光区有 3 个吸收峰或肩(分别在 420、450 和 480 nm 左右)，即呈“三指”峰或“三指”图案。在近紫外光区有 1 个峰(在 370～380 nm)，而大于 500 nm 波长的光对其是无效的(图 6-30)。这是区别于光合色素、光敏色素和其他光受体反应的典型特征。此外，通过测定红光/远红光的可逆反应也可区分蓝光反应和光敏色素反应，红光/远红光之间的可逆反应是光敏色素反应的特性，而蓝光则没有此类反应。蓝光反应与红光反应两者的差异归纳于表 6-12。

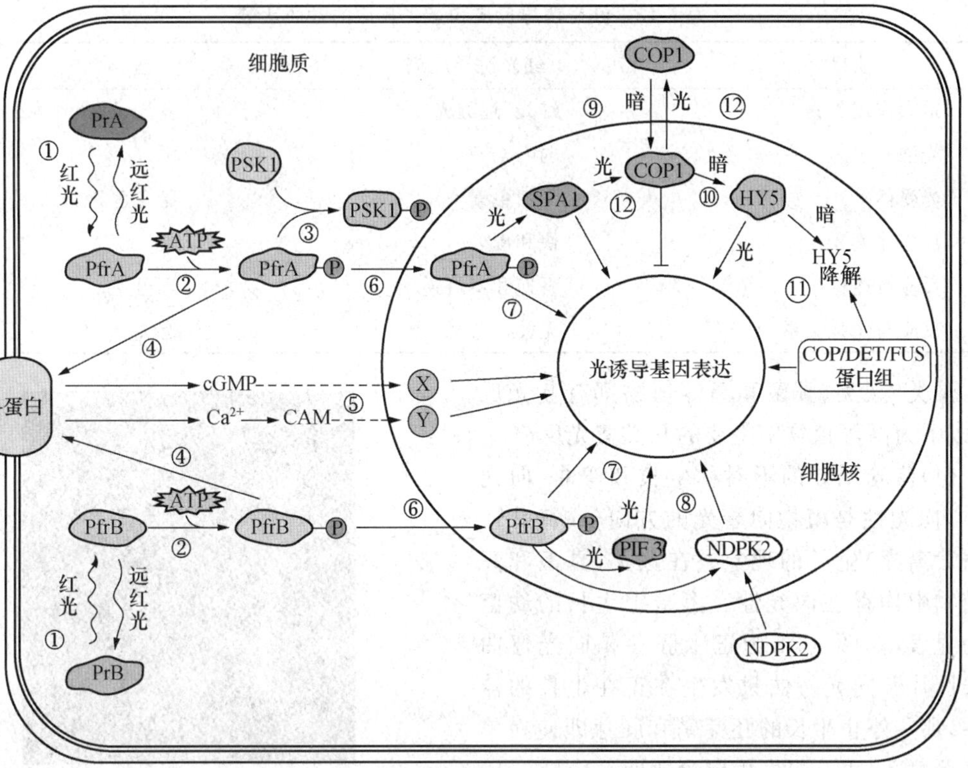

图 6-29　光敏色素调节基因表达图解

(引自 Sharma,2001)

PrA 和 PrB 经红光激活转变为 PfrA 和 PfrB,经过自身磷酸化后跨膜进入细胞核,进行以下途径:①直接参与光调控基因的表达,即通过激活下游的信号组分 SPA1 和 PIF3 而参与基因表达的调控;磷酸化的 PfrB 还可激活 NADK2。②磷酸化的 PfrA 和 PfrB 可与质膜上的 G-蛋白作用,通过 cGMP 或 Ca^{2+}-CaM 激活核内转录因子(X 或 Y),参与调控基因的表达。

NADK2:核苷二磷酸激酶 2;SPA1: PHYA105 的抑制子;PSK1:光敏色素激酶底物 1;COP1:一种组成型表达的参与光形态建成的蛋白 1;HY5: 从拟南芥长胚轴突变体 5 中分离的蛋白质,一种具有锌指结构的转录因子。

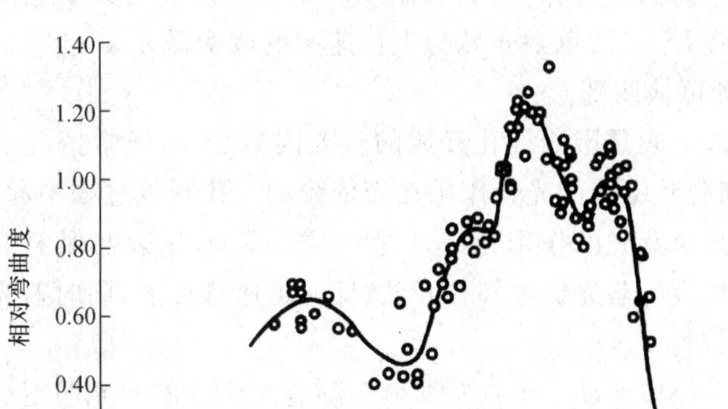

图 6-30　蓝光引起燕麦胚芽鞘向光性的作用光谱

(引自 Thimaun & Curry,1960)

表 6-12 红光诱导反应和蓝光反应的性质比较

项目	红光诱导反应	蓝光反应
最大作用光谱	红光、远红光	蓝光、近紫外光
光强	弱	强
光受体	光敏色素	隐花色素
反应速度	快和慢	慢
反应可逆性	可逆和不可逆	不可逆
反应与光强关系	无关	有关

藻类、蕨类、真菌和高等植物都有蓝光反应,以下为高等植物中主要的几类蓝光反应。

(1)蓝光诱导的不对称生长和弯曲(向光性) 向光性是植物向着光的方向(或特殊情况下背离光)生长的现象。在蕨类、真菌和高等植物中均存在向光性。黑暗中生长的幼苗尤为显著,如图 6-31 为玉米胚芽鞘向光弯曲生长图片。向光弯曲只发生在正在生长的器官中,那些停止生长的胚芽鞘和胚芽即使在单射光照射下,也不再发生向光弯曲。

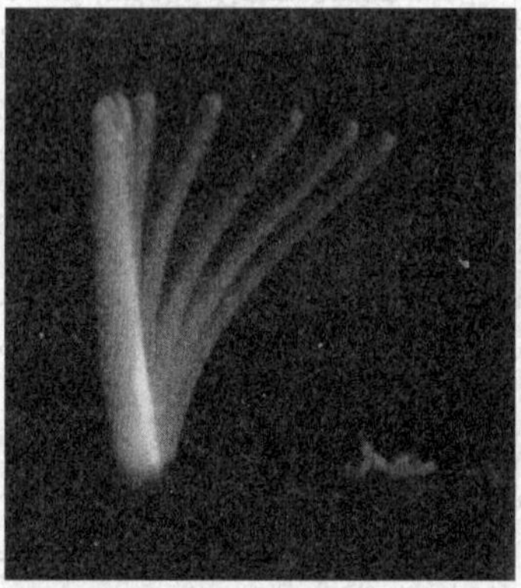

图 6-31 玉米胚芽鞘朝着右边单侧蓝光生长的慢速拍摄照片

(引自 Taiz & Zeiger,2010)

左边第一个图像上,胚芽鞘大约 3 cm 长。连续曝光 30 min,胚芽鞘弯曲角度随其生长而增加。

(2)抑制茎的伸长 在暗处生长的幼苗茎伸长得特别快,但当幼苗破土而出时,光抑制茎伸长,这一现象是植物光形态建成的重要反应。已知光敏色素参与抑制茎伸长的反应,但是导致茎伸长速率下降的作用光谱在蓝光区域。实验研究表明,在强黄光背景下生长的莴苣幼苗,施加低通量的蓝光,其下胚轴生长速率下降 50%以上,表明蓝光调节的特异的抑制下胚轴伸长反应与光敏色素介导的反应相互独立。此外,从时间进程看,光敏色素介导的生长速率的改变需在 8～90 min 可检测到,而蓝光介导的在 15～30 s 即可检测到。

(3)促进气孔开放 光是影响气孔开放的重要因素之一,通常情况下,气孔在光下开放,在暗中关闭。保卫细胞叶绿体的光合作用在光依赖的气孔开放过程中起作用(光合作用),在饱和红光背景下,气孔对蓝光的作用光谱呈现"三指"模型,这表明保卫细胞除进行光合作用外,还对蓝光有特异反应。蓝光促进气孔开放,反应迅速且可逆,同时蓝光调节的气孔运动贯穿植物的整个生活周期。

(4)蓝光诱导的叶绿体运动 植物叶绿体会随着光照方向和光照度的变化而改变其在细胞中的位置,在高光照下它从叶肉细胞表面移动到细胞侧壁,叶绿体扁平面与光照方向平行,以减少吸收过多的光能避免光伤害,称为叶绿体的回避反应(avoidance response);在弱照度光下叶绿体聚集在细胞表面,其扁平面与光照方向垂直,以保证最大程度的吸收光能,称为叶绿体的聚集反应(accumulationresponse)(图 6-32)。这种诱导叶绿体重新分布的作用光谱具有典型的蓝光反应特征——精确的"三指"结构。

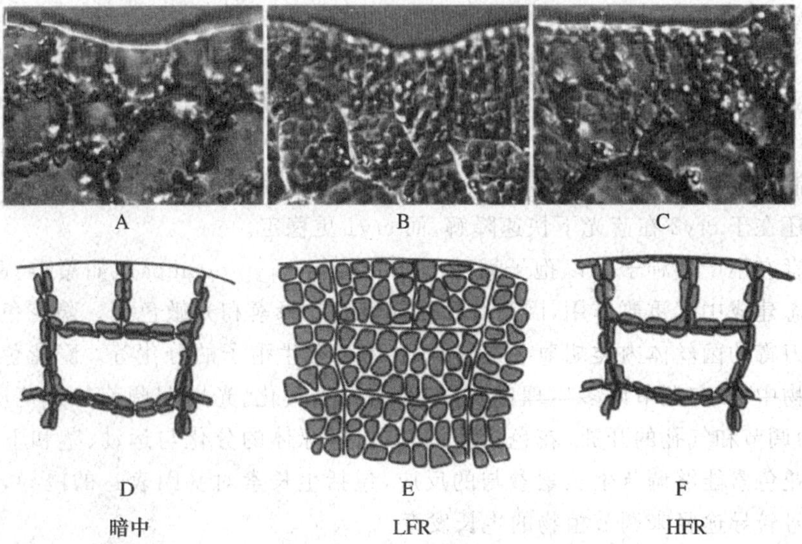

图 6-32 蕨类植物铁线蕨叶绿体的移动反应图

暗中(A 和 D)、低光照度白光(B 和 E)以及高光照度白光(C 和 F)下的铁线蕨原叶体边缘中叶绿体移动的俯视图(A～C)和示意图(D～F)。

6.7.2.2 蓝光受体

隐花色素(cryptochrome,cry)是吸收蓝光和近紫外光而引起光形态建成的一类光受体,又称蓝光受体(blue light receptor)或蓝光/紫外光 A 受体。隐花色素广泛存在于植物、动物等真核生物细胞内,在双子叶植物、单子叶植物、蕨类、藓类和藻类中都存在。

大多数植物隐花色素是黄素类蛋白,70～80 kD。分子大体由两部分组成:一是色素,即生色团,用此接受光信号;二是脱辅基蛋白,应答生色团感受的光信号,并将应答信号转导给光受体下游的信号传递体,引发某种生理反应。生色团由黄素腺嘌呤二核苷酸(FAD)和蝶呤(pterin)构成;其脱辅基蛋白有两个主要结构域,即 N 端结构域和 C 端结构域(图 6-33)。N 端结构域又称 PHR(photolyase-homologous region) 结构域,与细菌的 DNA 光解酶(photolyases)具有较高同源性,但它不具有 DNA 修复活性,其中结合生色团,是接受光信号的区域;C 端结构域具有一个可变的 DQXVP-acidic-STAES (DAS) 区域,此区域从藓类,蕨类到被子植物是保守的,但是该区域比 PHR 的保守性要差,该区域是信号输出区域,主要负责核定位、分子稳定性、翻译后修饰以及与蛋白之间的相互作用,对隐花色素功能起重要的调节作用。

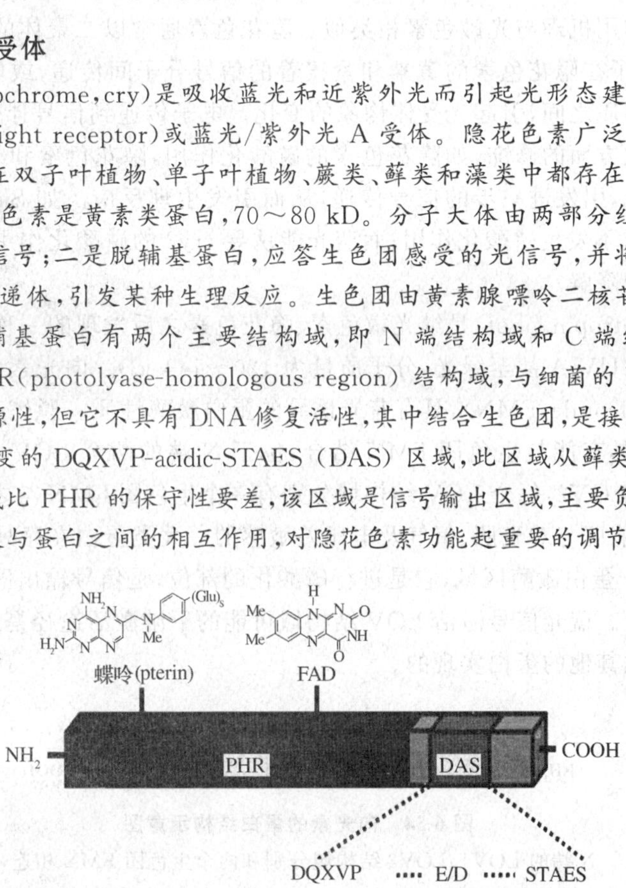

图 6-33 隐花色素结构域示意图

(引自 X. Yu 等,2010)

目前,在拟南芥植物中已研究发现至少两种同功蛋白,隐花色素 1(cry1)和隐花色素 2(cry2),cry2 和 cry1 有很高的相似性,其色素基团均为核黄素,二者功能在某种程度上可能有重叠。如二者均可调节抑制下胚轴伸长和诱导花色素苷的合成。但二者功能也有显著不同,cry1 主要调节抑制下胚轴伸长和蓝光诱导的昼夜节律时钟,大多在地上组织中表达,而 cry2 主要调节控制开花时间和子叶扩展,主要在根尖、叶原基和子叶中活性较高。同时它们之间的主要区别还在于 cry2 在蓝光下快速降解,而 cry1 更稳定。

隐花色素在不产生种子而以孢子繁殖的隐花植物(cryptogamoa),如藻类、菌类、蕨类等植物的光形态建成中起重要作用,因为真菌体内没有叶绿素和光敏色素。隐花色素能调节真菌类水生镰刀霉的菌丝体内类胡萝卜素的合成、木霉分生孢子的分化等。隐花色素也广泛存在于高等植物中,参与调节许多生理过程,如幼苗的去黄化、光周期调节的开花反应、向光性反应、生物钟调节和气孔的开放、花色素苷的合成、叶绿体的分化与运动、茎和下胚轴的伸长抑制等。隐花色素能够调节生长素参与的反应,包括生长素对基因表达的诱导,还能通过抑制生长素信号转导途径来调节植物的生长发育。

一般认为,蓝紫光抑制茎伸长生长,阻止黄化并促进分化。用浅蓝色聚乙烯薄膜育秧,因透过的蓝紫光多,能使秧苗长得较健壮。此外,光敏色素与隐花色素在一些反应中有协同作用。与光敏色素调控的反应不同,蓝光效应一般不能被随后处理的较长波长光照所逆转。

隐花色素的作用机理与光敏色素相类似。隐花色素通常以二聚体的形式存在。蓝光、近紫外光照射下,电子在隐花色素的黄素和紧挨着的信号分子间传递,或电子传递发生在隐花色素的黄素和蛋白质之间,引起光受体构象的变化。电子传递到信号伴侣或光受体里的构象变化都会导致生化方面的修饰,如隐花色素的磷酸化作用,隐花色素和与之结合的信号蛋白间相互作用的变化,引发进一步的信号传递,从而引发生理反应。如 Shatn 研究发现在无光时,cry2 没有活性、不发生磷酸化作用;而蓝光能诱导 cry2 的磷酸化作用,启动光形态建成并最终引起光受体的降解。

向光素(phototropin,phot)是继光敏色素、隐花色素之后发现的一种蓝光受体,是一种黄素蛋白,感受蓝光/UV-A 甚至绿光,分子质量为 120～144 kD。向光素生色团为黄素单核苷酸(flavinmononucleotide,FMN),具有蓝光诱导的蛋白激酶性质。脱辅基蛋白中有两个重要的多肽区域:一是具有能与生色团 FMN 结合、位于 N 端的两个 LOV(light, oxygen, voltage),即 LOV1 与 LOV2,每个 LOV 结构域分别有一个生色团 FMN 与之结合,它们是感受光信号的区域,该功能区与对光照、氧气及电压差敏感的一大类蛋白在序列上相似;另一个是位于 C 端的 Ser/Thr 蛋白激酶区域,它是进行磷酸化的部位,是信号输出区域(图 6-34),具有光激活的自身磷酸化。蓝光信号激活 LOV 结构域可能的下游激活途径是通过向光素自身磷酸化或进一步磷酸化其他的蛋白实现的。

图 6-34　向光素的蛋白结构示意图

N 端的 LOV1、LOV2 结构域分别和两个生色团 FMN 相连,
C 端的 Ser/Thr 激酶 (kinase) 区能够进行自身磷酸化。

在拟南芥、水稻、玉米等植物中克隆出多种编码向光素的基因,主要有 phot1 和 phot2。

phot1 和 phot2 在植物向光性、叶绿体移动、气孔运动、叶片的扩展生长和弱光下生长等过程中起重要的调节作用，并且在不同的生理反应过程中，phot1 和 phot2 可能采用不同的信号传递载体实现其功能互补。二者在调控向光反应的功能上既重叠又特异。photl 既能调节低照度光下植物的向光性反应，又能调节高照度光下的向光性反应；而 phot2 仅调节高照度光下植物的向光性反应。前者在光照强度为 0.01～100 $\mu mol \cdot m^{-2} \cdot s^{-1}$ 的范围内参与调控向光反应，而后者主要介导强光条件（>10 $\mu mol \cdot m^{-2} \cdot s^{-1}$）下的反应。

向光素的作用机制也与光敏色素相似。向光素作为一个自身磷酸化的 Ser/Thr 蛋白激酶受体，在蓝光照射下，可被蓝光诱导磷酸化，继而与蛋白结合，通过启动一系列蓝光介导的信号转导过程，从而引发生理反应。

6.7.3　紫外光-B 反应

太阳光中的紫外光（Ultraviolet，UV）依其波长，可分为长波紫外光 UV-A（320～390 nm）、中波紫外光 UV-B(280～320nm)和短波紫外光 UV-C（<280 nm）三部分。太阳光经过大气层时，UV-C 被臭氧层全部吸收，约 90% UV-B 被臭氧层吸收，所以到达地面的是剩余部分的 UV-B 和全部的 UV-A，近年来由于臭氧层受到破坏，到达地表的 UV-B 辐射不断增加。

UV-B 是植物必需的太阳光线的组成部分，具有明显的双重效应：当 UV-B 强度较高时，能使核酸分子结构破坏，气孔关闭、PSⅡ 电子传递受阻、多种蛋白质变性，IAA 氧化，细胞的分裂与伸长受阻，从而使植株矮化、叶面积减少；UV-B 还能降低叶绿素和类胡萝卜素的合成，破坏叶绿体的结构，钝化 Rubisco 和 PEPC 等光合酶的活性，使光合速率下降，从而使植物生长量减少。高山上空气稀薄，短波长光易透过，日光中紫外线特别丰富，因而高山植物长得相对矮小。植物在受到紫外光照射后，会增加抗 UV 色素如黄酮、黄酮醇、肉桂酰酯及肉桂酰花青苷等的合成，这些抗 UV 色素分布于叶的上表皮，能吸收 UV-B 而使植株免受伤害，这也是植物的一种保护反应。而低强度 UV-B 是植物生长发育的光信号之一，经由 UV-B 受体介导中、低、极低强度 UV-B 信号，通过相应的分子途径控制相关基因的表达，分别对 UV-B 保护基因表达、形态建成、昼夜节律、生长发育等进行调控。

21 世纪以前，科学家们始终没有找到吸收 UV-B 的光受体及其信号转导途径，直到 2002 年，Kliebenstein 等（2002）发现一株对 UV-B 超敏感的拟南芥突变体 *uvr8-1*，突变体内查尔酮合酶（chalcone synthase，CHS）的基因表达量降低，类黄酮合成受阻。2011 年，Rizzini 等（2011）从拟南芥分离到 UVR8 蛋白，证实 UVR8 就是 UV-B 的光受体。2012 年，Wu 等和 Christie 等分别解析了 UVR8 的晶体结构，明确了色氨酸为 UVR8 中吸收 UV-B 的生色团。UVR8 是 UV-B 特异受体，介导 UV-B 诱导的光形态建成。

UVR8 由两个相同的单体形成的二聚体，每个单体由 7 个富含 β-折叠的 WD40 结构域组成。两个单体通过众多氢键紧密结合在一起。无 UV-B 照射时，UVR8 以二聚体的形式存在于细胞质和细胞核中。接收 UV-B 光信号后，细胞质中的 UVR8 转移到细胞核中，UVR8 单体中，两个色氨酸（W285 和 W233）组成了感受 UV-B 的核心基团，当受到 UV-B 照射时，色氨酸吲哚环电子被激发，破坏了 W285 和 W233 与相邻的两个精氨酸（R286、R338）之间的紧密的电荷作用，影响了 R286、R338 在结构中的稳定性，而 R286、R338 正是参与形成两个 UVR8 单体间氢键的关键氨基酸，二者受到扰动，破坏了相应氢键，从而使 UVR8 二聚体解聚，之后与E3泛素连接酶COP1相互作用，调节一系列重要的UV防御基因的表达，协调整个植物体对UV-B的应答。目前，关于UVR8在植物体内的生理功能研究还处于起始阶段，并且主要集中在拟南芥的研究中，包括抑制下胚轴的生长、叶肉细胞和表皮细胞的伸展、表皮气孔放大、调节生物节律、提高光合速率和提高对灰霉菌的抗性，其他植物可能还有许多未知的功能。

思考题

1. 何谓生长、分化和发育？三者之间有何区别与联系？
2. 简述组织培养的理论基础及一般程序。
3. 影响种子萌发的内外因素有哪些？如何创造有利于种子萌发的环境条件？
4. 种子萌发时贮藏有机物发生哪些变化？
5. 植物生长为何表现出生长大周期的特性？植物生长大周期对农业生产有何指导意义？
6. 解释"根深叶茂""本固枝荣""旱长根、水长苗"等现象的生理原因。
7. 试述植物生长的相关性，及其在农作物、树木、果树和园林植物生产上的应用。
8. 植物向光性、向重力性的机理是什么？
9. 含羞草感震性的生理机制是什么？
10. 植物生长的最适温度和协调最适温度有何不同？温度"三基点"对生产实践有何指导意义？
11. 什么是它感作用？它对农业生产、园林植物配置、环境治理实践有何指导意义？
12. 光对植物生长起什么作用？
13. 植物的光形态建成与光合作用有什么异同？
14. 植物光受体有哪些？各有什么特点？
15. 光敏色素的结构特点是什么？其功能有哪些？功能与结构有什么关系？
16. 光敏色素介导的植物生理反应有哪些？如何用实验证明植物的某一生理过程与光敏色素有关？
17. 简要说明光敏色素调控植物发育的作用机理。
18. 何谓蓝光反应？植物的蓝光反应有哪些？如何区别蓝光反应与其他光反应？
19. 蓝光和紫外光对植物的生长有什么影响？
20. 请解释下列概念的含义：光形态建成，黄化现象，棚田效应，低辐照度反应，极低辐照度反应，高辐照度反应，叶绿体的回避反应，叶绿体的聚集反应。

第7章 植物的生殖生理

提要

花芽分化是植物生活周期中从营养生长向生殖生长转变的转折点，标志着幼年期的结束和成熟期的到来。植物枝条顶端分生组织花器官形态建成要经过“感受”“决定”和“表达”3个环节，才能实现开花过程。有些植物在幼年期不能诱导开花，必须达到花熟状态才能诱导成花。低温和光周期是成花诱导的主要外界条件。

低温诱导促进植物开花的作用叫春化作用。根据植物对低温的要求，春化分为：①相对低温型，主要是一年生冬性植物；②绝对低温型，主要是二年生和多年生植物。植物感受低温的部位是茎尖生长点。春化作用在未完成之前给予高温，可以解除春化，再给予低温，又可以再春化；但一旦完成春化，高温就不再能解除春化。

根据植物成花对光周期的要求，分成长日植物、短日植物和日中性植物等类型。暗期对植物成花起决定作用。短日植物成花要求暗期长于临界夜长，长日植物则要求暗期短于临界夜长。暗期间断抑制短日植物开花，促进长日植物开花。植物接受光周期信号的部位是叶片，光敏色素、隐花色素和成花素等因子参与植物对光信号的接受和光周期反应。

人为控制低温和光周期对调控植物开花和指导引种具有生产实践意义。

春化作用、光周期等信号转导途径促进了成花基因的顺序表达，合成新的 mRNA 和特异蛋白质，从而导致花芽分化。成花诱导是一个由多种因子相互作用的复杂过程。拟南芥的成花诱导可能存在光周期途径、自主途径、春化途径和赤霉素途径等。上述4种途径都是通过促进关键的花分生组织决定基因 *AGL20* 的表达，再调节下游花分生组织决定基因 *LEAFY*(*LFY*)的表达，实现花器官的形成。花器官的形成受一组同源异型基因的控制，ABCDE 模型可以解释这个过程。

干燥、低温、增加 CO_2 含量和减少 O_2 含量，可延长花粉的寿命。柱头的生活力一般能维持一段时间。花粉在柱头上吸水萌发，形成花粉管，并沿着花柱进入胚珠，Ca^{2+} 是引导花粉管定向生长的因素之一。花粉能否正常萌发和受精取决于花粉和柱头之间的亲和性，人为干预可打破不亲和性。受精引起雌蕊的 IAA 含量剧增，呼吸速率增加，吸收能力加强，物质合成加快，子房膨大形成果实。

高等植物的发育一般从种子萌发开始，大体上要经过幼年期、成熟期、衰老期，最后死亡，这个过程称为植物体的生活周期或发育周期。一年生植物在一个生长季节内完成一个生活周期；二年生植物在两个生长季节内才完成一个生活周期；许多多年生植物在达到一定年龄后，每年完成一个生活周期(从幼年期开始)；竹等少数多年生植物一生只有一个生活周期，即一旦开花结实则整个植株衰老死亡。

开花是植物从营养生长向生殖生长的过渡，是一个高度复杂、由一定遗传因素严格调控的生理生化变化及形态发生过程。植物接受环境因子（如光周期、低温）等诱导，经过一系列信号转导，启动开花决定过程中的控制基因，并在多种关键基因及代谢途径的相互作用下，引起花芽分化，导致花器官形成。

植物的开花通常被分为3个顺序过程：①成花诱导（floral induction）或称成花转变（flowering transition），指经某种信号诱导后，特异基因启动，使植物改变发育进程，在适宜的环境刺激诱导下从营养生长向生殖生长转变；②成花启动（floral evocation），即完成了成花诱导，处于成花决定态的分生组织，经过一系列内部变化分化成形态上可辨认的花原基（floral primordia），此过程也称花的发端（flower initiation）；③花器官发育（floral organ development），是指花各器官的分化、生长与成熟的过程。

植物的成花过程是不同时空表达特性的基因与环境条件相互作用的结果。花芽分化、花器官形成和性别分化主要是由植物的基因型决定的，适宜的环境条件是诱导成花的外因。

7.1 幼年期与花熟状态

大多数植物在开花之前要达到一定年龄或一定的生理状态，才能在适宜的外界条件下开花。植物开花之前必须达到的生理状态称为花熟状态（ripeness to flower state）。植物从种子萌发到花熟状态之前的生长阶段称为幼年期（juvenile stage）。幼年期是植物早期生长阶段，在果树栽培上又称为童期。处于幼年期的植株，任何处理都不能诱导开花。完成幼年期生长的植物，也只有在适宜的外界条件下才能开花，外界条件主要为温度和日照长度。

7.1.1 幼年期的特征

幼年期的长短因植物种类而异。草本植物的幼年期一般只需几天或几周；木本植物的幼年期需要几年甚至可长达几十年，一般果树3～15年，银杏十几年，铁树几十年，农谚"桃三杏四梨五年，白果核桃公孙见"就是这个道理。也有些植物根本没有幼年期，在种子形成过程中已具备花原基，如花生、矮牵牛、油菜等。花生种子的休眠芽中已出现花序原基，随着植株生长，花芽也分化完成。

幼年期的主要特征：营养生长旺盛，生长快，呼吸强，核酸和蛋白质合成代谢快，营养物质积累多。此外，幼年期茎的切段易发根，这可能与其生长素含量多有关。

由于植株从幼年期转为成年期是从茎的基部向顶端转变，所以不同部位的枝条处于不同的发育阶段，其细胞具有不同的特性。同一植株的枝条基部通常是幼年期，顶端是成年期，中部则是中间型（图7-1）。

图7-1 树木幼年期和成年期的部位
（引自潘瑞炽，2004）

生产中扦插常用一年生的带饱满芽基部枝条，繁殖出的植株呈幼年期特征，生长快。嫁接常用树冠上的枝条为接穗，繁殖出的植株呈成年期特征，易开花结实。植株一旦成熟就很稳定，除非经过有性生殖重新进入幼年期，否则不易转变回到幼年期。

7.1.2　提早成熟的措施

幼年期植株不能开花，所以人们通过各种方法促进植株提早开花。主要措施有：①加速生长，迅速通过幼年期。如桦树在连续长日照条件下生长，幼年期由 5～10 年缩短到不足 1 年，可能原因是长日照促进植物成花诱导。②减慢生长以提早开花（进入成年期）。如嫁接处理，将成熟的枝条嫁接到幼年的砧木上，可提前开花。环剥处理使营养物质运输受阻而减缓了枝条的生长，可提早花芽的形成。打顶摘心、把枝条折弯或扭曲等也有同样作用。③生长物质处理。生长素（IAA）处理促进菠萝开花，生长抑制剂马来酰肼处理也可使一些植物提早开花。内源赤霉素（GA）在幼年期转为成年期过程中起作用，如甘薯、柑橘、常春藤、李子等用 GA 处理可延长幼年期；但对松科、柏科和杉科的一些植物，用 GA 处理则加速开花。

7.2　春化作用

幼年期、温度和日照长短是控制植物开花的 3 个重要因素。同类植物总是在特定的季节开花，季节的主要特征表现为温度高低和日照长短，植物在长期的环境适应和系统进化过程中，形成了对低温与昼夜长度的感应，以顺利完成其生命周期。

在自然条件下，成花诱导（floral induction）是指在合适的环境条件诱导下，植物体内发生成花所必需的一系列生理生化变化过程。成花诱导的主要环境条件是低温和光周期。

7.2.1　春化作用的概念及植物对低温反应的类型

早在 19 世纪，人们就注意到低温对作物成花的影响。1918 年，德国科学家加斯纳（Garssner）对小麦和黑麦研究之后，将其分为需要秋播的“冬性”品种与适应春播的“春性”品种。冬性品种必须在秋冬季播种，幼苗越冬后，次年春季才能开花；如果将冬性品种改为春播，则只长茎叶，不能开花结实；而春性品种不需要经过低温过程就可开花结实。一些高寒地区因冬季温度太低，无法种植冬小麦。苏联学者李森科（Lysenko）将 Garssner 的研究成果用于小麦生产，把吸胀萌动的小麦种子进行低温处理后春播，结果当年抽穗开花，把这一措施称之为“春化”，意指冬小麦春麦化了。后来，春化的概念扩展到除种子以外，指植物生育期对低温的反应。

植物发育到一定阶段，要求一定程度的低温才能诱导花器官形成的现象叫春化现象。低温诱导或促使植物花器官形成的作用叫春化作用（vernalization）。

春化作用是温带地区植物发育过程中表现出来的特征。温带地区四季温度的变化十分明显，温带植物在长期适应温度的季节性变化过程中，逐步形成了要求低温的特性。成花受低温影响的植物，主要有部分冬性一年生植物（如冬小麦、冬黑麦和冬大麦等）、大多数二年生植物（如萝卜、胡萝卜、白菜、芹菜、甜菜、荠菜和天仙子等）及一些多年生草本植物（如狼尾草、多花黑麦草等牧草）。根据植物对低温的要求，大致分为两种类型：

(1)相对低温型　即植物开花对低温的要求是相对的，低温处理可促进开花；不经低温处理时也能开花，但开花过程明显延迟。一般冬性一年生植物属于此种类型，这类植物在种子吸涨以后就可感受低温。

这类植物一般冬性愈强，要求的春化温度愈低，春化的时间也愈长。根据原产地的不同，可将小麦分为冬性、半冬性和春性品种3种类型（表7-1）。我国华北地区的秋播小麦多为冬性品种，黄河流域一带的多为半冬性品种，而华南一带的则多为春性品种。

表7-1 各种类型小麦完成春化需要的温度及时间

类型	春化温度范围/℃	春化时间/d	主要适宜播种地区
冬性小麦	0～3	40～50	北方秋播用，南方不可用
半冬性小麦	3～6	10～15	黄河流域一带播用
春性小麦	8～15	5～8	南方秋播，北方春播

相对低温型的植物通过春化时，要求低温持续的时间也不同。在一定期限内，春化的效应随低温处理时间的延长而增加（图7-2）。

（2）绝对低温型 即植物开花对低温的要求是绝对的，若不经低温处理，这类植物就不能开花。一般二年生和多年生植物属于此类，这类植物通常在营养体达到一定大小时才能感受低温；经过低温春化后，往往还要在长日照和适宜温度条件下才能开花（图7-3）。因此，春化过程只对植物开花起诱导作用。

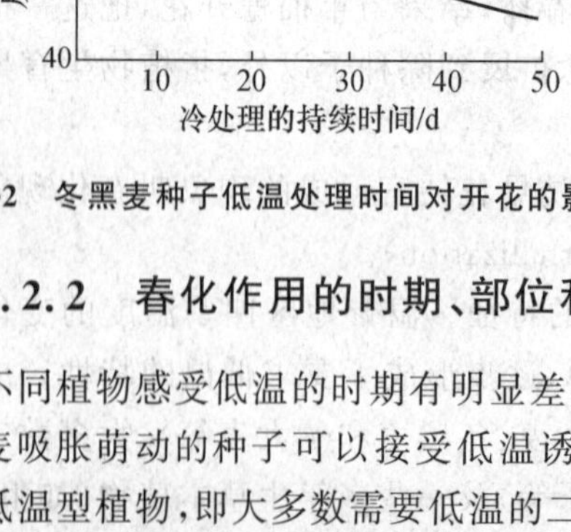

图7-2 冬黑麦种子低温处理时间对开花的影响

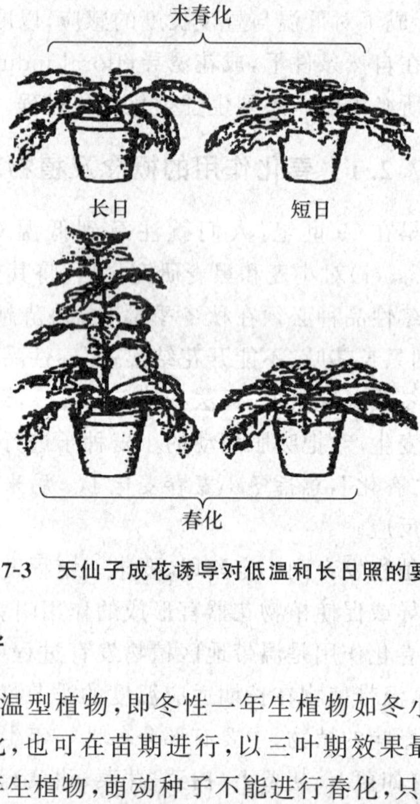

图7-3 天仙子成花诱导对低温和长日照的要求

7.2.2 春化作用的时期、部位和刺激传导

不同植物感受低温的时期有明显差异。相对低温型植物，即冬性一年生植物如冬小麦、冬黑麦吸胀萌动的种子可以接受低温诱导完成春化，也可在苗期进行，以三叶期效果最佳。绝对低温型植物，即大多数需要低温的二年生和多年生植物，萌动种子不能进行春化，只有幼苗生长到一定大小后才能感受低温通过春化，如甘蓝、月见草和胡萝卜等。甘蓝幼苗在茎粗超过0.6 cm、叶宽5 cm以上时才能接受春化。低温诱导春化需要一定量的营养体（最低数量的叶子），可能和积累一些对春化敏感的物质有关。

接受低温春化的部位是茎尖生长点。通过以下实验可以证明：①栽培于温室中的芹菜，茎尖生长点得不到花芽分化所需的低温，不能开花结实。②用橡胶管把芹菜茎的顶端缠起来，管内不断通冷水，茎尖生长点受到低温处理，就能通过春化而开花结实。③将芹菜置于低温条件下，给予茎尖 25℃左右的较高温度处理时，则植株不能开花结实。冬性禾谷类作物如冬小麦、冬黑麦的一部分胚组织能有效感受低温，芹菜茎尖生长点周围的幼叶也能被春化，而成熟组织则无此反应，这些现象说明，只有能够旺盛分裂的细胞组织才能感受低温春化。

植物在接受春化后，怎样把春化作用的刺激传导下去，完成春化过程呢？研究表明，通过低温春化的植株可能会产生某种可以传递、促进开花的物质，有人把这种刺激物称为春化素(vernalin)，但是至今未能在植物中分离出这种物质。

7.2.3　春化作用的条件

(1)低温和低温持续的时间　低温是春化作用的主要条件之一，大多数要求低温的植物最有效的春化温度是 1～7℃，0～10℃范围内也同样有效(图 7-4)。植物种类或品种不同对低温要求的范围以及低温持续的时间也不一样。如禾谷类植物的春化温度可低至－6℃，而热带植物橄榄的春化温度则高达 10～13℃。春化时间从数天到几十天不等。

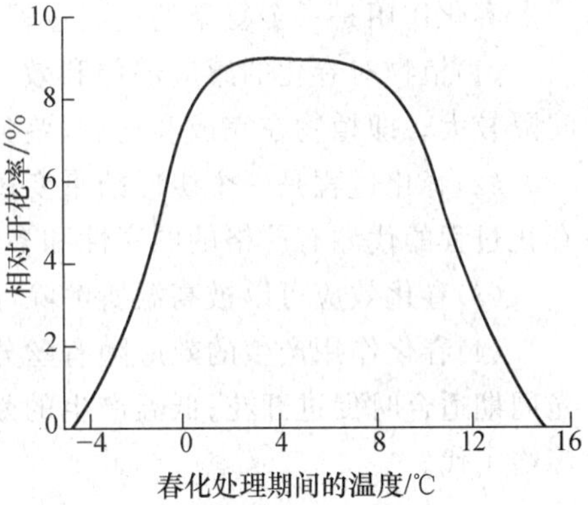

图 7-4　冬黑麦相对开花反应与春化期间温度的影响

低于植物最适生长的温度对成花有诱导作用，但温度低至 0℃，代谢即被抑制，一般不能完成春化作用。在春化过程结束之前，如遇到较高温度或缺氧条件，低温诱导开花的效果会被减弱或消除，称为脱春化作用或去春化作用(devernalization)。一般来说，脱春化的有效温度为 25～40℃，如冬黑麦在 35℃、4～5 d 即可解除春化。植物经过低温春化的时间越长，解除春化就越困难。一般低温春化过程结束，春化效应就非常稳定，高温处理不再起作用。大多数去春化的植物如再进行低温处理，可重新进行春化，且低温的效应可以累加，这种去春化的植物再度被低温恢复春化的现象，称为再春化现象(revernalization)。格奥尔格·梅尔彻斯(Georg Melchers)和安东·朗(Anton Lang)认为春化作用可能由两个阶段组成：第一阶段是春化作用的前体物在低温下转变为不稳定的中间产物，这种中间产物在高温下会遭到破坏或钝化；第二阶段是在 20℃以下，中间产物转变为热稳定的最终产物，从而促进春化植物的开花。

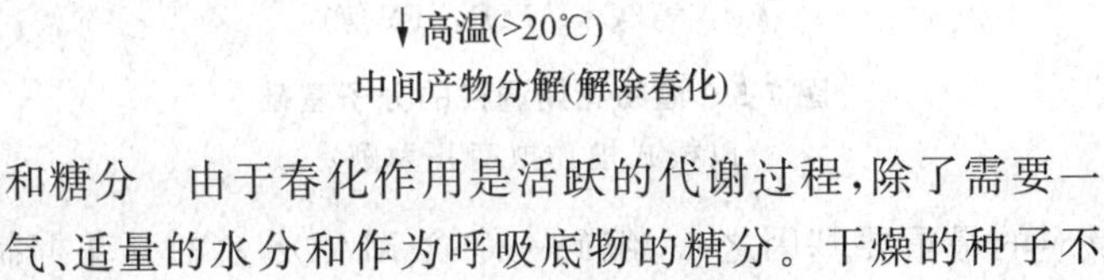

(2)氧气、水分和糖分　由于春化作用是活跃的代谢过程，除了需要一定时间的低温外，还需要有充足的氧气、适量的水分和作为呼吸底物的糖分。干燥的种子不能通过春化；植物在缺氧条件下不能完成春化。若将小麦胚在室温下萌发至体内糖分耗尽时，然后再进行低温诱导，这样的离体胚就不起春化反应；如果添加 2% 的蔗糖后，离体胚就能感受低温而接受

春化。

(3)光照　大多数绝对低温型植物在春化之后,还需在长日条件下才能开花。如二年生的甜菜、天仙子、月见草和桂竹香等。这些植物在完成春化处理以后,若在短日下生长,则只进行营养生长,不能抽薹开花,春化的效应逐步消失。但菊花、中华紫菀是一个例外,是需春化的短日植物。在黑麦等某些冬性禾谷类品种中,短日(short day,SD)处理也可以部分或全部代替春化处理,这种现象称为短日春化现象(SD vernalization)。

光照对植物春化的影响,因植物种类不同存在明显差异,并且与春化之间的相互作用非常复杂。一般来说,充足的光照可以促进二年生和多年生植物通过春化,这可能与充足的光照可缩短植物的幼年期、有利于储备充足的营养有关。

7.2.4　春化作用的特点

春化作用是一个复杂的代谢过程,有以下几个明显的特点:

(1)植物对春化的感应部位和效应部位都在茎尖生长点,发生反应时间与发生效应时间间隔较大。即植物在完成春化后,茎尖的生长点并没有立刻发生形态上的明显变化。

(2)春化过程是一个缓慢的量变过程,需要细胞旺盛的代谢活性。代谢抑制剂实验证明,春化过程的代谢有严格的顺序性和多步骤性。

(3)春化效应可以被高温所解除(脱春化作用),也可以被低温恢复(再春化现象)。

(4)春化作用产生的效应随有丝分裂一直保留在茎尖生长点,当其他因素,如生长状态、光周期适合时促进开花;低温产生的效应会因减数分裂或其他有性生殖过程而消失,不能遗传给子代。

7.2.5　春化作用的分子机制

植物发育的每一时期都伴随着特异基因的表达,作为植物成花决定过程之一的春化作用也是低温诱导植物体内特异基因表达的过程。与春化作用相关的特异蛋白质的发现引导研究者去寻找特定的春化基因。目前从模式植物拟南芥和冬小麦中克隆了春化相关的基因,其中 *FRI*(frigida)、*VIN3*(vernalization insensitive 3)、*VRN2*(vernalization 2)和开花阻抑基因 *FLC*(flowering losus C)是春化反应的关键基因。植物花期调控的分子基础见图 7-5。

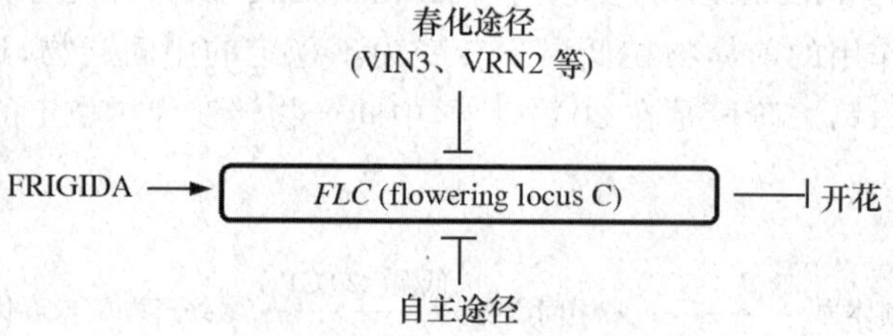

图 7-5　植物花期调控的分子基础
(以模式植物拟南芥为例)

FLC 是春化反应的最重要基因之一,编码一个含 MADS 盒的开花抑制转录因子,它是控制拟南芥春化途径的枢纽,高表达的 *FLC* 会使植物失去开花的能力。植物经历了春化作用以后,*FLC* 表达量会一直维持在一个比较低的程度。近年来表观遗传学的研究使人们对春化

途径有了新的认识。春化作用会使 *FLC* 区域染色质的组蛋白修饰标记发生改变，导致其表达被下调，从而让植物开花。

FRI 可使 *FLC* mRNA 丰度增加，使开花推迟。*FRI* 编码蛋白具有卷曲螺旋区，该区可能参与蛋白之间的互作，但 *FRI* 是怎样上调 *FLC* 表达的，原因尚不清楚，有一些证据认为 *FRI* 与 *FLC* 信使 RNA 的加工有关，FRI 蛋白能被春化处理所降解。

研究发现，*FLC* 对 *FRI* 赋予冬性植株的晚花特性是必需的，*FRI* 和 *FLC* 共同作用阻碍未春化的冬性拟南芥开花。春化作用对于开花的促进作用是通过抑制 *FLC* 的表达实现的，*FRI* 的作用是促进 *FLC* 的表达，从而实现对开花的抑制作用。同时，自主途径的相关基因（包括 *FCA*、*FLD* 和 *FY* 等）能抑制 *FLC* 的表达，对开花起到促进作用。

在植物受到春化处理时，*VIN3* 的表达量会被上调，蛋白量也会增加，当把植物移回到正常生长条件后，*VIN3* 的表达量会随之下降，这一变化模式与 *FLC* 基因的表达变化是负相关的，当采用遗传方式突变 *VIN3* 时，植物部分丧失了对春化的响应，*FLC* 的下调也会受到影响，这些结果说明在遗传上 *VIN3* 位于 *FLC* 基因的上游，*VIN3* 也可能是介导植物响应春化的早期关键因子之一。

VRN2 是另一个参与春化过程和 *FLC* 调控的关键基因。在野生型拟南芥中，*FLC* 基因表达能被春化处理下调，当植物被转回到正常生长条件时，*FLC* 能被维持在较低的水平，从而让植物开花；当 *VRN2* 突变丧失功能时，虽然冷处理能让 *FLC* 下调，但当植物回到正常生长环境时，*FLC* 又恢复上调表达，从而使春化处理失去效果，植物不能提前开花。

此外，有实验证据表明 GA 与春化作用有关，可以部分代替低温的作用。包括：

（1）绝对低温型植物如天仙子、白菜、甜菜、胡萝卜等，不经低温处理则呈莲座状，不能开花；如外施 GA 后却能开花。如每天用 10 μg GA 连续处理 4 周，不经低温处理的胡萝卜也能抽薹开花。

（2）许多植物如冬小麦、燕麦、油菜等，经过春化以后，内源 GA 含量增加。

（3）用 GA 合成抑制剂处理冬小麦会抑制其春化作用。

（4）有人甚至提出 GA 就是春化过程中形成的一种开花刺激物。但植物对 GA 的反应也不同于春化反应，经春化处理的植物，花芽的形成与茎的伸长几乎同时出现，而对 GA 起反应的莲座状植物，茎先伸长形成营养枝以后，花芽才出现（图 7-6）。

图 7-6　低温和外施赤霉素对胡萝卜开花的效应

左为对照；中为未冷处理，每天施用 10 μg GA；右为冷处理 8 周。

（5）研究表明，拟南芥 GA 生物合成突变体（*ga1-3*）表现为晚花，而且在拟南芥中证明 GA 的合成受温度调节。利用 GA_3 和春化分别处理 *vrn1*（vernalization 1）突变体，发现 *vrn1* 对春化处理不敏感，而 GA_3 可以加速 *vrn1* 的开花进程，这说明 *vrn1* 的表达位于 GA_3 促进开花途径的上游，也就是说春化作用和 GA 促进开花是通过各自独立的途径进行的。在冬小麦中，至少有 *VRN1*、*VRN3*、*VRN4* 和 *VRN5* 基因参与了春化过程。

（6）很多情况下，短日植物对 GA 不起反应，施用 GA 不能诱导需春化的植物开花。因此，GA 与成花之间的关系，有待进一步研究。

由此可见，春化作用诱导一些特异基因的活化、转录和翻译，导致植物一系列生理生化代谢过程的改变，最终进入花芽分化、开花结实。春化对植物开花的影响可能通过两种途径，一是促进途径，即低温春化诱导 *VRN3* 的基因表达，然后通过 *VRN1*、*VRN2* 等的基因表达，激活对 *FLC* 基因表达的抑制，从而促进开花。二是抑制途径，即低温抑制 *FRI* 基因的表达，进而抑制 *FLC* 的表达，从而促进开花。这两种途径都是通过 *FLC*、*SOC1*（suppressor of constans 1）基因表达而调控植物的开花。

7.3 光周期

7.3.1 光周期现象的发现

地球上不同纬度地区的温度、雨量和昼夜长度等会随季节有规律地变化。一天之中白天和黑夜的相对长度称为光周期（photoperiod），日照长度的变化是季节变化中最重要的信号之一（图 7-7）。自然界中植物的开花具有明显的季节性。光周期对成花诱导有明显的影响。大多数植物，特别是一年生和二年生植物，当同一种植物生长在同一纬度地区时，每年都在大约相同的时间开花。植物对白天和黑夜相对长度的反应称为光周期现象（photoperiodism）。

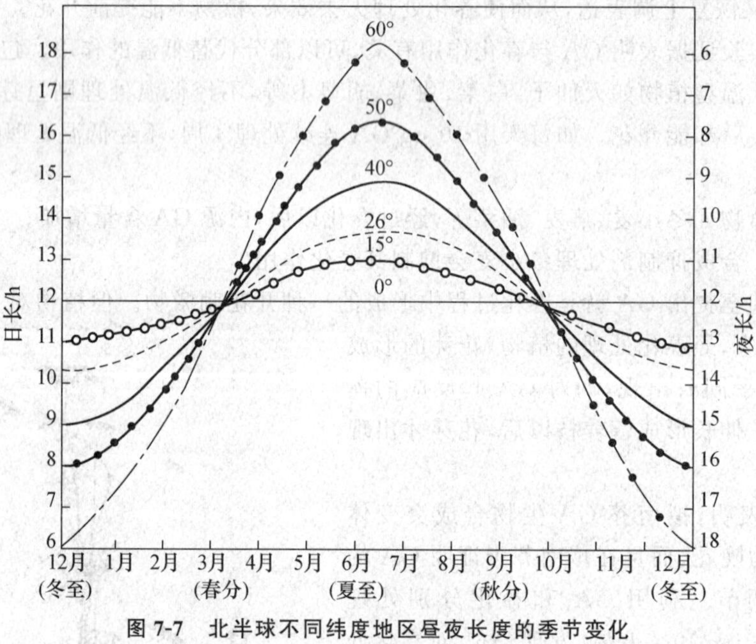

图 7-7　北半球不同纬度地区昼夜长度的季节变化

早在 1914 年，法国科学家 Tournois 就发现蛇麻草和大麻的开花受到日照长度的控制。从 1920 年开始，美国园艺学家 Garner 和 Allard 观察到美洲烟草在华盛顿附近地区夏季长日照下，株高达 3～5 m 时仍不开花；但在冬季温室中栽培时，株高不到 1 m 即可开花。而在冬季温室内补充人工光照延长光照时间后，则烟草保持营养生长状态而不开花；在夏季用黑布遮光，人为缩短日照长度后，这种美洲烟草就能开花。由此得出结论，短日照是这种烟草开花的关键条件。后来，人们又观察到不同植物的开花对日照长度有不同的反应，发现这是植物长期适应自然气候的规律性变化的结果，并从这些实验中提出成花诱导决定于日照长度的光周期理论。

光周期的发现，使人们认识到光不但为植物光合作用提供能量，而且还作为环境信号调节着植物的发育过程，尤其是对成花诱导起着重要作用。

7.3.2　光周期的反应类型

通过延长或缩短日长的方法，检查各种植物对日照长短的开花反应，了解到植物的光周期反应可分为下列几种类型(图 7-8)。

(1)短日植物(short day plant，SDP)　日照长度短于一定时数(临界日长)才能开花的植物。缩短光照或延长黑暗可提早开花；延长光照，推迟开花或不开花。如美洲烟草、大豆、菊花、苍耳、晚稻、棉花、紫苏、黄麻、大麻、日本牵牛和高粱等。

(2)长日植物(long day plant，LDP)　日照长度长于一定时数(临界日长)才能开花的植物。延长日照可促进开花；缩短光照或延长黑暗则推迟开花或不能开花。如小麦、黑麦、大麦、燕麦、甜菜、油菜、菠菜、天仙子、胡萝卜、芹菜、洋葱和金光菊等。

(3)日中性植物(day neutral plant，DNP)　在任何日照长度条件下都可以开花的植物。这类植物开花对日照长度要求的范围很广，一年四季均能开花，如番茄、黄瓜、茄子、辣椒、四季豆、蒲公英、四季花卉等。

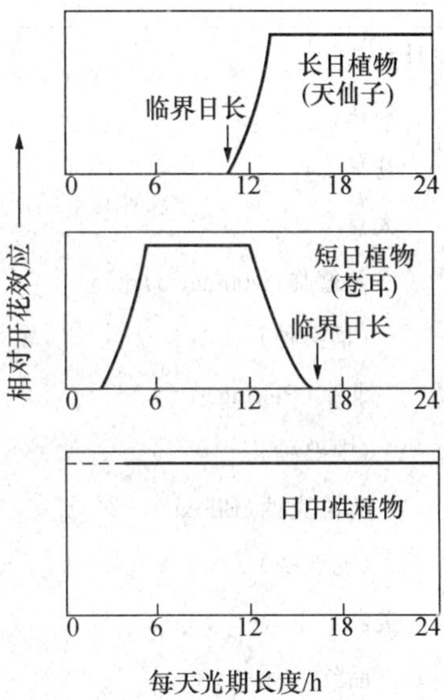

图 7-8　3 种主要光周期反应类型

除了上述 3 种典型的光周期反应类型外，还有一些其他类型：

(4)中日性植物(intermediate day plant，IDP)　只有在一定长度的日照条件下才能开花的植物。延长或缩短日照长度均抑制其开花。如甘蔗开花要求 11.5～12.5 h 的日照长度。

(5)双重日长植物(dual daylight plant)　这类植物的花诱导和花器官形成要求不同的日照长度，需要长日照和短日照交替作用才能开花。包括：长-短日植物(long-short-day plant，LSDP)，一类花诱导需要长日照、花器官的形成需要短日照的植物，如大叶落地生根、芦荟等；短-长日植物(short-long-day plant，SLDP)，一类花诱导需要短日照、花器官形成需要长日照的植物，如风铃草、白三叶草、鸭茅等。

7.3.3　临界日长和临界暗期

对光周期敏感的植物开花需要一定的日长，这个日长是指临界日长。临界日长(critical daylength)是指在昼夜周期中诱导短日植物开花所需的最长日照长度，或诱导长日植物开花所必需的最短日照长度。对于长日植物来说，当日长大于其临界日长时，诱导开花，且日照越长开花越早，连续 24 h 光照下开花最早。而对短日植物而言，日长必须小于其临界日长时才能开花，而日长超过其临界日长时则不能开花。但日长过短也不能使短日植物开花，可能是因为光照时间不足，植物缺乏营养物质。如短日植物菊花，在日长只有 5～7 h 时，开花明显延迟。

这里有一点必须明确，短日植物和长日植物的划分，是根据它们开花要求的日照长度是大于临界日长，还是短于临界日长，而不是日照长度的绝对值。如短日植物大豆品种 Biloxi，临界日长为 14 h，长日植物冬小麦临界日长为 12 h，当外界日照长度为 13 h，两种植物都能开花。各种植物开花时所需的临界日长不同(表 7-2)。

表 7-2　一些短日植物和长日植物的临界日长　h

植物名称	24 h 周期中的临界日长	植物名称	24 h 周期中的临界日长
短日植物		短日植物	
菊花	15	落地生根	12 以下
苍耳	15.5	厚叶高凉菜	12
大豆		长日植物	
曼德临(Mandarin)	17	天仙子	11.5
(早熟种)		白芥	约 14
北京(Peking)	15	菠菜	13
(中熟种)		小麦	12 以上
比洛克西(Biloxi)	13～14	大麦	10～14
(晚熟种)		燕麦	9
美洲烟草	14	甜菜(一年生)	13～14
一品红	12.5	意大利黑麦草	11
晚稻	12	毒麦	11
红叶紫苏	约 14	红三叶草	12
裂叶牵牛	14～15		
甘蔗	12.5		

但有些植物开花对日长有非常明确的要求，对短日植物而言，当日长大于临界日长时，植物就绝对不能开花，对长日植物而言，当日长短于其临界日长时，也绝对不能开花，这类植物分别称为绝对短日植物和绝对长日植物。而多数长日植物或短日植物对日长的要求并不十分严格，即使是处于不适宜光周期条件下，经过相当长的时间后，或多或少能开花，这些植物称为相对长日植物或相对短日植物，它们没有明确的临界日长(图 7-9)。

植物成花对光周期的要求是植物系统发育过程中形成的对环境的一种适应，因此与植物的原产地有密切关系。在植物生长季节，北半球一般北方的日照长，南方日照短，起源于北方的多为长日植物，而起源于南方的多为短日植物。

应该指出的是，同一植物的不同品种，对日照长度的要求也有所不同，如烟草的有些品种为短日植物(美洲烟草)，有些品种则是长日植物，还有些品种是日中性植物。同时，临界日长也会随植物的品种、年龄以及环境条件的改变而发生较大变化。如通常早熟品种为长日植物或日中性植物，晚熟品种则为短日植物。

在自然条件下，昼夜总是在 24 h 的周期内交替出现，与临界日长相对应的还有临界夜长，又称为临界暗期。临界暗期(critical dark period)是指在昼夜周期中长日植物能够开花的最长暗期长度，或短日植物能够开花的最短暗期长度。研究表明，暗期长度比日照长度对植物开花更为重要。在光暗周期中，只有当暗期超过一定的临界值时，才引起短日植物的成花反应。如以临界日长为 13～14 h 的短日植物大豆为材料时，将光期长度固定为 16 h 或 4 h，在 4～20 h 范围内改变暗期长度，观察到只有当暗期长度超过 10 h 以上时才能开花。又如长日植物天仙子，在 12 h 日长和 12 h 暗期环境下不开花，但以 6 h 日长和 6 h 暗期处理则开花。由此可见，短日植物实际上是长夜植物(long-night plant)，而长日植物实际上是短夜植物(short-night plant)。

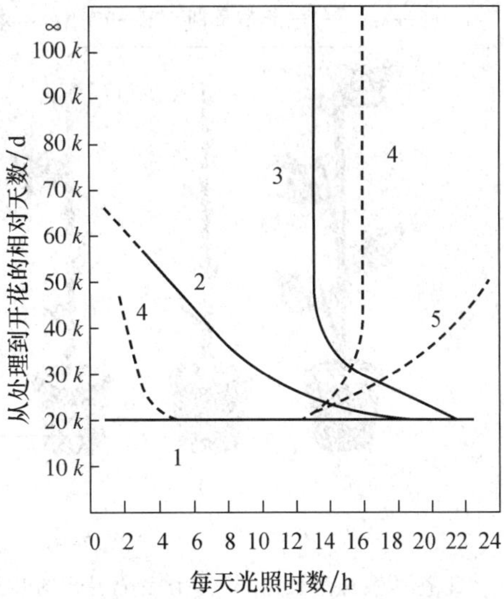

图 7-9　对不同日长的几种开花反应

1. 日中性植物　2. 相对长日植物　3. 绝对长日植物　4. 绝对短日植物　5. 相对短日植物

k 代表任意值

7.3.4　光周期诱导

植物开花时所需的临界日长不同，但这并不是说，植物一生中都必须生长在临界日长的光周期下才能开花，而只是在发育的某一时期经一定数量的适宜光周期诱导后就能开花。也就是说，达到一定生理年龄的植株，只要经过一定时间适宜的光周期处理，以后即使处在不适宜的光周期条件下，仍然可以长期保持刺激的效果而诱导植物开花，这种现象称为光周期诱导(photoperiodic induction)。光周期诱导所需要的天数称为诱导周期数(photoinductive cycle)。

不同植物光周期诱导周期数不同，有的短日植物如苍耳、日本牵牛、水稻等，只需要一个适宜的光周期处理，就可诱导花芽分化。如苍耳的临界日长为 15.5 h，只要一个光诱导周期数，即一个循环的 15 h 光期及 9 h 黑暗处理(15 L—9 D)就可诱导开花(图 7-10)。大部分短日植物光诱导周期数需要 1 d 以上，如大豆 3 d，大麻 4 d，苎麻 7 d，菊花、红叶紫苏和高凉菜约 12 d。有些长日植物如菠菜、油菜、白芥和毒麦等，也只需 1 个光诱导周期数；其他长日植物光诱导周期数也在 1 d 以上，如天仙子 2～3 d，甜菜(一年生)15～20 d，拟南芥 4 d，胡萝卜15～20 d。每种植物通过光周期诱导需要的天数还与植株年龄以及环境条件，特别是与温度、光强及日照长度等有关。一般增加光周期诱导的天数，可加速花原基的发育，增加花的数目。

7.3.5　光周期刺激的感受和传导

植物的成花部位是茎尖端的生长点，那么感受光周期刺激的部位是什么？实验表明，感受光周期刺激的部位是叶片。如果只对茎尖进行光周期处理，则植株不开花；只有当叶片暴露在适宜的光周期条件下，才能诱导植株开花。如图 7-11 所示，将短日植物菊花进行 4 种处理，发现只有叶片得到短日照处理，才能诱导植株开花。

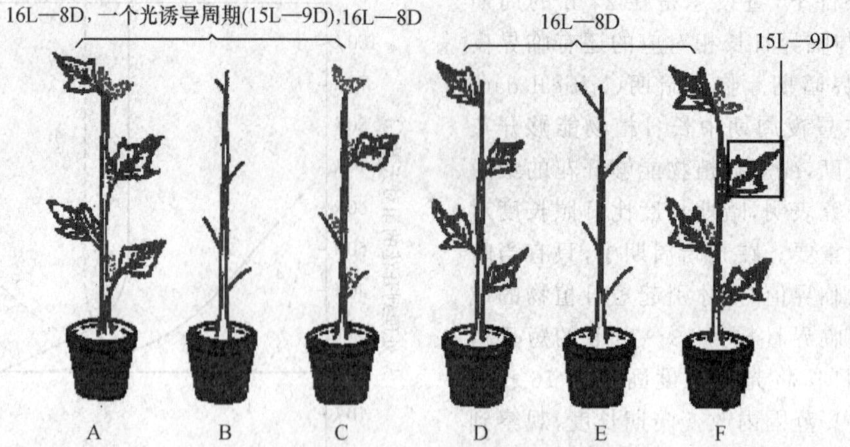

图 7-10　苍耳的光诱导周期实验

①苍耳植株生长出 4～5 个完全展开的叶片时，才有接受光周期的能力。

②植株 A、B、C 在处理前均生长在非光诱导周期(16L—8D)下，然后用一个光诱导周期(15L—9D)处理，最后再放回非光诱导周期下，植株 A 在处理前后叶全保留，植株 B 在处理前叶全除去，植株 C 仅留一片叶。实验结果：植株 A 和 C 开花，植株 B 未开花。

③植株 D、E、F 用非光诱导周期(16L—8D)处理，植株 D 叶全部保留，植株 E 叶全部除去，植株 F 叶虽全部保留但有一片叶用一个光诱导周期(15L—9D)处理。实验结果：植株 D、E 都未开花，只有植株 F 开花。

④以上实验不仅证明苍耳只经一个适宜的光诱导周期就可以开花，并证明一片叶即足以完成诱导的作用。图中开花与否是以果实表示的。

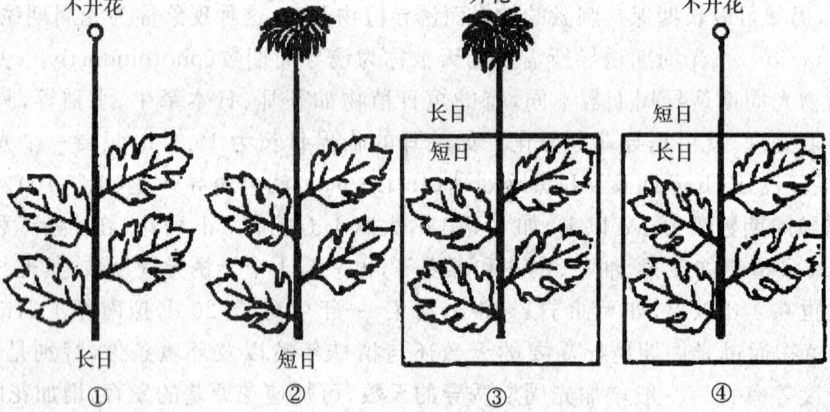

图 7-11　叶片在光周期反应中的作用

顶芽附近的叶片打去，小框内为短日处理的部位；①长日照下，菊花不开花；②短日照下，菊花开花；③叶片短日照处理，顶芽长日照处理，开花；④叶片长日照处理，顶芽短日处理，不开花。

通常植株长到一定年龄后，叶片才能接受光周期的诱导。不同植物对光周期敏感的年龄不同，大豆在子叶伸展期，红麻在六叶期，水稻在七叶期左右。一般植株年龄越大，通过光周期诱导的时间越短。叶片对光周期的敏感性与叶片的发育程度有关，一般幼小或衰老叶片的敏感性差；叶片伸展至最大时，敏感性最高。如苍耳或毒麦的叶片完全展开时，仅对 2 cm^2 的叶片进行短日照处理，即可导致花的发端。

接受光周期的部位是叶片，诱导开花部位是茎尖生长点，叶片和茎尖生长点之间隔着叶柄和一段茎，因此，叶片在光周期诱导下可能产生某种物质并向茎尖端转移。20 世纪 30 年代，苏联学者柴拉轩(Chailakhyan)用嫁接试验证实了叶片能产生开花刺激物向茎尖传导，将 5 株苍耳嫁接在一起，只要把其中一株上的一片叶置于适宜的光周期(短日照)下进行诱导，其他植株即使处于不适宜的光周期(长日照)下也都能开花(图 7-12)。实验表明，植株间确有开花刺激物通过嫁接的愈合进行传递。

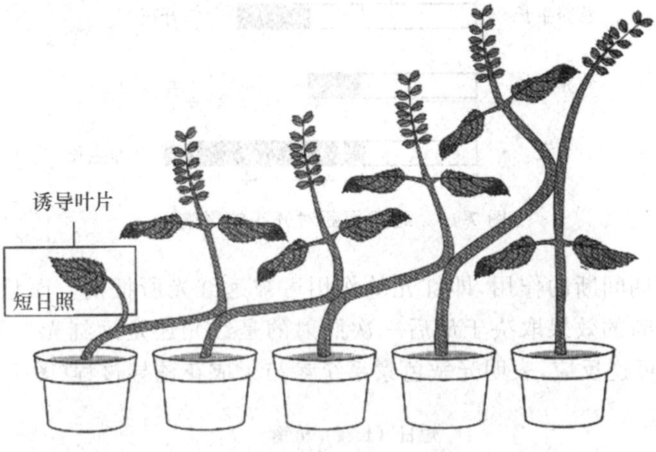

图 7-12　苍耳嫁接实验

此外，不同光周期类型的植物通过嫁接后，也能相互影响开花。例如，短日植物高凉菜嫁接到长日植物大叶落地生根的茎上，即使在长日照条件下，高凉菜也可大量开花；把长日植物蝎子掌，嫁接到短日植物高凉菜的茎上后，可在短日条件下开花。这说明不同光周期反应的植物所产生的开花刺激物没有本质区别。利用环割、局部冷却或蒸汽热烫及麻醉剂处理叶柄或茎，可以阻止韧皮部物质的运输，抑制开花，说明开花刺激物的运输途径是韧皮部。

7.3.6　暗期间断实验

在自然条件下，光周期诱导是一个低能反应，其所要求的光强远远低于光合作用所需的光强。植物通过光周期诱导所需的光强一般为 4～8 $\mu mol \cdot m^{-2} \cdot s^{-1}$，但不同植物甚至不同品种的光周期诱导反应不同，如水稻在夜间 0.65～0.81 $\mu mol \cdot m^{-2} \cdot s^{-1}$闪光下有开花反应。

前面已讲过，短日植物应该称为长夜植物，其开花决定于暗期长度，而不是日照长度。实验证明，将短日植物放在人工光照室，只要暗期超过临界夜长，不管光期有多长，它都开花。用暗期间断或夜间断(night break)，即在引起短日植物开花的暗期中间，被一个足够强度的闪光所间断，短日植物就不能开花，却能使长日植物开花(图 7-13)。

暗期间断所需要的光照时间较短，像苍耳、大豆、紫苏和高凉菜这些敏感的短日植物，照光几分钟(最多不超过 30 min)就足以阻止成花。菊花需要在暗期的中间大于 1 h 的照光才能生效，但高强度的荧光灯照光几分钟也能抑制成花。某些长日植物如天仙子、大麦、毒麦等，当暗期被 30 min 或更短时间的光照间断时，成花反应受到促进。

用不同波长的光进行暗期间断试验表明，无论是抑制短日植物开花，还是促进长日植物开花，都是以红光最有效，蓝光效果很差，绿光几乎无效。如果在照射红光之后再立即照射远

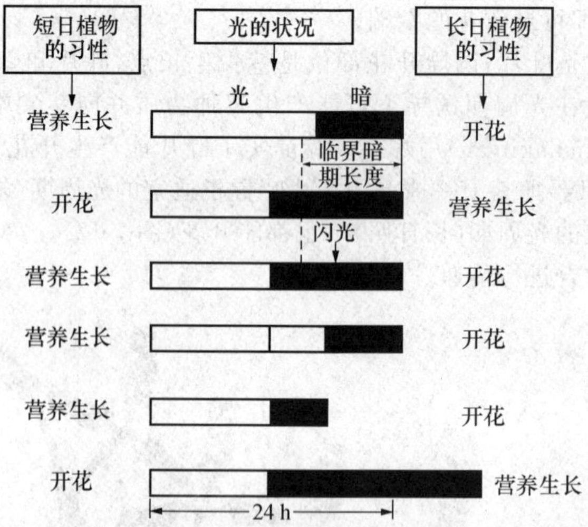

图 7-13　暗期间断对开花的影响

红光，就不能产生暗期间断的作用，即红光的作用可被远红光所抵消。而且这个反应可以反复逆转多次，暗期间断的效果取决于最后一次照射的是红光还是远红光。可见，植物成花存在对红光-远红光的可逆反应，表明光敏色素系统参与了成花诱导过程(图 7-14)。

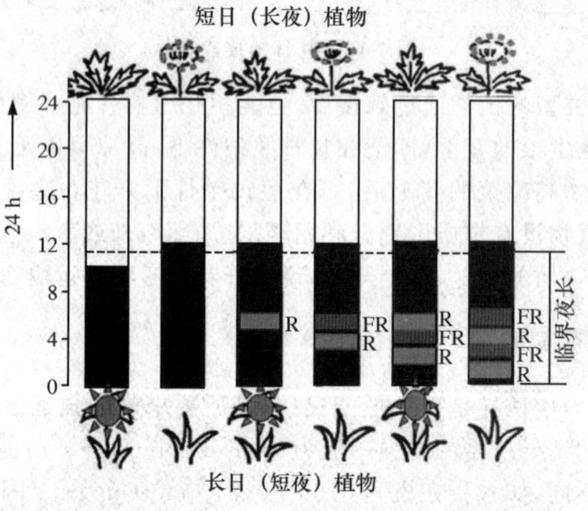

图 7-14　暗期间断时红光(R)和远红光(FR)对短日植物和长日植物开花的可逆控制

7.3.7　成花素

1865 年 Sachs 引入成花物质概念，最早提出的成花物质是由叶片运送到芽中导致开花；1936 年 Chailakhyan 根据嫁接实验提出成花素的概念，认为对光周期有不同反应的植物之间可能有相同的物质来促进开花，成花素可以通过韧皮部运输，人们通过各种途径寻找 Chailakhyan 所描述的成花素，但是一直没有结果。直到 2004 年，An 等在模式植物拟南芥中发现，*FT*(flowering locus T)基因的产物可以在茎尖诱导植物开花，虽然 *FT* 基因不在茎尖表达，推测 *FT* 基因的产物(*FT* mRNA 或 FT 蛋白质)控制合成的可移动的小信号分子物质可能是成花素；2005 年，Huang 等研究表明，*FT* mRNA 可能是寻找多年的成花素或其中一部分。

但是 Laurent 和 Tamaki 等在拟南芥和水稻中的一系列研究表明，成花素是 FT 蛋白而并非 *FT* *m*RNA，当 FT 蛋白运送到顶端分生组织后，可能会激活 *FD*(flowering locus D)的表达，而后 FT 和 FD 蛋白组成的蛋白复合物共同激活 *AP1*(apetala1)、*LFY*(leafy)等基因的表达，最终促使拟南芥开花。现有的研究结果预示，FT 蛋白或 *FT* mRNA 可能是潜在的可通过韧皮部运输的成花素，但 FT 蛋白如何参与成花诱导过程还有待于深入研究。

7.3.8　春化和光周期理论在生产实际中的应用

7.3.8.1　人工春化处理

对萌动的种子进行人为的低温处理，使之完成春化作用的措施称为春化处理。经过春化处理的植物可提早开花。如我国北方农民很早就应用了"闷麦法"(即把萌发的冬小麦种子闷在罐中，放置在 0～5℃低温处理 40～50 d)、"七九小麦"(即从冬至起将种子浸在井水中，次日晨取出阴干，每九天处理一次，共处理七次)，就可在春季补种冬小麦，当年有收成。为了避免倒春寒对春小麦的低温伤害，可以对萌动的种子进行人工春化处理后，适当晚播，缩短生育期；春小麦经低温处理后，可提早成熟 5～10 d，既可避免干热风的影响，又有利于后季作物的生长。冬性作物育种时进行人工春化处理，可在一年内培育 3～4 代冬性作物，加速育种进程。

7.3.8.2　引种

我国地域广大，不同纬度地区的温度、光周期差异明显，在不同地区之间相互引种时，应特别注意品种对低温、光周期的要求，否则会造成开花提早、推迟甚至不开花结实，而引起减产或颗粒无收的后果。对成花要求严格的作物品种，进行南北跨地区引种时，一定要根据其特性，分析引进地区的低温、日照条件是否满足其要求，最好先进行引种试验。

北方纬度高、温度低，南方纬度低、温度高；北方品种往南引种时，就有可能无法满足它对低温的要求，只进行营养生长而不开花结实。过去就曾有过把河南省的小麦引种广东省栽培，结果只有营养生长而不抽穗结实的教训。

我国地处北半球，夏天越往南，越是日短夜长；越往北，越是日长夜短。因此，同一种植物，由于地理上分布不同，形成了对日照长短需求不同的品种。如短日植物大豆，我国南方品种一般要求较短的日照，北方品种一般需要稍长的日照。以北京地区为例，南方大豆品种引至北京时，由于短日条件来临较迟，会使其开花推迟，花期太晚，来不及结实就受冻了，结实少，产量不高；相反，东北大豆品种引至北京种植时，因满足其开花的短日条件比原产地来得早，会使其开花提前，植株很小时就开花，营养生长时间短，产量低(表 7-3)。

表 7-3　全国各地大豆在北京种植时的开花情况

项目	品种原产地及大约纬度				
	广州 23°	南京 32°	北京 40°	锦州 41°	佳木斯 47°
	番禺豆	金大 532	本地大豆	平顶香	满仓金
原产地播种期	—	5 月下旬	4 月 30 日	5 月 19 日	5 月 17 日
原产地开花期	—	8 月 23 日	7 月中旬	7 月 29 日	7 月 5 日
北京播种期	4 月 30 日	4 月 30 日	4 月 30 日	4 月 30 日	4 月 30 日
北京开花期	10 月 15 日	9 月 1 日	7 月 19 日	7 月 2 日	6 月 5 日
原产地播种到开花的时间/d	—	90	80	71	55
北京播种到开花的时间/d	168	124	80	63	36

因此，对于需要收获种子的短日植物，从北方往南引种时，应选择晚熟品种；而从南方往北引种时，则应选择早熟品种。对于长日植物而言，从北方向南引种时，开花延迟，生育期变长，宜选择早熟品种；而从南方往北引种时，生育期缩短，应选择晚熟品种。

对以收获营养体为主的短日植物黄麻、红麻等可提早播种或向北移栽，延长营养生长期，推迟开花，使麻茎秆生长较长，提高纤维的产量和品质。如果种子不能及时成熟，可在留种地采用苗期短日处理方法，解决种子问题。原产热带或亚热带的短日植物烟草，向偏北的温带引种时，可利用夏季的长日条件延长其生育期，促进营养生长，提高烟叶产量。此外，用闪光间断暗期或南种北移可抑制甘蔗开花，增加产量。

7.3.8.3 控制花期

春化作用和光周期的人工控制，可以促进或延迟开花，已广泛用于花卉栽培，满足市场的需求。如用低温处理促进石竹等花卉的花芽分化；低温处理还可使秋播的一、二年生草本花卉改为春播，当年开花。对于冬性植物，亦可利用解除春化的措施来控制开花。如二年生药用植物当归，当年收获的块根质量差，药效不佳；第二年栽培时又易抽薹开花而影响块根品质，若在第一年将其挖出，贮于高温下使其不通过低温春化，就可减少次年的抽薹率，提高块根的产量、质量和药效。夏季收获的洋葱小鳞茎，越冬期保存时用高温处理以解除春化，第二年春季栽培，可防止在生长期抽薹开花而获得较大的鳞茎，以增加产量。

利用人工控制光周期的办法，可控制植物开花。如短日植物菊花在自然条件下秋季开花，用人工遮光缩短光照时间的办法，可使其在夏季开花，一般短日处理 10 d之后便开始花芽分化；若在短日来临之前，人工补光延长光照时间或进行暗期间断，则可使花期延后。广州市园艺工作者利用这个原理，加上摘心措施以增加花数，使一株菊花准时在春节时开两三千朵花。对于长日照的花卉，如杜鹃、山茶花等，人工延长光照或暗期间断，可提早开花。

7.3.8.4 加速良种繁育

通过人工光周期诱导，可解决杂交育种工作中的花期不遇问题，加速良种繁育，缩短育种年限。如进行甘薯杂交育种时，人为地缩短光照，使甘薯开花整齐，便于进行有性杂交，培育新品种。早稻和晚稻杂交时，对 4～7 叶期的晚稻秧苗进行遮光处理，使其提早开花，与早稻花期相遇而杂交，从而选育新品种。

光周期不仅能调节开花，还能控制育性，拓宽了杂种优势的应用范围。1973 年，我国石明松发现的湖北光周期敏感核不育水稻（HPGMR）农垦 58S 属于晚粳类，具有短日诱导可育性，而在长日照条件下，其花粉完全败育，这是一种自然发生的突变体，其特性取决于对日照长度敏感的一对隐性雄性核不育基因的表达。这种水稻的育性随光照长度变化而发生改变的现象称为育性转化（fertility change，fertility alteration）。

根据我国气候多样性的特点，可进行作物的南繁北育。SDP 水稻和玉米可在海南岛加快繁育种子；LDP 小麦夏季在黑龙江、冬季在云南种植，可以满足作物发育对光照和温度的要求，一年内繁殖 2～3 代，加速了育种进程。

7.4 成花启动和花器官形成生理

植物经过适宜条件的成花诱导之后，植物体内发生一系列的生理生化变化，从营养生长锥变成生殖生长锥，经过花芽分化，逐步形成花器官。它包括成花启动和花器官形成两个阶段。

7.4.1　成花诱导途径

成花诱导是一个由多种因子相互作用的复杂过程，包括植物激素、植物生长调节物质以及碳、氮化合物等的相对含量都影响成花过程，不同植物叶片产生的可传导的信号决定了茎尖的发育方向。近年来，人们主要利用现代遗传学理论和分子生物学手段，通过突变体分别在拟南芥、金鱼草、矮牵牛中克隆到一系列控制开花过程的基因，结合以往植物成花诱导的有关假说，进一步证实了成花诱导多因子控制模型(the multifactorial control model)。2000年，Blazquez 结合已有的研究成果，以拟南芥为试材，提出成花诱导存在 4 种途径(图 7-15)。

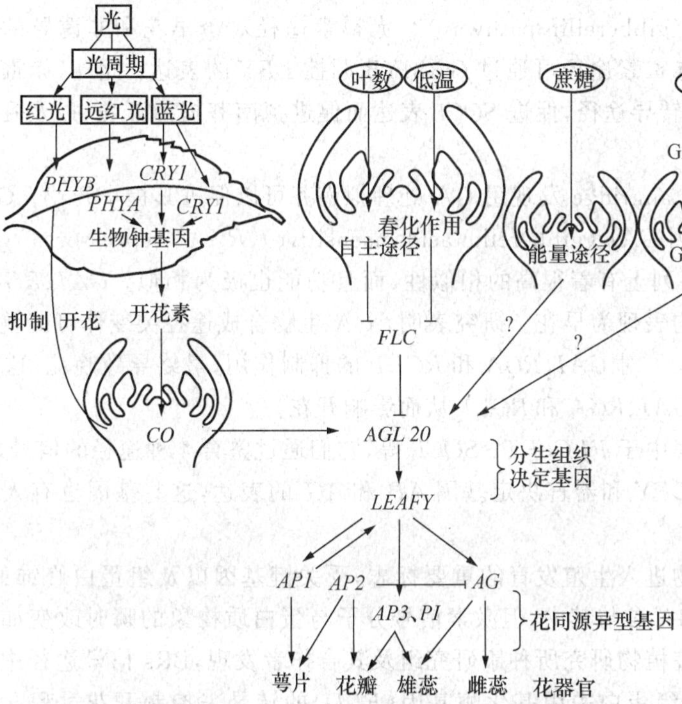

图 7-15　拟南芥开花的 4 个途径

(引自 Blazquez，2000；潘瑞炽，2004)

(1)光周期途径(photoperiodic pathway)　光周期是影响开花的主要因素之一。光周期途径是由光受体感受光信号开始的，光敏色素和隐花色素作为光受体参与这个过程。*PHYB* 通过抑制生物钟基因 *CO*(consans)的表达而抑制成花，而 *PHYA*、*CRY1*、*CRY2* 相互作用，通过生理钟促进“成花素”的形成和 CO 的表达而促进成花。CO 位于生物钟输出途径，是生物钟和开花时间途径之间监测日照长度的重要元件，CO 基因编码一个具有锌指结构的转录因子，在韧皮部直接诱导其靶位基因 FT 的表达，*FT* 蛋白运送到顶端分生组织后，促进 *SOC1* 和 *LFY* 等基因的表达，最后通过 *AP1* 的表达而启动成花过程。*SOC1* 也叫作 *AGL20*(agamous-like20)。

在短日照植物水稻中，发现 *CO* 的同源基因 *Hd1* 是开花抑制子，Hd1 蛋白是可移动成花

刺激物基因 *Hd3a* 的抑制物。在短日照诱导下 Hd1 蛋白不能产生，*Hd3a* mRNA 合成翻译的 Hd3a 蛋白被运输到茎尖分生组织，激活 *SOC1*、*LFY*、*AP1* 等表达而诱导开花。

(2)春化途径(vernalization pathway)　春化作用调控开花的具体机理目前还不明了，感受温度变化的受体也不清楚，但是可以肯定，春化途径通过抑制 *FLC* 的表达来促进开花。也有研究表明春化途径能够直接促进开花。在 *FLC* 抑制途径中，*VRN* 和 *HOS1*（High Expression of Osmotically Responsive Genes 1)抑制 *FLC* 的表达，*FRI* 促进 *FLC* 的表达。所有这些基因效应都会间接作用于 *FT* 和 *SOC1*，最终达到促进或抑制开花的目的。

(3)自主途径 (autonomous pathway)　植物达到一定生理年龄的植株即可开花，称为自主途径。与春化途径一样，自主途径也是通过 *FCA*、*LD*、*FRI* 和 *FLD* 等基因的表达，抑制 *FLC* 的表达来促进开花的。自主途径可能是跟春化途径共同通过调整染色体结构(如甲基化，乙酰化等)来调控 *FLC* 的表达。*FLC* 是 *SOC1* 的抑制子。

(4)赤霉素途径(gibberellin pathway)　赤霉素途径对于早花和非诱导的短日照条件下的开花是必需的。赤霉素途径可通过 GAMYB 调控 *LFY* 的表达；此外，赤霉素被受体接受后，通过自身的信号转导途径，促进 *SOC1* 表达而促进拟南芥提前开花，以及在非诱导条件下开花。

早在 1957 年，Langridge 发现用 GA 处理拟南芥可以促进其提早开花。GA 信号传导途径中的 3 个关键基因 *GAI* (gibberellic acid insensitive)、*RGA* (repressor of ga1-3)和 *RGL1* (rga-like1)不仅在序列上有着很高的相似性，而且功能也极为相似。*GAI*、*RGA* 和 *RGL1* 等基因的缺失突变体均表现为早花。研究表明，GA 生物合成途径突变体可能就是由于 GA 合成途径的打断而减少了对 *GAI*、*RGA* 和 *RGL1* 的抑制作用，最终导致晚花，这说明 GA 合成途径最终会作用于 *GAI*、*RGA* 和 *RGL1* 从而影响开花。

上述途径都会集中于 *FLC*、*FT*、*SOC1* 等，它们通过整合 4 种途径的信号，相互作用于花分生组织决定基因 *LFY* 和器官决定基因 *AP* 和 *AG* 的表达，这些基因也有人称为开花整合子(florai integrator)。

开花是高等植物进入生殖发育的重要标志，受关键基因以及组蛋白修饰的精确调控，甾醇类激素(BRs)和 GA 参与其中，但激素信号分子与蛋白质构象的瞬时改变如何联动调控开花尚不清楚。中科院植物研究所种康研究组及其合作者发现，BRs 信号途径中核心转录因子 BZR1 通过直接抑制组蛋白去甲基化酶基因(*FLD*)的转录来控制开花过程。拟南芥亲环蛋白(Cyclophilin)CYP20-2 通过脯氨酰顺反异构酶(PPIase)活性直接作用于脯氨酸残基使 BZR1 构象改变，以适于被磷酸化修饰而降解。而小麦 CYP20-2 蛋白除了控制 BZR1 构象外，更适于影响 GA 途径的核心组分 DELLA 信号而控制开花。研究推测，CYP20-2 蛋白在进化过程中形成了其在双子叶和单子叶植物中对 BR 和 GA 信号系统的不同偏好性，进而控制开花过程。这一“蛋白构象改变介导开花”调控新模式，揭示了 BR 信号途径核心转录因子 BZR1 构象的改变及其控制组蛋白去甲基化酶基因的转录表达在开花调控中发挥的重要功能，将为激素信号组分介导开花机制开辟新途径。

除上述幼年期、春化和光周期等主要因素外，光质量途径(light quality pathway)和糖类(或蔗糖)途径(carbohydrate or sucrose pathway)及环境逆境胁迫对植物的花期转变也有重要影响。生物胁迫包括病害和虫害等，而非生物胁迫包括高温、低温、干旱、高盐和低营养等。人们利用植物突变体或自然群体，采用基因芯片或转录组测序分析等方法也发现了一些参与逆境胁迫和花期调控的基因，但相关的分子机制还不清楚，有待进一步深入。

7.4.2 控制花器官发生的基因

同源异形是指分生组织系列产物中一类成员转变为该系列中形态和性质不同的另一类成员。从花同源异形突变体（homeotic mutant）中发现的一组同源异形基因（homeotic gene，产生同源异形突变体的基因），也叫器官决定基因（organ identity genes），是决定花器官特征的基因。它们属于 MADS box 基因，常常不是编码一些酶类，而是编码一些决定花器官各部分发育的转录因子，这些基因在花发育中起着“开关”的作用。

研究表明，决定拟南芥花器官形成的同源异型基因有 5 种：*AP1*（apetala1）、*AP2*（apetala2）、*AP3*（apetala3）、*PI*（pistillata）、*AG*（agamous）。拟南芥的两性花由外到内有 4 轮排列：花萼、花瓣、雄蕊和心皮。根据这些同源异型基因对花器官形成的影响，可将其归纳为 A、B、C 3 组，对应的同源异型基因分别为 *AP1*/*AP2*、*AP3*/*PI*、*AG*。花器官发育遗传学的发展促使 ABC 模型不断完善，最终形成了 ABCDE 模型。

7.4.2.1 经典 ABC 模型

E. Meyerowitz 和 E. Coen 于 1991 年提出了控制花发育的 ABC 基因模型（ABC model），解释同源异形基因控制花形态发生的机理。即决定每轮花器官的是 3 类器官特征基因 A、B、C 不同组合表达的结果。A 类基因单独表达形成萼片；A 和 B 两类基因都表达形成花瓣；B 和 C 两类基因都表达形成雄蕊；C 类基因单独表达形成心皮。如果 A、B、C 组基因的任何一组或更多组基因发生突变，则花的形态发生异常，产生不同的花器官突变体（表 7-4 和图 7-15）。

经典 ABC 模型中 A 和 C 类基因相互抑制，当 C 类基因突变后，A 类基因在整个花中得已表达，相反亦然。由于经典 ABC 模型较好地解释了花同源异型基因对花器官决定的调控，解释了野生型和各种突变体的形成原因，所以被广泛接受。

表 7-4　拟南芥同源异形基因发生突变对花器官形成的影响

突变基因	突变体表型
A 组（*AP*1/*AP*2）	第 1 轮萼片变为心皮，第 2 轮花瓣变为雄蕊。
B 组（*AP*3/*PI*）	第 2 轮花瓣变为萼片，第 3 轮雄蕊变为心皮。
C 组（*AG*）	第 3 轮雄蕊变为花瓣，第 4 轮心皮变为萼片。
B 和 C 组（*AP*3/*PI*/*AG*）	第 1 轮至第 4 轮全部发育为萼片。

7.4.2.2 ABCDE 模型

随着研究的深入，ABC 模型不断得到补充和修正，形成了 ABCDE 模型。

(1)D 类基因　1995 年，L. Colombo 等在矮牵牛发现了 *FBP7*、*FBP11*（floral binding protein），它们专一性表达胚珠中成花结合蛋白，参与胚珠的发育。后来在拟南芥突变体中也发现了 *SHP1*、*SHP2* 和 *STK* 基因控制胚珠的形态发生，这些基因如果失活，胚珠变为似心皮的结构，把这类基因命名为 D 类基因（D-class gene）。

(2)E 类基因　1991—1998 年间，Yanofsky 的实验室克隆了一系列 AG 类似基因，并命名为 *SEP1*、*SEP2*、*SEP3*，研究发现其功能是花瓣、雄蕊和心皮发育不可缺少的。2001 年，G. Theissen 在拟南芥中发现与 A、B、C 类基因一起参与萼片发育的基因，命名为 E 类基因

(E-class gene)。矮牵牛的 *FBP2*、番茄的 *TM5* 都是 E 类基因的同源基因。

E 类基因的发现,又进一步把花器官发育模型扩展为 ABCDE 模型(图 7-16)。ABCDE 模型中,A 类基因控制萼片和花瓣的发育;B 类基因控制花瓣和雄蕊的发育;C 类基因控制雄蕊和心皮的发育;D 类基因控制胚珠的发育;E 类基因参与整个花器官的发育。D 突变体缺乏胚珠,E 突变体的全部花器官发育为萼片。

由此可见,花器官的发育是受众多基因共同控制的,要完全阐明成花基因之间的分子机制将还有更新的模型可能提出。

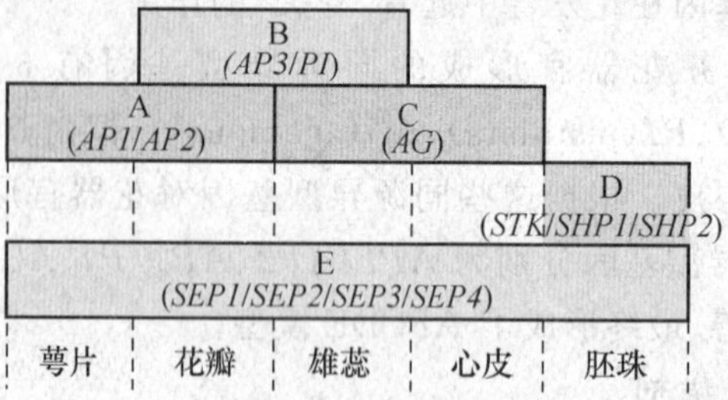

图 7-16 花发育时决定花器官特征的 ABCDE 模型

(引自潘瑞炽,2008)

7.4.4 花器官生长发育所需的条件

在植物的成花过程中,经过成花决定和表达,完成花的诱导之后,还需适合花器官形成的条件,才能完成成花的整个过程。如果花诱导后,花器官形成的条件不足,就会出现花的败育、退化,甚至成花逆转现象。成花逆转(floral reversion)是指植物从生殖生长状态逆转回营养生长状态的现象。花器官(幼穗)的形成问题,不仅是理论上的问题,也是提高作物产量的一个重要问题,如水稻的颖花退化、果树大小年等。影响花器官形成的最主要因素是体内有机物水平,其他因素多是通过影响这一因素而影响花器官发育的。

(1)光 ①光照时间越长,光强度愈大,有机物形成越多,对花形成越有利。雄蕊发育对光强比较敏感,如小麦花药处于花粉母细胞形成前期时,若遮光 72 h,花粉全部败育。②光周期影响植物的育性,如湖北光敏核不育水稻农垦 58S 在每天 14 h 以下短日照时可育,在每天 14 h 以上长日照时花粉败育,目前已在两系法杂交水稻生产中得到应用。③在光质方面,在暗期中间用红光间断可导致 HPGMR 农垦 58S 花粉败育,而用红光+远红光间断暗期可使花粉育性恢复。

(2)温度 温度高,花器官形成加快,但质量差;温度过低,会延迟花器官的分化,甚至停止,低温影响减数分裂。以水稻为例,高温下幼穗分化进程明显缩短;低温时幼穗分化延缓甚至中途停止。在减数分裂期,若遇 17～20℃以下低温,则花粉母细胞受损伤,进行异常分裂,四分体分离不完全,花粉粒损坏;同时,毡绒层细胞肿胀肥大,不能为花粉粒输送养料,形成不育花粉粒。华南地区晚稻遇寒露风减产,主要是晚稻在减数分裂期遭受低温危害,花粉发育不良,影响花器官的形成。近年来,水稻也发现有对温度敏感不育的品种。

(3)水分 雌、雄蕊分化及花粉母细胞、胚囊母细胞减数分裂期对水分特别敏感,水分不足,就会严重影响花的形成,甚至退化。

(4)肥料 土壤 N 不足,花分化缓慢且数量少;土壤 N 过多,引起贪青徒长,由于营养生长过旺，养料消耗过度，花发育不良或花分化推迟（这和C/N有关）。在N肥适中时，再施P、K肥，才能促进花的分化并增加花数。此外，微量元素Mo、Mn、B等缺乏，也会引起花发育受阻。如栽培密度过大时，退化花多而引起减产，就是因为群体密度过大，造成通风透光不良，影响光合生产，致使有机物供应不足而影响花的发育而造成的。

(5)生长调节物质　外施生长调节物质也同样影响花芽的分化和花器官的发育。CTKs促进花芽分化。GA可促进某些石竹科植物花萼、花冠的生长，IAA对柑橘花瓣的生长也有促进作用。而有些生长调节剂或化学药剂还会引起花粉发育不良，如乙烯利可引起小麦花粉败育。如水稻的“化学杀雄2号”可诱导花粉不育（化学杀雄，chemical emasculation），用于杂交育种。

7.4.5　植物性别的分化

植物经过适宜环境条件的诱导后，顶端分生组织在花芽分化的同时进行着性别分化（sex differentiation）。大多数植物是两性花，也有雌雄异株植物及雌雄同株异花植物等（表7-5）。雌雄异株植物的雌、雄株的经济价值明显不同，以收获果实或种子为栽培目的，如银杏，千年桐，番木瓜，留种用的大麻、菠菜等，需要大量的雌株；而以纤维为收获对象的大麻，则以雄株为优，其纤维的拉力较强。即使是对于雌雄同株的瓜类，在生产中也尽量保留雌花，以便收获更多的果实。因此，如何在早期鉴别植物性别是生产中迫切需要解决的实际问题，很早就引起人们的重视和研究。

表7-5　高等植物性别表现的主要类型

性别表现类型	同一植株上可能形成的花型	代表植物举例
雌雄同株同花型(hermaphroditism)	两性花	小麦、番茄、拟南芥
雌雄同株异花型(monoecism)	雌花和雄花	玉米、黄瓜、白麦瓶草
雌雄异株型(dioecism)	雌花或雄花	菠菜、大麻、杨、柳
雌花两性花同株型(gynomonoecism)	雌花和两性花	金盏菊、灰绿藜
雌花两性花异株型(gynodioecism)	雌花或两性花	小蓟
雄花两性花同株型(andromonoecism)	雄花和两性花	硬毛茄、槭树、元宝枫
雄花两性花异株型(androdioecism)	雄花或两性花	柿树

雌雄异株植物中，雌雄个体间的代谢存在差异。在番木瓜、大麻、桑等植物中，雄株呼吸速率大于雌株，过氧化氢酶活性比雌株高50%～70%。银杏、菠菜等雄株幼叶的过氧化物同工酶谱带数比雌株少。千年桐雌株叶组织还原能力大于雄株。此外，雌雄株间内源激素含量也存在差异。在雌雄异株的野生葡萄中，雌株中CTK含量高于雄株。在生产中，可以根据这些差异，在早期对植物的性别加以鉴定，进行有目的栽培，如果能从种子就鉴定出植物性别则最理想。

与高等动物相比，植物性别表现具有多样性和易变性的特点，极易受到环境条件等因素的影响。影响植物的性别分化的外界条件主要是光周期、营养因素、温度、激素等。

一般来说，短日照促进SDP多开雌花、LDP多开雄花；长日照则促使LDP多开雌花、SDP多开雄花。土壤中氮肥多、水分充足时促进雌花的分化，而氮肥少且干旱时则促进雄花分化。在一些雌雄异株植物中，C/N 低时，提高雌花的分化数目。温度，特别是夜间温度，影响植物性别分化。如较低的夜温促进南瓜雌花的分化。

植物激素对花的分化也有影响。IAA、ETH 促进黄瓜雌花分化，GAs 促进雄花分化。生长抑制剂 TIBA（抗生长素）可抑制黄瓜雌花的分化；生长延缓剂如 CCC 等（抗赤霉素）则抑制雄花的分化。CTKs 有利于雌花的分化，例如，CTKs 可使葡萄雄株的雄花中产生雌花。

生产中，烟熏植株增加雌花，主要是烟中有效成分是 CO、乙烯等，CO 能抑制 IAA 氧化酶的活性，减少 IAA 的降解，因而促进雌花分化，但常常会引起果实变小。细胞分裂素也具有促进雌花分化的作用。此外，伤害也影响植株性别分化。如番木瓜雄株伤根或折伤地上部分，新产生的是雌株；黄瓜断茎后长出的新枝也全开雌花。这可能与植物受伤后产生较多乙烯有关。

7.5 受精生理

植物开花后，花粉经媒介传到柱头上，花粉在柱头上被识别、萌发，花粉管进入胚囊，雄性生殖细胞（精子）与雌性生殖细胞（卵细胞）融合的过程称为受精作用（fertilization）。授粉是受精的前提。成熟花粉从花粉囊散出，借助外力（地心引力、风、动物传播等）落到柱头上的过程称为授粉（pollination），包括自花授粉和异花授粉。有些植物只有经异株异花授粉后才能发生受精作用，即自交不亲和（或）自交不育（self-infertility）。大多数农作物的经济产量是受精后发育成的种子或果实，受精与否直接影响作物的产量和品质。如水稻空秕粒、玉米的"秃顶"、大豆和果树的落花落果、棉花的落花落蕾等，多数是由于未完成受精而造成的。花粉和柱头生活力的强弱是影响受精的直接因素之一。

7.5.1 花粉和柱头的生活力

7.5.1.1 花粉的生活力

花粉生活力（pollen viability），也称为花粉寿命（pollen longevity）是指花粉成熟离开花药后，保持生活力（受精能力）的时间。禾谷类作物的花粉寿命较短，如水稻花药开裂后，花粉的生活力在 5 min 后即下降到 50％以下；小麦花粉在 5 h 后授粉结实率便降低到 6.4％；玉米花粉的生活力较长，也仅能维持 1～2 d。苹果、梨可维持 70～210 d，向日葵花粉的生活力可保持 1 年。花粉生活力不仅影响作物的受精效率和籽粒产量，而且在杂交育种中，若遇亲本花期不遇，需要先采集花粉，贮藏备用，因此，如何贮存花粉，延长其寿命是生产的重要问题。

花粉粒的含水量一般为 15％～30％。花粉的化学组成极为丰富，含有蛋白质、多种酶、各种氨基酸、淀粉和脂肪，IAA、GA、CTK、ETH 和油菜素内酯等植物激素，P、Ca、K、Mg、S、Mn 等多种矿质元素；含有丰富的维生素 E、维生素 C、维生素 B_1、维生素 B_2 等，特别是维生素含量很高。花粉中内含物的数量和组分与花粉的育性密切相关。可育性花粉内含物中淀粉、蔗糖含量较高，遇碘变蓝色；而未发育花粉遇碘不变蓝色。蔗糖的缺乏可引起花粉退化。可育性花粉中脯氨酸的含量较高，而不育花粉中脯氨酸往往缺乏或含量很少。

花粉贮存期生活力逐渐降低的原因主要是植物花粉一般较小，贮藏的营养物质有限；而呼吸作用旺盛，贮存期较高的呼吸导致养分消耗过度、酶活性下降及水分缺乏。一般环境中相对干燥、低温、增加空气中 CO_2 和减少 O_2 时，有利于降低花粉的代谢水平，保持其生活力。

（1）湿度　在比较干燥的环境（相对湿度为 30％～40％以下），花粉代谢减弱，呼吸作用降低，有利于较长时间保持花粉生活力。果树花粉贮藏时要求的相对湿度较低，如苹果花粉在3℃、相对湿度为10%～25%时保存35 d，萌发能力仍在60%以上。禾本科植物花粉一般要求较高的湿度，如玉米花粉在干燥空气中只能存活24 h，而在潮湿空气中能存活48 h。

(2)温度　贮藏花粉的最适温度为1～5℃。低温降低花粉的代谢强度，减少贮藏物质的消耗，能延长花粉寿命。如小麦花粉在20℃时，只能存活15 min左右，在0℃下可存活48 h；玉米花粉在20℃时，只能存活25 h，在5℃时，可存活56 h，在2℃时则可存活120 h。零下低温保存花粉效果更好，如苹果花粉在－15℃下贮藏9个月，仍有95%的萌发率。

(3)CO_2和O_2　增加贮藏容器中CO_2浓度，可延长花粉寿命。如在干冰中贮存花粉，其寿命明显延长。减少O_2分压可延长花粉的贮存寿命，如苜蓿花粉在－21℃下真空贮藏11年后仍有一定的生活力；豌豆、番茄、马铃薯、柑橘、桃和李等植物的花粉可贮存1～3年。

(4)光照　一般以遮阴或在暗处贮藏较好。如在暗处贮藏的苹果花粉，其发芽率为33.4%；在散射光下，发芽率为30.7%；而在直射日光下，发芽率只有1.2%。

无论采取何种方法保存花粉，在人工授粉之前都要检测花粉的生活力，以确保受精成功。检测花粉生活力的方法主要有人工培养法、TTC或I-KI显色法等。

7.5.1.2 柱头的生活力

柱头承受花粉能力、授粉持续时间，称为柱头的生活力。柱头授粉能力的持续时间一般比花粉生活力长，但多以开花当天最强，受精能力在开花后日趋下降，所以授粉以开花当天为最好。了解柱头的生活力及受精能力，与提高作物杂交制种的产量和质量有很大关系。水稻柱头的生活力，一般情况下能维持6～7 d。玉米雌穗花柱长度为当时穗长的一半，柱头即开始有授粉能力，花柱抽齐后1～5 d柱头授粉能力最大，6～7 d后开始下降，到第9天时急剧下降。一个雌穗上柱头丧失生活力的顺序，和花柱在穗轴上发生先后是一致的，即穗中、下部先丧失，顶端后丧失。

7.5.2 花粉萌发和花粉管伸长

有生活力的花粉落在柱头上，被柱头表皮细胞吸附，受到柱头分泌物的刺激，就能吸收表皮细胞分泌物中的水分，即发生水合作用，柱头的水孔蛋白调节水分从柱头流向花粉的过程。由于花粉中营养细胞吸胀作用，使花粉内壁以及营养细胞的质膜在萌发孔处外突，形成花粉管的乳状顶端，此过程称为花粉萌发(图7-17)。

花粉在柱头上黏附是受粉的第一步，黏附后花粉在柱头上开始水合并萌发花粉管，脂类物质在花粉水合时起重要作用，它可以控制水的扩散速度，从而在花粉周围形成不同的水梯度，这作为一种环境信号引导花粉管向最近的水界面定向生长。植物成功授粉决定于柱头表面与花粉的黏附能力和水合能力，如茄科和蔷薇科植物是湿性柱头(wet stigma)，柱头能分泌脂质富集的分泌物，其中长链脂肪可能作为信号刺激水合作用而形成花粉管。芸薹属是干性柱头(dry stigma)，授粉时柱头不产生分泌物，但花粉胞(pollen coat)含脂质，与柱头细胞相互反应引起水合作用。拟南芥突变体*cer*的花粉胞缺乏脂质，不产生水合作用，因此在干旱条件下雄性不育。

如果柱头细胞的水势低于花粉的水势，花粉就不易萌发；花粉周围的水势如过高，花粉粒又易吸水过度而膨裂，导致原生质溢出而死亡。因此：①空气过于干燥或相对湿度过高，都不利于花粉的萌发。②花粉萌发的温度较高，如果开花期遇到寒潮，也会影响花粉萌发。如水稻开花期的适宜温度为 30～35℃，若日平均气温低于 20℃，日最高气温持续低于 23℃，花药就不易开裂，授粉极难进行。如果温度过高，超过 40～45℃，则开颖后花柱易干枯，还易引起花粉失活，同样不利于受精。

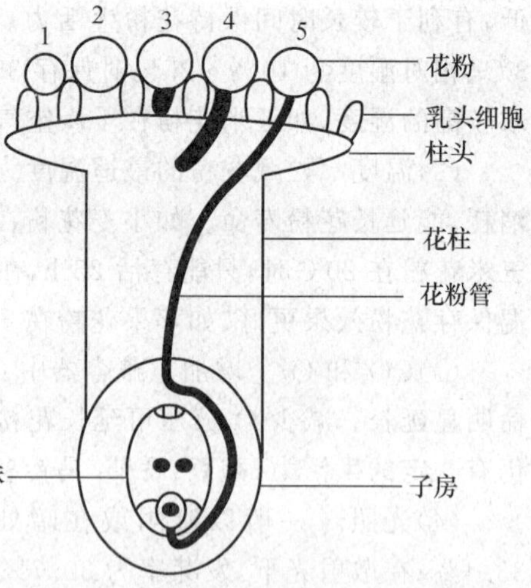

图 7-17　雌蕊的结构模式及其花粉的萌发过程

（引自王忠，2000）

1. 花粉落在柱头上　2. 吸水　3. 萌发　4. 侵入花柱细胞　5. 花粉管伸长至胚囊

花粉萌发后，接着花粉管侵入柱头细胞间隙，进入花柱的引导组织。花粉管在生长过程中，除消耗花粉粒本身的贮藏物质外，还从花柱介质中吸收营养供花粉管的生长和新壁的合成。从传粉至形成花粉管所需时间长短，因作物种类而异，玉米 5 min，棉花 1～4 h。花粉管穿过乳突细胞壁或细胞间隙，进入柱头组织的细胞间隙，穿过花柱到达子房，通常从珠孔进入胚囊，花粉管顶端破裂后释放出精子和内含物，精子和卵细胞融合以后而完成受精作用。

花粉萌发和花粉管伸长时，有哪些特点呢？

(1)花粉萌发时，呼吸速率剧增，蛋白质合成加快；酶活性明显增强，尤以磷酸化酶、淀粉酶、转化酶等活性增加更为显著。这些酶除了在花粉本身起作用以外，还分泌到花柱，以获取养料促使花粉管生长。

(2)花粉萌发有“群体效应”(population effect)，即单位面积内，花粉的数量越多，花粉的萌发和花粉管生长越好。这可能是花粉本身带有激素和营养物质的缘故。人工辅助授粉增加柱头上花粉的密度，有利于花粉萌发时集体效应的发挥，能提高受精率。

(3)硼和 Ca^{2+} 有助于花粉萌发和花粉管伸长。硼对花粉萌发和花粉管的生长具有明显促进作用，特别是当温度较高时，硼的促进效果更为显著。

(4)花粉管的生长方式是顶端生长。生长只局限于顶端区。花粉管生长时，细胞质集中于顶端区，而管的基部则被胼胝质堵住。顶端区代谢十分旺盛，内含与壁形成密切相关的细胞器，如线粒体、内质网、高尔基体及运送合成壁前体的高尔基体小泡(图 7-18)。

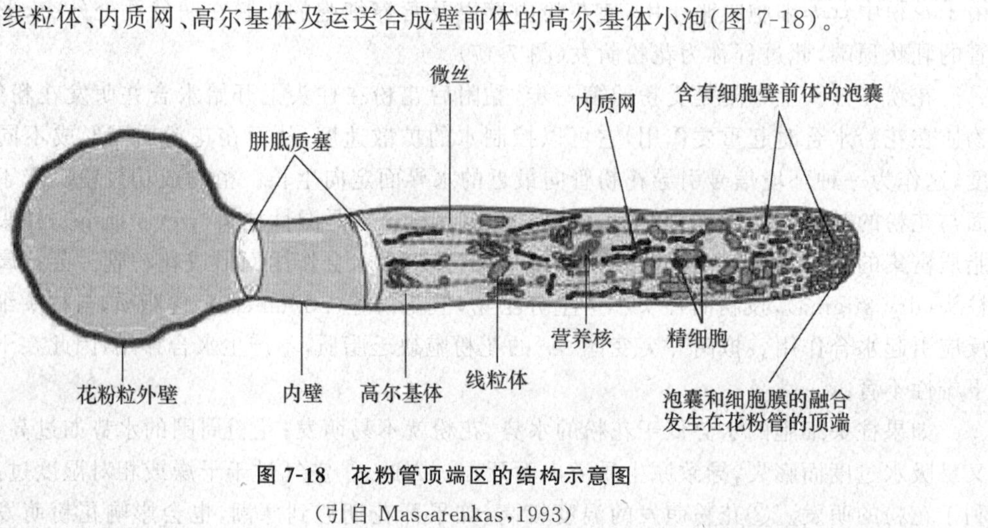

图 7-18　花粉管顶端区的结构示意图

（引自 Mascarenkas，1993）

(5)花粉管生长有向化性(chemotrpism)。即花粉管在雌蕊中生长是定向地向花柱、子房、胎座、胚珠、胚囊方向生长。

花粉管为什么能向着胚囊定向生长？①花粉管通道中 Ca^{2+} 是一种向化性物质,起着信号作用。花粉管在生长过程中,顶端分泌 Ca^{2+};同时花粉管通道中存在 Ca^{2+} 浓度梯度,Ca^{2+} 的分布从柱头到胎座是递增的,尤其是珠孔的 Ca^{2+} 含量高,可作为引导花粉管定向生长的化学刺激物。CaM 也参与了花粉管生长的调控。②花柱引导组织胞外基质的引导组织特异蛋白(transmitting tissue-specific glycoprotein, TTS),有刺激花粉生长和引导花粉管向子房生长的功能。花粉管向子房生长过程中,经过柱头细胞间隙进入花柱的引导组织与它的胞外基质(extra cellular matrix,EMC)紧密接触,EMC 由复杂的蛋白质混合物组成。如从烟草引导组织 EMC 中分离出的 TTS 属于阿拉伯半乳聚糖家族。③雌蕊类伸展蛋白(pistil extension-like protein,PELP)有刺激花粉管生长和吸引花粉管定向伸长的作用。如在烟草花柱中,发现一种与花粉管生长密切的 PELP,它是一组羟基脯氨酸富集的糖蛋白。

当花粉管到达胚珠后,在向化性物质引导下进入珠孔,释放两个精细胞,一个精细胞与卵细胞融合形成合子,另一个精细胞与中央细胞的两个极核融合,形成初生胚乳核,完成了双受精(double fertilization)过程。

7.5.3　受精过程中雌蕊的生理生化变化

授粉后,花粉在柱头上吸水萌发,花粉管在花柱和子房壁中生长,雄性生殖器在胚囊中与雌性生殖器发生细胞融合。在这些过程中,花粉与雌蕊间不断地进行着信息与物质的交换,并对雌蕊的代谢产生激烈的影响。主要表现在:

(1)呼吸速率的急剧变化。受精后,雌蕊的呼吸速率一般要比受精前或未受精前高,并有起伏变化。如棉花受精时,雌蕊的呼吸速率增高 2 倍;百合花的呼吸速率在授粉后出现两次高峰,一次在精细胞与卵细胞发生融合时,另一次是在胚乳游离核分裂旺盛期。

(2)IAA 含量显著增加。由于花粉中含有催化色氨酸转变为 IAA 的酶系,在花粉管生长过程中分泌到雌蕊组织中,引起花柱和子房中合成大量的 IAA,使柱头到子房中的 IAA 含量顺次递增。如烟草授粉后 20 h,花柱中 IAA 含量增加 3 倍多,而且合成部位从花柱顶端向子房转移(图 7-19)。受精后子房中 IAA 含量剧增是引起子房代谢剧烈变化的主要原因之一。由于受精后雌蕊组织的 IAA 含量和呼吸速率剧增,使更多的有机物被"吸引"到雌蕊组织中,子房便迅速生长发育成果实。

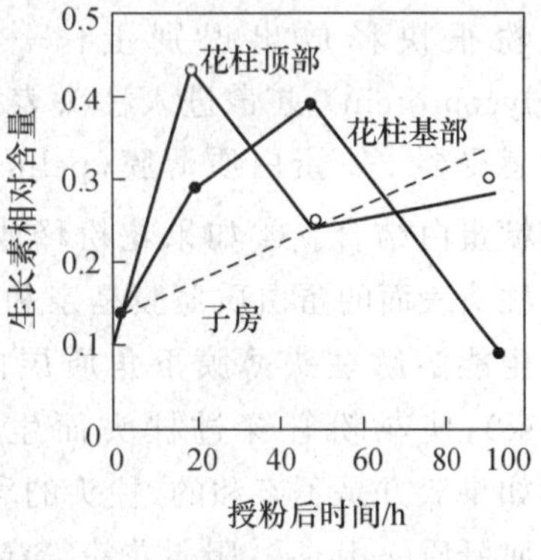

图 7-19　烟草授粉后不同时间雌蕊细胞各部分生长素含量的变化

生产中,用 IAA、GAs 和 CTK 在未开花前处理番茄、黄瓜、草莓等,可促进子房膨大形成无籽果实。而自然界中,香蕉、柑橘和葡萄等一些品种存在单性结实现象,就是由于其未受精的子房中含有高浓度的生长素所致。如我国北方冬季温室栽培番茄,因温度过高常使花粉不育,造成严重落花,用 2,4-D 蘸花处理,可坐果并产生无籽果实。

(3)吸收水分和无机盐的能力增强,糖类和蛋白质代谢加快。如兰科植物传粉后,合蕊柱吸水增加1/3，N、P含量明显增多；而花被的N、P含量下降，蒸腾作用急剧增强，造成花被凋萎。如玉米在传粉后，大量的^{32}P由植株其他部位流入雌蕊，使雌蕊中的P含量增加约0.7倍。

受精不仅影响雌蕊代谢，而且影响到整个植株，这是因为受精是新一代生命的开始，随着新一代的发育，各种物质要从营养器官向子房输送，这就带动根系对水分与矿质的吸收，促进光合作用的进行，以及物质的运输和转化。

7.5.4 花粉和柱头的相互识别和自交不亲和

7.5.4.1 花粉和柱头的相互识别

在自然条件下，柱头可能接受多种植物的花粉，但不是所有落到柱头上的花粉都能正常萌发。花粉落到柱头上后能否萌发，花粉管能否生长，并通过花柱组织进入胚囊受精，取决于花粉与雌蕊的亲和性(compatibility)和识别反应(recognition)。识别是细胞分辨“自己”与“异己”的一种能力，是细胞表面在分子水平上的化学反应和信号传递。花粉和柱头之间的相互识别的机能是植物在长期进化过程中形成的，保证物种的稳定与繁衍。研究表明，花粉与柱头之间相互识别的分子基础是花粉壁的蛋白质与柱头乳突细胞表面的蛋白质薄膜之间的相互作用。

花粉和柱头之间亲和性识别的机制：①花粉壁存在内壁蛋白和外壁蛋白(图7-20)。它们都易溶于水，内壁蛋白是花粉本身制造的，主要是与花粉萌发和花粉管穿入柱头有关的酶类；外壁蛋白参与识别反应，识别物质就是外壁蛋白的糖蛋白，在花粉湿润后几秒钟内就迅速释放出来。②柱头表面的亲水性蛋白质薄膜，具有黏性，易于捕捉花粉。③当种内花粉落到柱头表面以后，花粉很快释放出识别蛋白——外壁糖蛋白(glycoprotein)，扩散进入柱头表面，与柱头表面的感受器——蛋白质薄膜(pellicle)中所含的识别糖蛋白结合。④如果花粉释放的外壁糖蛋白与柱头表面的蛋白质薄膜是亲和的，花粉管尖端产生能溶解柱头薄膜下角质层的角质酶(cutinase)，使花粉管穿过柱头而生长，直至受精。⑤如果双方是不亲和的，柱头的乳突细胞立即产生胼胝质(callose)，阻碍花粉管穿入柱头，且花粉管尖端也被胼胝质封闭，花粉管无法继续生长，使受精失败(图7-21)。

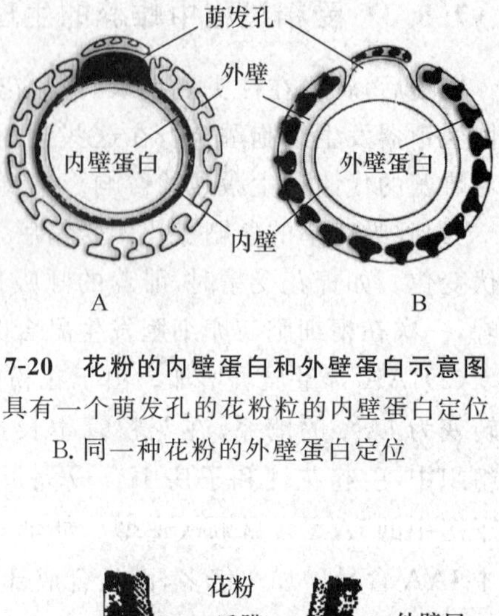

图7-20 花粉的内壁蛋白和外壁蛋白示意图
A. 具有一个萌发孔的花粉粒的内壁蛋白定位
B. 同一种花粉的外壁蛋白定位

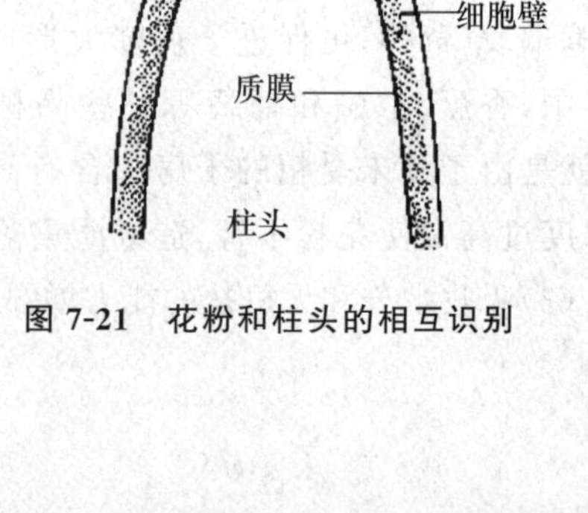

图7-21 花粉和柱头的相互识别

7.5.4.2 自交不亲和

自交不亲和性(self incompatibility, SI)是指植物花粉落在同花雌蕊的柱头上不能受精的现象。自然界中，估计一半以上的被子植物存在自交不亲和性，远缘杂交的不亲和性就更为普遍。遗传学上自交不亲和性是受一系列复等位(multiple alleles)基因的单一基因座(Slocus)所控制，S 基因座在雌雄生殖组织中表达 1 个或多个 S 基因，这些 S 基因编码不同的蛋白质是自交不亲和或亲和的识别基础。当雌雄双方有相同的 S 基因就不亲和，双方 S 等位基因不同就亲和。

自交不亲和性分为配子体型不亲和(gametophytic self-incompatibility，GSI，即受花粉本身基因控制)和孢子体型不亲和(sporophytic self-incompatibility，SSI，即受花粉亲本基因控制)。属于 GSI 的植物比较普遍，如茄科、蔷薇科、百合科及禾本科等，GSI 不亲和发生在花粉中，花粉管进入花柱后，中途生长停顿、破裂。属于 SSI 的植物较少，如十字花科、菊科，SSI 不亲和发生在柱头表面，表现为阻碍花粉水合作用或不能形成花粉管(图 7-22)。远缘杂交不亲和性常会表现出花粉管在花柱内生长缓慢，不能及时进入胚囊等。

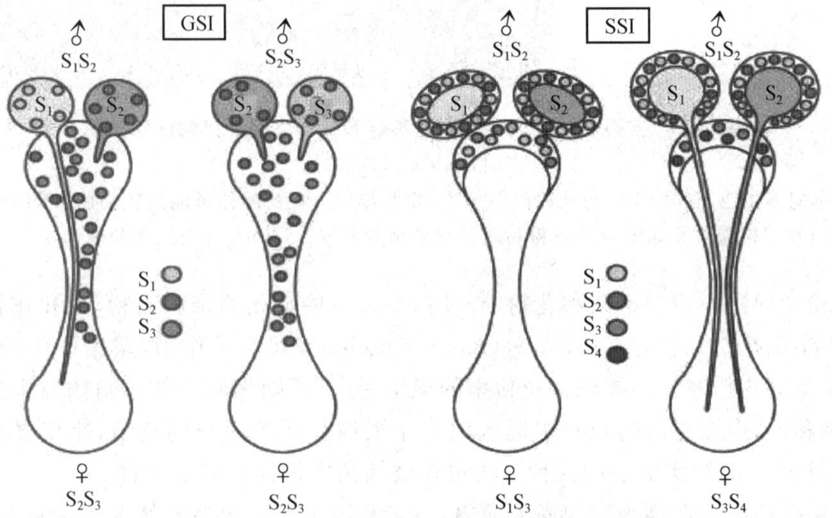

图 7-22　自交不亲和类型

GSI：配子体自交不亲；SSI：孢子体自交不亲和

GSI 与雌蕊的 S-核酸酶(S-RNase)有关。在花柱提取物中的 S 基因编码 S-糖蛋白，现已克隆出了这个基因。目前已证明 S-RNase 就是花柱的基因，控制配子体不亲和。S-RNase 是一种糖蛋白，此酶在花柱 1/3 以上部位含量最高，此处正是自交不亲和花粉管生长受到抑制的部位；S-RNase 进入花粉管后，将花粉管内的 RNA 降解，花粉管生长停顿、破裂。

SSI 与雌蕊的类受体蛋白激酶(receptor-like protein kinase)有关。研究比较清楚的有两个基因座基因，一个是 S-基因座糖蛋白(S locus glycoprotein，SLG)基因，编码糖蛋白并分泌到柱头乳突细胞的细胞壁和胞间区；另一个是 S-基因座受体激酶(S locus receptor kinase，SRK)基因，编码一种跨膜的类受体蛋白激酶(图 7-23)。SLG 和 SRK 是自交不亲和花粉识别必需的。

7.5.4.3　克服不亲和性的途径

自交不亲和性是保障开花植物繁殖的机制之一，有利于物种的稳定、繁衍和进化。但给生产中的远缘杂交或自交育种工作带来很大的困难，然而，在一定条件下通过人为的干预，可以打破花粉与雌蕊组织之间的不亲和性，达到远缘杂交的目的。在育种实践中，常采用的克服不亲和性的措施有：

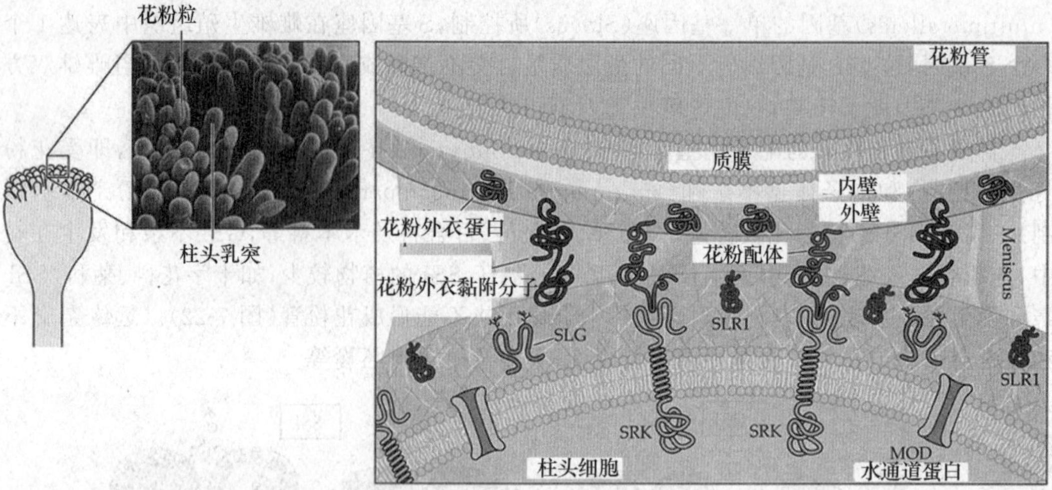

图 7-23　芸薹科柱头乳突细胞与不亲和花粉之间的接触区示意图

(引自 Bewley,2000)

SRK 与花粉配体相连,有时 SLG 与花粉配体相连,相互作用。花粉配体可能是花粉胞被的组分,类 SLG 受体(SLR1)和花粉胞被其他组分是花粉黏附乳突细胞的物质。MOD:自交不亲和修饰物。

(1)花粉蒙导法　授予不亲和花粉的同时,混入一些杀死的亲和花粉,亲和花粉可使柱头不能识别不亲和花粉,故称为蒙导花粉(mentor pollen),起蒙导作用,蒙骗柱头,达到受精的目的。杀死蒙导花粉时一定要保持花粉里的识别蛋白,否则无效。如三角杨与银白杨种间杂交时是不亲和的,但在银白杨花粉中混入用了 γ 射线杀死的三角杨花粉,能克服种间杂种不亲和性,获得 15%的结实率。用这种方法也在波斯菊中得到种间杂交种。

(2)蕾期授粉法　在雌蕊组织尚未成熟、不亲和因子尚未定型的情况下授粉,以克服不亲和性。利用剥蕾授粉法已在芸薹属、矮牵牛属和烟草属的不亲和种产生自交系获得杂交种子。

(3)物理化学处理法　采用变温、辐射、盐水、激素或抑制剂处理雌蕊组织,打破不亲和性。如配子体不亲和的植物如梨、桃、月见草、百合、番茄和黑麦等,用 32～60℃的热水浸烫柱头,可打破不亲和性。用放线菌素 D 处理花柱抑制 DNA 的转录,可部分抑制花柱中不亲和因子的产生。此外,利用电助授粉法(90～100 V 的电压刺激柱头)、CO_2 处理法(3.6%～5.9% 的 CO_2 处理雌蕊 5 h)和盐水处理法(5%～8%的 NaCl 处理雌蕊)等,都可克服自交不亲和性。

(4)细胞工程　利用胚珠、子房等的离体培养进行试管授精,可克服原来自交不亲和及种间或属间杂交的不亲和性。细胞杂交、原生质体融合或导入亲和基因的转基因技术等都可以克服种间、属间杂交的不亲和性,达到远缘杂交的目的。

(5)选择亲本或增加染色体倍数　选择亲和或不亲和性弱的品种进行种间杂交,如我国目前水稻生产上应用的籼粳杂交亲本品种,大都是广亲和基因品种。增加染色体倍数,在甜樱桃、牵牛属及犁属等植物中,二倍体植株的自交往往不亲和,如将二倍体加倍成四倍体,就表现出自交亲和。

思考题

1. 植物的成花包括哪三个阶段？植物的成花诱导存在哪几条途径？
2. 什么是春化作用，如何证明植物感受低温的部位是茎尖生长点？
3. 什么是光周期现象？举例说明植物的主要光周期类型。
4. 为什么说暗期长度对短日植物成花比日照长度更为重要？
5. 光受体如何参与光周期对植物的成花诱导过程？
6. 试述决定花器官特征 ABCDE 模型的主要要点。
7. 举例说明春化作用和光周期理论在农业生产中的应用。
8. 影响植物花器官形成的条件有哪些？影响植物性别分化的外界条件有哪些？
9. 影响花粉生活力的外界条件有哪些？植物受精过程中雌蕊组织中有哪些生理变化？
10. 如何使菊花提前在 6—7 月份开花？又如何使菊花延迟开花？
11. 烟熏植物（如黄瓜）为什么能增加雌花分化？

第8章 植物的成熟和衰老生理

提要

种子在发育成熟过程中，有机物主要向合成方向进行，可溶性、低分子物质逐渐转化为不溶性、高分子化合物贮藏起来，如淀粉、蛋白质、脂肪等。种子的化学成分受光照、水分、温度和矿物质营养等外界环境因素的影响。

呼吸跃变的出现标志着果实成熟达到可食用的程度，与果肉中乙烯含量增多密切相关。果实成熟时发生一系列变化：淀粉转化为可溶性糖，果实变甜；有机酸含量下降，酸味减少；单宁被氧化成过氧化物或凝结成不溶性物质，涩味消失；产生酯、醇、醛和萜类等挥发性物质，具有特色香味；果胶酶和原果胶酶活性增强，果肉细胞分离，果实软化；叶绿素含量下降，花色苷和类胡萝卜素含量增加，果实色泽变艳。

休眠是植物的一种重要的适应环境的现象。种子休眠的原因主要有种皮的限制、种子未完成后熟、胚未发育完全以及存在抑制萌发的物质。解除种子休眠的方法有机械破损、浸泡冲洗、层积处理、激素与化学药剂处理和晾晒等。在生产实践中，延存器官有时需要人工打破或延长休眠。

衰老是成熟细胞、组织、器官和整个植株自然终止生命活动的一系列衰败过程，是植物体生命周期的最后阶段。植物衰老有整株衰老、地上部衰老、渐近衰老和落叶衰老 4 种类型。衰老主要受遗传基因控制，但也受环境条件的影响。植物衰老时，蛋白质及核酸降解，光合和呼吸速率下降，膜由液晶态转变为凝胶态，失去选择透性。植物衰老的机理有营养亏缺学说、DNA 损伤学说、自由基损伤学说、植物激素调节学说、程序性细胞死亡理论等。

器官脱落是植物器官自然离开母体的现象。脱落分为正常脱落、生理脱落和胁迫脱落 3 种类型。器官在脱落之前先形成离层。生长素和乙烯的含量和比值调控器官脱落。温度过高或过低、干旱、弱光、短日照则可促进脱落。

植物受精后，逐步发育形成种子和果实。种子和果实形成时，形态及生理生化过程都发生很大变化。种子和果实的质量与下一代的生长发育关系密切，同时，也决定作物的产量高低与品质优劣。多数植物的种子和某些植物的营养繁殖器官，成熟后进入休眠期，不能立即萌发。但为了生产的需要，可人为破除休眠或延长休眠过程。对于一、二年生的草本植物来说，种子和果实形成之后就趋向衰老，有些器官还发生脱落。因此，有关植物成熟和衰老生理的研究与作物生产紧密相关，有着重要的理论及实践意义。

8.1　种子和果实的发育与成熟

8.1.1　种子的发育及其基因表达

8.1.1.1　种胚的发育

种胚(embryo)是种子中最重要的部分,是合子(zygote)经细胞分裂、分化发育而成。合子的细胞结构表现出明显的极性,是合子进行不均等分裂的细胞学基础。一般合子经短期休眠后分裂成两个大小不同的子细胞,上部是一个小的细胞质浓密的顶端细胞(apical cell),下部则为大的液泡化的基细胞(basal cell)。顶端细胞最终发育为成熟胚;基细胞则发育成胚柄,但在心形期后胚柄开始衰老,逐步退化。种胚发育到子叶期后,已完成了根分生组织和茎分生组织的分化,并加强核酸、蛋白质等的合成作用;在胚成熟后期,有机物质合成结束,种子失水,胚进入休眠阶段。

8.1.1.2　胚乳的发育

胚乳是由受精极核(初生胚乳核)发育而来,主要功能是积累贮藏物质,为发育或萌发中的胚提供养分。被子植物种子的胚乳有 4 种情况,即内胚乳,外胚乳,兼内、外胚乳,无胚乳(在种子发育过程中,胚乳被胚所吸收)。禾谷类作物小麦、水稻等的种子具有内胚乳,在胚发育期间胚乳也发育并逐渐膨大;豆类种子胚发育时胚乳组织被吸收,因此胚成熟时无胚乳,营养物质贮藏在子叶中。初生胚乳核一般是三倍体,它不经休眠或经很短暂的休眠就开始分裂,因此胚乳发育要早于胚的发育。禾谷类种子的受精极核无须休眠,受精后即开始分裂,其初生胚乳核是按游离核分裂方式在细胞分化之前先分裂成许多游离核后,再经细胞分化形成胚乳细胞。

8.1.1.3　种子发育过程中基因的表达

植物胚胎发育过程是一个有序的、有选择性的基因表达过程。通过转录生成特异的mRNA,合成特异的蛋白质或酶,最终使种胚、胚乳或子叶发育成熟。相关研究表明,在种子发育的任何一个阶段,胚、胚轴、子叶以及胚乳组织中,都有大约两万个不同的基因在 mRNA 水平上进行表达。

近年来,已分离、鉴定了一些决定胚胎细胞命运和胚胎模式形成、调控根和茎分生组织细胞分裂和分化的基因,并对这些基因的时空特异性表达方式进行了研究。如在拟南芥中,已知 *GN* 基因影响胚胎顶端-基部极性,它在整个胚胎发育进程中持续表达,编码的蛋白可能参与囊泡的定向运输,从而影响细胞的分裂、延伸和黏连。另外,已克隆的胚胎早期基因还有 *AGL15*、*KNOLLE*、*FUS6* 和 *STM* 等。在基因功能方面,*AGL15* 以转录因子的形式来调控其他基因在胚胎发生过程中的表达;*KNOLLE* 编码的蛋白可能参与细胞质分裂;*FUS6* 编码一种新的与信号转导有关的蛋白。

8.1.2 种子成熟时的生理生化变化

8.1.2.1 糖类的变化

水稻、小麦、玉米等禾谷类种子和蚕豆、豌豆等豆类种子的贮藏物质以淀粉为主，称之为淀粉种子。这类种子在成熟过程中，可溶性糖含量逐渐降低，淀粉的积累迅速增加。水稻在开花后的最初几天，颖果的可溶性糖和淀粉的含量都有所增加。10 d 左右，可溶性糖含量开始下降，而淀粉的含量依然增加(图 8-1)。这表明淀粉是由糖类转化而来。

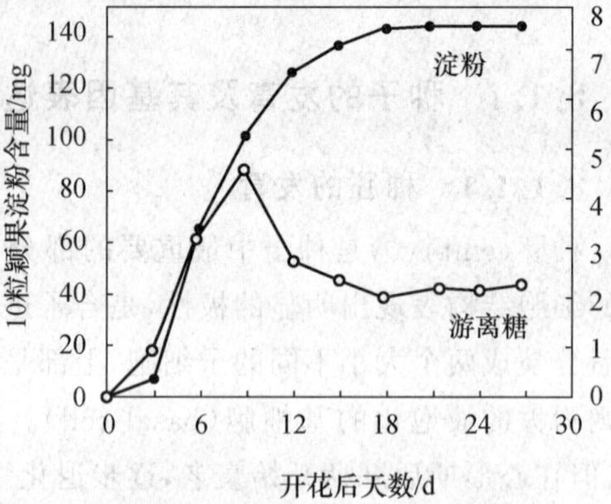

图 8-1 水稻成熟过程中颖果内淀粉和可溶性糖含量的变化

(引自王忠，2 000)

淀粉种子成熟脱水时，Ca^{2+}、Mg^{2+} 和 PO_4^{3-} 同肌醇形成非丁(phytin，即肌醇六磷酸钙镁盐或植酸钙镁盐)，是禾谷类等淀粉种子中磷酸的贮存库与供应源。种子萌发时，非丁分解释放出 P、Ca、Mg，供幼苗生长之用。

8.1.2.2 蛋白质的变化

豆科植物种子富含蛋白质，称之为蛋白质种子。此类种子积累蛋白质首先是由叶片或其他营养器官的氮素以氨基酸或酰胺的形式运送到荚果，在荚皮中氨基酸或酰胺合成蛋白质，暂时成为贮藏状态；然后，暂存的蛋白质分解，以酰胺态运至种子转变为氨基酸形式，最后合成蛋白质。种子贮藏蛋白的生物合成开始于种子发育的中后期，至种子干燥成熟阶段终止。种子贮藏蛋白种类有清蛋白、球蛋白、谷蛋白和醇溶谷蛋白。贮藏蛋白没有明显的生理活性，主要功能是为种子萌发时提供所需的氮和氨基酸。

种子脱水和 ABA 可以调节贮藏蛋白基因的表达。如在种子成熟时，发现其干燥胚中有一些基因可被 ABA 或渗透胁迫诱导表达，如编码胚胎发生晚期丰富蛋白(late embryogenesis abundant protein, LEAP)的基因。LEAP 大多为高度亲水性。一般认为，LEAP 在植物细胞中具有保护生物大分子，维持特定细胞结构，缓解干旱、盐、寒等环境胁迫的作用。

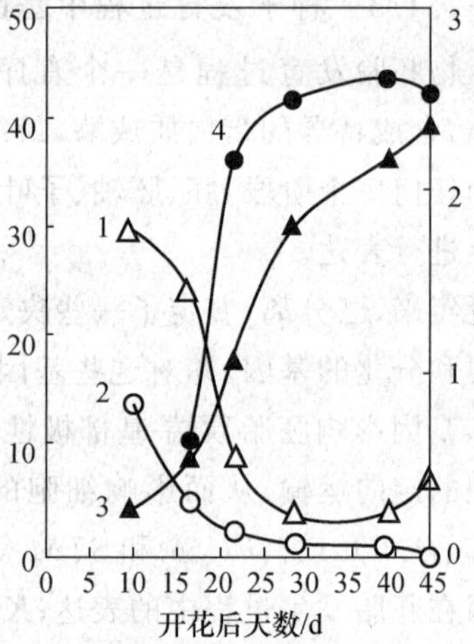

图 8-2 油菜种子在成熟过程中各种有机物的变化

(引自王忠，2000)

1. 可溶性糖 2. 淀粉 3. 千粒重 4. 粗脂肪

8.1.2.3 脂肪的变化

花生、油菜、大豆、向日葵、蓖麻等种子中脂肪含量很高，称之为脂肪种子或油料种子。油料种子在成熟过程中，脂肪含量不断增加，碳水化合物含量则相应降低(图 8-2)，表明脂肪是由碳水化合物转化而来。其次，在油料种子成熟初期形成大量的游离脂肪酸，随着种子的成熟，游离脂肪酸用于合成脂肪,使种子的酸价(中和 1 g 油脂中游离脂肪酸所需 KOH 的毫克数)逐渐降低。另外,随着种子成熟,碘价(指 100 g 油脂所能吸收碘的克数)逐渐升高,即在种子成熟初期先合成饱和脂肪酸,然后再在饱和酶的作用下转化为不饱和脂肪酸。

8.1.2.4　种子成熟过程中其他生理生化变化

(1)呼吸速率的变化　有机物积累和种子的呼吸速率有密切关系。种子成熟过程中,有机物质积累迅速时,呼吸速度亦高;种子接近成熟时,呼吸速度逐渐降低。

(2)内源激素的变化　在种子成熟过程中,种子中的内源激素也在不断发生变化。例如,小麦胚珠受精后 5 d 左右 ZR 含量迅速增加,15 d 左右达到高峰,而后逐渐下降。接着 GA 含量迅速提高,受精后第 3 周达到高峰,在 GA 含量开始下降之际,IAA 含量急剧上升。当籽粒鲜重最大时,IAA 含量最高,籽粒成熟时,IAA 消失(图 8-3)。上述情况表明,小麦在成熟过程中,籽粒内源激素含量和种类发生有规律的变化,可能与它们的生理作用相关。首先出现的 ZR 可能参与调节籽粒形成的细胞分裂过程,其次出现的 GA 和 IAA 可能调节有机物向籽粒的运输和积累的过程。此外,籽粒成熟期 ABA 大量增加,可能与籽粒的休眠有关。

(3)含水量的变化　种子含水量与有机物的积累恰好相反,它是随着种子的成熟而逐渐减少。种子成熟时幼胚中具有浓厚的细胞质而无液泡,因此,自由水含量较低。小麦籽粒成熟时,鲜重的减少是由于含水量降低引起的,实际上干物质却在增加。

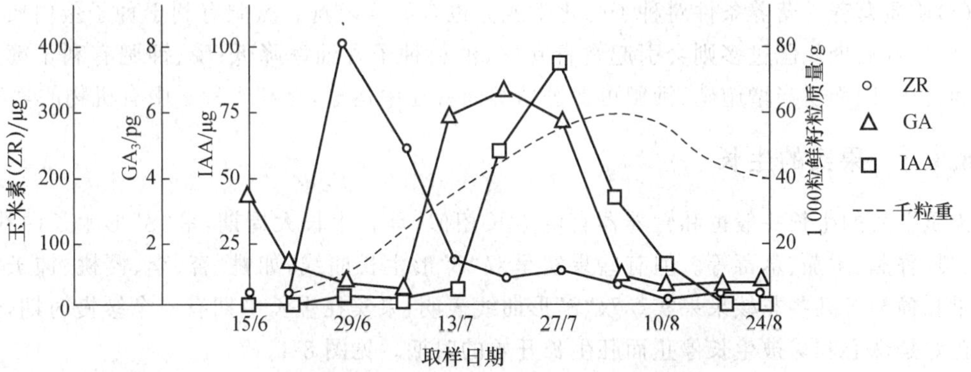

图 8-3　小麦籽粒发育时期 ZR、GA、IAA 含量的变化

(引自李合生,2006)

8.1.2.5　外界条件对种子成熟的影响

种子粒重及其组成成分主要由基因控制,但基因的表达受光照、温度、空气的相对湿度、土壤含水量及矿质营养等外界环境因素的影响。

(1)光照　光照强度直接影响植物的光合作用,从而影响种子内有机物质的积累。小麦灌浆期间若遇到连阴天,千粒重降低,会造成减产。此外,光照也影响籽粒的蛋白质含量和含油率。

(2)温度　适宜的温度有利于物质的积累,促进成熟;温度过高呼吸消耗大,籽粒不饱满;温度过低不利于有机物运输与转化,种子瘦小,成熟延迟;昼夜温差大有利于种子成熟并能增产。同时温度影响种子化学成分的含量。我国北方大豆成熟时,温度低,种子脂肪含量高,蛋白质含量较低;而南方大豆种子脂肪含量低,蛋白质含量较高(表 8-1)。

表 8-1　我国不同地区大豆的品质　%

不同地区品种	蛋白质含量	油脂质量分数
北方春大豆	39.9	20.8
黄淮海夏大豆	41.7	18.0
长江流域春夏秋大豆	42.5	16.7

(3)空气相对湿度　连日阴雨,空气相对湿度较高,会延迟种子的成熟。空气湿度较低,则加速成熟。但空气湿度太低则会出现大气干旱现象,不但阻碍物质运输,而且合成酶活性降低,水解酶活性增高,干物质积累减少,种子瘦小且产量低。通常将因干燥与热风引起的种子灌浆不足称之为"风旱不实"现象。如在我国河西走廊地区,小麦灌浆中后期常因遭遇干热风的因素,妨碍籽粒的灌浆,导致小麦减产。

(4)土壤含水量　土壤干旱会破坏作物体内水分平衡,严重影响灌浆,造成籽粒不饱满,导致减产。土壤水分过多,由于缺氧使根系受到损伤,光合下降,种子不能正常成熟。小麦种子成熟时,我国北方雨量及土壤水分较南方少。所以,北方小麦淀粉含量较低,而蛋白质含量较高。据分析,黑龙江克山、北京、济南和杭州的小麦蛋白质含量分别为干重的19.0%、16.1%、12.9%和11.7%。

(5)矿质营养　营养条件对种子的化学成分也有显著影响。氮肥有利于种子蛋白质含量提高,但生育后期氮肥过多则会引起贪青晚熟,油料种子含油率降低;磷、钾肥有利于糖类的运输和转化,因而适当增施磷、钾肥可促进糖类向籽粒中运输,有利于种子中有机物的累积。

8.1.3　果实的生长

肉质果实的生长一般也和营养器官的生长相似,具有生长大周期,呈"S"形生长曲线,如苹果、梨、香蕉、番茄、草莓等。但有些果实呈双"S"形生长曲线,如桃、杏、李、樱桃、柿子等一些核果和葡萄等某些非核果果实。双"S"形曲线表明,果实在生长中期有一个缓慢时期,这个时期正好是珠心和珠被生长停止而胚生长开始的时期。见图8-4。

果实的生长与受精后子房中IAA含量增多有很大关系。在大多数情况下,如果不受精,子房则不会膨大形成果实。但有些植物的胚珠不经受精过程,子房仍能继续发育成为没有种子的果实,称为单性结实(parthenocarpy)。单性结实有天然单性结实和刺激性单性结实之分。天然单性结实是指不经受精作用或其他任何外界刺激而形成无籽果实,如无籽香蕉、葡萄、蜜柑等。据分析,无籽品种中子房的IAA含量较相应的有籽品种高。刺激性单性结实是指必须给以某种刺激才能产生的无籽果实。在生产上通常用植物生长物质进行处理。生长素类(如IAA、NAA、2,4-D)可诱导一些果实,如番茄、茄子、辣椒、无花果及西瓜等单性结实。GA也可以诱导单性结实,同时可促进果实增大,如在新疆无籽葡萄品种"无核白"种植过程中,通过喷施GA来提高产量。

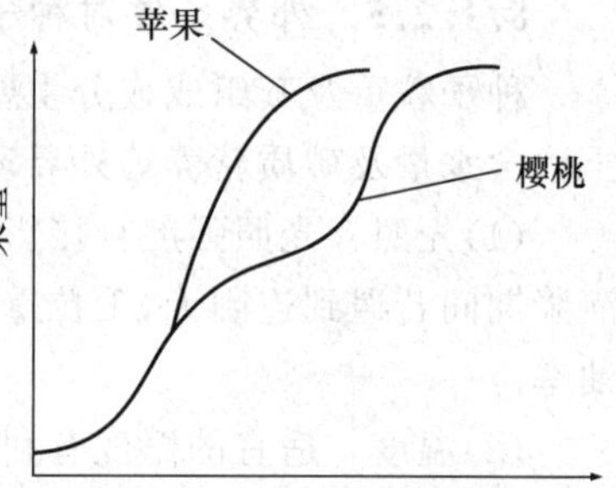

图 8-4　果实的生长曲线模式

(引自王忠,2000)

苹果为"S"形,桃为双"S"形。

8.1.4　果实成熟时的生理生化变化

8.1.4.1　呼吸速率的变化

幼果期，细胞分裂迅速，呼吸速率很高；随着果实体积的不断增大，呼吸速率逐渐降低，然后急剧升高，最后又下降。果实在成熟之前发生的这种呼吸突然升高的现象称为呼吸跃变(respiratory climacteric)或呼吸峰(图 8-5)。呼吸跃变的出现，标志着果实从成熟到完熟，达到可食的程度。

根据果实是否有呼吸跃变现象，将果实分为跃变型和非跃变型两类。跃变型果实有：梨、桃、苹果、李子、杏、芒果、番茄、西瓜、白兰瓜、哈密瓜等，这类果实在母株上或离体成熟过程中都发生呼吸跃变现象。非跃变型果实有：草莓、葡萄、柑橘、樱桃、黄瓜等，其果实在成熟期呼吸速率逐渐下降，不会出现高峰。

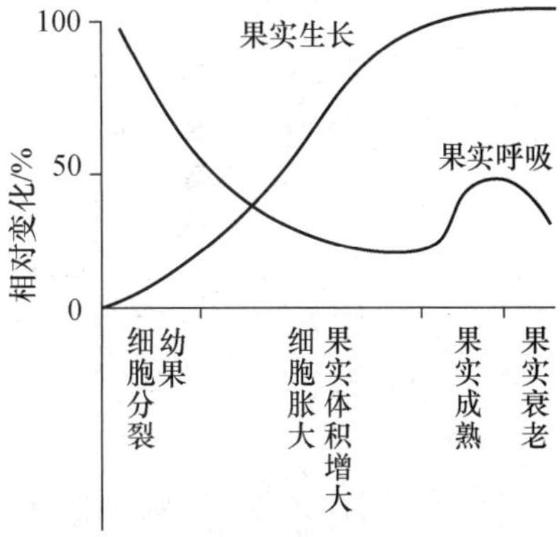

图 8-5　跃变型果实的生长及其呼吸进程图

(引自李合生，2006)

跃变型果实和非跃变型果实主要区别为：①跃变型果实成熟比较迅速，非跃变型果实成熟比较缓慢。②跃变型果实含有较复杂的贮藏物质，在即将达到可食用状态时，贮藏物质强烈水解，呼吸加强。在跃变型果实中，香蕉中淀粉水解的速度较苹果迅速，因而香蕉的成熟快于苹果。③跃变型果实与非跃变型果实在乙烯生成的特性和对乙烯的反应不同，跃变型果实中乙烯能诱导自我催化，不断产生大量乙烯，促进成熟。

跃变型果实中乙烯生成有两个调节系统。系统Ⅰ负责呼吸跃变前果实中低速率的基础乙烯生成；系统Ⅱ负责呼吸跃变时乙烯的自我催化释放，其乙烯释放效率很高。非跃变型果实成熟过程中只有系统Ⅰ活动，缺乏系统Ⅱ，乙烯生成速率低而平衡。两种类型果实对乙烯反应的区别在于：对于跃变型果实，外源乙烯只在跃变前起作用，诱导呼吸上升(图 8-6)；同时启动系统Ⅱ，形成乙烯自我催化，促进乙烯大量释放，但不改变呼吸跃变顶峰的高度，且与处理时乙烯浓度关系不大，其反应是不可逆的。对于非跃变型果实则不同，外源乙烯在整个成熟期间都起作用，可提高果实的呼吸速率。并且，呼吸速率增加与处理时乙烯的浓度密切相关，其反应是可逆的。但外源乙烯不能促进非跃变型果实内源乙烯的增加。乙烯的大量产生是跃变型果实呼吸跃变产生的原因，其机理可能是：乙烯通过受体与细胞膜结合，增强膜透性，加速气体交换，进而提高果实的呼吸速率；乙烯可诱导呼吸酶的 mRNA 的合成，提高呼吸酶含量，并可提高呼吸酶活性，对抗氰呼吸有显著的诱导作用，可明显加速果实成熟和衰老进程。

有人将呼吸跃变期间果实内部的变化称为果实的后熟作用。在实践中可通过对呼吸跃变的调节来推迟或提前果实的成熟。适当降低温度和 O_2 浓度，可延迟呼吸跃变的出现，延缓果实成熟，如番茄贮藏时，控制室内空气中 O_2 的体积分数为 2%～5%，CO_2 的体积分数为 0.2%～2%，可有效延长贮藏时间；相反，适当提高温度和 O_2 浓度，或施用乙烯，可使呼吸跃变提前，加速果实成熟。人工催熟在农业生产及日常生活有广泛应用，如温水浸泡可促进柿子脱涩、喷洒酒精可使蜜橘由青变为橙红、烟熏可使香蕉提早成熟。在棉花吐絮前,可通过乙烯利处理,加快棉铃开裂吐絮过程,使一些霜后花变为霜前花、无效花变为有效花,从而促进棉铃成熟、增加棉花产量。

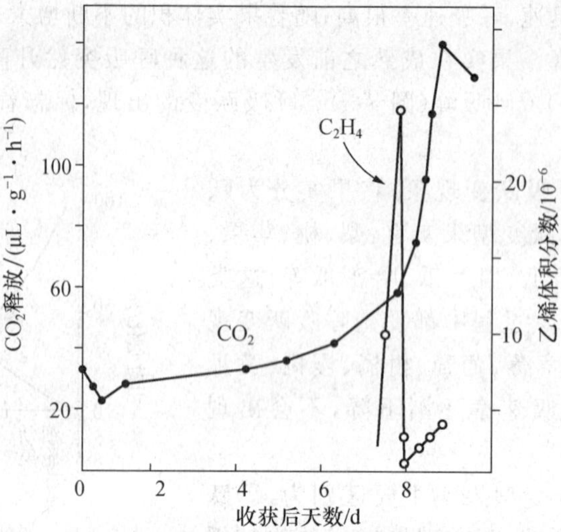

图 8-6　香蕉跃变期乙烯产生与呼吸高峰的关系

(引自 Taiz & Zeiger,2002)

8.1.4.2　有机物质的转化

未成熟的果实表现为不甜、不香、硬、酸、涩。而随着果实的成熟,内部有机物经过复杂的转化,才能使果实的色、香、味发生很大的变化。

(1)糖含量增加　未成熟的果实中贮存着许多淀粉,所以早期果实无甜味。到成熟末期,果实中贮存的淀粉转化为可溶性糖,积累在细胞液中,淀粉含量越来越少,还原糖、蔗糖等可溶性糖含量迅速增多,使果实变甜。糖的种类对果实甜度也有很大影响,如以蔗糖的甜度为1,则葡萄糖为 0.49,果糖为 1.03~1.50。其中葡萄糖口感较好,而果糖较甜。

(2)有机酸减少　果实的酸味源于有机酸的积累。如柑橘、菠萝果肉细胞的液泡含有柠檬酸,仁果类(如苹果、梨)和核果类(如桃、李、杏、梅)含苹果酸,葡萄中含有大量酒石酸。在成熟过程中,多数果实有机酸含量下降,因为有些有机酸转变为糖,有些则由呼吸作用氧化为 CO_2 和 H_2O,还有些被 K^+、Ca^{2+} 等离子中和生成盐,因此酸味明显减少。

(3)涩味消失　有些果实未成熟时有涩味,如柿子、香蕉、李子等。这是由于细胞液中含有单宁等物质。单宁是一种不溶性酚类物质,可以保护果实免于脱水及病虫侵染。果实成熟过程中,细胞内单宁被过氧化物酶氧化成过氧化物或凝结成不溶性物质,从而使涩味消失。

(4)香味产生　成熟果实发出特有的香气,这是由于果实内部存在着微量的挥发性物质。它们的化学成分相当复杂,有 200 多种,主要为酯、醇、酸、醛和萜烯类等一些低分子化合物。苹果中含有乙酸丁酯、乙酸己酯、辛醇等挥发性物质;香蕉的特色香味是乙酸戊酯;橘子的香味主要来自柠檬醛。

(5)果实变软　果实软化是成熟的一个重要特征。引起果实软化的主要原因是细胞壁物质的降解。果实成熟期间多种与细胞壁有关的水解酶活性上升,细胞壁结构成分及聚合物分子大小发生显著变化,如纤维素长链变短,半纤维素聚合分子变小,其中变化最显著的是果胶物质的降解。不溶性的原果胶分解成可溶性的果胶或果胶酸，果胶酸甲基化程度降低，果胶酸钙分解。果实成熟期间变化最显著的酶是多聚半乳糖醛酸酶(polygalacturonase, PG)，可催化多聚半乳糖醛酸 α-1,4 键的水解，在果实软化过程中起着重要作用。

(6)色泽变艳　随着果实的成熟，果皮中的叶绿素逐渐分解，而类胡萝卜素含量较稳定，故呈现黄色，或由于形成花色素而呈红色。光照可促进花青素苷的合成，因此树冠外围果实或果实的向阳面色泽鲜艳。

在成熟过程中，果实中有机物质的变化，明显受温度和湿度的影响。通常成熟期在多雨、气温低的条件下，果实中酸含量高，而糖含量相对减少；而在日照充足、昼夜温差大、降雨量少的条件下，果实中酸含量低而糖含量高，这也是新疆吐鲁番葡萄特别甜的原因。

8.1.4.3　内源激素的变化

在果实成熟过程中，各种内源激素都有明显变化。一般 IAA、GA、CTK 的含量在幼果生长时期增高，但到果实成熟时都下降至最低点，而 ETH、ABA 含量则升高(图 8-7)。

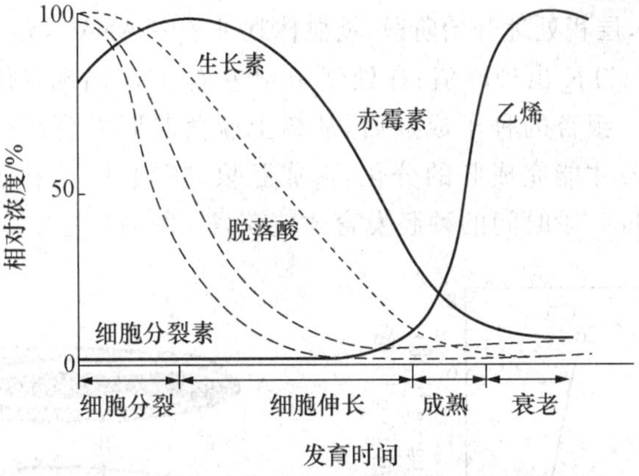

图 8-7　苹果果实各生育时期激素的动态变化

(引自李合生，2006)

8.2　植物的休眠

休眠(dormancy)是指植物的整体或某一部分生长暂时停顿的现象，是植物适应和抵抗不良环境的一种自身保护性的生物学特性。

植物休眠器官有多种，如一、二年生植物多以种子为休眠器官；多年生落叶树以休眠芽过冬；多年生草本植物则以休眠的根系、块根、块茎等过冬。依据休眠的深度和原因，通常将休眠分为强迫休眠和生理休眠两种类型。由于环境条件不适宜而引起的休眠称为强迫休眠(epistotic dormancy)，因植物本身的原因引起的休眠称为生理休眠(physiological dormancy)。一般所说的休眠主要是指生理休眠。

8.2.1　种子休眠的原因和破除

种子成熟后，即使给予适宜的外界环境条件仍不能萌发，此时的种子称为休眠状态种子。通常情况下，种子休眠主要是由于内部的生理抑制或种皮的障碍而引起的生理休眠。

(1)种皮限制　豆科、锦葵科、藜科、樟科、百合科等植物种子有坚厚的种皮、果皮,或附有致密的蜡质和角质,称为硬实种子或石种子。这类种子的种皮往往不透水、不透气,外界氧气和水分难以透过种皮进入种子内,CO_2又累积在种子中,因此会抑制胚的生长而呈休眠状态。

在自然条件下,受空气氧化作用、微生物分泌酶水解作用以及其他环境因素的影响,可使种皮变软,透水、透气性增加,种子逐步破除休眠。这个过程通常需要几周甚至几个月。在生产上,要求在短时间内破除种皮限制,一般采用物理(机械破损种皮)、化学(如 1∶50 氨水;98%浓硫酸)的方法来破坏种皮,解除休眠。如用98%浓硫酸处理皂荚种子 1 h,清水洗净,再用 40℃温水浸泡 86 h,可有效提高皂荚种子的发芽率。

(2)种子未完成后熟　有些种子的胚在形态上已经发育完全,但在生理上还未成熟,必须通过后熟才能萌发。后熟作用(after ripening)是指种子采收后需经过一系列的生理生化变化达到真正的成熟,才能萌发的过程。如蔷薇科植物(苹果、桃、梨、樱桃等)和松柏类植物的种子必须经低温处理,即用湿砂将种子分层堆积在低温(5℃左右)环境 1～3 个月,才能萌发,这种促进后熟的催芽技术称为层积处理(stratification)。经过后熟作用后,种皮的透性增加,呼吸增强,有机物开始水解。研究表明,层积处理开始阶段,糖槭休眠种子中 ABA 含量很高,随后迅速下降;在处理 20 d 左右,种子中 CTK 出现峰值;在处理 40 d 左右,GA 出现峰值(图 8-8)。

(3)胚未完全发育　银杏的种子成熟后,从树上脱落时胚发育尚未完成。人参种子采收后,需经较长的后熟阶段才能完成胚的分化,形成胚根、胚轴、胚芽和子叶等。欧洲白蜡树种子脱离母体后,必须经过一段时间的种胚发育才能萌发 (图 8-9)。

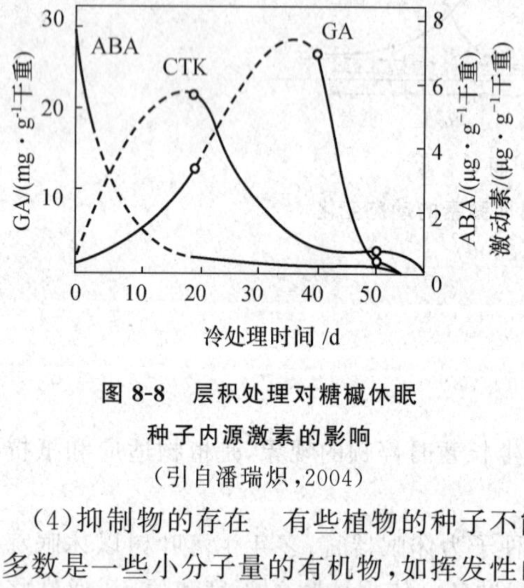

图 8-8　层积处理对糖槭休眠种子内源激素的影响

(引自潘瑞炽,2004)

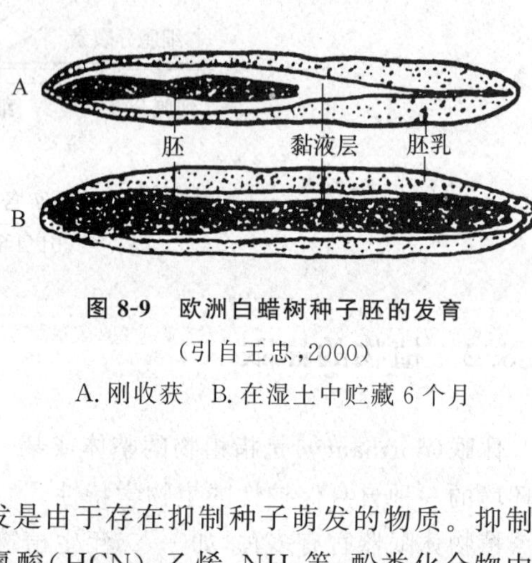

图 8-9　欧洲白蜡树种子胚的发育

(引自王忠,2000)

A. 刚收获　B. 在湿土中贮藏 6 个月

(4)抑制物的存在　有些植物的种子不能萌发是由于存在抑制种子萌发的物质。抑制物质多数是一些小分子量的有机物,如挥发性的氢氰酸(HCN)、乙烯、NH_3等,酚类化合物中的水杨酸、没食子酸,醛类化合物中的柠檬醛、肉桂醛,生物碱类以及 ABA 等。这些物质可能存在于果肉(梨、苹果、番茄、甜瓜等)、种皮(大麦、苍耳、甘蓝等)中,也可能存在于胚乳(莴苣)或子叶(菜豆)中。

种胚覆盖物中抑制物质的存在有重要的生态学意义。如生长在沙漠中的某些植物的种子含有抑制萌发物质,只有在一定雨量下冲洗掉这些抑制物质,种子才能萌发。这些植物就是依赖萌发抑制物质巧妙地适应干旱的沙漠环境。在生产上,可用流水冲洗除去种子表面的抑制物质,来促进西瓜、番茄等种子的萌发。

8.2.2　种子和延存器官休眠的调节

生产实践中有时需要延长种子休眠，防止种子过早萌发。如有些小麦、水稻及花生种子休眠期短，成熟后遇到阴雨天气，未来得及收获已在穗上或土中发芽，影响产量和品质。可在种子成熟时喷施 B_9 或 PP_{333} 延缓种子萌发。

马铃薯块茎在收获后一般有较长的休眠期，原因是收获的块茎的皮层中形成一种致密的组织，阻断氧气进入块茎内部，大分子物质难以分解和转化，块茎芽眼处缺少营养和氧气，处于休眠状态。立即作种薯有困难，需要破除休眠。用 GA 破除休眠是当前最有效的方法。具体的方法是将种薯切成小块后，在 0.5～1 $mg \cdot L^{-1}$ GA 溶液中浸泡 10 min，可破除马铃薯块茎休眠，促进发芽。

洋葱、大蒜鳞茎及马铃薯块茎在长期贮藏中，度过休眠期则会萌发，降低其商品价值。在生产中用 0.4%萘乙酸甲酯粉剂（用泥土混制）处理，可延长洋葱、大蒜鳞茎等延存器官和马铃薯块茎休眠，利于安全贮藏。

8.3　植物的衰老

8.3.1　植物衰老的类型与意义

植物的衰老（senescence）是植物体生命周期的最后阶段，是成熟细胞、组织、器官和整个植株自然地终止生命活动的一系列衰败过程。衰老总是先于一个器官或植株的死亡，是植物生长发育的正常过程。

8.3.1.1　植物衰老的类型

根据植物与器官死亡的情况，可将植物衰老分为多种类型。

（1）整株衰老　一年生植物或二年生植物，在开花结实后出现整株衰老死亡。

（2）地上部衰老　多年生草本植物，地上部随着生长季节的结束而每年死亡，而根仍可继续生存多年。

（3）渐近衰老　多数一年生常绿木本植物，较老的器官和组织随时间的推移逐渐衰老脱落，并被新器官所取代。

（4）落叶衰老　多年生落叶木本植物，其茎和根能生活多年，而叶子每年衰老死亡和脱落。

8.3.1.2　衰老的生物学意义

植物衰老有其积极的生物学意义，如一、二年生植物成熟衰老时，其营养器官贮存的物质降解，运转到发育的种子、块根、块茎等器官中，以利于新器官的生长发育；多年生植物秋天叶子衰老脱落之前，输出大量物质在茎、芽、根中贮存，以供再分配、再利用，能主动适应不良的环境条件，有利于安全越冬。同时，衰老又有其消极一面，如当农作物受到某些不良因素影响时，适应能力降低，引起营养体生长不良，造成过早衰老，籽粒不饱满，使粮食减产。

8.3.2　植物衰老时的生理生化变化

植物首先从器官的衰老开始，然后逐渐引起植株衰老。以叶片衰老为例，可将其衰老过程分为起始、退化和终止 3 个时期。起始时期，细胞代谢发生变化，伴随着物质转化，光合作用开始下降，衰老的信号传递开始运行；在紧接着的退化时期，细胞组分、大分子物质如蛋白质、核酸和脂类被降解；终止时期则是以细胞死亡诱导因子的积累、细胞完整性的破坏为特征，叶片脱落死亡。植物衰老时，生理生化方面的变化(图 8-10)主要有：

(1)蛋白质的变化　叶片衰老时，蛋白质含量显著下降。蛋白质含量下降原因有两种可能：其一是蛋白质降解加快。作为蛋白质降解产物之一，游离氨基酸在细胞中的积累是蛋白质急剧降解的证据。其二是蛋白质的合成能力下降。如延缓衰老的植物激素可提高蛋白质的合成量，而促进衰老的植物激素则减少蛋白质的合成量。由此可知，衰老过程可能是细胞蛋白质合成和降解速率的不平衡造成的，合成慢，降解快。

(2)核酸的变化　叶片衰老时，RNA 含量下降，DNA 含量也下降，但 DNA 含量下降速度比 RNA 缓慢。一般认为叶绿体和线粒体的 rRNA 对衰老最敏感。

(3)光合速率下降　叶片衰老过程中，叶绿体的间质被破坏，类囊体膨胀、裂解，叶绿素含量迅速下降，会导致光合速率下降。此外，Rubisco 分解、光合电子传递与光合磷酸化受阻也是光合速率下降的原因。

(4)呼吸速率下降　叶片衰老过程中，线粒体的变化不及叶绿体，线粒体的结构能保持到衰老后期，因此，呼吸速率下降较光合速率慢。有些叶片衰老时，有呼吸跃变现象。此外，衰老时呼吸过程中的氧化磷酸化逐步解偶联，产生的 ATP 数量减少，会促进衰老进程。

(5)生物膜结构变化　正常情况下，细胞膜为液晶态，流动性大。不饱和脂肪酸的含量越多，越能增加膜的流动性，维持膜的完整性。研究发现细胞趋向衰老的过程中，膜脂的脂肪酸饱和程度逐渐增高，脂肪链加长，使膜由液晶态逐渐转变为凝固态，磷脂尾部处于"冻结"状态，完全失去运动能力，膜失去弹性；生物膜结构选择透性功能丧失，透性加大，膜脂过氧化加剧，膜结构逐步解体；一些具有膜结构的细胞器的膜结构发生衰退、破裂甚至解体。

(6)植物内源激素的变化　植株或器官的衰老过程中，促进生长的植物激素如 IAA、GA 和 CTK 含量逐步下降，而诱导衰老和成熟的激素如 ABA、ETH 含量逐步增加。

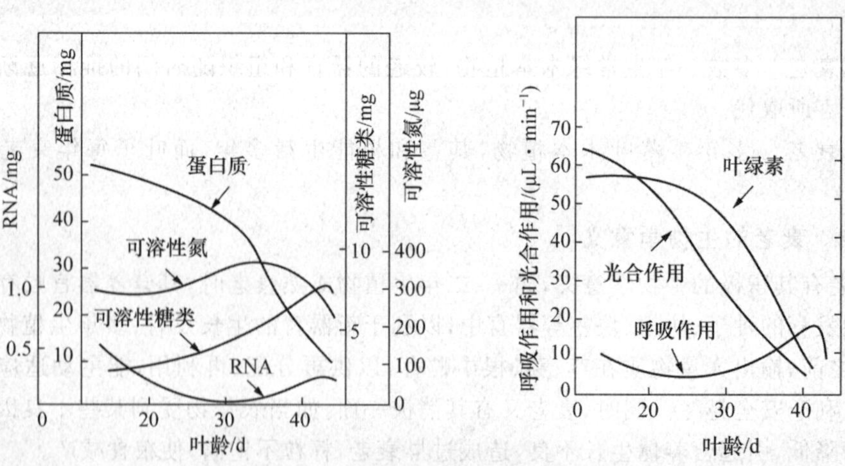

图 8-10　蚕豆衰老叶片中生理生化变化

(引自王忠，2000)

光合作用、呼吸作用以 CO_2 计。

8.3.3　植物衰老的机制

有关植物衰老发生原因的假说有多种，如营养亏缺学说、DNA 损伤学说、自由基损伤学说、植物激素调节学说、程序性细胞死亡理论等。

8.3.3.1　营养亏缺学说

在自然条件下，多数一次开花植物，一旦开花结实后，全株就衰老死亡。生殖器官作为主要的“库”，垄断了植株营养的分配，聚集了营养器官的养料，引起植物营养体的衰老。但该学说不能说明下列问题：①即使供给已开花结实植株充足养料，也无法使植株免于衰老；②雌雄异株的大麻和菠菜，雄株开花后，不能结实，不存在果实发育对养分的聚集作用，但雄株仍然衰老死亡。

8.3.3.2　DNA 损伤学说

Orgel 等提出了植物衰老的差误理论。该学说认为，植物衰老是由于基因表达在蛋白质合成过程中引起差误积累所造成的。当错误的产生超过某一阈值时，机能失常，导致衰老。这种差误由于 DNA 的裂痕或缺损导致错误的转录、翻译，可能在蛋白质合成途径一处或几处出现并积累无功能的蛋白质(酶)。

某些物理化学因子如紫外线、电离辐射、化学诱导剂等会引起 DNA 损伤、破坏 DNA 结构，使细胞核合成蛋白质的能力下降，从而造成细胞衰老。研究表明，紫外线照射能使 DNA 分子中同一条链上两个胸腺嘧啶碱基对形成二聚体，影响 DNA 双螺旋结构，使转录、复制、翻译受到影响。

8.3.3.3　自由基损伤学说

在植物衰老的研究中，自由基(free radical)损伤学说受到重视。该学说认为：植物衰老是由于植物体内产生过多的活性氧自由基，对生物大分子如蛋白质、核酸、膜生物以及叶绿素有破坏作用，使器官及植物体衰老、死亡。活性氧(active oxygen)是指化学性质极为活跃、氧化能力很强的含氧物质的总称，如超氧阴离子自由基($O_2^{\cdot-}$)、羟基自由基(·OH)、过氧化氢(H_2O_2)、脂质过氧化物(ROO^-)和单线态氧($^1O_2$)等。

植物体内，活性氧可以在多个部位通过多条途径产生：①叶绿体中可通过光敏反应产生 $^1O_2$，可通过 Mehler 反应产生 $O_2^{\cdot-}$、H_2O_2；②线粒体在消耗 NADH 的同时产生 $O_2^{\cdot-}$、H_2O_2；③过氧化物体中可通过乙醇酸氧化产生 H_2O_2。这些活性氧自由基，尤其是 $O_2^{\cdot-}$，具有较强的氧化作用，它们能迅速攻击生物膜，造成不可修复的代谢功能的丧失和细胞死亡。

正常情况下，植物体内自由基的产生和清除是平衡的，自由基的浓度很低(10^{-5}～10^{-3} mol·L^{-1})，不会引起伤害，这是因为，正常情况下，植物体内存在有活性氧的抗氧化酶类和非酶类活性氧清除系统，清除植物体内产生的自由基。抗氧化酶系统主要包括 SOD、CAT、POD 和抗坏血酸-谷胱甘肽循环酶类。研究表明，SOD 在植物叶片细胞的叶绿体、线粒体和细胞质中均有存在，主要功能是催化 $O_2^{\cdot-}$ 歧化为 H_2O_2，H_2O_2 在 POD(叶绿体)或 CAT(线粒体或过氧化物体中)作用下形成 H_2O。非酶类抗氧化剂主要有维生素 C、谷胱甘肽、维生素 E、β-胡萝卜素和类黄酮等。当植物衰老或遇到不良环境条件时，自由基产生增加，清除能力下降，从而加速植物衰老。

另外,脂氧合酶(lipoxygenase, LOX)通过催化膜脂中不饱和脂肪酸加氧过程参与植物衰老调控过程,可催化脂质过氧化产生 ROO^-,而 ROO^- 可自动转化为脂质内过氧化物,并进一步降解为丙二醛。

衰老时往往伴随着 SOD、CAT 等酶活性的降低和 LOX 活性的升高,从而导致自由基增加,并伴随着丙二醛含量的上升,即膜脂过氧化的加剧,衰老加速。

8.3.3.4 植物激素调节学说

植物激素对衰老过程有重要的调节作用。IAA、GA 及 CTK 具有延缓衰老的作用,而 ABA、ETH、JAs 和 JA-Me 具有促进衰老的作用。一般认为,衰老不仅受某一种内源激素的调节,而且激素之间的平衡起重要的作用,如低浓度的 IAA 可延缓衰老,但浓度升高到一定程度时,可诱导 ETH 合成,从而促进衰老。ABA 对衰老的促进作用可为 CTK 所拮抗。

CTK 是最早被发现具有延缓衰老作用的内源激素,可通过影响 RNA 合成、提高蛋白质合成能力、影响代谢物的分配来推迟衰老进程。

GA 和 IAA 对衰老的延缓作用有一定的局限性,其效应与物种有关。

ABA 和 ETH 对衰老有明显的促进作用。ABA 可抑制核酸和蛋白质的合成,加速叶片中 RNA 和蛋白质的降解,并能促使气孔关闭。ABA 在植物体内含量的增加是引起叶片衰老的重要原因。ETH 不仅能促进果实呼吸跃变,提早果实成熟,而且还可以促进叶片衰老。这与 ETH 能增加膜透性、形成活性氧、导致膜脂过氧化以及抗氰呼吸速率增加、物质消耗多有关。

JAs 可加快叶片中叶绿素的降解速率,促进乙烯合成,提高蛋白酶与核糖核酸酶等水解酶的活性,加速生物大分子的降解,因而促进植物衰老。

8.3.3.5 程序性细胞死亡理论

程序性细胞死亡(programmed cell death, PCD)概念由 Glucksmann 于 1995 年提出,是指胚胎发育、细胞分化及许多病理过程中,细胞遵循其自身的"程序",主动结束其生命的生理性死亡过程,又称之为细胞凋亡(apoptosis)。程序性细胞死亡是一种由内在因素引起的非坏死性变化,即包括一系列特有的形态学和生物化学变化,这些变化都涉及相关基因的表达和调控。叶片衰老过程中包括大量有序事件的发生,如有些植物叶子是按照它们特有的发育顺序相继发黄、衰老、死亡、脱落;也有些植物在某一段时间内形成的所有叶子会在同一段时间里全部衰老死亡。因此,1988 年,L. D. Nooden 认为叶片衰老是一个 PCD 过程。实验证明,叶片衰老是在核基因控制下,细胞结构(包括叶绿体、细胞核等)发生高度有序的解体及其内含物的降解,而且大量矿质元素和有机营养物质能在衰老细胞解体后有序地向非衰老细胞转移和循环利用。目前,PCD 理论已成为一种备受关注的细胞衰老学说。

8.3.4 衰老过程中的基因表达和调控

衰老是一个高度调节的程序化过程。在此过程中,人们将表达上调或增加的基因称为衰老相关基因(senescence associated genes, *SAG*);而表达下调或减少的基因称为衰老下调基因(senescence down-regulated genes, *SDG*)。现已从拟南芥、油菜和玉米等多种植物中分离鉴定出 50 多个叶片的 *SAG*。另外,从番茄、香蕉及甜瓜中也分离了与果实成熟相关的多个基因，且发现这些基因与叶片的 *SAG* 同源性很高。同样，与叶片 *SAG* 同源的很多基因也在脱落的花组织、未受精的果实等一些衰老组织中表达。

在多种植物中，编码蛋白水解酶的基因在 *SAG* 中占大多数。蛋白水解酶基因中有三组编码半胱氨酸蛋白酶，第一组编码的酶类能诱导禾谷类种子的萌发，第二组类似于木瓜蛋白酶，第三组类似于蛋白加工酶类。其他的 *SAG* 则编码衰老过程中蛋白水解酶体系统的成分，包括天冬氨酸蛋白酶和泛素(ubiquitin)。

SAG 有一部分与植物对病原微生物的防御反应有关。在很多植物中，这部分基因编码抗真菌蛋白、病程相关蛋白及几丁质酶等。还有一些 *SAG* 编码的蛋白包括各种金属硫蛋白(metallothioneins)，其功能是防止金属离子介导的氧化伤害或者参与离子的贮藏和运输。

衰老过程中基因表达的调节尚无统一的模式，对各种 *SAG* 启动子区域的结构和功能分析结果表明，这些基因本身存在着很大的差异。

8.3.5　环境条件对植物衰老的影响

(1)光照　光照能延缓植物衰老，黑暗加速植物衰老。研究表明，光延缓叶片衰老是通过环式光合磷酸化供给 ATP，用于聚合物的再合成，或延缓蛋白质、叶绿素和 RNA 的降解。在光下乙烯合成受阻也是光延缓植物衰老的原因之一。但强光促进自由基产生，诱发植物衰老。光质对衰老的影响不同，红光阻止叶绿素和蛋白质含量下降，延缓植物衰老；远红光则能消除红光的作用，促进植物衰老。因此光敏色素在延缓衰老中起作用。蓝光可显著地阻止绿豆幼苗叶绿素和蛋白的减少，延缓叶片衰老。紫外光促进植物体内产生自由基，诱发衰老。日照长度对衰老也有一定的影响，长日照促进 GA 合成，有利于生长；短日照促进 ABA 合成，有利于脱落，加速衰老。

(2)温度　低温和高温均能诱发自由基的产生，引起生物膜相变和膜脂过氧化，加速植物衰老。

(3)气体　O_2浓度过高，加速自由基的形成，引起衰老；高浓度的 CO_2可抑制乙烯生成，降低呼吸速率，对衰老有一定的抑制作用，用 5%～10% CO_2并结合低温，可延长果实和蔬菜的贮藏期。

(4)水分　干旱加速叶片的衰老；水分胁迫导致缺 O_2，促进 ETH 和 ABA 形成，加速蛋白质和叶绿素的降解，促进植物的衰老。

(5)矿质营养　氮肥不足，叶片易衰老；增施氮肥，能延缓叶片衰老。Ca^{2+} 处理果实有稳定膜的作用，减少乙烯的释放，能延迟果实成熟。10^{-10}～10^{-9} mol·L^{-1}的 Ag^+、10^{-4} mol·L^{-1}的 Ni^{2+} 可延缓水稻叶片的衰老。

(6)细胞分裂素　CTK 是延缓植物衰老的主要激素，外施 CTK 可以显著延长离体叶片的保绿时间，延缓衰老进程。实验表明，将一个含有拟南芥衰老特异表达的半胱氨酸蛋白酶启动子和 *ipt*（编码异戊烯基转移酶基因）的嵌合基因导入烟草中，随着衰老的进行，半胱氨酸蛋白酶启动子被活化，与之相连的 *ipt* 表达，叶片中 CTK 水平提高，可有效地延缓衰老。在农业生产上，CTK 可用于延长蔬菜贮藏时间、防止果树生理落果等方面。如用 6-BA 水溶液处理柑橘幼果，可以显著防止第一次生理落果。

8.4 植物器官的脱落

8.4.1 器官脱落的概念与类型

脱落(abscission)是指植物器官(如叶片、花、果实、种子或枝条等)自然离开母体的现象。脱落可分为3种:①正常脱落,是由于衰老或成熟引起的脱落。比如果实和种子的成熟脱落。②生理脱落,是因植物自身生理活动而引起的脱落。如营养生长与生殖生长的竞争引起的脱落。③胁迫脱落,是因逆境条件(如干旱、高温、水涝、病虫害、大气污染等)引起的脱落。生理脱落与胁迫脱落都属于异常脱落。在生产上异常脱落现象普遍存在,常常给农业生产带来重大损失,如棉花蕾铃脱落率可达70%左右,大豆花荚脱落率也很高。因此,采取必要措施减少器官脱落对提高农作物产量具有重要意义。但在某些情况下,异常脱落有其特定的生物学意义,如部分器官的脱落有益于留存器官的发育成熟,使其较好地生长发育。

8.4.2 器官脱落的机理

8.4.2.1 离层与脱落

器官在脱落之前往往先在叶柄、花柄、果柄以及某些枝条的基部形成离层。离层(separation layer)是在叶柄基部经横向分裂而形成的几层细胞,其体积小,排列紧密,细胞壁薄,有浓稠的原生质和较多的淀粉粒,核大而突出(图8-11)。多数植物叶片在脱落之前已形成离层,但处于潜伏状态。而有些植物无离层产生,如禾本科植物叶片不产生离层,叶片不会脱落;然而,花瓣虽然也没有离层形成,但随着开花时间的推移会产生脱落。可见,离层的形成并不是脱落的唯一原因。

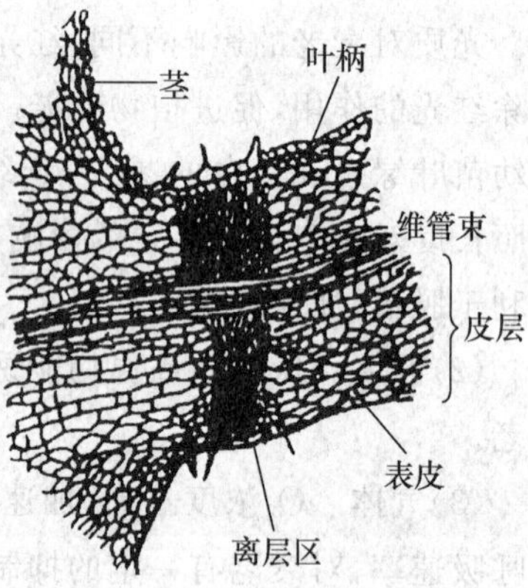

图8-11 双子叶植物叶柄基部离层部分纵切图

(引自王忠,2000)

8.4.2.2 植物脱落时生化变化

器官脱落时,离层细胞先行溶解。木本植物叶片的脱落,通常是位于两层细胞间的胞间层先发生溶解,于是相邻两个细胞分离,分离后的初生细胞壁依然完整;或者是胞间层与初生壁均发生溶解,只留一层很薄的纤维素壁包着原生质(图8-12)。而草本植物通常是一层或几层细胞整体溶解。

叶片在脱落之前,离层细胞衰退、变得中空而脆弱,纤维素酶与果胶酶活性增强(图8-13),细胞壁的中层分解,细胞彼此离开,叶柄只靠维管束与枝条相连,在重力与风力等作用下,维管束折断,于是叶片脱落。与脱落有关的酶类较多,其中研究较多的是纤维素酶和果胶酶。

(1)纤维素酶(cellulase) 纤维素酶在离层细胞溶解分离中起主要作用。多数植物叶片脱落时,纤维素酶活性增加。研究表明,菜豆叶离层细胞中纤维素酶有两种同工酶,它们的等电点(isoelectric point, PI)分别是8.5和4.5。其中PI 4.5的纤维素酶与细胞壁木质化有关,受 IAA 控制；而 PI 8.5 的纤维素酶只在脱落期间特异表达，与细胞壁分解有关，其活性受 ETH 和 ABA 控制。

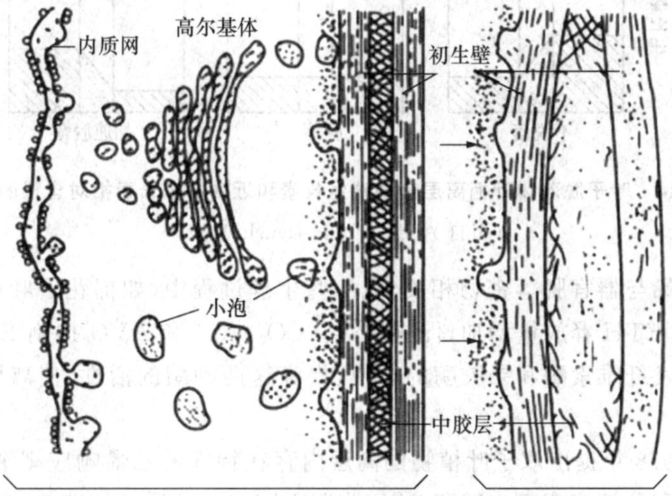

图 8-12　脱落时离层细胞器的变化

（引自 Addicott，1982）

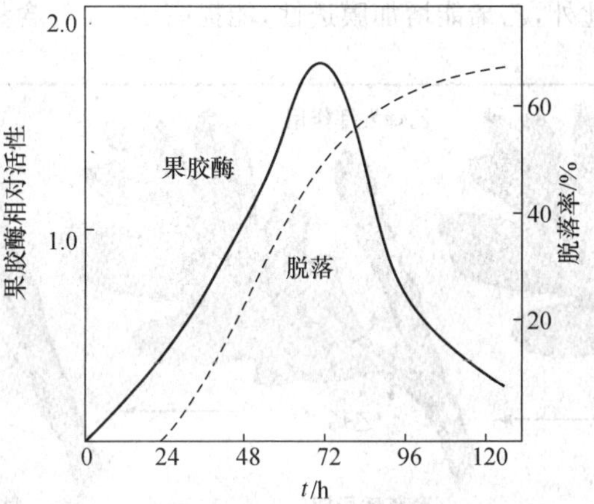

图 8-13　去掉叶片后，四季豆叶柄外植体的脱落率与果胶酶活性的关系

（引自李合生，2006）

（2）果胶酶（pectinase）　原果胶质是中胶层的主要成分，以多聚半乳糖醛酸为主。果胶酶的功能是将不溶性的原果胶质降解为可溶性的果胶。

8.4.2.3　植物激素与脱落

（1）生长素类　植物器官脱落与生长素有关。通常认为，植物幼叶持续合成生长素，抑制叶片脱落；而随着叶龄的增加，生长素合成能力下降。生长素类既可以抑制脱落，也可以促进脱落，它对器官脱落的效应与生长素使用的浓度、时间和施用部位有关。Addicott 等于 1955 年提出了脱落的生长素梯度学说：离层两端生长素的浓度梯度控制器官脱落，即生长素浓度远轴端大于近轴端时，离层不能形成，叶片不脱落；当两端浓度差异小或不存在时，器官脱落；当远轴端浓度小于近轴端时，加快离层形成和器官脱落（图 8-14）。

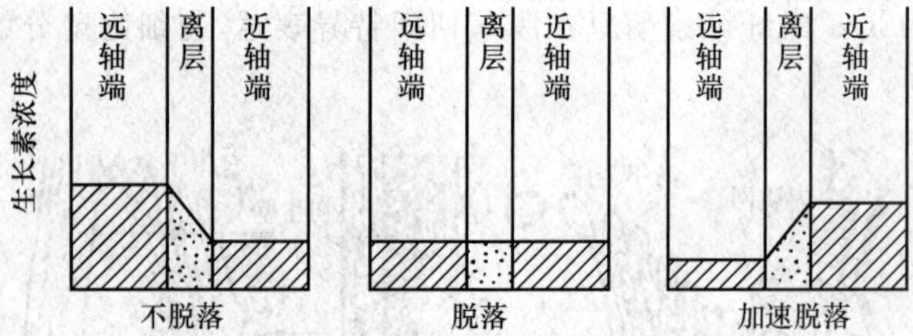

图 8-14　叶子脱落和叶柄离层远轴端生长素和近轴端生长素相对含量的关系

（引自 Addicott and Lynch，1955）

（2）乙烯　乙烯与器官脱落密切相关，在一些生理过程中（如棉花子叶脱落、柑橘受到霜害及花生感病等），ETH 释放量增加，促进脱落。CO_2、Ag^+ 和 AVG 抑制 ETH 生成，也抑制脱落。ETH 可诱发纤维素酶和果胶酶的合成、提高这两种酶的活性，使离层细胞壁降解，引起器官的脱落。

Osborne 于 1978 年提出双子叶植物的离层内存在特殊的乙烯响应靶细胞，ETH 促进靶细胞分裂，并产生和分泌多聚糖水解酶，使细胞壁中胶层和基质结构疏松，导致脱落。有人还认为叶片脱落前，ETH 作用的最初部位不是离层，而在叶片中。ETH 可阻碍 IAA 向离层转移（极性运输），提高了离层细胞对 ETH 的敏感性，即使在 ETH 含量不再增加的情况下，也可导致脱落（图 8-15）。此外，乙烯能增加膜透性，能提高 ABA 的含量，促进脱落。

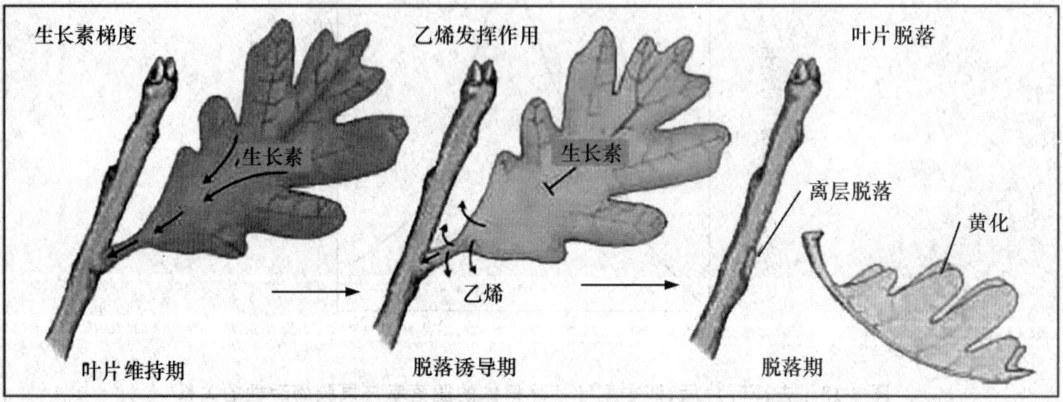

图 8-15　激素控制叶片脱落模型

（引自 Taiz & Zeiger 编，宋纯鹏等译，2015）

（3）脱落酸　正在生长的叶片中 ABA 含量极低，而衰老叶片中含量高。秋天短日照促进 ABA 的合成，导致季节性落叶。ABA 促进脱落的原因可能与其抑制叶柄内 IAA 的传导和促进细胞壁降解酶类的分泌有关，并促进乙烯合成，增加器官对乙烯的敏感性。但 ABA 促进脱落的作用低于乙烯。GA 与 CTK 能够拮抗 ABA 与乙烯的合成，所以能抑制器官的衰老和脱落。

赤霉素和细胞分裂素也影响脱落，不过都不是直接的作用。GA 促进乙烯的形成，所以 GA 也有促进脱落的作用。CTK 可抑制脱落，可能是由于延缓衰老的原因。总之，器官脱落是由各种激素间的不平衡调节的。Addicott 于 1982 年将离层内的激素效应总结为图 8-16。

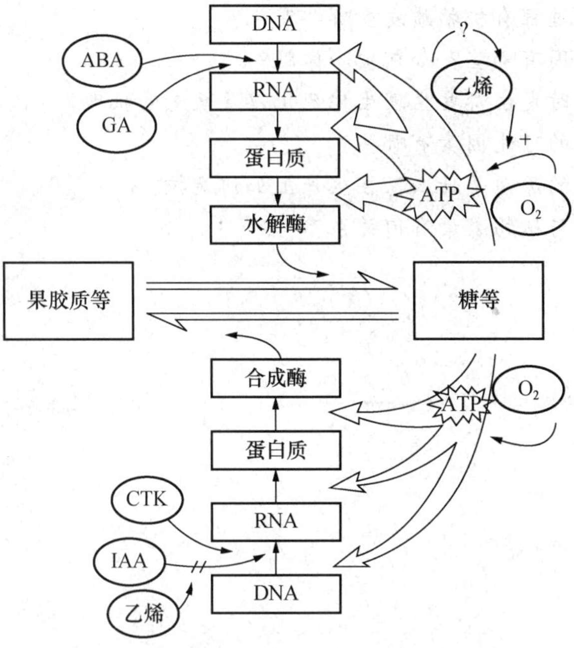

图 8-16　激素作用于离层的图解

（引自 Addicott，1982）

8.4.3　环境条件对脱落的影响

(1)温度　高温促进脱落，如棉花在 30℃以上，四季豆在 25℃以上脱落加快。田间条件下，高温常引起土壤干旱而加速脱落。低温也导致脱落，如霜冻引起棉株落叶。

(2)氧气　提高 O_2 浓度到 25%～30%，能促进乙烯的合成，增加脱落，还能增加光呼吸，消耗过多的光合产物；低浓度的 O_2 将抑制呼吸作用，降低根系对水分及矿质的吸收，造成植物发育不良，导致脱落。

(3)水分　干旱促进器官脱落，但当植物根系受到水淹时，根系缺 O_2，也会出现叶、花、果的脱落现象。干旱、涝淹会影响内源激素水平，进而影响植物器官脱落。

(4)矿质元素　缺乏 N、Zn、B、Ca 等会引起器官脱落。缺乏 N、Zn 能影响 IAA 的合成；缺少 B 会使花粉败育，引起花而不实；Ca 是细胞壁中果胶酸钙的重要组分。

(5)光照　光照充足能抑制或延缓脱落，光照不足则促进脱落，如作物密度过大时，常使下部叶片过早脱落，原因是弱光下光合速率降低，同化物合成减少。长日照延迟脱落，短日照促进脱落，可能与 GA、ABA 的合成有关。

此外，大气污染、紫外线、盐害、病虫等对器官脱落都有影响。

思考题

1. 种子成熟过程中会发生哪些生理生化变化？
2. 种子中主要的贮藏物质有哪些？它们的合成与积累有何特点？
3. 试述乙烯与果实成熟的关系及其作用机理。

4. 肉质果实成熟过程有机物质发生哪些变化？
5. 种子休眠的原因有哪些？如何破除休眠？
6. 试述植物衰老时发生哪些生理生化变化以及衰老的机理。
7. 引起植物衰老的可能因素有哪些？
8. 植物器官脱落的原因是什么？在生产上如何调控？
8. 植物器官脱落与植物激素有何关系？

第9章 植物的逆境生理

提要

逆境是指对植物生长和发育不利，使植物产生伤害的各种环境因素的总称。植物对逆境的抵抗方式分为御逆性和耐逆性。植物经历一种逆境后，能提高对另一种逆境的抵抗能力，表现出交叉适应的特性。逆境会使植物体内 ABA、乙烯和逆境蛋白的含量增加，从而提高植物对多种逆境的抵抗能力。

寒害包括冷害和冻害。植物在组织冰点以上所受到的低温伤害称之为冷害。低温使植物的膜从液晶相转变为凝胶相，膜收缩出现裂缝或者通道，膜透性增大，细胞内溶质外渗，代谢紊乱。在组织冰点以下受到的低温伤害为冻害。当环境温度骤然降低时，不仅细胞间隙结冰，细胞内也会同时结冰。细胞内结冰对生物膜、细胞器和基质结构造成不可逆的机械伤害，导致代谢紊乱和细胞死亡。

干旱分为大气干旱、土壤干旱和生理干旱 3 种类型。植物细胞脱水后，细胞膜的结构遭到破坏，生长受阻，代谢失调。

高温胁迫引起植物热害发生。热害包括直接伤害和间接伤害。直接伤害导致蛋白变性，膜脂液化，膜结构受到破坏。间接伤害主要表现为植物代谢饥饿、有毒物质积累和蛋白质破坏等方面。

土壤水分过多对植物产生的伤害称为涝害。水分过多的危害并不在于水分本身，而是由于水分过多引起缺氧胁迫。

土壤中盐分过多对植物生长发育产生的危害叫盐害。盐害伤害主要表现在渗透胁迫、离子失调和代谢紊乱等方面。植物可以通过拒盐、排盐和稀盐 3 种途径来达到避免盐害的目的。

植物感染病原后，其代谢过程发生一系列的生理生化变化，表现出水分代谢失调，呼吸作用大大加强，光合作用下降，激素代谢异常和同化物运输受阻。

在植物-昆虫的相互作用中，植物用不同机制来避免、阻碍或限制昆虫的侵害，或者通过快速再生来忍耐虫害。植物对昆虫的抵抗能力称为植物的抗虫性。抗虫性一般分为生态抗性和遗传抗性。

环境污染可分为大气污染、水体污染和土壤污染 3 类。其中以大气污染和水体污染对植物的影响最大，而且容易转化为土壤污染。

9.1 抗逆生理通论

9.1.1 逆境的定义和种类

逆境(environmental stress)是指对植物生长和发育不利且使植物产生伤害的各种环境因子的总称,简称胁迫(stress)。如温度胁迫、水分胁迫、病虫害等。逆境种类是多种多样的,可分为生物逆境(biotic stress)和非生物逆境(abiotic stress)(图 9-1)。逆境因子,一方面可以单独对植物造成伤害,另一方面它们之间又可以相互交叉、相互影响,对植物产生协同影响。

- 逆境种类
  - 生物因素(感染与竞争)
    - 病害
    - 虫害
    - 杂草
  - 非生物因素
    - 物理因素
      - 雪、雹、冰、风、雷、电、磁等
      - 离子辐射(α、β、γ、χ 射线)
      - 可见光辐射(过强或过弱),红外光、紫外光伤害
    - 化学因素
      - 除草剂、化肥的副作用
      - 盐碱土危害
      - 大气、水体、土壤污染
    - 温度因素
      - 低温伤害(冷害和冻害)
      - 高温热害
    - 水分因素
      - 涝害
      - 干旱(大气、土壤和生理干旱)

图 9-1 逆境的种类

(引自王忠,2008)

9.1.2 植物抵抗逆境的方式

植物对逆境的抵抗和忍耐能力叫作植物的抗逆性,简称抗性(stress resistance)。抗性是植物在对环境的逐步适应过程中形成的。植物对逆境的抵抗方式在生理和发育水平可分为两类,即御逆性和耐逆性。

御逆性,亦称为避逆性(stress avoidance),是指植物通过各种途径摒拒逆境对植物产生的直接效应,维持植物在逆境条件下正常生理活动的能力(表 9-1)。御逆性的本质是植物不与逆境达到热力学平衡。例如,仙人掌等植物具有变态的叶片和发达的角质层,以避免水分的散失;一些旱生植物有异常发达的根系,在干旱环境下通过增加水分吸收来弥补蒸腾造成的水分损失;一些抗盐植物具有泌盐的功能,从而避免植物体内的盐分含量升高。

表 9-1 逆境对植物产生的直接效应及御逆性与耐逆性比较

(引自张立军,2007)

逆境种类	逆境的直接效应	植物的反应	
		御逆性	耐逆性
低温	植物体降温	植物体不降温	植物体降温
高温	植物体升温	植物体不升温	植物体升温
干旱	植物体含水量降低	植物体含水量不降低	植物体含水量降低
盐碱	植物体含盐量升高	植物体含盐量不升高	植物体含盐量升高
水涝	植物体缺 O_2	植物体不缺 O_2	植物体缺 O_2
辐射	植物体吸收	植物体不吸收	植物体吸收

耐逆性(stress tolerance)是指植物虽然经受逆境的直接效应,但可通过代谢反应阻止、降低或修复逆境造成伤害的能力(表 9-1)。具有耐逆性的植物,在逆境条件下不能避免与逆境达到热力学平衡,但可避免或减轻达到平衡后产生的伤害。例如,耐低温和耐冻植物,尽管体温与环境达到平衡,但可不受伤害。

需要指出的是,英文中的 stress escape(可翻译为逆境逃避或避逆性),是指在逆境来临之前完成生活史的能力,典型的例子是一些沙漠上的短命植物,在短暂的雨季完成萌发、生长、开花、结实的全过程,然后以种子形式度过随后的干旱季节,因此这种能力不是一种真正的抗逆性。

9.1.3 逆境对植物的伤害

9.1.3.1 形态结构变化

一般就个体而言,在逆境条件下植物生长速度下降或停止,个体变得矮小,目的是减少能量的消耗以抵抗逆境。另外,其器官也有明显形态变化,如低温造成植物萎蔫、失绿,叶面出现水浸状斑点;高温下叶片变褐、出现死斑,树皮开裂;干旱导致植株矮小,叶片变红、叶面积减小、有些植物叶片卷曲、气孔开度减小甚至关闭等。

逆境往往使细胞超微结构也发生变化。如逆境使细胞膜变形,细胞膜选择透性降低甚至丧失,细胞与环境之间的物质交换平衡受到破坏,大量离子(K^+)及代谢物质(糖和氨基酸等)渗漏到细胞外,而 Na^+ 等有害离子进入细胞;叶绿体、线粒体等细胞器膜结构遭到破坏等,细胞的区域化被打破,正常代谢受到干扰,甚至紊乱。

9.1.3.2 生理生化变化

在各种逆境条件下,植物的生理生化反应发生改变:①水分代谢失调,植物的蒸腾速率和水分吸收能力下降,但蒸腾量大于水分的吸收量,从而造成植物的含水量下降而萎蔫。②光合能力降低,可能是由于光合碳循环的相关酶活性下降,气孔关闭等原因所致。③呼吸作用发生改变,表现呼吸速率下降、呼吸速率先升后降和呼吸速率明显增加 3 种类型。④物质代谢改变,温度和水分胁迫还导致可溶性糖和可溶性氮含量的增加,这与磷酸化酶和蛋白酶活性增加有关。

9.1.4 植物对逆境的适应和交叉适应

9.1.4.1 植物对逆境的适应

植物在长期进化过程中形成了对逆境的适应。包括以下几个方面：

1. 生物膜与逆境适应

植物遭受逆境胁迫时，膜脂过氧化，膜蛋白变性以及膜脂流动性改变，导致质膜和细胞器的内膜系统膨胀或破损。

生物膜结构和功能的稳定性与植物的抗逆性紧密相关。正常条件下，生物膜呈液晶相，当温度下降到相变温度时膜脂发生相变，即由液晶相转变为凝胶相。膜脂相变会导致原生质停止流动，膜结合酶活性降低，膜透性增大，电解质及某些小分子有机物大量渗漏，细胞物质交换平衡破坏，代谢紊乱，有毒物质积累，细胞受损。

实验证实，植物抗冷性与植物膜脂种类、碳链的长度和不饱和程度相关。膜脂中脂肪酸碳链越长，膜脂相变温度越高，抗冷性越低；碳链长度相同时不饱和双键越多，膜脂相变温度越低，抗冷性越强。

膜脂中磷脂酰胆碱(PC)和单半乳糖二甘油酯(MGDG)含量与植物抗逆性相关。PC 含量高，植物抗冻性增强；MGDG 含量低，植物表现抗盐特性。

膜脂中饱和脂肪酸相对含量与植物的抗旱、抗热性有关。抗性品种细胞的饱和脂肪酸较多，不抗旱品种的脂肪酸比例(或组成)正好相反。此外，膜饱和脂肪酸含量与叶片抗脱水能力和根系吸水力密切相关。

膜蛋白也与植物的抗逆性有关系。如甘薯块根线粒体在 0℃下几天，线粒体膜蛋白对磷脂的结合能力明显降低，继而 PC 等从膜上游离下来，随后膜解体，组织坏死，这就是以膜蛋白为核心的冷害膜假说。

2. 活性氧与逆境适应

活性氧(reactive oxygen species，ROS)是化学性质活泼、氧化能力极强的氧代谢物及其衍生的含氧物质的总称。正常情况下，细胞内活性氧的产生和清除处于动态平衡状态，活性氧水平很低，不会伤害细胞，可是当植物受到胁迫时，活性氧累积过多，该平衡就被打破。活性氧伤害细胞的机理在于活性氧导致膜脂过氧化，超氧化物歧化酶(SOD)等保护酶活性下降，同时还产生较多的膜脂过氧化产物，膜的完整性遭到破坏。其次，活性氧积累过多，也会使膜脂产生脱酯化作用，磷脂游离，膜结构破坏。膜系统的破坏可能会引起一系列的生理生化紊乱，以及活性氧对一些生物功能分子的直接破坏，这样植物就可能受到伤害，如果胁迫强度增大，或胁迫时间延长，植物就有可能死亡。

多种逆境如干旱、大气污染、低温胁迫等都有可能降低 SOD 等保护酶的活性，从而使活性氧平衡被打破。干旱胁迫下不同抗旱性小麦叶片中 SOD、CAT、POD 活性与膜透性、膜脂过氧化水平之间都存在着负相关。一些植物生长调节剂和人工合成的活性氧清除剂在胁迫下也有提高保护酶活性、对膜系统起保护作用的效果。

3. 渗透调节与逆境适应

多种逆境都会对植物直接和间接地产生水分胁迫。水分胁迫时，植物体内积累各种有机和无机物质从而提高细胞液的浓度，降低渗透势，提高细胞的保水能力，从而适应水分胁迫环境，这种现象称为渗透调节(osmoregulation)。

渗透调节是植物对逆境的一种适应性反应，渗透调节是在细胞水平上进行的，其主要功能是完全或部分维护细胞膨压，保持气孔开放以维持植物光合作用等各种代谢，维持细胞持续生长，维持细胞膜稳定等作用。大量实验表明，逆境会诱导参与渗透调节的基因表达，主动积累渗透调节物质，提高细胞液浓度，降低水势，使细胞能够从外界吸水，植株正常生长。因此，渗透调节是植物抵抗逆境的一种重要适应机制。

渗透调节物质种类很多，大致可分为两大类：一类是由外界吸收的无机离子，如 K^+，另一类是细胞内合成的有机物质，如脯氨酸、甜菜碱和可溶性糖。渗透调节物质种类虽多，但它们都有如下共同特点：①分子质量小，易溶解，毒性小；②有机渗透调节物在生理 pH 范围内不带静电荷；③能被细胞膜保持住；④引起酶结构变化的作用极小，在酶结构稍有变化时，能使酶构象稳定，而不至溶解，对细胞酶有保持效应；⑤生成迅速，并能累积到足以引起渗透势调节的量。

脯氨酸是最重要的有机渗透调节物质，几乎所有的逆境都会造成植物体内脯氨酸的累积，尤其干旱胁迫时脯氨酸累积最多，可比处理开始时含量高几十倍甚至几百倍。脯氨酸在抵抗逆境胁迫中有两个作用：一是作为渗透调节物质，用来保持原生质与环境的渗透平衡，它可与胞内一些化合物形成聚合物，类似亲水胶体，以防止水分散失；二是保持膜结构的完整性，脯氨酸与蛋白质相互作用能增加蛋白质的可溶性和减少可溶性蛋白的沉淀，增强蛋白质的水合作用。

4. 植物激素与逆境适应

植物对逆境的适应受遗传特性和植物激素两种因素制约。逆境通过植物激素含量和活性的变化，从而影响植物的生理过程。在逆境条件下，ABA 和乙烯含量增加，IAA、GA、CTK 含量下降，其中 ABA 的变化最为显著。

ABA 是一种胁迫激素，在调节植物对逆境适应方面显得尤为重要。ABA 主要通过关闭气孔，保持植物组织水分平衡，增强根的透性，提高水的通导性等来增加植物的抗性。逆境乙烯产生可使植物克服或减轻因环境胁迫带来的伤害，促进器官衰老，引起枝叶脱落，减少蒸腾面积，保持水分平衡；提高与酚类代谢相关的酶类(如多酚氧化酶、几丁质酶)的活性，并影响植物呼吸，从而直接或间接地参与植物对逆境伤害的修复或对逆境的抵抗过程。

5. 逆境蛋白与逆境适应

多种逆境(高温、低温、病原菌、水分胁迫、紫外线等)能诱导植物产生新的蛋白质(或酶)，这些蛋白质和酶统称逆境蛋白(stress protein)。逆境蛋白是在特定的环境条件下产生的，通常使植物增强对相应逆境的适应性。逆境蛋白的产生是基因表达的结果，一些正常表达的基因在逆境条件下被关闭，而一些与适应性有关的基因被启动。从这个意义上讲，逆境蛋白的产生是植物对多变外界环境的主动适应和自卫反应。例如，低温胁迫下的植物合成抗冻蛋白(antifreeze protein)，抑制冰晶生长，减轻冰晶对类囊体膜的伤害；譬如，高温诱导合成一些新的蛋白质，叫作热激蛋白(heat-shock protein，HSPs)，提高抗热性；又如，当植物感染伤害后会产生新的蛋白质，以抵御病原体的伤害，这类蛋白质称为病原相关蛋白(pathogenesis-related protein)。

9.1.4.2　植物对逆境的交叉适应

植物经历某种逆境后，能提高对另一种逆境的抵抗能力，这种对不良环境间的相互适应作用称为交叉适应(cross adaptation)。多种植物逆境都会使植物体内 ABA 含量增加,ABA 作为逆境的信号激素诱导植物发生某些适应性的生理代谢变化,增强植物的抗逆性,因此就可以抵抗其他逆境,即形成了交叉适应性。逆境蛋白的产生也是交叉适应的一种表现。多种逆境可使植物产生同样的逆境蛋白,如缺氧、水分胁迫、盐等都能诱导 HSPs 的合成。另外,多种逆境条件下,植物都会积累脯氨酸等渗透调节物质,植物通过渗透调节作用可提高对逆境的抵抗能力。生物膜在逆境条件下有相似的变化,多种膜保护物质(包括酶和非酶的有机分子)在胁迫下可能发生类似的反应,使细胞内活性氧的产生和清除达到动态平衡。

9.1.5 植物抗逆性的获得和信号转导

9.1.5.1 植物抗逆性的获得

当环境发生变化时,植物在个体发育过程中,往往会发生相应的性状变异。相应于自然环境的变异就是适应,相应于人工环境的变异就是驯化。这些变异性状在生物学中称为获得性状(acquired characteristics)。植物在逆境下发生一系列变异以适应不良环境。如干旱条件下的蒲公英叶型发生很大的变异;冰叶日中花(*Mesembryanthemum crystallinum*)在盐渍或干旱条件下生长时,其碳固定方式由 C_3 途径转向 CAM 途径;海边铺地黍(*Panicum repens*)在湿生状态下植株直立生长、叶宽大呈长条状,盐生时植株匍匐、叶短小。逆境下产生的变异只表现在细胞生理反应和表现型上的称为逆境反应(stress response),逆境下产生的变异发生基因型变化的称为抗逆性的获得(acquirement of stress response)。

9.1.5.2 植物逆境下的信号转导

植物生活在多变的环境中,会受到各种环境因子,包括光、温度、水分、盐分、重金属、病原激发子等的刺激。在逆境条件下,植物为了能够生存下去,只有把环境刺激信号转化为细胞内信号,产生相应的生理反应以更好地适应环境。当胞外环境因子刺激细胞时,细胞膜上受体直接感受信号,通过细胞壁-质膜-细胞骨架连续体,引起细胞骨架蛋白变构而传递信息,并与胞内的 G 蛋白、第二信使系统以及调节因子构成信息网络,特定刺激引起特定基因表达和特定生理反应。如蔡南海实验室报道的环腺苷二磷酸核糖(cADPR)参与干旱和盐胁迫诱发 ABA 信号传导途径,同时 Ca^{2+}-CaM 参与此过程的调控,这为植物体内 cAMP 第二信使功能提供了直接证据。研究表明,低温逆境能提高细胞质 Ca^{2+} 水平,并通过 Ca^{2+} 与 CaM 结合来启动一系列的生理生化过程,从而使 Ca^{2+}-CaM 信使系统在植物对低温逆境的感受、传递、响应和适应过程中起中心作用。

9.2 寒害生理与植物的抗寒性

对植物产生不利效应的低温称为低温胁迫(low-temperature stress),由此对植物造成的伤害称为寒害(cold injury)。低温胁迫对植物的危害,按低温程度和受害情况,可分为冷害和冻害两种。

9.2.1 冷害和植物抗冷性

9.2.1.1 冷害

植物在组织冰点以上所受到的低温伤害称之为冷害(chilling injury)。植物对冰点以上低温的适应能力叫抗冷性(chilling resisitance)。冷害是很多地区限制农业生产的主要因素之一。在我国,冷害经常发生在早春和晚秋季节,主要危害作物的苗期和籽粒或者果实的成熟期,如水稻、棉花、玉米和春播蔬菜的幼苗遇到冰点以上低温的伤害,造成烂籽、死苗或僵苗不发。而水稻在生育后期遇冷害,造成茎干早衰,空瘪率增加,产量下降。

冷害对植物的伤害与低温的程度和持续时间直接有关外,还与植物组织的生理年龄、生理状况以及对冷害的相对敏感性有关。温度低,持续时间长,植物受害严重,反之则轻。在同等冷害条件下,幼嫩组织器官比老的组织器官受害严重,冷敏感植物受害较严重。

9.2.1.2　冷害过程的生理生化变化

(1)细胞膜透性增加　冷害使细胞膜透性增加,细胞内可溶性物质大量外渗,引发植物代谢失调。

(2)光合能力下降　低温使叶绿素合成受阻,叶绿素含量下降,叶绿体结构遭到破坏,光合速率下降。RuBPase 和 PEPC 等各种光合酶活性受到抑制,特别是 C_4 植物中的 RuBPase 对低温更敏感,从而导致叶绿体活性降低。

(3)呼吸作用失调　植物在冷害初期,呼吸速率会比正常时还高,该表现被认为是植物的一种保护性反应,以维持体内代谢和能量的供给,对抵抗寒冷有利。但时间较长以后,呼吸速率便大大降低,反而比正常时还要低些。特别是不耐冷的植物或品种,呼吸速度大起大落的现象特别明显。这主要由于较长时间低温之后,线粒体发生膜脂相变,氧化磷强化解偶联,有氧呼吸受到抑制,无氧呼吸增强,一方面因产生的 ATP 少而使物质消耗过快,另一方面还会积累大量乙醛、乙醇等有毒物。

(4)水分代谢失调　低温影响根系的生理活动,根生长减慢,吸收面积减少,细胞原生质黏性增加,流动性减慢,呼吸减弱,供能不足,结果使植物体内水分和矿质元素的吸收与分配受到限制。在低温下,虽然吸水能力和蒸腾速率都明显下降,但蒸腾速率下降的程度比吸水慢得多,体内水分供不应求,造成植株枯萎现象。

(5)物质代谢失调　植物受冷害后,水解酶类活性常常高于合成酶类活性。酶促反应平衡失调,物质分解加速,表现为蛋白质含量减少,可溶性氮化物含量增加,淀粉含量降低,可溶糖含量增加;活性氧清除系统活性下降,活性氧积累,引发膜脂过氧化伤害。内源乙烯和 ABA 含量明显增加。

9.2.1.3　冷害的机理

1.膜脂相变

在常温下,生物膜呈液晶相,保持一定的流动性。当温度下降到临界温度时,冷敏感植物的膜从液晶相转变为凝胶相,膜收缩,出现裂缝或者通道(图 9-2)。这样一方面使膜透性增大,细胞内溶质外渗;另一方面使膜结合酶系统受到破坏,酶活性下降,膜结合酶系统与非膜结合酶(游离酶)系统的平衡丧失。蛋白质变性或解离,细胞代谢紊乱、积累一些有毒的中间产物(如乙醛和乙醇等)。低温持续时间过长,细胞和组织死亡。

由于膜的相变在一定程度上是可逆的,只要膜脂不发生降解,短期冷害后温度立即上升,膜仍能恢复到正常的状态,但如果膜脂降解,则表明膜受到严重伤害,就会发生组织受害死亡。研究表明,膜脂的相变温度与膜脂成分密切相关,相变温度的顺序为磷脂酰甘油(PG)>磷脂酰乙醇氢(PE)>磷脂酰胆碱(PC)。膜脂中不饱和脂肪酸所占比例增大,即脂肪酸不饱

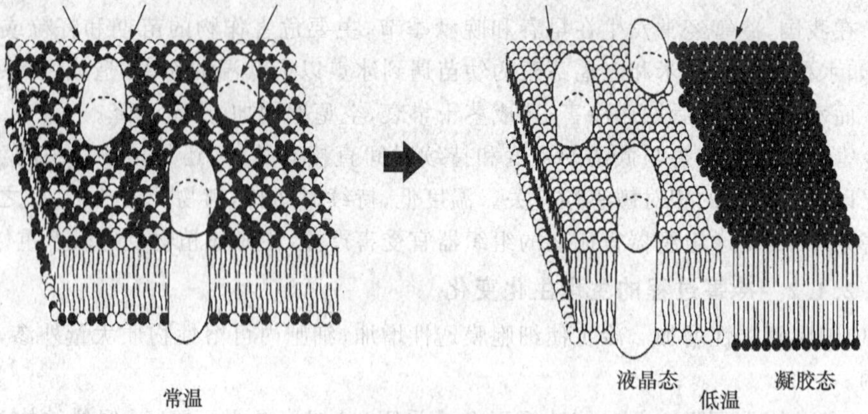

图 9-2　由低温引起的相分离

和指数(index of unsaturated fatty acid)越高,膜脂相变温度越低,则抗冷性越强。一般来说,温带植物不饱和脂肪酸含量高于热带植物,故抗冷性较强。

2. 活性氧破坏

正常情况下,细胞内自由基的产生和清除处于动态平衡状态,自由基水平很低,不会伤害细胞。在一定的低温范围内,植物体内自由基的产生和清除之间基本保持平衡。当温度继续下降或低温持续时间长,活性氧自由基就会明显增加,自由基清除剂含量和清除自由基的酶活性下降,导致自由基积累,造成膜脂过氧化。研究表明,低温胁迫下,植物膜脂过氧化产物丙二醛(MDA)大量积累,会使膜系统严重受损。

9.2.1.4　提高植物抗冷性的措施

(1)低温锻炼　植物对低温的抵抗有一个适应性的过程,低温锻炼是提高抗冷性的一种有效措施。如预先给予植物适当的低温锻炼,即可忍受更低温度而不致受害;否则,植物突遇低温将严重受害。例如,春季采用温室、温床育苗,在露天移栽前,必须先降低室温或床温至10℃左右,保持 1～2 d,移入大田后即可抗 3～5℃的低温。研究发现,凡经低温锻炼的植物,其膜脂的不饱和脂肪酸含量增加,相变温度降低,膜透性稳定;细胞内 NADPH/NADP 的比例增高,ATP 含量增加,这些变化都有助于抗冷性的形成与增强。

(2)化学诱导　细胞分裂素、脱落酸和 2, 4-D、油菜素内酯等一些植物生长调节剂均能提高植物的抗冷性,如在水稻苗期,用 10^{-4} mg·L^{-1}油菜素内酯浸根 24 h,可增强秧苗抵抗低温能力。玉米、棉花种子播前用福美双(TMTD)处理也可提高幼苗抗冷性。

(3)合理施肥　适当增施磷、钾肥的比重,少施或不施速效氮肥,有助于提高植物抗冷性。

9.2.2　冻害和植物抗冻性

9.2.2.1　冻害

植物受到组织冰点以下的低温伤害为冻害(freezing injury)。植物对冰点以下低温的适应能力叫抗冻性(freezing resistance)。在世界许多地区都会遇到冰点以下的低温,对植物造成不同程度的伤害,因植物种类、器官、生育时期和生理状态差异使冻害发生的温度不同。大麦、小麦、燕麦、苜蓿等越冬作物可忍耐−7～−12℃低温;白桦树可经受−45℃左右的低温;

种子的抗冻性很强,植物的愈伤组织在液氮中于−196℃保持 4 个月仍有生活力。

此外,植物遭受冻害的程度,还与降温幅度、低温持续时间、解冻速度等有关。当降温幅度大,霜冻时间长,解冻速度快,则植物受害严重;如果缓慢结冻和缓慢解冻时,植物则受害较轻。植物受冻害的一般症状为:叶片犹如烫伤,细胞失去膨压,组织变软,叶色变为褐色,严重时导致死亡。

冻害主要是冰晶的伤害。植物组织结冰可分为胞外结冰与胞内结冰两种形式。

(1)胞外结冰 胞外结冰又叫胞间结冰,是指在温度下降时,细胞间隙和细胞壁附近的水分凝结成冰。随之而来的是细胞间隙的蒸汽压降低,周围细胞的水分便向细胞间隙方向移动,扩大冰晶的体积。

(2)胞内结冰 胞内结冰是指温度迅速下降,除了胞间结冰外,细胞内的水分也冻结。一般先在原生质内结冰,而后在液泡内结冰。

9.2.2.2 冻害的机理

1. 结冰伤害

(1)胞间结冰的伤害 ①原生质脱水。由于胞间结冰降低了细胞间隙的水势,使细胞内的水分向胞间移动,随着低温的持续,原生质会发生严重脱水,造成蛋白质变性和原生质不可逆的凝固变性。②机械损伤。随着低温的持续,胞间的冰晶不断增大,当其体积大于细胞间隙空间时会对周围的细胞产生机械性的损伤。③融冰伤害。温度骤然上升时,冰晶迅速融化,细胞壁迅速吸水恢复原状,而原生质会因为来不及吸水膨胀,可能被撕裂损伤。胞间结冰不一定导致植物死亡,大多数植物胞间结冰后经缓慢解冻仍能恢复正常生长。

(2)胞内结冰的伤害 细胞内结冰,冰晶体积小,数量多,它们的形成会对生物膜、细胞器和基质结构造成不可逆的机械伤害。原生质具有高度精细结构,复杂而又有序的生命活动与这些结构密切相关,原生质结构的破坏必然导致代谢紊乱和细胞死亡。细胞内结冰在自然条件下不常发生,一旦发生,植物就很难存活。

2. 膜伤害假说

膜是结冰伤害最敏感的部位,许多实验证明,冰冻引起细胞的损伤主要是膜系统受到伤害。组成膜的脂类分子间非极性程度很高,分子间的内聚力小,当结冰脱水引起原生质收缩而产生内拉外张的应力时,脂质层会被拉破,使膜选择透性丧失。这样,一方面造成细胞内的电解质和非电解质大量外渗(外渗液中主要是 K^+、Ca^{2+}、糖类);另一方面膜脂相变使得一部分与膜结合的酶游离而失活,光合磷酸化和氧化磷酸化解偶联,ATP 形成明显下降,引起代谢失调,严重时导致植株死亡。在所有膜系统的破坏中,叶绿体膜最先受损伤,从而使放氧受抑制,其次是液泡膜,最后是原生质膜的损伤。

3. 巯基假说

Levitt(1962)提出冰冻使植物受害是出于细胞结冰引起蛋白质损伤假说(图 9-3),当细胞内原生质遭受冰冻脱水时,随着原生质收缩,蛋白质分子相互靠近,当接近到一定程度时蛋白质分子中相邻的巯基(—SH)氧化形成二硫键(—S—S—)。解冻时蛋白质再度吸水膨胀,肽链松散,氢键断裂,—S—S—仍保留,使肽链的空间位置发生变化、蛋白质的天然结构被破坏,引起细胞伤害和死亡。因此,组织抗冻性的基础在于阻止蛋白质分子间—S—S—的形成。这一假说已得到一些实验的支持,研究发现,冻害发生时,植物组织匀浆中—SH 含量与植物的抗冻性直接相关,抗冻性较强的植物具有一定抗—SH 氧化能力,可避免或减少—S—S—的形成。

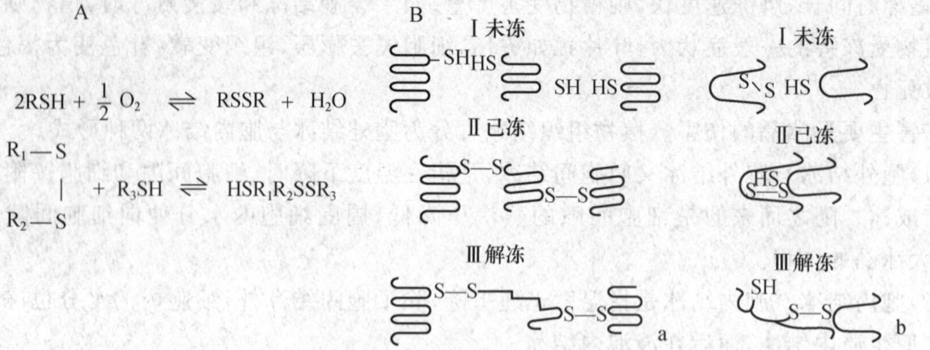

图 9-3　巯基假说示意图

(引自 J. levitt,1980)

A. 二硫键形成的两种反应　B. 蛋白质分子内与分子间二硫键形成示意图(a. 相邻肽键外部的—SH 基相互靠近,发生氧化形成—S—S—;b. 一个蛋白分子的—SH 与另一个蛋白质分子内部的—S—S—作用形成分子间的—S—S—)

9.2.2.3　提高植物抗冻性的途径和措施

(1)抗冻锻炼　在霜冻到来之前,缓慢降低温度,使植物逐渐完成适应低温的一系列代谢变化,增强抗冻能力。经过抗冻锻炼后,细胞内的糖含量大量增加,束缚水/自由水比值增大,原生质的黏度、弹性增大,代谢活动减弱,膜中不饱和脂肪酸增多,膜脂相变温度降低,抗性增强。

(2)化学调控　用植物生长调节剂处理植物,可以提高植物的抗寒性。如生长延缓剂 AMO-1618、多效唑广泛用于果树,使其矮化,促进花芽分化。同时这些生长延缓剂能抑制 GA 的合成,提高树木的抗寒性。用 CCC 处理小麦、水稻、油菜等可以提高其抗寒性也已应用于生产。

(3)农业措施　除选育抗寒品种外,许多农业措施也能在一定程度上提高植物抗寒性。如适时播种、培土,增施磷钾肥、厩肥,熏烟,冬灌,盖草,地膜覆盖等都可起到保护植物、预防寒害的作用。

9.2.3　植物对低温的适应性及信号转导

9.2.3.1　植物对低温的适应性

植物在低温来临前经过低温锻炼,获得了一系列对低温的适应性变化,主要有:

(1)含水量下降　束缚水/自由水的相对含量与植物的抗性呈现明显的正相关。随着气温和土温下降,根系的吸水能力减弱,组织的含水量降低,而束缚水的相对含量增高。由于束缚水不易结冰,也不易流失,这样就减少了细胞结冰的可能性,同时也可防止细胞间结冰引起的原生质过度脱水。

(2)呼吸减弱　随温度的缓慢降低,植物的呼吸作用逐渐减弱,消耗减少,有利于糖分等的积累;呼吸减弱的植物整体代谢强度减弱,抗逆性增强。

(3)生长缓慢　随着冬季低温的来临,植物生长变得很缓慢,甚至生长停止,形成休眠芽,进入休眠状态。

(4)保护物质增多　在温度下降过程中，淀粉等大分子物质趋向于水解，使细胞内可溶性糖含量增加。可溶性糖是植物抵抗低温的重要保护性物质，能降低冰点，提高原生质保护能力，保护蛋白质胶体不致遇冷变性凝聚。除可溶糖以外，脂肪也是保护物质之一，它可以集中在细胞质表层，使水分不易透过，代谢降低，细胞内不易结冰，亦能防止过度脱水。

(5)激素变化　随着秋季日照的缩短和气温的降低，植物体内源激素发生了明显变化，主要表现为 IAA 和 GA 减少，ABA 增多。

(6)低温诱导蛋白形成　实验证明，植物经低温诱导确实能活化某些特定基因并经转录翻译合成一组新蛋白，例如，拟南芥、苜蓿、油菜、菠菜等经低温诱导后均有不同程度的新肽的合成，称之为冷调节蛋白(cold regulated protein，CoRP)，能降低细胞液的冰点，缓冲细胞质的过度脱水。此外，低温诱导下植物还能表达多种胚胎发育晚期丰富蛋白(late embryogenesis protein，LEAP)，它们多数为高度亲水、沸水中稳定的可溶性蛋白，有利于植物在冰冻时忍受脱水胁迫，减少细胞冰冻失水。

9.2.3.2　植物冷驯化及低温信号转导

冷驯化是指提高植物抗冷性有关的生物化学及生理学过程，主要包括寒驯化和冻驯化。寒驯化(cool acclimation)即喜温植物在中低温度 10～12℃下暴露数天后，以提高适应更低但非冰冻温度环境的能力；冻驯化(freezing acclimation)即在零上几度低温处理植物，以提高它们耐受零下温度的能力。

冷驯化是一个复杂的生物学过程，包括生理、生化和分子生物学上的变化，如脯氨酸、甜菜碱、糖等渗透调节物质的增加，膜结构与组成的改变，调节植物基因的表达，合成一些特异性的低温诱导蛋白等(图 9-4)。

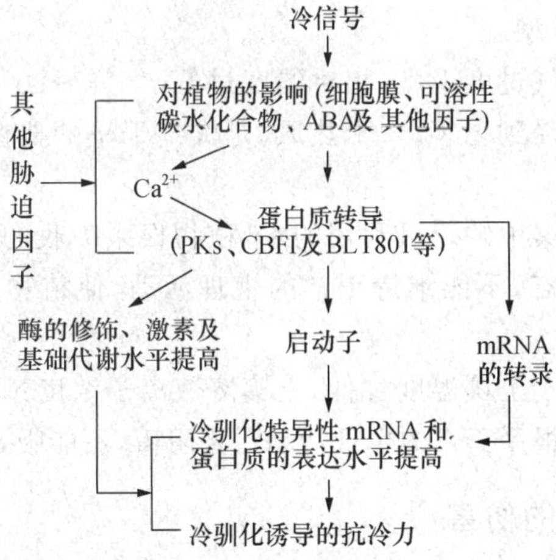

图 9-4　植物冷信号转导与 CoRPs 产生的可能途径

(改编自 Pearce，1999)

PKs，蛋白磷酸激酶；CBF1，一种转录激活子；BLT801，一种转录后调控蛋白

植物内源 ABA 在低温驯化信号转导过程中起重要作用。生长温度(22℃)下，ABA 处理可以增加如拟南芥等许多植物的抗寒性，低温驯化使内源 ABA 含量迅速增加。

蛋白激酶(PK)和蛋白磷酸化酶(PP)也参与低温驯化中的信号转导过程。蛋白质的磷酸化和去磷酸化反应在 Ca^{2+} 流将低温逆境信号转导给低温响应基因，并在其表达的过程中起着重要作用，其中起主要作用的是蛋白磷酸激酶和蛋白激酶。

低温可引起胞内 Ca^{2+} 水平上升，通过抑制蛋白磷酸激酶（如蛋白磷酸激酶 2A）的活性，提高蛋白激酶（如丝裂原活化蛋白激酶（MAPK），Ca^{2+} 的蛋白激酶（CDPK））活性，引起一个或更多的蛋白质磷酸化反应，将低温逆境信号传递到细胞核中的 DNA 区域，诱导冷诱导基因（*CBF*）等转录激活子基因表达，进而引起众多低温逆境响应基因的表达。

实验表明，当植物经过低温后，胞质中 Ca^{2+} 迅速增加，而且 Ca^{2+} 螯合剂和 Ca^{2+} 通道堵塞剂抑制 *COR*（cold regulated）基因表达，Ca^{2+} 的载体可以通过产生 Ca^{2+} 流而在常温下诱导 *COR* 基因表达，这表明细胞中 Ca^{2+} 的变化可能参与感受环境温度的变化，参与低温信号转导。

9.3 干旱胁迫与植物的抗旱性

当植物耗水大于吸水时，植物体内即出现水分亏缺，水分过度亏缺的现象称为干旱（drought）。干旱是限制植物生长发育的重要环境因子，也是目前制约农业生产的一个全球性问题。全世界 14 亿 hm^2 的耕地面积中，6 亿 hm^2 位于干旱、半干旱地区，占总耕地面积的 43%，由此造成的减产超过所有自然灾害的总和。我国是世界上主要的干旱国家之一，全国干旱、半干旱地区占总国土面积的 50%左右。旱灾是我国最频繁发生的自然灾害之一。研究植物水分胁迫及其伤害机理，在理论和实践中都有重要意义。

9.3.1 干旱类型

干旱对植物的直接效应是脱水，从而引起植物的水分亏缺。根据导致植物发生水分亏缺的原因可将干旱分为 3 种类型。

(1)大气干旱　是指空气过度干燥，相对湿度过低（10%～20%），使蒸腾加快，破坏植物体内水分平衡，从而使植物受到伤害。"干热风"是大气干旱的典型例子，如果大气干旱持续过久也会导致土壤干旱。

(2)土壤干旱　是指土壤中缺乏可利用的水，植物根系吸收的水分满足不了叶片的蒸腾失水，植物组织处于缺水状态，不能维持正常的生理活动，使植物生长停止或导致植株干枯死亡。

(3)生理干旱　是指由于土壤温度过低、土壤溶液离子浓度过高（如盐碱土或施肥过多）或积累有毒物质等原因，使根系正常的生理活动受到阻碍，不能吸水而使植物受旱的现象。

9.3.2 干旱对植物的伤害

植物受到旱害后，细胞失去紧张度，叶片和幼茎下垂，这种现象称为萎蔫（wilting）。萎蔫可分为两种类型：夏季炎热的中午，蒸腾强烈，水分暂时供应不足，叶片与嫩茎萎蔫，到夜晚蒸腾减弱，根系又继续吸水，萎蔫消失，植物恢复挺立状态，这是暂时萎蔫（temporary wilting）；当土壤已无可供植物利用的水分，引起植物整体缺水，根毛死亡，即使经过夜晚也不会恢复，这是永久萎蔫（permanent wilting）。永久萎蔫会造成原生质严重脱水，引起一系列生理生化代谢紊乱，如果时间持续过久，就会导致植物死亡。在干旱胁迫下，植物体内发生的生理生化变化主要包括以下几个方面。

(1)细胞膜结构遭到破坏　干旱后，细胞严重失水，破坏了细胞膜的有序结构，膜脂分子结构即呈无序的放射状排列，膜上出现空隙和龟裂，透性增大，电解质、氨基酸、可溶性糖等向外渗漏。

(2)光合作用减弱　随土壤水势降低，光合速率显著下降。研究发现，向日葵叶片水势低于−0.4 MPa时，光合速率开始下降；水势低于−0.7 MPa时，光合速率急剧下降。这种抑制作用既有对CO_2同化的气孔性限制，又有非气孔性限制。前者指水分亏缺使气孔开度减小，气孔阻力逐步增大最终可导致气孔完全关闭，这样在减少水分丢失的同时，也明显限制对CO_2的吸收，因而光合作用减弱；非气孔性限制指水分胁迫使叶绿体的片层结构受损，希尔反应减弱，光系统Ⅱ活力下降，电子传递和光合磷酸化受抑，RuBP羧化酶和PEP羧化酶活力下降，叶绿素含量减少等，总体表现为叶绿体的光合活性下降。

(3)呼吸作用先升后降　水分亏缺下，呼吸作用在一段时间内加强是由于干旱使水解酶活性增强，合成酶活性降低，细胞内积累许多可溶性呼吸底物，但同时氧化磷酸化解偶联，P/O比值下降，ATP产出减少，呼吸能量大多以热的形式散失，有机物质消耗过速。随着水分亏缺程度加剧，呼吸速率逐渐降到正常水平以下。

(4)内源激素代谢失调　干旱可改变植物内源激素平衡，总趋势为促进生长的激素减少，而延缓或抑制生长的激素增多，主要表现为ABA大量增多，乙烯合成加强，CTK合成受抑。研究证实，干旱时ABA累积是一种主要的根源信号物质，经木质部到达叶片的保卫细胞，抑制内流K^+通道和促进苹果酸的渗出，使保卫细胞膨压下降，引起气孔关闭，蒸腾减少。

(5)核酸代谢受到破坏　试验表明，干旱胁迫时细胞内DNA和RNA大量降解，其主要原因是干旱促使RNA酶活性增加，使RNA分解加快，而DNA和RNA合成代谢则被削弱。有人认为，干旱下植物衰老乃至死亡与核酸代谢受到破坏直接相关。

(6)营养失调　水分亏缺使植物营养失调。从无机营养看，根量减少，土壤中离子向根的运输减慢，吸收活力降低；蒸腾速率降低影响离子在植物体内的运输，也影响离子的吸收。从有机营养看，合成减少，分解消耗增加，造成营养亏缺。在田间，干旱伴有高温强光条件，这正好促进了呼吸而抑制了光合，使物质消耗增加，特别是首先造成碳水化合物的亏缺。

(7)积累渗透调节物质　干旱通常引起植物渗透胁迫，耐旱性强的植物体内积累了许多与渗透调节有关的小分子物质，通过渗透调节以降低水势，保证细胞正常的生理功能。渗透胁迫条件下参与渗透调节的物质有两大类：一是外界环境进入植物细胞内的无机离子，二是细胞内合成的有机物。高等植物中的主要渗透调节物质是脯氨酸和甜菜碱，其中脯氨酸在植物抗旱性中起重要作用。

(8)保护酶活性改变　干旱胁迫下，植物体内SOD、CAT、POD和GR等活性发生变化。耐旱植物在适度的干旱条件下保护酶活性通常会增高。

(9)干旱诱导蛋白　干旱诱导蛋白是指植物在受到干旱胁迫时新合成或合成量增加的一类蛋白质。干旱诱导蛋白按其功能可分为两大类：第一大类是功能蛋白，其在细胞内直接发挥保护作用，主要包括通道蛋白、LEA(Late-embryenesis abundant)蛋白、膜蛋白、渗调蛋白、代谢酶类等；另一大类是调节蛋白，其参与水分胁迫的信号转导，从而调节靶基因的表达，主要有磷脂酶C、磷脂酶D、各种蛋白激酶、G蛋白、钙调素、转录因子和一些信号因子等。在植物受到胁迫时，这些蛋白质合成增加，将信号不断级联放大。

9.3.3 植物的抗旱类型和特征

9.3.3.1 植物的抗旱类型

植物对干旱的适应和抵抗能力叫抗旱性(drought resistance)。由于地理位置、气候条件、生态因素等原因,使植物形成了对水分需求的不同类型:水生植物(不能在水势为－0.5～－1 MPa 以下环境中生长的植物)、中生植物(不能在水势－2.0 MPa 以下环境中生长的植物)、旱生植物(不能在水势－4.0 MPa 以下环境中生长的植物)。一般来说,作物多属于中生植物,其抗旱性是指在干旱条件下,不仅能够生存,而且能维持正常或接近正常的代谢水平,从而保证稳定的产量。所以研究植物抗旱性时,一方面要注意抗旱性强的旱生植物特点,另一方面要着重研究提高中生植物抗旱性的途径。

旱生植物根据其干旱的适应和抵抗方式可分为 3 种:①逃旱性,这类植物主要是通过缩短生育期以逃避干旱缺水的季节。②御旱性,这类植物主要利用形态结构的特点,保持良好的水分内环境,使植物在干旱条件下维持体内较充足的水分状况。③耐旱性,这类植物具有忍受脱水而不受永久性伤害的能力。

9.3.3.2 抗旱植物的一般特征

(1)形态特征　抗旱性强的植物往往根系发达、深扎、根冠比大,因而能有效地吸收利用土壤中的水分,特别是土壤深层水分;叶片细胞体积小或体积/表面积比值小,有利于减少细胞吸水膨胀和失水收缩时产生的细胞损伤;叶片气孔多而小,叶脉较密,输导组织发达,茸毛多,角质化程度高或脂质层厚,这样的结构有利于水分的贮存与供应,减少水分散失。

(2)生理生化特征　细胞渗透势较低,吸水足,保水能力强;原生质具较高的亲水性、黏性与弹性,既能抵抗过度脱水又能减轻脱水时的机械损伤;缺水时正常代谢活动受到的影响小,合成反应仍占优势,而水解酶类活性变化不显著,减少生物大分子的破坏,使原生质稳定,生命活动正常。

9.3.4 提高植物抗旱性的途径

选育抗旱品种是提高作物抗旱性最根本的途径。此外,也可以通过以下措施来提高作物的抗旱性。

(1)抗旱锻炼　让植物处于一种致死量以下的干旱条件下,使之经受干旱锻炼,可提高其对干旱的适应能力。在生产上已有很多抗旱锻炼的方法,如玉米、棉花、谷子等广泛采用在苗期适当控制水分,抑制生长,以锻炼其适应干旱的能力,称为"蹲苗";蔬菜移栽前拔起让其适当萎蔫一段时间后再栽,称为"搁苗";甘薯剪下的藤苗很少立即扦插,一般要放置阴凉处一段时间,称为"饿苗"。蹲苗等处理起到促进根系生长,抑制地上部生长的作用。经过抗旱锻炼的植物根系发达,干物质积累较多,叶片保水能力强,叶绿素含量高,渗透调节能力强。

播前的种子锻炼可用双芽法,即先用一定量水分把种子湿润,如小麦,用风干重 40%的水分分 3 次拌入种子,每次加水后,经一定时间吸收,再风干到原来的重量,如此反复干干湿湿,而后播种,这种锻炼使萌动的幼苗改变代谢方式,提高抗旱性。

(2)化学诱导　用化学试剂处理种子或植株,可产生诱导作用,提高植物抗旱性。如用 0.25% $CaCl_2$浸种 20 h,或用 0.05% $ZnSO_4$ 喷洒叶面都有提高抗旱效果。

(3)生长延缓剂和抗蒸腾剂　生长延缓剂可提高植物的抗旱性。例如，CCC 能增加细胞的保水能力，施用外源 ABA 可促进气孔关闭，减少蒸腾。抗蒸腾剂是用来降低蒸腾失水的一类药物，如塑料乳剂，高岭土，脂肪醇等。

(4)矿质营养　合理施用 P、K 肥，适当控制 N 肥，可提高植物的抗旱性。P 促进有机磷化合物的合成，提高原生质的水合度，增强抗旱能力。K 肥能改善作物的糖类代谢，降低细胞的渗透势，促进气孔开放，有利于光合作用。Ca 能稳定生物膜的结构，提高原生质的黏度和弹性，在干旱条件下能维持原生质膜的选择透性。

9.4　其他逆境生理与植物抗逆性简介

9.4.1　热害生理与植物的抗热性

由高温胁迫引起植物伤害的现象称为热害(heat injury)。而植物对高温胁迫(high temperature stress)的适应和抵抗能力称为抗热性(heat resistance)。

9.4.1.1　高温对植物的危害

植物受高温危害后，会出现各种热害病症：树干(特别是向阳部分)干燥、裂开；叶片出现死斑，叶色变褐、变黄；鲜果(如葡萄、番茄)烧伤，后来受伤处与健康处之间形成木栓，有时甚至整个果实死亡；出现雌性不育、花序或子房脱落等异常现象。高温对植物的伤害是多方面的，归纳起来可分为直接伤害和间接伤害。

1. 直接伤害

植物体受到短期高温后，会直接影响细胞质结构，迅速出现热害症状，并从受害部位向非受害部位扩展。伤害机理较为复杂，可能原因如下：

(1)蛋白质变性　由于维持蛋白质空间构型的氢键和疏水键的键能较低，高温易使这些键断裂，破坏蛋白质的空间构型，失去二、三级结构，使蛋白质分子展开，失去原有的生理活性。蛋白质的变性最初是可逆的，但在持续高温作用下很快转变为不可逆的凝聚状态：

$$\text{自然状态} \underset{\text{正常温度}}{\overset{\text{高温}}{\rightleftharpoons}} \text{变性状态} \xrightarrow{\text{持续高温}} \text{凝聚状态}$$

(2)膜脂液化　在高温作用下，构成生物膜的蛋白质与脂类之间的键断裂，使脂类脱离膜而形成一些液化的小囊泡，从而破坏膜的结构，导致膜丧失选择透性与主动吸收的特性。膜脂液化程度与脂肪酸的饱和程度有关，脂肪酸饱和程度越高，膜脂越不易液化，则耐热性越强。

2. 间接伤害

由于高温引起细胞大量失水，并进而引起代谢异常，使植物逐渐受害，该过程是缓慢的。高温持续时间越长或温度越高，对植物的伤害也越严重。

(1)代谢性饥饿　植物光合作用的最适温度一般都低于呼吸的最适温度。生理上通常把光合速率与呼吸速率相等时的温度称为温度补偿点(temperature compensation point)，如果植物处于温度补偿点以上的较高温度时，呼吸大于光合，贮存的营养物质消耗加快，造成饥饿现象，如高温持续时间较长则会导致植物死亡。C_3 植物由于乙醇酸氧化酶温度系数高，在高温下因光呼吸增强更易造成饥饿现象。

(2)有毒物质累积　高温使植物组织内氧分压降低，使无氧呼吸增强，积累乙醛、乙醇等有毒物质。高温下蛋白质分解大于合成，形成大量游离 NH_3 毒害细胞。如果提高植物体内有机酸(如苹果酸、柠檬酸等)含量，氨含量减少，酰胺增加，热害症状便会减轻。

(3)蛋白质合成下降　高温下不仅蛋白质降解加速，而且合成受阻。高温使细胞产生自溶的水解酶类或溶酶体破裂放出的水解酶类均能使蛋白质分解。高温下氧化磷酸化解偶联，ATP 减少，因而造成蛋白质合成受阻，高温破坏了核糖体与核酸的生物活性，从根本上降低了蛋白质的合成能力。

(4)生理活性物质缺乏　高温使某些生化反应受阻，植物生长所必需的活性物质如维生素、核苷酸、激素等物质不足，导致生长不良或引起伤害。

9.4.1.2　热激蛋白

热激蛋白(heat-shock protein，HSPs)又称为热休克蛋白，是生物受高温刺激后大量表达的一类蛋白，它最早是在果蝇中发现的，现已证明普遍存在于动物、植物和微生物中。例如，当大豆幼苗突然从 25℃转至 40℃时，就抑制一些细胞中常见的 mRNA 和蛋白质合成，但却促进 30～40 种其他蛋白质的转录和翻译，这些蛋白质就是 HSP，热激后 3～5 min 就可测出新 mRNA 转录。

植物中主要的 HSP 分为 5 类：HSP110、HSP90、HSP70、HSP60 以及小分子热激蛋白(small heat-shock protein，sHSPs)(相对分子质量为 $(15 \sim 30) \times 10^3$)，存在于细胞中胞质溶胶、线粒体、叶绿体、内质网等不同部位。热胁迫使得许多细胞蛋白质的酶性质或结构组成变成非折叠或错折叠(misfold，蛋白质常常聚合在一起或沉淀)，因此，丧失其酶结构及活性。大多数 HSP 具有分子伴侣(molecular chapterone)的作用，它不是被折叠的蛋白质的组成成分，而是使这些蛋白质的错折叠转变为合适的折叠，或组织错折叠，从而有利于转运过膜，提高细胞的抗热性。HSP 不仅抗热，也抵抗各种环境胁迫，如缺水、ABA 处理、伤害、低温和盐害等。这说明细胞在一种胁迫下，会对其他胁迫有交叉保护(cross-protection)作用，例如番茄果实热激(38℃，48 h)后，可以促进 HSP 积累，保护细胞在 2℃低温生存 21 d。

9.4.1.3　植物的抗热性

一般来说，生长于干燥和炎热环境的植物，其抗热性高于生长在潮湿和冷凉环境的植物。如 C_4 植物起源于热带或亚热带地区，故其抗热性高为 C_3 植物，C_3 植物光合最适温度为 20～30℃，C_4 植物光合最适温度在 35～45℃，因此两者温度补偿点不同。

植物抗热能力与其生态习性有关，不同生态习性的植物对温度的反应不同。如藻类等喜冷植物，在 20℃以上即受高温伤害；中生植物的水生和阴生植物，在温度超过 35℃即受伤害；而陆生高等植物、某些隐花植物、蓝绿藻等喜温植物在 30～65℃中生长，甚至有些植物在 65～100℃才受害。

植物不同的生育时期，不同器官，其抗热性也有差异。如休眠种子抗热性最强，随着种子吸胀萌发，其抗热性逐渐降低。

植物的抗热性还与自身的代谢有关。抗热性强的植物体内蛋白质对热稳定，即在高温下仍能维持一定的正常代谢。蛋白质热稳定性主要决定于内部化学键的牢固程度和键能大小，凡是疏水键、二硫键越多的蛋白质，其在高温下越不易发生不可逆的变性与凝聚。高温下诱导合成的热激蛋白(HSPs),使植物表现出较好的抗热性。抗热植物体内的核酸也具备一定热稳定性,这样可以维持正常的蛋白质合成,从根本上保证了蛋白质的代谢与更新。研究发现,植物的抗热性还与有机酸的代谢强度有关,因为有机酸可以消除因蛋白质分解而释放 NH_3 的毒害。

9.4.2　涝害生理与植物的抗涝性

水分不足固然对植物的生长不利,但水分过多对植物也有害。水分过多对植物之所以有害,并不在于水分本身,因为植物在溶液中还是能正常生长的(如溶液培养),而是由于水分过多,引起缺氧,从而产生一系列危害。水分过多对植物的伤害分为湿害(wet injury)和涝害(flood injury)两种:湿害是指土壤水分达到饱和时对旱生植物的伤害;涝害是指地面积水,淹没了作物一部分或全部而造成的伤害。湿害虽然不如涝害严重,但本质大体相同。在低湿、沼泽地带,河湖边,洪水或暴雨过后常有涝害发生,给农业生产造成很大的损失。

9.4.2.1　涝害对植物的危害

(1)植物生长受到抑制　水涝缺氧使地上部分与根系的生长受到阻碍。受涝的植株个体矮小、叶色变黄、根尖变黑、叶柄偏上性生长。若种子淹水,则芽鞘伸长、叶片黄化、根不生长,必须通 O_2 后根才出现。水涝缺氧还影响细胞的亚显微结构,使线粒体数量减少,体积增大,嵴数减少,如果缺氧时间过长则导致线粒体死亡。

(2)乙烯增加　许多研究指出,在淹水条件下植物体内乙烯含量增加。如水涝时,向日葵根部乙烯含量大增,美国梧桐乙烯含量提高 10 倍。高浓度的乙烯引起叶片卷曲、偏上性生长、脱落、茎膨大加粗、根系生长减慢、花瓣褪色等。乙烯的合成是个需氧过程,为什么涝害缺氧反而会促进乙烯合成呢?1981 年,Bradford 等证明,水涝促使植物根系大量合成乙烯的前体物质 ACC,上运到茎叶后接触空气即转变为乙烯。

(3)植物代谢紊乱　涝害使植物代谢紊乱。包括:①光合作用显著下降,主要原因是气孔关闭,CO_2 扩散的气孔阻力增加,羧化酶活性逐渐降低,叶绿素含量下降。土壤淹水不仅降低光合速率,光合产物的运输也有所减慢。②影响植物的呼吸,有氧呼吸受抑,无氧呼吸加强,ATP 合成减少,同时积累大量的无氧呼吸产物(如丙酮酸、乙醇、乳酸等)。测定结果表明,许多植物被淹时,苹果酸脱氢酶(有氧呼吸)降低,乙醇脱氢酶和乳酸脱氢酶(无氧呼吸)升高。所以有人建议,用乙醇脱氢酶和乳酸脱氢酶活性作为作物涝害的指标。③涝害时,根系对水分的吸收速率下降,气孔关闭,蒸腾作用降低,许多植物叶片发生萎蔫。

(4)植物营养失调　遭受水涝的植物常发生营养失调,一是由于根系受水涝伤害后根系活力下降,同时无氧呼吸导致 ATP 供应减少,阻碍根系对离子的主动吸收;二是缺氧使嫌气性细菌(如丁酸菌)活跃,增加土壤溶液酸度,降低其氧化还原势,土壤内形成有害的还原物质(如 H_2S 等),使必需元素 Mn、Zn、Fe 等容易被还原流失,造成植株营养缺乏。

9.4.2.2　植物的抗涝性

植株对积水或土壤过湿的适应力和抵抗能力称为抗涝性(flood resistance)。不同植物,甚至同一作物不同品种的抗涝性都存在差异,例如,油菜比番茄、马铃薯抗涝;水稻中籼稻的抗涝性大于糯稻,粳稻最不抗涝。即使是同一植物不同生育期的抗涝性也存在差异,如水稻从幼穗形成期到孕穗中期最容易受到涝害。概括来说,淹水深、时间长、水温高则对植物产生的涝害最大。作物的抗涝性大小决定于其形态和生理过程对缺氧的适应能力。

(1)形态特征　抗涝性的植物最明显的形态特征是具有发达的通气系统,通过这些发达的通气组织可以将地上部分吸收的 O_2 输送到根部或缺氧部位。抗涝性强的作物如水稻与抗涝性弱的作物如小麦相比,其体内有发达的通气组织,可以把 O_2 从叶片输送到根部,即使地下部淹水,也可以从地上部分获得 O_2。近年来发现,通气组织的形成可能与 ETH 有关,即受淹植物 O_2 亏缺,促进 ETH 合成,刺激纤维素酶和果胶酶的活性提高,使发育较弱的细胞解体,促进通气组织的形成与发展(图 9-5)。

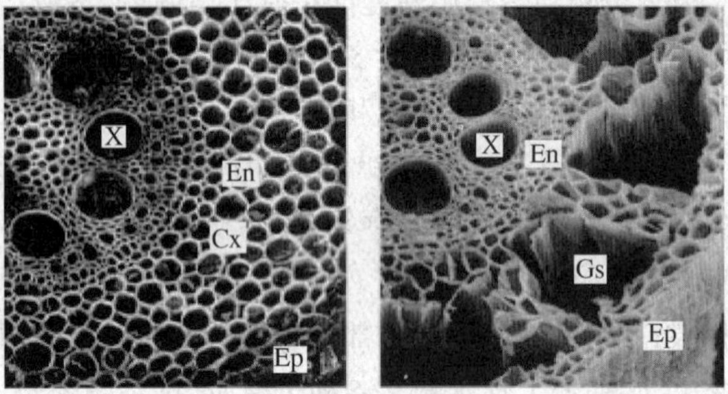

A　　B

图 9-5　缺氧诱导玉米根尖通气组织的形成

(引自 Basq 和 Drew,1983)

A. 氧气充足　B. 缺氧

Ep:表皮　Gs:通气组织　Cx:皮层　En:内皮层　X:木质部

(2)生理特征　抗涝主要是抗缺 O_2 带来的危害,耐缺 O_2 的生化机制就是消除有毒物质或者提高对有毒物质的忍耐力。某些植物(如甜茅属)在淹水时改变呼吸途径,开始缺 O_2 刺激糖酵解途径,但以后磷酸戊糖途径占优势,从根本上消除有毒物质的形成;水稻根内乙醇氧化酶活性很高以减少乙醇的积累。

9.4.3　盐害生理与植物的抗盐性

一些干旱和半干旱地区,由于蒸发强烈,地下水上升,把水中所含盐分残留在土壤表层。且由于降雨量小,不能把土壤表层的盐分淋溶排走,致使土壤表层盐分越来越多。一些海滨地带地下水位较高或海水倒灌,土壤表层也会累积较多盐分。土壤中盐分过多对植物生长发育产生的危害叫盐害(salt injury),也称盐胁迫(salt stress)。含盐较多的土壤,根据所含盐分的主要种类分为碱土和盐土。以碳酸钠(Na_2CO_3)和碳酸氢钠($NaHCO_3$)为主的土壤,称为碱土(alkaline soil);以氯化钠(NaCl)和硫酸钠(Na_2SO_4)等为主的土壤,则称为盐土(saline soil)。对于大多数土壤,这两大类盐又常混合存在,故习惯上称为盐碱土(saline and alkaline soil)。

9.4.3.1　盐害对植物的危害

(1)渗透胁迫　土壤中可溶性盐分过多使土壤水势降低,导致植物吸水困难,严重时甚至会造成植物组织内水分外渗,引起生理干旱,使生长、光合等正常生理过程受阻。

(2)离子失调　离子胁迫是盐害的重要原因。土壤中某种离子过多往往排斥植物对其他离子的吸收。如盐碱土中 Na^+、Cl^-、Mg^{2+}、SO_4^{2-} 等含量过高,会引起 K^+、HPO_4^{2-} 或 NO_3^- 等离子缺乏。Na^+ 浓度过高，植物对 K^+、Mg^{2+} 的吸收减少，同时也易出现磷和 Ca^{2+} 的缺乏症；Cl^-、SO_4^{2-} 过多时，则抑制 HPO_4^{2-} 的吸收。植物对离子的不平衡吸收，不仅使植物发生营养失调，生长受抑制，而且还会产生单盐毒害。

(3)光合作用受抑制　盐分过多使 PEPC 和 Rubisco 活性降低，叶绿体中类囊体成分与超微结构发生变化，进而受到破坏而分解。叶绿素和类胡萝卜素合成受阻，气孔开度减小，气孔阻力增大，光能吸收和转换以及电子传递与碳同化受到抑制，导致植物的光合速率明显下降。

(4)呼吸作用改变　一般来说，盐分对呼吸的影响与盐的浓度有关，低盐促进植物呼吸，高盐抑制植物呼吸。

(5)蛋白质合成受阻　盐分过多对植物蛋白质代谢影响比较明显，抑制蛋白质合成，促进蛋白质分解。其原因可能是盐胁迫迫使核酸分解大于合成，从而抑制蛋白质合成，同时高盐下氨基酸生物合成受阻。

(6)有毒物质累积　盐胁迫使植物体内积累有毒物质，如大量氮代谢中间产物，包括 NH_3 和某些游离氨基酸(异亮氨酸、鸟氨酸和精氨酸)转化成具有一定毒性的腐胺与尸胺，它们又可被氧化为 NH_3 和 H_2O_2，所有这些有毒物质都会对植物细胞造成一定的伤害。

9.4.3.2　植物的抗盐性

植物对土壤盐分过多的适应和抵抗能力叫抗盐性(salt resistance)。根据植物抗盐能力的大小，分为盐生植物(halophyte)和非盐生植物(nonhalophyte)或甜土植物(glycophyte)。盐生植物是盐渍生境中的天然植物类群，一定浓度 NaCl 促进其生长，可生长的盐度范围为 1.5%～2.0%，如碱蓬、海蓬子等，这类植物在形态上常表现为肉质化，吸收的盐分主要积累在叶肉细胞的液泡中，通过在细胞质中合成有机溶质来维持与液泡的渗透平衡。绝大多数作物属甜土植物，对盐渍特别敏感，其耐盐范围为 0.2%～0.8%，其中对盐渍特别敏感的植物叫作盐敏感植物(salt-sensitive plant)，如大豆、玉米、水稻等。有的能耐受较高的盐浓度，叫作耐盐植物(salt-tolerant plant)，如大麦、甜菜、番茄等。

植物对盐渍环境的适应机理主要有两种方式：避盐和耐盐。

1. 避盐

有些植物虽然生长在盐渍环境中，但植物体内盐分含量不高，因而就避免了盐分过多对植物的伤害，这种对盐渍环境的适应能力称为避盐性(salt avoidance)。它们可以通过拒盐、排盐和稀盐 3 种途径来达到避免盐害的目的。

(1)拒盐　这类植物细胞原生质对某些盐分的透性很小，即使生长在盐分较多的环境中，原生质也能稳定保持对离子的选择性，根本不吸收或很少吸收某些离子，从而避免盐分的胁迫。盐生植物的拒盐作用是依靠其对盐的不透性，阻止盐分进入植物体或进入植物体内进行重新分配。非盐生植物的拒盐作用除了依靠质膜对盐的不透性外，还可利用其他方式阻止盐分向地上部分转移。

(2)排盐　这类植物吸收盐分后并不存留在体内，而是主动通过茎叶表面上的盐腺排出体外。如柽柳(*Tamarx* sp.)、叶匙草(*Statice* sp.)等常在茎叶表面形成一些 NaCl、Na_2SO_4 结晶，通过这种主动分泌大量盐分的方式，防止体内 K^+、Na^+、Cl^- 等的积累。

(3)稀盐　某些盐生植物将吸收到体内的盐分通过两种稀释方式使盐分不致发生毒害。一是通过快速生长，细胞大量吸水或增加肉质化程度使组织含水量提高；二是通过细胞的区域化作用稀释盐分。例如，肉质植物将盐分集中于液泡，使水势下降，保证吸水。稀盐植物肉质化的启动因子是 Na^+，其他离子无此作用或作用很小，这与 Na^+ 诱导 ATP 合成、促进薄壁细胞分裂和原生质膨胀有关。

2. 耐盐

植物在盐分胁迫下，通过自身的生理代谢变化来适应或抵抗进入细胞的盐分的危害，称为耐盐(salt tolerance)。这种方式对盐生植物和甜土植物都具有特别重要的意义，它有以下几种方式。

(1)耐渗透胁迫　通过细胞的渗透调节以适应由盐渍而产生的水分逆境，例如，小麦等作物在盐胁迫时，可以将吸收的盐分积累于液泡中，降低细胞水势来防止脱水，有些植物通过累积蔗糖、脯氨酸、甜菜碱等有机物质来降低渗透势。

(2)耐营养缺乏　有些植物在盐渍时能增加 K^+ 的吸收；某些蓝绿藻能在吸收 Na^+ 的同时增加对 N 素的吸收，可以维持营养元素平衡，耐营养缺乏。

(3)代谢稳定　某些植物在较高的盐浓度中仍能保持一定酶活，维持正常的代谢过程。例如，大麦幼苗在盐渍时仍保持丙酮酸激酶的活性。

(4)具解毒作用　有些植物在盐渍环境中诱导形成二胺氧化酶以分解有毒的二胺化合物(腐胺、尸胺等)，消除其毒害作用。

9.4.3.3　植物耐盐的 SOS 信号转导

过量 Na^+ 对植物是有毒的，植物可限制 Na^+ 吸收、增加 Na^+ 外排，同时保证 K^+ 的吸收，来维持细胞质较低的 Na^+/K^+ 比值，从而提高耐盐性。近年来，人们发现植物细胞膜中的一些载体、通道和信号系统控制 K^+、Na^+ 等进出细胞，维持细胞的离子平衡，如高亲和 K^+ 转运载体(high affinity K^+ transporte, HKT)、非选择性阳离子通道(nonselective cation channel, NSCC)和盐超敏感信号转导途径(salt overly sensitive, SOS)。

SOS 信号系统是指调控细胞内外离子均衡的信号转导途径，盐胁迫下介导细胞内 Na^+ 外排及向液泡内的区域化分布，调节离子稳态和提高耐盐性。Na^+ 通过 SOS1 Na^+/H^+ 的反向运输体穿过质膜外排，在高 NaCl 情况下，SOS1 被激活，并且通过 Ca^{2+} 信号转导的 SOS 途径介导。目前已在拟南芥中发现了 5 个耐盐基因，其中 *SOS1*、*SOS2* 和 *SOS3* 三个基因参与介导了细胞内离子平衡的信号转导途径。*SOS1* 基因编码质膜 Na^+/H^+ 逆向转运因子；*SOS2* 基因编码丝氨酸/苏氨酸蛋白激酶；*SOS3* 基因编码钙结合蛋白。此外还从冰草中分离到编码水通道蛋白基因，这将是耐盐基因工程的一条新途径。

9.4.4　病害生理与植物的抗病性

植物在自然界生长和发育过程中经常会遇到一些生物因素的危害，导致植物生病甚至死亡。许多微生物包括真菌、细菌、病毒等都可以寄生在植物体内对寄主产生危害，称为病害(disease)。植物抵抗病菌侵袭的能力称抗病性(disease resistance)。

引起植物病害的寄生物称为病原物(pathogenic organism)，病原物种类繁多，主要有真菌、细菌、病毒、线虫等，若寄生物为菌类，则称为病原菌(disease producing germ)，被寄生的植物称为寄主(host)。

9.4.4.1　病害对植物的危害

植物感染病原后，其代谢过程发生一系列的生理生化变化。

(1)水分代谢失调　植物受病菌感染后，首先表现出水分代谢失调，常以萎蔫或猝倒为特征。造成水分失调的原因主要有：根被病菌损坏，不能正常吸水；维管束被病菌或病菌引起的寄主代谢产物堵塞，水流阻力增大。病菌破坏了原生质结构，使其膜透性加大，蒸腾失水过多。

(2)呼吸作用加强　染病作物的呼吸作用大大加强，染病组织的呼吸一般比健康组织增加 10 倍。呼吸加强的原因，一方面是病原微生物本身具有强烈的呼吸作用；另一方面是寄主呼吸速率加快。因为健康组织的酶与底物在细胞里是被分区隔开的，病原菌侵染后间隔被打破，酶与底物直接接触，呼吸作用就加强，与此同时，染病部位附近的糖类都集中到染病部位，呼吸底物增多，呼吸就加强。由于病害引起的强烈呼吸，其氧化磷酸化解偶联，大部分能量以热能形式释放出来，所以，染病组织的温度大大升高，反过来又促进呼吸。

(3)光合作用下降　一般来说染病组织的叶绿体被破坏，叶绿素含量减少，光合速率降低。随着感染的加重，光合作用更弱，甚至完全失去同化 CO_2 的能力。

(4)激素发生变化　某些病害症状，如形成肿瘤、偏上生长、生长速度猛增等，都与植物激素的变化有关。组织在染病时大量合成各种激素，其中以 IAA 含量增加最突出，进而促进 ETH 的大量生成。如锈病能提高小麦植株 IAA 含量。有些病症是赤霉素代谢异常所致。例如，水稻恶苗病是由于赤霉菌侵染后，产生大量 GA_3，使植株徒长；而小麦丛矮病则是由于病毒侵染使小麦植株 GA_3 含量下降，植株矮化，因而喷施 GA_3 即可得到改善。

(5)同化物运输受干扰　植株感病后，同化物比较多地运向病区，糖输入增加和病区组织呼吸提高是相一致的。水稻、小麦的功能叶感病后，严重妨碍光合产物输出，影响籽实饱满。

9.4.4.2　植物的抗病性

植物的抗病性是植物形态结构和生理生化等方面在时间和空间上综合表现的结果，它建立在一系列物质代谢基础上，通过有关抗病基因的表达和抗病调控物质的产生来实现。植物对病原侵染的抵抗能力表现为多个方面。

(1)形态结构屏障　有些植物组织表面的蜡被、叶毛可以阻止病原菌到达角质层，减少侵染。有些植物具有坚厚的角质层能阻止病原菌侵入植物组织，如三叶橡胶老叶具有坚厚的角质层保护，能抵抗白粉病菌的侵染。

(2)氧化酶活性增强　当病原微生物侵入植物体时，该部分组织的氧化酶活性加强，以抵抗病原微生物。植物呼吸作用与抗病能力呈正相关，主要原因是：①分解毒素。病原菌侵入作物体后，会产生毒素(如黄萎病产生多酚类物质，枯萎病产生镰刀菌酸)，把细胞毒死。旺盛的呼吸作用能把这些毒素氧化分解为 CO_2 和水，或转化为无毒物质。②促进伤口愈合。有的病菌侵入作物体后，植株表面可能出现伤口。呼吸有促进伤口附近形成木栓层的作用，伤口愈合快，把健康组织和受害部分隔开，不让伤口发展。③抑制病原菌水解酶活性。病原菌靠本身水解酶的作用，把寄主的有机物分解，供它本身生活之需。寄主呼吸旺盛，就抑制病原菌的水解酶活性，因而防止寄主体内有机物分解，病原菌得不到充分养料，病情扩展就受限制。

(3)促进组织坏死　有些病原物只能寄生在活的细胞里，在死细胞里不能生存。抗病品种与这类病原物接触时，就会发生过敏反应，受侵染的部位周围的细胞或组织坏死，使病原菌得不到合适的环境而死亡。病害就被局限于某个范围而不能发展。如心叶感染烟草花叶病毒呈现组织坏死，阻止病毒的进一步感染。许多研究表明，受侵染的细胞的死亡是编程性细胞死亡。因此，组织坏死是一个保护性反应。

(4)产生抑制物质　当病原微生物侵入植物体时，植物体内产生一些对病原微生物有抑制作用的物质，使植物产生抗病性。植物对病原微生物有防御反应的物质很多，主要有下列几种类型：①植保素（phytoalexins）。植物受侵染后产生的一类低分子量的对病原微生物有毒的化合物。植物在受侵染前没有植保素，一旦受侵染后就会形成植保素抑制微生物生长。普遍认为，植保素的功能是专门起防御病斑扩展的作用。②木质素。植物感染病原微生物后，木质化作用加强，阻止病原菌进一步扩展。由于异黄酮类植保素和木质素的生物合成都必须经过苯丙氨酸解氨酶（PAL）的催化，所以 PAL 活性与抗病性密切有关。③抗病蛋白。当病原微生物侵染寄主植物时，植物能生成一些抗病蛋白质和酶抵御病原体的伤害。抗病蛋白包括几丁质酶、β-1，3-葡聚糖酶、植物凝集素以及病原相关蛋白等。

(5)系统获得性抗性　植物某一部分受病原体侵染，不仅是局部抗性增强，也把防御病原体的能力扩展到全株，这种现象称为系统获得性抗性（systemic acquired resistance，SAR）。原始侵染几天后，SAR 就会发展，增加几丁质酶及一些水解酶等防御化合物水平；作为 SAR 的信号物水杨酸在侵染处增多，使其他部分建立 SAR。水杨酸甲酯和甲基水杨酸都是挥发性 SAR 物质，可诱导植株远端甚至邻近植株产生抗病性。

目前已从一些植物中分离出具有抵抗真菌、细菌和线虫等病害的基因，称为 *R* 基因，*R* 基因的产物主要为受体蛋白，它们能识别病原菌产生的特异蛋白质，并与其结合，启动植物体内复杂的信号转导系统，诱导抗病相关基因表达和防卫反应的发生，能有效地限制病菌在植物组织内的生长和繁殖，使植物表现为抗病。这种能被 *R* 基因产物所识别的病原菌分子称为激发子（elicitor），包括蛋白质、多肽、多糖、低聚糖等。

9.4.5　虫害生理与植物的抗虫性

9.4.5.1　虫害和抗虫性概念

在农业生产中，虫害造成农作物产量及品质的巨大损失，然而不同的植物种类，同一作物的不同品质对害虫具有不同的反应能力和适应方式。在植物-昆虫的相互作用中，植物用不同机制来避免、阻碍或限制昆虫的侵害，或者通过快速再生来忍耐虫害。植物对昆虫的抵抗能力称为植物的抗虫性（pest resistance）。

植物的抗虫性一般可划分为生态抗性和遗传抗性两大类。

生态抗性（ecological resistance）是指由于环境条件（特别是非生物因素）变化的影响制约害虫的侵害而表现的抗性。不少害虫有严格的危害物候期，作物的早播或迟播可回避害虫的危害。

遗传抗性（inheitance resistance）是指植物可通过遗传方式将拒虫性、抗虫性、耐虫性传给子代的能力。拒虫性是植物依靠形态解剖结构的特点或生理生化作用，使害虫不降落、不能产卵和取食的特性。耐虫性是由于植物具有迅速再生能力，可以经受住害虫危害。抗虫性是由于植物体内有毒的代谢产物，可以抑制害虫的生存、发育及繁殖，直至中毒死亡的特性。

9.4.5.2　植物抗虫的机理

(1)抗虫性的形态解剖特性　形态解剖上的抗虫特性，主要是通过物理方式干扰害虫的运动，包括干扰昆虫对寄主的选择、取食、消化、交配及产卵。如棉花叶、蕾、铃上的花外蜜腺含有促进昆虫产卵的物质，无花外蜜腺的棉花品种可以减少昆虫 40%的产卵量，因而是一个重要的抗虫性状。天牛在树皮粗厚、木质部结构紧密的杨木枝条上产卵少。

(2)抗虫性的生理代谢特性　植物分泌对昆虫有毒害的物质，当昆虫取食后，可由慢性中毒到逐渐死亡，这是植物抗虫性的重要表现。如烟草属某些腺体毛分泌的烟碱、新烟碱、降烟碱等生物碱对蚜虫有毒。棉花中的棉籽醇、除虫菊花中的杀虫有效成分除虫菊酯，都以不同的方式对昆虫产生毒害。银杏这个古老树种之所以不易受昆虫侵害，与叶中存在的羟内酯和醛类有关。

(3)环境因子对抗虫性的影响　植物的抗虫性不是绝对的，经常受到气候条件和栽培条件的影响，如光照弱、温度过高或过低都会使植物抗性明显降低，甚至会丧失抗性。栽培过密，通风透气差也会导致植物抗虫性下降，害虫就会大量发生。

9.4.5.3　提高植物抗虫性的途径

(1)采用生物技术培育抗虫品种，如转 *BT* 基因的抗虫棉、转 *BT* 基因玉米等，将成为提高作物抗虫性的重要手段。

(2)栽培密度适当，控制氮肥使用，保证田间作物通风透光，健壮生长，可有效提高作物抗虫性。缺钾、缺钙都会降低植物的抗虫性，因此，合理施肥是提高植物抗虫性的重要措施。

(3)根据某些害虫的危害物候期，可通过适当早播或迟播来提高植物的生态抗虫性。

9.4.6　环境污染物对植物的伤害和植物的抗性

随着经济的飞速发展，环境污染问题也变得越来越严重。就污染的因素来说，可分为大气污染、水体污染和土壤污染 3 类，其中以大气污染和水体污染对植物的影响最严重，不仅范围广，接触面积大，而且容易转化为土壤污染。

9.4.6.1　大气污染对植物的伤害

大气污染(atmosphere pollution)是指有害物质进入大气，对生物和生态环境造成危害的现象。大气污染物包括各种气体、尘埃颗粒、农药、放射性物质等。对植物产生有害效应的主要有：①氧化物，如臭氧、过氧乙酰硝酸酯类、二氧化氮、氯气等；②还原物，如二氧化硫、硫化氢、甲醛、一氧化碳等；③酸性物，如氟化氢、氯化氢、氰化氢、三氧化硫、四氯化硅等；④碱性物，如氨等；⑤ 有机物质，如乙烯等；⑥ 各种粉尘等。其中二氧化硫(SO_2)、氟化物、臭氧(O_3)、氮化物与硝酸过氧化乙酰(PAN)等存在较普遍，危害较大。

(1)SO_2　SO_2是我国目前最主要的大气污染物，排放量大，对植物的危害比较严重。不同植物对 SO_2的敏感性不同。总的来说，草本植物的敏感性大于木本植物，木本植物中针叶树比阔叶树敏感，阔叶树中落叶树比常绿树抗性弱，C_3 植物比 C_4 植物敏感。一般 0.05～11 $mg \cdot L^{-1}$ SO_2就可能危害植物。其伤害症状为：针叶树先从叶尖黄化；阔叶树则从脉间先失绿，后转为棕色，坏死斑点逐步扩大，最后全叶变白脱落；单子叶植物由叶尖沿中脉两侧产生褐色条纹，逐渐扩展到全叶枯萎。SO_2伤害的典型特征是，受害的伤斑与健康组织的界线十分明显。如果空气中 SO_2浓度高并遇到雾等天气就形成酸雨，后者对植物和土壤的危害更大。

(2)氟化物　氟化物是我国目前主要的大气污染物之一，对农业生态系统的危害仅次于 SO_2。氟化物被植物吸收后在体内进行积累和转移，并可通过食物链进入动物和人体，引起中毒。氟化物包括氟化氢(HF)、四氟化硅(SiF_4)和氟气(F_2)等。在造成大气污染的氟化物中，排放量最大、毒性最强的是 HF，当浓度为 1 $\mu g \cdot m^{-3}$时，就可使敏感植物受害。不同植物抗氟能力差异很大，同种植物的不同器官甚至同一器官在不同生育期也存在差异。当植物受到氟化物危害时，叶尖、叶缘出现伤斑，受害叶组织与正常叶组织之间形成明显的界限(有时呈红棕色)。表皮细胞明显皱缩、干瘪，气孔变形，未成熟叶片更易受害，枝梢常枯死，严重时叶片失绿、脱落。

(3)光化学烟雾　光化学烟雾是一种以一氧化氮和烯烃类为主的气体混合物，来自石化企业和汽车所排出的废气，这些物质在紫外线的作用下进行光化学反应，形成O_3、NO_2、醛类(RCHO)、硝酸过氧化乙酰(PAN)等有害气态物质，再与大气中的粒状污染物，混合成浅蓝色的光化学烟雾。其中，臭氧是主要成分，其次是PAN。

①O_3　O_3浓度为0.1 mg·L^{-1}延续2～3 h，烟草、苜蓿、菠菜、三叶草、燕麦、萝卜、玉米和蚕豆等植物就会出现受害症状。一般表现在成熟叶片上，先是伤斑零星分布于全叶，逐渐出现叶弯曲，叶缘和叶尖干枯而脱落。伤斑可分为4种：红棕色、紫红或褐色；叶表面变白，严重时扩展到叶背；叶片两面坏死，呈白色或橘红色；退绿，有黄斑。

②PAN　是由氮的氧化物与烷类的裂解产物通过化学反应而形成的，所以是次生的空气污染。PAN有剧毒，空气中浓度达到20 mg·L^{-1}以上，植物就会伤害。但各种植物对PNA的敏感性不同，最敏感的如番茄，浓度为15～200 μg·L^{-1}延续4 h，就会受害，而抗性强的玉米、秋海棠、棉花，当浓度为75～100 μg·L^{-1}延续2 h，一般不会受害。发生伤害症状是，首先叶背呈银灰色或古铜色斑点，以后叶背凹陷、变皱、扭曲，呈半透明，严重时，叶片两面都坏死，先呈水渍状，干后变成白色或浅褐色的坏死带，横贯叶片。

(4)氯气　在同样浓度下，Cl_2对植物的伤害比SO_2严重3～5倍。Cl_2进入叶片后很快使叶绿素破坏，形成褐色伤斑，严重时全叶漂白、枯卷，甚至脱落。

9.4.6.2　水体污染对植物的伤害

含有各种污染物质的工业废水、生活污水和矿产污水大量排入水系，以及大气污染物、矿山残渣、残留化肥农药等被雨水淋溶，使水体受到污染，超过了水的自净能力，水质变劣，称为水体污染(water pollution)。

水体污染物质和种类繁多，如金属污染物质(汞、镉、铬、锌、镍和砷等)，有机污染物质(酚、氰、三氯乙醛、苯类化合物、醛类化合物、石油等)和非金属污染物质(硒、硼等)。对植物危害较大的是酚、氰化物、汞(Hg)、铬(Cr)、砷(As)，即平常所说的"五毒"，它们的浓度分别达到酚50 mg·L^{-1}、氰化物50 mg·L^{-1}、汞0～4 mg·L^{-1}、铬5～20 mg·L^{-1}和砷4 mg·L^{-1}时就会对植物产生危害。酚类物质损伤细胞质膜，影响水分和矿质代谢，在酚类物质作用下，植物叶色变黄，根系变褐、腐烂，植物生长受抑制；氰化物抑制植物体内多种金属酶的活性，抑制呼吸作用，在其胁迫下，植株矮小，分蘖少，根短而稀疏，甚至停止生长，枯干死亡；汞抑制光合作用，在其胁迫下，叶片内卷，褪绿枯黄，根系细短而稀疏，分蘖受抑制，植株矮小；铬不仅对植株直接产生毒害，而且使植物对其他元素(钙、钾、镁和磷)的吸收产生阻碍；在砷胁迫下，植物叶片呈现褐色，叶柄基部出现褐色斑点，根系变黑，严重时植株枯萎。

9.4.6.3　土壤污染对植物的伤害

土壤污染(soil pollution)是指土壤中积累的有毒、有害物质超出了土壤的自净能力，使土壤的理化性状发生改变，土壤微生物的活动受到抑制和破坏，进而危害作物生长和人畜的健康。土壤污染主要来自大气污染和水体污染，用污水灌溉农田，有毒物质会沉积于土壤，大气污染物受重力作用随雨、雪落于地表渗入土壤内，这些途径都可造成土壤污染。此外，施用残留较高的化肥、农药也是土壤污染的一个重要原因。土壤污染物主要有各种金属如汞、铬、铅、锌、铜等，无机化合物如砷化物、氰化物等，有机化合物如烃类、酚类、醛类、胺类等，以及酸和碱。土壤污染对植物的危害除了大气、水体污染物的伤害外，土壤污染还能引起土壤酸碱度的变化，破坏土壤结构，从而影响土壤微生物的活动和植物的生长发育。例如，水泥厂附近的农田土壤的碱度较高，土壤中的重金属具有潜在的危害性，它被微生物分解，可以在植物体内富集并逐渐积累。

9.4.6.4　大气 CO_2 浓度的增高对植物代谢的影响

20 世纪 80 年代以来全球气候变化导致 CO_2 等温室气体的增加，高浓度 CO_2 可使植物的净光合速率提高，影响相关的土壤环境及土壤微生物变化，并反馈影响生态系统的平衡，包括以下几个方面：

1. 大气 CO_2 浓度提高对光合作用的影响

CO_2 浓度的提高有利于光合碳同化速率的增加，尤其对 C_3 植物更为明显。研究表明，C_4 植物在 CO_2 倍增后净光合速率只增加 4%，而 C_3 植物则提高了 66%。在高浓度 CO_2 处理植物的数周内，植物的净光合速率有所增加，但如果继续对植物进行高浓度 CO_2 处理，净光合速率的增加又明显减少，这种现象称为植物光合作用对高 CO_2 反应的驯化现象。也有驯化导致光合速率比在正常浓度 CO_2 情况下更低的实验报告，这与所用的实验条件有关。

生长在田间的植物其根系生长不受水分、营养等因素的限制，在高 CO_2 条件下，其净光合速率大多是增高的。而生长在培养室的盆栽植物，高 CO_2 表现出对光合作用的负效应。近年来的研究证明高浓度 CO_2 下光合作用的下调往往是库不足所致。长期生长在高 CO_2 条件下的植物是否出现驯化现象取决于它对已有库的促进、新库的形成以及过量碳水化合物临时贮藏库的生成作用。高 CO_2 条件下光合作用的驯化有其生物化学基础，光合作用对高 CO_2 的驯化往往与 Rubisco 的含量或活性下降有关，这是长期驯化现象出现的原因。而光合作用中卡尔文循环的产物磷酸丙糖未能及时利用则产生对光合作用终产物的抑制。此时光合磷酸化所需的无机磷供应不足，不能正常进入再循环，称为限制光合作用的初始的和瞬时的源-库不平衡，是较短期间出现光合作用驯化现象的原因。

2. 高 CO_2 导致净光合速率增高的次级反应

(1)根/冠和碳/氮的改变　田间高 CO_2 浓度条件下植物根/冠变化较小，但甜菜等块根作物根/冠明显增高，可增加 30%～50%，这可能因为根是这类植物的库的缘故。高 CO_2 浓度导致 C/N 的增加，氮素不足会使这种改变加速，使农作物籽粒品质下降。在 CO_2 倍增时，豆科植物根系的 C/N 明显降低，似乎是根系固氮产物不能及时向地上部转运所致。

(2)对共生固氮的影响　共生固氮依赖于植物光合作用提供能量、还原能力和接受固氮产物的碳架。高 CO_2 浓度导致的光合产物的积累以及根/冠提高、C/N 的改变都会影响共生固氮活性和总固氮量的增加。

(3)对土壤微生物群落与活性的影响　高 CO_2 浓度影响土壤微生物的群落与活性，其中尤以对与植物营养吸收关系极密切的菌根的影响最重要。已有的观察显示，菌根对根系的侵染率在高 CO_2 浓度条件下与低 CO_2 浓度条件下，持平或稍有增加，但根系总量增加，单株植物的菌根侵染率就随之加大。

3. 大气CO_2浓度升高的非光合作用效应

(1)蒸腾作用与水分利用效率　植物对高CO_2浓度的反应除光合作用的增加之外，最重要的莫过于对气孔开度和水分利用效率的影响了。知道CO_2浓度影响气孔开度的事实已100年了，但其机理至今还不够清楚。表9-2列出一些C_3和C_4植物在CO_2倍增条件下水分利用效率改变的情况。表中的结果显示CO_2倍增导致气孔部分关闭，植物的水分利用效率大幅提高。这种水分利用效率的提高对未来生态学的意义显然是巨大的。

表9-2　CO_2倍增对C_3和C_4植物水分利用效率的影响

(引自武维华，2003)　　$mg\ CO_2 \cdot g^{-1}\ H_2O$

C_3植物	$1\times CO_2$	$2\times CO_2$	C_4植物	$1\times CO_2$	$2\times CO_2$
棉花	8.44	15.70	玉米	6.64	10.27
大豆	9.50	19.30	苋菜	10.80	24.70
白菜	6.54	21.54	高粱	26.00	37.00

(2)叶温增高与发育加速　在高CO_2浓度条件下植物的叶温上升，这与气孔开度减少及蒸腾失水减少有关。小麦叶片温度在倍增的CO_2中可提高0.6℃，且其成熟期提前了2～3 d。植物叶温增高与发育加速对未来的农业生产可能有巨大的影响，对天然植被及其对大气的反馈影响也是不容忽视的。

(3)对呼吸及黄化苗生长的影响　C_3植物的光呼吸作用较强，有时消耗达到光合同化产物的50%。Rubisco是羧化-加氧酶，CO_2浓度升高可降低光呼吸和增加羧化固碳。高CO_2浓度可使C_3植物的净光合速率增加，其中包括光呼吸减少的贡献。

高CO_2浓度明显促进种子的暗萌发及黄化苗的生长，发芽种子剩余的重量在高CO_2浓度下减轻表明发芽过程中贮存物质转化得更快(表9-3)。进一步的实验还发现上述实验材料籽粒暗萌发时高CO_2对呼吸有明显的促进作用。这可能与前述的蒸腾效率提高导致自身温度增加有关。

表9-3　CO_2倍增对小麦和小黑麦种子暗发芽及黄化苗生长的影响(播后12 d)

(引自武维华，2003)

材料	处理	茎高/cm	单株重量/mg		
			地上部	根系	种子
小麦(丰抗13)	$1\times CO_2$	7.0	6.6	6.4	15.4
	$2\times CO_2$	11.8	9.7	6.4	9.1
小黑麦	$1\times CO_2$	5.2	6.0	8.4	23.0
	$2\times CO_2$	12.0	10.3	9.2	14.4

9.4.6.5　提高植物抗污染能力的措施与环境保护

(1)提高植物抗污染能力的措施　目前提高植物的抗污染能力主要可以概括为4个方面：①选育抗污染能力强的品种；②进行抗性锻炼，如用较低浓度的污染物预先处理种子或幼苗，可以提高作物的抗污染能力；③改善土壤的营养条件，如当土壤pH过低时，施用石灰可以中和酸性，改变植物吸收阳离子的成分，增强植物对酸性气体的抗性；④化学调控，如使用植物生长调节剂喷施柑橘幼苗提高对 O_3 的抗性。

(2)植物的环境保护作用 高等植物除了通过光合作用保证大气中氧气和二氧化碳的相对平衡外,对各种污染物有吸收、积累和代谢作用,从而分解有毒物质,减轻污染,净化环境。

植物可以吸收环境中的污染物,如地衣、垂柳、臭椿、山核、板栗、夹竹桃、丁香等吸收 SO_2 能力较强,能积累较多硫化物;垂柳、拐枣、油茶有较大的吸收氟化物的能力,即使体内含氟很高,也能正常生长;水生植物中的水葫芦、浮萍、金鱼藻、黑藻等能吸收与积累水中的酚、氰化物、汞、铅、镉、砷等,因此对于已积累金属污染物的水生植物要慎重处理。

污染物被植物吸收后,有的分解成为营养物质,有的形成络合物,从而降低了毒性。酚进入植物体后,大部分参加糖代谢,和糖结合成对植物无毒的酚糖苷,贮存于细胞内;另一部分游离酚则被多酚氧化酶和过氧化物酶氧化分解,变成 CO_2、水和其他无毒化合物。NO_2 进入植物体内后,可被硝酸还原酶和亚硝酸还原酶还原成 NH_3,然后由谷氨酸合成酶转化为氨基酸。氰化物在植物体内能被分解转变成天冬氨酸和天冬酰胺等营养物质,参与正常的氮素代谢。

城市中的水域由于大量积累营养物质,导致藻类繁生,水色浓绿浑浊,甚至变黑变臭,影响景观和卫生。为了控制藻类生长,可采用换水法和施用化学药剂法,也可用水葫芦法。在水面种植水葫芦,可抑制水中的藻类生长,使水色澄清,提高景观价值。但是,种植水葫芦必须考虑其过量繁殖所带来的危害。

另外,植物还是天然吸尘器,叶片表面上的茸毛、皱纹及分泌的油脂等可以阻挡、吸附和粘着粉尘。有的植物如松树、柏树、樟树等可分泌挥发性物质,杀灭细菌,有效减少大气中的细菌数。

(3)监测环境污染 低浓度的污染物用仪器测定时有困难,但可利用某些植物对某一污染物特别敏感的特性来监控当地的污染程度。植物监测简便易行,便于推广。对某污染物质高度敏感的植物称为指示植物。当环境污染物质稍有积累时,植物就呈现出明显的症状。常用指示植物如表9-4所示。

表9-4 一些对污染物敏感的指示植物

(引自王忠,2008)

污染物	指示植物
SO_2	紫花苜蓿、芝麻、棉花、胡萝卜、向日葵、莴苣、南瓜、大豆、小麦、蚕豆、辣椒、落叶松、马尾松、合欢、月季、苔藓、杜仲
HF	郁金香、葡萄、黄杉、落叶松、杏、李、金荞麦、唐菖蒲、美洲五针松、马尾松、雪松、玉簪、兰叶云杉、樱桃、萱草
Cl_2	白菜、菠菜、韭菜、番茄、紫花苜蓿、萝卜、冬瓜、向日葵、水杉、桃、落叶松
NO_2	悬铃木、向日葵、番茄、秋海棠、烟草、大豆、草莓
O_3	烟草、马唐、雀麦、花生、马铃薯、燕麦、洋葱、萝卜、女贞、银槭、丁香、葡萄、木笔、牡丹、梓树
PAN	牵牛、菜豆、甜菜、莴苣、番茄、繁缕、燕麦、草熟禾

思考题

1. 简述逆境对植物形态和代谢的影响。
2. 试述植物对逆境的交叉反应。
3. 试述植物抗逆性的获得和信号转导途径。
4. 试述低温伤害的机理和提高植物抗寒的途径。
5. 试述干旱的类型、干旱对植物的伤害以及植物抗旱的生理适应。
6. 简述植物对盐渍环境的适应方式。
7. 试述植物抗病和抗虫机理。
8. 简述大气和水体污染的种类及对植物的危害。

英汉名词

绪　论

autotrophism　自养性
environmental plant physiology　植物环境生理学
growth and development　生长发育
message transportation　信息传递
metabolism　代谢
morphogenesis　形态建成
plant population physiology　植物群体生理学
physiological plant ecology　植物生理生态学
plant ecophysiology　植物生态生理学
plant functional genomics　植物功能基因组学
plant metabolomics　植物代谢组学
plant molecular physiology　植物分子生理学
plant physiology　植物生理学
plant proteomics　植物蛋白组学
signal transduction　信号转导

第 1 章　植物水分生理

active absorption of water　主动吸水
apoplast pathway　质外体途径
aquaporins(AQPs)　水通道蛋白
bleeding　伤流
bound water　束缚水
boundary layer　界面层
bulk flow　集流
cavitation　空穴化
cellular pathway　细胞途径
chemical potential　化学势
chemical signal　化学信号
cohesion　内聚力

cohesion theory　内聚力学说
control root-splited alternative irrigation　控制性分根交替灌溉
critical period of water　水分临界期
cryptochromes　隐花色素
cuticular transpiration　角质层蒸腾
deplasmolysis　质壁分离复原
diffusion　扩散
electroneutrality　电中性
embolism　栓塞
feed-forward manner　前馈式调节
feed-back manner　反馈式调节
field moisture capacity　田间持水量
free water　自由水
free energy　自由能
gravitational potential　重力势
guard cell　保卫细胞
guttation　吐水
hydraulic signal　水力学信号
imbibition　吸胀作用
imbibition absorption of water　吸胀吸水
inward　K^+ channel　内向 K^+ 通道
ion pump theory　离子泵学说
lenticular transpiration　皮孔蒸腾
malate metabolism theory　苹果酸代谢学说
matrix potential　衬质势
metabolic absorption of water　代谢性吸水
negative pressure absorption of water　降压吸水
control root-splited alternative irrigation(CRAI)　控制性分根交替灌溉
osmosis　渗透
osmotic potential,(Ψ_π)　渗透势
osmotic absorption of water　渗透吸水
passive absorption　被动吸水
permanent wilting coefficient　永久萎蔫系数
phototropins　向光素
plasmolysis　质壁分离
pressure potential(Ψ_p)　压力势
regulated deficit irrigation　调亏灌溉
root pressure　根压
semipermeable membrane　半透膜

small pore diffusion law　小孔扩散律
soil-plant-atmosphere continuum(SPAC)　土壤-植物-大气连续系统
solute potential(Ψ_s)　溶质势
specific heat　比热容
starch-sugar conversion theory　淀粉-糖转化学说
stomata　气孔
stomatic conductance　气孔导度
stomatal frequency　气孔频度
stomatal oscillation　气孔振荡
stomatic resistance　气孔阻力
stomatal transpiration　气孔蒸腾
subsidiary cell　副卫细胞
surface tension　表面张力
symplast pathway　共质体途径
transcellular path　跨细胞途径
transpiration　蒸腾作用
transpiration coefficient　蒸腾系数
transpiration efficiency　蒸腾效率
transpiration rate　蒸腾速率
transpiration ratio　蒸腾比率
transpirational pull　蒸腾拉力
transpiration-cohesion-tension theory　蒸腾流-内聚力-张力学说
temporary wilting　暂时萎蔫
tension　张力
turgor pressure　膨压
vaporization heat　汽化热
water metabolism　水分代谢
water requirement　需水量
water potential　水势
water use efficiency(WUE)　水分利用效率

第 2 章　植物的矿质营养

active transport　主动转运
antiport　反向转运
apoplast　质外体
apparent free space(AFS)　表观自由空间
ash　灰分
ash element　灰分元素
assimilation　同化作用
asparagine synthase　天冬酰胺合成酶

balanced solution　平衡溶液
beneficial element　有益元素
calcium binding proteins(CBP)　钙结合蛋白
carbonic anhydrase(CA)　碳酸酐酶
carrier　载体
carrier protein　载体蛋白
chemical potential gradient　化学势梯度
contact exchange　接触交换
co-transport　协同转运
coupling active transport　偶联主动运输
critical concentration　临界浓度
critical period of nutrition　需肥临界期
depolarization 去极化
diffusion　扩散
electrical conductivity (EC)　电导率
electrical gradient　电势梯度
electrochemical potential gradient　电化学势梯度
essential element　必需元素
exchange absorption　交换吸附
facilitated diffusion　易化扩散
fertilization　施肥
foliar fertilization　叶面施肥
F-type pump　F 型泵
gated channel　门控通道
glutamine synthase(GS)　谷氨酰胺合成酶
glutamate dehydrogenase(GDH)　谷氨酸脱氢酶
glutamate synthase(GOGAT)　谷氨酸合酶
hyperpolarization　超极化
induced enzyme　诱导酶
ion antagonism　离子拮抗
ion channel protein　离子通道蛋白
ion exchange　离子交换
ligand-gated channels　配体门控通道
light-emitting diode (LED)　发光二极管
macronutrient　大量营养
major element　大量元素
mass flow　集流
maximum efficiency period of nutrition　植物营养最大效率期
metabolic reduction　代谢还原

micronutrient　微量营养
mineral nutrition　矿质营养
mineral element　矿质元素
minor element(trace element)　微量元素
nitrate reductase(NR)　硝酸还原酶
nitrite reductase(NiR)　亚硝酸还原酶
nutrient film technique(NFT)　营养薄膜技术
nitrogen use efficiency　氮肥利用率
passive transport　被动转运
patch-clamp technique　膜通道膜片钳技术
permease　通透酶
pinocytosis　胞饮作用
physiologically acid salt　生理酸性盐
physiologically alkaline salt　生理碱性盐
physiologically neutral salt　生理中性盐
phosphorus use efficiency　磷肥利用率
P-type ion pump　P型离子泵
primary active transport　初级主动转运
pump　离子泵
relative free space　相对自由空间
rhizosphere　根际
sand culture method　砂培法
selective absorption　选择性吸收
selectivity filter　离子过滤器
sensory channel　感觉型通道
second messenger-gated channel　第二信使控制通道
secondary cotransport　次级共转运
simple diffusion　简单扩散
soilless culture　无土栽培技术
solution culture method　溶液培养法
spray culture　雾培
symplast　共质体
symport　共向转运
toxicity of single salt　单盐毒害
transporter　转运器
uniport　单向传递
vesicalar-arbuscular mycorrhizae　泡囊-丛枝菌根
voltage-dependent potassium channel(K^+ channel)　电压门控钾离子通道
voltage-gated channel　电压门控通道

V-type pump　V 型泵
water culture method　水培方法

第 3 章　植物的光合作用和光合产物运输

1,3-diphosphoglyceric acid　1,3-二磷酸甘油酸
3-phosphoglyceraldehyde dehydrogenase　3-磷酸甘油醛脱氢酶
3-phosphoglycerate kinase　3-磷酸甘油酸激酶
5-aminolevulinic acid　5-氨基酮戊酸
absorption spectrum　吸收光谱
accessory photosynthetic pigments　辅助色素
active transport　主动转运
adenosine triphosphatase(ATPase)　ATP 酶复合体
allophycocyanin　别藻蓝蛋白
altenate transport　交替运输
antenna pigments　天线色素
antenna protein　天线蛋白
apecial-pair chlorophyll a　特殊叶绿素 a
apoplasmic phloem loading　质外体装载
apoplastic transport　质外体运输
apparent photosynthesis rate　表观光合速率
apparent quantum efficiency　表观量子效率
apparent sink strength　表观库强
appessed region　垛叠区
assimilatory power　同化力
autophyte　自养生物
bidirectional transport　双向运输
binding change mechanism　结合变化机制
biological yield　生物产量
bundle sheath cell (BSC)　维管束鞘细胞
C_2 photorespiratory carbon oxidation cycle　C_2 循环
C_3 pathway　C_3 途径
C_3 plant　C_3 植物
C_4 pathway　C_4 途径
C_4 photosynthetic carbonassimilation cycle　C_4 光合碳同化循环
C_4 plant　C_4 植物
C_4-dicarboxylic acid pathway　C_4-二羧酸途径
Calvin cycle　卡尔文循环
CAM plant　CAM 植物
carbon assimilation　碳素同化作用
carbon reaction　碳反应

carboxylation efficiency　羧化效率
carboxylation phase　羧化阶段
carotene　胡萝卜素
carotenoid　类胡萝卜素
chemiosmotic hypothesis　化学渗透假说
chlorophyll　叶绿素
chlorophyllide a　叶绿素酯 a
chloroplast　叶绿体
chloroplast envelope　叶绿体被膜
chlorosis　缺绿症
CO_2 assimilation　CO_2 同化
CO_2 compensation point　CO_2 补偿点
CO_2 saturation point　CO_2 饱和点
companion cell　伴胞
contractile protein theory　收缩蛋白学说
coupling factor　偶联因子
crassulacean acid metabolism　景天科酸代谢
cyclic electron transport　环式电子传递
cyclic photophosphorylation　环式光合磷酸化
cytochrome b_6/f complex　Cyt b_6/f 复合体
cytoplasmic pumping theory　细胞质泵动学说
cytosis　膜动转运
dark reaction　暗反应
economic coefficient　经济系数
economic yield　经济产量
efficiency for solar energy utilization　光能利用率
Emerson effect　爱默生效应
endocytosis　内吞
endoplasmic network transport mechanism　内质网网络运输机理
etiolation　黄化现象
excited state　激发态
exciton transfer　激子传递
exocytosis　外排
ferredoxin(Fd)　铁氧还蛋白
ferredoxin-thioredoxin system (Fd-Td)　铁氧还蛋白-硫氧还蛋白系统
fluorescence　荧光
girdling experiment　环割
glycollic acid oxidation pathway　乙醇酸氧化途径
grana　基粒

grana thlylakoid 基粒类囊体
greenhouse effect 温室效应
ground state 基态
heterophyte 异养生物
Hill reaction 希尔反应
Hydroquinone 氢醌
Kok clock Kok 钟
kranz type 花环结构
lag phase of photosynthesis 光合滞后期
leaf area index(LAI) 叶面积系数
light compensation point 光补偿点
light-emitting diode(LED) 发光二极管
light harvesting pigment complex 聚光色素复合体
light reaction 光反应
light saturation 光饱和现象
light saturation point 光饱和点
light-harvesting pigments 聚光色素
light harvesting complex Ⅱ 捕光复合体Ⅱ
lipid droplet 脂滴
lumen 囊腔
lutein 叶黄素
manganese stablizing protein(MSP) 锰稳定蛋白
Mehler's reaction 梅勒反应
metabolic sink 代谢库
metabolic source 代谢源
Mg-protoporphyrin Mg-原卟啉
midday depression “午睡”现象
monovinyl protochlorophyllide a 单乙烯基原叶绿素酯 a
multiple crop index 复种指数
net assimilation coefficient 净同化率
net photosynthesis rate 净光合速率
nonappressed region 非垛叠区
noncyclic electron transport 非环式电子传递
noncyclic photophosphorylation 非环式光合磷酸化
osmiophilic droplet 嗜锇滴
oxygen-evolving complex(OEC) 放氧复合体
paraquat 百草枯
passive transport 被动转运
peroxisome 过氧化物酶体

pheophytin(Pheo)　去镁叶绿素
phloem loading　韧皮部装载
phloem protein　韧皮蛋白质
phloem unloading　韧皮部卸出
phosphate translocator　磷酸转运体
phosphoenol pyruvate　磷酸烯醇式丙酮酸
phosphoglycollic acid　磷酸乙醇酸
phosphorescence　磷光
photo-chemical reaction　光化学反应
photo phosphorylation　光合磷酸化
photoinhibition of photosynthesis　光抑制
photon flux density　光量子通量密度
photoprotection　光保护作用
photorespiration　光呼吸
photosynthetic irradiance　光合辐照度
photosyhthetic radiant exitance　光合辐出度
photosynthesis　光合作用
photosynthetic chain　光合链
photosynthetic membrane　光合膜
photosynthetic production rate　光合生产率
photosynthetic rate　光合速率
photosynthetic unit　光合单位
photosynthetically active radiation(PAR)　光合有效辐射
photosystemⅠ(PSⅠ)　光系统Ⅰ
photosystemⅡ(PSⅡ)　光系统Ⅱ
phycobilin　藻胆素
phycocyanin　藻蓝蛋白
phycoerythrin　藻红蛋白
pigment protein complex　色素蛋白复合体
plastocyanin(PC)　质蓝素
plastoglobulus　质体小球
plastoquinone(PQ)　质体醌
polymerization trap mechanism　多聚化截留机理
porphobilinogen 胆色素原
pressure flow model　压力流动学说
primary electron acceptor　原初电子受体
primary electron donor　原初电子供体
primary reaction　原初反应
proplastid　前质体

proton motive force　质子动力势
protoporphyrin Ⅸ　原卟啉Ⅸ
pseudocyclic electron transport　假环式电子传递
pseudocyclic photophosphorylation　假环式光合磷酸化
quantum　光量子
quantum yield　量子产额
quencher　荧光猝灭剂
reaction center　反应中心
reaction centre pigments　反应中心色素
reasonable close-planting　合理密植
receiveing cell　接收细胞
redistribution　再分配
reduction phase　还原阶段
reductive pentose phosphate pathway　还原戊糖磷酸途径
regeneration phase　更新阶段
resonance　transfer　共振传递
ribulose 1,5-bisphosphate carboxylase/oxygenase(Rubisco)　1,5-二磷酸核酮糖羧化酶/加氧酶
secondary electron donor　次级电子供体
semiquinone　半醌
shade plant　阴生植物
sieve loading　筛管装载
sieve tube　筛管
sink strength　库强
source strength　源强
source-sink unit　源-库单位
stroma　基质
stroma lamella　基质片层
stroma thylakoid　基质类囊体
sucrose-H^+ symporter　蔗糖质子载体
sun plant　阳生植物
symplastic phloem loading　共质体装载
symplastic transport　共质体运输
thylakoid　类囊体
transfer cell　转移细胞
translocator　转运体
true photosynthetic rate　总光合速率
Warburg effect　Warburg 效应
water oxidizing clock　水氧化钟

water photolysis　水的光解
water splitting　水裂解
xanthophyll　叶黄素
Z-scheme　Z-方案

第4章　植物的呼吸作用

2，4-dinitrophenol(DNP)　2，4-二硝基苯酚
aci-nitro compounds　酸式硝基化合物
adenosine triphosphate(ATP)　腺苷三磷酸
adenylate kinase　腺苷酸激酶
aerobic respiration　有氧呼吸
alcohol dehydrogenase　乙醇脱氢酶
alcohol fermentation　酒精发酵
aldoximes　乙醛肟
alkaloid　生物碱
alternative oxidase(AO)　交替氧化酶
alternative pathway(AP)　交替途径
amine　胺类
amytal　阿米妥
amygdalin　苦杏仁苷
anaerobic respiration　无氧呼吸
anaerobic respiration extinction point　无氧呼吸的消失点
anthocyanidin　花色素
antimycin A　抗霉素 A
ascorbate oxidase　抗坏血酸氧化酶
ascorbic acid oxidase　抗坏血酸氧化酶
assimilation　同化作用
ATP synthase　ATP 合酶
azide　叠氮化物
biological oxidation　生物氧化
caffeine　咖啡碱
catalase(CAT)　过氧化氢酶
catechol oxidase　儿茶酚氧化酶
cyanide resistant respiration　抗氰呼吸
cyanide　氰化物
cyanide-resistant oxidase　抗氰氧化酶
cyanogenic glycoside　含氰苷
cytochrome　细胞色素系统
cytochrome oxidase　细胞色素氧化酶

depressant 氧化磷酸化抑制剂
dhurrin 蜀黍氰苷
dimethyallyl diphosphate 二甲基烯丙基二磷酸
disassimilation 异化作用
electron transport chain 电子传递链
EMP pathway EMP途径
energy charge(EC) 能荷
energy overflow hypothesis 能量溢流假说
enzyme complex 蛋白复合体
epithionitrile 上皮环硫腈
farnesyl diphosphate(FPP) 法尼基焦磷酸
fermentation 发酵
flavanone 黄烷酮
falvanol 黄烷醇
flavin mononucleotide(FMN) 黄素单核苷酸
flavone 黄酮
flavonol 黄酮醇
geranyl diphosphate (GPP) 牻牛儿焦磷酸
glycolate oxidase 乙醇酸氧化酶
glycolic acid oxidate pathway(GAOP) 乙醇酸氧化途径
glycolysis 糖酵解
glycosyl transferases 糖基转移酶
glyoxylic acid cycle(GAC) 乙醛酸循环
glyoxysome 乙醛酸循环体
glucosinolate 芥子油苷
glutathione-S-transferase 谷胱甘肽硫转移酶
hexose monophosphate pathway(HMP) 己糖磷酸途径
intramolecular respiration 分子内呼吸
isocitratelyase 异柠檬酸裂解酶
isoflavone 异黄酮
isopentenyl diphosphate(IPP) 异戊烯焦磷酸
Krebs cycle Krebs循环
lactate fermentation 乳酸发酵
lactic acid dehydrogenase 乳酸脱氢酶
lataustralin 百脉根苷
L-dopa 左旋多巴
lignin 木质素
linamarin 亚麻苦苷
malate synthase 苹果酸合成酶

malonate　丙二酸
matrix　基质
m-CLAM　间-氯苯氧肟酸
metabolism　新陈代谢
mevalonate pathway　甲羟戊酸途径
methylerythritol phosphate pathway　2-C-甲基-D-赤藓糖醇-4-磷酸途径
monophenol oxidase　单元酚氧化酶
NADH-ubiquinone oxidoreductase　NADH-泛醌氧化还原酶
nitrile　腈类
nitrile oxides　氧化氰
oligomycin　寡霉素
oxidative phosphorylation　氧化磷酸化
oxygen saturation point　氧饱和点
P/O ratio　磷/氧比
Pasteur effect　巴斯德效应
pentose phosphate pathway(PPP)　戊糖磷酸途径
phenol oxidase　酚氧化酶
phosphatide　磷脂
polyphenol oxidase　多元酚氧化酶
primary metabolism　初生代谢
primary metabolites　初生代谢产物
protein complex　蛋白复合体
proton electrochemical gradient（$\Delta\mu H^+$）　H^+电化学势梯度
proton motive force(PMF)　质子动力势
prunasin　野黑樱苷
pyruvate　丙酮酸
pyruvate dehydrogenase complex　丙酮酸脱氢酶复合体
pyruvate translocator　丙酮酸转运器
pyruvic acid decarboxylase　丙酮酸脱羧酶
recalcitrant seed　顽拗性种子
redox potential　氧化还原电位
respiration　呼吸作用
respiratory chain　呼吸链
respiratory climacteric　呼吸跃变现象
respiratory coefficient　呼吸系数
respiratory intensity　呼吸强度
respiratory quotient(RQ)　呼吸商
respiratory rate　呼吸速率
respiratory substrate　呼吸底物或呼吸基质

rotenone　鱼藤酮
salicyl hydroxamic acid(SHAM)　水杨基氧肟酸
salicylic acid(SA)　水杨酸
S-alkyl thiohydroximates　S-烷基硫代氧肟
secondary metabolism　次生代谢
S-glucosyltransferase　S-糖基转移酶
shikimic acid pathway　莽草酸途径
substrate level phosphorylation　底物水平磷酸化
succinate dehydrogenase(SDH)　琥珀酸脱氢酶
succinate-ubiquinone oxidoreductase　琥珀酸-泛醌氧化还原酶
temperature cofficient(Q_{10})　温度系数
terminal oxidase　末端氧化酶
terpene　萜类
terpenoid　类萜
thermogenic respiration　放热呼吸
theobromine　可可碱
tricarboxylic acid cycle(TCA,TCAC)　三羧酸循环
tyrosinase　酪氨酸酶
ubiquinone(UQ)　泛醌,辅酶 Q
ubiquinone-cytochrome c oxidoreductase　泛醌-细胞色素 c 氧化还原酶
uncoupler　解偶联剂
uncoupling　氧化磷酸化解偶联作用
wound respiration　伤呼吸

第 5 章　植物细胞信号传导与植物生长物质

2,3,5-triiodobenzoic acid(TIBA)　三碘苯甲酸
2,4,5-T　2,4,5-三氯苯氧乙酸
4-Cl-IAA　4-氯吲哚乙酸
6-BA　6-苄基腺嘌呤
ABP　生长素结合蛋白
abscisic acid(ABA)　脱落酸
ACC　1-氨基环丙烷-1-羧酸
acid growth theory　酸生长理论
action potential(AP)　动作电位
air space network　气腔网络
AOA　氨基氧乙酸
auxin　生长素
AVG　氨基乙氧基乙烯基甘氨酸
brassin　油菜素
brassinolide(BR)　油菜素内酯

cadaverine(Cad) 尸胺
calcium dependent protein kinase(CDPK) 依赖于钙离子的蛋白激酶
calmodulin(CaM) 钙调素
carotenoid pathway 类胡萝卜素途径
cascade 级联
chemical signal 化学信号
chlorocholine choride(CCC) 2-氯乙基三甲基氯化铵(矮壮素)
cross-talk 交流
cyclic AMP(cAMP) 环腺苷酸
cytokinin(CTK) 细胞分裂素
diacylglycerol(DG) 二酰甘油
efflux carrier 输出载体
ethrel 乙烯利
ethylene(ETH) 乙烯
geranylgeranyl pyrophosphate(GGPP) 牻牛儿基牻牛儿基焦磷酸
gibberellin(GA) 赤霉素
G-protein-linked receptor G蛋白偶联受体
growth inhibitor 植物生长抑制剂
growth retardant 植物生长延缓剂
GTP binding regulatory protein GTP结合调节蛋白(G蛋白)
heterotrimeric G-protein 异三聚体G蛋白
His protein kinase 组氨酸蛋白激酶
hormone receptor 激素受体
IBA 吲哚丁酸
indole-3-acetic acid(IAA) 吲哚乙酸
influx carrier 输入载体
inositol phospholipids 肌醇磷脂
ion channel 离子通道
ion-channel-linked receptor 离子通道偶联的受体
ionotropic Glutamate receptor(iGluR) 离子通道型谷氨酸受体
iP 异戊烯基腺嘌呤
iPA 异戊烯基腺苷
isopentenyl pyrophosphate (IPP) 异戊烯二磷酸
jasmonates(JAs) 茉莉酸类
KT 激动素
lunlaric acid 半月苔酸
MACC N-丙二酰-ACC
maleic hydrazide(MH) 马来酰肼
Met 蛋氨酸(甲硫氨酸)

morphactin　整形素
MTA　5′-甲硫基腺苷
MVA　甲羟戊酸
negative chemical signal　负化学信号
network　网络
oligosaccharin　寡糖素
osmotic stress　渗透胁迫
PAA　苯乙酸
paclobutrazol(PP333)　多效唑
PBA　四氢吡喃苄基腺嘌呤(多氯苯甲酸)
physical signal　物理信号
Pix　缩节安
plant growth inhibitor　植物生长抑制剂
plant growth retardant　植物生长延缓剂
ployamines(PAs)　多胺
positive chemical signal　正化学信号
polar transport　极性运输
protein kinase　蛋白激酶
protein kinase C(PKC)　蛋白激酶 C
protein phosphatase　蛋白磷酸酯酶
putrescine(Put)　腐胺
receptor　受体
receptor-like protein kinase　类受体蛋白激酶
response-regulator protein　效应调节蛋白
salicylic acid(SA)　水杨酸
second messenger　第二信使
signal　信号
signal transduction　信号转导
spermidine(Spd)　亚精胺
spermine(Spm)　精胺
stress hormone　胁迫激素
systenin(SYS)　系统素
terpenoid pathway　类萜途径
transcription factors　转录因子
transmembrane transduction　跨膜信号转换
triple response　三重反应
Trp-independent auxin biosynthesis pathway　非色氨酸途径
uniconazol(S-3307)　烯效唑
XET　木葡聚糖内转糖基酶

Zearaienone　玉米赤霉烯酮
α-NAA　α-萘乙酸
β-NAA　β-萘乙酸

第6章　植物的生长生理

absolute growth rate(AGR)　绝对生长速率
accumulationresponse　聚集反应
action potential　动作电位
allelopathy　相生相克
allelospoly　相互竞争
apical dominance　顶端优势
apoprotein　脱辅基蛋白
artificial seed　人工种子
autocatalytic　自我催化
autoinhibition　生长素的自动控制假说
avoidance response　回避反应
biological clock　生物钟
blue light receptor　蓝光受体
callus　愈伤组织
chalcone synthase　查尔酮合酶
chemotropism　向化性
chromophore　生色团
circadian rhythm　近似昼夜节奏
correlation　相关性
cryptochrome　隐花色素
cryptogamoa　隐花植物
dark seed　喜暗(或嫌光)种子
dedifferentiation　脱分化
development　发育
diaphototropism　横向光性
early wood　早材
embryoid　胚状体
epinasty　偏上性
explant　外植体
far-red light-absorbing form(Pfr)　远红光吸收型
flavinmononucleotide(FMN)　黄素单核苷酸
grand period of growth　生长大周期
gravitropism　向重力性
growth curve　生长曲线
growth periodicity　生长的周期性

high irradiance response (HIR)　高辐照度反应
holoprotein　全蛋白
hormonal inhibition　激素抑制
hydrotropism　向水性
hyponasty　偏下性
lag phase　停滞期
late embryogenesis abundant　胚胎晚期丰富
late wood　晚材
light seed　需光种子
light-controlled development　光控发育
light-regulated element　光调节因子
linear growth phase　直线生长期
logarithmic growth phase　对数生长期
long lived mRNA　长命 mRNA
low fluence response (LFR)　低辐照度反应
nastic movement　感性运动
negative phototropism　负向光性
non-hotoblastic seed　中光种子
nutrient diversion　营养转移
nyctinasty　感夜性
orthodox seed　正常性种子
osmotic adjustment　渗透调节
peptase　肽酶
photomorphogenesis　光形态建成
photoreceptor　光受体
photoreversibility　光逆转性
photostationary equilibrium(Φ)　光稳定平衡
phototropin　向光素
phototropism　向光性
physiological clock　生理钟
phytochrome(Phy)　光敏色素
phytochromobilin　光敏色素质
plant growth　植物生长
plant movement　植物运动
plant tissue culture　植物组织培养
polarity　极性
positie phototropism　正向光性
primigenic dominance　原发优势
protease　蛋白酶

rate of growth　生长速率
recalcitrant seed　顽拗性种子
red light(R)　红光
red light-absorbing form (Pr)　红光吸收型
redifferentiation　再分化
regeneration　再生
relative growth rate(RGR)　相对生长速率
reproductive growth　生殖生长
root-top ratio(R/T)　根冠比
seasonal periodicity of growth　生长的季节周期性
seed germination　种子萌发
seed longevity　种子寿命
seed vigor　种子活力
seismonasty　感震性
senescence phase　衰老期
skotomorphogenesis　暗形态建成
statolith　平衡石
tanada effect　棚田效应
thermonasty　感热性
thermoperiodicity of growth　生长的温周期性
thigmomorphogenesis　接触形态建成
tropic movement　向性运动
tryptophan mono-oxygenase　色氨酸单加氧酶
turgor movement　紧张性运动
ubiquitin-activating enzyme　泛素活化酶
ubiquitin-proteasome pathway　泛素-蛋白酶体途径
Ultraviolet (UV)　紫外线
UV-B receptor　紫外光-B受体
vegetative growth　营养生长
very low fluence response (VLFR)　极低辐照度反应
viability　种子生活力
virus-free plants　脱病毒植株
xanthoxin　黄氧素
α-amylase　α-淀粉酶
β-amylase　β-淀粉酶

第7章　植物生殖生理

autonomous/vernalization pathway　自主/春化途径
callose　胼胝质
carbohydrate or sucrose pathway　糖类或蔗糖途径

chemical emasculation　化学杀雄
chemotrpism　向化性
circadian oscillator　昼夜节律振荡器
clock hypothesis　生理钟假说
compatibility　亲和性
competent　感受
critical dark period　临界暗期
critical daylength　临界日长
cutinase　角质酶
day neutral plant(DNP)　日中性植物
D-class gene　D类基因
determined　决定
devernalization　脱春化作用或去春化作用
double fertilization　双受精
dry stigma　干性柱头
dual daylight plant　双重日长植物
expressed　表达
extra cellular matrix(EMC)　胞外基质
fertility change,fertility alteration　育性转化
fertilization　受精作用
flavonol　黄酮醇
floral binding protein 11(FBP 11)　成花结合蛋白11
floral development　花发育
floral evocation　成花启动
floral induction　成花诱导
floral organ development　花器官发育
floral primordia　花原基
floral reversion　成花逆转
florigen　成花素
flower initiation　花的发端
flowering transition　成花转变
gametophytic self-incompatibility(GSI)　配子体型不亲和
gibberellin pathway　赤霉素途径
glycoprotein　外壁糖蛋白
hoemosis　同源异形
homeotic gene　同源异形基因
homeotic mutant　同源异形突变体
intermediate day plant(IDP)　中日性植物
juvenile stage　幼年期

light regulated element(LRE) 光调节因子
long day plant(LDP) 长日植物
long-night plant 长夜植物
long-short-day plant(LSDP) 长-短日植物
mentor polle 蒙导花粉
multifactorial control model 成花诱导多因子控制模型
multiple alleles 复等位基因
night break 暗期间断或夜间断
nonphotoinductive cycle 非光诱导周期数
pellicle 外壁糖蛋白
photoinductive cycle 光周期诱导周期数
photoinductive cycle 诱导周期数
photoperiod 光周期
photoperiodic induction 光周期诱导
photoperiodic pathway 光周期途径
Photoperiodism 光周期现象
pistil extension-like protein(PELP) 雌蕊类伸展蛋白
pollen coat 花粉胞
pollen longevity 花粉寿命
pollen viability 花粉生活力
pollination 授粉
population effect 群体效应
receptor-like protein kinase 酶关联受体
recognition 识别反应
revernalization 再春化现象
ripeness to flower state 花熟状态
SD vernalization 短日春化现象
self incompatibility(SI) 自交不亲和性
sex differentiation 性别分化
short day plant(SDP) 短日植物
short-long-day plant(SLDP) 短-长日植物
short-night plant 短夜植物
S locus 基因座
S locus glycoprotein(SLG) S-基因座糖蛋白
S locus receptor kinase(SRK) S-基因座受体激酶
sporophytic self-incompatibility(SSI) 孢子体型不亲和
S-RNase S-核酸酶
the multifactorial control model 成花诱导多因子控制模型
transmitting tissue-specific glycoprotein(TTS) 引导组织特异蛋白

vernalin　春化素
vernalization　春化作用

第 8 章　植物的成熟和衰老生理

abscission　脱落
active oxygen　活性氧
after ripening　后熟
apical cell　顶端细胞
apoptosis　细胞凋亡
basal cell　基细胞
catalase(CAT)　过氧化氢酶
cellulase　纤维素酶
dormancy　休眠
embryo　种胚
epistotic dormancy　强迫休眠
free radica　自由基
isoelectric point(PI)　等电点
late embryogenesis abundant protein(LEAP)　胚胎发生晚期丰富蛋白
lipoxygenase(LOX)　脂氧合酶
metallothionein　金属硫蛋白
parthenocarpy　单性结实
pectinase　果胶酶
peroxidase(POD)　过氧化物酶
physiological dormancy　生理休眠
phytin　非丁
polygalacturonase(PG)　多聚半乳糖醛酸酶
programmed cell death(PCD)　程序性细胞死亡
respiratory climacteric　呼吸跃变
senescence　衰老
senescence associated genes(SAG)　衰老相关基因
senescence down-regulated genes(SDG)　衰老下调基因
separation layer　离层
stratification　层积处理
superoxide dismutase(SOD)　超氧化物歧化酶
ubiquitin　泛素
zygote　合子

第 9 章　植物的逆境作用

ABP　生长素结合蛋白
abiotic stress　非生物逆境

acquired characteristics　获得性状
acquirement of stress response　抗逆性的获得
antifreeze protein　抗冻蛋白
atmosphere pollution　大气污染
biological stress　生物逆境
cADPR　环腺苷二磷酸核糖
CDPK　钙依赖的蛋白激酶
chilling injury　冷害
chilling resistance　抗冷性
cold injury　寒害
cold regulated protein(CRP)　冷调节蛋白
cool acclimation　寒驯化
cross adaptation　交叉适应
disease　病害
disease producing germ　病原菌
disease resistance　抗病性
drought　干旱
drought injury　旱害
drought resistance　抗旱性
drought-induced protein　干旱诱导蛋白
ecological resistance　生态抗性
environmental stress　逆境
flood resistance　抗涝性
flood injury　涝害
freezing injury　冻害
freezing resistance　抗冻性
heat injury　热害
heat resistance　抗热性
heat-shock protein　热激蛋白
high affinity K^+ transporter (HKT)　高亲和K^+转运载体
high temperature stress　高温胁迫
inheritance resistance　遗传抗性
late embryogenesis abundant protein(LEAP)　胚胎发育晚期丰富蛋白
late embryogenesis abundant(LEA)　胚胎发育晚期丰富
low-temperature stress　低温胁迫
MAPK　促分裂原激活蛋白激酶
MGDG　单半乳糖二甘油酯
non-biological stress　非生物逆境
nonselective cation channel　非选择性阳离子通道

osmotic ajustment 渗透调节
ozone(O_3) 臭氧
PAN 硝酸过氧化乙酰
pathogenesis-related protein 病原相关蛋白
pathogenic organism 病原物
PC 磷脂酰胆碱
PE 磷脂酰乙醇氢
PEP carboxykinase 磷酸烯醇式丙酮酸羧化酶
permanent wilting 永久萎蔫
peroxyacetyl nitrate(PAN) 硝酸过氧化乙酰
pest resistance 抗虫性
PG 磷脂酰甘油
photochemical smog 光化学烟雾
phytoalexins 植保素
PK 蛋白激酶
PP 蛋白磷酸化酶
reactive oxygen species(ROS) 活性氧
RuBP 核酮糖-1,5-二磷酸
RuBP carboxylase 核酮糖-1,5-二磷酸羧化酶
salt avoidance 避盐性
salt injury 盐害
salt overly sensitive 盐超敏感信号转导途径
salt resistance 抗盐性
salt tolerance 耐盐
singal transduction 细胞信号转导
SOD 超氧化物歧化酶
soil pollution 土壤污染
stress avoidance 避逆性
stress escape 逆境逃避
stress protein 逆境蛋白
stress resistance 植物的抗逆性
stress response 逆境反应
stress tolerance 耐逆性
temperature compensation point 温度补偿点
temporary wilting 暂时萎蔫
waterlogging 涝害
water pollution 水体污染
wilting 萎蔫

参考文献

[1] 白宝璋,徐克章,沈军队. 植物生理学. 北京:中国农业科技出版社,1996.
[2] 北京林业大学土壤学网络课程. http://jwc.bjfu.edu.cn/jpkch/tr/.
[3] 布坎南,格鲁依森姆,琼斯. 植物生物化学与分子生物学. 瞿礼嘉,顾红雅,百书农,等,译. 北京:科学出版社,2004.
[4] 曹仪植,宋占午. 植物生理学. 兰州:兰州大学出版社,1998.
[5] 曹仪植. 拟南芥. 北京:高等教育出版社,2004.
[6] 曹仪植. 植物分子生物学. 北京:高等教育出版社,2002.
[7] 陈润政,黄上志,宋松泉. 植物生理学. 广州:中山大学出版社,1998.
[8] 葛莘. 高级植物分子生物学. 北京:科学出版社,2004.
[9] 郭蔼光. 基础生物化学. 北京:高等教育出版社,2001.
[10] 华南师范大学植物生理网络课程. http://sky.scnu.edu.cn/life/class/plantphysiology/.
[11] 蒋高明,常杰,高玉葆,等. 植物生理生态学. 北京:高等教育出版社,2004.
[12] 江苏农学院. 植物生理学. 北京:农业出版社,1986.
[13] 荆玉祥,匡延云,季德葆. 植物分子生物学——成就与前景. 北京:科学出版社,1995.
[14] 李成森. 植物科学进展. 2卷. 北京:高等教育出版社,1999.
[15] 李德全. 植物生理学. 北京:中国农业科技出版社,1999.
[16] 李合生. 现代植物生理学. 北京:高等教育出版社,2002.
[17] Linicoln Taiz, Eduardo Zeiger. 植物生理学. 5版. 宋纯鹏,王学路,周云,等,译. 北京:科学出版社,2015.
[18] 李宗霆,周燮. 植物激素及其免疫检测技术. 南京:江苏科学技术出版社,1996.
[19] 孟庆伟,高辉远. 植物生理学. 2版. 北京:中国农业出版社,2017.
[20] 潘瑞炽. 植物生理学. 5版. 北京:高等教育出版社,2004.
[21] 沈成国. 植物衰老生理与分子生物学. 北京:中国农业出版社,2001.
[22] 沈允钢,施教耐,许大全. 动态光合作用. 北京:科学出版社,1998.
[23] 孙大业,郭艳林,马力耕,等. 细胞信号转导. 3版. 北京:科学出版社,2001.
[24] 王宝山. 植物生理学. 北京:科学出版社,2004.
[25] 王沙生,高荣孚,吴贯明. 植物生理学. 北京:中国林业出版社,1991.
[26] 王忠. 植物生理学. 北京:中国农业出版社,2000.
[27] 武维华. 植物生理学. 北京:科学出版社,2003.

[28] 许大全. 光合作用效率. 上海：上海科学技术出版社,2002.
[29] 许智宏,刘春明. 植物发育的分子机理. 北京:科学出版社,1998.
[30] 杨世杰. 植物生物学. 北京：科学出版社,2003.
[31] 扬州大学植物生理网络课程. http://jpkc.yzu.edu.cn/course/zhwshl/.
[32] 扬州大学植物营养学网络课程. http://jpkc.yzu.edu.cn/course/zwyyx/.
[33] 余叔文,汤章城. 植物生理和分子生物学. 北京：科学出版社，1998.
[34] 曾广文,蒋德安. 植物生理学. 成都：成都科技大学出版社，1998.
[35] 张继澍. 植物生理学. 北京：高等教育出版社，2006.
[36] 植物生理学通讯编辑部. 植物生理学专题讲座. 北京：科学出版社，1987.
[37] 曹更生,宋纯鹏. 气孔保卫细胞信号转导途径. 植物生理学通讯,1997，33(3)：219-225.
[38] 常立,文国琴. 植物蓝光受体研究进展. 生物技术通讯,2004，15(2)：169-171.
[39] 陈章权,彭世清,陈守才. 植物 COP1 蛋白的结构与功能. 植物学通报,2002，19(5)：620-628.
[40] 刁丰秋,黄美娟,吴乃虎. 高等植物胚胎发生的分子调控. 植物学报，2000，42(4)：331-340.
[41] 樊大勇,谢宗强. 木质部导管空穴化研究中的几个热点问题. 植物生态学报,2004，28(1)：126-132.
[42] 范玉琴,李德红. 植物的蓝光受体及其信号转导. 激光生物学报,2004,13(4)：314-320.
[43] 冯鹤翔，涂铁. 木质素生物合成的研究. 青岛大学学报,2018,1(31):46-54.
[44] 何龙飞,刘友良,沈振国,等. 植物离子通道特征、功能、调节与分子生物学. 植物学通报，1999,16(5)：517-525.
[45] 梁厚果. 马铃薯块茎切片伤诱导抗氰呼吸的研究. 植物学报,1982，24(4)：334-340.
[46] 梁建生,庞佳音,陈云. 渗透胁迫诱导的植物细胞中脱落酸的合成及其调控机制. 植物生理学通讯,2001，37(5)：447-451.
[47] 梁峥. 植物线粒体抗氰电子传递链. 植物生理学通讯，1985，5：1-9.
[48] 廖建雄,王根轩. 植物的气孔振荡及其应用前景. 植物生理学通讯，2000,36(3)：272-276.
[49] 李合生，等. 甘薯品种对黑斑病菌的抗性与抗氰呼吸. 植物保护学报，1991,18(4)：311-315.
[50] 李红梅,万小荣,何生根. 植物水孔蛋白最新研究进展. 生物化学与生物物理进展，2010，37(1)：29-35.
[51] 刘颖,龙程,瞿伟菁. 高等植物的向光性信号转导. 植物生理学通讯,2004，40(3)：391-395.
[52] 卢少云,陈斯平,陈斯曼,等. 三种暖季型草坪草在干旱条件下脯氨酸含量和抗氧化酶活性的变化. 园艺学报,2003，30:306.
[53] 孟繁霞,张蜀秋,娄成后. 气孔功能的结构基础. 植物学通报,2000,17(1)：27-33.
[54] 缪颖,伍炳华. 植物抗逆性的获得与信息传导. 植物生理学通讯,2001，37：71-76.
[55] 钱善勤,王忠,莫亿伟,等. 植物向光性反应的研究进展. 植物学通报,2004，21(3)：263-272.

[56] 钱善勤,王忠,袁秋华,等. 植物向光素. 植物生理学通讯,2004,40(5):617-623.

[57] 邵宏波. 高等植物开花时程的调控与光受体 Ⅱ. 光受体调控开花时程的分子机制与昼夜节律时间钟. 生命科学研究,2001,5:153-159.

[58] 孙俪超,李淑英,王凤忠,等. 萜类化合物的生物学研究进展. 生物技术通报,2017:33(1):64-75.

[59] 汤佩松. 代谢途径的改变和控制及其与其他生理功能间的相互调节——高等植物呼吸"多条路线"观点. 生物科学动态,1965,3:1-3.

[60] 童哲,梁伯瑶. 蓝光诱导的苋红素合成—隐花色素的作用. 生物物理学报,1989,5(4):343-348.

[61] 童哲,赵玉锦,王台,等. 植物的光受体与光控发育研究. 植物学报,2000,42(2):111-115.

[62] 王伟,林均明,金德祥. 藻类的光控发育. 植物学通报,1998,15(5):31-39.

[63] 王文泉,张福锁. 高等植物厌氧适应的生理及分子机制. 植物生理学通讯,2001,37(2),63-69.

[64] 王小菁. 我国光形态建成研究回顾. 植物学通报,2003,20(4):407-415.

[65] 王弋,董晨,魏永赞,等. GA 信号途径及其调控果树生长发育的研究进展. 果树学报,2018,35(4):500-511.

[66] 谢灵玲,沈黎明,翟大勇. 植物光反应突变体. 植物学通报,1998,15(6):38-41.

[67] 薛绍武,杨频,裴真明. 植物保卫细胞离子通道在气孔运动中的作用. 植物生理学通讯,2004,40(4):489-494.

[68] 闫海,周波,李玉花. 植物的隐花色素及其光信号转导. 植物生理学通讯,2005,41(6):841-846.

[69] 杨洪强,梁小娥. 蛋白激酶与植物逆境信号传递途径. 植物生理学通讯,2001,37(3).

[70] 杨其长. 植物工厂的发展策略. 科技导报,2014,32(10):20-24.

[71] 杨玉珍,袁秀云. 光敏色素分子及其信号转导途径. 生物技术通讯,2005,16(5):586-588.

[72] 叶珍. 隐花色素与植物的光形态建成. 四川农业大学学报,2003,21(3):267-270,274.

[73] 雍伟冬,种康,许智宏,等. 高等植物开花时间决定的基因调控研究. 科学通报,2000,145(5):455-466.

[74] 张蜀秋,刘新,娄成后. 保卫细胞碳代谢与气孔运动. 植物学通报,2000,17(4):345-351.

[75] 张秀芳. 植物细胞吸收溶质的方式和机制教学探讨. 植物生理学通讯,2003,39(4),363-364.

[76] 赵小英,秦玉芝,刘选明,等. 植物蓝光反应突变体分子生物学研究. 植物学通报,2005,22(1):63-69.

[77] Albert B, et al. Molecular Biology of the Cell. New York and London: Gorland Publishing Inc., 1989.

[78] Bernier G, Kinet J M, Sachs R M. The physiology of flowering. Florida:CRC Press, 1981.

[79] Buchanan B B, Gruissem W, Jones R L. Biochemistry & Molecular Biology of Plants.

Rockville Maryland: The America Society of Plant Physiologists, 2000.
[80] Buchanan B B, Cruissem W, Jones R L. Biochemistry & Molecular Biology. Rockville Maryland: American Society of Plant Physiologists, 2000.
[81] Davies, P J. Plant Hormones. Dordrecht: Kluwer Academic Publishers, 1995.
[82] Salisbury F B, Ross C W. Plant Physiology. 4th ed. Wadsworth Publ. Co, 1995.
[83] Hooykaas P J J, Hall M A, Libbenga K R. Biochemistry and Molecular Biology of Plant Hormones. Amersterdam: Elsevier, 1999.
[84] Hopkins W G. Introduction to Plant Physiology. 2nd ed. New York: John Wiley & Sons, Inc., 1999.
[85] Kendrick R C, Kronenberg G H. Photomorphogenesis in Plant. 2nd ed. Dordrecht: Kluwer Academic Publishers,1994.
[86] Laties G G. Cyanide Resistant, Alternative Path in Higher Plant Respiration. Ann Rev Plant Physiol, 1982.
[87] Plant Physiology Online http://www.plantphys.net/.
[88] Salisbury F B, Ross C B. Plant Physiology. 4th ed. Belmount: Wadsworth Publishing Company, 1992.
[89] Salisbury F B, Ross C W. Plant Physiology. California: Wadsworth Publishing Company, Inc., 1991.
[90] Taiz L, Zeiger E. Plant Physiology. 5th ed. Sinauer Associates, Inc., 2010.
[91] Taiz L, Zeiger E. Plant Physiology. 5th ed. Sunderland: Sinauer Associates, Inc., 2010.
[92] Sepaskhah A R, Ahmadi S H. A review on partial root-zone drying irrigation. International Journal of Plant Production, 2010, 4: 241-258.
[93] Assmann S M. Signal transduction in guard cell. Annu Reu Cell Biol, 1993, 9: 345-375.
[94] Assmann S M. Cyclic AMP as a second messenger in higher plants: status and future prospects. Plant Physiology, 1995, 108:885-889.
[95] Bennett M J, Feldmann K A. Arabidopsis AUX1 Gene: A Permease-Like Regulator of Root Gravitropism. Science, 1996, 273: 948-950.
[96] Bowman J L, Smyth D R, Meyerowitz E M. Genetic interactions among floral homeotic genes of arabi—dopsis. Development, 1991, 112: 1-20.
[97] Carolina Lizana, Mark Wentworth, Juan P Martinez. Differential adaptation of two varieties of common bean to abiotic stress I. Effects of drought on yield and photosynthesis. Journal of Experimental Botany, 2006, 57: 685-697.
[98] Chenk P W, Snaar-Jagalska B E. Signal perception and transduction: the role of protein kinases. Biochim. Biophys. Acta, 1999, 1449:1-24.
[99] Christie J M, Arvai A S, Baxter K J, et al. Plant UVR8 photoreceptor senses UV-B by tryptophan-mediated disruption of cross-dimer salt bridges. Science, 2012, 335: 1492-1496.

[100] Doyle D A, Morais-Cabral J H, Pfuetzner R A, et al. The Structure of the Potassium Channel: Molecular Basis of K^+ Conduction and Selectivity. Science, 1998, 280: 69-77.

[101] Gälweiler L, Guan C, Müller A, et al. Regulation of polar auxin transport by AtPIN1 in Arabidopsis vascular tissue. Science, 1998, 282: 2226-2230.

[102] Geldner N, Friml J, Stierhof Y D, et al. Auxin transport inhibitors block PIN1 cycling and vesicle trafficking. Nature, 2001, 413: 425-428.

[103] Morais-Cabral J H, Zhou Y, MacKinnon R. Energetic optimization of ion conduction rate by the K^+ selectivity filter. Nature, 2001, 414: 37-47.

[104] Jasib J, Bokor B, Stanislav S, et al. Effects of Auxins on PIN-FORMED2 (PIN2) Dynamics Are Not Mediated by Inhibiting PIN2 Endocytosis. Plant Physiology, 2016, 172: 1019-1031.

[105] Jian-Kang Zhu. Salt and drought stress signal transduction in plants. Annu. Rev. Plant Biol, 2002, 53:247-273.

[106] Kleine-Vehn J, Dhonukshe P, Swarup R M, Friml J. Subcellular trafficking of the Arabidopsis auxin influx carrier AUX1 uses a novel pathway distinct from PIN1. Plant Cell, 2006, 18: 3171-3181.

[107] Kliebenstein D J, Lim J E, Landry L G, Last R L. Arabidopsis UVR8 regulates ultraviolet-B signal transduction and tolerance and cont ains sequence similarity to human regulator of chromatin condensation 1. Plant Physiol, 2002, 130: 234-243.

[108] Li J, Gaxiola R. Arabidopsis H^+-PPase AVP1 regulates auxin-mediated organ development. Science, 2005, 310: 121-125.

[109] Pelaz S, Ditta G S, Baumann E, et al. Floral organ identity functions require SEPALLATA MADS box genes. Nature, 2000, 405: 200-203.

[110] Rizzini L, Favory J J, Cloix C, et al. Perception of UV-B by the Arabidopsis UVR8 protein. Science, 2011, 332: 103-106.

[111] Stone J M, Walker J C. Plant protein kinase families and signal transduction. Plant Physiol, 1995, 108:451-457.

[112] Taiz L, Zeiger E. Plant Physiology. 3rd ed. Sunderland: Sinauer Associates Inc, 2002.

[113] Taiz L, Zeiger E. Plant Physiology. 4th ed. Sunderland: Sinauer Associates Inc, 2006.

[114] Taiz L, Zeiger E. Plant Physiology. 5th ed. Sunderland: Sinauer Associates Inc, 2010.

[115] Teale W, Paponov I, Palme K. Auxin in action: signalling, transport and the control of plant growth and development. Nature Reviews Molecular Cell Biology, 2006, 7: 847-859.

[116] Wu D, Hu Q, Yan Z, et al. Structural basis of ultraviolet-B perception by UVR8. Nature, 2012, 484: 214-219.

[117] Yu X, Liu H, Klejnot J, et al. The cryptochrome blue light receptors. The Arabidopsis Book, 2010, 8:e0135.

[118] Zhao Y. Auxin Biosynthesis and Its Role in Plant Development. Annual Review of Plant Biology, 2010, 61: 49-64.

[119] Normanly J, Cohen J D, Fink G R. Arabidopsis thaliana auxotrophs reveal a tryptophan-independent biosynthetic pathway for indole-3-acetic acid. Proceedings of the National Academy of Sciences of the United States of America, 1993, 90: 10355-10359.